"十三五"普通高等教育本科系列教材

首批国家级一流本科课程配套教材

电路原理

编著 吉培荣 佘小莉
主审 胡 钋

中国电力出版社
CHINA ELECTRIC POWER PRESS

内 容 提 要

本书依据教育部高等学校电子信息科学与电气信息类基础课程教学指导分委员会制定的"电路理论基础"教学基本要求和"电路分析基础"教学基本要求编写。

全书20章,分别为:电路的基本概念和两类约束、电路的等效变换、电路分析的一般方法、含受控电源的电路、含运算放大器的电路、电路的基本定理、动态电路的方程及其初始条件、一阶电路和二阶电路的时域分析、正弦稳态电路的相量分析法基础、正弦稳态电路、含耦合电感元件和理想变压器的电路、三相电路、非正弦周期稳态电路、动态电路的复频域分析、网络函数与频率特性、二端口网络、电路的计算机辅助分析基础、动态电路的状态方程、非线性电阻电路、均匀传输线。书中给出了习题参考答案,并给出了用96课时、80课时、64课时、48课时讲授电路课程的教学安排建议。

本书可作为高等院校电子与电气信息类各专业学生电路课程教材或学习参考书,也可供电路课程任课教师和相关科技人员参考,对参加各校电路科目研究生入学考试的人员也有参考价值。

图书在版编目 (CIP) 数据

电路原理/吉培荣,佘小莉编著. —北京:中国电力出版社,2016.2 (2023.7重印)

"十三五"普通高等教育本科规划教材
ISBN 978 - 7 - 5123 - 8908 - 3

Ⅰ. ①电… Ⅱ. ①吉… ②佘… Ⅲ. ①电路理论-高等学校-教材 Ⅳ. ①TM13

中国版本图书馆 CIP 数据核字(2016)第 026655 号

中国电力出版社出版、发行

(北京市东城区北京站西街 19 号 100005 http://www.cepp.sgcc.com.cn)

望都天宇星书刊印刷有限公司印刷

各地新华书店经售

*

2016 年 2 月第一版 2023 年 7 月北京第八次印刷

787 毫米×1092 毫米 16 开本 30 印张 725 千字

定价 60.00 元

前　言

电路课程是高等学校电子与电气信息类专业学生第一门重要的专业基础课。它具有理论严密、逻辑性强、工程背景广阔等特点，对培养学生的科学思维与归纳能力、分析计算能力、实验研究能力都有着非常重要的作用。

本书集作者多年来从事电路课程教学的经验和开展电路课程教学研究取得的成果编写而成，共分 20 章，写作的基本原则是：尽可能使本书具有科学性、系统性和便于学习，并注重培养学生的科学思维能力和理论联系实际作风。这里所谓的科学性体现在书中是指对电路理论的相关概念、原理、定义等内容的表述力求清晰、准确、全面；系统性体现在书中是指对内容的组织十分注重知识的模块化及各部分知识之间的逻辑关系和内在联系；便于学习体现在书中是指对内容的组织和表述充分考虑学生的认知规律和特点，将难点合理分散，并适当介绍一些技巧性方法来帮助学生对某些难点内容的把握。

本书充分吸收现有先进电路教材的优点，在整体体系和内容上与现有流行电路教材基本保持一致，但在结构和细节内容上又有鲜明的特色。结构特色主要体现在将受控源从电路分析的一般方法这一章中剥离出来，单独设立了含受控电源的电路一章；细节特色主要体现在实际电路空间和模型电路空间（及电路模型子空间）概念的提出、基尔霍夫定律数学表现形式的变化、实际电路几种模型化过程的表示、理想运算放大器特性的假短真断（虚短实断）描述、有源电路和无源电路的相关论述、换路定理内容的扩展、理想变压器传递直流特性的证明和分析、利用元件混合变量法列写电路的状态方程、附录给出的几个难点内容的技巧性处理方法等内容中。

作者认为，电路理论课程教学的核心内容限于实际电路的模型化概念和模型电路分析方法这两个方面，重要内容之一是培养学生的科学思维能力。基于这一思想和认识，作者在书中注重论述模型电路与实际电路的联系与区别，分析了模型电路分析方法的实质，强调了 $2b$ 法作为基础性分析方法的重要性，并专门安排了一些有助于培养学生思维能力的内容。

书中内容符合教育部高等学校电子信息科学与电气信息类基础课程教学指导分委员会制定的"电路理论基础"教学基本要求和"电路分析基础"教学基本要求。表 1 中给出了用 96 课时、80 课时、64 课时、48 课时讲授电路课程的四种教学安排建议，供选用本书作为教材的教师参考。

表 1　　　　　　　　　　四种不同课时授课方案的教学安排建议

章	名　　称	方案 1 课时	方案 2 课时	方案 3 课时	方案 4 课时
1	电路的基本概念和两类约束	4	4	4	4
2	电路的等效变换	4	4	4	4

章	名　　称	方案 1 课时	方案 2 课时	方案 3 课时	方案 4 课时
3	电路分析的一般方法	6	6	6	6
4	含受控电源的电路	4	4	2	2
5	含运算放大器的电路	4	4	4	2
6	电路的基本定理	6	4	4	4
7	动态电路的方程及其初始条件	4	2	2	2
8	一阶电路和二阶电路的时域分析	8	8	8	6
9	正弦稳态电路的相量分析法基础	2	2	2	2
10	正弦稳态电路	6	6	6	4
11	含耦合电感元件和理想变压器的电路	4	4	4	4
12	三相电路	4	4	4	4
13	非正弦周期稳态电路	4	4	4	
14	动态电路的复频域分析	6	4		
15	网络函数与频率特性	4	2	2	2
16	二端口网络	4	4	4	2
17	电路的计算机辅助分析基础	5	3		
18	动态电路的状态方程	3	2		
19	非线性电阻电路	4	2		2
20	均匀传输线	6	4		
	复习	4	3	2	2
	合计	96	80	64	48

说明：方案 1 为 96 课时，对应于电路理论基础课程；方案 2 为 80 课时，对应于少课时的电路理论基础课程；方案 3 为 64 课时，对应于电路分析基础课程；方案 4 为 48 课时，对应于少课时的电路分析基础课程。96 课时的授课方案要完整讲完全书内容时间仍显紧张，需要将书中的部分内容简略加以讲解或留给学生自学。

武汉大学胡钋教授审阅了全书并提出了许多宝贵意见，在此对他表示诚挚的谢意！

编写本书时，参考了一些相关文献，从中受益匪浅，在此，对这些文献作者表示衷心感谢！

本书及配套教学课件由吉培荣、佘小莉编著，由吉培荣统稿。限于作者水平，书中难免存在不足之处，欢迎读者批评指正，联系邮箱：jipeirong@163.com（吉培荣）、ctgushexiaoli@163.com（佘小莉）。

作　者

2015 年 12 月

目　　录

第1章 电路的基本概念和两类约束

内容提要：本章介绍电路理论中的一些基本概念和基础知识，它们是电路理论中的基础内容，也是电路理论的核心内容之一。具体内容包括实际电路与模型电路、电压和电流的参考方向、电能量与电功率、集中参数电路与分布参数电路的概念、元件约束、拓扑约束、元件约束和拓扑约束的简单应用、电路的分类。

1.1 实际电路与模型电路

电路一词有两重含义：①指实际电路；②指模型电路。

实际电路是指由各种实际电器件用实际导线按一定方式连接而成、具有特定功能的电流的通路。

模型电路是指由定义出来的各种理想元件用理想导线遵循一定规律连接而成的虚拟电路。这里所说的一定规律是指后面将要讨论的基尔霍夫电压定律（或称克希霍夫电压定律）和基尔霍夫电流定律（或称克希霍夫电流定律），这两个定律是模型电路遵循的公理。

实际电路的种类和功能很多，但总体来看，大致可概括为两类：一类进行电能量的传输、分配，如电力系统；另一类进行电信号的传输、处理，如通信系统和各种信息（信号）处理系统。实际电路通常可看成由三个部分组成，如传输电能的电路可看成由电源、输配电环节、负载三部分组成；而传输或处理信号的电路可看成由信号源、传输或处理信号的环节、信号接收器三部分组成。

实际电路的各个组成部分可为单个器件，也可是由多个器件通过导线（体）连接构成的局部电路。实际器件类型很多，发出能量或信号的有旋转发电机、电池、热电偶、信号发生器、感应元件、天线等，传输环节中有变压器、频率转换器、放大器、输电线、信号馈线等，消耗电能或接收信号的有电炉、电动机、照明灯具、音箱、电阻器、投影仪等。

模型电路有两个来源：①直接构造（想象）；②根据实际电路抽象得出。模型电路也被称为理想电路，通常以图形形式表现出来。理想电路的元件（或称理想元件）包括线性电阻、线性电容、线性电感、理想电压源、理想电流源等。模型电路（理想电路）和理想元件均非现实存在。理想元件的定义和特性后面会专门加以介绍。

以某一实际电路为对象，抽象（构造）出用以反映其主要特性的模型电路，其过程称为模型化。图1-1（a）所示为手电筒电路，模型化后的结果如图1-1（b）所示。图1-1（b）中，K为理想开关，U_s为理想电压源，R_s和R_L为理想电阻。

通过模型化，得到实际电路的模型

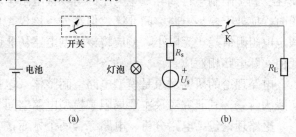

图1-1 实际电路模型化示例

(a) 实际电路；(b) 模型电路

电路后，对其进行理论分析和计算，并将结果用于实际电路，即为实际电路的分析过程。实际电路的模型电路可简称为电路模型。

另外，也可先构造（设计）出具体的模型电路，然后依照模型电路实现对应的实际电路，这一过程称为电路综合。这样的模型电路，也可称为电路模型。

本书约定，电路模型专指与实际有对应关系的模型电路，与实际没有对应关系的模型电路不是电路模型。本书还约定模型电路和电路模型均可被简称为模型。

实际电器件的集合与实际电路的集合两者合并构成实际电路空间；理想电路元件的集合与模型电路的集合两者合并构成模型电路空间，该空间也称为理想电路空间。理想电路空间中包含有电路模型子空间，为电路模型的集合。实际电路、模型电路（理想电路）与电路模型三者的关系如图1-2所示。从图中可以看到，某些模型电路不存在对应的实际电路，但由实际电路总可以构造出对应的电路模型。

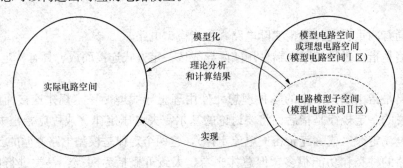

图1-2　实际电路、模型电路与电路模型三者的关系

图1-2中，上面的两个箭头反映了实际电路的分析过程，下面的一个箭头反映了由电路模型得到实际电路的综合过程。

为方便起见，可把图1-2中模型电路空间分为Ⅰ区和Ⅱ区。电路模型子空间边界线外与模型电路空间边界线内的区域为模型电路空间Ⅰ区，电路模型子空间边界线内的区域为模型电路空间Ⅱ区。

图1-2中电路模型子空间的边界线之所以用虚线表示，是因为某些内容原本处于Ⅰ区，但在一定条件下会在Ⅱ区出现；或某些内容原本处于Ⅱ区，但可能移入Ⅰ区。如线性电阻，其特性定义为其上的电压电流为线性关系，并且电压电流均可为无穷大，原本处于Ⅰ区。当对实际电路建模（模型化）时，一旦实际电阻建模为线性电阻，对应的线性电阻就会在Ⅱ区出现，但应注意此时的线性电阻因受实际的制约，已不能完整地展示其全部属性，或者说其属性受到了限制。再如，理想电压源与线性电阻串联闭合构成的模型电路对应于某些实际电路时，应处于模型电路空间Ⅱ区，但在分析该模型电路中的电流随电阻阻值变化的规律时，假定电阻阻值趋于无限小，就应将该模型电路从Ⅱ区移至Ⅰ区，因为此时的模型电路无法与任何实际电路相对应。

电路理论的研究对象是模型电路空间整体（包括Ⅰ区、Ⅱ区）和实际电路空间，以工程实践为背景，其研究对象主要局限于模型电路空间Ⅱ区和实际电路空间。

电路理论包括电路分析、电路综合两个方面，电路分析是电路综合的基础。本书主要论述电路分析的内容。

电路理论涉及的基本物理量是电压、电流、电荷和磁通（或磁链）。在国际单位制（SI）

中，电压的单位为伏特，符号为 V；电流的单位为安培，符号为 A；电荷的单位为库仑，符号为 C；磁通（或磁链）的单位为韦伯，符号为 Wb。工程上常用的电压单位还有兆伏（MV）、千伏（kV）、毫伏（mV）和微伏（μV），它们的换算关系为：$1MV = 10^6 V$，$1kV = 10^3 V$，$1mV = 10^{-3} V$，$1μV = 10^{-6} V$；常用的电流单位还有兆安（MA）、千安（kA）、毫安（mA）、微安（μA）和纳安（nA），其中，$1nA = 10^{-9} A$。

对于随时间变化的情况，电压、电流、电荷分别用 $u(t)$、$i(t)$、$q(t)$ 表示，简写为 u、i、q；磁通（或磁链）用 $\Phi(t)$［或 $\psi(t)$］表示，简写为 Φ（或 ψ）。对于不随时间变化的情况，电压、电流、电荷通常分别用 U、I、Q 表示。实际电路中的电压、电流、电荷和磁通（或磁链）这些物理量，人们可以感知（测量）；模型电路中的电压、电流、电荷和磁通（或磁链）这些物理量，是虚拟存在的，人们无法感知（测量），但可对其进行计算。

本书讨论的模型电路，有许多是具有实际背景的电路模型，所以很多针对模型电路分析得到的结论可直接应用于对应的实际电路，但要注意，有些结论只有理论的意义而没有实际的意义。

电路也称为电网络、电系统，简称为网络、系统。它们是人们从不同的角度提出的术语，在电路理论中，对于这三者并不加以区分。

1.2　电压和电流的参考方向

物理学中已说明，电荷在电场中的移动是电场力做功的结果。将无穷远处选为参考点，空间中某点的电位定义为将单位正电荷从该点移至无穷远处时，电场力所做的功。

电路中，将电荷有规律的定向移动称为电流，将两点之间的电位差称为电压。在现实生活中，人们约定正电荷移动的方向（电子移动的反方向）为电流的实际方向，高电位点指向低电位点的方向为电压的实际方向。

在进行电路分析的过程中，由于电压、电流的实际方向往往是事先未知的，或者是随时间变化的，因此，必须预先假设电压和电流的方向，预先假设的方向称为参考方向，也可称为假设方向。

电压 u 的参考方向有三种表达（标定）方式。第一种方式为"＋""－"号；第二种方式为箭头，如图 1-3（a）所示；第三种方式为双下标，如图 1-3（a）中，u_{AB} 表示 A、B 两点之间电压的参考方向由 A 指向 B。电流 i 的参考方

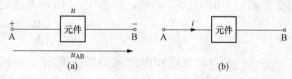

图 1-3　电压和电流参考方向的表示

（a）电压参考方向的表示；（b）电流参考方向的表示

向多用箭头表示，如图 1-3（b）所示，也可用双下标表示，例如 i_{AB} 表示电流 i 的参考方向由 A 指向 B。有了参考方向，结合求出或给定的电压、电流的具体符号和数值，即可确定它们的实际方向。例如在图 1-3（a）中，假定已得到 $u=1V$，则表明电压的大小是 1V，实际方向如图中箭头所示；若得到的是 $u=-1V$，则表明电压的大小是 1V，实际方向与图中箭头方向相反。同理，在图 1-3（b）中，假定已得到 $i=1A$，则表明电流的大小是 1A，实际方向如图中箭头所示；若得到的是 $i=-1A$，则表明电流的大小是 1A，实际方向与图中箭头方向相反。

电路中的电压和电流是两个不同的物理量，它们的参考方向是分别设定的。如果某一元件（或局部电路）的电压与电流的参考方向相同，则把此时的电压和电流称为具有关联参考方向，简称关联方向，如图 1-4（a）所示，u 与 i 为关联方向。当电压与电流的参考方向不一致时，则称为具有非关联参考方向，简称非关联方向，如图 1-4（b）所示，u 与 i 为非关联方向。图 1-4 中的 N

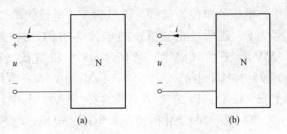

图 1-4　电压和电流的关联方向和非关联方向
(a) 关联参考方向；(b) 非关联参考方向

表示某个局部电路，它可由多个元件构成，也可以仅由一个元件构成，该电路有两个引出端，因而称其为二端电路。二端电路的两个引出端合起来称为端口，故二端电路也可称为一端口电路。

需要强调的是：①电压、电流的参考方向可任意独立地设定，但一旦设定，在电路的分析和计算过程中一般不应改变；②本书中，在电路图中标定的所有电压、电流的方向均为参考方向，而非实际方向。

1.3　电能量与电功率

当电路工作时，电场力推动电荷在电路中运动，电场力对电荷做功，同时电路吸收能量。电场力将单位正电荷由电场中 a 点移动到 b 点所做的功即为 a、b 两点间的电压。

图 1-5 所示电路中，电压 u 和电流 i 的参考方向一致，为关联方向。在 dt 时间内通过该电路的电荷量为 $\mathrm{d}q = i \cdot \mathrm{d}t$，它由 a 端移到 b 端，电场力对其做的功为 $\mathrm{d}A = u \cdot \mathrm{d}q$，因此电路吸收的能量为

$$\mathrm{d}W = \mathrm{d}A = u \cdot \mathrm{d}q \tag{1-1}$$

即

$$\mathrm{d}W = u \cdot i \cdot \mathrm{d}t \tag{1-2}$$

功率为能量对时间的变化率，则图 1-5 所示电路的功率为

$$p = \frac{\mathrm{d}W}{\mathrm{d}t} = u \cdot i \tag{1-3}$$

式（1-3）表明，电压和电流取关联方向时，乘积"$u \cdot i$"表示电路吸收能量的速率。如果 $p = u \cdot i > 0$，则表示该电路确实在吸收能量；如果 $p = u \cdot i < 0$，则表示该电路在吸收负能量，即发出能量。若将图 1-5 所示电路中电压或电流的参考方向加以改变，使得电压和电流为非关联方向，此时如果仍用 $p = u \cdot i$ 计算电路的功率，则 $p = u \cdot i > 0$ 表示电路发出能量，$p = u \cdot i < 0$ 表示电路吸收能量。

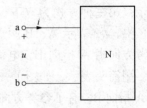

图 1-5　电路的功率计算

为了从计算结果上可以直接得出电路吸收或发出能量的统一结论，可以规定：电压和电流为关联方向时，功率的计算式为 $p = u \cdot i$；非关联方向时，则为 $p = -u \cdot i$。在此规定下，$p > 0$ 表示电路吸收能量，$p < 0$ 表示电路发出能量。

在国际单位制（SI）中，功率的单位是瓦特，符号为 W。工程上常用的功率单位有兆瓦（MW）、千瓦（kW）和毫瓦（mW）等，它们与瓦（W）的换算关系为：$1MW = 10^6 W$，$1kW = 10^3 W$，$1mW = 10^{-3} W$。

电路中的能量通过对功率的时间积分得到。从 t_0 到 t 时间内电路（或元件）吸收的能量由下式表示：

$$W = \int_{t_0}^{t} p \, d\xi = \int_{t_0}^{t} ui \, d\xi \tag{1-4}$$

在国际单位制中，能量的单位为焦耳，符号为 J。工程和生活中还采用千瓦小时（kWh）作为电能的单位，1kWh 也称为 1 度（电）。两者的换算关系为：

$$1kWh = 10^3 W \times 3600s = 3.6 \times 10^6 J$$

电路分析的过程中，功率和能量的计算十分重要，这是因为实际电路在工作时总伴有电能与其他形式能量的相互转换；此外，电气设备、实际电路器件本身还存在功率大小的限制。在使用电气设备和实际电路器件时，应注意其电压或电流是否超过额定值（即正常工作时所要求的指定数值）。如果过载（即电压或电流超过额定值），会使设备或器件损坏，或使电路不能正常工作。

1.4　集中参数电路与分布参数电路的概念

集中参数电路与分布参数电路是与实际电路模型化密切相关的概念。

任何一个电路模型都只能在一定精度意义上反映实际电路，都是对实际电路的近似。建立电路模型后，如果对其进行理论分析，所得结果与实际相比误差在工程允许的范围内，这样的电路模型就是一个适用的模型。

不同的理想元件有不同的作用，理想电阻元件（参数）用于描述电路的能量损耗特性，理想电容元件（参数）用于描述电路的电场储能特性，理想电感元件（参数）用于描述电路的磁场储能特性。

实际电路工作时，电路中处处存在相互交织的能量损耗、电场储能、磁场储能效应。模型化时，可将实际电路分割成无穷多个局部，并将每一个局部的能量损耗、电场储能、磁场储能效应分别用电阻参数、电容参数、电感参数加以表示。这意味着将三种交织的效应相互分离。用此方法得到的电路模型称为分布参数电路模型，简称分布参数电路。分布参数电路中包含有无限多个电阻元件（参数）、电容元件（参数）和电感元件（参数）。

生产实践中，对实际电路进行过于精确地描述往往没有必要，很多时候也难以进行。为了简化分析，使分析过程能够方便地进行，在一定条件下，把连续分布于实际电路中各处的三种效应用有限数量的理想元件集中地加以反映，这样，就得到了集中参数电路模型，简称集中参数电路。在集中参数电路中，理想元件可称为集中参数元件。

实际电路中，电磁波的传播速度是有限的，即对于任意的具有一定几何尺寸的实际电路，其上电磁波的传播具有时延性。当时延带来的变化较小而可忽略时，意味着可忽略传播时延，即认为电路中的电磁过程（电磁波传播）在瞬间完成，这时，就可将实际电路模型化为集中参数电路。那么，在何种条件下可忽略电磁波的传播时延？或者说，将实际电路模型化为集中参数电路的判据是什么？

一般而言，当实际电路的最大几何尺寸 l 与其上的电磁波的波长 λ 满足式（1-5）所示关系时，实际电路就可模型化为集中参数电路。

$$l < 0.1\lambda \qquad (1-5)$$

式（1-5）中，$\lambda = c/f$。这里，c 是实际电路中电磁波的传播速度（对于架空输电线，通常可近似用真空中电磁波的传播速度表示，即 $c = 3 \times 10^5\,\mathrm{km/s}$；而对于电力电缆，其上电磁波的传播速度较真空中要小许多）；f 为电路中正弦电压或正弦电流的频率，若电路中存在多个不同频率的正弦信号（在通信和信号处理电路中，电压和电流往往被称为信号），则 f 为频率最高的正弦信号的频率。

我国工频正弦交流电的频率 $f = 50\mathrm{Hz}$，在架空输电线中传播时对应的波长为 $\lambda = c/f = 6000\mathrm{km}$，故有 $0.1\lambda = 600\mathrm{km}$。所以，电力工程中，对一般的电气设备和长度小于等于 $300\mathrm{km}$ 的架空输电线（以及长度小于等于 $100\mathrm{km}$ 的电力电缆），通常将其模型化为集中参数电路；对几何尺寸超过 $300\mathrm{km}$ 的架空输电线（以及长度大于 $100\mathrm{km}$ 的电力电缆），通常对其用分布参数电路模型加以分析。工作在高频条件下的实际微波电路几何尺寸通常并不大，但因这类电路的工作频率高、电磁波的波长短，通常也需对其用分布参数电路模型加以分析。

1.5 元 件 约 束

1.5.1　电阻元件与电导元件

线性电阻是一种二端元件，其特性定义为：当电压和电流取关联方向时，在任何时刻，其两端的电压 u 和流过的电流 i 服从式（1-6）所示线性函数关系

$$u = Ri \qquad (1-6)$$

将上式改写，可有

$$i = Gu \qquad (1-7)$$

式（1-6）中的系数 R 称为电阻元件的电阻参数，简称电阻，符号如图 1-6（a）所示；式（1-7）中的系数 G 称为电阻元件（或称电导元件）的电导参数，简称电导，R 与 G 是互为倒数的关系，即 $G = 1/R$。在国际单位制中，R 的单位为欧姆，简称欧，符号为 Ω；G 的单位为西门子，简称西，符号为 S。在多数情况下，电阻元件和电导元件可视为是同一种元件，但在某些场合，如在第 6.7 节要论述的对偶原理中，电阻元件和电导元件应视为是两个不同的元件。工程上，电阻还常用千欧（$\mathrm{k}\Omega$）和兆欧（$\mathrm{M}\Omega$）为单位，换算关系为：$1\mathrm{k}\Omega = 10^3\,\Omega$，$1\mathrm{M}\Omega = 10^6\,\Omega$。

线性电阻元件的电压和电流关系（或称伏安特性）是通过 u-i 平面原点的一条直线，如图 1-6（b）所示，直线的斜率与元件的 R 有关。因电压和电流关系的英文表示为 voltage and current relationship，故常用 VCR 表示电压和电流关系一词。

当线性电阻元件的电压 u 和电流 i 为图 1-6（a）所示的关联方向时，功率计算

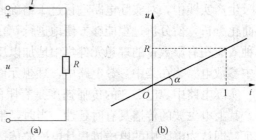

图 1-6　线性电阻元件及其伏安特性
（a）线性电阻元件；（b）伏安特性曲线

式为

$$P = ui = Ri^2 = u^2/R \qquad (1 - 8)$$

或

$$P = ui = Gu^2 = i^2/G \qquad (1 - 9)$$

可知 $t_0 \sim t$ 时间内，该电阻元件吸收（消耗）的电能为

$$W_R = \int_{t_0}^{t} Ri^2(\xi)\mathrm{d}\xi \qquad (1 - 10)$$

若电阻元件两端的电压无论为何值时，流过它的电流恒为零，则对应的电阻为无穷大，此种情况称为开路；当电阻元件流过的电流无论为何值时，它两端的电压始终为零，则对应的电阻为 $R=0\Omega$，此种情况称为短路。

实际电阻器件与理想电阻元件的特性是完全不同的，如反映理想电阻元件特性的式 (1-6) 中，电压和电流可为无穷大，而实际电阻器件上的电压和电流是受限制的。当电压、电流过大时，实际电阻器件就会被烧毁。在实际电阻器件能够正常工作的电压和电流范围内，若其上的电压、电流关系近似符合式 (1-6) 所示关系时，就可把实际电阻模型化为线性电阻，以便进行理论上的分析和计算。

前面谈到，理想电阻是用来反映实际电路消耗电能量这一性质的，结合这一情况，线性电阻元件的定义式 (1-6) 中，R 值应大于零。但在电路理论中，R 值并不限定大于零，可以是零值，也可以是负值。为零值时就是理想导线，为负值时表明该元件发出能量。实际电阻器件均是消耗能量的，实际电源的用途是用来发出能量的。在某些情况下，可以把一个发出能量的实际二端电路用负电阻表示，即模型化为负电阻。

1.5.2　独立电源

独立电源是为了描述实际电路中某些器件对外提供电能这一现象而提出的。这里的"独立"是相对后面要讨论的受控电源而言的。独立电源也称为理想电源，包括理想电压源和理想电流源两种。

1. 理想电压源

理想电压源的端电压为一个确定的时间函数或常量，该电压与端子上流过的电流无关。理想电压源可简称为电压源，其电路符号如图 1-7 (a) 所示，伏安特性为

$$\begin{cases} u(t) = u_s(t) \\ i(t) \text{ 由外接电路决定,值域为}(-\infty, +\infty) \end{cases} \qquad (1-11)$$

式中：$u_s(t)$ 为给定的时间函数，与流过的电流 $i(t)$ 无关；$i(t)$ 由外电路确定，值域范围为 $(-\infty, +\infty)$。当 $u_s(t) = U_s$ 为恒定值时，电压源称为直流电压源，此时电压源也往往用图 1-7 (b) 所示符号表示，其中长线表示电压源参考方向的"＋"极，短线表示参考方向的"－"极，U_s 表示恒定电压值。

图 1-8 (a) 给出的是电压源与外电路相连接的情况，其端子 1、2 之间的电压 $u(t)$ 等于 $u_s(t)$，它不受外电路的影响。图 1-8 (b) 给出的是 $u_s(t) = U_s$ 的直流电压源的伏安特性曲线，它是一条平行于电流轴的固定直线，这表明该电压源的电压始终为 U_s，电流可以在 $(-\infty, +\infty)$ 范围内取值。若 $u_s(t)$ 随时间变化，针对每一个时刻，都可得到一个与图 1-8 (b) 类似的伏安特性图，不同时间平行于横轴的直线处于图中不同的位置。

2. 理想电流源

理想电流源的端子上的电流为一个确定的时间函数或常量，该电流与两个端子间的电压

无关。理想电流源可简称为电流源,其电路符号如图 1-9(a)所示,伏安特性可表述为

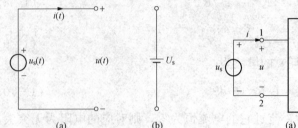

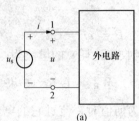

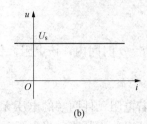

图 1-7 理想电压源的符号

(a)理想电压源的符号;

(b)直流时常用的理想电压源的符号

图 1-8 理想电压源的连接与特性

(a)接外电路的理想电压源;(b)理想电压源的特性曲线

$$\begin{cases} i(t) = i_s(t) \\ u(t) \text{ 由外接电路决定,值域为} (-\infty, +\infty) \end{cases} \tag{1-12}$$

式中:$i_s(t)$ 为给定的时间函数,与两个端子间的电压 $u(t)$ 无关;$u(t)$ 由外接电路决定,值域范围为 $(-\infty, +\infty)$。图 1-9(b)给出了电流源与外电路相连的情况。

当 $i_s(t) = I_s$ 为恒定值时,这种电流源称为直流电流源,其伏安特性如图 1-9(c)所示,是一条平行于电压轴的固定直线。这表明该电流源的电流始终为 I_s,电压可以在 $(-\infty, +\infty)$ 范围内取值。若 $i_s(t)$ 随时间变化,则针对每一个时刻,都可得到一个与图 1-9(c)类似的伏安特性图,不同时刻平行于纵轴的直线处于图中不同的位置。

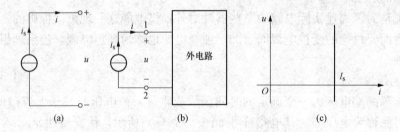

图 1-9 理想电流源的符号及特性

(a)理想电流源的符号;(b)接外电路的理想电流源;(c)理想电流源的特性曲线

3. 实际电源的模型

常见的实际电压源如蓄电池、干电池、发电机和电子稳压器等,在一定工作条件下,若其特性与理想电压源比较接近,则可将它们模型化为理想电压源,如图 1-9(a)所示;若需要考虑实际电压源工作时本身消耗能量这一因素,则可用理想电压源与理想电阻的串联组合表示实际电压源的模型,如图 1-10(a)所示,其中的 R 称为电压源内电阻,简称内阻。

实际的电流源如光电池、电子稳流器等,在一

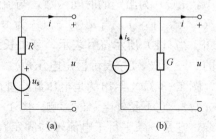

图 1-10 实际电压源和实际电流源的模型

(a)实际电压源的一种模型;

(b)实际电流源的一种模型

定工作条件下，若它们的特性与理想电流源比较接近，则可将它们建模为理想电流源，如图 1-9（a）所示；若需要考虑实际电流源工作时本身消耗能量这一因素，则可用理想电流源与理想电导的并联组合表示实际电流源的模型，如图 1-10（b）所示，其中的 G 称为电流源内电导，简称内导。

1.6　拓　扑　约　束

1.6.1　相关概念

这里，介绍几个重要的电路术语。

（1）支路。通过相同电流的一段电路。支路可仅由一个元件构成，也可规定某种结构为一条支路。

（2）节点。三条或三条以上支路的连接点。有些情况下，也定义两条支路的连接点为节点。

（3）回路。由支路构成的闭合路径。

图 1-11 所示电路有两个节点，即 a、b；有三条支路，即 ab、acb、adb。有时，将 c、d 也称为节点，这样，电路就有四个节点、五个支路。该电路的回路为三个，即 abca、abda、adbca。

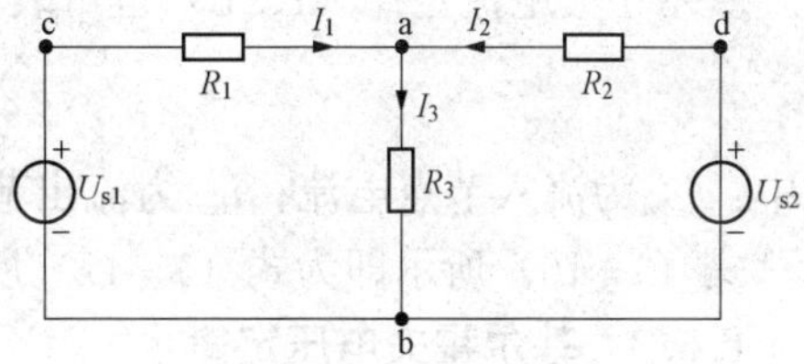

元件（支路）的相互连接构成电路，电路须遵循两类约束：一类是元件（支路）约束，另一类是拓扑约束。元件（支路）约束用元件（支路）的 VCR 表示，拓扑约束由基尔霍夫定律描述。

图 1-11　用于介绍电路术语的电路

基尔霍夫定律的提出者为德国人，其俄文名发音对应的中文为基尔霍夫，其德文名发音对应的中文为克希霍夫，其英文名（Kirchhoff）发音对应的中文也为克希霍夫，故拓扑约束称为克希霍夫定律也许更恰当。考虑到国内多将拓扑约束称为基尔霍夫定律，故本书后面按照该习俗仅用基尔霍夫定律表示拓扑约束。

1.6.2　基尔霍夫电流定律

基尔霍夫电流定律（KCL）表述为：对集中参数电路中的任一节点，在任何时刻流入（或流出）该节点电流的代数和等于零，即

$$\sum_{k} \pm i_k = 0 \qquad (1-13)$$

当列写式（1-13）时，常用的规则是：当 i_k 的参考方向背离节点时，i_k 前面用"＋"号；当 i_k 的参考方向指向节点时，i_k 前面用"－"号；当然，规定 i_k 的参考方向指向节点时前面用"＋"号，背离节点时前面用"－"号也可行。针对一个节点采用的规则只要统一即可。

对图 1-12 所示的电路，规定流出节点的电流前面用"＋"号，流入节点的电流前面用"－"号，则针对节点 1、节点 2、节点 3，可列出如下 KCL 方程

$$\begin{cases} i_1 + i_4 - i_6 = 0 \\ -i_2 - i_4 + i_5 = 0 \\ i_3 - i_5 + i_6 = 0 \end{cases} \qquad (1-14)$$

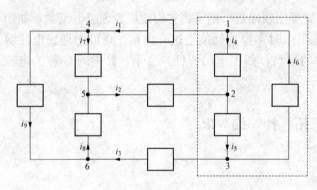

图 1-12　节点及广义节点示例

KCL 不仅适用于集中参数电路中的任何节点，也适用于电路中任何一个闭合面，即广义节点。如图 1-12 所示的虚线包围的封闭区域，是一广义节点，对其可列出 KCL 方程为

$$i_1 - i_2 + i_3 = 0 \qquad (1-15)$$

式（1-14）也可由式（1-14）中的三个方程相加得到。所以，式（1-14）和式（1-15）中的四个方程不是相互独立的。

式（1-15）可改写为

$$i_1 + i_3 = i_2 \qquad\qquad\qquad (1-16)$$

上式的含义是流进广义节点的电流之和与流出广义节点的电流之和相等。

基尔霍夫电流定律（KCL）也可表示为

$$\sum_m i_{\text{in}m} = \sum_n i_{\text{ex}n} \qquad\qquad (1-17)$$

式中：$i_{\text{in}m}$ 为流入节点电流；$i_{\text{ex}n}$ 为流出节点电流。

式（1-16）所示即为式（1-17）所给形式。

1.6.3　基尔霍夫电压定律

基尔霍夫电压定律（KVL）的表述为：对集中参数电路中的任一闭合回路，在任何时刻，沿闭合回路电压降的代数和等于零，即

$$\sum_k \pm u_k = 0 \qquad\qquad\qquad (1-18)$$

按式（1-18）列写回路的 KVL 方程时，须确定对应回路的绕行方向。回路绕行方向通常确定为顺时针方向（确定为逆时针方向也可以，针对一个回路采用的规则只要统一即可）。当支路电压 u_k 的参考方向与回路的绕行方向一致时，u_k 前面取"＋"号，反之取"－"号；或 u_k 的参考方向与回路的绕行方向相反时，u_k 前面取"＋"号，反之取"－"号。

图 1-13 所示电路中，支路 1、2、3、4 构成了一个回路，规定该回路的绕行方向为顺时针方向，如虚线上的箭头所示，则对该回路列写 KVL 方程有

$$u_1 + u_2 - u_3 + u_4 = 0$$
$$(1-19)$$

式（1-19）可改写为

$$u_1 + u_2 + u_4 = u_3 \quad (1-20)$$

式（1-20）说明，节点③、④之间的电压 u_3 是与路径无关的，不论是沿支路 3 或沿支路 1、2、4 构成的路径，节点③与节点④之间的电压值相等。

支路构成的闭合路径称为回路，非闭合路径通过在断开处添加一个电

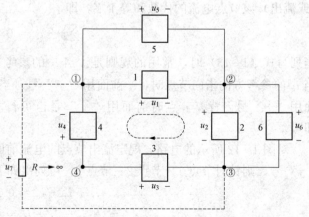

图 1-13　回路及广义回路示例

阻为无穷大的支路后可构成闭合路径,称为广义回路。广义回路也满足 KVL。如图 1 - 13 所示电路中,节点①与节点③之间无直接相连支路,添加一个电阻为无穷大的支路后(如图中虚线所示支路),该支路与支路 3、4 一起构成广义回路,该广义回路的 KVL 方程为

$$-u_4 + u_3 - u_7 = 0 \tag{1-21}$$

式中:u_7 是添加支路的电压,实际是节点①与节点③之间的电压。定义广义回路,有助于拓广 KVL 的应用,加深对该定律的理解。

基尔霍夫电压定律(KVL)还可表示为

$$\sum_m u_{-\text{致}m} = \sum_n u_{\text{相反}n} \tag{1-22}$$

式(1-20)所示即为式(1-22)所给形式。

1.7 元件约束和拓扑约束的简单应用

任何模型电路的分析都离不开元件约束和拓扑约束,这两类约束是模型电路分析的依据。

【例 1 - 1】 电路如图 1 - 14 所示,元件参数在图中已标明,求电阻 R 的值。

解 根据电阻的元件约束及 KCL、KVL,可得

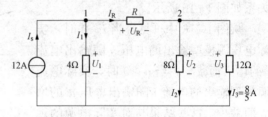

图 1 - 14 [例 1 - 1]电路

$$U_3 = 12 \times I_3 = 12 \times \frac{8}{5} = 19.2(\text{V})$$

(说明:该式为 12Ω 电阻的 VCR)

$$U_2 = U_3 = 19.2(\text{V}) \quad (\text{说明:该式是 8Ω 和 12Ω 电阻构成回路的 KVL})$$

$$I_2 = \frac{U_2}{8} = \frac{19.2}{8} = 2.4(\text{A}) \quad (\text{说明:该式为 8Ω 电阻的 VCR})$$

$$I_R = I_2 + I_3 = 4(\text{A}) \quad (\text{说明:该式为节点 2 的 KCL})$$

$$I_1 = I_s - I_R = 12 - 4 = 8(\text{A}) \quad (\text{说明:该式为节点 1 的 KCL})$$

$$U_1 = 4 \times I_1 = 4 \times 8 = 32(\text{V}) \quad (\text{说明:该式为 4Ω 电阻的 VCR})$$

$$U_R = U_1 - U_2 = 32 - 19.2 = 12.8(\text{V}) \quad (\text{说明:该式为中间回路的 KVL})$$

$$R = \frac{U_R}{I_R} = \frac{12.8}{4} = 3.2(\Omega) \quad (\text{说明:该式为电阻 R 的 VCR})$$

【例 1 - 2】 图 1 - 15(a)所示是实际电压源的一种模型,图 1 - 15(b)所示是实际电流源的一种模型,试给出两电路端口处的 u-i 关系,并作图表示。

解 对图 1 - 15(a)和图 1 - 15(b)所示电路,应该认为它们是整体电路中的局部,故 1-1′间不是断开的(书中有些地方这样的表示意味着 1-1′间是断开的,这需结合具体场合加以判断),所以不能认为电流 i 等于零。对图 1 - 15(a)所示电路,由 KVL

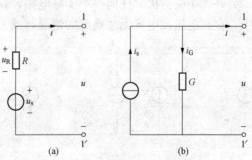

图 1 - 15 实际电压源和实际电流源的模型

(a)实际电压源的常用模型;(b)实际电流源的常用模型

和电阻的 VCR 可得

$$-u_s - u_R + u = 0$$
$$u_R = -Ri$$

由此可得图 1-15 （a）所示电路端口处的 $u\text{-}i$ 关系为

$$u = u_s - Ri \left(或 \ i = \frac{1}{R}u_s - \frac{1}{R}u\right)$$

对图 1-15 （b）所示电路，由 KCL 和电导的 VCR 可得

$$-i_s + i_G + i = 0$$
$$i_G = Gu$$

由此可得图 1-15 （b）所示电路端口处的 $u\text{-}i$ 关系为

$$i = i_s - Gu \left(或 \ u = \frac{1}{G}i_s - \frac{1}{G}i\right)$$

针对某一时刻 $t = t_1$，应有 $u_s = u_s(t_1)$ 和 $i_s = i_s(t_1)$，此时两电路端口处的 $u\text{-}i$ 关系如图 1-16 所示。

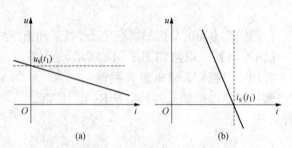

从图 1-16 中可见，当 $i > 0$ 时，实际电压源模型输出的电压 u 随输出电流 i 的增大而减少；当 $u > 0$ 时，实际电流源模型输出的电流 i 随输出电压 u 的增大而减少。这些结果与对实际电源的观测结果一致。

图 1-16   实际电压源模型和实际电流源模型
的 $u\text{-}i$ 关系

（a）实际电压源模型的 $u\text{-}i$ 关系；
（b）实际电流源模型的 $u\text{-}i$ 关系

以上给出的分析过程均依据元件约束和拓扑约束展开。但可能存在某些图形，虽然由理想元件和理想导线连接而成，表面看来是模型电路，但因不满足元件约束和拓扑约束，实际不是模型电路，不能处于模型电路空间中。

模型电路空间中的成分一定满足两类约束，不满足两类约束的一定不是模型电路空间中的成分。如图 1-17 所示的两个图形，虽然是由理想元件通过理想导线连接产生，但仅在 $U_s = 0$、$I_s = 0$ 时存在于模型电路空间中；当 $U_s \neq 0$、$I_s \neq 0$ 时，不是模型电路，不能存在于模型电路空间中，原因是它们违背了 KCL 和 KVL 这两个公理。

另外，还应指出，任何一个实际电路，其中的电压和电流都是可以确定的，但在模型电路中，存在电压或电流无法确定的情况，或者说存在有无穷多解的情况。图 1-18 所示为模

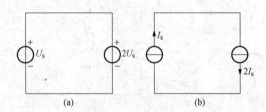

图 1-17   模型电路空间中不存在的内容
（a）内容一；（b）内容二

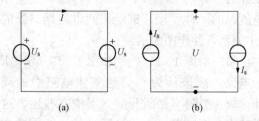

图 1-18   电流 I 或电压 U 无法确定的模型电路
（a）电流 I 无法确定的模型电路；
（b）电压 U 无法确定的模型电路

型电路空间Ⅰ区中的两个电路，对图 1-18（a）所示的电路，其中的电流 I 是无法确定的，或者说可为任意值，这一结论可根据理想电压源的定义得出；对图 1-18（b）所示电路，其中的电压 U 也是无法确定的，或者说可为任意值，这一结论可根据理想电流源的定义得出。

1.8　电路的分类

　　实际电路的具体形式很多，用途各异，可按多种方式对其进行分类。如按工作频率，实际电路可分为直流电路、低频电路、中频电路、高频电路等；如按处理的信号类型，实际电路可分为模拟电路、数字电路、模拟数字混合电路；如按具体用途，实际电路可分为通信电路、电力电路等。还可按其他方式对实际电路进行分类。

　　从性质上来看，任何一个实际电路都具有非线性、时变、分布参数的特点。以实际电阻为例，非线性是指电阻上的电压和电流关系不是线性函数形式，时变是指电阻上的电压和电流关系随时间发生变化，分布参数是指具有一定几何尺寸的实际电阻中处处存在能量损耗、电场储能和磁场储能三种效应。

　　针对模型电路，也可分成不同类型。集中参数模型电路、分布参数模型电路就是一种分类。而集中参数模型电路又可进一步细分为线性电路、非线性电路、时变电路、非时变电路等。

　　由电源和其他元件构成的模型电路，如果所包含的其他元件都是线性元件，则称为线性电路；如果所包含的其他元件中有一个或多个为非线性元件，则称为非线性电路；如果所包含的其他元件的特性均不随时间发生变化，则称为非时变电路；如果所包含的其他元件中有一个或多个特性随时间发生变化，则称为时变电路。如由关系式 $u=Ri$ 定义的电阻就是线性非时变的；由 $u=(a+bt^2)i$ 定义的电阻就是线性时变的；由 $u=Ki^2$ 定义的电阻就是非线性非时变的；由 $u=(a+bt^2)i^2$ 定义的电阻就是非线性时变的。此处的 a、b、K 均为常数。

　　针对实际电路，如果电磁波传播的时延效应（即时延带来的变化）较小而可以忽略时，就可将实际电路模型化为集中参数电路；如果电路中的非线性效应不明显而将其忽略时，就可将实际电路模型化为线性电路；如果在所关心的时间范围内，电路的特性变化很小而可以忽略时，就可将实际电路模型化为非时变电路。

　　按不同方式对实际电路模型化，可得到不同类型的电路模型。在图 1-2 中，已给出了实际电路与电路模型的关系，这一关系进一步可细化为如图 1-19 所示。由此可见，实际电路的模型化实际是包含了线性化、定常化（时不变化）、集中化三个方面的过程。

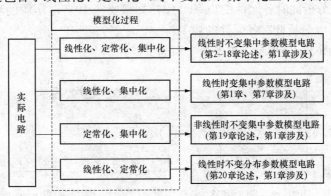

图 1-19　实际电路的几种模型化过程及结果

对实际电路建模是一件很复杂的工作，需要考虑多个因素才能得到正确结果。建模时首先需要分析实际电路的具体工作状态，然后有的放矢地进行后续建模工作，否则难以得到正确的建模结果。

习　题

1-1　电路如图 1-20 所示，写出各元件 u 和 i 的约束方程。

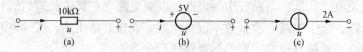

图 1-20　题 1-1 图

1-2　求图 1-21 所示各电路中的 u 或 i。

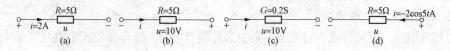

图 1-21　题 1-2 图

1-3　各个元件的电压、电流数值如图 1-22 所示，试问：

(1) 若元件 a 吸收的功率为 10W，则 $u_a=$？

(2) 若元件 b 发出的功率为 10W，则 $i_b=$？

(3) 若元件 c 吸收的功率为 −10W，则 $i_c=$？

(4) 若元件 d 发出的功率为 −10W，则 $i_d=$？

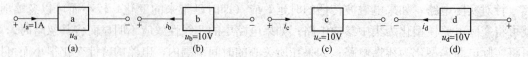

图 1-22　题 1-3 图

1-4　电路如图 1-23 所示，其中电流源的电流为 $i_s=2A$，电压源的电压为 $u_s=10V$。(1) 求 2A 电流源和 10V 电压源的功率。(2) 如果要使 2A 电流源的功率为零，在 ab 段内应插入何种元件？分析此时各元件的功率。(3) 如果要使 10V 电压源的功率为零，则应在 bc 间并联何种元件？分析此时各元件的功率。

1-5　电路如图 1-24 所示，求电流 I 和电压 U。

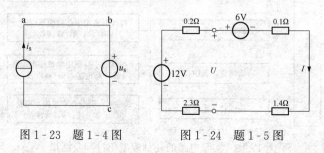

图 1-23　题 1-4 图　　　　　　图 1-24　题 1-5 图

1-6　图 1-25 所示电路中，已知 $i_1 = 1A$、$i_4 = 2A$、$i_5 = 3A$，试求其余各支路的电流。

1-7　图 1-26 所示为某一电路的局部电路，求 I_1、I_2、U、U_R 和 R。

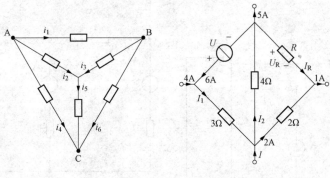

图 1-25　题 1-6 图　　　　　图 1-26　题 1-7 图

1-8　利用元件约束和拓扑约束求图 1-27 所示电路中的电压 u。

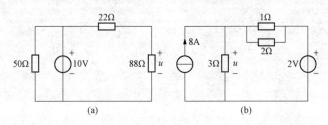

(a)　　　　　　　(b)

图 1-27　题 1-8 图

1-9　电路如图 1-28 所示，求电流 I_1、I_2 和 I_3。

1-10　电路如图 1-29 所示，试计算 U 的值。

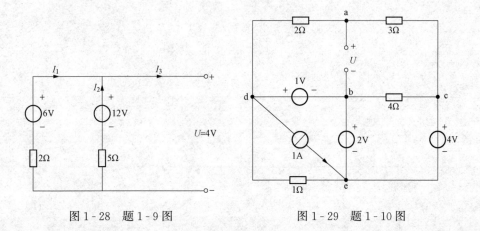

图 1-28　题 1-9 图　　　　　图 1-29　题 1-10 图

1-11　电路如图 1-30 所示，已知图中电流 $I = 1A$，求电压 U_{ab}、U 及电流源 I_s 的功率。

1-12　计算图 1-31 所示电路的各支流电路。

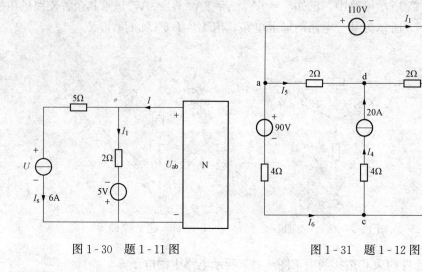

图 1-30 题 1-11 图   图 1-31 题 1-12 图

第2章 电路的等效变换

内容提要：本章介绍电路等效变换的概念和方法。等效变换的概念是电路理论中的核心概念之一，等效变换方法是电路分析的基本方法之一。具体内容包括等效变换和等效电阻的概念、电阻的各种连接及其等效变换、电阻星形连接与三角形连接的等效变换、实际电源两种模型的等效变换、无伴电源的等效转移、电源的不同连接方式及其等效变换。

2.1 等效变换和等效电阻的概念

一个电路中的两个端子，若其中一个端子上流入的电流始终等于另一个端子上流出的电流，则这两个端子合称为端口。据 KCL 可知，二端电路的两个端子自然满足端口的定义，所以二端电路就是一端口电路。有两个端口的电路称为二端口电路，二端口电路有四个端子，是四端电路，但四端电路不一定是二端口电路。

不同的电路具有不同的结构，结构不同但端口特性相同（指端口上的电压、电流关系或其他关系相同）的电路称为等效电路。对于图 2-1 所示的两个结构不同的二端电路 N_1 和 N_2，若它们在端口处的电压、电流约束关系 $u=f(i)$ 相同，则两者互为等效。

各种场合下的等效变换通常是将一个结构复杂的电路转换为一个结构简单的电路，因此，等效变换的方法通常也是简化电路结构的方法。

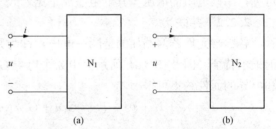

图 2-1 两个不同结构的二端电路

(a) 电路一；(b) 电路二

由多个电阻连接构成的二端电路，可用一个电阻等效，该电阻称为等效电阻。

2.2 电阻连接及其等效变换

2.2.1 串联

各元件若流过的是同一电流，则称为串联连接，简称串联。通过同一电流是串联的根本特征。图 2-2（a）所示为 n 个电阻 R_1、R_2、$\cdots$、R_n 串联而成的电路。根据 KVL 有

$$u = u_1 + u_2 + \cdots + u_n \qquad (2-1)$$

根据电阻的元件约束有 $u_1 = R_1 i$，$u_2 = R_2 i$，$\cdots$，$u_n = R_n i$。将这些元件约束代入式（2-1）中得到

$$u = R_1 i + R_2 i + \cdots + R_n i = (R_1 + R_2 + \cdots + R_n)i \qquad (2-2)$$

可构造图 2-2（b）所示电路，并令其中的电阻 $R = R_1 + R_2 + \cdots + R_n = \sum_{k=1}^{n} R_k$，此种情况下，

图2-2（a）所示的电路与图2-2（b）所示的电路在1-1′端口处具有相同的 VCR（电压和电流约束关系），它们互称为等效电路。把图2-2（a）所示电路转化为图2-2（b）所示电路，称为等效变换，图2-2（b）中的 R 便是图2-2（a）中 n 个电阻串联时的等效电阻。

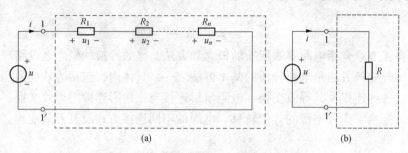

图2-2　n 个电阻的串联及其等效电路
(a) n 个电阻的串联；(b) 等效电路

电阻串联时，各个电阻上的电压为

$$u_k = R_k i = \frac{u}{R} \cdot R_k = \frac{R_k}{R} u \quad (k = 1, 2, \cdots, n) \tag{2-3}$$

可见，串联电阻的电压与其电阻值成正比，式（2-3）称为分压公式。

2.2.2　并联

各二端元件若两端加的是同一电压，称为并联连接，简称并联。所加为同一电压是并联的根本特征。图2-3（a）所示为由 n 个电导 G_1、G_2、$\cdots$、G_n 并联而成的电路。根据 KCL 和电导的元件约束可得

$$i = i_1 + i_2 + \cdots + i_n = G_1 u + G_2 u + \cdots + G_n u = (G_1 + G_2 + \cdots + G_n) u \tag{2-4}$$

可构造图2-3（b）所示电路，其中的电导 $G = G_1 + G_2 + \cdots + G_n = \sum\limits_{k=1}^{n} G_k$。图2-3（a）与图2-3（b）在 1-1′端口处具有相同的电压、电流约束关系，它们互称为等效电路。把图2-3（a）所示电路转化为图2-3（b）所示电路的过程称为等效变换，此时 G 便是图2-3（a）中 n 个电导并联时的等效电导。

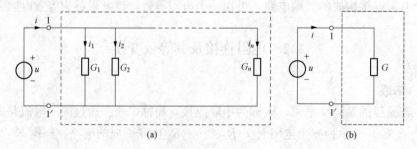

图2-3　n 个电阻的并联及其等效电路
(a) n 个电阻的并联；(b) 等效电路

电导并联时，各电导中的电流为

$$i_k = G_k u = \frac{G_k}{G} i \quad (k = 1, 2, \cdots, n) \tag{2-5}$$

可见，并联电导中的电流与各自的电导成正比，式（2-5）是并联电导的分流公式。

【例 2-1】 如图 2-4 所示电路中，$I_s = 33\text{mA}$，$R_1 = 40\text{k}\Omega$，$R_2 = 10\text{k}\Omega$，$R_3 = 25\text{k}\Omega$，求 I_1、I_2 和 I_3。

解 由题给条件，可知

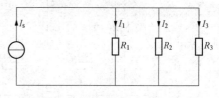

图 2-4 ［例 2-1］ 电路

$$G_1 = \frac{1}{R_1} = \frac{1}{40 \times 10^3} = 2.5 \times 10^{-5} (\text{S})$$

$$G_2 = \frac{1}{R_2} = \frac{1}{10 \times 10^3} = 1.0 \times 10^{-4} (\text{S})$$

$$G_3 = \frac{1}{R_3} = \frac{1}{25 \times 10^3} = 4.0 \times 10^{-5} (\text{S})$$

根据分电流公式，可得

$$I_1 = \frac{G_1}{G_1 + G_2 + G_3} \times I_s = \frac{2.5 \times 10^{-5} \times 33}{2.5 \times 10^{-5} + 1.0 \times 10^{-4} + 4.0 \times 10^{-5}} = 5 (\text{mA})$$

$$I_2 = \frac{G_2}{G_1 + G_2 + G_3} \times I_s = \frac{1.0 \times 10^{-4} \times 33}{2.5 \times 10^{-5} + 1.0 \times 10^{-4} + 4.0 \times 10^{-5}} = 20 (\text{mA})$$

$$I_3 = \frac{G_3}{G_1 + G_2 + G_3} \times I_s = \frac{4.0 \times 10^{-5} \times 33}{2.5 \times 10^{-5} + 1.0 \times 10^{-4} + 4.0 \times 10^{-5}} = 8 (\text{mA})$$

2.2.3 混联

仅由电阻构成的二端电路中，当其中的电阻既有串联，又有并联时，称为电阻的混合连接，简称混联。从端口特性来看，此二端电路可用一个电阻来等效，等效的过程是先将电路中的局部串联电路和局部并联电路用等效电阻表示，再看对局部电路做等效简化后得到的新电路中电阻之间的连接关系是串联还是并联，进而继续用电阻串联和并联规律做等效简化，直到简化为一个等效电阻为止。

【例 2-2】 图 2-5 所示电路为混联电路，试求其等效电阻。

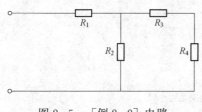

图 2-5 ［例 2-2］ 电路

解 在图 2-5 中，R_3 与 R_4 串联后与 R_2 并联，再与 R_1 串联，则其等效电阻为

$$R = R_1 + \frac{R_2(R_3 + R_4)}{R_2 + (R_3 + R_4)}$$

为简化起见，可将并联关系用符号"//"表示，故上式也可写为

$$R = R_1 + R_2 // (R_3 + R_4)$$

【例 2-3】 图 2-6（a）所示电路中，各电阻值均已给出，求该电路 a、b 两端的等效电阻。

解 表面上看，该电路的连接关系难以把握，但根据串联连接和并联连接的根本特征，不难判断出真实的连接情况。R_1 和 R_2 上所加为同一电压，故 R_1 与 R_2 为并联，等效电阻为 1Ω；R_3 与 R_4 也为并联，等效电阻为 2Ω。进一步分析可以发现，R_3 与 R_4 并联后与 R_6 通过相同的电流，故 $R_3 // R_4$ 与 R_6 是串联关系。接下来，可判断出该串联支路与 R_5 两端具有相同的电压，故为并联关系。基于以上分析，可做出如图 2-6（b）所示电路，由此可方便求出 a、b 两端的等效电阻为

$$R_{\text{eq}} = [(2 + 4) // 4 + 1] // 4 = 1.84 (\Omega)$$

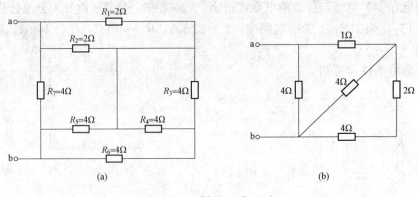

图 2-6 ［例 2-3］电路

(a) 原电路；(b) 局部等效变换后电路

【例 2-4】 图 2-7 所示电路中全部 10 个电阻阻值均为 1Ω，求该电路 a、b 两端的等效电阻。

解 图 2-7 (a) 所示电路中各电阻的连接关系看似复杂，但仔细观察可以发现，图中每个电阻两端的电压均是相同的，故 10 个电阻实际均为并联，连接关系如图 2-7 (b) 所示，故 a、b 两端的等效电阻为 $R_{eq}=1/10=0.1$（Ω）。

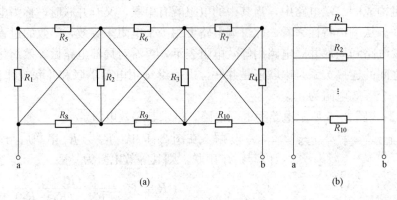

图 2-7 ［例 2-4］电路

(a) 原电路；(b) 电路的实际连接关系

【例 2-5】 图 2-8 (a) 所示为一无限延伸的电阻网络，网络中各电阻的大小相同，均为 R，试求 A、B 两端的等效电阻。

解 由于网络是无限延伸的电阻网络，因而 AB 两点之间的等效电阻与 CD 两点向右看过去的等效电阻相等。若用 R_{CD} 代表 CD 两点向右看过去的等效电阻，则该无限延伸的电阻网络可简化为图 2-8 (b) 所示的形式，由此可得到以下关系式

$$R_{AB} = 2R + \frac{R \cdot R_{CD}}{R + R_{CD}}$$

因为网络是无限延伸的，故 $R_{AB}=R_{CD}$，代入上式即可求得 AB 之间的等效电阻为

$$R_{AB} = (1 \pm \sqrt{3})R$$

由于 R 与 R_{AB} 之间应该具有正的关系形式，所以最终可得 A、B 两端之间的等效电阻为

$$R_{AB} = (1 + \sqrt{3})R$$

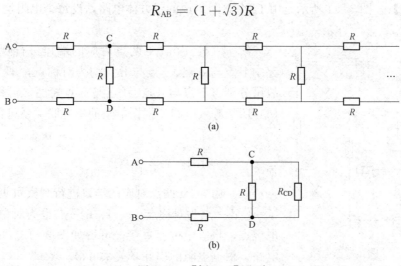

(a)

(b)

图 2-8 [例 2-5] 电路

(a) 原电路；(b) 等效电路

2.2.4 具有等电位点和零电流支路的电路

电路中某点的电位，是指该点对参考点的电压。参考点的电位，也就是参考点对自身的电压，必然是为零的。

对电路进行等效变换时，若预先可判断出电路中有两点电位相等，可将这两点短路；若预先可判断出某一支路的电流为零，可将该支路断开。进行这样的处理，电路的计算结果不会有任何变化。原因是，这样的处理并没有改变依据拓扑约束和元件约束列出来的任何方程，故实质上没有任何变化。很多情况下按这种方式对电路进行处理，会给电路求解带来极大方便。

【例 2-6】 图 2-9 所示电路中所有电阻阻值均为 1Ω，求输入端的等效电阻 R_{eq}。

解 从电路的结构和参数可看到电路具有对称性。据此可以判断出 a、b 两点等电位，所以 a、b 两点间电压为零，因此可将 a、b 两点间做短路处理，如图 2-10 (a) 所示。因为 a、b 两点间电压为零，所以 a、b 两点间支路电流为零，因此，也可将 a、b 两点间支路断开，如图 2-10 (b) 所示。由两种处理方法得到的电路均可方便求出原电路的等效电阻为 $R_{eq} = 1.6\Omega$。

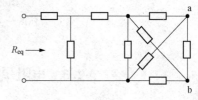

图 2-9 [例 2-6] 电路

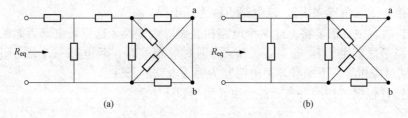

(a)   (b)

图 2-10 [例 2-6] 电路的变换

(a) a、b 两点短路时的电路；(b) a、b 两点断开时的电路

【例2-7】　图2-11所示是由12个电阻组成的正方体电路，设每个电阻均为1Ω，试分别求 R_{ae} 和 R_{ag}。

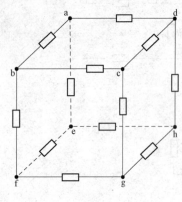

图2-11　[例2-7]电路

解　（1）由 a、e 两点对应的端口进行观察可见，电路中 b 点与 d 点、f 点与 h 点均为对称点，即是等电位点，故可分别将 b 点与 d 点、f 点与 h 点短路，可得如图2-12（a）所示等效电路。根据电阻的串并联关系可得

$$R_{ae} = [(0.5+1+0.5)//0.5+0.5+0.5]//1$$
$$= 1.4//1 = \frac{7}{12}(\Omega)$$

（2）由 a、g 两点对应的端口进行观察可见，电路中的 b、e、d 三点为对称点，c、f、h 三点也为等电位点，将等电位点短接，可得如图2-12（b）所示等效电路。根据电阻的串并联关系可得

$$R_{ag} = \frac{1}{3} + \frac{1}{6} + \frac{1}{3} = \frac{5}{6}(\Omega)$$

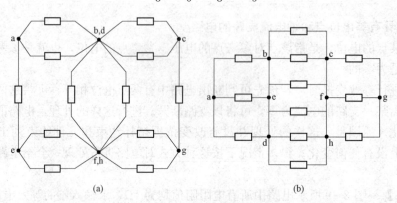

（a）　　　　　　　　　　　　（b）

图2-12　[例2-7]电路的变换
（a）计算 R_{ae} 时的等效电路；（b）计算 R_{ag} 时的等效电路

2.3　电阻星形连接与三角形连接的等效变换

电路中，若三个电阻元件连接成图2-13（a）所示的形式，就称为电阻的 Y 连接（或星形连接），该电路也称为 Y 电路；若三个电阻元件连接成图2-13（b）所示的形式，则称为电阻的△连接（或三角形连接），该电路也称为△电路。

电路分析时，往往需要将上述两个电路相互做等效变换。这里，电路等效的含义是：两电路的三个端子之间的电压 u_{12}、u_{23}、u_{31} 分别对应相等时，两电路三个端子上的电流 i_1、i_2、i_3 也分别对应相等。下面推导两电路互为等效电路的条件。

对 Y 电路，根据拓扑约束和元件约束，可得以下方程

$$\begin{cases} i_1 + i_2 + i_3 = 0 \\ R_1 i_1 - R_2 i_2 = u_{12} \\ R_2 i_2 - R_3 i_3 = u_{23} \end{cases} \tag{2-6}$$

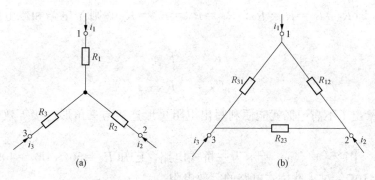

图 2-13 电阻的星形连接和三角形连接

(a) 星形连接；(b) 三角形连接

设 u_{12}、u_{23} 为已知量，i_1、i_2、i_3 为未知量，通过一定的数学运算，并利用 $u_{12} + u_{23} + u_{31} = 0$ 的关系，可以求解出

$$\begin{cases} i_1 = \dfrac{R_3 u_{12}}{R_1 R_2 + R_2 R_3 + R_3 R_1} - \dfrac{R_2 u_{31}}{R_1 R_2 + R_2 R_3 + R_3 R_1} \\[2mm] i_2 = \dfrac{R_1 u_{23}}{R_1 R_2 + R_2 R_3 + R_3 R_1} - \dfrac{R_3 u_{12}}{R_1 R_2 + R_2 R_3 + R_3 R_1} \\[2mm] i_3 = \dfrac{R_2 u_{31}}{R_1 R_2 + R_2 R_3 + R_3 R_1} - \dfrac{R_1 u_{23}}{R_1 R_2 + R_2 R_3 + R_3 R_1} \end{cases} \quad (2\text{-}7)$$

对△电路，根据拓扑约束和元件约束，可得出以下方程

$$\begin{cases} i_1 = \dfrac{u_{12}}{R_{12}} - \dfrac{u_{31}}{R_{31}} \\[2mm] i_2 = \dfrac{u_{23}}{R_{23}} - \dfrac{u_{12}}{R_{12}} \\[2mm] i_3 = \dfrac{u_{31}}{R_{31}} - \dfrac{u_{23}}{R_{23}} \end{cases} \quad (2\text{-}8)$$

若 Y 电路和△电路是等效电路，根据等效电路的定义知，必然会有式（2-7）与式（2-8）完全相同的情况，此时应有

$$\begin{cases} R_{12} = \dfrac{R_1 R_2 + R_2 R_3 + R_3 R_1}{R_3} = R_1 + R_2 + \dfrac{R_1 R_2}{R_3} \\[2mm] R_{23} = \dfrac{R_1 R_2 + R_2 R_3 + R_3 R_1}{R_1} = R_2 + R_3 + \dfrac{R_2 R_3}{R_3} \\[2mm] R_{31} = \dfrac{R_1 R_2 + R_2 R_3 + R_3 R_1}{R_2} = R_1 + R_3 + \dfrac{R_1 R_3}{R_3} \end{cases} \quad (2\text{-}9)$$

以上即为电阻的 Y 连接等效变换成△连接时，各电阻之间的关系。用类似的方法，可推出电阻的△连接等效变换成 Y 连接时，各电阻之间的关系为

$$\begin{cases} R_1 = \dfrac{R_{12} R_{31}}{R_{12} + R_{23} + R_{31}} \\[2mm] R_2 = \dfrac{R_{23} R_{12}}{R_{12} + R_{23} + R_{31}} \\[2mm] R_3 = \dfrac{R_{31} R_{23}}{R_{12} + R_{23} + R_{31}} \end{cases} \quad (2\text{-}10)$$

如果电路对称，即 $R_1 = R_2 = R_3 = R_Y$，$R_{12} = R_{23} = R_{31} = R_\triangle$，则 Y 电路和△电路之间的变换关系为

$$R_\triangle = 3R_Y \qquad\qquad\qquad (2-11)$$

$$R_Y = \frac{1}{3}R_\triangle \qquad\qquad\qquad (2-12)$$

附录 A 中给出了不需记忆就能便利写出电阻星形连接与三角形连接等效变换公式的快速方法。

【例 2-8】 图 2-14（a）所示为一桥式电路，已知 $R_1 = 50\Omega$，$R_2 = 40\Omega$，$R_3 = 15\Omega$，$R_4 = 26\Omega$，$R_5 = 10\Omega$，试求此桥式电路的等效电阻。

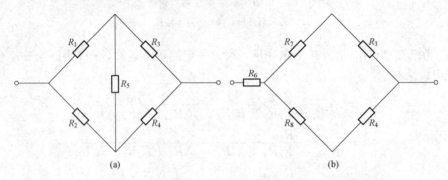

图 2-14　［例 2-8］电路

（a）原电路；（b）等效变换后电路

解　将 R_1、R_2、R_5 组成的△连接变换成由 R_6、R_7、R_8 组成的 Y 连接，如图 2-15（b）所示，由电阻△-Y 之间的变换公式，可得

$$R_6 = \frac{R_1 R_2}{R_1 + R_5 + R_2} = \frac{50 \times 40}{50 + 10 + 40} = 20(\Omega)$$

$$R_7 = \frac{R_5 R_1}{R_1 + R_5 + R_2} = \frac{10 \times 50}{50 + 10 + 40} = 5(\Omega)$$

$$R_8 = \frac{R_2 R_5}{R_1 + R_5 + R_2} = \frac{40 \times 10}{50 + 10 + 40} = 4(\Omega)$$

应用电阻串并联公式，可求得整个电路的等效电阻为

$$R = R_6 + \frac{(R_7 + R_3)(R_8 + R_4)}{(R_7 + R_3) + (R_8 + R_4)} = 20 + \frac{(5+15) \times (4+26)}{(5+15) + (4+26)} = 32(\Omega)$$

2.4　实际电源两种模型的等效变换

图 2-15 所示为电压源与电阻串联的二端电路和电流源与电导并联的二端电路，它们也是实际电压源和实际电流源的常用模型。当这两个电路端口处的电压电流关系相同时，就互为等效电路，彼此之间可以互换。下面推导这两个电路等效的条件。

由 1.7 节中［例 1-2］可知，图 2-15（a）所示电路端口 1-1′处电压 u 与电流 i 的关系为

$$u = u_s - Ri \quad \text{或} \quad i = \frac{1}{R}u_s - \frac{1}{R}u \qquad\qquad\qquad (2-13)$$

图 2-15（b）所示电路端口 1-1′处电压 u 与电流 i 的关系为

$$u = \frac{1}{G}i_s - \frac{1}{G}i \quad \text{或} \quad i = i_s - Gu \qquad (2-14)$$

比较以上两式可知，若满足下列条件

$$\begin{cases} u_s = \frac{1}{G}i_s \\ R = \frac{1}{G} \end{cases} \text{或} \begin{cases} i_s = \frac{1}{R}u_s \\ G = \frac{1}{R} \end{cases} \qquad (2-15)$$

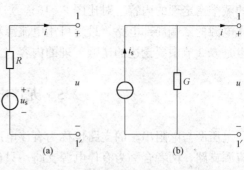

图 2-15 实际电压源和实际电流源的模型
(a) 实际电压源的模型；(b) 实际电流源的模型

则式（2-13）与式（2-14）完全等同，也就是说两电路在端口处电压、电流的关系一样。

由此可以得出结论：在满足式（2-15）的条件下，电压源和电阻串联的二端电路与电流源和电导并联的二端电路互为等效电路（须注意 u_s 和 i_s 的参考方向）。

【例 2-9】 应用等效变换的方法，求图 2-16（a）所示电路中的电流 i。

解 不断应用等效变换的方法，可有如下变换过程：图 2-16（a）→图 2-16（b）→图 2-16（c）→图 2-16（d）→图 2-16（e）或图 2-16（f）。由图 2-16（e）得

$$i = \frac{5}{3+7} = 0.5(\text{A})$$

或由图 2-16（f）得

$$i = \frac{5}{3} \times \frac{3}{3+7} = 0.5(\text{A})$$

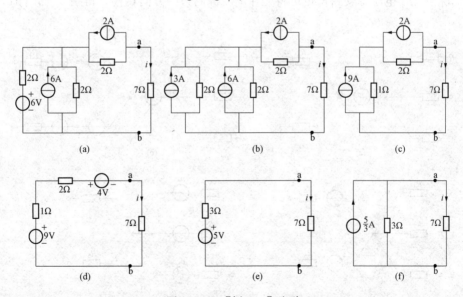

图 2-16 ［例 2-9］电路
(a) 原电路；(b) 等效电路一；(c) 等效电路二；
(d) 等效电路三；(e) 等效电路四；(f) 等效电路五

对比图 2-16（a）、图 2-16（e）可知，含有多个线性电阻元件和独立电源的二端局部电路，最终可用电压源和电阻的串联组合也即实际电压源的模型表示，这也是 6.3 节中要论

述的戴维南定理的内容。对比图 2-16（a）、图 2-16（f）可知，含有多个线性电阻元件和独立电源的二端局部电路，最终可用电流源和电阻的并联组合也即实际电流源的模型表示，这也是 6.3 节中要论述的诺顿定理的内容。

2.5　无伴电源的等效转移

电压源与电阻串联的支路也称为有伴电压源支路，电流源与电阻并联的支路也称为有伴电流源支路，两者合称为有伴电源支路。只包含电压源而无其他元件与之串联的支路称无伴电压源支路，只包含电流源而无其他元件与之并联的支路称为无伴电流源支路，两者合称为无伴电源支路。有伴电源支路的电压与电流之间可建立确定的函数关系，无伴电源支路的电压与电流之间无法建立确定的函数关系。在某些情况下，支路电压与电流的约束关系是必不可少的，这样，就不希望无伴电源支路存在，如果存在无伴电源支路，就必须将其作等效转移。

无伴电源的等效转移是消除无伴电源支路的方法，这样做，既可解决无伴电源支路电压与电流之间无法建立函数关系这一问题，有时还能给等效变换带来方便。

2.5.1　无伴电压源的等效转移

图 2-17（a）所示电路中，a、b 两点之间为无伴电压源支路，将电路变为图 2-17（b）所示形式，电路的各种约束关系均无任何变化。从图 2-17（b）可见，a、c、d 三点为等电位点，可将三点用理想导线短接，由此可得图 2-17（c）所示电路，这样就将电压源进行了转移，消除了无伴电压源支路；也可将无伴电压源向另一方向转移，得图 2-17（d）所示电路。

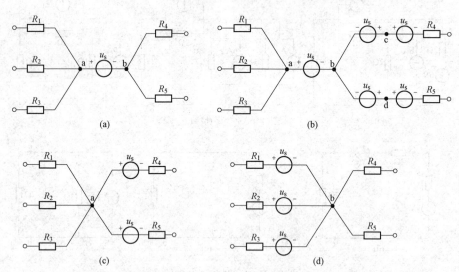

图 2-17　无伴电压源支路及等效转移
(a) 原电路；(b) 等效电路一；(c) 等效电路二；(d) 等效电路三

2.5.2　无伴电流源的等效转移

图 2-18（a）所示电路中，a、b 两点之间为无伴电流源支路，将电路变为图 2-18（b）

所示形式，对 a、b、c、d 四点的 KCL 未产生任何变化，故是等效变换；也可将电路变为图 2-18（c）所示形式，这样，就转移了无伴电流源支路。

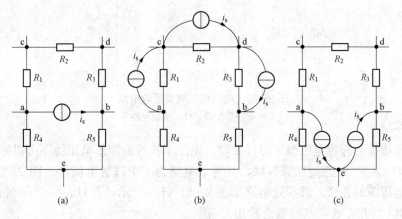

图 2-18 无伴电流源支路及等效转移

(a) 原电路；(b) 等效电路一；(c) 等效电路二

【例 2-10】 对图 2-19（a）所示电路，试用电源转移法化简电路，并求解电流 i。

解 利用电源等效转移方法，可将图 2-19（a）所示电路转化为图 2-19（b）所示电路，然后利用实际电源的两种模型的等效变换，不断化简电路，最后得图 2-19（c）所示电路，由此可算出

$$i = \frac{3u_s/4}{R+R} = \frac{3}{8R}u_s$$

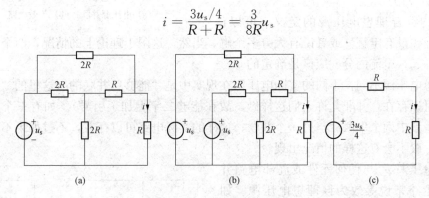

图 2-19 ［例 2-10］电路

(a) 原电路；(b) 等效电路一；(c) 等效电路二

2.6 电源的不同连接方式及其等效变换

2.6.1 电压源的不同连接方式及其等效变换

图 2-20（a）所示电路为 n 个电压源的串联，根据 KVL 很容易证明这一电压源的串联组合可以用一个电压源来等效，如图 2-20（b）所示，该等效电压源的电压为

$$u_s = u_{s1} + u_{s2} + \cdots + u_{sn} = \sum_{k=1}^{n} u_{sk} \qquad (2-16)$$

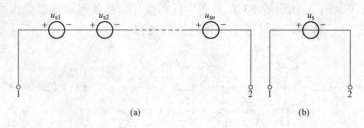

图 2 - 20　电压源串联及等效电路
(a) 电压源串联；(b) 等效电路

只有电压相等的理想电压源才可以并联。电压不相等的理想电压源不可以并联，因为并联将违背 KVL。多个理想电压源并联，其等效电路为一个理想电压源。图 2 - 21（a）所示为两个理想电压源的并联，其等效电路如图 2 - 21（b）所示，并且，一定存在 $u_s = u_{s1} = u_{s2}$ 的关系（据 KVL 和等效变换的概念推出）。图 2 - 21（a）所示的电压源的并联组合向外部提供的电流 i 在两个电压源之间如何分配无法确定，有无穷多种可能性。例如，认为两个电压源的电流均为 $\frac{1}{2}i$ 是成立的，认为两个电压源的电流一个为 $\frac{1}{10}i$，另一个为 $\frac{9}{10}i$ 也是成立的，因为它们均符合理想电压源的定义。可以认为，这个问题没有定解，或者说有无穷多个解。当然，这限于理论上的情况，两个实际电压源并联在一起，电流的分配应该是确定的。

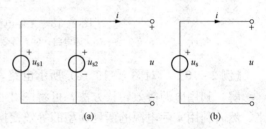

图 2 - 21　电压源并联及等效电路
(a) 电压源并联；(b) 等效电路

与理想电压源不同，不同的实际电压源在现实中是"能够"并联的（这里的"能够"仅指现实上可以存在，并非允许人们这样做，故在能够二字上加了引号）。如有三个同型号的干电池，将其中两个串联后与另一个并联，这样的实际电路可以存在，不过如果不是人们故意所为，一般不会有这样的情况出现。

理想电压源 u_s 与任何元件或局部电路并联，对外电路来说等效为该理想电压源。如图 2 - 22（a）所示电路，方框 N 所示可为一个元件如电阻、电流源，也可以是某一局部电路，该电路的等效电路为理想电压源 u_s，如图 2 - 22（b）所示。由于方框 N 对应的局部电路对外电路来说不起任何作用，故针对外电路而言，该局部电路可称为虚电路；若方框 N 对应的仅是一个元件，该元件可称为虚元件。注意，这里的"虚"仅是对针对外电路而言的，对内电路，不为虚应为实。

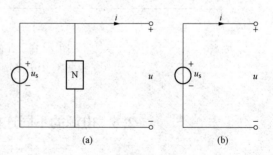

图 2 - 22　电压源与其他元件或局部电路并联
及等效电路
(a) 电压源与其他元件或局部电路并联；
(b) 等效电路

2.6.2　电流源的不同连接方式及其等效变换

图 2-23（a）所示为 n 个电流源的并联，根据 KCL，这一电流源的并联组合可以用一个电流源来等效，如图 2-23（b）所示。等效电流源的电流为

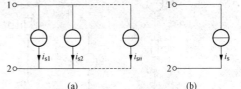

$$i_s = i_{s1} + i_{s2} + \cdots + i_{sn} = \sum_{k=1}^{n} i_{sk} \quad (2-17)$$

图 2-24（a）所示为两个理想电流源的串联，据 KCL 可知，一定存在 $i_{s1} = i_{s2}$ 的关系，图 2-24（b）为图 2-24（a）的等效电路，并有 $i_s = i_{s1} = i_{s2}$。图 2-24（a）所示的电流源的串联组合其上

图 2-23　电流源并联及等效电路
（a）电流源并联；（b）等效电路

的电压之和为 u，但是两电流源上该电压如何分配无法确定，有无穷多种可能性，例如，认为两个电流源的电压均为 $\frac{1}{2}u$ 是成立的，认为两个电流源的电压一个为 $\frac{1}{10}u$ 而另一个为 $\frac{9}{10}u$ 也是成立的，因为它们均符合理想电流源的定义。

理想电流源与任何元件或局部电路串联，对外电路来说等效为该理想电流源。如图 2-25（a）所示电路，方框 N 可为一个元件如电阻、电压源，也可以是某一局部电路，该电路等效为理想电流源 i_s，如图 2-25（b）所示。由于方框 N 表示的局部电路对外电路来说不起任何作用，故对外电路而言，该局部电路可称为虚电路；若方框 N 对应的仅是一个元件，该元件可称为虚元件。

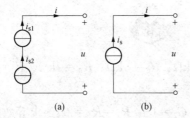

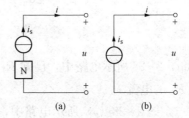

图 2-24　电流源串联及等效电路
（a）电流源串联；（b）等效电路

图 2-25　电流源与其他元件或
局部电路串联及等效电路
（a）电流源与其他元件或局部电路串联；
（b）等效电路

只有电流相等的理想电流源才允许串联，其等效电路为一个理想电流源。电流不相等的理想电流源是不允许串联的，这是 KCL 决定的。

与理想电流源不同，不同的实际电流源在现实中是"能够"串联的，不过人们一般不会有意而为之。

【例 2-11】　电路如图 2-26（a）所示，试求出该电路的最简等效电路。

解　对 a、b 两点对应的端口而言，电路中与 5A 电流源串联的 10Ω 电阻、与 5V 电压源并联的 5Ω 电阻均为虚元件。利用等效变换方法，可将图 2-26（a）所示电路依次等效变换为图 2-26（b）、图 2-26（c）、图 2-26（d）或图 2-26（e）所示电路，由此就得到了最简单等效电路。

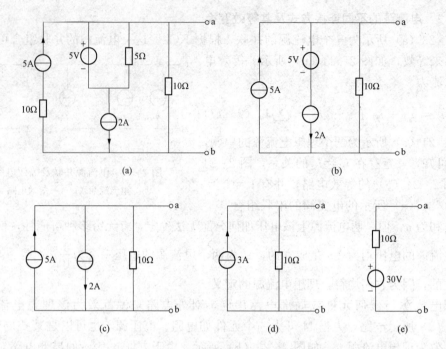

图 2-26 ［例 2-11］电路

(a) 原电路；(b) 等效电路一；(c) 等效电路二；(d) 最简等效电路一；(e) 最简等效电路二

2-1 如图 2-27 所示电路中，已知 $R_1=10\text{k}\Omega$、$R_2=5\text{k}\Omega$、$R_3=2\text{k}\Omega$、$R_4=1\text{k}\Omega$、$U=6\text{V}$，求通过 R_3 的电流 I。

2-2 (1) 图 2-28 (a) 所示电路中，$G_1=G_2=1\text{S}$、$R_3=R_4=2\Omega$，求等效电阻 R_{ab}。

(2) 图 2-28 (b) 所示电路中，$R_1=R_2=1\Omega$、$R_3=R_4=2\Omega$、$R_5=4\Omega$，分别求开关 K 闭合和断开时的等效电阻 R_{ab}。

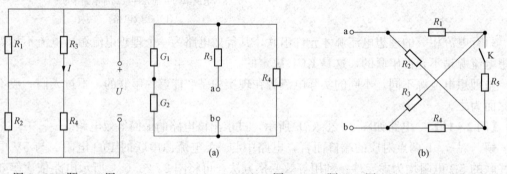

图 2-27 题 2-1 图   图 2-28 题 2-2 图

2-3 求图 2-29 所示二端网络的等效电阻 R_{ab}。

2-4 求图 2-30 所示电路中的电流 i。

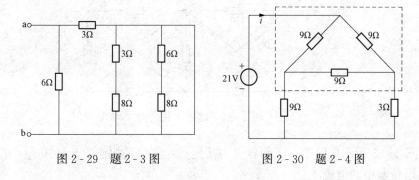

图2-29 题2-3图   图2-30 题2-4图

2-5 求图2-31所示各电路的等效电阻R_{ab}，其中$R=2\Omega$。

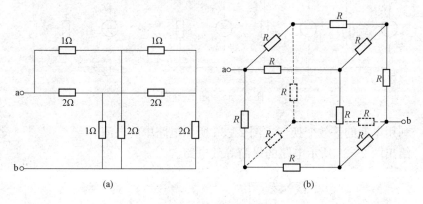

(a)   (b)

图2-31 题2-5图

2-6 求图2-32所示电路中的电压U。

2-7 计算图2-33所示电路ab端的等效电阻。

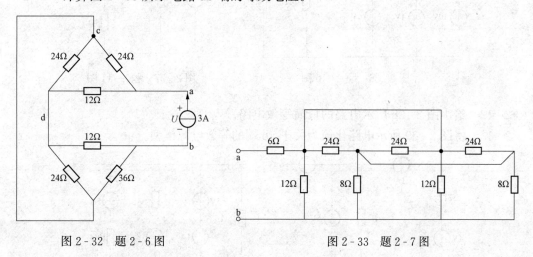

图2-32 题2-6图   图2-33 题2-7图

2-8 求图2-34所示电路的等效电阻R_{ab}，图中各电阻单位均为Ω。

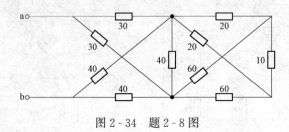

图 2-34　题 2-8 图

2-9　图 2-35 所示电路中，下面各点为接地点，实际是相连的。已知 $I_{s1}=I_{s2}=I_{s3}=\cdots=I_{sn}=I_s$，求负载中的电流 I_L。

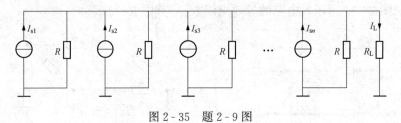

图 2-35　题 2-9 图

2-10　利用电源的等效变换，求图 2-36 所示电路中的电流 i。

2-11　给出图 2-37 所示电路的最简等效电路。

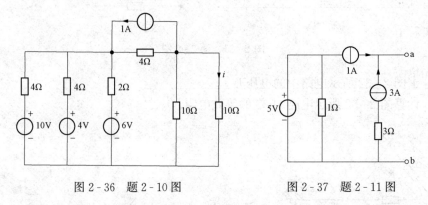

图 2-36　题 2-10 图　　　　　图 2-37　题 2-11 图

2-12　给出图 2-38 所示电路的最简等效电路。

2-13　将图 2-39 所示电路化简为关于 ab 端的等效电源模型。

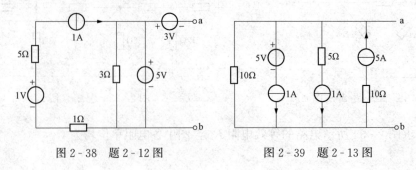

图 2-38　题 2-12 图　　　　　图 2-39　题 2-13 图

2-14　图 2-40 所示电路中，已知 1A 电流源发出的功率为 1W，试求电阻 R 的值。

2-15 求图2-41所示电路中的电压 u_A、u_B、u_C。

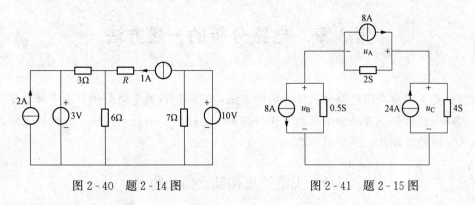

图 2-40 题 2-14 图   图 2-41 题 2-15 图

2-16 图2-42所示电路中，已知 $u=3V$，求电阻 R。

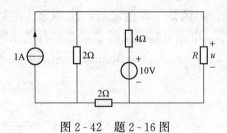

图 2-42 题 2-16 图

第 3 章　电路分析的一般方法

　　内容提要：本章介绍电路分析的一般性方法，它们是各类电路分析方法中最重要的一类方法。具体内容包括：支路约束和独立拓扑约束、支路法、网孔电流法、寻找独立回路的系统化方法、回路电流法、节点电压法。

3.1　支路约束和独立拓扑约束

3.1.1　支路的五种形式及其约束

　　电路分析的主要内容是：对已知（即给定）结构和元件参数的电路，求解其中各元件（支路）的电流、电压或功率。电路方程建立的依据是拓扑约束和支路（或元件）约束。为方便介绍电路的一般分析方法，下面先介绍如图 3-1 所示的五种常见的支路形式及其约束关系。

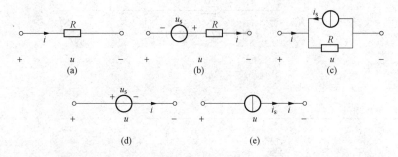

图 3-1　五种常见的支路形式

(a) 纯电阻支路；(b) 电压源与电阻串联支路；(c) 电流源与电阻并联支路；

(d) 纯电压源支路；(e) 纯电流源支路

　　对图 3-1 (a) 所示的电阻支路，其电压、电流的约束关系为

$$u = Ri \text{ 或 } i = u/R \tag{3-1}$$

对图 3-1 (b) 所示的电压源与电阻串联支路，其电压、电流的约束关系为

$$u = -u_s + Ri \text{ 或 } i = (u + u_s)/R \tag{3-2}$$

对图 3-1 (c) 所示的电流源与电阻并联支路，其电压、电流的约束关系为

$$u = (i + i_s)R \text{ 或 } i = u/R - i_s \tag{3-3}$$

对图 3-1 (d) 所示的纯电压源支路（无伴电压源支路），其电压、电流的约束关系为

$$\begin{cases} u(t) = u_s(t) \\ i(t) \text{ 由外接电路决定,值域为}(-\infty, +\infty) \end{cases} \tag{3-4}$$

对图 3-1 (e) 所示的纯电流源支路（无伴电流源支路），其电压、电流的约束关系为

$$\begin{cases} i(t) = i_s(t) \\ u(t) \text{ 由外接电路决定,值域为}(-\infty, +\infty) \end{cases} \tag{3-5}$$

以上五种支路中，图 3-1（a）、图 3-1（b）、图 3-1（c）所示的三种支路其电压与电流之间存在确定的函数关系，即由电压可推出电流，或由电流可推出电压；图 3-1（d）、图 3-1（e）所示的两种支路其电压与电流之间不存在确定的函数关系。

3.1.2　独立拓扑约束

电路的方程是根据电路的支路（或元件）约束和拓扑约束列写出来的，但并非每一个节点的 KCL 方程和每一个回路的 KVL 方程均对电路求解起作用，起作用的是独立方程。

独立方程是指不可能由别的同类方程通过组合的方式得到的方程，独立 KCL 方程或独立 KVL 方程中一定存在其他方程中所不包含的电流或电压。可以证明（见 3.4 节），对于具有 n 个节点，b 条支路的电路，其独立的 KCL 方程数为 $n-1$，独立的 KVL 方程数为 $b-(n-1)$。能够列写出独立 KCL 方程的节点称为独立节点，能够列写出独立 KVL 方程的回路称为独立回路。由此可知，电路的独立节点数比电路的全部节点数少 1，独立回路数为电路的全部支路数减去独立节点数。

独立节点的确定比较容易，去掉电路中的任意一个节点，剩余的 $n-1$ 个节点即为独立节点。独立回路的确定要复杂一些，具体方法有三种：①以电路中出现的自然孔（称为网孔）作为独立回路；②通过观察选定独立回路，须保证每个回路中均包含有其他回路所不包含的支路；③系统法，即先选树，然后通过选定的树找出独立回路（见 3.4 节）。三种方法中，第一种方法比较简单，但仅能适用于平面电路，不能用于立体电路；而后两种方法则不受此限制。

平面电路是指画在平面上时，不存在支路交叉的电路，如星形电路和三角形电路。而对如图 3-2 所示的立方体电路，在平面上无论怎么画，总存在支路的交叉，则为立体电路。

图 3-3 所示为一平面电路，该电路节点数 $n=4$，支路数 $b=6$，故电路的独立节点数为 $n-1=3$，独立回路数为 $b-(n-1)=3$。

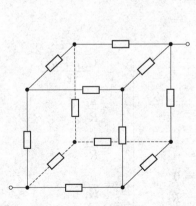

图 3-2　立体电路

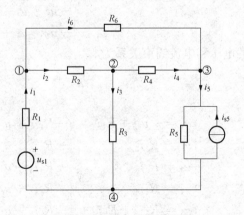

图 3-3　说明独立节点和独立回路的电路

对图 3-3 所示电路，去掉节点④，剩余的节点①、②、③为一组独立节点；去掉节点①，剩余的节点②、③、④为一组独立节点。该电路的独立节点组合总共有 4 种。

图 3-3 所示电路共有 7 个回路，分别是回路 l_1：包含支路 2、3、1（从水平支路开始，按顺时针绕行方向排列支路顺序，下同）；回路 l_2：包含支路 4、5、3；回路 l_3：包含支路 6、4、2；回路 l_4：包含支路 6、5、1；回路 l_5：包含支路 6、4、3、1；回路 l_6：包含支

6、5、3、2；回路 l_7：包含支路 2、4、5、1。在 7 个回路当中，回路 l_1、l_2、l_3 是网孔。

图 3-3 所示电路有很多独立回路组，例如：三个网孔 l_1、l_2、l_3 是独立回路组，回路 l_1、l_2、l_4 是独立回路组，回路 l_1、l_4、l_7 也是独立回路组，还有其他的独立回路组。但是，回路 l_1、l_2、l_7 不是独立回路组，这是因为回路 l_1、l_2 的 KVL 方程分别为 $u_1+u_2+u_3=0$ 和 $-u_3+u_4+u_5=0$，由这两者相加，可得到回路 l_7 的 KVL 方程 $u_1+u_2+u_4+u_5=0$。

3.2 支 路 法

3.2.1 2b 法

对于一个具有 b 条支路、n 个节点的电路，当把支路电流和支路电压均作为待求量建立方程时，总计有 $2b$ 个未知量，需要建立 $2b$ 个方程才能解出待求量，这就是 $2b$ 法名称的由来。

根据前面的论述可知，对于一个具有 b 条支路、n 个节点的电路，可列出的独立方程计有：$n-1$ 个独立的 KCL 方程、$b-(n-1)$ 个独立的 KVL 方程、b 个支路的电压电流约束方程，由此即给出了 $2b$ 法方程。

对图 3-3 所示电路，选节点④为参考节点，对节点①、②、③建立 KCL 方程有

$$\begin{cases} -i_1+i_2+i_6=0 \\ -i_2+i_3+i_4=0 \\ -i_4+i_5-i_6=0 \end{cases} \tag{3-6}$$

假定各支路电压（图中未标出）与各支路电流均取关联方向，以网孔为回路并令回路绕行方向为顺时针，列 KVL 方程，有

$$\begin{cases} u_1+u_2+u_3=0 \\ -u_3+u_4+u_5=0 \\ -u_2-u_4+u_6=0 \end{cases} \tag{3-7}$$

各支路的电压和电流约束关系为

$$\begin{cases} u_1=-u_{s1}+R_1i_1 \\ u_2=R_2i_2 \\ u_3=R_3i_3 \\ u_4=R_4i_4 \\ u_5=R_5i_5+R_5i_{s5} \\ u_6=R_6i_6 \end{cases} \text{或} \begin{cases} -R_1i_1+u_1=-u_{s1} \\ -R_2i_2+u_2=0 \\ -R_3i_3+u_3=0 \\ -R_4i_4+u_4=0 \\ -R_5i_5+u_5=R_5i_{s5} \\ -R_6i_6+u_6=0 \end{cases} \text{或} \begin{cases} i_1=\dfrac{(u_{s1}+u_1)}{R_1} \\ i_2=\dfrac{u_2}{R_2} \\ i_3=\dfrac{u_3}{R_3} \\ i_4=\dfrac{u_4}{R_4} \\ i_5=\dfrac{u_5}{R_5}-i_{s5} \\ i_6=\dfrac{u_6}{R_6} \end{cases} \tag{3-8}$$

式（3-6）～式（3-8）给出的方程即为 $2b$ 法方程，方程数量共计 12 个。将方程整理成式（3-9）所示矩阵形式，求解即可得各支路电压和支路电流。

$$\begin{bmatrix} -1 & 1 & 0 & 0 & 0 & 1 & 0 & 0 & 0 & 0 & 0 & 0 \\ 0 & -1 & 1 & 1 & 0 & 0 & 0 & 0 & 0 & 0 & 0 & 0 \\ 0 & 0 & 0 & -1 & 1 & -1 & 0 & 0 & 0 & 0 & 0 & 0 \\ 0 & 0 & 0 & 0 & 0 & 0 & 1 & 1 & 1 & 0 & 0 & 0 \\ 0 & 0 & 0 & 0 & 0 & 0 & -1 & 1 & 1 & 0 & 0 & 0 \\ 0 & 0 & 0 & 0 & 0 & 0 & 0 & -1 & 0 & 1 & 0 & 0 \\ -R_1 & 0 & 0 & 0 & 0 & 0 & 1 & 0 & 0 & 0 & 0 & 0 \\ 0 & -R_2 & 0 & 0 & 0 & 0 & 0 & 1 & 0 & 0 & 0 & 0 \\ 0 & 0 & -R_3 & 0 & 0 & 0 & 0 & 0 & 1 & 0 & 0 & 0 \\ 0 & 0 & 0 & -R_4 & 0 & 0 & 0 & 0 & 0 & 1 & 0 & 0 \\ 0 & 0 & 0 & 0 & -R_5 & 0 & 0 & 0 & 0 & 0 & 1 & 0 \\ 0 & 0 & 0 & 0 & 0 & -R_6 & 0 & 0 & 0 & 0 & 0 & 1 \end{bmatrix} \begin{bmatrix} i_1 \\ i_2 \\ i_3 \\ i_4 \\ i_5 \\ i_6 \\ u_1 \\ u_2 \\ u_3 \\ u_4 \\ u_5 \\ u_6 \end{bmatrix} = \begin{bmatrix} 0 \\ 0 \\ 0 \\ 0 \\ 0 \\ 0 \\ -u_{s1} \\ 0 \\ 0 \\ 0 \\ R_5 i_{s5} \\ 0 \end{bmatrix}$$

$$(3-9)$$

$2b$ 法的突出优点是方程列写简单，并直观地给出了这样一个道理：电路模型分析方法本质上建立在全部独立拓扑约束和全部元件约束（可不包括虚元件）基础上。

列写电路方程时，一定要将全部独立拓扑约束和全部元件约束（可不包括虚元件）反映出来，如果有独立拓扑约束或元件约束（虚元件除外）未在方程中反映出来，便不可能得到电路的解。从信息论的角度看问题，方程若能解，所列方程一定反映了电路的全部信息。若没有把电路的全部信息反映出来，就无法得到电路的解。

$2b$ 法因方程数量多，求解比较麻烦，故在手工运算中很少被采用。但从电路理论的角度看，$2b$ 法是最有价值的方法，后续的各种分析方法，实质都是由 $2b$ 法演化而来。

3.2.2 支路电流法

支路电流法是以支路电流作为待求量建立方程求解电路的方法。方程数量为 b，由 $n-1$ 个独立的 KCL 方程、$b-(n-1)$ 个独立的 KVL 方程构成，b 个支路（元件）约束在 KVL 方程中体现。下面以图 3-3 所示电路为例加以说明。

把式（3-8）带入式（3-7）所示的 KVL 方程中并整理，可得

$$\begin{cases} R_1 i_1 + R_2 i_2 + R_3 i_3 = u_{s1} \\ -R_3 i_3 + R_4 i_4 + R_5 i_5 = -R_5 i_{s5} \\ -R_2 i_2 - R_4 i_4 + R_6 i_6 = 0 \end{cases} \quad (3-10)$$

式（3-6）所示的 KCL 方程与式（3-10）结合，即为支路电流法方程，方程数量共计 6 个。求解这 6 个方程，即可求出各支路电流，然后通过式（3-8），进而可求出各支路电压。

在电路分析中用支路电流法列方程时，为简化列写步骤，通常直接写出式（3-10）。

【例 3-1】 列出图 3-4 所示电路的支路电流法方程。

解 图 3-4 所示电路共有 2 个节点，独立节点数为 $2-1=1$。按流出节点的支路电流前面取"+"、流入节点的支路电流前面取"−"的方法对节点①列 KCL 方程，可得

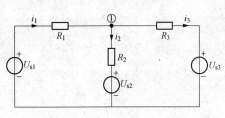

图 3-4 ［例 3-1］电路

$$-i_1 + i_2 + i_3 = 0$$

图 3-4 所示电路有两个网孔，按顺时针方向对两个网孔列 KVL 方程（列方程时将元件约束带入），可得

$$R_1 i_1 + R_2 i_2 = U_{s1} - U_{s2}$$
$$-R_2 i_2 + R_3 i_3 = U_{s2} - U_{s3}$$

由此即得到了支路电流法方程，求解可得支路电流。

3.2.3　支路电压法

支路电压法是以支路电压作为待求量建立方程求解电路的方法。方程数量为 b，由 $n-1$ 个独立的 KCL 方程、$b-(n-1)$ 个独立的 KVL 方程构成，b 个支路（元件）约束在 KCL 方程中体现。下面仍以图 3-3 所示电路为例加以说明。

把式（3-8）带入式（3-6）所示的 KCL 方程中并对方程进行整理，可得

$$\begin{cases} -\dfrac{u_1}{R_1} + \dfrac{u_2}{R_2} + \dfrac{u_6}{R_6} = -\dfrac{u_{s1}}{R_1} \\[2mm] -\dfrac{u_2}{R_2} + \dfrac{u_3}{R_3} + \dfrac{u_4}{R_4} = 0 \\[2mm] -\dfrac{u_4}{R_4} + \dfrac{u_5}{R_5} - \dfrac{u_6}{R_6} = i_{s5} \end{cases} \tag{3-11}$$

式（3-7）所示的 KVL 方程与式（3-11）结合，即为支路电压法方程，方程数量共计 6 个。求解这 6 个方程，即可求出各支路电压，然后通过式（3-8），进而可求出各支路电流。

3.2.4　支路混合变量法

图 3-3 所示电路中，1、3、5 支路的电压电流约束关系为

$$\begin{cases} u_1 = -u_{s1} + R_1 i_1 \\ u_3 = R_3 i_3 \\ u_5 = R_5 i_5 + R_5 i_{s5} \end{cases} \tag{3-12}$$

2、4、6 支路的电压电流约束关系为

$$\begin{cases} i_2 = \dfrac{u_2}{R_2} \\[2mm] i_4 = \dfrac{u_4}{R_4} \\[2mm] i_6 = \dfrac{u_6}{R_6} \end{cases} \tag{3-13}$$

将式（3-12）带入式（3-7）所示的 KVL 方程中，将式（3-13）带入式（3-6）所示的 KCL 方程中，整理这些方程并写成矩阵形式，可得

$$\begin{bmatrix} R_1 & 1 & R_3 & 0 & 0 & 0 \\ 0 & 0 & -R_3 & 1 & R_5 & 0 \\ 0 & -1 & 0 & -1 & 0 & 1 \\ -1 & \dfrac{1}{R_2} & 0 & 0 & 0 & \dfrac{1}{R_6} \\ 0 & -\dfrac{1}{R_2} & 1 & \dfrac{1}{R_4} & 0 & 0 \\ 0 & 0 & 0 & -\dfrac{1}{R_4} & 1 & -\dfrac{1}{R_6} \end{bmatrix} \begin{bmatrix} i_1 \\ u_2 \\ i_3 \\ u_4 \\ i_5 \\ u_6 \end{bmatrix} = \begin{bmatrix} u_{s1} \\ -R_5 i_{s5} \\ 0 \\ 0 \\ 0 \\ 0 \end{bmatrix} \tag{3-14}$$

以上方程中的变量既有支路电压，又有支路电流，故方程称为支路混合变量法方程。求解式（3-14），并将结果带入式（3-12）、式（3-13）中，即可求出全部的支路电压和支路电流。

支路电流法、支路电压法、支路混合变量法的方程数均为 b，故也合称为 b 法。

$2b$ 法和 b 法统称为支路法，其优点是方程列写思路直接，建立方程容易；缺点是方程数量多，求解相对麻烦。后面将要介绍的网孔电流法、回路电流法、节点电压法，优点是方程数量少；缺点是方程列写思路不直接，建立方程有一定难度。

3.3　网孔电流法

3.3.1　网孔电流法的概念

网孔电流是一种假想的沿着网孔流动的电流，网孔电流法是以网孔电流作为待求量建立方程求解电路的方法，简称为网孔法。网孔法由支路电流法演化而来，方程数量为 $b-(n-1)$，与独立回路数量相同。

全部网孔电流是一组独立完备的电路变量。所谓独立，是指这些变量之间不能相互表示；所谓完备，是指这些变量能提供解决问题的充分信息。独立完备的电路变量一旦求出，就可轻易求出任何所要求的解。

从图 3-5 中可见，R_1 与 U_{s1} 串联支路只有网孔电流 i_{m1} 流过，且 i_{m1} 与支路电流 i_1 方向一致，故有 $i_1=i_{m1}$；同理有 $i_3=i_{m2}$。由 KCL 知 $i_2=i_1-i_3$，故可得 $i_2=i_{m1}-i_{m2}$。可见支路电流与网孔电流的关系中包含了 KCL。

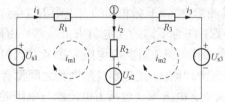

图 3-5　说明网孔电流法的电路

由于网孔电流数量少于支路电流数量，故网孔法方程的数量少于支路电流法方程的数量。

3.3.2　不含无伴电流源支路时的网孔电流法

对图 3-5 所示电路，可列出如下支路电流法方程

$$\begin{cases} -U_{s1}+R_1i_1+R_2i_2+U_{s2}=0 \\ -U_{s2}-R_2i_2+R_3i_3+U_{s3}=0 \\ -i_1+i_2+i_3=0 \end{cases} \tag{3-15}$$

注意，以上方程已将电路中的全部元件约束隐含表达出来了。由图 3-5 可见，$i_1=i_{m1}$，$i_3=i_{m2}$，由式（3-15）中的第 3 式所示的 KCL 方程 $-i_1+i_2+i_3=0$ 可得 $i_2=i_1-i_3=i_{m1}-i_{m2}$，将结果代入式（3-15）中的前两式，可得

$$\begin{cases} -U_{s1}+R_1i_{m1}+R_2(i_{m1}-i_{m2})+U_{s2}=0 \\ -U_{s2}-R_2(i_{m1}-i_{m2})+R_3i_{m2}+U_{s3}=0 \end{cases} \tag{3-16}$$

整理以上方程有

$$\begin{cases} (R_1+R_2)i_{m1}-R_2i_{m2}=U_{s1}-U_{s2} \\ -R_2i_{m1}+(R_2+R_3)i_{m2}=U_{s2}-U_{s3} \end{cases} \tag{3-17}$$

式（3-17）所示即为图 3-5 所示电路标准形式的网孔电流方程。

以上过程说明了网孔法与支路电流法的关系。

把支路电压通过支路（元件）约束用支路电流表示进而用网孔电流表示，然后列写网孔

的 KVL 方程，即为列写网孔法方程的方法，如式（3-16）所示。

式（3-17）可写为

$$\begin{cases} R_{11}i_{m1} + R_{12}i_{m2} = U_{s11} \\ R_{21}i_{m1} + R_{22}i_{m2} = U_{s22} \end{cases} \tag{3-18}$$

式（3-18）中，R_{11} 和 R_{22} 称为网孔的自电阻，简称自阻，分别是网孔 1 和网孔 2 中所有电阻之和，即 $R_{11}=R_1+R_2$，$R_{22}=R_2+R_3$；R_{12} 和 R_{21} 称为互电阻，简称互阻，表示网孔 1 和网孔 2 共有的电阻，有 $R_{12}=R_{21}=-R_2$，这里 R_2 前的负号是因为两个网孔电流流过该电阻时参考方向相反造成的，若相同，则为正号；U_{s11}、U_{s22} 分别是网孔 1 和网孔 2 中所有电压源电压的代数和，电压源方向与网孔绕行方向一致时前面加"－"号，否则加"＋"号，故有 $U_{s11}=U_{s1}-U_{s2}$，$U_{s22}=U_{s2}-U_{s3}$。

对具有 k 个网孔的平面电路，网孔电流方程的一般形式可由式（3-18）推广而得，即

$$\begin{cases} R_{11}i_{m1} + R_{12}i_{m2} + R_{13}i_{m3} + \cdots + R_{1k}i_{mk} = u_{s11} \\ R_{21}i_{m1} + R_{22}i_{m2} + R_{23}i_{m3} + \cdots + R_{2k}i_{mk} = u_{s22} \\ \vdots \\ R_{k1}i_{m1} + R_{k2}i_{m2} + R_{k3}i_{m3} + \cdots + R_{kk}i_{mk} = u_{skk} \end{cases} \tag{3-19}$$

在理解了网孔法本质的基础上，对一般的平面电路，可很容易直接写出式（3-19）。式（3-19）中，下标相同的自电阻 $R_{ii}(i=1, 2, \cdots, k)$ 由网孔 i 中存在的全部电阻直接相加得到；下标不同的互电阻 $R_{ij}(i \neq j)$ 由网孔 i 与网孔 j 共有的电阻组成，其值可以是负值（两网孔电流流过共有电阻时参考方向相反），也可以是正值（两网孔电流流过共有电阻时参考方向相同），或是零（两网孔之间没有共有电阻或共有支路），并且有 $R_{ij}=R_{ji}$；u_{sii} 是网孔 i 内所有电压源（包括由电流源与电阻并联支路等效变换成电压源与电阻串联支路中的电压源）电压的代数和，求和时，当一个电压源参考方向与网孔绕行方向一致时该电压源前面加"－"号，否则加"＋"号。

式（3-19）写成矩阵形式时，$k \times k$ 阶系数矩阵的主对角线元素为自阻，非主对角线元素为互阻，因为 $R_{ij}=R_{ji}$，故矩阵为对称阵。但在出现特殊情况时，如电路中包含无伴电流源支路或受控源时，会出现 $R_{ij} \neq R_{ji}$ 的情况，此时系数矩阵不再是对称阵。

【例 3-2】 电路如图 3-6（a）所示，试找出支路电流与网孔电流的关系，并列写网孔法方程。

解 通过等效变换将图 3-6（a）所示电路转化为图 3-6（b）所示电路。设网孔电流 I_{m1}、I_{m2}、I_{m3} 的参考方向如图 3-6（b）所示，由图可见支路 1、支路 5、支路 6 仅有一个网孔电流流过，且支路电流与网孔电流参考方向相同，可得 $I_1=I_{m1}$，$I_5=I_{m2}$、$I_6=I_{m3}$；支路 2、支路 3、支路 4 各有二个网孔电流流过，根据 KCL 可得 $I_2=I_1-I_5=I_{m1}-I_{m2}$，$I_3=I_1-I_6=I_{m1}-I_{m3}$，$I_4=I_5-I_6=I_{m2}-I_{m3}$。

因为网孔电流的参考方向都为顺时针，流过共有电阻的两网孔电流的参考方向一定相反，所以互阻均为负值。根据网孔法方程列写的规律，可得如下网孔电流方程

$$(R_1+R_3+R_2)I_{m1} - R_2I_{m2} - R_3I_{m3} = -U_{s1}$$
$$-R_2I_{m1} + (R_2+R_5+R_4)I_{m2} - R_5I_{m3} = U_{s5}$$
$$-R_3I_{m1} - R_5I_{m2} + (R_3+R_6+R_5)I_{m3} = R_6I_{s6}$$

也可分别针对每个元件找出元件电压与网孔电流的关系，然后构成 KVL 方程，最后再将其整理成一般形式。这样做便于检查，不易出错。如对图 3-6 所示电路，可得

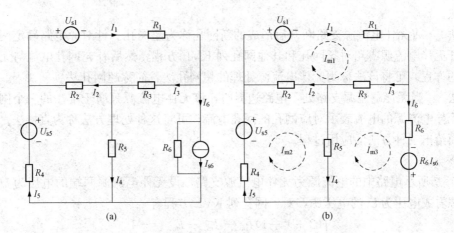

图 3-6 [例 3-2] 电路

(a) 原电路；(b) 等效电路

$$U_{s1} + R_1 I_{m1} + R_3 \times (I_{m1} - I_{m3}) + R_2 \times (I_{m1} - I_{m2}) = 0$$
$$R_2 \times (I_{m2} - I_{m1}) + R_5 \times (I_{m2} - I_{m3}) + R_4 I_{m2} - U_{s5} = 0$$
$$R_3 \times (I_{m3} - I_{m1}) + R_6 I_{m3} - R_6 I_{s6} + R_5 \times (I_{m3} - I_{m2}) = 0$$

整理以上方程，即为一般形式的网孔电流方程。

若将图 3-6 所示电路的网孔电流 I_{m3} 的参考方向改为逆时针方向，互阻 $R_{13}(R_{31})$、R_{23} (R_{32}) 变为正值，网孔电流方程变为

$$(R_1 + R_3 + R_2)I_{m1} - R_2 I_{m2} + R_3 I_{m3} = -U_{s1}$$
$$-R_2 I_{m1} + (R_2 + R_5 + R_4)I_{m2} + R_5 I_{m3} = U_{s5}$$
$$R_3 I_{m1} + R_5 I_{m2} + (R_3 + R_6 + R_5)I_{m3} = -R_6 I_{s6}$$

或分别找出各元件电压与网孔电流的关系，然后列写 KVL 方程，可得

$$U_{s1} + R_1 I_{m1} + R_3 \times (I_{m1} + I_{m3}) + R_2 \times (I_{m1} - I_{m2}) = 0$$
$$R_2 \times (I_{m2} - I_{m1}) + R_5 \times (I_{m2} + I_{m3}) + R_4 I_{m2} - U_{s5} = 0$$
$$R_3 \times (I_{m3} + I_{m1}) + R_5 \times (I_{m3} + I_{m2}) + R_6 I_{m3} + R_6 I_{s6} = 0$$

整理以上方程可得到一般形式的网孔电流方程。

在上面已给出的论述中，只涉及了图 3-1 所表示的五种支路中的纯电阻支路、电压源与电阻串联支路、电流源与电阻并联支路，还有另外两种支路没有涉及。当出现无伴电压源支路的情况时，列 KVL 方程时将电压源电压直接带入即可，但存在无伴电流源支路时须有新的处理方法。

3.3.3 含无伴电流源支路时的网孔电流法

列出网孔法方程的过程是先通过支路（或元件）约束把支路（或元件）电压用支路电流表示进而用网孔电流表示，然后列 KVL 方程。当电路中出现无伴电流源支路时，因支路电压无法与支路电流建立关系，因而也就无法与网孔电流建立关系，故产生了问题。解决此问题可采用无伴电流源等效转移的方法，在保持电路结构不变的前提下解决此问题有以下三种方法：

方法 1：将无伴电流源支路的电压添加为待求量列入对应网孔的 KVL 方程中，然后补充网孔电流与无伴电流源关系的方程。可将该法称为无伴电流源处理的添加待求量法，简称

为添加法。

方法 2：将无伴电流源支路断开后形成的新网孔称为超网孔。针对原电路确定网孔电流后，避开无伴电流源支路对超网孔和其他网孔列 KVL 方程，然后补充网孔电流与无伴电流源关系的方程。可将该法称为无伴电流源处理的超网孔法，简称超网孔法。

方法 3：当无伴电流源支路处于电路边界时，该无伴电流源只属于唯一的一个网孔，直接用该无伴电流源的电流表示对应网孔的网孔电流。可将这种处理方法称为直接法。

下面给出三种方法的应用过程。

1. 添加法

图 3-7 所示电路中的电流源为无伴电流源支路，设无伴电流源两端的电压为 U，将无伴电流源看成电压为 U 的电压源，对各网孔列 KVL 方程有

$$\begin{cases} (2+1+1)I_{m1} - I_{m2} - I_{m3} = -1 \\ -I_{m1} + (1+2)I_{m2} = -U + 4 \\ -I_{m1} + (1+2)I_{m3} = -9 + U \end{cases} \tag{3-20}$$

式（3-20）给出的方程无法得到电路的解，对此问题可从两个角度来加以分析。从电路角度分析可以发现，以上方程中没有包含电路全部的元件约束，无伴电流源的电流信息未在方程中出现；从数学角度分析问题可以发现，方程中未知量的个数多于方程的个数，方程无解。解决问题的方法是补充方程，并且补充的方程中应包含原方程中缺损的元件约束（信息），所以有

$$I_{m3} - I_{m2} = 2 \tag{3-21}$$

将式（3-21）与式（3-20）结合，4 个未知量就有了 4 个方程，求解方程可得 $I_{m1}=1A$、$I_{m2}=1.5A$、$I_{m3}=3.5A$。

2. 超网孔法

对图 3-7 所示电路，将无伴电流源支路断开后形成超网孔，如图 3-8 所示，针对超网孔和其他网孔建立 KVL 方程，并补充网孔电流与无伴电流源关系的方程，列出的方程如下所示

$$\begin{cases} (2+1+1)I_{m1} - I_{m2} - I_{m3} = -1 \\ -(1+1)I_{m1} + (2+1)I_{m2} + (1+2)I_{m3} = -9 + 4 \\ I_{m3} - I_{m2} = 2 \end{cases} \tag{3-22}$$

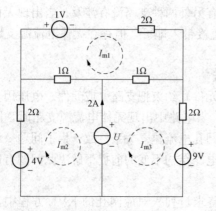

图 3-7　含无伴电流源电路

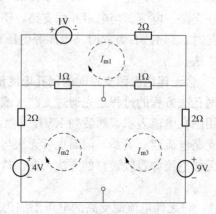

图 3-8　形成超网孔的电路

由此也可解出网孔电流。

　　添加法、超网孔法表面上看是不同的方法，实际上两者关系非常密切，某种意义上可看作是同一种方法。例如，将添加法得到的式（3-20）中的第 2、第 3 两式直接相加消去 U，即为超网孔法得到的第 2 式。将超网孔法得到的方程写成矩阵形式，或将添加法得到的方程消去 U 后变成只以网孔电流为待求量的方程，写成矩阵形式有

$$\begin{bmatrix} 4 & -1 & -1 \\ -2 & 3 & 3 \\ 0 & -1 & 1 \end{bmatrix} \begin{bmatrix} I_{m1} \\ I_{m2} \\ I_{m3} \end{bmatrix} = \begin{bmatrix} -1 \\ -5 \\ 2 \end{bmatrix} \qquad (3-23)$$

可见，此时方程的系数矩阵不再是对称阵。

　　3. 直接法

　　用直接法处理无伴电流源支路问题对电路有特殊要求，即无伴电流源支路只能属于一个网孔，这要求无伴电流源支路是电路的边缘支路。下面通过例题说明直接法的应用。

【例 3-3】　在图 3-9 所示的电路中，各元件参数均为已知，试列写其网孔电流方程并求其网孔电流。

　　解　从图 3-9 可以看到，电流为 5A 和 2A 的两个无伴电流源位于电路的两边界支路上，满足用直接法处理问题所需要的条件。设网孔电流均为顺时针，如图 3-9 所示，这样，可直接得到网孔 1 和网孔 2 的电流，因此，就不再需要对网孔 1、网孔 2 列 KVL 方程而只需要对网孔 3 列 KVL 方程，故有

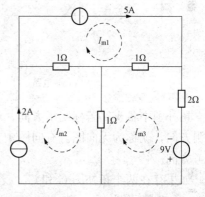

$$I_{m1} = 5$$
$$I_{m2} = 2$$
$$-I_{m1} - I_{m2} + (1+2+1)I_{m3} = 9$$

整理成矩阵有

$$\begin{bmatrix} 1 & 0 & 0 \\ 0 & 1 & 0 \\ -1 & -1 & 4 \end{bmatrix} \begin{bmatrix} I_{m1} \\ I_{m2} \\ I_{m3} \end{bmatrix} = \begin{bmatrix} 5 \\ 2 \\ 9 \end{bmatrix}$$

图 3-9　〔例 3-3〕电路

可见，此时网孔电流方程的系数矩阵不是对称阵。由以上方程可解出 $I_{m3} = 4A$。

　　以上三种方法中，添加法适应性强，其思路也比较直接；超网孔法是添加法的变形，思路不够直接；直接法对电路有特殊要求，适应性较差，但能应用时则特别简单。

3.4　寻找独立回路的系统化方法

　　网孔法是一种只能用于求解平面电路的系统化方法，对于立体电路，网孔法失去作用，此时，可用回路电流法处理问题。

　　列写回路电流方程时，需要预先找出独立回路。对比较简单的电路，寻找独立回路可用观察法。但对复杂电路，独立回路的确定比较困难，但借助图论的方法，可顺利确定独立回路。

3.4.1　电路的拓扑图

电路是由元件互连而成的，如果不考虑元件的特性，只研究电路的互连性质，可构造电路的拓扑图（topological graph），用符号 G 表示。电路的拓扑图由点和线段构成，点对应电路中的节点，线段对应电路中的支路。拓扑图也常简称为图。

电路的拓扑图随支路定义的变化而变。电路中支路的定义有两种，一种是将电路中每一个二端元件定义为一个支路，另一种是将电路中通有同一电流的一段电路定义为一个支路。对图 3 - 10（a）所示电路，若把一个二端元件定义为一个支路，可得图 3 - 10（b）所示的拓扑图；若按图 3 - 1 所示的方式定义支路，可得图 3 - 10（c）所示的拓扑图。

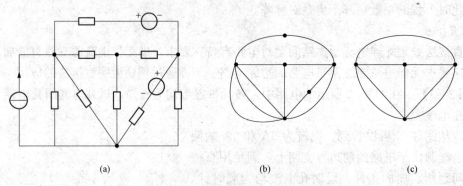

图 3 - 10　电路和电路的拓扑图
（a）电路；（b）电路的拓扑图一；（c）电路的拓扑图二

拓扑图中各支路若标明了方向，就称为有向图；若有支路未标明方向，或全部支路都未标明方向，就称为无向图。有向图中支路的方向就是电路中对应支路电流（或支路电压）的参考方向。

如果存在两个拓扑图 G 和 G_1，若 G_1 中所有的支路和节点均是 G 中的支路和节点，则称 G_1 是 G 的子图。

将拓扑图中的支路移走，并不意味着支路两端的节点也被移走；但若将拓扑图中的节点移走，则意味着与节点相连的支路全部被移走。

将拓扑图中的部分支路移走后，若出现了分离的子图或孤立的节点，该拓扑图就被称为非连通图。若拓扑图中任意两个节点之间都有支路相连，该拓扑图就被称为连通图。

设有如图 3 - 11（a）所示的拓扑图，将图中支路 1、3、5、7 移走，可得如图 3 - 11（b）所示拓扑图。由于图 3 - 11（b）中所有的支路和节点均是图 3 - 10（a）中的支路和节点，故图 3 - 11（b）是图 3 - 11（a）的子图。图 3 - 11（a）中任意两个节点之间，都连有一条或多条支路，该图是连通图；图 3 - 11（b）中存在分离的子图，是非连通图。

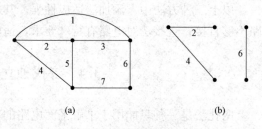

图 3 - 11　拓扑图及其子图
（a）拓扑图；（b）拓扑图的子图

图论中对回路给出的定义比第 1 章中给出的定义要严格一些，其表述为：回路是拓扑图的一个连通子图，该子图中任意一个节点上都连着两条且仅有两条支路。显然，第 1 章中给出的闭合路径只是一种直观的说法。

3.4.2　树

在图论中，树是一个非常重要的概念。给定一个拓扑图后，可得到多个子图，当子图满足一定条件时，对应的子图就被称为树。

拓扑图的某个子图被称为树，要满足以下条件：①此子图是连通的；②包含了原拓扑图中的全部节点；③不包含任何回路。

一个拓扑图可有多个树，如针对图 3 - 12（a）所示的拓扑图，图 3 - 12（b）、图 3 - 12（c）、图 3 - 12（d）所示的子图均是它的树，共计可以找出 16 个树。

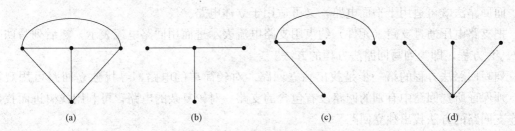

图 3 - 12　拓扑图和由它的子图构成的树
(a) 拓扑图；(b) 子图一；(c) 子图二；(d) 子图三

对一个拓扑图，若确定了一个树后，该树所包含的支路称为树支，不被该树所包含的支路称为连支。针对一个由 n 个节点、b 条支路构成的拓扑图，无论树是什么样的，树支数一定是 $n-1$，连支数一定为 $b-(n-1)$。树支数为 $n-1$ 的结论是显而易见的，因为第一条支路可以连接两个节点，以后每增加一个支路就可多连接一个节点，$n-1$ 个支路可将 n 个节点连接完毕。将支路总数 b 减去树枝数 $n-1$，可知连支数为 $b-(n-1)$。

3.4.3　单连支回路

在确定了树以后，针对每一条连支，就存在一个由树支和该连支构成的回路。因为该回路所含支路中只有一个为连支，其他均为树支，所以称这样的回路为单连支回路（唯一连支回路）。$b-(n-1)$ 条连支总共可构成 $b-(n-1)$ 个单连支回路。

由于单连支回路中只有一个连支，并且该连支只属于该回路，故针对单连支回路列出的 KVL 方程是独立，可知该回路一定是独立回路。由此可见，独立 KVL 方程的数量是 $b-(n-1)$。

针对一个电路，首先确定它的树，进而找到对应的单连支回路，这就是复杂电路确定独立回路的方法。全部单连支回路是一组独立回路，由此列出的 KVL 方程均是独立的。

图 3 - 11（a）所示的拓扑图中，支路数 $b=7$，节点数 $n=5$，对其确定的任何一个树的树支数均为 $n-1=4$。若选支路 1、4、5、7 为树支，则支路 2、3、6 为连支，可得如图 3 - 13 中实线所示的树，由此可得三个单连支回路分别为：l_1（由支路 1、4、7、6 构成）、l_2（由支路 4、5、2 构成）、l_3（由支路 1、4、5、3 构成）。

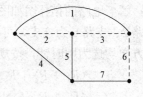

图 3 - 13　树的示图

3.5 回 路 电 流 法

回路电流是一种假想的沿着回路流动的电流，回路电流法就是以独立回路的电流为待求量建立方程进而求解电路的方法，简称为回路法。全部独立回路的电流是一组独立完备的电路变量。

网孔法是回路法的特例，回路法是网孔法的扩展。两者的差异是网孔法只适用于平面电路，而回路法既可适用于平面电路，又可适用于立体电路。

把支路电压通过支路（元件）约束用支路电流表示进而用回路电流表示，然后列写回路的 KVL 方程，即为列写回路法方程的方法。

列写回路法方程的第一步是找出独立回路。对较简单的电路，寻找独立回路可用观察法，须保证所选回路中有别的回路没有包含的支路；对较复杂的电路，可利用找树进而找出单连支回路的方法找出独立回路。

由于网孔也是回路，故网孔法也是回路法，所以前面对网孔法中各种情况的讨论，都能适用于回路法。

对于具有 k 个独立回路的电路，回路电流方程的一般形式为

$$\begin{cases} R_{11}i_{l1} + R_{12}i_{l2} + R_{13}i_{l3} + \cdots + R_{1k}i_{lk} = u_{s11} \\ R_{21}i_{l1} + R_{22}i_{l2} + R_{23}i_{l3} + \cdots + R_{2k}i_{lk} = u_{s22} \\ R_{k1}i_{l1} + R_{k2}i_{l2} + R_{k3}i_{l3} + \cdots + R_{kk}i_{lk} = u_{skk} \end{cases} \tag{3-24}$$

式中下标相同的自电阻 $R_{ii}(i=1, 2, \cdots, k)$ 由对应回路中包含的全部电阻直接相加得到；下标不同的互电阻 $R_{ij}(i \neq j)$ 由回路 i 与回路 j 共有的电阻组成，其值可以是负值（两回路电流流过共有电阻时参考方向相反），也可以是正值（两回路电流流过共有电阻时参考方向相同），或是零（两回路之间没有共有电阻或没有共有支路），并且 $R_{ij}=R_{ji}$；u_{sii} 是回路 i 内所有电压源（包括由电流源与电阻并联支路等效变换成电压源与电阻串联支路中的电压源）电压的代数和，求和时，当电压源参考方向与回路绕行方向一致时该电压源前面加"－"号，否则加"＋"号。

式（3-24）写成矩阵形式时，$k \times k$ 阶系数矩阵的主对角线元素为自阻，非主对角线元素为互阻，因为 $R_{ij}=R_{ji}$，故系数矩阵为对称阵。但在出现特殊情况时，如电路中包含无伴电流源支路（纯电流源支路）或受控源时，会出现 $R_{ij} \neq R_{ji}$ 的情况，系数矩阵不再是对称阵。

【例 3-4】 对图 3-14 所示的电路，试确定一组独立回路，并列出回路电流方程。

解 电路的拓扑图如图 3-14（b）所示。选支路 3、支路 4、支路 5 为树支，则支路 1、支路 2、支路 6 为连支，可确定如图 3-14（a）所示的单连支回路（独立回路），回路电流参考方向均选为顺时针，按规律可直接写出回路电流方程为

$$\begin{cases} (R_1+R_3+R_5+R_4)I_{l1} + (R_5+R_4)I_{l2} - (R_3+R_5)I_{l3} = -U_{s1}+U_{s5} \\ (R_5+R_4)I_{l1} + (R_2+R_5+R_4)I_{l2} - R_5I_{l3} = U_{s5} \\ -(R_3+R_5)I_{l1} - R_5I_{l2} + (R_3+R_6+R_5)I_{l3} = -U_{s5} \end{cases}$$

也可针对每个元件建立起元件电压与回路电流的关系，然后构成 KVL 方程，再将其整理成一般形式。这样做便于检查，不易出错。如对图 3-14 所示电路，可得

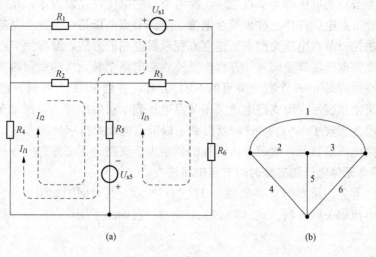

图 3-14　［例 3-4］图

（a）电路；（b）拓扑图

$$\begin{cases} R_1 I_{l1} + U_{s1} + R_3(I_{l1} - I_{l3}) + R_5(I_{l1} + I_{l2} - I_{l3}) - U_{s5} + R_4(I_{l1} + I_{l2}) = 0 \\ R_2 I_{l2} + R_5(I_{l1} + I_{l2} - I_{l3}) - U_{s5} + R_4(I_{l1} + I_{l2}) = 0 \\ R_3(I_{l3} - I_{l1}) + R_6 I_{l3} + U_{s5} + R_5(I_{l3} - I_{l1} - I_{l2}) = 0 \end{cases}$$

对以上方程整理，可得一般形式回路电流方程。

利用所得回路电流方程解出回路电流 I_{l1}、I_{l2}、I_{l3} 后，利用支路电流与回路电流的关系，可得到各支路电流；再利用支路电压与支路电流的关系，就可得到各支路电压。

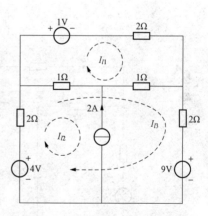

图 3-15　合理选择独立回路示图

回路法较网孔法不仅适应性更广，也更灵活一些。如对图 3-7 所示电路，用网孔法对无伴电流源问题处理只能采用添加法、超网孔法，无法采用直接法；但用回路法，可用直接法处理，这只需合理选择回路，仅让一个回路电流通过无伴电流源支路即可。现将图 3-7 所示电路重现如图 3-15 所示，选择独立回路并标出回路电流参考方向如图 3-15 所示，用直接法处理问题，可列出如下回路电流方程（说明：从水平支路起步列写方程）：

$$\begin{cases} (2+1+1)I_{l1} - I_{l2} - (1+1)I_{l3} = -1 \\ I_{l2} = -2 \\ -(1+1)I_{l1} + (1+2)I_{l2} + (1+1+2+2)I_{l3} = -9+4 \end{cases} \tag{3-25}$$

3.6　节点电压法

3.6.1　节点电压法的概念

对具有 n 个节点的电路，选一个节点为参考节点，其余的 $n-1$ 个节点即为独立节点。

独立节点对参考节点的电压称为节点电压。参考节点的电位往往设为零，此时节点电压就等于节点电位，故节点电压往往也称为节点电位。全部节点电压是一组独立完备的电路变量。

节点电压法是以节点电压为待求量建立方程求解电路的方法，简称为节点法。

节点法由支路电压法演变而来。方程本质建立在电路全部元件约束和独立拓扑约束基础上，方程的表现形式是 $n-1$ 个独立节点的 KCL 方程。在列 KCL 方程时，把支路电流通过元件约束用支路电压表示，而支路电压又用节点电压表示（后面将会看到，支路电压与节点电压的关系中隐含表现了 KVL），这样就得到了以节点电压为待求量的方程。由于节点电压的数量少于支路电压的数量，故节点法方程的数量少于支路电压法方程的数量。

3.6.2　不含无伴电压源支路时的节点电压法

为叙述方便起见，重画图 3-3 如图 3-16（a）所示，其有向图如图 3-16（b）所示，并令支路电压和电流取关联方向。式（3-11）、（3-7）已给出了图 3-16（a）所示电路的支路电压法方程为

$$
\begin{cases}
-\dfrac{u_1}{R_1}+\dfrac{u_2}{R_2}+\dfrac{u_6}{R_6}=\dfrac{u_{s1}}{R_1} \\[2mm]
-\dfrac{u_2}{R_2}+\dfrac{u_3}{R_3}+\dfrac{u_4}{R_4}=0 \\[2mm]
-\dfrac{u_4}{R_4}+\dfrac{u_5}{R_5}-\dfrac{u_6}{R_6}=i_{s5} \\[2mm]
u_1+u_2+u_3=0 \\[1mm]
-u_3+u_4+u_5=0 \\[1mm]
-u_2-u_4+u_6=0
\end{cases}
\tag{3-26}
$$

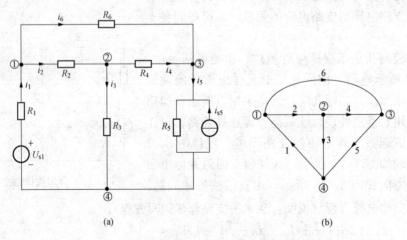

图 3-16　说明节点法的电路及其有向图

(a) 电路；(b) 有向路

设图 3-16（a）所示电路中节点④为参考节点，节点①、节点②、节点③的电压分别记为 u_{n1}、u_{n2}、u_{n3}，则有 $u_1=-u_{n1}$、$u_3=u_{n2}$、$u_5=u_{n3}$。由式（3-26）中的后三式所示的 KVL 方程可得 $u_2=-u_1-u_3=u_{n1}-u_{n2}$、$u_4=u_3-u_5=u_{n2}-u_{n3}$、$u_6=-u_1-u_5=u_{n1}-u_{n3}$。可见，支路电压与节点电压的关系中隐含表现了 KVL。将支路电压与节点电压的关系带入式（3-26）中的前三式，可得

$$\begin{cases} \dfrac{u_{n1}}{R_1} + \dfrac{u_{n1} - u_{n2}}{R_2} + \dfrac{u_{n1} - u_{n3}}{R_6} = -\dfrac{u_{s1}}{R_1} \\[3mm] -\dfrac{u_{n1} - u_{n2}}{R_2} + \dfrac{u_{n2}}{R_3} + \dfrac{u_{n2} - u_{n3}}{R_4} = 0 \\[3mm] -\dfrac{u_{n2} - u_{n3}}{R_4} + \dfrac{u_{n3}}{R_5} - \dfrac{u_{n1} - u_{n3}}{R_6} = i_{s5} \end{cases} \qquad (3\text{-}27)$$

整理方程可得

$$\begin{cases} \left(\dfrac{1}{R_1} + \dfrac{1}{R_2} + \dfrac{1}{R_6}\right)u_{n1} - \dfrac{1}{R_2}u_{n2} - \dfrac{1}{R_6}u_{n3} = -\dfrac{u_{s1}}{R_1} \\[3mm] -\dfrac{1}{R_2}u_{n1} + \left(\dfrac{1}{R_2} + \dfrac{1}{R_3} + \dfrac{1}{R_4}\right)u_{n2} - \dfrac{1}{R_4}u_{n3} = 0 \\[3mm] -\dfrac{1}{R_6}u_{n1} - \dfrac{1}{R_4}u_{n2} + \left(\dfrac{1}{R_4} + \dfrac{1}{R_5} + \dfrac{1}{R_6}\right)u_{n3} = i_{s5} \end{cases} \qquad (3\text{-}28)$$

式（3-28）所示的节点电压方程，方程数量为 3，比式（3-26）所示支路电压法的方程数量少。若将此式中所有电阻的倒数用电导表示，则方程变为

$$\begin{cases} (G_1 + G_2 + G_6)u_{n1} - G_2 u_{n2} - G_6 U_{n3} = G_1 u_{s1} \\ -G_2 u_{n1} + (G_2 + G_3 + G_4)u_{n2} - G_4 u_{n2} = 0 \\ -G_6 u_{n1} - G_4 u_{n2} + (G_4 + G_5 + G_6)u_{n3} = i_{s5} \end{cases} \qquad (3\text{-}29)$$

可将式（3-29）写成如下形式

$$\begin{cases} G_{11}u_{n1} + G_{12}u_{n2} + G_{13}u_{n3} = i_{s11} \\ G_{21}u_{n1} + G_{22}u_{n2} + G_{23}u_{n3} = i_{s22} \\ G_{31}u_{n1} + G_{32}u_{n2} + G_{33}u_{n3} = i_{s33} \end{cases} \qquad (3\text{-}30)$$

式中，$G_{11} = G_1 + G_2 + G_6$，$G_{22} = G_2 + G_3 + G_4$，$G_{33} = G_4 + G_5 + G_6$，它们分别是节点①、节点②、节点③相连的所有电导之和，称为自电导，简称自导。$G_{ij}(i \neq j)$ 是节点 i 与节点 j 之间相连的所有电导之和的负值，称为互电导，简称互导；并且 $G_{12} = G_{21} = -G_2$，$G_{13} = G_{31} = -G_6$，$G_{23} = G_{32} = -G_4$。i_{s11}、i_{s22}、i_{s33} 分别是节点①、节点②、节点③所连的所有电流源电流的代数和，并有 $i_{s11} = G_1 u_{s1}$、$i_{s22} = 0$、$i_{s33} = i_{s5}$。

可将式（3-30）推广到一般情况。即对于具有 k 个节点的电路，节点电压法方程的一般形式为

$$\begin{cases} G_{11}u_{n1} + G_{12}u_{n2} + G_{13}u_{n3} + \cdots + G_{1(k-1)}u_{n(k-1)} = i_{s11} \\ G_{21}u_{n1} + G_{22}u_{n2} + G_{23}u_{n3} + \cdots + G_{2(k-1)}u_{n(k-1)} = i_{s22} \\ \qquad\qquad\qquad\qquad \vdots \\ G_{(k-1)1}u_{n1} + G_{(k-1)2}u_{n2} + G_{(k-1)3}u_{n3} + \cdots + G_{(k-1)(k-1)}u_{n(k-1)} = i_{s(k-1)(k-1)} \end{cases} \qquad (3\text{-}31)$$

式中：$G_{ii}(i = 1, 2, \cdots, k-1)$ 为自电导，它由与节点 i 相连的所有电导相加构成，总为正；$G_{ij} = G_{ji}(i \neq j)$ 为互电导，它由节点 i 与节点 j 之间相连的所有电导相加并取负构成，总为负；i_{sii} 为与节点 i 相连的所有电流源（包括由电压源与电阻串联支路等效变换成电流源与电阻并联支路中的电流源）电流的代数和，求和时，若某一电流源电流的参考方向指向节点，该电流源前面取"+"，否则取"-"。

式（3-31）写成矩阵形式时，$(k-1) \times (k-1)$ 阶系数矩阵的主对角线元素为自导，非主对角线元素为互导，因为 $G_{ij} = G_{ji}$，故系数矩阵为对称阵。但在特殊情况下，如电路中包

含无伴电压源支路或受控源时，会出现 $G_{ij} \neq G_{ji}$ 的情况，系数矩阵不再是对称阵。

【例 3 - 5】 在图 3 - 17 所示的电路中，R_1、R_2、R_3 均为 1Ω，R_4、R_5、R_6 均为 0.5Ω，$I_{s4} = 1A$、$I_{s6} = 9A$、$U_{s5} = 2V$，试列写其节点电压方程，并求各节点电压。

解 该电路有 4 个节点，标出各节点如图 3 - 17 所示。选取节点④为参考点，把电压源与电阻串联支路作等效变换转换成电流源与电阻并联支路，则节点电压方程为

$$\left(\frac{1}{R_1} + \frac{1}{R_2} + \frac{1}{R_4}\right)U_{n1} - \frac{1}{R_2} \times U_{n2} - \frac{1}{R_1} \times U_{n3} = -I_{s4}$$

$$-\frac{1}{R_2} \times U_{n1} + \left(\frac{1}{R_2} + \frac{1}{R_3} + \frac{1}{R_5}\right)U_{n2} - \frac{1}{R_3} \times U_{n3} = \frac{U_{s5}}{R_5}$$

$$-\frac{1}{R_1} \times U_{n1} - \frac{1}{R_3} \times U_{n2} + \left(\frac{1}{R_1} + \frac{1}{R_3} + \frac{1}{R_6}\right)U_{n3} = I_{s6}$$

将参数代入以上方程，求解可得

$$U_{n1} = 1V, \quad U_{n2} = 2V, \quad U_{n3} = 3V$$

也可分别针对每条支路找出支路电流与节点电压的关系，然后构成 KCL 方程，最后再将其整理成一般形式。如本例中，可直接列出如下方程

$$I_{s4} + \frac{U_{n1}}{R_4} + \frac{U_{n1} - U_{n2}}{R_2} + \frac{U_{n1} - U_{n3}}{R_1} = 0$$

$$-\frac{U_{n1} - U_{n2}}{R_1} + \frac{U_{n2} - U_{s5}}{R_5} + \frac{U_{n2} - U_{n3}}{R_3} = 0$$

$$-\frac{U_{n1} - U_{n3}}{R_1} - \frac{U_{n2} - U_{n3}}{R_3} + \frac{U_{n3}}{R_6} - I_{s6} = 0$$

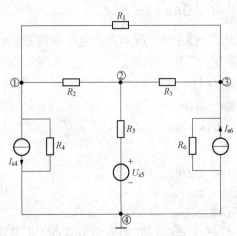

图 3 - 17 ［例 3 - 5］电路

整理以上方程，即可得到一般形式的节点电压方程。

当电路中出现无伴电流源支路情况时，因节点法方程实质是 KCL 方程，一般形式的节点电压方程只不过是 KCL 方程整理后得出的结果，故列方程时可将电流源的电流直接带入方程中。对存在无伴电压源支路的情况，须有针对性的处理方法。

3.6.3 含无伴电压源支路时的节点电压法

当电路中有无伴电压源支路时，因无伴电压源支路的电流无法与该支路的电压建立关系，所以支路电流就无法与节点电压建立关系，故产生了问题。一种解决问题的办法是将无伴电源做等效转移，在保持电路结构不变的前提下解决此问题有以下三种方法：

方法 1：将无伴电压源支路的电流添加为待求量，将该电压源看成为电流源列 KCL 方程，然开再补充节点电压与无伴电压源关系的方程。可将该法简称为添加法。

方法 2：将无伴电压源支路短路后形成的新节点称为超节点。针对原电路确定节点电压后，避开无伴电压源支路对超节点列 KCL 方程，然后补充节点电压与无伴电压源关系的方程。可将该法简称为超节点法。

方法 3：直接用无伴电压源的电压表示节点电压，这要求无伴电压源的一端连在参考节点上。可将该法简称为直接法。

下面，通过图 3 - 18 所示的含有无伴电压源支路的电路，说明上述三种方法的应用。

1. 添加法

可设无伴电压源支路电流为 I，并设节点④为参考节点，则可列出如下的节点电压方程

$$\begin{cases} \left(\dfrac{1}{1}+\dfrac{1}{0.5}\right)U_{n1}-\dfrac{1}{1}\times U_{n2}=4-I \\[2mm] -\dfrac{1}{1}\times U_{n1}+\left(\dfrac{1}{1}+\dfrac{1}{0.5}+\dfrac{1}{1}\right)U_{n2}-\dfrac{1}{1}\times U_{n3}=-1 \\[2mm] -\dfrac{1}{1}\times U_{n2}+\left(\dfrac{1}{1}+\dfrac{1}{0.5}\right)U_{n3}=I+9 \end{cases} \qquad (3\text{-}32)$$

观察以上各式可发现，方程中无伴电压源的电压信息没有出现，说明方程中缺乏电路的元件信息，这样的一组方程由于缺少了元件约束，是不可能得到正确结果的；此外，上述三个方程中有四个未知量，从数学角度看可知方程无法解出。这样，将两个因素结合，可知应补充如下方程

$$U_{n3}-U_{n1}=2 \qquad (3\text{-}33)$$

联立求解以上各式可得

$$U_{n1}=1.5\text{V}, \quad U_{n2}=1\text{V}, \quad U_{n3}=3.5\text{V}$$

2. 超节点法

将图 3-18 中的无伴电压源短路，节点②、节点③合起来形成超节点，如图 3-19 中虚线所示。对超节点和其他节点列 KCL 方程，并补充无伴电压源与节点电压关系的方程可得

$$\begin{cases} -4+\dfrac{U_{n1}}{0.5}+\dfrac{U_{n1}-U_{n2}}{1}+\dfrac{U_{n3}-U_{n2}}{1}+\dfrac{U_{n3}}{0.5}-9=0 \\[2mm] \dfrac{U_{n2}-U_{n1}}{1}+1+\dfrac{U_{n2}}{0.5}+\dfrac{U_{n2}-U_{n3}}{1}=0 \\[2mm] U_{n3}-U_{n1}=2 \end{cases} \qquad (3\text{-}34)$$

整理方程并求解，可得各节点电压。

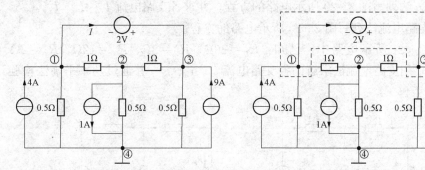
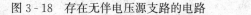
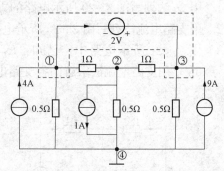

图 3-18 存在无伴电压源支路的电路   图 3-19 电路的超节点示意图

以上添加法、超节点法表面上看是不同的，实际上两者联系非常紧密，某种意义上可看作是同一种方法。例如，将添加法得到的第 1 式、第 3 式直接相加消去 I，即可得到超节点法的第 1 式。

将超节点法得到的式（3-34）整理后写成矩阵形式，或将添加法得到的方程消去 I 写成矩阵形式，可得

$$\begin{bmatrix} 3 & -2 & 3 \\ -1 & 4 & -1 \\ -1 & 0 & 1 \end{bmatrix} \begin{bmatrix} U_{n1} \\ U_{n2} \\ U_{n3} \end{bmatrix} = \begin{bmatrix} 13 \\ -1 \\ 2 \end{bmatrix} \qquad (3-35)$$

可见此时方程的系数矩阵不再是对称阵。

3. 直接法

对图 3-18 所示电路，将无伴电压源支路一端的节点①设为参考节点，对节点②、节点③、节点④建立方程，可得

$$\begin{cases} \left(\dfrac{1}{1} + \dfrac{1}{0.5} + \dfrac{1}{1}\right)U_{n2} - \dfrac{1}{1} \times U_{n3} - \dfrac{1}{0.5} \times U_{n4} = -1 \\ U_{n3} = 2 \\ -\dfrac{1}{0.5} \times U_{n2} - \dfrac{1}{0.5} \times U_{n3} + \left(\dfrac{1}{0.5} + \dfrac{1}{0.5} + \dfrac{1}{0.5}\right)U_{n4} = -4 + 1 - 9 \end{cases} \qquad (3-36)$$

由此可解出各个节点电压。

以上三种方法中，添加法适应性强，其思路也比较直接；超节点法是添加法的变形，思路不够直接；直接法比较简单，但适应性较差。

若电路中存在多个无伴电压源并且这些无伴电压源有一端共同连在某一节点上时，可设该节点为参考节点，这样，各电压源另一端的节点电压便可直接得到，直接法有效；若多个无伴电压源没有连在相同节点上时，可将其中一个电压源的一端选为参考节点，这样，该电压源另一端的节点电压可直接得到，直接法部分有效，但对其他的无伴电压源，还须采用添加法或超节点法加以处理。

习 题

3-1 用 $2b$ 法列写图 3-20 所示电路的方程，并求各支路电流 I_1、I_2、I_3。

3-2 用支路电流法列写图 3-20 所示电路的方程。

3-3 图 3-21 所示电路中，已知：$R_1 = 10\Omega$、$R_2 = 3\Omega$、$R_3 = 12\Omega$、$R_s = 2\Omega$、$u_{s1} = 12V$、$u_{s2} = 5V$，用支路电流法求解的各支路电流 i_1、i_2、i_3，并通过功率平衡法检验计算结果的正确性。

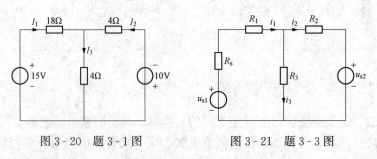

图 3-20 题 3-1 图　　　　图 3-21 题 3-3 图

3-4 利用网孔分析法求图 3-22 所示电路中的电流 i_1 和 i_2。

3-5 用网孔电流法求图 3-23 所示电路的开路电压 u_{oc}。

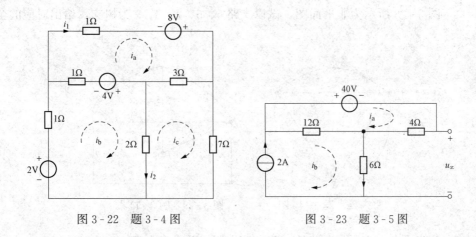

图 3-22　题 3-4 图　　　　　　图 3-23　题 3-5 图

3-6　列出图 3-24 所示电路的网孔电流方程。

3-7　列出图 3-25 所示电路的网孔电流方程，并求出电流 i。

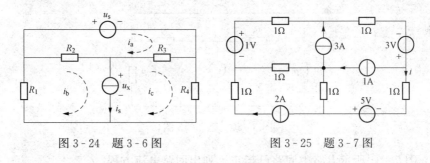

图 3-24　题 3-6 图　　　　　　图 3-25　题 3-7 图

3-8　分别画出图 3-26 所示电路在以下两种情况下的图，并说明其节点数和支路数：(1) 每个元件看作为一条支路；(2) 电压源和电阻的串联组合看作为一条支路，电流源和电阻的并联组合看作为一条支路。

3-9　画出图 3-27 所示电路的有向图，该图有多少个的树？若以支路 4、5、6 为树支，确定对应的全部单连支回路。

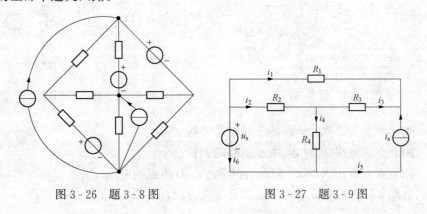

图 3-26　题 3-8 图　　　　　　图 3-27　题 3-9 图

3-10　电路的有向图如图 3-28 所示，确定其独立节点数和独立回路数，并以 5、6 支路为树支，给出对应的全部基本回路。

　3-11　图 3-29 所示为非平面图，试以支路 5、6、7、8、9 为树支，给出对应的全部基本回路。

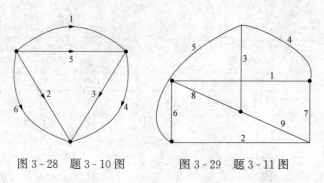

图 3-28　题 3-10 图　　　　　图 3-29　题 3-11 图

　3-12　列出图 3-25 所示电路的回路电流方程，并求出电流 i。

　3-13　列出图 3-30 所示电路的回路电流方程。

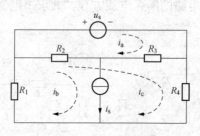

图 3-30　题 3-13 图

　3-14　图 3-31 所示电路中回路已指定，列出回路电流方程。

　3-15　列出图 3-32 所示电路的节点电压方程。

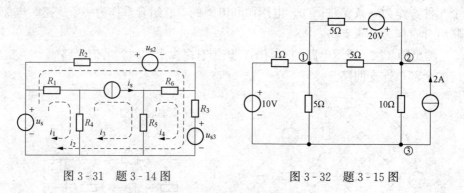

图 3-31　题 3-14 图　　　　　图 3-32　题 3-15 图

　3-16　列出图 3-33 所示电路的节点电压方程。

　3-17　用节点法列出图 3-34 所示电路的方程。

　3-18　用节点分析法求图 3-35 所示电路 A、B 两点间电压 u_{AB}。

　3-19　电路如图 3-36 所示，列出节点电压方程，并求 i_1、i_2。

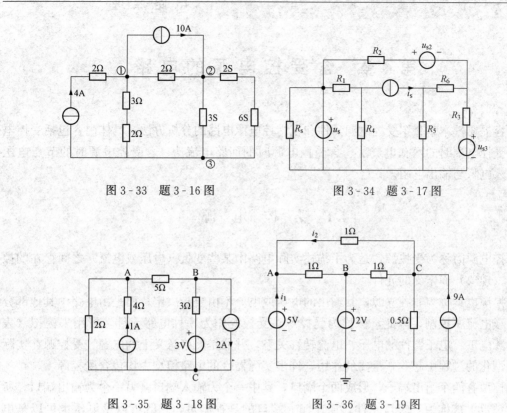

图 3-33　题 3-16 图

图 3-34　题 3-17 图

图 3-35　题 3-18 图

图 3-36　题 3-19 图

第4章 含受控电源的电路

内容提要：本章介绍受控电源元件和含受控电源电路的分析方法，具体内容包括受控电源、含受控电源时的网孔电流法、含受控电源时的回路电流法、含受控电源时的节点电压法、输入电阻与输出电阻。

4.1 受 控 电 源

受控电源简称为受控源，是为了描述实际电路中某些变量（电压或电流）之间存在的控制关系（现象）而定义的元件。

受控源也被称为非独立源，其输出的电压或电流不由自身决定，而是由电路中其他部分的电压或电流所控制，因此，被称为受控源。受控源作为一种电路元件，可用来模拟（表达）实际电工、电子器件的电压、电流转移关系，并非是严格意义上的电源。受控源在实际电路模型化的过程中起非常重要的作用，许多实际器件的电路模型中均包含受控源。

受控源有四个引出端子，形成两个端口，其中一个为输入端口，另一个为输出端口，所以受控源也可被称为二端口元件。加在输入端口的是控制量，它既可以是电压也可以是电流，而在输出端口输出的则是被控制的电压或电流。受控源可分为受控电压源和受控电流源两类，共有四种，分别是电压控制电压源（voltage controlled voltage source，VCVS）、电流控制电压源（current controlled voltage source，CCVS）、电压控制电流源（voltage controlled current source，VCCS）、电流控制电流源（current controlled current source，CCCS）。国家标准规定的四种受控源图形符号如图4-1所示，图4-1（a）～图4-1（d）顺序表示VCVS、CCVS、VCCS、CCCS。

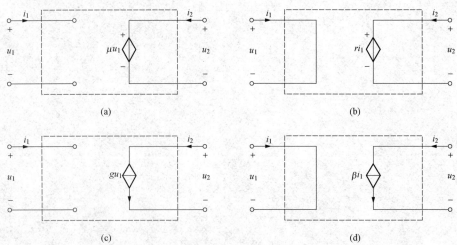

图4-1 受控源图形符号

（a）电压控制电压源；（b）电流控制电压源；（c）电压控制电流源；（d）电流控制电流源

图 4-1 中，输出端口中的 μ、r、g、β 分别是相关的控制系数。其中：$\mu = u_2/u_1$，它是一个无量纲的数，称为电压控制电压源的转移电压比；$r = u_2/i_1$，它具有电阻的量纲，称为电流控制电压源的转移电阻；$g = i_2/u_1$，它具有电导的量纲，称为电压控制电流源的转移电导；$\beta = i_2/i_1$，它是一个无量纲的数，称为电流控制电流源的转移电流比。

如果控制系数与控制量无关为常数，则被控制量和控制量成正比，这种受控源被称为线性受控源，否则称为非线性受控源。本书只讨论线性受控源，为表述简明，略去"线性"二字，称为受控源。

电压控制电压源（VCVS）的特性定义为

$$\begin{cases} i_1 = 0 \\ u_2 = \mu u_1 \\ i_2 \text{ 由外电路决定，值域为}(-\infty, +\infty) \end{cases} \tag{4-1}$$

电流控制电压源（CCVS）的特性定义为

$$\begin{cases} u_1 = 0 \\ u_2 = r i_1 \\ i_2 \text{ 由外电路决定，值域为}(-\infty, +\infty) \end{cases} \tag{4-2}$$

电压控制电流源（VCCS）的特性定义为

$$\begin{cases} i_1 = 0 \\ i_2 = g u_1 \\ u_2 \text{ 由外电路决定，值域为}(-\infty, +\infty) \end{cases} \tag{4-3}$$

电流控制电流源（CCCS）的特性定义为

$$\begin{cases} u_1 = 0 \\ i_2 = \beta i_1 \\ u_2 \text{ 由外电路决定，值域为}(-\infty, +\infty) \end{cases} \tag{4-4}$$

在输入端口和输出端口的电压、电流均采用关联参考方向的情况下，四种受控源的功率均可用下式表示

$$p(t) = u_1(t)i_1(t) + u_2(t)i_2(t) \tag{4-5}$$

由于受控源输入端口不是开路就是短路，$u_1(t)$ 和 $i_1(t)$ 中总有一个为零，所以式（4-5）变为

$$p(t) = u_2(t)i_2(t) \tag{4-6}$$

上式表明整个受控源的功率等于输出端口的功率。因式（4-6）是在电压和电流为关联参考方向下导出的，故当 $p(t) > 0$ 时，表明受控源在吸收能量；当 $p(t) < 0$ 时，表明受控源在发出能量。与理想电源一样，受控电源即可以发出能量，也可以吸收能量。

在电路中，受控源的控制电压 u_1 往往是某一元件（如电阻）或某一局部电路引出的两个端子上的电压，而控制电流 i_1 往往是与某一元件（如电阻）或某一局部电路相连的导线上的电流。以 VCVS、CCVS 为例，接入电路中的受控源应表示为图 4-2（a）、图 4-2（b）所示的形式，但实际上往往用图 4-2（c）、图 4-2（d）所示形式来表示。

由于受控源的输入端口不是开路就是短路，开路时该端口并入电路 [如图 4-2（a）所示]，短路时该端口串入电路 [如图 4-2（b）所示]，该端口的接入并不改变电路原有结构，所以该端口在电路中可以不用专门表现出来 [如图 4-2（c）、图 4-2（d）所示]，此时，可

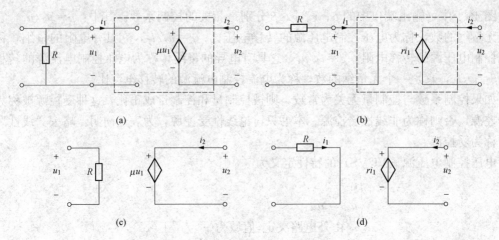

(a)

(c)　　　　　　　　　　　　　　　　　　(d)

图 4-2　受控源在电路中的情景

(a) 含电压控制电压源的电路；(b) 含电流控制电压源的电路；

(c) 电路中电压控制电压源的表示；(d) 电路中电流控制电压源的表示

将受控源看成与独立源一样是一个二端元件。

受控源与独立源存在本质的区别，但又有相似之处。两者本质上的不同是独立源在电路中起激励作用，其电压或电流是独立存在的，而受控源的电压或电流受其他支路电压或电流控制，若控制量为零，则受控源的电压或电流也为零。两者相同之处在于电压源输出端口的电流由外电路决定，电流源输出端口的电压由外电路决定；独立源和受控源都可以发出能量，也都可以吸收能量。

【例 4-1】　电路如图 4-3 所示，其中 VCVS 的输出电压为 $u_2=0.5u_1$，电流源的电流为 $i_s=2A$，求电流 i。

解　从图中可知控制电压 u_1 为

$$u_1 = i_s \times 5 = 2 \times 5 = 10V$$

则

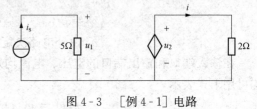

图 4-3　[例 4-1] 电路

$$i = \frac{u_2}{2} = \frac{0.5u_1}{2} = \frac{0.5 \times 10}{2} = 2.5A$$

4.2　含受控电源时的网孔电流法

电路中存在受控源时，列方程求解电路的一般过程是先把受控源视为独立源建立方程，然后补充控制量与待求量关系的方程，最后通过求解所列方程得到电路的解。

补充控制量与待求量关系方程的原因是：当电路中含有受控源时，所列网孔电流方程中必然包含受控源的控制量，而控制量与待求的网孔电流一样是未知的，故未知量的数量大于方程数量，因此需补充控制量与网孔电流关系的方程，使未知量的数量与方程数量相同。通常的情况是电路中有几个控制量，就需要补充几个方程。

4.2.1　含受控电压源时的网孔电流法

下面，通过例题论述含受控电压源时网孔电流方程的具体列写。

【例 4 - 2】　在图 4 - 4 所示电路中，各电阻和各电源均为已知，试列写电路的网孔电流方程，并求出网孔电流。

解　选网孔电流 I_{m1}、I_{m2} 及其参考方向如图 4 - 4 所示，将受控源看成独立源，用网孔法列方程可得

$$(5+10)I_{m1} - 10I_{m2} = 5 - 10I_3 - 5U_1$$
$$-10I_{m1} + (5+10)I_{m2} = 5U_1 - 10$$

补充控制量与网孔电流关系的方程

$$I_3 = I_{m1} - I_{m2}$$
$$U_1 = 5I_2 = 5I_{m2}$$

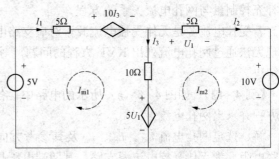

图 4 - 4　[例 4 - 2] 电路

把控制量与网孔电流关系方程带入网孔
电流方程中，消去控制量，可得

$$5I_{m1} + I_{m2} = 1$$
$$2I_{m1} + 2I_{m2} = 2$$

写成矩阵形式有

$$\begin{bmatrix} 5 & 1 \\ 2 & 2 \end{bmatrix} \begin{bmatrix} I_{m1} \\ I_{m2} \end{bmatrix} = \begin{bmatrix} 1 \\ 2 \end{bmatrix}$$

可见 $R_{12} \neq R_{21}$，说明网孔电流方程系数矩阵不是对称矩阵。求解以上方程可得

$$I_{m1} = 0, \quad I_{m2} = 1A$$

【例 4 - 3】　在图 4 - 5 所示电路中，各电阻和各电源均为已知，试列写电路的网孔电流方程并求出网孔电流。

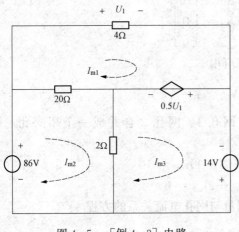

图 4 - 5　[例 4 - 3] 电路

解　选定网孔电流 I_{m1}、I_{m2}、I_{m3} 及其参考方向如图 4 - 5 所示，将受控源视为独立源，按网孔电流方程列写方法可得

$$(4+20)I_{m1} - 20I_{m2} = -0.5U_1$$
$$-20I_{m1} + (20+2)I_{m2} - 2I_{m3} = 86$$
$$-2I_{m2} + 2I_{m3} = 0.5U_1 + 14$$

补充控制量与网孔电流关系方程

$$U_1 = 4I_{m1}$$

把控制量与网孔电流关系方程带入网孔电流方程中，消去控制量，可得

$$26I_{m1} - 20I_{m2} = 0$$
$$-20I_{m1} + (20+2)I_{m2} - 2I_{m3} = 86$$
$$-2I_{m1} - 2I_{m2} + 2I_{m3} = 14$$

可见 $R_{13} \neq R_{31}$。联立求解以上方程可得

$$I_{m1} = 25A, \quad I_{m2} = 32.5A, \quad I_{m3} = 64.5A$$

由以上两个例题可见，对含有受控源的电路，把电路的网孔电流方程整理成一般形式时，方程的系数矩阵通常不是对称矩阵。这是具有普遍意义的结论。

4.2.2 含受控电流源时的网孔电流法

受控电流源若为有伴电流源，可先将受控电流源看成为独立电流源列网孔电流方程，然后补充控制量与网孔电流关系的方程。

若受控电流源是无伴受控电流源，对应支路电压与支路电流之间无法直接建立联系，会出现无法通过网孔电流列出 KVL 方程的问题。对此，可采用添加法、超网孔法和直接法加以解决。

【例 4 - 4】 如图 4 - 6（a）所示的电路中，各电阻和各电源均为已知，试列写其网孔电流方程并求出网孔电流。

解 选定网孔电流 i_{m1}、i_{m2}、i_{m3} 及其参考方向如图 4 - 6（a）所示。受控电流源两端无并联电阻，为无伴受控电流源支路，其两端电压与流过的电流之间无法建立关系。

用添加法处理：设受控电流源的端电压为 u_1，可列出网孔电流方程为

$$(1+1)i_{m1} - i_{m2} = 10 - u_1$$
$$-i_{m1} + (2+3+1)i_{m2} - 3i_{m3} = 0$$
$$-3i_{m2} + (3+1)i_{m3} = u_1$$

补充受控电流源电流与网孔电流关系的方程

$$\frac{u}{6} = i_{m3} - i_{m1}$$

补充控制量与网孔电流关系的方程

$$u = 3(i_{m3} - i_{m2})$$

由以上五个方程可解出 i_{m1}、i_{m2}、i_{m3}、u、u_1。

也可将以上五个方程中的 u 和 u_1 消去，整理方程并用矩阵形式表示，有

$$\begin{bmatrix} 2 & -4 & 4 \\ -1 & 6 & -3 \\ -2 & 1 & 1 \end{bmatrix} \begin{bmatrix} i_{m1} \\ i_{m2} \\ i_{m3} \end{bmatrix} = \begin{bmatrix} 10 \\ 0 \\ 0 \end{bmatrix}$$

可见方程的系数矩阵不是对称矩阵。求解以上方程可得

$$i_{m1} = \frac{45}{17}\text{A}, \quad i_{m2} = \frac{35}{17}\text{A}, \quad i_{m3} = \frac{55}{17}\text{A}$$

用超网孔法处理：将受控电流源支路断开，网孔 1、网孔 2 合并成一个超网孔，如图 4 - 6（b）所示，可列出如下方程

$$(1+1)i_{m1} - (1+3)i_{m2} + (3+1)i_{m3} = 10$$
$$-i_{m1} + (2+3+1)i_{m2} - 3i_{m3} = 0$$

补充受控电流源电流与网孔电流关系的方程和控制量与网孔电流关系的方程

$$\frac{u}{6} = -i_{m1} + i_{m3}$$
$$u = 3(i_{m3} - i_{m2})$$

由于图 4 - 6 所示电路中无伴受控电流源不是处于电路边缘，无法做到仅让一个网孔电流通过该电流源，故此例中直接法无法使用。但若采用回路电流法，通过合理选择回路，可做到仅让一个回路电流通过该电流源，就能够使用直接法，后面采用回路电流法求解该图所示电路时可看到这一情况。

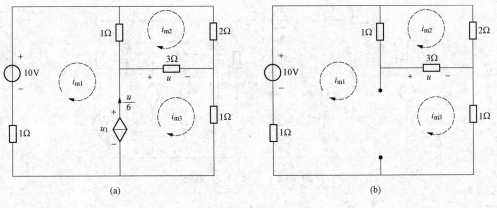

图 4 - 6　［例 4 - 4］电路

(a) 原电路；(b) 形成超网孔的电路

4.3　含受控电源时的回路电流法

回路电流法与网孔电流法本质是一样的，不同之处是回路电流法能应用于非平面电路，也更灵活一些。

对图 4 - 6 所示电路，按仅有一个回路电流通过无伴电流源支路的方法选回路，结果如图 4 - 7 所示。此时可用处理无伴电流源支路的直接法列写方程，即直接用无伴电流源电流表示回路电流，可得如下方程：

$$i_{l1} = -\frac{u}{6}$$

$$-i_{l1} + (1 + 2 + 3)i_{l2} + 2i_{l3} = 0$$

$$i_{l1} + 2i_{l2} + (1 + 2 + 1)i_{l3} = 10$$

补充控制量与回路电流关系的方程，有

$$u = -3i_{l2}$$

由以上方程可解出

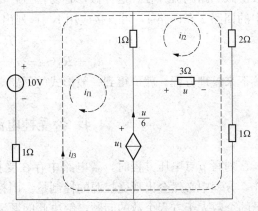

图 4 - 7　列写回路电流法方程所用电路

$$i_{l1} = -\frac{10}{17}\text{A}, \quad i_{l2} = -\frac{20}{17}\text{A}, \quad i_{l3} = \frac{55}{17}\text{A}, \quad u = -\frac{60}{17}\text{V}$$

【例 4 - 5】　图 4 - 8 所示电路中有无伴电流源 i_{s1}、无伴电压源 u_{s2}、无伴电流控制电流源 $i_C = \beta i_2$、电压控制电压源 $u_C = \alpha u_2$，试列出回路电流方程。

解　巧妙选择独立回路，使无伴电流源和无伴受控电流源均只有一个回路电流流过，可使方程列写简单。选择如图 4 - 8 所示的独立回路，按照存在无伴电流源时的直接法列方程，可得如下结果

$$i_{l1} = i_{s1}$$

$$-R_2 i_{l1} + (R_2 + R_3)i_{l2} + R_3 i_{l3} - R_3 i_{l4} = u_{s2} - u_{s3}$$

$$i_{l3} = i_C$$

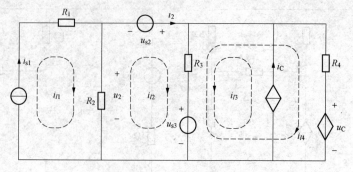

图 4-8　[例 4-5] 电路

$$-R_3 i_{l2} - R_3 i_{l3} + (R_3 + R_4) i_{l4} = u_{s3} - u_C$$

电路中有两个受控源，需补充两个控制量与回路电流关系的方程，故有

$$i_C = \beta i_2 = \beta i_{l2}$$

$$u_C = \alpha u_2 = \alpha R_2 (i_{l1} - i_{l2})$$

若电路中各元件参数已给出，就可由以上六个方程解出 i_{l1}、i_{l2}、i_{l3}、i_{l4}、i_C、u_C。

　　回路电流方程的形式是 KVL 方程，在较复杂的情况下，若对直接列写一般形式的回路电流方程没有把握或不太熟悉，也可直接应用 KVL 列出方程，然后再整理所列方程得到一般形式回路电流方程。这样做，容易检查，不易出错，但多了一个整理的环节。如对图 4-8 中的回路 2 和回路 4，可直接应用 KVL 列出下列方程

$$R_2 (i_{l2} - i_{l1}) - u_{s2} + R_3 (i_{l2} + i_{l3} - i_{l4}) + u_{s3} = 0$$

$$-u_{s3} + R_3 (i_{l4} - i_{l2} - i_{l3}) + R_4 i_{l4} + u_C = 0$$

接下来整理方程，就可得到一般形式的回路电流方程。

4.4　含受控电源时的节点电压法

　　列写节点电压方程时，若电路中存在受控源，可先把受控源看成为独立源列方程，这样，方程中必然会出现受控源的控制量。因控制量与节点电压一样是未知的，就会出现未知量的个数大于方程个数的问题，解决此问题需补充控制量与节点电压关系的方程，通常的情况是有几个控制量就需补充几个方程。

　　对含有受控源的电路，将节点电压方程整理成一般形式时，方程的系数矩阵通常不是对称矩阵。

4.4.1　含受控电流源时的节点电压法

　　下面，通过例题，论述含受控电流源时节点电压方程的具体列写。

　　【例 4-6】 在图 4-9 所示电路中，各电阻和各电流源以及受控电流源均为已知，试列写此电路的节点方程并求出节点电压。

　　解　电路中存在受控电流源，可先将其

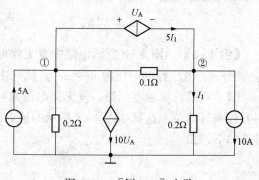

图 4-9　[例 4-6] 电路

看成独立源，列出以下方程

$$\left(\frac{1}{0.2}+\frac{1}{0.1}\right)U_{n1}-\frac{1}{0.1}U_{n2}=5-10U_A-5I_1$$

$$-\frac{1}{0.1}U_{n1}+\left(\frac{1}{0.2}+\frac{1}{0.1}\right)U_{n2}=-10+5I_1$$

因电路中存在两个控制量，故需补充两个控制量与节点电压关系的方程，所得方程为

$$I_1=\frac{U_{n2}}{0.2}$$

$$U_A=U_{n1}-U_{n2}$$

联立求解上述方程，可得

$$U_{n1}=0,\quad U_{n2}=1V$$

【例 4-7】 列出图 4-10（a）所示电路的节点电压方程。可否求出节点电压？由此可得出什么结论？

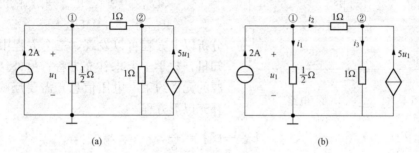

(a)   (b)

图 4-10 ［例 4-7］电路

(a) 原电路；(b) 支路电流标出的电路

解 电路节点电压方程为

$$(2+1)u_{n1}-u_{n2}=2$$

$$-u_{n1}+(1+1)u_{n2}=5u_1$$

$$u_1=u_{n1}$$

消去控制量，整理方程有

$$3u_{n1}-u_{n2}=2$$

$$3u_{n1}-u_{n2}=0$$

方程无解，说明出现了拓扑约束或元件约束不能成立的局面（与图 1-17 所示情况类似），即表明图 4-10（a）所示不是模型电路。

下面做进一步分析。

标出图 4-10（a）所示电路中各支路电流如图 4-10（b）所示。由 $\frac{1}{2}\Omega$ 电阻的元件约束得 $i_1=2u_1$，由节点①的 KCL 得 $i_2=2-i_1=2-2u_1$，由节点②的 KCL 得 $i_3=i_2+5u_1=2+3u_1$。对图 4-10（b）所示图形中间的网孔列 KVL 方程有 $-u_1+i_2+i_3=-u_1+2-2u_1+2+3u_1=4\neq0$，可见出现了 KVL 不能成立的局面。

模型电路空间中的电路均遵循拓扑约束和元件约束，可以有确定解，也可以有无穷多解，但不会无解，否则就不是模型电路。本题的结果说明了这一道理。

4.4.2 含受控电压源时的节点电压法

电路中含受控电压源时,可先将受控电压源看成为独立电压源列方程,然后再补充控制量与节点电压关系的方程。

若受控电压源是无伴受控电压源,对应支路电压与支路电流无法建立联系,会出现无法通过节点电压列出 KCL 方程的问题,可采用添加法、超节点法和直接法加以处理。

【例 4-8】 图 4-11 所示电路中,各元件参数均已给出,试列写其节点电压方程并求出各节点电压。

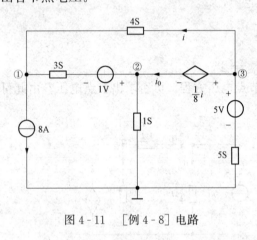

图 4-11 [例 4-8] 电路

解 图 4-11 所示电路中存在无伴受控电压源支路,按添加法列方程,设流过该受控电压源的电流为 i_0,方向如图 4-11 中所示,可列出如下方程

$$(3+4)U_{n1} - 3U_{n2} - 4U_{n3} = -8 - 3 \times 1$$
$$-3U_{n1} + (3+1)U_{n2} = i_0 + 3 \times 1$$
$$-4U_{n1} + (5+4)U_{n3} = -i_0 + 5 \times 5$$

分析以上方程可以发现,三个方程中有 4 个未知量,数学上要求补充方程;另外,受控电压源的元件约束(电压信息)需要反映出来,故补充以下方程

$$U_{n3} - U_{n2} = \frac{i}{8}$$

补充的方程中出现了控制量,该控制量不是节点电压,相当于整个方程中又增加了未知量,故还需补充控制量与节点电压关系的方程,即

$$i = 4 \times (U_{n3} - U_{n1})$$

将以上方程整理成节点电压方程的一般形式,并写成矩阵形式有

$$\begin{bmatrix} 7 & -3 & -4 \\ -7 & 4 & 9 \\ -\frac{1}{2} & 1 & -\frac{1}{2} \end{bmatrix} \begin{bmatrix} U_{n1} \\ U_{n2} \\ U_{n3} \end{bmatrix} = \begin{bmatrix} -11 \\ 28 \\ 0 \end{bmatrix}$$

可见系数矩阵不对称。由以上方程可以解出

$$U_{n1} = 1V, \quad U_{n2} = 2V, \quad U_{n3} = 3V$$

也可按超节点法列方程。对节点①和节点②、③合起来的超节点可列出如下方程

$$(3+4)U_{n1} - 3U_{n2} - 4U_{n3} = -8 - 3 \times 1$$
$$-3U_{n1} + (3+1)U_{n2} - 4U_{n1} + (5+4)U_{n3} = 3 \times 1 + 5 \times 5$$

然后补充方程

$$U_{n3} - U_{n2} = \frac{i}{8}$$
$$i = 4 \times (U_{n3} - U_{n1})$$

同样可解出结果。

节点电压方程的形式是 KCL 方程,在较复杂的情况下,若对直接列写一般形式的节点电压方程没有把握或不太熟悉,也可先直接列写 KCL 方程,然后再整理所列方程得到一般

形式节点电压方程。这样做，不易出错，且容易检查，但多了一个整理的环节。如对节点①和节点②、③组成的超节点，可列出如下的 KCL 方程

$$8 + 3 \times (U_{n1} - U_{n2} + 1) + 4 \times (U_{n1} - U_{n3}) = 0$$

$$3 \times (U_{n2} - U_{n1} - 1) + U_{n2} + 5 \times (U_{n3} - 5) + 4 \times (U_{n3} - U_{n1}) = 0$$

对以上方程进行整理，就可得到一般形式节点电压方程。

还可按直接法列方程。设节点③为参考节点，并设原来的参考节点电压为 U_{n0}，可列出如下方程

$$(1 + 5)U_{n0} - U_{n2} = 8 - 5 \times 5$$

$$(3 + 4)U_{n1} - 3U_{n2} = -8 - 3 \times 1$$

$$U_{n2} = -\frac{1}{8}i$$

$$i = -4U_{n1}$$

由此可解出

$$U_{n0} = -3\text{V}, \quad U_{n1} = -2\text{V}, \quad U_{n2} = -1\text{V}, \quad i = 8\text{A}$$

4.5　输入电阻与输出电阻

4.5.1　输入电阻与输出电阻的定义与意义

在传送或处理信号的电路中，输入电阻与输出电阻是两个经常要用到的术语。当两个电路前后相连时，前一级电路作为信号的输出电路，会用到输出电阻一词；后一级电路作为信号的接受（输入）电路，会用到输入电阻一词。

对于一个不含有独立源（可以含有受控源）的二端电路 N_0，设端口电压 u 和端口电流 i 取关联参考方向，如图 4 - 12（a）所示，则该二端电路的输入电阻定义为

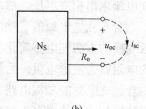

$$R_i = \frac{u}{i} \qquad (4 - 7)$$

图 4 - 12　二端电路的输入电阻和输出电阻

对于一个含有独立电源的二端电路 N_S，设端口开路时电压为 u_{oc}，端口短路时电流为 i_{sc}，如图 4 - 12（b）所示，则该二端网络的输出电阻定义为

$$R_o = \frac{u_{oc}}{i_{sc}} \qquad (4 - 8)$$

输入电阻和输出电阻是电子技术中很重要的概念。输出电阻反映了前级电路向后一级电路传送信号的能力，工程上也称为带负载的能力，"输出"的含义要结合后级电路理解；输入电阻反映了后级电路从前一级电路中提取信号的能力，"输入"的含义要结合前级电路理解。

设前级电路是电压源性质的，可表示为一个电压为 u_{oc} 与电阻为 R_o 串联的有伴电压源，后级电路可表示为电阻 R_i，前后级电路互联的情况如图 4 - 13（a）所示，则 R_i 上的电压为

$u=\dfrac{R_i}{R_i+R_o}u_{oc}$。由此可见，在 R_i 一定的情况下，R_o 越小，R_i 上获得的电压越大；在 R_o 一定的情况下，R_i 越大，R_i 上获得的电压越大。故电压源性质的电路，输出电阻越小越好。

设前级电路是电流源性质的，可表示为一个电流为 i_{sc} 与电阻为 R_o 并联的有伴电流源，后级电路可表示为电阻 R_i，前后级电路互联的情况如图 4-13（b）所示，则 R_i 上的电流为

$i=\dfrac{R_o}{R_i+R_o}i_{sc}$。由此可见，在 R_i 一定的情况下，R_o 越大，R_i 上获得的电流越大；在 R_o 一定的情况下，R_i 越

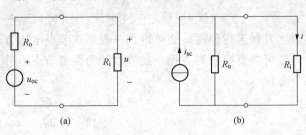

图 4-13 前级电路与后级电路的互联示意图
（a）前后级电路互联示意图一；（b）前后级电路互联示意图二

小，R_i 上获得的电流越大。故电流源性质的电路，输出电阻越大越好。

实际的信号源以电压源性质的居多，在这种情况下，前级电路的输出电阻越小越好，后级电路的输入电阻越大越好。实际电路中还大量存在前接信号源后接负载的中间环节电路，对这样的电路，通常要求其输入端口有较大的输入电阻，而输出端口有较小的输出电阻。

4.5.2 输入电阻与输出电阻的计算

前面曾讨论过二端电路的等效电阻，等效电阻与输入电阻的定义不同，但数值相同，故在电路中两者不仅名称混用，计算方法也是混用的。

当电路中不含受控源时，可通过等效变换的方法对电路逐步化简求得输入电阻；但在电路中含有受控源时，输入电阻需根据定义求解，具体方法是：外加电压求出相应电流，或外加电流求出相应电压，然后用电压比上电流求得结果。

含有独立电源的二端电路其输出电阻可由定义求出。若电路中不含受控源，也可通过等效变换的方法把电路简化为电压源与电阻串联的形式，或电流源与电阻并联的形式，则最终的电阻就为输出电阻。另外，若将含有独立电源的二端电路中的独立电源置零，可得到一个不含独立电源的二端电路。这个不含独立电源的二端电路的输入电阻与原二端电路的输出电阻数值相等，故也可先将独立电源置零，再求输入电阻，从而得到输出电阻。

【例 4-9】 如图 4-14（a）所示的二端电路，求其输入电阻。

解 该题可用多种方法解出，下面分别给出。

解法 1：在该电路端口 1-1′ 处加入电压 u_s，如图 4-14（b）所示。用节点电压法建立方程有

$$u_{n1}=u_s$$

$$-\frac{1}{R_2}u_{n1}+\left(\frac{1}{R_2}+\frac{1}{R_3}\right)u_{n2}=\alpha i$$

应补充控制量与节点电压关系的方程。对节点①列 KCL 方程有

$$i=\frac{u_{n1}}{R_1}+\frac{u_{n1}-u_{n2}}{R_2}+\alpha i$$

解得

$$i=\frac{(R_1+R_2+R_3)u_s}{R_1R_3+(1-\alpha)R_1R_2}$$

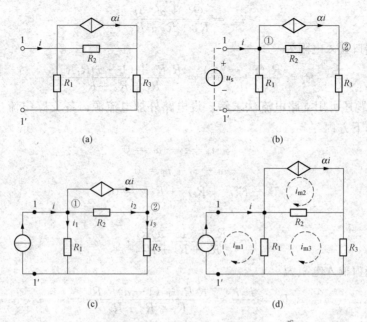

图 4 - 14 ［例 4 - 9］电路

(a) 原电路；(b) 输入端口加电压源；(c) 输入端口加电流源；(d) 网孔电流法求解电路用图

所以，该网络端口输入电阻为

$$R_\mathrm{i} = \frac{u_\mathrm{s}}{i} = \frac{R_1 R_3 + (1-\alpha) R_1 R_2}{R_1 + R_2 + R_3}$$

解法 2：该题用外加电流的方法求解相对简单一些。设在该电路端口 1 - 1′ 处加入电流源，如图 4 - 14 (c) 所示，则受控源的控制量 i 就为电流源电流，是已知量。用节点电压法建立方程有

$$\left(\frac{1}{R_1} + \frac{1}{R_2}\right) u_\mathrm{n1} - \frac{1}{R_2} u_\mathrm{n2} = i - \alpha i$$

$$-\frac{1}{R_2} u_\mathrm{n1} + \left(\frac{1}{R_2} + \frac{1}{R_3}\right) u_\mathrm{n2} = \alpha i$$

解得

$$u_\mathrm{n1} = \frac{R_1 R_3 + (1-a) R_1 R_2}{R_1 + R_2 + R_3} \cdot i$$

所以，该网络端口输入电阻为

$$R_\mathrm{i} = \frac{u_\mathrm{n1}}{i} = \frac{R_1 R_3 + (1-a) R_1 R_2}{R_1 + R_2 + R_3}$$

解法 3：该题也可用网孔电流法求解。设在该电路端口 1 - 1′ 处加入电流源，再设网孔电流方向如图 4 - 14 (d) 所示，则受控源控制量 i 就为已知量。可列出如下方程

$$i_\mathrm{m1} = i$$

$$i_\mathrm{m2} = \alpha i$$

$$-R_1 i_\mathrm{m1} - R_2 i_\mathrm{m2} + (R_1 + R_2 + R_3) i_\mathrm{m3} = 0$$

可以解出

$$i_{m3} = \frac{(R_1 + \alpha R_2)i}{R_1 + R_2 + R_3}$$

所以，该网络端口输入电阻为

$$R_i = \frac{R_1(i_{m1} - i_{m3})}{i} = \frac{R_1 R_3 + (1 - a)R_1 R_2}{R_1 + R_2 + R_3}$$

解法 4：该题还可用支路电流法求解。设电路外加电流源，各支路电流如图 4-14（c）所示，可列出如下方程

$$-i + i_1 + i_2 + \alpha i = 0$$
$$-\alpha i - i_2 + i_3 = 0$$
$$-R_1 i_1 + R_2 i_2 + R_3 i_3 = 0$$

可解出

$$i_1 = \frac{R_3 + (1 - a)R_2}{R_1 + R_2 + R_3} \cdot i$$

所以，该网络端口输入电阻为

$$R_i = \frac{R_1 i_1}{i} = \frac{R_1 R_3 + (1 - a)R_1 R_2}{R_1 + R_2 + R_3}$$

本题用到了节点法、网孔（回路）法、支路电流法求输入电阻，三种方法方程的数量、求解的难度差别不大，原因是该电路结构比较简单。对结构比较复杂的电路，因节点法和网孔（回路）法方程数量比支路电流法方程数量少，故节点法和网孔（回路）法较支路电流法应用广泛。

另外，根据本题求出的 R_i 的表达式可见，在一定的参数条件下，R_i 的值有可能大于零、等于零或者小于零。例如，当 $R_1 = R_2 = 1\Omega$、$R_3 = 2\Omega$、$\alpha = 5$ 时，$R_i = -0.5\Omega$。此种情况下，该二端电路对外提供能量，这一能量来源于二端电路中的受控源。受控源提供的能量比该二端电路对外提供的能量要大，因为有一部分能量被电阻 R_1、R_2、R_3 消耗掉了。

【例 4-10】 如图 4-15（a）所示的二端电路中，有一电流控制电流源 $i_C = 0.75i_1$，求该电路的输出电阻。

解 先求开路电压 u_{oc}，用节点法有

$$\left(\frac{1}{5} + \frac{1}{20}\right)u_{oc} = i_c + \frac{40}{5}$$

$$i_c = 0.75i_1 = 0.75 \times \frac{40 - u_{oc}}{5}$$

解得 $u_{oc} = 35V$。

再求短路电流，当端口 1-1′ 短路时，如图 4-15（b）所示，此时 20Ω 电阻两端电压为零，故有 $i_2 = 0$。

由 KCL 有

$$i_{sc} = i_1 + i_c = i_1 + 0.75i_1 = 1.75i_1 = 1.75 \times \frac{40}{5} = 14(A)$$

则该二端电路的输出电阻为

$$R_o = \frac{u_{oc}}{i_{sc}} = \frac{35}{14} = 2.5(\Omega)$$

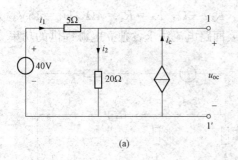 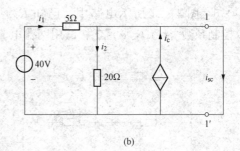

(a)　　　　　　　　　　　　　(b)

图 4 - 15　［例 4 - 10］电路

(a) 原电路；(b) 输出端口短路时的电路

习　　题

4 - 1　求图 4 - 16 所示电路中两个受控源各自发出的功率。

4 - 2　图 4 - 17 所示电路中，已知电流源发出的功率是 12W，求 r 的值。

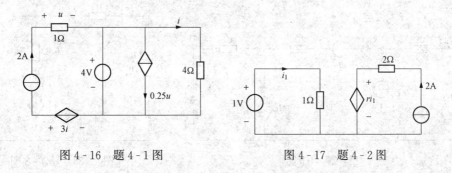

图 4 - 16　题 4 - 1 图　　　　　　图 4 - 17　题 4 - 2 图

4 - 3　图 4 - 18 所示电路中，已知 $u_{s1}=3V$，$R_1=1\Omega$，$i_{s2}=1A$，$\alpha=2$，$R_2=2\Omega$，$R_3=3\Omega$，$u_{s3}=2V$，$R_4=4\Omega$，$R_5=5\Omega$。用网孔电流法求 u_{s1} 的功率。

4 - 4　用网孔电流法或回路电流法求图 4 - 19 所示电路中各支路的电流。

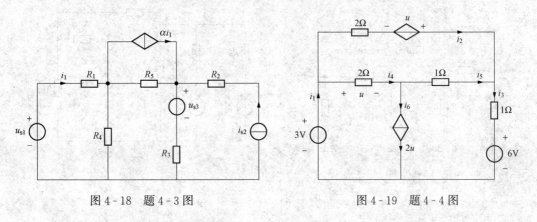

图 4 - 18　题 4 - 3 图　　　　　　图 4 - 19　题 4 - 4 图

4 - 5　图 4 - 20 所示的直流电路中，已知 $R_1=R_2=R_3=2\Omega$，$R_4=1\Omega$，$U_{s1}=10V$，$U_{s2}=20V$，受控电流源 $I_{cs}=2.5U_x$。用网孔电流法或回路电流法求各独立源发出的功率。

4-6　图 4-21 所示电路中，已知 $R_1=2\Omega$，$R_2=3\Omega$，$R_3=R_4-4\Omega$，$U_s=15\text{V}$，$I_s=$ 2A，控制系数 $r=3\Omega$，$g=4\text{S}$。试用网孔电流法或回路电流法求各独立电源提供的功率。

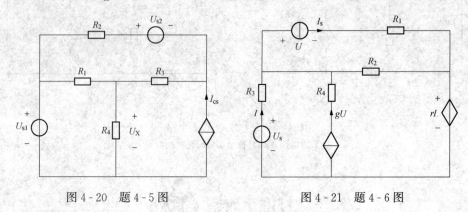

图 4-20　题 4-5 图　　　　　　　图 4-21　题 4-6 图

4-7　电路如图 4-22 所示，试用网孔电流法或回路法求电流 I_1。

4-8　求图 4-23 所示电路中的 I_1 和 U_0。

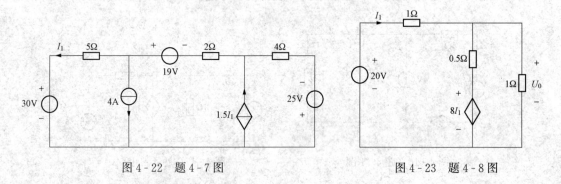

图 4-22　题 4-7 图　　　　　　　图 4-23　题 4-8 图

4-9　图 4-24（a）所示是画电路图的一种简便方法，也可画为如图 4-24（b）所示，试用节点法求输出端对参考节点的电压 u_o。

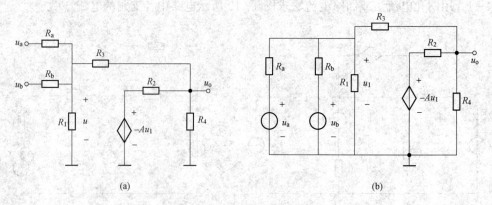

(a)　　　　　　　　　　　　　(b)

图 4-24　题 4-9 图

4-10　试用节点法求解图 4-25 所示电路中的电压 U。

4-11　求图 4-26 所示电路中流过电阻 R 的电流 I_R。

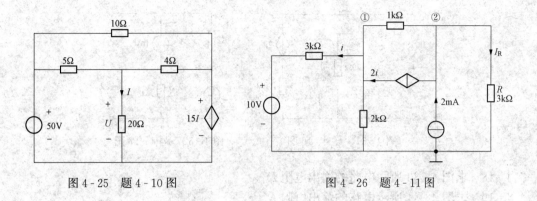

图4-25 题4-10图　　　　　图4-26 题4-11图

4-12 列出图4-27所示电路消去控制量后最终的节点电压方程。

4-13 求图4-28所示电路的输入电阻R_i。

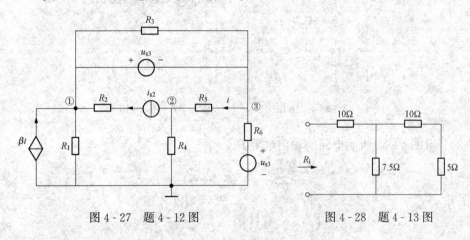

图4-27 题4-12图　　　　　图4-28 题4-13图

4-14 求图4-29所示电路的输入电阻R_i。

4-15 计算图4-30所示电路的输入电阻R_{ab}。

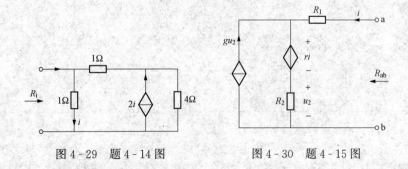

图4-29 题4-14图　　　　　图4-30 题4-15图

4-16 求图4-31所示电路的输入电阻R_i。

4-17 求图4-32所示电路的输出电阻R_o。

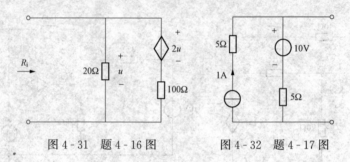

图4-31 题4-16图　　图4-32 题4-17图

4-18 求图4-33所示电路的输出电阻R_o。

4-19 求图4-34所示电路的输出电阻R_o。

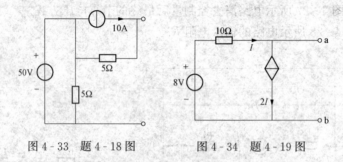

图4-33 题4-18图　　图4-34 题4-19图

4-20 求图4-35所示电路的输出电阻R_o。

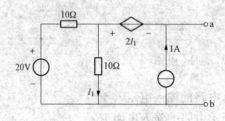

图4-35 题4-20图

第 5 章　含运算放大器的电路

　　内容提要：本章介绍运算放大器和含运算放大器电路的分析方法，讨论了有源电路、无源电路的相关内容。具体内容包括：实际运算放大器概述、实际运算放大器的一种电路模型、理想运算放大器、与运算放大器有关的讨论、有源电路和无源电路的概念与判断。

5.1　实际运算放大器概述

　　实际运算放大器是用集成电路技术制作出的一种电子器件，能够完成对信号的加法、积分、微分等运算，还可以放大信号，故因此而得名。运算放大器除了用于完成运算和放大信号外，还有许多其他的应用，它已成为现代电子电路中的一种基本器件。运算放大器也简称为运放。

　　虽然实际运放有多种型号，内部结构也不相同，但从电路分析的角度出发，人们感兴趣的是该器件的外部特性。

　　实际的单运放模块对外有八个端子，其中两个为信号输入端子，一个为信号输出端子，两个为接直流电源端子，两个为接电位器的调零端子（由于制造技术的进步，这两个端子已不一定需要使用，故有些运放已经没有这两个端子了），还有一个悬空端子。图 5-1（a）给出了实际运放的图形符号，图中标有"E_+"和"E_-"字样的两个端子接正、负直流电源；左边的与"$-$"端相连的端子 a 称为反相输入端（或称倒向端），左边的与"$+$"端相连的端子 b 称为同相输入端（或称非倒向端）；右边的与"$+$"端相连的端子 o 称为输出端；两个调零端子和一个悬空端子在图 5-1（a）中未标出。需要注意的是图 5-1（a）中左边的"$+$""$-$"并非是指电压的参考极性，只是一种用以区分具有不同性质的两个输入端的标志。当输入电压施加在左边"$+$"端与公共端（即接地端）之间且其实际方向自"$+$"端指向公共端时，输出电压实际方向从输出端指向公共端；当输入电压施加在左边"$-$"端与公共端之间且其实际方向自"$-$"端指向公共端时，输出电压的实际方向从公共端指向输出端。

　　实际运放是一种单向器件，它的输出电压受差动输入电压（指 a、b 两个端子间的电压）的控制，图 5-1（a）中用具有指向性质的三角形符号 $\triangleright$ 反映这一特点。

　　实际工作中，把需要外接直流电源才能正常发挥作用的器件称为有源器件。运放工作时需外接直流电源，因此是有源器件。在对含有运放的电路做分析时，给出的图形中可不将运放工作时所接的直流电源表示出来，此时，运放可用图 5-1（b）表示。图 5-1（b）中，u_- 为反相输入端电压，u_+ 为正相输入端电压，$u_d = u_+ - u_-$ 为差动输入电压，u_o 为输出电压，另有一接地端。若把图 5-1（b）中的接地端省略掉，可得到如图 5-1（c）所示的运放图形符号。图 5-1（c）是表示运放的最简洁的图形符号，省略了接地端，但在分析问题时要考虑接地端的存在。

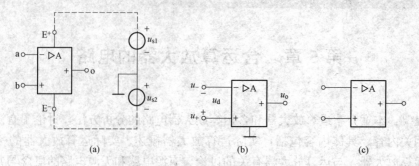

图 5-1　运算放大器的电路符号

(a) 电路符号；(b) 简化的电路符号；(c) 最简电路符号

5.2　实际运算放大器的一种电路模型

实际运放的输出电压与输入差动电压之间的转移特性如图 5-2 (a) 所示，经分段线性化处理后可用图 5-2 (b) 表示。从图 5-2 (b) 中可以看出，当差动电压满足 $-\varepsilon < u_d < \varepsilon$ 时，输出电压满足 $-U_{sat} < u_o < U_{sat}$ 的关系，此时运放工作于线性工作区，且有 $u_o = A u_d$；当差动电压 $u_d < -\varepsilon$ 或 $u_d > \varepsilon$ 时，有 $u_o = U_{sat}$，此时运放工作于饱和工作区（U_{sat} 是饱和电压值，大小取决于运放实际外接直流电源 E_+ 和 E_-），处于非线性应用状态。

运放工作于线性工作区时，它的一种电路模型如图 5-2 (c) 所示，图中 R_i 是运放的输入电阻，R_o 是运放的输出电阻，A 是运放的开环电压放大倍数（开环是指输出与输入之间没有直接连接）。实际运放其输入电阻和开环电压放大倍数都很大，R_i 可达 $10^6 \sim 10^{13}\Omega$，A 可达 $10^4 \sim 10^8$，而输出电阻 R_o 很小，一般为 $10 \sim 100\Omega$。

图 5-3 (a) 所示为含实际运放的电路，将运放用图 5-2 (c) 所示电路模型表示后得到图 5-3 (b) 所示模型。设输入电压为 u_i，对图 5-3 (b) 电路列节点电压方程，并注意到 $u_{n1} = u_-$，$u_{n2} = u_o$，有

$$\begin{cases} \left(\dfrac{1}{R_1} + \dfrac{1}{R_i} + \dfrac{1}{R_2}\right)u_- - \dfrac{1}{R_2}u_o = \dfrac{u_i}{R_1} \\ -\dfrac{1}{R_2}u_- + \left(\dfrac{1}{R_o} + \dfrac{1}{R_2}\right)u_o = -\dfrac{A u_-}{R_o} \end{cases}$$

$$(5-1)$$

求解可得

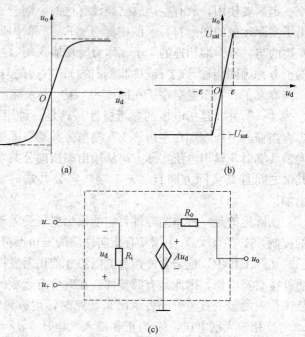

图 5-2　运放的转移特性和一种电路模型

(a) 转移特性曲线；(b) 分段线性转移特性曲线；

(c) 一种电路模型

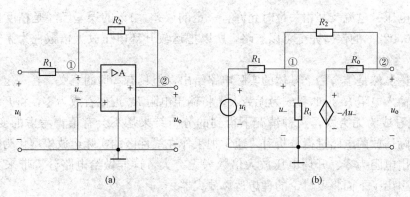

图 5-3　运算放大器电路及其模型

(a) 含有实际运算放大器的电路；(b) 电路模型

$$\frac{u_o}{u_i} = -\frac{R_2}{R_1} \times \frac{1}{1 + \dfrac{\left(1 + \dfrac{R_o}{R_2}\right)\left(1 + \dfrac{R_2}{R_1} + \dfrac{R_2}{R_i}\right)}{A - \dfrac{R_o}{R_2}}} \qquad (5-2)$$

设图 5-3 所示电路中运放的实际参数为 $A = 50\,000$、$R_i = 1\text{M}\Omega$、$R_o = 100\Omega$，外围电路参数为 $R_1 = 10\text{k}\Omega$、$R_2 = 100\text{k}\Omega$，则

$$\frac{u_o}{u_i} = -\frac{R_2}{R_1} \times \frac{1}{1.000\,22} \qquad (5-3)$$

下面对图 5-3 所示电路做一些讨论。

（1）外围电路中最大电阻 $R_2 = 100\text{k}\Omega$，输入电阻 R_i 与之相比要大很多，比较而言可近似认为 R_i 为无穷大。以 $R_i = \infty$ 代入式（5-2）有

$$\frac{u_o}{u_i} = -\frac{R_2}{R_1} \times \frac{1}{1.000\,22} \qquad (5-4)$$

（2）外围电路中最小电阻 $R_1 = 10\text{k}\Omega$，输出电阻 R_o 与之相比小很多，比较而言可近似认为 R_o 为零。以 $R_o = 0$ 代入式（5-2）有

$$\frac{u_o}{u_i} = -\frac{R_2}{R_1} \times \frac{1}{1.000\,22} \qquad (5-5)$$

（3）开环电压放大倍数 $A = 50\,000$，式（5-2）分母中的 $\left(1 + \dfrac{R_o}{R_2}\right)\left(1 + \dfrac{R_2}{R_1} + \dfrac{R_2}{R_i}\right) =$ 11.111。将两者进行比较，可知 A 大很多，可近似认为 A 是无穷大。以 $A = \infty$ 代入式（5-2）有

$$\frac{u_o}{u_i} = -\frac{R_2}{R_1} \qquad (5-6)$$

从以上分析和计算结果可以看出，当把运放输入电阻 R_i 视为无穷大和把输出电阻 R_o 视为零时，相关的计算结果式（5-4）、式（5-5）与式（5-3）一样（这是因为计算结果小数点后位数取得不够所致，若位数足够多，还是会有差别的），所以把运放的输入电阻视为无穷大和把输出电阻视为零，完全是可行的。当把运放开环电压放大倍数 A 视为无穷大时，计算结果为式（5-6），与式（5-3）相比，产生了 0.022% 的误差。由于在电子电气工程领

域中，计算电压、电流及其相关量时允许有一定的误差，1%的误差已经是精度比较高的计算结果了，0.022%的误差完全可以忽略，所以把运放开环电压放大倍数视为无穷大也是可行的。

以上结论虽然是结合一个具体的实际电路给出，但具有普遍的意义。在一定条件下，将实际运放的输入电阻 R_i 近似看成为无穷大，将输出电阻 R_o 近似看成零，将开环电压放大倍数 A 近似看成为无穷大，三种情况下得到的分析结果均不会有值得考虑的变化。所以，对包含有实际运放的电路进行分析时，通常把工作在线性区的实际运放模型化为输入电阻为无穷大、输出电阻为零、开环电压放大倍数为无穷大，这样做给电路分析带来了很大的便利。由此就引出了下面将要讨论的理想运算放大器。

实际运算放大器工作在线性区时，要求其输出端直接或通过电阻与负极性输入端相连〔如图 5-3（a）所示〕，这样做的目的是为了在电路中引入负反馈（输出反过来减少输入）；输出端也可同时连接负极性输入端和正极性输入端，但不会单独与正极性输入端相连。输出端单独连接在正极性输入端，会使电路出现正反馈（输出反过来加强输入），使运放工作在饱和区。对相关现象的具体分析，需具备后续电子技术课程方面的知识，这里无法做深入讨论，仅作为一种实际知识加以介绍。

5.3 理想运算放大器

5.3.1 理想运算放大器的定义与特性

理想运算放大器是定义出来的理想电路元件，简称理想运放。它是实际运放的另一种电路模型，是图 5-2（c）所示的实际运放模型中参数极限化的结果。当图 5-2（c）所示模型中 $R_i \to \infty$、$R_o = 0$、$A \to \infty$ 时，就得到了理想运放。

输入电阻 R_i 为无穷大、输出电阻 R_o 为零、开环电压放大倍数 A 为无穷大，是理想运放的原始定义。至此，已给出了实际运放的两种电路模型，图 5-2（c）所示是其中的一种，理想运放是另外一种。

理想运放的图形符号如图 5-4（a）所示，与实际运放的图形符号图 5-1（b）相比，开环电压放大倍数从 A 换成了 ∞；若将图 5-4（a）中接地端省略，可得图 5-4（b）所示的图形符号。对图 5-4（b）所示的图形符号，要注意的是接地端仅是没有画出而已，并非不存在，在对相关电路做分析时必须考虑接地端的存在。

根据理想运放的原始定义 $R_i \to \infty$，可知有 $i_+ = i_- = 0$；根据理想运放的原始定义 $R_o = 0$、$A \to \infty$，可知有 $u_o = A \cdot u_d = \infty \cdot (u_+ - u_-)$。由于输出电压 u_o 必须为有限值，否则该元件将失去意义，故应有 $u_+ - u_- \to 0$，即 $u_+ \to u_-$，写为 $u_+ = u_-$ 或 $u_+ - u_- = 0$。可见，$i_+ = i_- = 0$ 和 $u_+ - u_- = 0$ 是运放的从属定义。理想运放的特性（输入和输出端特性）定义为

$$\begin{cases} u_+ = u_- \text{ 或 } u_d = u_+ - u_- = 0 \\ i_+ = i_- = 0 \\ u_o \text{ 为有限值,由外接电路决定} \\ i_o \text{ 在 } -\infty \sim \infty \text{ 间取值,由外接电路决定} \end{cases} \tag{5-7}$$

理想运放输出电压与输入差动电压之间的转移特性可用图 5-4（c）表示。

为了方便起见，可将理想运放输入端的特性（从属定义）$u_+ = u_-$ 和 $i_+ = i_- = 0$ 分别用

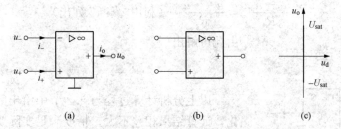

图 5 - 4　理想运算放大器的图形符号和特性

(a) 电路符号；(b) 最简电路符号；(c) 转移特性曲线

"假短路（虚短路）"和"真断路（实断路）"表示，合起来简称为"假短真断（虚短实断）"。这是因为，产生 $u_+ = u_-$ 的原因不是因为短路，而是因为 u_o 为有限值的要求限定的，适合用"假短（虚短）"描述；产生 $i_+ = i_- = 0$ 的原因是 $R_i \to \infty$，而 $R_i \to \infty$ 是符合断路定义的，适合用"真断（实断）"描述。

注意，上述"假短真断（虚短实断）"说法是用于模型电路的，其中的"真""实"表明是符合定义的意思，与现实世界中的"真""实"无关。第 1 章中图 1 - 2 已表明，模型电路与实际电路两者没有交集，必须通过模型化才能发生联系，故针对模型电路的"假短真断（虚短实断）"说法不能直接用于实际运放。

对含有实际运放的电路做分析，正确的做法是首先根据实际情况构造电路模型，当实际运放建模为理想运放时，方可对电路模型使用"假短真断（虚短实断）"说法；若实际运放没有建模为理想运放，则"假短真断（虚短实断）"说法就无处可用。为方便起见，后面一般采用"假短真断"说法。

图 5 - 5 所示为理想运放元件的电路模型，其中，正向输入端和反向输入端之间的虚线用于说明两个端子间既有"假短"关系，又有"真断"关系。由图 5 - 5 可见，由于输出端与无伴受控电压源相连，故不必对输出端相联节点列 KCL 方程或节点电压方程，因为如果对该节点列方程，因受控源所在支路电流无法与节点电压发生联系，就必须

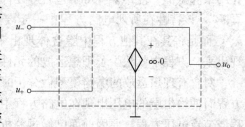

图 5 - 5　理想运算放大器的电路模型

要把输出端支路电流设为待求量。为了列出一个方程，必须增加一个新的待求量，这样，所列方程就没有价值了，因此也就没有必要将其列出。注意：图 5 - 5 中，$\infty \cdot 0 = u_o$ 为不定值，该值由 u_o 所在端子连接的外电路决定。

由以上论述可知，对含理想运放的模型电路做分析的过程中，运放输出端特性不必在方程表现出来，但输入端特性（"假短真断"）必须要在方程中体现出来。在进行相关分析时，对此应充分注意。

将实际运放模型化为理想运放，会给电路分析带来很大便利。如将图 5 - 3 (a) 所示电路中的运放看作为理想运放，即将图 5 - 3 (a) 中的 A 换成 ∞，可得图 5 - 6 所示电路。利用理想运放"假短"和"真断"特性可得

$$u_{n1} = u_- = 0 \quad (\text{利用"假短"列出})$$

$$\frac{u_i - u_{n1}}{R_1} = \frac{u_{n1} - u_o}{R_2} \quad \text{（利用“真断”列出）} \tag{5-8}$$

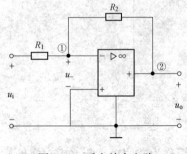

图 5-6　反向放大电路

由此可解出

$$\frac{u_o}{u_i} = -\frac{R_2}{R_1} \text{ 或 } u_o = -\frac{R_2}{R_1} u_i \tag{5-9}$$

以上分析计算过程与 5.2 节中给出的过程相比大为简化，计算结果相差不大，精度满足实际要求。所以，在对含实际运放的电路进行分析时，在满足一定条件的前提下，通常均将实际运放模型化为理想运放。当然，图 5-2 (c) 所示的模型在一些场合仍然有用，对此，将在 5.5 节中进行一些讨论。

图 5-6 所示电路具有反向放大的功能，通过改变 R_2 与 R_1 的比值，即可改变输出电压与输入电压的关系。若 $R_2 > R_1$，则 $u_o = -\dfrac{R_2}{R_1} u_i$，即为反向放大器；若 $R_2 = R_1$，则 $u_o = -u_i$，即为反向器。

5.3.2　含理想运算放大器电路的分析

本节给出几个含有理想运放的模型电路以及对它们进行分析的过程，这些模型电路均存在对应的实际电路，因而均是电路模型。在参数选配合适的条件下，对应的实际电路均能（近似地）表现出模型电路所具有的特性。所以，这里的内容，一方面进一步介绍了含有理想运放模型电路的分析过程，另一方面也展示了运放的若干实际应用。

对电路模型而言，能够得出正确分析结果的电路方程本质上应反映出电路的全部独立拓扑约束和全部元件约束（可不包含虚元件的约束）。理想运放元件输入端的约束就是"假短真断"，该特性在所列电路方程中一定要体现出来。通常不必直接写出 $i_+ = i_- = 0$ 和 $u_+ = u_-$，而是将其在其他方程中隐含体现出来。如果"假短真断"的特性在电路方程中没有体现出来，方程中就缺少了理想运放的元件约束，这样，就无法得到正确解。

对含有理想运放的电路模型做分析时，一般应将运放输出端的电压设为待求量，并在列方程时使输出端的电压出现在电路方程中。但应注意，不必对输出端相联节点列写 KCL 方程或节点电压方程，原因前面已做过分析。

1. 反相加法电路

图 5-7 所示电路中，有三个输入电压 u_{i1}、u_{i2}、u_{i3} 和一个输出电压 u_o。据"真断"可得

$$i_1 + i_2 + i_3 = i_f \tag{5-10}$$

据"假短"可得

$$i_1 = \frac{u_{i1}}{R_1}, \quad i_2 = \frac{u_{i2}}{R_2}, \quad i_3 = \frac{u_{i3}}{R_3}, \quad i_f = -\frac{u_o}{R_f} \tag{5-11}$$

将式（5-11）带入式（5-10），整理后可得

$$u_o = -R_f \left(\frac{u_{i1}}{R_1} + \frac{u_{i2}}{R_2} + \frac{u_{i3}}{R_3} \right) \tag{5-12}$$

若有 $R_1 = R_2 = R_3 = R_f$，则有

$$u_o = -(u_{i1} + u_{i2} + u_{i3}) \tag{5-13}$$

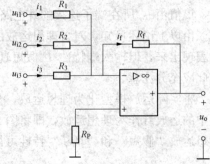

图 5-7　反相加法电路

可见该电路具有将三个电压相加并取反的功能，故称其为反相加法电路。

2. 电压跟随器

对图 5-8（a）所示电路，根据"假短"可知，输出电压 u_2 与输入电压 u_1 相等；根据"真断"可知，它的输入电阻为无穷大；根据输出端特性知，它具有无伴电压源的特点，输出电阻为零。该电路称为电压跟随器，它接入电路中时，能将后面所接的负载与前面所接的电路很好地隔离开，消除了由于负载接入造成的不良影响，在工程中获得了广泛应用。下面对此做些讨论。

图 5-8（b）所示为一分压电路，输出电压为 $u_2 = \dfrac{R_2}{R_1 + R_2} u_1$；当负载电阻 R_L 接入时，如图 5-8（c）所示，输出电压 u_2 会变为 $u_2 = \dfrac{R_2 /\!/ R_L}{R_1 + R_2 /\!/ R_L} u_1$；若负载 R_L 可变，则负载上电压不断随之变化。若采用图 5-8（d）所示电路，无论 R_L 如何变化，输出电压始终保持为 $u_2 = \dfrac{R_2}{R_1 + R_2} u_1$。故在要求负载 R_L 可调而电压 u_2 不变的场合，就可采用图 5-8（d）所示电路。

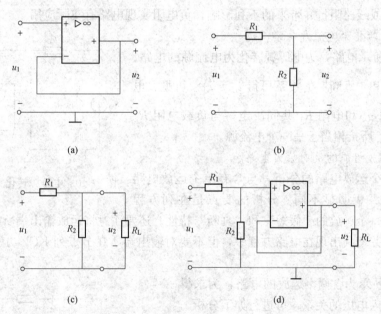

图 5-8　电压跟随器及其应用

（a）电压跟随器；（b）分压电路；（c）分压电路直接接负载；（d）分压电路通过电压跟随器接负载

3. 负电阻实现电路

图 5-9 所示电路可实现负电阻，分析如下。

由"假短"可知

$$u_{n2} = u_{n1} = u_i \qquad (5-14)$$

由"真断"可知

$$\frac{u_{n3} - u_{n2}}{R} = \frac{u_{n2}}{R_L} \qquad (5-15)$$

将式（5-14）带入式（5-15），解得

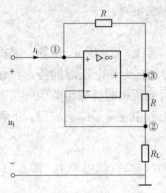

图 5-9　负电阻实现电路

$$u_{n3} = \frac{R + R_L}{R_L} u_i \qquad (5-16)$$

所以，可得输入端电流为

$$i_i = \frac{u_i - u_{n3}}{R} = -\frac{1}{R_L} u_i \qquad (5-17)$$

输入电阻为

$$R_i = \frac{u_i}{i_i} = -R_L \qquad (5-18)$$

负电阻之所以能够出现，是因为运放工作时发出了能量。该模型对应的实际电路中，这一发出的能量来源于运放所接的正、负直流电源。该能量除了一部分被运放本身和两个外围电阻 R 及负载电阻 R_L 消耗外，还有一部分对外输出，因此会形成对外发出能量的局面，表现出了负电阻的特性。由于输入端电流与流过负载电阻 R_L 的电流数值相同，由输入电阻为 $-R_L$ 可知，电路对外输出的能量与负载电阻 R_L 消耗的能量相等。

某些实际电路中，通过串联负电阻（或负阻抗，阻抗的概念将在 10.1 节中介绍）可抵消电源内阻（或线路阻抗）带来的不利影响，负电阻实现电路有实际应用。

4. 电压源转化为电流源电路

图 5-10 所示电路，为电压源转化为电流源的电路。

利用"假短"和"真断"的关系可得 $i_L = \dfrac{u_s}{R_1}$。可见，电流 i_L 由电压源 u_s 和电阻 R_1 共同决定，与负载电阻 R_L 无关，所以 R_L 所接相当于是一个电流源。

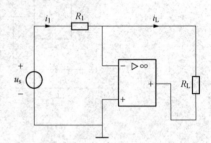

图 5-10　电压源转化为电流源电路

5. 两个运放组成的反向放大电路

对含有多个运放电路的分析，与含有单个运放电路的分析相比，并无明显不同。分析的要点是在列方程时，要反映出每个运放的"假短"和"真断"特性。还要注意将运放输出端所在节点的电压设定为待求量并使其出现在电路方程中，但不要对输出端所在节点列 KCL 方程或节点电压方程。

图 5-11 所示为含两个运放的电路，为求得输出电压与输入电压的关系，可进行如下分析。

对节点①，利用第一个运放的"假短"和"真断"，可列出如下 KCL 方程

$$\frac{u_i}{R_1} + \frac{u_{o1}}{R_2} + \frac{u_o}{R_3} = 0 \qquad (5-19)$$

对节点②，利用第二个运放的"假短"和"真断"关系，可列出如下 KCL 方程

$$\frac{u_{o1}}{R_4} + \frac{u_{o1} - u_o}{R_5} = 0 \qquad (5-20)$$

将式（5-19）与式（5-20）结合，消去 u_{o1}，解得

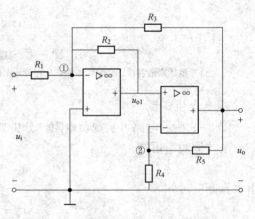

图 5-11　由两个运算放大器组成的电路

$$\frac{u_o}{u_i} = -\frac{R_2 R_3 (R_4 + R_5)}{R_1 (R_2 R_4 + R_2 R_5 + R_3 R_4)} \qquad (5-21)$$

适当选择电阻参数，该电路就有反向放大的作用。

5.4　与运算放大器有关的讨论

5.4.1　与实际运算放大器有关的讨论

实际运放因具有输入电阻高、输出电阻低、开环电压放大倍数高等优越性能，在实际工作中得到了广泛的应用，使得它与电阻（器）、电容（器）、电感（器）一样，已成为实际电路中的基本器件。它是一种功能十分强大、可以认为是"具有魔力"的器件，5.3 节中的几个电路已初步展现了该器件的强大功能。

对实际电路进行理论分析的一般过程是：首先根据实际电路的具体工作情况建立合适的电路模型，然后针对电路模型写出电路方程，最后求解方程。如果所建模型比较准确，求解方程所得结果就与实际电路呈现的情况比较接近。如果差异较大，说明所建电路模型不准确，当然，也可能存在方程列写或计算的错误，应通过分析找出具体原因然后做相应的处理。对含有运放的实际电路做分析同样遵循建立电路模型、列写电路方程、求解方程这样的步骤。

前面已谈到，对含有运放的实际电路进行分析时，一般均将实际运放模型化为理想运放，不过这种处理方法实际是有前提条件的，即运放工作在低频或直流条件下，且运放外围电路的器件参数处在合适范围内。超出一定范围，过大或过小均不行。原因是：如果外围电阻参数（或电容、电感的阻抗）数值过小，导致出现了实际运放输出电阻与之相比并不小很多的现象，模型化时，将运放输出电阻置为零（理想运放原始定义中的一个内容），就会带来过大误差；如果外围电阻参数（或电容、电感的阻抗）数值较大，导致出现了实际运放输入电阻与之相比并不大很多的结果，模型化时，将运放的输入电阻置为无穷大（理想运放原始定义中的另一个内容），也会带来过大误差。

在设计含有运放的实际电路时，根据实际运算放大器的参数，一般宜将运放外围电路中电阻器件的参数（或电容、电感的阻抗）设定在千欧数量级，这是一种理性的选择。因为这样做，就可将实际运放建模为理想运放，从而使电路分析的过程大幅度简化，给电路设计中必需进行的理论分析带来了极大的方便。

外围电阻器件参数（或电容、电感的阻抗）过大或过小，均不适合把实际运放模型化为理想运放，而需改用其他模型，例如可用图 5-2（c）所示的模型，还可用其他的模型。图 5-12（a）所示的电路模型，就是一种当运放外围电阻器件参数（或电容、电感的阻抗）取值较小时，对实际运放建模可用的一种模型；而图 5-12（b）所示的电路模型，就是一种当运放外围电阻器件参数（或电容、电感的阻抗）取值较大时，对实际运放建模可用的一种模型。图 5-12（a）和图 5-12（b）所示的模型均比图 5-2（c）所示模型简单。

至此，本章中已给出了 4 种实际运算放大器的电路模型，分别是图 5-2（c）所示模型、图 5-5 所示可用"假短真断"说法描述的理想运放模型、图 5-12（a）所示模型和图 5-12（b）所示模型。4 种模型中，理想运放模型最为简单；图 5-2（c）所示模型最为复杂；图 5-12（a）、图 5-12（b）所示模型的复杂程度居中。不同的模型有不同的适用条件，在

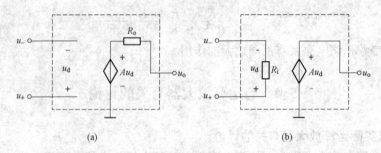

图 5 - 12 实际运放建模可用的两种模型

(a) 模型一；(b) 模型二

对实际电路做分析时，应根据具体情况选用一种模型。通过前面的分析可以看到，使用理想运放模型最为方便，但需注意使用该模型的前提。

除了上述的 4 种模型外，还可以根据需要对实际运放构造出其他形式的模型。例如，将图 5 - 2 （c）中的 R_o 置为零并将 R_i 置为无穷大，可得到另一种实际运放模型，如图 5 - 13 所示，这也是一种应用非常广泛的模型。

图 5 - 14 （a）所示为含有实际运放的电路，存在于图 1 - 2 所示的实际电路空间中，因实际运放两输入端间输入电阻很大，所以 i_- 很小，1kΩ 电阻上的电压降很小，$u_- - u_+$ 接近 2V，运放实际工作于非线性饱和区，结合图 5 - 2

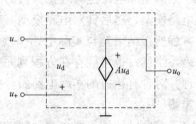

图 5 - 13 实际运算放大器的
另一种可用模型

给出的运放转移特性可知该电路输出为 $u_o = U_{sat}$。若不考虑实际电路工作时的具体情况，将图 5 - 14 （a）中的实际运放建模为理想运放，可得图 5 - 14 （b）所示的图形，分析可知，该图形不是模型电路，不能存在于图 1 - 2 所示的模型电路空间中，原因是该图形无法同时满足拓扑约束和元件约束（与图 1 - 17 和图 4 - 10 中出现的情况相同）。所以把图 5 - 14 （b）所示图形作为图 5 - 14 （a）所示实际电路的模型是错误的，错误的原因是未考虑实际电路的工作状态，把工作在非线性饱和状态的实际运放用理想运放建模，不仅导致了无用的结果出现，还出现了模型电路中不能存在的内容。

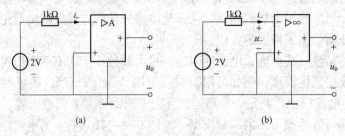

图 5 - 14 含运放的实际电路及其错误建模结果

(a) 含实际运放的电路；(b) 错误的建模结果

对实际电路建模是一件很复杂的工作，需要考虑多个因素才能得到正确结果。建模时首先需要分析实际电路的具体工作状态，然后有的放矢地进行后续建模工作，否则难以得到正确的建模结果。

5.4.2　与理想运放"假短真断"特性描述有关的一些讨论

国内许多电路文献把理想运放输入端的特性归纳为"虚短"和"虚断"，两者合称为"虚短虚断"，这一说法值得商榷。下面对相关情况进行分析。

"虚短虚断"中的"虚"意指实质没有而表现为有，故"虚短"意指实质没有短路（即 $R_i > 0$）而表现为短路，"虚断"意指实质没有断路（即 $R_i < \infty$）而表现为断路，两者合起来的意思是实质没有短路也没有断路但表现为短路和断路。实质没有短路也没有断路，说明实质上存在有限值电阻（即 $0 < R_i < \infty$），这与理想运放 $R_i \to \infty$ 的原始定义矛盾。由此可见，"虚短虚断"说法对理想运放不能成立。

对偶原理（见 6.7 节）是电路理论中针对平面电路存在的一个普适规律，下面通过对偶原理进一步说明"虚短虚断"说法不能成立。

"虚短虚断"的对偶说法是"实短实断"。"实短"对应着 $R_i = 0$，"实断"对应着 $R_i \to \infty$，可见"实短实断"是不可能出现的情景。因"实短实断"说法不能成立，由此说明其对偶说法"虚短虚断"也不能成立。

有人认为理想运放输入端电压表现为短路而电流表现为断路，但实际运放的输入端既非短路也非断路，故应用"虚短虚断"对理想运放加以描述。这种做法存在的问题之一是不通过模型化环节将实际器件与理想元件联系在一起，相当于是把图 1-2 所示的实际电路空间与模型电路空间混在一起了；存在的问题之二是无视这样一种情况：考虑实际运放输入端既非短路也非断路情况的模型如图 5-2（c）所示，该模型并不对应理想运放。

本书对理想运放的特性采用"假短真断"说法加以描述，既能与理想运放的原始定义吻合，其对偶说法"真短假断"也成立。故"假短真断"说法在科学意义是正确的。

国内电子技术文献中也有"虚短虚断"说法，推断电路理论中的"虚短虚断"说法由此而来。但电子技术中的"虚短虚断"说法是针对由运放和外部器件组成的带有负反馈的实际电路而言的，不是针对运放器件本身而言的。如图 5-14（a）所示电子电路中无负反馈，实际运放的工作状态与理想运放相去甚远，完全不具有电子技术文献中提到的"虚短虚断"特性。许多电子技术文献尤其是国外电子技术文献中，仅有"虚短"说法而无"虚断"说法，说明"虚短虚断"说法在电子技术领域中并非得到一致认可，相关分析在此不加展开。

5.5　有源电路和无源电路的概念与判断

5.5.1　问题的引出

前面已讨论过，电路有多种分类方法。此外，还可按有源和无源对电路进行分类，即把元件分为有源元件和无源元件，把电路分为有源电路和无源电路。

文献中存在有源电路、无源电路术语使用混乱的现象。如有的论述中有源电路是指电路中有独立源，无源电路是指电路中没有独立源；有的论述中将含有独立源或含有受控源的电路均称为有源电路，既无独立源也无受控源的电路才称为无源电路。

有源电路（元件）、无源电路（元件）术语的精确含义是什么？含有受控源的电路究竟是有源电路还是无源电路？如何判断有源电路（元件）、无源电路（元件）？下面的论述回答这些问题。

5.5.2 模型电路中有源电路和无源电路的概念与判断

二端有源电路（元件）和二端无源电路（元件）的定义：设一个二端电路（元件）其端口电压 u 和端口电流 i 取关联参考方向，假定有 $u(-\infty)=0$ 和 $i(-\infty)=0$，如果对于任意的瞬时 t，输入的能量

$$w(t)=\int_{-\infty}^{t}u(\tau)i(\tau)\mathrm{d}\tau\geqslant 0 \tag{5-22}$$

则该电路（元件）称为无源电路（元件），否则称其为有源电路（元件）。

二端口有源电路（元件）和二端口无源电路（元件）的定义：设一个二端口电路（元件）端口处电压电流取关联参考方向，如图 5-15 所示，假定 $t\rightarrow-\infty$ 时，电路无储能，如果对任一瞬时 t，输入二端口电路（元件）的能量

图 5-15 二端口电路

$$w(t)=\int_{-\infty}^{t}[u_1(\tau)i_1(\tau)+u_2(\tau)i_2(\tau)]\mathrm{d}\tau\geqslant 0 \tag{5-23}$$

则称该二端口电路（元件）为无源二端口电路（元件），否则称其为有源二端口电路（元件）。

根据上述定义可知：电压源、电流源为有源元件，电阻元件参数为负值时为有源元件，参数为正值时为无源元件；不含独立源的二端电路，当其输入电阻（等效电阻）为正值时为无源电路，为负值时为有源电路。受控源、理想运放均为有源元件。

含有有源元件的电路不一定是有源电路。如对图 5-16（a）所示电路，可以算出其等效电阻为 $0.5R$；对图 5-14（b）所示电路，可以算出其等效电阻为 $-R$。若 $R>0$，图 5-16（a）所示电路等效电阻大于零，为无源电路；图 5-16（b）所示电路等效电阻小于零，为有源电路。若 $R<0$，则图 5-16（a）、图 5-16（b）所示电路中全部元件均为有源元件，但此时图 5-16（a）所示电路的等效电阻小于零，为有源电路；图 5-16（b）所示电路的等效电阻大于零，为无源电路。由此可见，含有有源元件的二端电路既可以是有源电路，也可是无源电路。

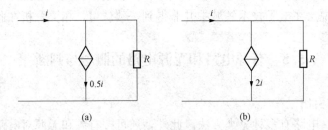

图 5-16 含受控源电路
(a) 电路一；(b) 电路二

以上讨论说明，含有受控源的电路既可能是有源电路，也可能是无源电路，无法直接根据电路的构成对电路的属性做出判断。需依据电路是发出能量还是吸收能量对电路属性进行判断。

5.5.3 实际电路中有源电路和无源电路的概念与判断

在电子电气工程领域，把运放、三极管等需外接直流电源才能正常发挥作用的器件称为

有源器件，把包含有源器件的电路称为有源电路，反之，则称为无源电路。故实际电路中有源电路和无源电路术语含义明确，与电路的构成（电路中有无有源器件）有直接的对应关系，这一点与模型电路存在明显差异。

实际电路中的有源电路（元件）、无源电路（元件）术语与模型电路中的有源电路（元件）、无源电路（元件）术语是有差别的，因此应分别使用模型（理想）有源电路、模型（理想）无源电路、实际有源电路、实际无源电路术语。在不会产生不良后果的情况下，方可将相关术语简称为有源电路、无源电路。

在论述相关内容时，可直接说明电路构成特征，如含独立源电路、含受控源电路等，这样就不容易产生问题。

5-1 图5-17所示为用运算放大器构成的测量电阻的原理电路，试写出被测电阻R_x与电压表读数U_o的关系式。

5-2 求图5-18所示电路中的电流I。

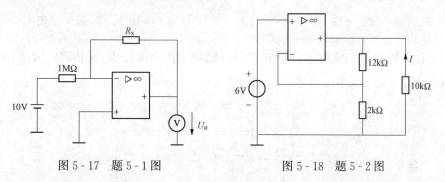

图5-17 题5-1图   图5-18 题5-2图

5-3 图5-19所示电路中，$u_{i1}=6V$，$u_{i2}=4V$，$R_1=4k\Omega$，$R_2=10k\Omega$。求输出电压u_o。

5-4 计算图5-20所示电路的u_o和i_o。

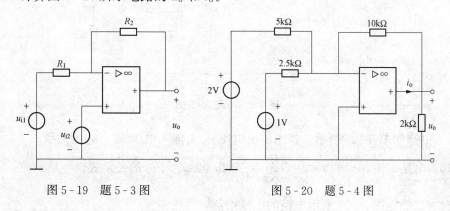

图5-19 题5-3图   图5-20 题5-4图

5-5 求图5-21所示电路中的u_{o1}、u_{o2}和u_o。

5-6 确定图5-22所示电路的输出电压u_o。

5-7 电路如图5-23所示，已知$u_{i1}=0.6V$、$u_{i2}=0.8V$，求u_o的值。

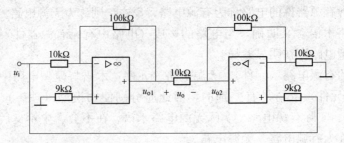

图 5-21 题 5-5 图

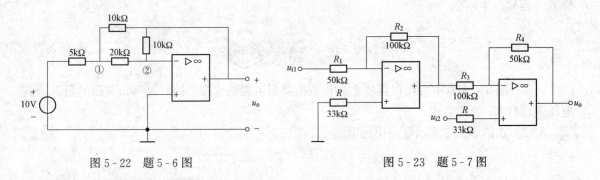

图 5-22 题 5-6 图　　　　　　　　　图 5-23 题 5-7 图

5-8　电路如图 5-24 所示，已知 $R_1 = 5\text{k}\Omega$、$R_2 = 4\text{k}\Omega$、$R_3 = 10\text{k}\Omega$、$R_4 = R_5 = 3\text{k}\Omega$、$R_L = 2\text{k}\Omega$，计算电流增益 $\dfrac{i_o}{i_s}$。

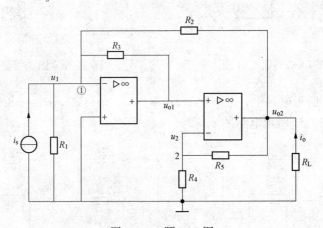

图 5-24 题 5-8 图

5-9　电路如图 5-25 所示，找出输出电压 u_o 与输入电压 u_{i1}、u_{i2} 的关系。

5-10　电路如图 5-26 所示，当 $\dfrac{R_1}{R_2} = \dfrac{R_4}{R_3}$ 时，求 u_o 与 u_i 的关系式。

5-11　试确定图 5-27 所示电路的电压增益 $\dfrac{u_o}{u_i}$。

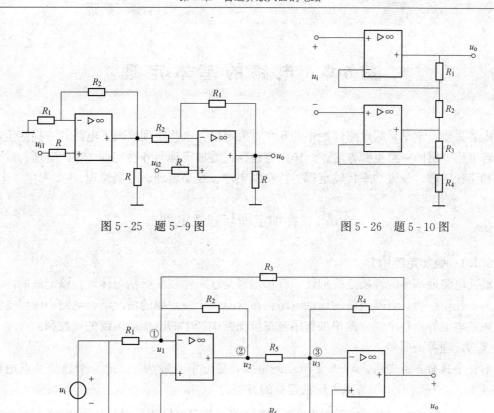

图 5 - 25 题 5 - 9 图   图 5 - 26 题 5 - 10 图

图 5 - 27 题 5 - 11 图

5 - 12 电路如图 5 - 28 所示，求该电路的电压增益 $\dfrac{u_o}{u_i}$。

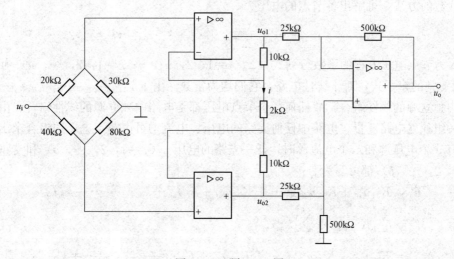

图 5 - 28 题 5 - 12 图

第 6 章   电 路 的 基 本 定 理

内容提要：本章介绍电路理论中的几个重要定理，这些定理反映了电路的一些性质，也对应着电路分析的一类重要方法。具体内容包括：叠加定理与齐性定理、替代定理、戴维南定理和诺顿定理、最大功率传输定理、特勒根定理、互易定理、对偶原理。

6.1   叠加定理与齐性定理

6.1.1   叠加定理

线性电路最基本的性质是叠加性，叠加定理是这一性质的概括与体现。该定理的内容可表述为：任何一个具有唯一解的线性电路，在含有多个独立源的情况下，电路中任何支路上的电压或电流等于各个独立源单独作用时在该支路中产生的电压或电流的代数和。

叠加定理可证明如下。

对一个具有 b 条支路、$n+1$ 个节点的电路，独立节点数为 n。记 n 个独立节点电压为 $u_{nk}(k=1, 2, \cdots, n)$，用节点电压法建立的方程为

$$\begin{cases} G_{11}u_{n1}+G_{12}u_{n2}+\cdots+G_{1k}u_{nk}+\cdots+G_{1n}u_{nn}=i_{s11} \\ G_{21}u_{n1}+G_{22}u_{n2}+\cdots+G_{2k}u_{nk}+\cdots+G_{2n}u_{nn}=i_{s22} \\ \vdots \\ G_{k1}u_{n1}+G_{k2}u_{n2}+\cdots+G_{kk}u_{nk}+\cdots+G_{kn}u_{nn}=i_{skk} \\ \vdots \\ G_{n1}u_{n1}+G_{n2}u_{n2}+\cdots+G_{nk}u_{nk}+\cdots+G_{nn}u_{nn}=i_{snn} \end{cases} \quad (6-1)$$

用线性代数的方法，可解出各节点的电压为

$$u_{nk}=\frac{\Delta_{1k}}{\Delta}i_{s11}+\frac{\Delta_{2k}}{\Delta}i_{s22}+\cdots+\frac{\Delta_{kk}}{\Delta}i_{skk}+\cdots+\frac{\Delta_{nk}}{\Delta}i_{snn} \quad (k=1,2,\cdots,n) \quad (6-2)$$

其中，Δ 为节点电压方程的系数行列式，$\Delta_{jk}(j=1, 2, \cdots, n; k=1, 2, \cdots, n)$ 为 Δ 的第 j 行、第 k 列的余子式，对于线性电路，它们均为常数。由于 i_{s11}、i_{s22}、$\cdots$、i_{skk}、$\cdots$、i_{snn} 都是电路中独立源的线性组合，故任何一个节点电压都是电路中独立源的线性组合。由于节点电压是一组独立电路变量，电路中任何支路的电压、电流均可由节点电压的组合求出，即当电路中有 g 个电压源和 h 个电流源时，任一支路的电压 $u_f(f=1, 2, \cdots, b)$ 和支路的电流 $i_f(f=1, 2, \cdots, b)$ 都可写为

$$u_f=K_{f1}u_{s1}+K_{f2}u_{s2}+\cdots+K_{fg}u_{sg}+k_{f1}i_{s1}+k_{f2}i_{s2}+\cdots+k_{fh}i_{sh}$$

$$=\sum_{m=1}^{g}K_{fm}u_{sm}+\sum_{m=1}^{h}k_{fm}i_{sm} \quad (6-3)$$

$$i_f=K'_{f1}u_{s1}+K'_{f2}u_{s2}+\cdots+K'_{fg}u_{sg}+k'_{f1}i_{s1}+k'_{f2}i_{s2}+\cdots+k'_{fh}i_{sh}$$

$$=\sum_{m=1}^{g}K'_{fm}u_{sm}+\sum_{m=1}^{h}k'_{fm}i_{sm} \quad (6-4)$$

可见，任何支路上的电压、电流均是独立源的线性组合，等于电路中各个独立源单独作用时在该支路中产生的电压或电流的代数和。

以上证明过程是在式（6-1）所示方程的系数行列式 $\Delta \neq 0$ 的条件下得到的，这时，方程的解（节点电压）存在且唯一，这说明叠加定理须在电路具有唯一解的条件下应用。如图 6-1 所示电路，求电流 i_1 和 i_2 时，叠加定理就不可应用。后面涉及叠加定理时，讨论的线性电路均指具有唯一解的线性电路。

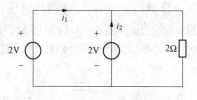

图 6-1　不具有唯一解的电路

应用叠加定理涉及独立源单独作用，此时，需将其他独立源置零。将电压源置零，即令 $u_s = 0$，做法是将其短路；将电流源置零，即令 $i_s = 0$，做法是将其断路。这可通过图 6-2 加以说明。

图 6-2（a）所示是直流电压源的特性曲线，令 $U_s = 0$，可得图 6-2（b），对应于短路的电压电流关系；因此，将电压源置零，对应于将其短路。图 6-2（c）所示是直流电流源的特性曲线，令 $I_s = 0$，可得图 6-2（d），对应于断路的电压电流关系；因此，将电流源置零，对应于将其断路。

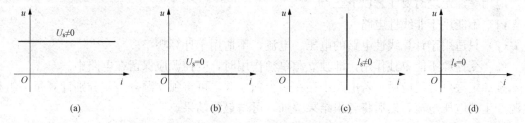

(a) 　　　　　　(b) 　　　　　　(c) 　　　　　　(d)

图 6-2　独立电源置零对应的情况

(a) 直流电压源的特性曲线；(b) $U_s = 0$ 时的直流电压源的特性曲线；
(c) 直流电流源的特性曲线；(d) $I_s = 0$ 时的直流电压源的特性曲线

下面，以图 6-3（a）所示电路为例来验证叠加定理。

欲求图 6-3（a）所示电路中的 u_1 及 i_2，用节点法列方程有

$$\left(\frac{1}{R_1} + \frac{1}{R_2} \right) u_{n1} = \frac{1}{R_1} u_s + i_s$$

解得

$$u_{n1} = \frac{R_2}{R_1 + R_2} u_s + \frac{R_1 R_2}{R_1 + R_2} i_s$$

所以有

$$u_1 = u_{s1} - u_{n1} = \frac{R_1}{R_1 + R_2} u_s - \frac{R_1 R_2}{R_1 + R_2} i_s$$

$$i_2 = \frac{u_{n1}}{R_2} = \frac{1}{R_1 + R_2} u_s + \frac{R_1}{R_1 + R_2} i_s$$

可见，u_1 和 i_2 均为 u_s 和 i_s 的线性组合。设

$$\begin{cases} u_1^{(1)} = \dfrac{R_1}{R_1 + R_2} u_s \\ i_2^{(1)} = \dfrac{1}{R_1 + R_2} u_s \end{cases}, \quad \begin{cases} u_1^{(2)} = -\dfrac{R_1 R_2}{R_1 + R_2} i_s \\ i_2^{(2)} = \dfrac{R_1}{R_1 + R_2} i_s \end{cases}$$

有
$$u_1 = u_1^{(1)} + u_1^{(2)}, \quad i_2 = i_2^{(1)} + i_2^{(2)}$$

显然，$u_1^{(1)}$、$u_1^{(2)}$ 分别是电压源 u_s 和电流源 i_s 单独作用时在 R_1 支路产生的电压，如图 6 - 3（b）、图 6 - 3（c）所示。同样，$i_2^{(1)}$、$i_2^{(2)}$ 分别是电压源 u_s 和电流源 i_s 单独作用时在 R_2 支路产生的电流。这样，就验证了叠加定理。

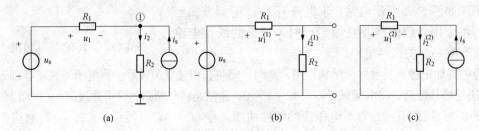

图 6 - 3　验证叠加定理的电路
(a) 原电路；(b) 电压源单独作用电路；(c) 电流源单独作用电路

应用叠加定理时要注意以下三点：

（1）不能用于非线性电路。

（2）只适用于计算线性电路的电压、电流，不适用于计算功率。

（3）受控源不能单独作用，即独立源单独作用时，受控源应保留在电路中。

叠加定理可分组应用。若电路中存在多个独立源，可将独立源分组，分别计算每一组独立源产生的电压电流，然后将各组结果叠加，可得最终结果。

【例 6 - 1】　在图 6 - 4（a）所示电路中，$U_s = 5\mathrm{V}$、$I_s = 6\mathrm{A}$、$R_1 = 2\Omega$、$R_2 = 3\Omega$、$R_3 = 1\Omega$、$R_4 = 4\Omega$，用叠加定理求 R_4 所在支路的电压 U。

解　（1）当 5V 电压源单独作用时，将电流源开路，如图 6 - 4（b）所示。此时 4Ω 电阻上的电压用 U' 表示。应用分压公式可求得

$$U' = \frac{R_4}{R_3 + R_4} \times U_s = \frac{4}{1 + 4} \times 5 = 4(\mathrm{V})$$

（2）当 6A 电流源单独作用时，将电压源短路。如图 6 - 4（c）所示，这时 4Ω 电阻上的电压 U'' 可利用 1Ω 电阻与 4Ω 电阻的分流关系求得，即

$$U'' = \frac{R_3}{R_3 + R_4} \times I_s \times R_4 = \frac{1}{1 + 4} \times 6 \times 4 = 4.8(\mathrm{V})$$

（3）当 5V 电压源与 6A 电流源共同作用时，则

$$U = U' + U'' = 4 + 4.8 = 8.8(\mathrm{V})$$

可见，应用叠加定理，可以把复杂电路转换成相对简单的电路，并通过串联、并联和分流、分压的方式来进行处理。

【例 6 - 2】　图 6 - 5（a）所示电路中，$U_s = 20\mathrm{V}$、$I_s = 3\mathrm{A}$、$r = 2\Omega$、$R_1 = 2\Omega$、$R_2 = 1\Omega$，试用叠加定理求电路中的电流 I。

解　应用叠加定理时，受控源不能单独作用，应保留在电路中。

（1）当 20V 电压源单独作用时，将 3A 电流源开路，受控源保留，如图 6 - 5（b）所示。由 KVL 可得

$$R_1 I' - U_s + r I' + R_2 I' = 0$$

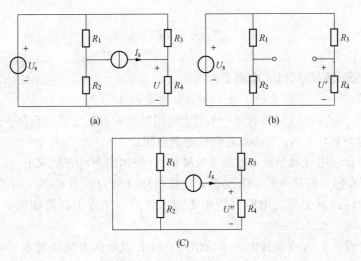

图 6-4　［例 6-1］电路

(a) 原电路；(b) 电压源单独作用电路；(c) 电流源单独作用电路

即

$$2I' - 20 + 2I' + I' = 0$$

解得 $I' = 4$A。

（2）当 3A 电流源单独作用时，将 20V 电压源短路，受控源保留，如图 6-5（c）所示。通过电源转移法做等效变换可得图 6-5（d）。由于电压源（包括受控电压源）与任何元件并联等效成该电压源，所以，图 6-5（d）可转化为图 6-5（e）。由 KVL 和 KCL 可得

$$R_1 I'' + rI'' + R_2 \times (I'' + I_s) = 0$$

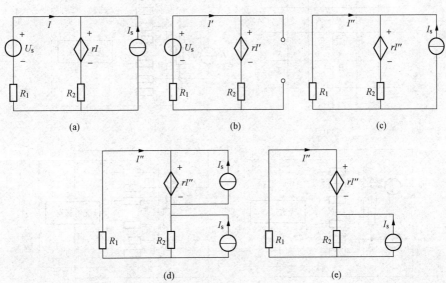

图 6-5　［例 6-2］电路

(a) 原电路；(b) 电压源单独作用的电路；(c) 电流源单独作用的电路；

(d) 电流源等效转移电路；(e) 等效变换后的电路

将参数带入有

$$2I'' + 2I'' + 1 \times (I'' + 3) = 0$$

解得 $I'' = -0.6A$。

故两个独立源共同作用时，电流 I 为

$$I = I' + I'' = 4 - 0.6 = 3.4(A)$$

【例6-3】　图6-6（a）所示为一无穷大电阻网络，各正方形网孔每一边的电阻（图中未直接画出）均为 R，求 A、B 两点之间的等效电阻。

解　此题综合应用等效变换（电源等效转移）、叠加定理可方便求出。

设 A、B 两点间并联接入一个电流源 I_s，将电路改画为如图6-6（b）所示。采用电源转移法把电流源转接到无穷大电阻网络中无穷远处的一个点上，得如图6-6（c）所示的电路。

应用叠加定理，令 A 点所接电源单独作用，将 B 点所接电流源置零，可得图6-6（d）所示电路，这时，流进 A 点的电流为 I_s。A 点所接的 4 个电阻支路，相对无穷远点是没有任何区别的，故每一个支路电流的大小均为 $\dfrac{I_s}{4}$，由此知 AB 支路上电流大小为 $i' = \dfrac{I_s}{4}$，方向由 A 指向 B。

同理，B 点所接电源单独作用时，A 点所接电流源应置零，这时 B 点流出的电流为 I_s，可得 AB 支路上电流大小为 $i'' = \dfrac{I_s}{4}$，方向由 A 指向 B。所以，AB 支路的总电流为

$$i = i' + i'' = \frac{I_s}{2}$$

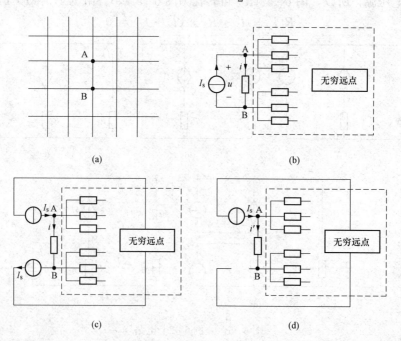

图6-6　［例6-3］电路

（a）原电路；（b）接电流源的电路；（c）电流源转移后的电路；（d）电流源单独作用的电路

AB 两点间的电压为

$$u = Ri = R\frac{I_s}{2} = \frac{RI_s}{2}$$

AB 两点间等效电阻为

$$R_{AB} = \frac{u}{I_s} = \frac{R}{2}$$

6.1.2 齐性定理

线性电路中，当所有独立源都同时增加或缩小 K 倍时，各支路上的电压和电流也将同样增大或缩小 K 倍；若电路中只有一个独立源，则各支路电压和电流与该独立源成正比。此结论称为线性电路的齐性定理。

齐性定理的证明可通过类似于叠加定理的证明过程完成，也可利用叠加定理来加以证明。

【例 6-4】 求图 6-7 所示链式电路中各支路电流。

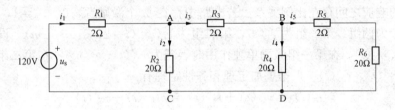

图 6-7 [例 6-4] 图

解 设 R_5 电阻支路电流 $i_5' = 1A$，则

$$u_{BC}' = (R_5 + R_6)i_5' = (2 + 20) \times 1 = 22(V)$$

$$i_4' = \frac{u_{BC}'}{R_4} = \frac{22}{20} = 1.1(A)$$

$$i_3' = i_4' + i_5' = 1.1 + 1 = 2.1(A)$$

$$u_{AD}' = R_3 i_3' + u_{BC}' = 2 \times 2.1 + 22 = 26.2(V)$$

$$i_2' = \frac{u_{AD}'}{R_2} = \frac{26.2}{20} = 1.31(A)$$

$$i_1' = i_2' + i_3' = 1.31 + 2.1 = 3.41(A)$$

$$u_s' = R_1 i_1' + u_{AD}' = 2 \times 3.41 + 26.2 = 33.02(V)$$

以上计算结果说明，当 R_5 电阻支路电流 $i_5' = 1A$ 时，电压源应为 $u_s' = 33.02V$。现给定的电压源 $u_s = 120V$，两者比例关系为 $K = \dfrac{u_s}{u_s'} = \dfrac{120}{33.02} = 3.63$。根据齐性定理知，当 $u_s = 120V$ 时，各支路电流应同时增大 K 倍，则有 $i_1 = Ki_1' = 12.38A$，$i_2 = Ki_2' = 4.76A$，$i_3 = Ki_3' = 7.62A$，$i_4 = Ki_4' = 3.99A$，$i_5 = Ki_5' = 3.63A$。

本例的计算是先从链式电路远离电源的一端开始，对该处的电压或电流假设一个便于计算的值，再依次倒推至电源处，最后利用齐性定理修正结果从而求得正确的解。这种计算方法通常称为"倒推法"。由此可见，借助"倒推法"，可将齐性定理有效应用于链式电路的分析。

6.1.3 线性电路中任意两个响应之间的线性关系

电路分析中，从因果关系考虑，可把独立电源称为激励，把由独立电源产生的电压和电流称为响应。电路中的响应通常由激励产生，若激励发生变化，响应随之而变。

线性电路中，当只有一个激励源时，任意两个响应之间存在比例关系；当存在多个激励源时，若只有一个激励源发生变化，其他激励源均不发生变化，则任意两个响应之间均存在线性关系。

以上结论可证明如下。

设某一电路中只有一个激励源 $e(t)$，存在两个响应 $r_1(t)$、$r_2(t)$，根据齐性定理可得

$$r_1(t) = K_1 e(t) \tag{6-5}$$

$$r_2(t) = K_2 e(t) \tag{6-6}$$

所以

$$r_1(t) = \frac{K_1}{K_2} r_2(t) \tag{6-7}$$

可见，不同的响应之间存在比例关系。若电路中存在 m 个激励源 $e_i(t)$（$i = 1, 2, \cdots, m$），可把激励源分为两组：第一组为 $e_1(t)$，第二组为 $e_i(t)$（$i = 2, 3, \cdots, m$）。设电路中有两个响应 $r_1(t)$、$r_2(t)$，在第一组激励单独作用时表现为 $r_1'(t)$、$r_2'(t)$，在第二组激励单独作用时表现为 $r_1''(t)$、$r_2''(t)$，根据叠加定理和齐性定理有

$$r_1(t) = r_1'(t) + r_1''(t) = k_1 e_1(t) + r_1''(t) \tag{6-8}$$

$$r_2(t) = r_2'(t) + r_2''(t) = k_2 e_1(t) + r_2''(t) \tag{6-9}$$

由式（6-9）可得

$$e_1(t) = \frac{r_2(t) - r_2''(t)}{k_2} \tag{6-10}$$

带入式（6-8）可得

$$r_1(t) = k_1 \frac{r_2(t) - r_2''(t)}{k_2} + r_1''(t) = \frac{k_1}{k_2} r_2(t) + r_1''(t) - \frac{k_1}{k_2} r_2''(t) = K r_2(t) + L \tag{6-11}$$

式中 L 是由第二组激励产生的响应，若第二组激励不变化，L 就不会发生变化。若 $e_1(t)$ 发生变化，$r_2(t)$ 会有变化，$r_1(t)$ 也会有变化。式（6-11）表明，当线性电路中仅有一个激励发生变化时，任意两个响应之间存在线性关系。

【例 6-5】 在图 6-8 所示的电路中，N 为一含有独立电源的线性电路，N 中含有的独立电源保持不变。已知当 $u_s = u_{s1}$ 时，$i = 10\text{A}$，$u = 2\text{V}$；当 $u_s = u_{s2}$ 时，$i = 14\text{A}$，$u = 3\text{V}$。若调节 u_s，使得 $u = 5\text{V}$，求 i 为多少。

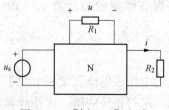

图 6-8 ［例 6-5］电路

解 根据线性电路中两个响应之间的线性关系可得

$$i = c_1 + c_2 u$$

根据题意可列出下列方程组

$$10 = c_1 + c_2 \times 2$$

$$14 = c_1 + c_2 \times 3$$

解得 $c_1 = 2$，$c_2 = 4$。于是，当 $u = 5\text{V}$ 时

$$i = c_1 + c_2 u = 2 + 4 \times 5 = 22(\text{A})$$

6.2 替 代 定 理

替代定理也称置换定理，应用广泛，无论是线性网络还是非线性网络都适用。其内容可表述为：一个具有唯一解的电路，若某支路的电压和电流分别为 u_k 和 i_k，无论该支路的组成如何，只要此支路与其他支路无耦合关系，则此支路可以用一个端电压等于 u_k 的电压源或者用一个电流等于 i_k 的电流源替代，替代后电路的工作状态不变。

替代定理可证明如下。

设图 6-9（a）所示电路的 AB 支路的端电压为 u_k，在该支路中串入两个电压均为 u_k 但极性相反的独立电压源，如图 6-9（b）所示。显然这两个电压源的接入并不影响整个电路的工作状态，也即 AB 间的电压仍为 u_k，元件的端电压也仍为 u_k。这样，在图 6-9（b）中，A、C 两点间的电压为零，因此可用一根短路线把这两点连接起来。由此就得到了图 6-9（c）所示电路，于是定理中用电压源代替的内容得证，同理可证明定理中用电流源代替的情况。

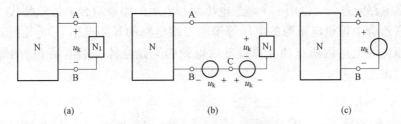

图 6-9 证明替代定理所用电路
（a）原电路；（b）串联两个电压源后的电路；（c）替代后的电路

【例 6-6】 图 6-10（a）所示的含有独立源的线性电路中，R_3 为可调电阻。当 R_3 所在支路断开时，$i_1 = 2A$，$i_2 = 6A$；当调节 R_3 到某一数值上时，$i_1 = 3A$，$i_2 = 7A$。试问：当调节电阻 R_3 使 $i_2 = 5A$ 时，通过电阻 R_1 的电流 i_1 应为多少。

解 在图 6-10（a）所示线性电路中，当电阻 R_3 变化时，电路中各支路电流、电压均会随之变化，即 i_1、i_2、u_3 均会随之变化。为讨论 i_1、i_2、u_3 之间的关系，利用替代定理，把电阻 R_3 用 $u_s = u_3$ 的电压源替代，如图 6-10（b）电路所示。这样，当 R_3 变化时引起 u_3 的变化，体现为图 6-10（b）电路中电压源 u_s 的变化。

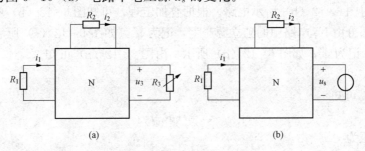

图 6-10 ［例 6-6］电路
（a）原电路；（b）替代后的电路

图 6 - 10 （b）电路中电压源 u_s 的变化是一个独立源的变化，这时线性电路两个响应之间存在线性关系。设 i_1 与 i_2 的关系为 $i_1 = c_1 + c_2 i_2$，带入已知条件有

$$\begin{cases} 2 = c_1 + c_2 \times 6 \\ 3 = c_1 + c_2 \times 7 \end{cases}$$

解得

$$c_1 = -4, \quad c_2 = 1$$

所以有

$$i_1 = -4 + i_2$$

当调节 R_3 使 $i_2 = 5$A 时，则 $i_1 = -4 + i_2 = -4 + 5 = 1$ （A）。

6.3　戴维南定理和诺顿定理

6.3.1　戴维南定理

戴维南定理的内容是：任何一个含有独立源的线性二端电阻性电路 N_s ［见图 6 - 11（a）］，对外部电路而言，可以用一个理想电压源和电阻的串联组合来等效替代 ［见图 6 - 11（b）］。该串联组合中理想电压源的电压等于原二端电路的开路电压 u_{oc} ［见图 6 - 11（c）］，电阻等于将原二端电路内所有独立源置零后得到的无独立源二端电路 N_o 的等效电阻 R_{eq} ［见图 6 - 11（d）］。

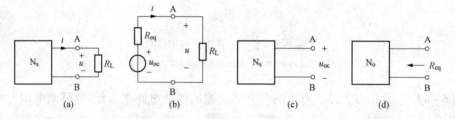

图 6 - 11　说明戴维南定理的电路

（a）原电路；（b）Ns 被等效替代后的电路；（c）求开路电压的电路；（d）求等效电阻的电路

戴维南定理可证明如下。

图 6 - 12（a）所示电路中，N_s 与图 6 - 11（a）中 A、B 左端电路一样，为线性含有独立源的二端电阻性电路，M 为任意的二端电阻性电路。根据替代定理，将 M 用电流为 i 的电流源替代，可得图 6 - 12（b）所示电路。根据叠加定理，可知图 6 - 12（b）中的电压 u 由两部分构成，一部分由 N_s 电路中的独立源产生，记为 u'，如图 6 - 12（c）所示；另一部分由电流源 i 产生，记为 u''，如图 6 - 12（d）所示。由图 6 - 12（c）可知

$$u' = u_{oc} \tag{6 - 12}$$

由图 6 - 12（d）可知

$$u'' = -R_{eq} i \tag{6 - 13}$$

所以，总的电压为

$$u = u' + u'' = u_{oc} - R_{eq} i \tag{6 - 14}$$

此式与图 6 - 11（b）中 A、B 端左侧电路的端口特性完全相同。由此戴维南定理得证。

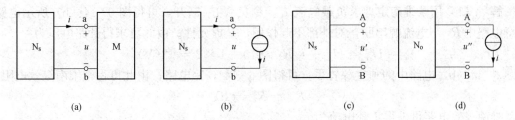

图 6 - 12 证明戴维南定理的电路

(a) 原电路；(b) 应用替代定理后的电路；(c) 求分量 u' 的电路；(d) 求分量 u' 的电路

6.3.2 诺顿定理

诺顿定理的内容是：任何一个含独立源的线性二端电阻电路 N_s [见图 6 - 13 (a)]，对外部电路而言，可以用一个理想电流源和电导的并联组合来等效代替 [见图 6 - 13 (b)]。该并联组合中理想电流源的电流等于原二端电路的短路电流 i_{sc} [见图 6 - 13 (c)]，电导等于原二端电路内所有独立源置零后得到的无独立源二端电路 N_o 的等效电导 G_{eq} [见图 6 - 13 (d)]。

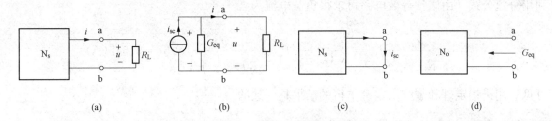

图 6 - 13 说明诺顿定理的电路

(a) 原电路；(b) N_s 被等效替代后的电路；(c) 求短路电流的电路；(d) 求等效电导的电路

诺顿定理可用类似戴维南定理的证明方法加以证明，此处从略。

前面已讨论过电压源和电阻的串联组合与电流源和电导的并联组合之间的等效变换关系。应用该关系，可将有包含独立源的线性二端电路的戴维南等效电路转换为诺顿等效电路。戴维南等效电路和诺顿等效电路与实际电源的两种模型相同，因此，戴维南定理和诺顿定理也被合称为等效电源定理。

戴维南定理和诺顿定理只适用于线性二端电路，不能适用于非线性电路。戴维南定理和诺顿定理中等效电阻（等效电导）的求解可通过等效变换法、开路电压短路电流法等方法求得。

所谓开路电压短路电流法就是按图 6 - 11 (c) 所示电路求得开路电压 u_{oc} 以后，再由图 6 - 13 (c) 所示电路求得短路电流 i_{sc}，由此求得二端电路的等效电阻 $R_{eq} = u_{oc}/i_{sc}$ 或等效电导 $G_{eq} = i_{sc}/u_{oc}$，这实际也是求电路输出电阻（输出电导）的方法。

也可按求输入电阻（输入电导）的方法求等效电阻（等效电导）。

【例 6 - 7】 在图 6 - 14 (a) 所示电路中，电流源 $I_{s1} = 1A$，电压源 $U_{s2} = 10V$，$R_1 = R_2 = 2\Omega$，负载电阻 $R_L = 20\Omega$。

(1) 用戴维南定理求负载电流 I_L。

(2) 用诺顿定理求负载电流 I_L。

解 （1）用戴维南定理求负载电流 I_L。令负载 R_L 断开，可得图 6 - 14（b）所示电路。注意电路中 R_1 与电流源串联，对外部不起作用，是虚元件。由此可求得开路电压为

$$U_{oc} = U_{s2} + I_{s1}R_2 = 10 + 1 \times 2 = 12(V)$$

将图 6 - 14（b）电路中的独立源置零，可得图 6 - 14（c）电路，由此可得戴维南等效电阻为

$$R_{eq} = R_2 = 2\Omega$$

由戴维南等效电路可求得负载电流为

$$I_L = \frac{U_{oc}}{R_{eq} + R_L} = \frac{12}{2 + 20} = 0.545(A)$$

（2）用诺顿定理求负载电流 I_L。令负载 R_L 短路，可得图 6 - 14（d），由此可求得短路电流为

$$I_{sc} = I_{s1} + \frac{U_{s2}}{R_2} = 1 + \frac{10}{2} = 6(A)$$

由图 6 - 14（c）可得诺顿电路的等效电导为

$$G_{eq} = \frac{1}{R_{eq}} = \frac{1}{R_2} = \frac{1}{2} = 0.5(S)$$

利用分流公式，由诺顿等效电路可求得负载电流为

$$I_L = \frac{\dfrac{1}{G_{eq}}}{R_L + \dfrac{1}{G_{eq}}} I_{sc} = \frac{1}{R_L G_{eq} + 1} I_{sc} = \frac{1}{20 \times \dfrac{1}{2} + 1} \times 6 = 0.545(A)$$

可见，用诺顿定理和戴维南定理求得的结果是一致的。

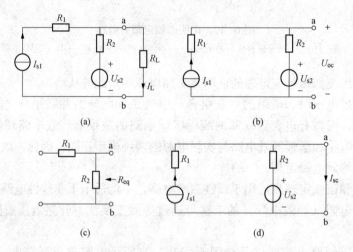

图 6 - 14　［例 6 - 7］电路

(a) 原电路；(b) 负载断开后的电路；(c) 独立源置零负载断开后的电路；

(d) 负载处短路后的电路

【例 6 - 8】 求图 6 - 15（a）所示电路的最简等效电路。

解 对图 6 - 15（a）所示电路建立节点电压方程有

$$\left(\frac{1}{20} + \frac{1}{40} + \frac{1}{20}\right) U_{n1} = -\frac{40}{20} + \frac{40}{40} - \frac{60}{20} + 3$$

解得 $U_{n1} = -8V$，所以开路电压为 $U_{oc} = U_{n1} = -8V$

将此电路内部所有独立源置零，所得电路为三个电阻并联，可求得等效电阻为

$$R_{eq} = 20//40//20 = 8(\Omega)$$

于是，可得戴维南等效电路如图 6-15（b）所示。也可得短路电流为

$$I_{sc} = \frac{U_{oc}}{R_{eq}} = \frac{-8}{8} = -1(\text{A})$$

所以，可得诺顿等效电路如图 6-15（c）所示。

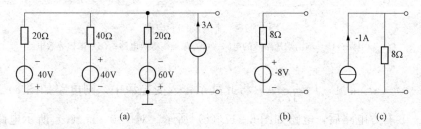

图 6-15 ［例 6-8］电路
(a) 原电路；(b) 戴维南等效电路；(c) 诺顿等效电路

【例 6-9】 图 6-16（a）所示电路中，电流控制电流源 $i_c = 0.75i_1$，试求该电路的戴维南等效电路和诺顿等效电路。

解 （1）利用节点法和已知条件，对图 6-16（a）所示电路可列出如下方程

$$\left(\frac{1}{5 \times 1000} + \frac{1}{20 \times 1000}\right)u_{oc} = \frac{40}{5 \times 1000} + i_c$$

$$i_c = 0.75i_1 = 0.75 \times \frac{40 - u_{oc}}{5 \times 1000}$$

解得

$$u_{oc} = 35\text{V}$$

（2）当端口 1-1′短路时，电路如图 6-16（b）所示，此时 $i_2 = 0$。可列出如下方程

$$i_{sc} = i_1 + i_c$$

$$i_c = 0.75i_1$$

解得

$$i_{sc} = i_1 + i_c = 1.75i_1 = 1.75 \times \frac{40}{5 \times 1000} = 14 \times 10^{-3}(\text{A})$$

（3）等效电阻为

$$R_{eq} = \frac{u_{oc}}{i_{sc}} = \frac{35}{14 \times 10^{-3}} = 2.5 \times 10^3(\Omega) = 2.5(\text{k}\Omega)$$

于是得戴维南等效电路和诺顿等效电路分别如图 6-16（c）、图 6-16（d）所示。

【例 6-10】 电路如图 6-17（a）所示，试求该电路 a、b 左方的戴维南等效电路，并在此基础上求出电流 I。

解 求解 a、b 左方电路的戴维南等效电路时，需把 a、b 右方电路移走，但移走后会造成 a、b 左方电路中的受控源的控制量消失的问题，因此移走 a、b 右方电路之前需对电路做些处理。可先找出 I 与 a、b 两点之间电压 U 的关系，将此关系带入受控源中，然后再移走 a、b 右方电路。

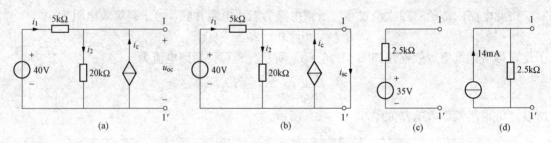

图 6 - 16 　［例 6 - 9］电路

（a）原电路；（b）输出端短路后的电路；（c）戴维南等效电路；（d）诺顿等效电路

从图 6 - 17（a）可见，$I = \dfrac{U}{1.5}$ A，将此关系带入受控源中，则电路如图 6 - 17（b）所示。移走 a、b 右方电路后，电路如图 6 - 17（c）所示。对图 6 - 17（c）所示电路可列出如下方程

$$U_{oc} = -\frac{2}{15} U_{oc} + 10$$

可得开路电压为 $U_{oc} = \dfrac{150}{17}$ V。

将 a、b 端短路，电路如图 6 - 17（d）所示，因控制量 $U = 0$，所以图中受控源电流为零，故有 $(1+1)I_{sc} = 10$，解得短路电流为 $I_{sc} = 5$ A。故可知戴维南等效电阻为 $R_{eq} = U_{oc} / I_{sc} = \dfrac{30}{17}$ Ω，由此可得图 6 - 17（e）所示电路。

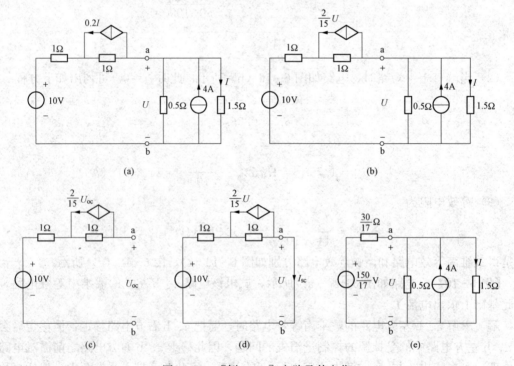

图 6 - 17 　［例 6 - 10］电路及其变化

（a）原电路；（b）控制量变化后的电路；（c）求开路电压的电路；（d）求短路电流的电路；（e）替代后的电路

图 6 - 17（e）中，a、b 两点左边所示电路即为题目所要求的戴维南等效电路。对图 6 - 17（e）所示电路列节点电压方程有

$$\left(\frac{17}{30} + \frac{1}{0.5} + \frac{1}{1.5}\right)U = \frac{150/17}{30/17} + 4$$

解得 $U = \frac{270}{97}$V，所以 $I = \frac{U}{1.5} = \frac{180}{97} = 1.86$（A）。

6.4　最大功率传输定理

工程中经常要讨论当一个可变负载接入电路中时，在什么条件下负载能够获得最大功率的问题。

设负载 R_L 接入后的电路如图 6 - 18 所示，则负载功率为

$$P_L = i^2 R_L = \left(\frac{u_s}{R_s + R_L}\right)^2 R_L \tag{6 - 15}$$

R_L 若发生变化，则 P_L 随 R_L 而变，当 $\frac{dP_L}{dR_L} = 0$ 时，P_L 对应有最大值，即

$$\frac{dP_L}{dR_L} = \frac{(R_s + R_L)^2 - 2(R_s + R_L)R_L}{(R_s + R_L)^4}u_s^2 = \frac{R_s - R_L}{(R_s + R_L)^3}u_s^2 = 0 \tag{6 - 16}$$

因此，当 $R_L = R_s$ 时，P_L 取得最大值。由式（6 - 15）可知，P_L 的极大值为

$$P_{Lmax} = \frac{u_s^2}{4R_s} \tag{6 - 17}$$

总结以上内容，可得最大功率传输定理为：含独立源线性二端电阻电路，若其开路电压为 u_{oc}，戴维南等效电阻为 R_{eq}，当负载电阻 R_L 与戴维南等效电阻 R_{eq} 相等时，负载电阻可获得最大功率，且该最大功率为 $P_{Lmax} = \frac{u_{oc}^2}{4R_{eq}}$。

【例 6 - 11】　电路如图 6 - 19 所示，问 R_L 为何值时可获得最大功率，并求此最大功率。

解　由电路可得 R_L 移走后电路的开路电压为 $u_{oc} = 3$V，等效电阻为 $R_{eq} = 12\Omega$，所以当 $R_L = 12\Omega$ 时可获得最大功率，该最大功率为

$$P_{Lmax} = \frac{u_{oc}^2}{4R_{eq}} = \frac{3^2}{4 \times 12} = 0.1875（W）$$

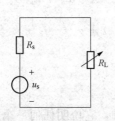 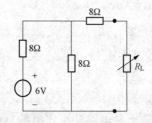

图 6 - 18　负载接入电路　　图 6 - 19　［例 6 - 11］电路

6.5　特勒根定理

特勒根定理是集中参数电路普遍适用的定理，它有两种具体表现形式。该定理的证明将

在 17.4 节中给出。由于定理的证明不涉及支路的具体内容，因此，该定理对任何包含线性、非线性、非时变、时变元件的电路都适用。

1. 特勒根定理 1

一个具有 n 个节点和 b 条支路的电路，设各支路电压、电流取关联方向，则各支路电压、电流乘积的代数和为零，即

$$\sum_{k=1}^{b} u_k i_k = 0 \tag{6-18}$$

该定理称为特勒根定理 1，下面通过图 6-20 所示的拓扑图验证该定理。

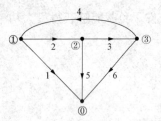

图 6-20　验证特勒根定理
拓扑图

选图中最下面的节点为参考节点，设 u_{n1}、u_{n2}、u_{n3} 分别为节点①、②、③的电压，i_1、i_2、i_3、i_4、i_5、i_6 分别是各支路电流，u_1、u_2、u_3、u_4、u_5、u_6 分别是各支路电压，支路电压与支路电流取关联方向。

根据 KVL 可得出各支路电压与节点电压的关系为

$$\begin{cases} u_1 = u_{n1} \\ u_2 = u_{n1} - u_{n2} \\ u_3 = u_{n2} - u_{n3} \\ u_4 = -u_{n1} + u_{n3} \\ u_5 = u_{n2} \\ u_6 = u_{n3} \end{cases} \tag{6-19}$$

对节点①、②、③，根据 KCL 可得

$$\begin{cases} i_1 + i_2 - i_4 = 0 \\ -i_2 + i_3 + i_5 = 0 \\ -i_3 + i_4 + i_6 = 0 \end{cases} \tag{6-20}$$

各支路电压电流乘积的代数和为

$$\sum_{k=1}^{6} u_k i_k = u_1 i_1 + u_2 i_2 + u_3 i_3 + u_4 i_4 + u_5 i_5 + u_6 i_6 \tag{6-21}$$

把支路电压用节点电压表示，代入上式并整理方程可得

$$\begin{aligned} \sum_{k=1}^{6} u_k i_k &= u_{n1} i_1 + (u_{n1} - u_{n2}) i_2 + (u_{n2} - u_{n3}) i_3 + (-u_{n1} + u_{n3}) i_4 + u_{n2} i_5 + u_{n3} i_6 \\ &= u_{n1}(i_1 + i_2 - i_4) + u_{n2}(-i_2 + i_3 + i_5) + u_{n3}(-i_3 + i_4 + i_5) \\ &= u_{n1} \times 0 + u_{n2} \times 0 + u_{n3} \times 0 \\ &= 0 \end{aligned} \tag{6-22}$$

这样就验证了特勒根定理 1。

特勒根定理 1 实质上是电路功率守恒的具体体现，它说明任何一个电路中的全部支路的功率之和恒等于零，所以特勒根定理 1 也称为功率守恒定理。

2. 特勒根定理 2

两个具有相同拓扑结构的不同电路，当对应支路具有相同编号并具有相同参考方向时，两电路各支路的电压、电流分别记为 $(i_1, i_2, \cdots, i_b)$、$(u_1, u_2, \cdots, u_b)$ 和 $(\hat{i}_1, \hat{i}_2, \cdots, \hat{i}_b)$、$(\hat{u}_1, \hat{u}_2, \cdots, \hat{u}_b)$，并设两个电路中各支路电压、电流取关联方向，则一个电路的各

支路电压（电流）乘以另一个电路相应支路电流（电压）的代数和为零。写成数学表达式有

$$\begin{cases} \sum\limits_{k=1}^{b} u_k \hat{i}_k = 0 \\ \sum\limits_{k=1}^{b} \hat{u}_k i_k = 0 \end{cases}$$ (6 - 23)

该定理称为特勒根定理 2。

特勒根定理 2 中的各项由电压和电流相乘得到，具有功率的量纲。但因参与相乘的电压和电流来自不同电路，并无实际功率的含义，所以特勒根定理 2 也称为拟功率守恒定理。

特勒根定理 2 可把两个具有相同拓扑结构的不同电路联系在一起，也可把同一个电路在不同时刻的状况联系在一起。

【例 6 - 12】　图 6 - 21 （a）、（b）两电路中，N 仅含电阻，并且完全相同。已知图 6 - 21 （a）中 $I_1 = 1\text{A}$，$I_2 = 2\text{A}$；图 6 - 21 （b）中 $\hat{U}_1 = 4\text{V}$，求 $\hat{I}_2$ 的值。

解　图 6 - 21 （a）、（b）是两个不同的电路，但显然两者的拓扑结构相同，因此可利用拟功率守恒定理求解。

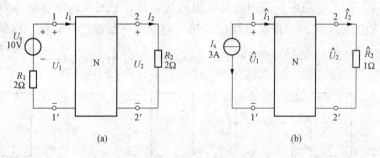

图 6 - 21　〔例 6 - 12〕图
(a) 电路一；(b) 电路二

对图 6 - 21 （a）电路，将 U_s、R_1 的串联视为一条支路，其端电压为 $U_1 = U_s - R_1 I_1 = 10 - 2 \times 1 = 8\text{V}$。根据似功率守恒定理，可写出下面的两个式子：

$$U_1 I_s + U_2 \hat{I}_2 + \sum_{k=3}^{b} U_k \hat{I}_k = 0$$

$$\hat{U}_1 (-I_1) + \hat{U}_2 I_2 + \sum_{k=3}^{b} \hat{U}_k I_k = 0$$

上面的第二个式子中 I_1 前为负号，是因为图 6 - 21 （a）中的 I_1 和图 6 - 21 （b）中的 $\hat{U}_1$ 为参考方向不同。因 N 仅含电阻，在图 6 - 21 （a）电路中，N 中第 k 条支路上的电压为 $U_k = R_k I_k$；在图 6 - 21 （b）电路中，N 中第 k 条支路上的电压为 $\hat{U}_k = R_k \hat{I}_k$，因此有

$$\sum_{k=3}^{b} U_k \hat{I}_k = \sum_{k=3}^{b} R_k I_k \hat{I}_k = \sum_{k=3}^{b} R_k \hat{I}_k I_k = \sum_{k=3}^{b} \hat{U}_k I_k$$

将该式代入前面的两式，可得

$$U_1 I_s + U_2 \hat{I}_2 = -\hat{U}_1 I_1 + \hat{U}_2 I_2$$

即

$$U_1 I_s + R_2 I_2 \hat{I}_2 = -\hat{U}_1 I_1 + \hat{R}_2 \hat{I}_2 I_2$$

于是有

$$\hat{I}_2 = \frac{U_1 I_\mathrm{s} + \hat{U}_1 I_1}{\hat{R}_2 I_2 - R_2 I_2} = \frac{8 \times 3 + 4 \times 1}{1 \times 2 - 2 \times 2} = -14(\mathrm{A})$$

在此例中，N 为电阻性电路是重要的前提条件，若非如此，式子 $\sum\limits_{k=3}^{b} U_k \hat{I}_k = \sum\limits_{k=3}^{b} \hat{U}_k I_k$ 不成立，就无法得出结果。

6.6 互 易 定 理

互易定理是一个重要定理，该定理仅适用于不包含受控源且只有一个激励源的线性电路。该定理说明将激励源与另一支路中的响应交换位置，若换位前后的两个电路满足将独立源置零后所得电路完全相同这一条件，则换位前后两电路的激励与响应的比值保持不变。互易定理表现为三种具体形式。

1. 形式 1

图 6-22 （a）所示电路中，N 由线性电阻构成，当 1-1′ 间接入电压源 $u_\mathrm{s}(t)$ 时，2-2′ 间短路线上的响应电流为 $i_2(t)$。现将电压源与响应电流所在位置进行交换，得到图 6-22 （b）所示电路，则有 $\dfrac{i_2(t)}{u_\mathrm{s}(t)} = \dfrac{\hat{i}_1(t)}{\hat{u}_\mathrm{s}(t)}$。当 $\hat{u}_\mathrm{s}(t) = u_\mathrm{s}(t)$ 时，有 $\hat{i}_1(t) = i_2(t)$。

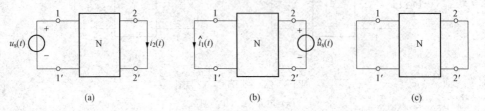

图 6-22 说明互易定理形式 1 的电路
(a) 电路一；(b) 电路二；(c) 独立源置零后的电路

从图 6-22 （a）、图 6-22 （b）所示的两个电路中可以看出，将电压源置零后两电路完全相同，如图 6-22 （c）电路所示。这一结果反映了互易定理中隐含的规律，即将激励与响应换位前与换位后的两个电路中的独立源置零后，得到的电路完全相同。下面证明互易定理形式 1。

设图 6-22 （a）、图 6-22 （b）所示两电路中共有 b 条支路，并设支路电压与支路电流为关联方向，由特勒根定理 2 可得

$$\hat{u}_1 i_1 + \hat{u}_2 i_2 + \sum_{k=3}^{b} \hat{u}_k i_k = 0 \tag{6-24}$$

$$u_1 \hat{i}_1 + u_2 \hat{i}_2 + \sum_{k=3}^{b} u_k \hat{i}_k = 0 \tag{6-25}$$

由于 N 由线性电阻构成，所以 $u_k = R_k i_k$，$\hat{u}_k = R_k \hat{i}_k$，$k = 3, 4, \cdots, b$。将它们带入以上两式有

$$\hat{u}_1 i_1 + \hat{u}_2 i_2 + \sum_{k=3}^{b} R_k \hat{i}_k i_k = 0 \tag{6-26}$$

$$u_1 \hat{i}_1 + u_2 \hat{i}_2 + \sum_{k=3}^{b} R_k i_k \hat{i}_k = 0 \tag{6-27}$$

比较两式得

$$\hat{u}_1 i_1 + \hat{u}_2 i_2 = u_1 \hat{i}_1 + u_2 \hat{i}_2 \tag{6-28}$$

对图 6 - 22（a）而言，有 $u_1 = u_s$，$u_2 = 0$；对图 6 - 22（b）而言，有 $\hat{u}_1 = 0$，$\hat{u}_2 = \hat{u}_s$，把它们带入上式，有

$$\hat{u}_s i_2 = u_s \hat{i}_1 \tag{6-29}$$

所以

$$\frac{i_2(t)}{u_s(t)} = \frac{\hat{i}_1(t)}{\hat{u}_s(t)} \tag{6-30}$$

定理得证。

2. 形式 2

图 6 - 23（a）所示电路中，N 由线性电阻构成，当 1-1′间接入电流源 $i_s(t)$ 时，2-2′间开路时的响应电压为 $u_2(t)$。现将电流源与响应电压所在位置进行交换，得到图 6 - 23（b）所示电路，则有 $\dfrac{u_2(t)}{i_s(t)} = \dfrac{\hat{u}_1(t)}{\hat{i}_s(t)}$。当 $\hat{i}_s(t) = i_s(t)$ 时，有 $\hat{u}_1(t) = u_2(t)$。

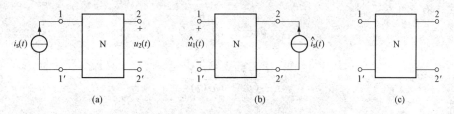

图 6 - 23　说明互易定理形式 2 的电路

(a) 电路一；(b) 电路二；(c) 独立源置零后的电路

从图 6 - 23（a）、图 6 - 23（b）所示两电路也可以看出，将电流源置零后，两电路完全相同，如图 6 - 23（c）电路所示，这是互易定理中隐含的规律。下面证明互易定理形式 2。

设支路电压与电流为关联方向，针对图 6 - 23（a）、（b）所示的两个电路，由特勒根定理知有以下关系

$$\hat{u}_1 i_1 + \hat{u}_2 i_2 = u_1 \hat{i}_1 + u_2 \hat{i}_2 \tag{6-31}$$

对图 6 - 23（a）而言，有 $i_1 = -i_s$，$i_2 = 0$；对图 6 - 23（b）而言，有 $\hat{i}_1 = 0$，$\hat{i}_2 = -\hat{i}_s$，把它们带入式（6 - 31），有

$$-\hat{u}_1 i_s = -u_2 \hat{i}_s \tag{6-32}$$

所以

$$\frac{u_2(t)}{i_s(t)} = \frac{\hat{u}_1(t)}{\hat{i}_s(t)} \tag{6-33}$$

定理得证。

3. 形式 3

图 6 - 24（a）所示电路中，N 由线性电阻构成，当 1-1′间接入电流源 $i_s(t)$ 时，2-2′间短路响应电流为 $i_2(t)$。将激励与响应所在位置进行交换，并将电流源换为电压源，响应电

流换为响应电压, 得到图 6-24 (b) 所示电路, 则有 $\dfrac{i_2(t)}{i_s(t)} = \dfrac{\hat{u}_1(t)}{\hat{u}_s(t)}$。当数值上有 $\hat{u}_s(t) = i_s(t)$ 时, 数值上有 $\hat{u}_1(t) = i_2(t)$。

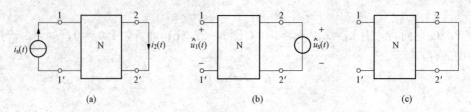

图 6-24 说明互易定理形式 3 的电路

(a) 电路一; (b) 电路二; (c) 独立源置零后的电路

从图 6-24 (a)、图 6-24 (b) 所示两电路中可以看出, 将独立源置为零后两电路完全相同, 如图 6-24 (c) 电路所示, 这是互易定理中隐含的规律。下面证明互易定理形式 3。

设支路电压与电流为关联参考方向, 针对图 6-24 (a)、(b) 所示两电路, 有以下关系

$$\hat{u}_1 i_1 + \hat{u}_2 i_2 = u_1 \hat{i}_1 + u_2 \hat{i}_2 \tag{6-34}$$

对图 6-24 (a) 而言, 有 $i_1 = -i_s$, $u_2 = 0$; 对图 6-24 (b) 而言, 有 $\hat{i}_1 = 0$, $\hat{u}_2 = \hat{u}_s$, 把它们带入上式, 有

$$-\hat{u}_1 i_s + \hat{u}_s i_2 = 0 \tag{6-35}$$

所以

$$\frac{i_2(t)}{i_s(t)} = \frac{\hat{u}_1(t)}{\hat{u}_s(t)} \tag{6-36}$$

定理得证。

互易定理反映了互易网络传输信号的双向性或可逆性, 由互易定理形式 1 和形式 2 可知, 相应电路从 A 端口向 B 端口传输信号, 与从 B 端口向 A 端口传输信号的效果完全相同。

满足互易定理的电路称为互易电路。当对互易电路建立回路电流方程 (或节点电压方程) 时, 方程组系数行列式为对称行列式。

应用互易定理对互易电路求解, 限于只有一个独立源的情况。另外, 应用互易定理时, 应注意使各支路的电压与电流保持为关联参考方向, 这是导出互易定理的特勒根定理所要求的。

附录 B 中给出了根据互易定理隐含的规律, 记住互易定理三种形式的便捷方法。

【例 6-13】 试求图 6-25 (a) 所示电路中的支路电流 I。

解 本题电路由电阻构成, 为互易网络, 且仅有一个独立源, 适合用互易定理求解。将激励与响应所在位置交换, 得图 6-25 (b) 所示电路。由互易定理形式 1 可知, 应有 $I = I'$。

现在对图 6-25 (b) 所示电路求短路电流 I'。应用电阻串并联关系和电流分流关系可求得

$$I_1 = -\frac{36}{6 + \dfrac{3 \times 6}{3 + 6} + \dfrac{6 \times 12}{6 + 12}} = -3(\text{A})$$

$$I_2 = -3 \times \frac{6}{3 + 6} = -2(\text{A})$$

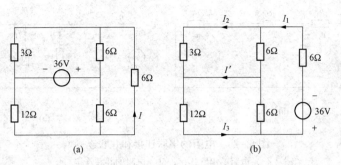

图 6-25　［例 6-13］电路

(a) 原电路；(b) 应用互易定理后的电路

$$I_3 = -3 \times \frac{6}{6+12} = -1(\mathrm{A})$$

由 KCL 可知

$$I' = I_3 - I_2 = 1\mathrm{A}$$

所以

$$I = I' = 1\mathrm{A}$$

图 6-25 所示电路的求解原本需要用节点法或回路法，现用互易定理，仅通过等效变换和分流关系就把电路求解出来了。可见应用互易定理求解电路，有时比较方便。互易定理在实际工程中有重要应用。

6.7　对　偶　原　理

在对电路进行分析研究的过程中，可以发现电路中有许多具有相似性的内容成对出现，包括结构、定律、定理、元件、变量等，对偶原理总结了这些内容。对偶原理反映了电路具有对偶性这一重要特性。

支路电压 u 与支路电流 i 是对偶变量，电阻 R 与电导 G 是对偶元件，KCL 与 KVL 是对偶定律，戴维南定理与诺顿定理时对偶定理。把一个关系式中的各元件和变量用对偶元件和变量代换后，就可得到对偶关系式。例如，在关联方向下，电阻的约束关系为 $u=Ri$ 或 $i=Gu$，这两个式子是对偶关系式，从数学角度分析，这两个式子没有任何区别。把 $u=Ri$ 中各元件和变量用对偶元件和变量代换，就可得 $i=Gu$。

电路中的串联连接和并联连接是对偶连接关系。如图 6-26 (a) 为 n 个电阻组成的串联电路，图 6-26 (b) 为 n 个电导组成的并联电路。

对图 6-26 (a) 所示电路有

$$\begin{cases} R = \sum_{k=1}^{n} R_k \\ i = \dfrac{u_s}{R} \\ u_k = \dfrac{R_k}{R} u_s \end{cases} \tag{6-37}$$

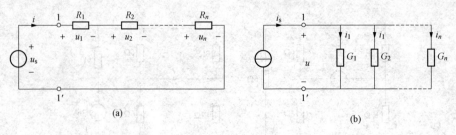

图 6 - 26 电阻的串联连接和并联连接

(a) 电阻的串联连接；(b) 电阻的并联连接

把上式中各元件和变量用对偶元件和变量代换，可得

$$\begin{cases} G = \sum_{k=1}^{n} G_k \\ u = \dfrac{i_s}{G} \\ i_k = \dfrac{G_k}{G} i_s \end{cases} \tag{6 - 38}$$

以上关系式就是图 6 - 26（b）所示电路具有的关系式，所以图 6 - 26（a）和图 6 - 26（b）是对偶电路。

电路对偶的内容十分丰富，表现形式多种多样，表 6 - 1 给出了一些对偶内容。

表 6 - 1 　　　　　　　　　　　　　　　电 路 中 的 对 偶 内 容

前面已出现的对偶内容		后面将出现的对偶内容	
电压	电流	电容	电感
电荷	磁通	电压源电阻电容串联一阶电路	电流源电导电感并联一阶电路
电阻	电导	电压源电阻电容电感串联二阶电路	电流源电导电感电容并联二阶电路
断路（开路）	短路	复阻抗	复导纳
电压源	电流源	阻抗	导纳
实际电压源模型	实际电流源模型	RLC 串联谐振电路	GLC 并联谐振电路
KCL	KVL	Z 参数矩阵	Y 参数矩阵
串联	并联		
分压（公式）	分流（公式）		
星形电路	三角形电路		
节点（电压）	网孔（电流）		
自电阻	自电导		
互电阻	互电导		
戴维南定理	诺顿定理		
互易定理形式 1	互易定理形式 2		

对偶原理是模型电路具有的客观性质，具有"举一反二"的功效。利用对偶原理，已知某一电路的方程式，可直接写出其对偶电路的方程式，并可由此构造出该电路的对偶电路。当两个互为对偶的电路的对偶参数相同时，解的表达式也对偶。

对偶性是平面电路具有的特性，非平面电路不存在对偶性，原因是非平面电路不存在对偶电路。所以，对偶原理仅能适用于平面电路。

对偶原理为电路分析提供了新的方法，还有帮助记忆相关内容的作用。

6-1 试用叠加定理求图6-27所示电路的响应 u。

6-2 利用叠加定理求图6-28所示电路中的电压 u。

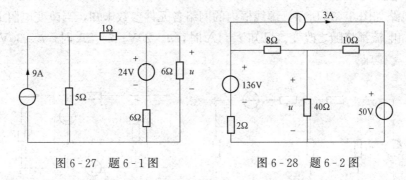

图6-27 题6-1图　　　　图6-28 题6-2图

6-3 如图6-29所示电路，试用叠加定理求响应 i 和 u。

6-4 电路如图6-30所示。

（1）设网络 N 为线性无独立源网络，当 $i_{s1}=8A$、$i_{s2}=12A$ 时，$u_x=80V$；当 $i_{s1}=-8A$、$i_{s2}=4A$ 时，$u_x=0V$；求当 $i_{s1}=i_{s2}=20A$ 时，u_x 为多少？

（2）设网络 N 中含有独立源，当 $i_{s1}=i_{s2}=0$ 时，$u_x=-40V$；并且所有（1）的数据仍有效，求当 $i_{s1}=i_{s2}=20A$ 时，u_x 为多少？

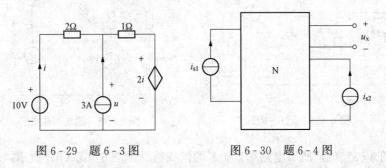

图6-29 题6-3图　　　　图6-30 题6-4图

6-5 图6-31所示电路中，N 为无独立源二端口网络。当 $I_{s1}=2A$，$I_{s2}=0$ 时，I_{s1} 输出功率为28W，且 $U_2=8V$；当 $I_{s1}=0$，$I_{s2}=3A$ 时，I_{s2} 输出功率为54W，且 $U_1=12V$。求当 $I_{s1}=2A$，$I_{s2}=3A$ 时，每个电流源输出的功率。

6-6 图6-32所示电路中，$U_s=16V$，在 U_s、I_{s1}、I_{s2} 共同作用下 $U=20V$。欲在 I_{s1}、I_{s2} 保持不变时使 $U=0V$，此时 $U_s=?$

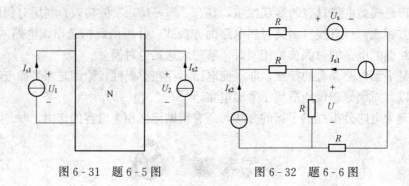

图 6 - 31　题 6 - 5 图　　　　　　图 6 - 32　题 6 - 6 图

6 - 7　图 6 - 33 所示电路，当 $U_s = 0$ 时，$I = 40\text{mA}$；当 $U_s = 4\text{V}$ 时，$I = -60\text{mA}$。求当 $U_s = 6\text{V}$ 时的电流 I。

6 - 8　电路如图 6 - 34 所示，虚线框内的网络各元件参数未知，当改变电阻 R 时，电路中各处电压和电流都将随之改变。已知 $i = 1\text{A}$ 时，$u = 20\text{V}$；$i = 2\text{A}$ 时，$u = 30\text{V}$；求当 $i = 3\text{A}$ 时，$u = ?$

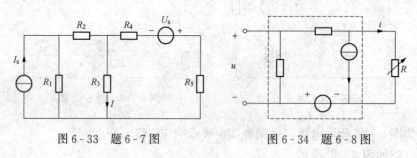

图 6 - 33　题 6 - 7 图　　　　　　图 6 - 34　题 6 - 8 图

6 - 9　求图 6 - 35 所示电路的戴维南和诺顿等效电路。

6 - 10　求图 6 - 36 所示电路的输出电阻 R_o。

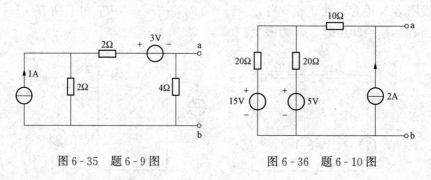

图 6 - 35　题 6 - 9 图　　　　　　图 6 - 36　题 6 - 10 图

6 - 11　图 6 - 37（a）所示电路端口 1-1′的伏安特性如图 6 - 37（b）所示，求局部电路 N 的戴维南等效电路。

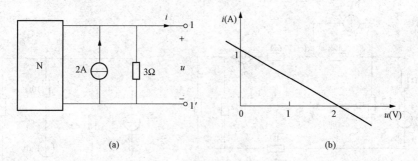

图 6-37 题 6-11 图

(a) 电路；(b) 电路端口伏安特性曲线

6-12 求图 6-38 所示电路的戴维南和诺顿等效电路。

6-13 求图 6-39 所示电路的输出电阻 R_o。

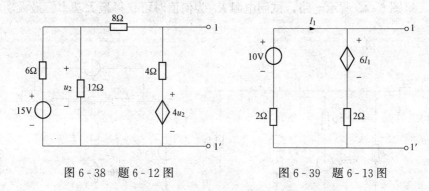

图 6-38 题 6-12 图　　　　图 6-39 题 6-13 图

6-14 在图 6-40 所示电路中，用求戴维南等效电路的方法求 $R=1\Omega$ 时的电流 I。

6-15 求图 6-41 所示电路的输出电阻 R_o。

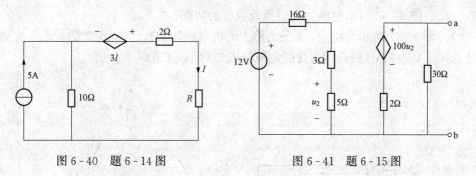

图 6-40 题 6-14 图　　　　图 6-41 题 6-15 图

6-16 电路如图 6-42 所示，通过戴维南定理计算 4Ω 电阻两端的电压 U。

6-17 电路如图 6-43 所示，其中电阻 R_L 可调，试问 R_L 为何值时能获得最大功率？最大功率 P_{Lmax} 为多少？

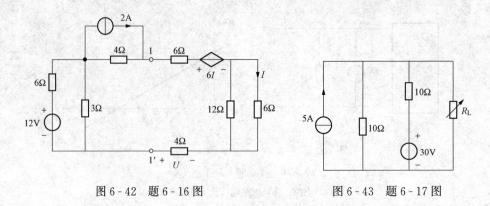

图 6-42　题 6-16 图　　　　　图 6-43　题 6-17 图

6-18　图 6-44 所示电路中，R_L 为可变电阻，问 R_L 为何值时才能从电路中吸收最大功率? 并求此最大功率 P_{Lmax}。

6-19　对图 6-45 所示电路，试问电阻 R_L 为何值时可获得最大功率? 最大功率 P_{Lmax} 为多少?

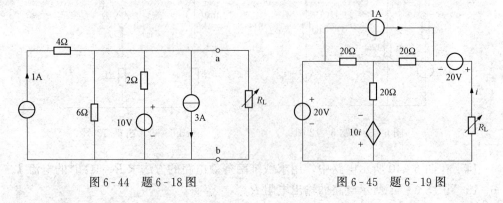

图 6-44　题 6-18 图　　　　　图 6-45　题 6-19 图

6-20　求图 6-46 所示电路中电阻负载吸收的功率。

6-21　图 6-47 所示电路中，6 条支路上的电阻均为 1Ω，但电压源的大小、方向不明。若已知 $I_{AB}=1A$，将 AB 两点间所接的电阻换成 3Ω 后，求此时 I_{AB} 的值。

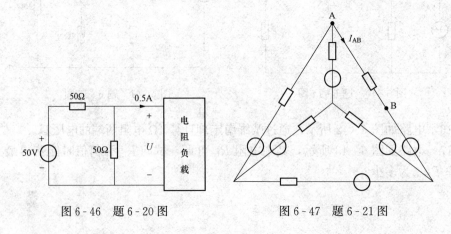

图 6-46　题 6-20 图　　　　　图 6-47　题 6-21 图

6-22　图 6-48 所示电路，当开关 K 断开时 $I=5A$，求开关接通后的 I。

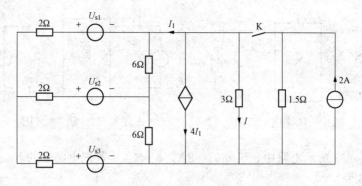

图 6-48 题 6-22 图

6-23 图 6-49 所示电路,当 $U_s = 3V$、2-2′端口接 3Ω 电阻时,$I_1 = 5A$、$I_2 = 1A$;若保持 U_s 不变,而 2-2′为开路,则 $I_1 = 2A$。试确定当 $U_s = 6V$ 时,2-2′端口的戴维南等效电路。

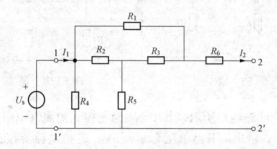

图 6-49 题 6-23 图

6-24 图 6-50(a)所示电路中,线性无独立源二端网络 N_0 仅由电阻组成,当 $u_s = 100V$ 时,$u_2 = 20V$。求当电路改为图 6-50(b)所示时的电流 i。

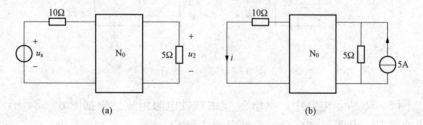

(a)　　　　　　　　(b)

图 6-50 题 6-24 图

6-25 图 6-51 所示电路中,N_0 仅由线性电阻组成。当 $R_2 = 2\Omega$、$u_1 = 6V$ 时,有 $i_1 = 2A$、$u_2 = 2V$;当 R_2 为 4Ω、$u_1 = 10V$ 时,有 $i_1 = 3A$,问此时 u_2 为多少?

6-26 图 6-52 中,$U_s = 12V$,$I_s = 2A$,N 是无独立源线性电阻网络。当 1-1′端口开路时,网络 N 获得 16W 功率;当 2-2′端口短路时,网络 N 获得 16W 功率且 $I_2 = -\dfrac{2}{3}A$。问:当 U_s 和 I_s 共同作用时,它们各自发出多少功率?

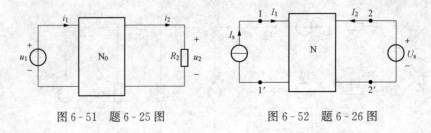

图 6-51 题 6-25 图　　　　图 6-52 题 6-26 图

6-27　图 6-53 所示电路中，已知 $i_1 = 2A$，$i_2 = 1A$。若把电路中的 R_2 支路断开，试问此时电流 i_1 为多少？

6-28　电路如图 6-54 所示，求电流 I。

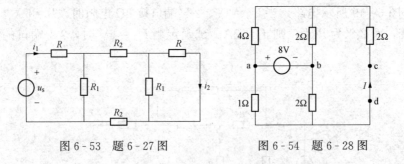

图 6-53 题 6-27 图　　　　图 6-54 题 6-28 图

6-29　电路如图 6-55（a）所示，其中 N_R 为无独立源线性电阻网络。当输入端 1-1′接 2A 电流源时，$u_1 = 10V$，输出端开路电压为 $u_2 = 5V$；若把电流源接在输出端，同时输入端跨接一个 5Ω 电阻，如图 6-55（b）所示，求流过 5Ω 电阻的电流 i 为多少？

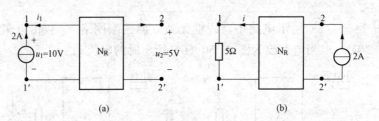

图 6-55 题 6-29 图

6-30　图 6-56 所示电路中，网络 N 仅由线性电阻组成。根据图 6-56（a）和图 6-56（b）中给出的情况，求图 6-56（c）中的电流 I_1 和 I_2。

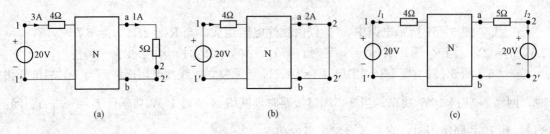

图 6-56 题 6-30 图

第 7 章 动态电路的方程及其初始条件

内容提要：本章介绍动态电路的方程以及初始条件的确定方法，它们是动态电路分析的基础。具体内容包括电容元件与电感元件、忆阻元件、电容元件和电感元件的串联等效与并联等效、动态电路的方程、电容元件和电感元件的换路定理、动态电路初始条件的确定。

7.1 电容元件与电感元件

7.1.1 电容元件

等量异号电荷在实际电路中间隔一定距离时，在异号电荷之间的空间中存在电场，电容元件是为了描述这种电场效应（储存电场能量）而提出的。

线性电容是一种理想电路元件，其特性定义如下：元件上所存储的电荷量 q 与其两端间的电压 u 成正比，即

$$q = Cu \tag{7-1}$$

式中：C 为电容元件的参数，简称电容，其图形符号如图 7-1（a）所示。在国际单位制中，电容的单位是法拉，简称法，符号为 F。工程技术中，电容常用的单位还有微法（μF）和皮法（pF），它们与法拉的换算关系为：$1\mu F = 10^{-6}F$，$1pF = 10^{-12}F$。

线性电容元件的库伏特性，可用以 $q\text{-}u$ 为轴的平面直角坐标系中的一条过原点的直线来表示，如图 7-1（b）所示。

理想电容元件的特性是定义的，实际电容元件并不满足理想电容元件的特性。针对理想电容元件的式（7-1）中，电压可为无穷大，而实际电容元件上的电压是受限制的，当电压过大时，实际电容元件就会被击穿。在实际电容元件能够正常工作的电压范围内，若电容上电压与电荷之间的关系近似符合线性关系时，就可把实际电容模型化为图 7-1（a）所示的线性电容，从而得到供理论分析和计算所用的电路模型。

若必须考虑实际电容在工作时消耗能量的属性，实际电容的模型可用图 7-2 所示电路模型表示。

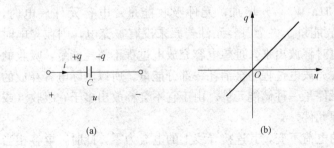

图 7-1 线性电容元件的符号及其库伏特性曲线
(a) 电路符号；(b) 特性曲线

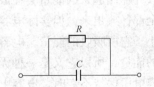

图 7-2 实际电容的一种模型

当电容元件上的电压 u 随时间发生变化时，存储在电容元件上的电荷随之变化，这样便出现了充电或放电现象，就有电流在连接电容元件的导线上流过。如果电压 u 和电流 i 取关联方向，由式（7-1）可得

$$i = \frac{\mathrm{d}q}{\mathrm{d}t} = \frac{\mathrm{d}(Cu)}{\mathrm{d}t} = C\frac{\mathrm{d}u}{\mathrm{d}t} \tag{7-2}$$

对式（7-2）进行积分可得

$$u(t) = \frac{1}{C}\int_{-\infty}^{t} i(\xi)\mathrm{d}\xi = \frac{1}{C}\int_{-\infty}^{0_-} i(\xi)\mathrm{d}\xi + \frac{1}{C}\int_{0_-}^{t} i(\xi)\mathrm{d}\xi = u(0_-) + \frac{1}{C}\int_{0_-}^{t} i(\xi)\mathrm{d}\xi \tag{7-3}$$

式（7-3）中的 $u(0_-)$ 是 $t=0_-$ 时刻电容元件上已有的电压，此电压描述了电容元件过去的状态，称为初始电压，而 $\frac{1}{C}\int_{0_-}^{t} i(\xi)\mathrm{d}\xi$ 是 $t=0_-$ 以后在电容元件上新增的电压。式（7-3）说明：电容在时刻 t 时的电压，不仅取决于 t 时刻的电流值，而且取决于 $-\infty \to t$ 所有时刻的电流值，即与电流过去的全部历史状况有关。由此可见，电容元件有记忆电流的作用，所以该元件被称为是记忆元件。

如果电容电压 u 和电流 i 的参考方向相反，即两者为非关联方向，则有

$$i = -C\frac{\mathrm{d}u}{\mathrm{d}t} \tag{7-4}$$

对式（7-4）进行积分，可得积分形式电容电压 u 和电流 i 的关系为

$$u(t) = -\frac{1}{C}\int_{-\infty}^{t} i(\xi)\mathrm{d}\xi = -\frac{1}{C}\int_{-\infty}^{0_-} i(\xi)\mathrm{d}\xi - \frac{1}{C}\int_{0_-}^{t} i(\xi)\mathrm{d}\xi = u(0_-) - \frac{1}{C}\int_{0_-}^{t} i(\xi)\mathrm{d}\xi \tag{7-5}$$

当电容元件上的电压、电流取关联参考方向时，它的瞬时功率为

$$p = ui = Cu\frac{\mathrm{d}u}{\mathrm{d}t} \tag{7-6}$$

若 $p>0$，说明电容元件在吸收能量，即处于被充电状态；若 $p<0$，说明电容元件在释放能量，处于放电状态。当电容元件从初始时刻 t_0 到任意时刻 t 被充电，在此阶段它吸收的能量 ΔW_C 为

$$\Delta W_\mathrm{C} = \int_{t_0}^{t} p(\xi)\mathrm{d}\xi = \int_{t_0}^{t} u(\xi)i(\xi)\mathrm{d}t = \int_{t_0}^{t} Cu\frac{\mathrm{d}u}{\mathrm{d}\xi}\mathrm{d}\xi = \frac{1}{2}Cu^2(t) - \frac{1}{2}Cu^2(t_0) \tag{7-7}$$

电容元件吸收的能量以电场能量的形式存储，t 时刻电容元件储存的电场能量 $W_\mathrm{C}(t)$ 为

$$W_\mathrm{C}(t) = \frac{1}{2}Cu^2(t) \tag{7-8}$$

电容元件被充电时，$|u(t)|$ 增加，$W_\mathrm{C}(t)$ 增加，元件吸收能量；电容元件放电时，$|u(t)|$ 减少，$W_\mathrm{C}(t)$ 减少，元件释放能量。一个电容元件若原来没有被充电，则在充电时它所吸收并存储起来的能量会在放电时释放出来。理想电容充放电过程不消耗能量，吸收的能量会全部释放出来，但实际电容在充放电过程中会消耗一部分能量，所以实际电容释放的能量会小于它所吸收的能量。电容元件是一种储能元件，由于它不会释放出多于它吸收（或存储）的能量，所以它又是一种无源元件。

电容电压保持不变时，电容上的电荷不变，其连接导线上的电流为零，此时，电容相当于断路。

电容元件与运算放大器相连可构成微分运算电路。如图 7-3 所示电路，根据"假短（虚短）"，利用元件约束可得

$$\begin{cases} i_{\text{C}} = C\dfrac{\mathrm{d}u_{\text{i}}}{\mathrm{d}t} \\ i_{\text{f}} = -\dfrac{u_{\text{o}}}{R_{\text{f}}} \end{cases} \tag{7-9}$$

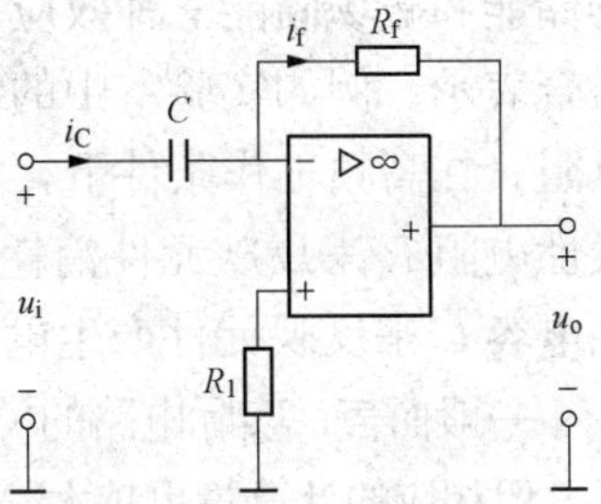

根据"真断（实断）"，利用 KCL 可得

$$i_{\text{C}} = i_{\text{f}} \tag{7-10}$$

将式（7-10）代入式（7-9），可得

$$u_{\text{o}} = -R_{\text{f}}C\dfrac{\mathrm{d}u_{\text{i}}}{\mathrm{d}t} \tag{7-11}$$

图 7-3　微分运算电路

可见该电路输出电压与输入电压之间具有微分运算功能，故称其为微分运算电路。

7.1.2　电感元件

当电流流过实际电路时在周边会产生磁场，电感元件是为了描述这种磁场效应（储存磁场能量）而提出的。

线性电感是一种理想电路元件，常被称为理想电感，其特性定义如下：元件中的磁通链 ψ 与流过的电流 i 成正比，即

$$\psi = Li \tag{7-12}$$

式中：L 为电感元件的参数，简称电感，其图形符号如图 7-4（a）所示。在国际单位制中，电感的单位是亨利（H）。亨利是比较大的单位，工程中常用的电感单位有毫亨（mH）和微亨（μH）。它们和亨利的换算关系为：$1\text{mH} = 10^{-3}\text{H}$，$1\mu\text{H} = 10^{-6}\text{H}$。

线性电感元件磁链 ψ 与电流 i 之间的关系可用 $\psi\text{-}i$ 为轴的平面直角坐标系中的一条过原点的直线表示，如图 7-4（b）所示。

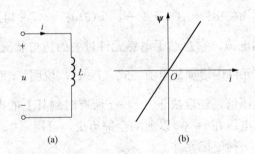

图 7-4　线性电感元件的符号及其库伏特性曲线

(a) 电路符号；(b) 特性曲线

理想电感元件的特性是定义出来的，实际电感元件并不满足理想电感元件的特性。针对理想电感元件的式（7-12）中，电流可为无穷大，而实际电感元件上的电流是受限制的。当电流过大时，实际电感元件会因过热而烧毁。在实际电感元件能够正常工作的电压电流范围内，若电感上的电流与其上磁链的关系近似符合线性关系时，可把实际电感模型化为图 7-4（a）所示的线性电感，由此得到供理论分析和计算所用的电路模型。若必须考虑实际电感工作时消耗能量的属性，实际电感可用图 7-5（a）所示电路模型表示；若还必须考虑实际电感工作时的电场效应，则实际电感可用图 7-5（b）所示电路模型表示。还可以构造更复杂的模型。

线性电阻、线性电容、线性电感是三种基本电路元件，分别针对实际电路中的能量损耗、电

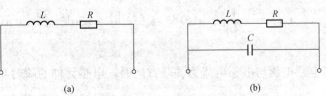

图 7-5　实际电感的两种模型

(a) 模型一；(b) 模型二

场储能和磁场储能三种效应而定义出来，很多实际元件的模型均可用基本电路元件或它们的组合表示。例如实验室中的线绕电阻工作在较低频率时可建模为如图7-6（a）所示的线性电阻；在高频工作条件下，实际线绕电阻可模型化如图7-6（b）所示的电路模型，图中用线性电阻 R 来反映元件消耗能量的性质，用线性电感 L 来反映元件产生磁场的性质，用线性电容 C 来反映元件产生电场的性质。

一般而言，实际电路的模型构建的越复杂，则模型精度越高，理论分析的结果就与实际越接近，但相应的计算量也越大。实际工作中，在满足计算精度要求的前提下，模型越简单越好。

当变化的电流 i 通过如图7-7所示的电感线圈时，在线圈中会产生变化的磁通 ϕ 或磁通链 ψ，变化的磁通链在线圈两端必然引起感应电压 u，当 u 与 i 为关联参考方向时，则

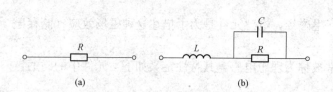

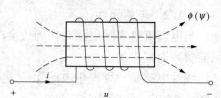

图7-6 实际线绕电阻的两种模型
（a）模型一；（b）模型二

图7-7 实际电感线圈示意图

$$u = \frac{\mathrm{d}\psi}{\mathrm{d}t} = L\,\frac{\mathrm{d}i}{\mathrm{d}t} \tag{7-13}$$

对式（7-13）进行积分可得

$$i(t) = \frac{1}{L}\int_{-\infty}^{t} u(\xi)\,\mathrm{d}\xi = \frac{1}{L}\int_{-\infty}^{0_-} u(\xi)\,\mathrm{d}\xi + \frac{1}{L}\int_{0_-}^{t} u(\xi)\,\mathrm{d}\xi = i(0_-) + \frac{1}{L}\int_{0_-}^{t} u(\xi)\,\mathrm{d}\xi \tag{7-14}$$

式中 $i(0_-)$ 是 $t=0_-$ 时刻电感元件中存在的电流，它总结了电感元件过去的历史状况，称为初始电流。$\frac{1}{L}\int_{0_-}^{t} u(\xi)\,\mathrm{d}\xi$ 是 $t=0_-$ 以后在电感元件中增加的电流。式（7-14）说明，t 时刻电感元件上的电流不仅取决于该时刻其上的电压值，还取决于 $-\infty \to t$ 所有时刻其上的电压值，即与电感电压过去全部的历史有关。电感电压在 $t=0_-$ 以前的全部历史，可用 $i(0_-)$ 表示。可见，电感元件有记忆电压的功能，它是一种记忆元件。

当电感的电压 u 与电流 i 为非关联参考方向时，有

$$u = -L\,\frac{\mathrm{d}i}{\mathrm{d}t} \tag{7-15}$$

则电感电压 u 与电流 i 积分形式的关系为

$$i(t) = -\frac{1}{L}\int_{-\infty}^{t} u(\xi)\,\mathrm{d}\xi = -\frac{1}{L}\int_{-\infty}^{0_-} u(\xi)\,\mathrm{d}\xi - \frac{1}{L}\int_{0_-}^{t} u(\xi)\,\mathrm{d}\xi = i(0_-) - \frac{1}{L}\int_{0_-}^{t} u(\xi)\,\mathrm{d}\xi$$

$$\tag{7-16}$$

当电感电压与电感电流为关联方向时，电感元件的瞬时功率为

$$p = ui = Li\,\frac{\mathrm{d}i}{\mathrm{d}t} \tag{7-17}$$

若 $p>0$，说明电感元件在吸收能量；若 $p<0$，说明电感元件在释放能量。从初始时刻 t_0 到任意时间 t 期间内，电感吸收的能量 ΔW_L 为

$$\Delta W_{L} = \int_{t_0}^{t} p\mathrm{d}\xi = L\int_{t_0}^{t} i\mathrm{d}i = \frac{1}{2}Li^2(t) - \frac{1}{2}Li^2(t_0) \tag{7-18}$$

电感元件在任意时刻 t 存储的磁场能量 $W_{L}(t)$ 为

$$W_{L}(t) = \frac{1}{2}Li^2(t) \tag{7-19}$$

由此可知，当 $|i|$ 增加时，W_{L} 增加，电感元件吸收能量；当 $|i|$ 减小时，W_{L} 减少，电感元件释放能量。理想电感元件不会把吸收的能量消耗掉，而是以磁场能的形式储存在磁场中，所以电感元件是一种储能元件。由于电感元件不会释放出多于它吸收（或存储）的能量，所以它是一种无源元件。

电感元件的电压、电流关系满足微分或积分形式，在电感电流不变时，电感上的磁通链不变，电压为零，此时，电感相当于短路。

7.2 忆 阻 元 件

前面介绍了三种（类）基本理想电路元件：电阻 R、电容 C 和电感 L。它们把电路中的四个基本物理量联系了起来，如图 7-8 所示。

由图 7-8 可以看出，四个基本物理量 u、i、q、ψ 中，u 和 i 可通过电阻 R 建立联系，i 和 ψ 可通过电感 L 建立联系，u 和 q 可通过电容 C 建立联系，只有 ψ 和 q 之间还没有元件能将其联系起来。1971 年，美国加州大学蔡少棠教授（美籍华人）提出在 ψ 和 q 之间存在类似 R、C、L 的第四种（类）基本理想电路元件 $M(q)$，并将其称为忆阻元件，定义为

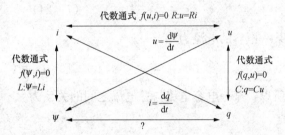

图 7-8 电路基本变量之间关系结构图

$$M(q) = \frac{\mathrm{d}\psi(q)}{\mathrm{d}q} \tag{7-20}$$

$M(q)$ 具有电阻量纲，通过以下推导可得到这一结论，即

$$M(q) = \frac{\mathrm{d}\psi(q)}{\mathrm{d}q} = \frac{\mathrm{d}\psi(q)/\mathrm{d}t}{\mathrm{d}q/\mathrm{d}t} = \frac{u}{i} = R \tag{7-21}$$

蔡少棠指出忆阻元件的电阻是通过该元件电荷量的函数，当电荷停止通过即电流为零时，它能够维持先前已经建立的电阻值，有记忆功能，因此称为忆阻元件。忆阻元件的某些基本特性为：是耗能元件，具有记忆性，非线性时才有实际意义（线性时与线性时变电阻相似），在交流电路中才能发挥作用等。忆阻元件的图形符号如图 7-9 所示。

图 7-9 忆阻元件的图形符号

忆阻元件是在没有实物背景下被定义出来的理想元件，因此以前只能处于图 1-2 所示的模型电路空间Ⅰ区内。2007 年惠普实验室研制出了纳米尺度的实际忆阻器件（忆阻器），这样，与实际忆阻器对应的忆阻元件就能进入模型电路空间Ⅱ区了。

惠普实验室发现的忆阻器可以在纳米尺度上实现开关，这将极大地缩小存储器的体积。

此外，忆阻器的阻值取决于流过其上的电荷量和电荷移动方向，电荷不移动时，能够维持断电时的电阻值，所以用这种器件制造的计算机能够记住它在关机前的状态，不怕突然掉电和关机。这些性能，可能对数字计算机的发展有深远意义。

7.3 电容元件和电感元件的串联等效与并联等效

7.3.1 电容元件的串联等效与并联等效

若干个电容并联，如图 7 - 10（a）所示。设并联时各电容电压初始值均为零，若干个电容并联后，其储存的总电荷量等于各电容储存的电荷量之和，即

$$q = q_1 + q_2 + \cdots + q_n = (C_1 + C_2 + \cdots + C_n)u = C_{eq}u \qquad (7 - 22)$$

n 个电容并联的等效电容 C_{eq} 如图 7 - 10（b）所示，它等于并联电容之和，即

$$C_{eq} = C_1 + C_2 + \cdots + C_n \quad (7 - 23)$$

可见，将电容并联，可得到较大的电容。并联电容总电流为

$$i = C_{eq} \frac{\mathrm{d}u}{\mathrm{d}t} \qquad (7 - 24)$$

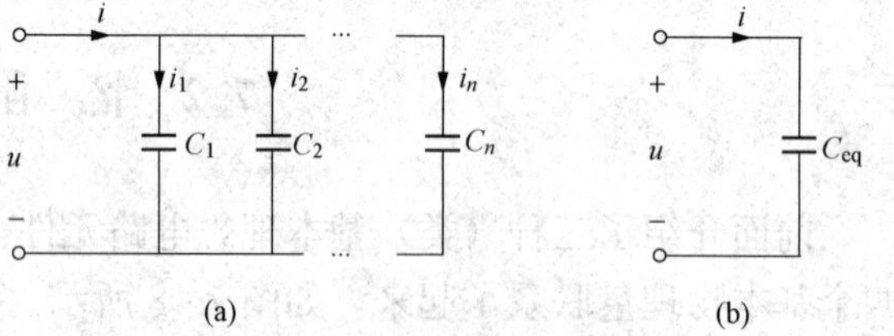

某一电容的电流为

图 7 - 10 n 个电容并联及其等效电路
（a）电容并联电路；（b）等效电路

$$i_k = C_k \frac{\mathrm{d}u}{\mathrm{d}t} \qquad (7 - 25)$$

所以，某一电容电流与总电流之间的关系为

$$i_k = \frac{C_k}{C_{eq}} i \qquad (7 - 26)$$

可将若干个电容串联使用，如图 7 - 11（a）所示，将实际电容串联可提高电容的耐压值。设串联时各电容电压初始值均为零，根据 KVL 和电容元件的电压、电流关系，可以得到

$$u = u_1 + u_2 + \cdots + u_n = \frac{1}{C_1} \int_{-\infty}^{t} i(\tau) \mathrm{d}\tau + \frac{1}{C_2} \int_{-\infty}^{t} i(\tau) \mathrm{d}\tau + \cdots + \frac{1}{C_n} \int_{-\infty}^{t} i(\tau) \mathrm{d}\tau$$

$$= \left(\frac{1}{C_1} + \frac{1}{C_2} + \cdots + \frac{1}{C_n} \right) \int_{-\infty}^{t} i(\tau) \mathrm{d}\tau = \frac{1}{C_{eq}} \int_{-\infty}^{t} i(\tau) \mathrm{d}\tau \qquad (7 - 27)$$

串联等效电容 C_{eq} 如图 7 - 11（b）所示，它与各电容的关系为

$$\frac{1}{C_{eq}} = \frac{1}{C_1} + \frac{1}{C_2} + \cdots + \frac{1}{C_n}$$
$$(7 - 28)$$

串联电容总电压为

$$u = \frac{1}{C_{eq}} \int_{-\infty}^{t} i(\tau) \mathrm{d}\tau \quad (7 - 29)$$

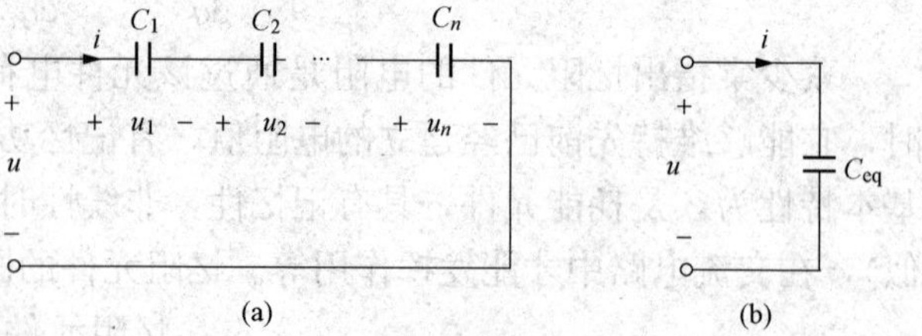

某一电容的电压为

图 7 - 11 n 个电容串联及其等效电路
（a）电容串联电路；（b）等效电路

$$u_k = \frac{1}{C_k} \int_{-\infty}^{t} i(\tau) \mathrm{d}\tau \qquad (7 - 30)$$

所以，某一电容电压与总电压之间的关系为

$$u_k = \frac{C_{\mathrm{eq}}}{C_k} u \tag{7-31}$$

如果串联或并联时电容初始电压不为零，还要另外计算等效电容在并联或串联后的初始电压，本章最后将以例题形式对此进行讨论。

7.3.2 电感元件的串联等效与并联等效

为了得到较大的电感，可以将若干个电感串联后使用，如图 7-12（a）所示。若干个没有储能的电感串联后，串联电感的总磁通链等于各个电感磁通链之和，即

$$\psi = \psi_1 + \psi_2 + \cdots + \psi_n = (L_1 + L_2 + \cdots + L_n)i = L_{\mathrm{eq}}i \tag{7-32}$$

串联等效电感 L_{eq} 如图 7-12（b）所示，它等于串联电感之和，即

$$L_{\mathrm{eq}} = L_1 + L_2 + \cdots + L_n \tag{7-33}$$

串联电感总电压为

$$u = L_{\mathrm{eq}} \frac{\mathrm{d}i}{\mathrm{d}t} \tag{7-34}$$

某一电感的电压为

$$u_k = L_k \frac{\mathrm{d}i}{\mathrm{d}t} \tag{7-35}$$

所以，某一电感电压与总电压之间的关系为

$$u_k = \frac{L_k}{L_{\mathrm{eq}}} u \tag{7-36}$$

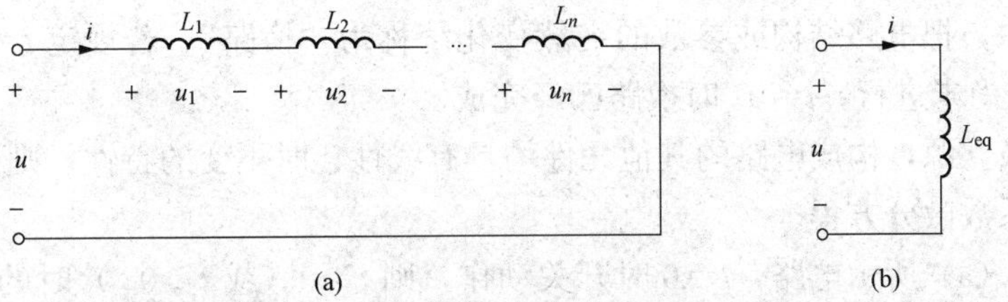

图 7-12 n 个电感串联及其等效电路

（a）电感串联电路；（b）等效电路

可将电感并联使用，如图 7-13（a）所示。若干个没有初始储能的电感并联时，根据 KCL 和电感元件的电压、电流关系，可得

$$i = i_1 + i_2 + \cdots + i_n = \frac{1}{L_1}\int_{-\infty}^{t} u(\tau)\mathrm{d}\tau + \frac{1}{L_2}\int_{-\infty}^{t} u(\tau)\mathrm{d}\tau + \cdots + \frac{1}{L_n}\int_{-\infty}^{t} u(\tau)\mathrm{d}\tau$$

$$= \left(\frac{1}{L_1} + \frac{1}{L_2} + \cdots + \frac{1}{L_n}\right)\int_{-\infty}^{t} u(\tau)\mathrm{d}\tau = \frac{1}{L_{\mathrm{eq}}}\int_{-\infty}^{t} u(\tau)\mathrm{d}\tau \tag{7-37}$$

并联电感的等效电感如图 7-13（b）所示，它与各电感的关系为

$$\frac{1}{L_{\mathrm{eq}}} = \frac{1}{L_1} + \frac{1}{L_2} + \cdots + \frac{1}{L_n} \tag{7-38}$$

并联电感的总电流为

$$i = \frac{1}{L_{\mathrm{eq}}}\int_{-\infty}^{t} u(\tau)\mathrm{d}\tau \tag{7-39}$$

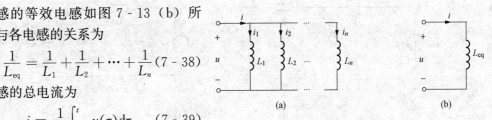

图 7-13 n 个电感并联及其等效电路

（a）电感并联电路；（b）等效电路

某一电感的电流为

$$i_k = \frac{1}{L_k}\int_{-\infty}^{t} u(\tau)\mathrm{d}\tau \tag{7-40}$$

所以，某一电感电流与总电流之间的关系为

$$i_k = \frac{L_{eq}}{L_k}i \tag{7-41}$$

如果串联或并联时电感的初始电流不为零，还要计算等效电感在并联或串联后的初始电流。

7.4 动态电路的方程

在由电阻和电源元件构成的电路中，由于元件的约束关系是代数方程，而 KCL 和 KVL 也是代数方程，故根据电路的拓扑约束和元件约束列出的方程为代数方程。

当电路中含有电容、电感这类储能元件（又称动态元件）时，除电容电压和电感电流为定值的情况外，一般情况下储能元件电压和电流的约束关系表现为微分或积分的形式。利用电路的拓扑约束和元件约束建立电路方程，将是微分方程，此时的电路称为动态电路。

动态电路的特点是当电路的结构或元件的参数发生变化时，如电路中的电源或其他元件接入、断开、短路等，电路会从一个工作状态转变为另一个工作状态。工作状态转变的过程称为暂态过程或过渡过程。

电路理论中，把电路结构或参数的突然变化统称为"换路"。若规定 $t=0$ 时发生换路，则 $t=0_-$ 时换路尚未进行，$t=0_+$ 时换路已经完成。

如果除了独立源，构成电路的其他元件均具有线性、时不变的特性，则描述动态电路的方程为线性常系数微分方程。

如图 7-14（a）所示电路，$t=0$ 时开关动作，则 $t>0$（或 $t \geqslant 0_+$）时的电路如图 7-14 (b) 所示。据 KVL 和元件约束，可得

$$\begin{cases} -U_s + u_R + u_C = 0 \\ u_R = Ri \\ i = C\dfrac{\mathrm{d}u_C}{\mathrm{d}t} \end{cases} \tag{7-42}$$

消去 u_R 和 i，并整理方程，有

$$RC\frac{\mathrm{d}u_C}{\mathrm{d}t} + u_C = U_s \quad t > 0（\text{或 } t \geqslant 0_+） \tag{7-43}$$

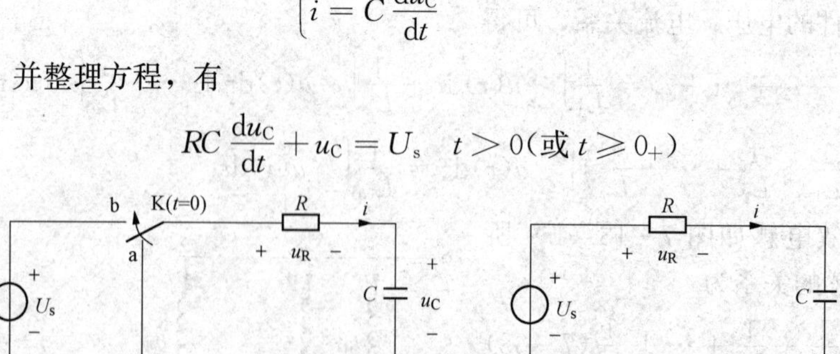

图 7-14 一阶动态电路

(a) 原电路；(b) 开关动作后电路

式（7-43）所示的方程为一阶微分方程，故图 7-14 所示电路称为一阶电路。求解式（7-43），需要知道初始条件 $u_C(0_+)$。

如图 7-15（a）所示电路，$t=0$ 时开关动作，则 $t \geqslant 0_+$ 时的电路如图 7-15（b）所示。据 KCL 和元件约束，可得

$$\begin{cases} i_C + i_R + i_L = 0 \\ i_C = C\dfrac{du_C}{dt} \\ i_R = \dfrac{u_C}{R} \\ i_L = \dfrac{1}{L}\displaystyle\int_{-\infty}^{t} u_C(\xi)d\xi \end{cases} \tag{7-44}$$

消去 i_C、i_R 和 i_L，并整理方程，有

$$LC\frac{d^2 u_C}{dt^2} + \frac{L}{R}\frac{du_C}{dt} + u_C = 0 \quad t > 0（或 t \geqslant 0_+） \tag{7-45}$$

式（7-45）所示的方程为二阶微分方程，故图 7-15 所示电路被称为二阶电路。对式（7-45）求解，需要知道初始条件 $u_C(0_+)$ 和 $\left.\dfrac{du_C}{dt}\right|_{t=0_+}$。

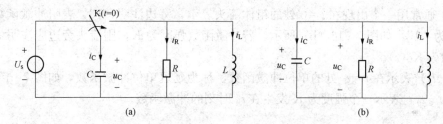

图 7-15　二阶动态电路
（a）原电路；（b）开关动作后的电路

描述电路的方程若为 n 阶微分方程，相应的电路就被称为 n 阶电路。n 阶微分方程需要有 n 个初始条件才能解出待求量。

7.5　电容元件和电感元件的换路定理

7.5.1　单位冲激函数

单位冲激函数又称为狄拉克函数，它是一种奇异函数，其定义为

$$\begin{cases} \delta(t) = \begin{cases} 0 & t \neq 0 \\ \infty & t = 0 \end{cases} \\ \displaystyle\int_{-\infty}^{\infty} \delta(t)dt = 1 \end{cases} \tag{7-46}$$

由于 $\delta(t)$ 只存在于 $t=0$ 时刻，以上定义也可改为

$$\begin{cases} \delta(t) = \begin{cases} 0, & t \neq 0 \\ \infty, & t = 0 \end{cases} \\ \int_{0_-}^{0_+} \delta(t)\mathrm{d}t = 1 \end{cases} \tag{7-47}$$

单位矩形脉冲函数的数学表达式为

$$p_\Delta(t) = \begin{cases} 0, & t < 0 \\ \dfrac{1}{\Delta}, & 0 \leqslant t \leqslant \Delta \\ 0, & \Delta < t \end{cases} \tag{7-48}$$

单位冲激函数 $\delta(t)$ 可看作是单位矩形脉冲函数 $p_\Delta(t)$ 的极限情况。图 7-16（a）所示为一单位矩形脉冲函数 $p_\Delta(t)$ 的波形。它的高度为 $\dfrac{1}{\Delta}$，宽度为 Δ，面积为 $\Delta \cdot \dfrac{1}{\Delta} = 1$。在保持矩形脉冲面积不变的情况下，使脉冲宽度变窄，则脉冲高度相应增大。当脉冲宽度 $\Delta \to 0$ 时，脉冲高度 $\dfrac{1}{\Delta} \to \infty$。在此极限情况下，就得到了一个宽度趋于零、高度趋于无限大但面积仍为 1 的脉冲，这就是单位冲激函数 $\delta(t)$，可记为

$$\lim_{\Delta \to 0} p_\Delta(t) = \delta(t) \tag{7-49}$$

$\delta(t)$ 通常用一个出现在 $t=0$ 处的粗体箭头表示，旁边注明"1"，表明冲激函数的强度（面积）为"1"，如图 7-16（b）所示。若冲激函数强度为 K，则箭头旁边应注明 K，此时冲激函数为 $K\delta(t)$。

$\delta(t-t_0)$ 表示在 $t=t_0$ 处的单位冲激函数，称为延迟单位冲激函数，如图 7-16（c）所示，$K\delta(t-t_0)$ 表示一个强度为 K 发生在 t_0 时刻的冲激函数。

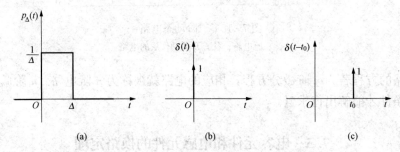

图 7-16　单位脉冲函数和单位冲激函数

（a）单位矩形脉冲函数；（b）单位冲激函数；（c）延迟单位冲激函数

因为 $t \neq 0$ 时 $\delta(t) = 0$，所以对在 $t=0$ 时连续的任意函数 $f(t)$，将有

$$f(t)\delta(t) = f(0)\delta(t) \tag{7-50}$$

于是

$$\int_{-\infty}^{+\infty} f(t)\delta(t)\mathrm{d}t = f(0)\int_{-\infty}^{+\infty} \delta(t)\mathrm{d}t = f(0) \tag{7-51}$$

同理，对于任意一个在 $t=t_0$ 时连续的的函数 $f(t)$，有

$$\int_{-\infty}^{+\infty} f(t)\delta(t-t_0)\mathrm{d}t = f(t_0) \tag{7-52}$$

可见冲激函数具有把一个连续函数 $f(t)$ 在某一时刻的值"筛"出来的本领，故将这一特性

称为单位冲激函数的"筛分"性质，或称为取样性质。

单位冲激函数的微分称为单位冲激偶，记为 $\delta'(t)$，它由一正一负两个冲激构成，正冲激出现在 $t=0_-$ 时刻，负冲激出现在 $t=0_+$ 时刻。

7.5.2　电容的换路定理

描述动态电路的方程是微分方程，方程求解时，需根据电路的初始条件确定积分常数，这个初始条件就是待求量的初始值，而初始值的确定需要用到换路定理。

电容的换路定理包括电容电压不变定理和电容电压跳变定理两种，定理的内容和证明如下所示。

(1) 电容电压不变定理。若 $t=0$ 换路时电容电流为有限值，则换路前后电容电压保持不变。写成数学公式有

$$u_C(0_+) = u_C(0_-) \tag{7-53}$$

(2) 电容电压跳变定理。若 $t=0$ 换路时电容电流为无穷大，则换路前后电容电压不相等，出现跳变即

$$u_C(0_+) \neq u_C(0_-) \tag{7-54}$$

若换路时电容电流为冲激函数 $\delta(t)$，其单位为 A，并设电容电压单位为 V，电容单位为 F，则换路前后电容电压关系为

$$u_C(0_+) = u_C(0_-) + \frac{1}{C} \tag{7-55}$$

(3) 电容换路定理的证明。式 (7-3) 已给出的关联方向下电容元件的约束为

$$u_C(t) = u_C(0_-) + \frac{1}{C}\int_{0_-}^{t} i_C(\xi)\,d\xi \tag{7-56}$$

令 $t=0_+$，并设换路时电容电流 $i(0) = K$ 为有限值，则有

$$u_C(0_+) = u_C(0_-) + \frac{1}{C}\int_{0_-}^{0_+} i_C(\xi)\,d\xi = u_C(0_-) + \frac{1}{C}\int_{0_-}^{0_+} K\,d\xi = u_C(0_-) \tag{7-57}$$

若换路时电容电流为冲激函数 $\delta(t)$，其单位为 A，并设电容电压单位为 V，电容单位为 F，则换路前后电容电压关系为则

$$u_C(0_+) = u_C(0_-) + \frac{1}{C}\int_{0_-}^{0_+} i_C(\xi)\,d\xi = u_C(0_-) + \frac{1}{C}\int_{0_-}^{0_+} \delta(\xi)\,d\xi = u_C(0_-) + \frac{1}{C} \tag{7-58}$$

由此知

$$u_C(0_+) \neq u_C(0_-) \tag{7-59}$$

电容电压不变定理在许多书中被称为电容的换路定则或换路定律。

动态电路中，出现冲激电流的情况是比较少见的，故一般使用电容电压不变定理。在少数情况下，若出现了冲激电流，就有可能使用电容电压跳变定理。电容电压跳变定理经常反过来使用，即电路中如果出现了电容电压跳变的情况，则可判断电路中出现了冲激电流。

有些实际现象可近似看成电容电压跳变，如实际电容电压在极短时间间隔内发生快速变化，当把极短时间间隔看成为零时，实际问题就转化为了电容电压跳变。

对前面提到的 7-14 (b) 所示电路，有 $u_C(0_+) = u_C(0_-)$。该电路不会出现电容电压跳变的情况，原因何在呢？可用反证法说明原因。假设电容电压出现跳变，则电容上会有冲激电流出现，而据 $u_R = Ri$ 可知，电阻上会出现冲激电压，但因电压源电压 U_s 和电容电压 u_C 均为有限值，这时将会出现 KVL 不能满足的情况，所以假设错误，故电容电压不会跳变。

对图 7 - 17（a）所示电路，开关在 $t=0$ 时动作，已知 $u_C(0_-)=0$。$t>0$ 后电路如图 7 - 17（b）所示，根据 KVL，可知 $u_C(0_+)=U_s \neq u_C(0_-)$，可见电容电压出现跳变，这一现象反过来说明电路中出现了冲激电流。对此可做如下分析。

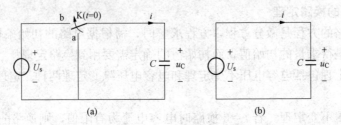

图 7 - 17　出现冲激电流和电容电压跳变的电路
(a) 原电路；(b) 开关动作后的电路

因 $t=0_+$ 时电容储存的电荷为 $q(0_+)=Cu_C(0_+)=CU_s$，所以开关动作时的电流为

$$i(0)=\frac{\mathrm{d}q}{\mathrm{d}t}\bigg|_{t=0}=\lim_{\Delta t \to 0}\frac{\Delta q}{\Delta t}\bigg|_{t=0}=\lim_{\Delta t \to 0}\frac{q(0_+)-q(0_-)}{\Delta t}=\lim_{\Delta t \to 0}\frac{CU_s}{\Delta t}=CU_s\delta(t) \quad (7-60)$$

可见换路瞬间电路中确实出现了冲激电流，该电流造成了换路前后电容电压发生跳变。

一般来讲，若电路换路后不存在仅由电容（或电容与电压源）构成的回路，则换路前后电容电压不会跳变；但若电路换路后存在仅由电容（或电容与电压源）构成的回路，则换路前后电容电压有可能跳变。如图 7 - 17 所示电路，换路导致结构中出现了由电容与电压源构成的回路，出现了电容电压跳变现象。

7.5.3　电感的换路定理

电感的换路定理包括电感电流不变定理和电感电流跳变定理两种，定理的内容和证明如下所示。

（1）电感电流不变定理。若 $t=0$ 换路时电感电压为有限值，则换路前后电感电流保持不变，即

$$i_L(0_+)=i_L(0_-) \quad (7-61)$$

（2）电感电流跳变定理。若 $t=0$ 换路时电感电压为无穷大，则换路前后电感电流出现跳变，即

$$i_L(0_+) \neq i_L(0_-) \quad (7-62)$$

若换路时电感电压为冲激函数 $\delta(t)$，其单位为 V，并设电感电流单位为 A，电感单位为 H，则换路前后电感电流关系为

$$i_L(0_+)=i_L(0_-)+\frac{1}{L} \quad (7-63)$$

（3）电感换路定理的证明。式（7 - 14）已给出的关联方向下电感元件的约束为

$$i_L(t)=i_L(0_-)+\frac{1}{L}\int_{0_-}^{t}u_L(\xi)\mathrm{d}\xi \quad (7-64)$$

令 $t=0_+$，并设换路时电感电压 $u_L(0)=K$ 为有限值，则有

$$i_L(0_+)=i_L(0_-)+\frac{1}{L}\int_{0_-}^{0_+}u_L(\xi)\mathrm{d}\xi=i_L(0_-)+\frac{1}{L}\int_{0_-}^{0_+}K\mathrm{d}\xi=i_L(0_-) \quad (7-65)$$

若换路时电感电压为冲激函数 $\delta(t)$，其单位为 V，并设电感电流单位为 A，电感单位为

H，则换路前后电感电流关系为

$$i_L(0_+) = i_L(0_-) + \frac{1}{L}\int_{0_-}^{0_+} u_L(\xi)\mathrm{d}\xi = i_L(0_-) + \frac{1}{L}\int_{0_-}^{0_+} \delta(\xi)\mathrm{d}\xi = i_L(0_-) + \frac{1}{L} \quad (7\text{-}66)$$

所以

$$i_L(0_+) \neq i_L(0_-) \quad\quad\quad (7\text{-}67)$$

电感电流不变定理在许多书中被称为电感的换路定则或换路定律。

动态电路中，出现冲激电压的情况是比较少见的，故一般使用电感电流不变定理。在少数情况下，若出现了冲激电压，则可使用电感电流跳变定理。电感电流跳变定理经常反过来使用，即电路中若出现了电感电流跳变的情况，则可判断电路中出现了冲激电压。

有些实际现象可近似看成是电感电流跳变，如实际的载流导线突然断开，电流实际是连续变化的，但因为变化时间短，若忽略时间间隔，就可近似认为跳变出现，对此可借助电感电流跳变的情况加以分析。

一般来讲，若电路换路后不存在仅由电感（或电感与电流源）构成的节点（割集），则电感电流不会跳变；若换路后存在仅由电感（或电感与电流源）构成的节点（割集），则电感电流有可能跳变。

7.6　动态电路初始条件的确定

动态电路中，电容电压 $u_C(t)$ 和电感电流 $i_L(t)$ 具有特殊的地位，被称为电路的状态变量，它们也是独立的电路变量。知道了 $u_C(t)$ 和 $i_L(t)$ 后，结合电路中给定的激励，可方便求出电路中的任何电压和电流。

电路换路后在 $t=0_+$ 时支路或元件上的电压、电流称为电路的初始条件。而 $u_C(t)$、$i_L(t)$ 是电路的状态变量，故 $u_C(0_+)$、$i_L(0_+)$ 被称为电路的初始状态。通过由换路前已达到稳定工作状态的电路或 $t=0_-$ 时的等效电路可确定 $u_C(0_-)$ 和 $i_L(0_-)$。在 $u_C(0_-)$ 和 $i_L(0_-)$ 已知的情况下，电路的初始状态一般可根据电容电压不变定理 $u_C(0_+) = u_C(0_-)$ 和电感电流不变定理 $i_L(0_+) = i_L(0_-)$ 确定。

在模型电路中，有时会出现电容电压跳变和电感电流跳变的情况，若已知换路瞬间的电容电流和电感电压，可通过电容的元件约束（或电容电压跳变定理）和电感的元件约束（或电感电流跳变定理）求出电路的初始状态，但很多时候 $u_C(0_+)$ 和 $i_L(0_+)$ 需通过电荷守恒原理和磁通链守恒原理确定。所谓电荷守恒，是指在一般情况下，若干相互连接的电容组成的局部电路换路前后储存的电荷为一常量；所谓磁通链守恒，是指在一般情况下，若干相互连接（或发生联系）的电感组成的局部电路换路前后储存的磁通链为一常量。下面的例 7-3、例 7-4 就是用电荷守恒原理和磁通链守恒原理求电路初始条件的两个例子。

对状态变量 $u_C(t)$ 和 $i_L(t)$ 以外的其他变量，如电容电流 $i_C(t)$、电感电压 $u_L(t)$、电阻电压 $u_R(t)$、电阻电流 $i_R(t)$、电压源电流 $i_{u_s}(t)$、电流源电压 $u_{i_s}(t)$，它们的初始值 $i_C(0_+)$、$u_L(0_+)$、$i_R(0_+)$、$u_R(0_+)$、$i_{u_s}(0_+)$、$u_{i_s}(0_+)$ 需通过 $t=0_+$ 时的等效电路确定。$t=0_+$ 时的等效电路构成方法是：将电容转化为大小为 $u_C(0_+)$ 的电压源；将电感转化为大小 $i_L(0_+)$ 的电流源，电路的其他部分不发生变化。$t=0_+$ 时的等效电路仅在 $t=0_+$ 时成立，相当于是直流激励下的电阻电路，故可用电阻电路求解方法求出所需变量。

【例 7 - 1】　在图 7 - 18（a）所示的电路中，试求开关闭合后电容电压的初始值和各支路电流的初始值。

解　开关闭合前电路已达稳态，电容电压不再变化，电容电流为零，电容相当于断开，由此可得 $t=0_-$ 时图 7 - 18（a）所示电路的等效电路如图 7 - 18（b）所示。从该电路可得

$$u_C(0_-) = 12\text{V}$$

从图 7 - 18（b）电路可见，开关闭合后不存在仅由电容（或电容与电压源）构成的回路，故电容电压不应跳变。应用电容电压不变定理可得

$$u_C(0_+) = u_C(0_-) = 12\text{V}$$

为了计算开关闭合后各支路电流的初始值，给出换路后 $t=0_+$ 时的等效电路如图 7 - 18（c）所示。利用拓扑约束和元件约束可得

$$i_1(0_+) = \frac{12 - u_C(0_+)}{R_1} = \frac{12 - 12}{4} = 0$$

$$i_R(0_+) = \frac{u_C(0_+)}{R_L} = \frac{12}{2} = 6(\text{A})$$

$$i_C(0_+) = i_1(0_+) - i_R(0_+) = -6\text{A}$$

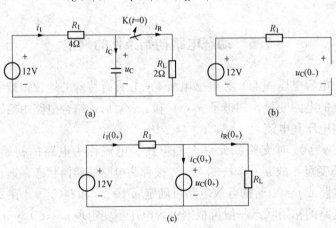

图 7 - 18　［例 7 - 1］电路
（a）原电路；（b）$t=0_-$ 时等效电路；（c）$t=0_+$ 时等效电路

【例 7 - 2】　在图 7 - 19（a）所示电路中，电路已处于稳定状态，直流电压源电压为 U_0。在 $t=0$ 时开关打开，试求初始值 $u_C(0_+)$、$i_L(0_+)$、$i_C(0_+)$、$u_L(0_+)$ 和 $u_{R2}(0_+)$。

解　开关动作前电路已处于稳定状态，电容电压和电感电流均不变化，电容相当于断开，电感相当于短路，由电路可得

$$u_C(0_-) = \frac{R_2 U_0}{R_1 + R_2}$$

$$i_L(0_-) = \frac{U_0}{R_1 + R_2}$$

当开关打开后，由电容电压不变定理和电感电流不变定理得

$$u_C(0_+) = u_C(0_-) = \frac{U_0 R_2}{R_1 + R_2}$$

$$i_L(0_+) = i_L(0_-) = \frac{U_0}{R_1 + R_2}$$

构造 $t=0_+$ 时的等效电路如图 7-19（b）所示的，由此可得

$$i_C(0_+) = -\frac{U_0}{R_1 + R_2}$$

$$u_{R2}(0_+) = -R_2 i_C(0_+) = \frac{U_0 R_2}{R_1 + R_2}$$

$$u_L(0_+) = -u_{R2}(0_+) + \frac{U_0 R_2}{R_1 + R_2} = 0$$

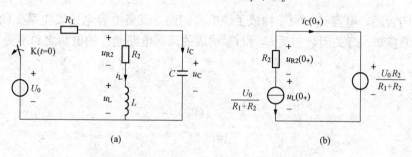

图 7-19　［例 7-2］电路
（a）原电路；（b）$t=0_+$ 时的等效电路

【例 7-3】　电路如图 7-20（a）所示，$C_1 = 0.5F$，$C_2 = C_3 = 1F$。$t=0$ 时开关闭合，求开关闭合后的等效电路，并求各电容电压的初始值。

解　开关闭合后，C_2 与 C_3 并联，然后再与 C_1 串联，等效电路如图 7-20（b）所示。利用电容的串并联关系可得等效电容为

$$\frac{1}{C} = \frac{1}{C_1} + \frac{1}{C_2 + C_3}$$

带入数值可以求得 $C=0.4F$。

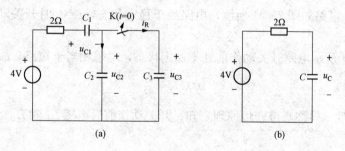

图 7-20　［例 7-3］电路
（a）原电路；（b）等效电路

电路开关闭合前电路已达到稳定状态，电阻上无电流流过，其电压为零。据 KVL 有

$$u_{C1}(0_-) + u_{C2}(0_-) = 4V$$

因电容 C_1 和 C_2 上储存的电荷相等，故有

$$C_1 u_{C1}(0_-) = C_2 u_{C2}(0_-)$$

即

$$0.5 \times u_{C1}(0_-) = 1 \times u_{C2}(0_-)$$

由此解出

$$u_{C1}(0_-) = \frac{8}{3}\text{V}$$

$$u_{C2}(0_-) = \frac{4}{3}\text{V}$$

$t=0$ 时开关闭合，因电容 C_1 所在回路中有电阻，利用电容电压不变定理可得

$$u_{C1}(0_+) = u_{C1}(0_-) = \frac{8}{3}\text{V}$$

$t=0$ 时开关闭合后，电容 C_2 和 C_3 构成了纯电容回路，具备电容电压发生跳变的基础条件。由电荷守恒原理知，开关闭合前后 C_2 和 C_3 构成的局部电路储存的电荷之和不变，即有

$$C_2 u_{C2}(0_+) + C_3 u_{C3}(0_+) = C_2 u_{C2}(0_-) + C_3 u_{C3}(0_-)$$

即

$$u_{C2}(0_+) + u_{C3}(0_+) = \frac{4}{3}\text{V}$$

由 KVL 知

$$u_{C2}(0_+) = u_{C3}(0_+)$$

由此解出

$$u_{C2}(0_+) = u_{C3}(0_+) = \frac{2}{3}\text{V}$$

对比 C_2 和 C_3 在开关闭合前后的电压知，电容 C_2 和 C_3 的电压都出现了跳变，由此可判断出 C_2 和 C_3 中在开关闭合时均出现了冲激电流。冲激电流之所以能够出现，是因为 C_2 和 C_3 构成了纯电容回路。

根据等效变换的思想可以求出等效电容 C 上的初始电压为

$$u_C(0_+) = u_{C1}(0_+) + u_{C2}(0_+) = \frac{8}{3} + \frac{2}{3} = \frac{10}{3}(\text{V})$$

【例 7 - 4】   电路如图 7 - 21 所示，电路处于稳定状态，$t=0$ 时开关动作，求开关打开后电路的初始状态。

解   图 7 - 21 所示电路开关动作前处于稳定状态，电感相当于短路，故有

$$i(0_-) = \frac{U_s}{R_2}$$

由磁通链守恒原理（简称磁链守恒原理）知，开关动作前后电感 L_1 和 L_2 的磁通链总和保持不变，即有

$$(L_1 + L_2)i(0_+) = L_2 i(0_-)$$

所以

$$i(0_+) = \frac{L_2}{L_1 + L_2}i(0_-)$$

对比 L_1 和 L_2 在开关动作前后的电流可知，电感电流出现了跳变，由此可做出判断：电感 L_1 和 L_2 上在开关动作时均出现了冲激电压。分析图 7 - 21 所示电路可知，开关动作后，电路结构中出现了仅由电感构成的节点（将 U_s 置零后可见 L_1 和 L_2 直接相连构成节点），电感电流出现了跳变。

若将图 7-21 所示电路改成如图 7-22 所示电路，由于开关动作后，将 U_s 置零后得到的节点所连支路中存在电阻支路，故电感电流不会跳变。此时两电感换路前后电流值保持不变，读者可做相应分析。

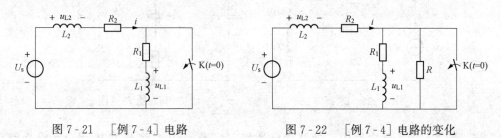

图 7-21　[例 7-4] 电路　　　　　　图 7-22　[例 7-4] 电路的变化

应该指出，求解电路时，若待求量为电容电压或电感电流，分别利用电容电压不变定理或电容电压跳变定理（或电荷守恒原理）、电感电流不变定理或电感电流跳变定理（或磁链守恒原理），即可求出 $t=0_+$ 时的电容电压或电感电流的值，这样就可避免构造 $t=0_+$ 时的等效电路。若需要求解的待求量不是电容电压或电感电流，也可先求出电容电压或电感电流，然后在此基础上再求出所要求的待求量。用这种方式处理动态电路问题，可避免构造 $t=0_+$ 时的等效电路，是一种相对简便的求解方法，下一章中对相关问题的处理多采用这一方式。

习　题

7-1　图 7-23（a）所示的电路，已知 $i_s(t)$ 波形如图 7-23（b）所示，且电容电压初始值为 0。试求电容电压 $u_C(t)$，并绘出其波形。

7-2　求图 7-24 所示电路中的电流 $i_C(t)$ 和 $i(t)$，已知 $u_s(t)=4te^{-2t}$ V。

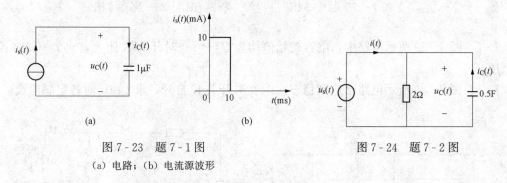

(a)　　　　　　　　　　(b)

图 7-23　题 7-1 图　　　　　　　图 7-24　题 7-2 图
(a) 电路；(b) 电流源波形

7-3　求图 7-25 中电感电压 $u_L(t)$ 和电流源端电压 $u(t)$，已知 $i_s(t)=0.5e^{-2t}$ A。

7-4　图 7-26 所示电路中，$u_C(0_-)=0$，开关 K 原为断开，电路已处于稳态。$t=0$ 时将开关 K 闭合。试求 $i_1(0_+)$，$i_2(0_+)$，$u_L(0_+)$ 和 $\dfrac{du_C}{dt}\Big|_{t=0_+}$。

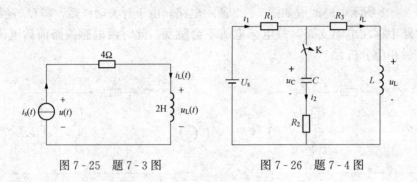

图 7-25 题 7-3 图   图 7-26 题 7-4 图

7-5 图 7-27 所示电路中，换路前已达稳定。当 $t=0$ 时将开关 K 闭合，求换路后的 $u_C(0_+)$ 和 $i_C(0_+)$。

7-6 含有理想运放的 RC 电路如图 7-28 所示，当 u_o 为输出时，试证明该电路为反向积分电路。

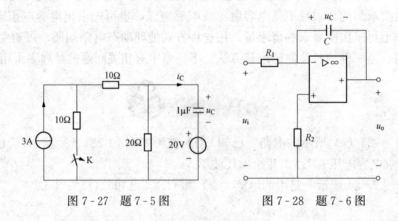

图 7-27 题 7-5 图   图 7-28 题 7-6 图

7-7 图 7-29 所示电路中，电容初始值均为零，$t=0$ 时开关 K 闭合，求 $t=0_+$ 时各电容电压。

7-8 图 7-30 所示电路已达到稳态，$t=0$ 时开关 K 打开，求 $t=0_+$ 时各电感电流。

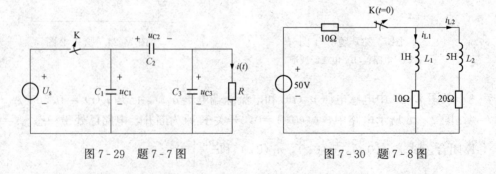

图 7-29 题 7-7 图   图 7-30 题 7-8 图

7-9 图 7-31 所示电路已处于稳态，$t=0$ 时开关 K 打开，求电感电流 $i_{L1}(0_+)$ 和 $i_{L2}(0_+)$。

7-10 以 $u_C(t)$ 为待求量列写图 7-32 所示电路的微分方程。

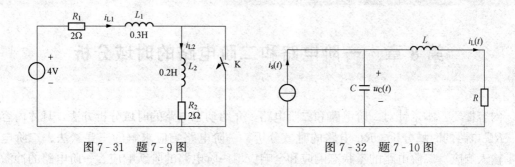

图 7 - 31　题 7 - 9 图　　　　　　　　　图 7 - 32　题 7 - 10 图

第8章 一阶电路和二阶电路的时域分析

内容提要：本章针对一阶电路和二阶电路，介绍动态电路的时域分析方法，具体内容包括：RC 电路的时域分析、RL 电路的时域分析、一阶电路响应求解的三要素法、二阶电路的零输入响应、二阶电路的零状态响应和全响应、一阶电路的阶跃响应、一阶电路的冲激响应、二阶电路的阶跃响应和冲激响应、一阶电路正弦激励时的零状态响应。

8.1 RC 电路的时域分析

8.1.1 RC 电路的零输入响应

零输入响应是动态电路在没有外加激励（无独立源）时，由电路中储能元件的初始储能释放而引起的响应。

图 8-1 所示为 RC 元件串联构成的电路，$t=0$ 时开关 K 闭合。电容 C 在开关闭合前已被充电，其电压为 $u_C(0_-)=U_0$。开关闭合后，电容 C 储存的电能通过电阻 R 释放出来，下面对放电过程进行分析。

$t \geqslant 0_+$ 时电路的 KVL 方程为

$$u_R - u_C = 0 \qquad (8\text{-}1)$$

元件约束为

$$\begin{cases} u_R = Ri \\ i = -C\dfrac{\mathrm{d}u_C}{\mathrm{d}t} \end{cases} \qquad (8\text{-}2)$$

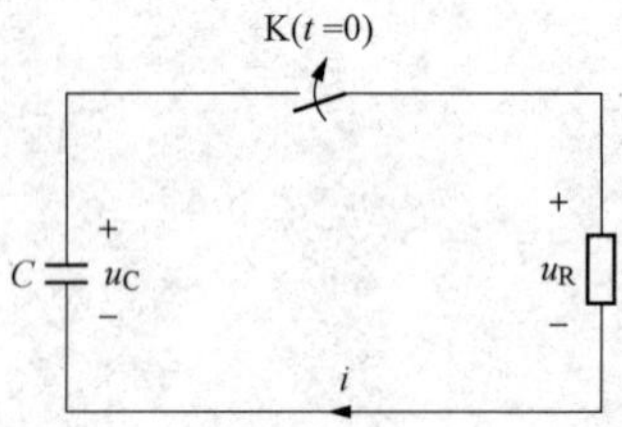

把式（8-2）表示的元件约束带入式（8-1），可得

图 8-1 RC 电路的零输入响应

$$RC\frac{\mathrm{d}u_C}{\mathrm{d}t} + u_C = 0 \qquad (8\text{-}3)$$

这是一个一阶的齐次微分方程，因方程在 $t \geqslant 0_+$ 时成立，故方程的初始条件应为 $u_C(0_+)$。根据电容电压不变定理，有 $u_C(0_+) = u_C(0_-) = U_0$。令方程的通解为 $u_C = Ae^{pt}$，代入式（8-3）所示电路方程后可得

$$(RCp + 1)Ae^{pt} = 0 \qquad (8\text{-}4)$$

相应的特征方程为

$$RCp + 1 = 0 \qquad (8\text{-}5)$$

特征根为

$$p = -\frac{1}{RC} \qquad (8\text{-}6)$$

将初始条件 $u_C(0_+) = U_0$ 代入 $u_C = Ae^{pt}$，即可求得积分常数 $A = u_C(0_+) = U_0$。于是满足初始条件的微分方程解为

$$u_C = u_C(0_+)e^{-\frac{1}{RC}t} = U_0 e^{-\frac{1}{RC}t}, \quad t \geqslant 0_+ \qquad (8\text{-}7)$$

这就是电容放电过程中电压 u_C 的表达式。

电路中的电流 i 为

$$i = -C\frac{du_C}{dt} = \frac{U_0}{R}e^{-\frac{1}{RC}t}, \quad t \geqslant 0_+ \tag{8-8}$$

电阻上的电压为

$$u_R = u_C = U_0 e^{-\frac{1}{RC}t}, \quad t \geqslant 0_+ \tag{8-9}$$

由上述表达式可以看出，RC 电路的零输入响应 u_C、i 及 u_R 都是按同样的指数规律随时间衰减的，它们衰减的快慢取决于 RC 的大小。令

$$\tau = RC \tag{8-10}$$

式（8-10）中，电阻 R 的单位为欧姆（Ω），电容 C 的单位为法拉（F），乘积 RC 的单位为秒（s），表明 τ 具有时间的量纲，故称 τ 为一阶电路的时间常数。τ 越大，u_C 和 i 随时间衰减得越慢，过渡过程相对就长。τ 越小，u_C 和 i 随时间衰减得越快，过渡过程相对就短。引入时间常数 τ 后，电容电压 u_C 和电流 i 可分别表示为

$$u_C = U_0 e^{-\frac{t}{\tau}}, \quad t \geqslant 0_+ \tag{8-11}$$

$$i = \frac{U_0}{R}e^{-\frac{t}{\tau}}, \quad t \geqslant 0_+ \tag{8-12}$$

以电容电压为例，计算可得：$t=0_+$ 时，$u_C(0_+) = U_0$；$t=\tau$ 时，$u_C(\tau) = U_0 e^{-1} = 0.368U_0$；$t=3\tau$ 时，$u_C(3\tau) = U_0 e^{-3} = 0.05U_0$；$t=5\tau$ 时，$u_C(5\tau) = U_0 e^{-5} = 0.0067U_0$。

理论上讲，经过无限长的时间，电容电压才会衰减到零，过渡过程才会结束。但由于换路后经过 $3\tau \sim 5\tau$ 时间后，电容电压已大大降低，电容的储能已微不足道，故在工程上，一般认为经过 $3\tau \sim 5\tau$ 时间后过渡过程结束。图 8-2 给出了 u_C 和 i 随时间变化的曲线。

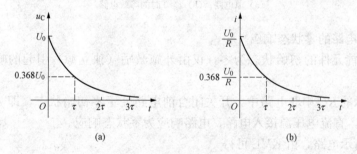

图 8-2　RC 电路零输入响应波形

(a) 电容电压随时间变化的曲线；(b) 放电电流随时间变化的曲线

在 RC 电路的放电过程中，电容释放的能量不断被电阻所消耗。最终，电容储存的能量全部被电阻消耗掉，即

$$W_R = \int_0^\infty i^2(t)R\,dt = \int_0^\infty \left(\frac{U_0}{R}e^{-\frac{1}{RC}t}\right)^2 R\,dt = \frac{U_0^2}{R}\int_0^\infty e^{-\frac{2t}{RC}}\,dt = \frac{1}{2}CU_0^2 = W_C \tag{8-13}$$

【例 8-1】　电路如图 8-3（a）所示，开关 K 在 $t=0$ 时闭合。开关闭合前电路已达稳态，试求 $t \geqslant 0_+$ 时的电流 i。

解　开关闭合前电路已达稳态，电容相当于断开。由电路可知换路前电容电压为

$$u_C(0_-) = \frac{2}{6+2+2} \times 10 = 2(\text{V})$$

换路后，求电流 i 的电路如图 8-3（b）所示。据电容电压不变定理可知换路后的电容电压为

$$u_C(0_+) = u_C(0_-) = 2\text{V}$$

电容两端等效电阻 R 为两个 2Ω 电阻的并联，即

$$R = \frac{2 \times 2}{2 + 2} = 1(\Omega)$$

则电路的时间常数为

$$\tau = RC = 2 \times 1 = 2(\text{s})$$

套用式（8-7）形式可得

$$u_C(t) = u_C(0_+)\text{e}^{-\frac{t}{\tau}} = 2\text{e}^{-\frac{t}{2}}(\text{V}), \quad t \geqslant 0_+$$

所以

$$i(t) = -\frac{u_C}{2} = -\text{e}^{-\frac{t}{2}} = -\text{e}^{-0.5t}(\text{A}), \quad t \geqslant 0_+$$

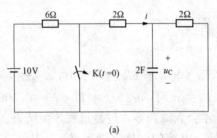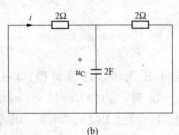

图 8-3 ［例 8-1］电路

（a）原电路；（b）$t > 0$ 时的等效电路

8.1.2 *RC* 电路的零状态响应

若电路中储能元件的初始状态为零，仅由外施激励（独立源）引起的响应称为零状态响应。

图 8-4 所示的 *RC* 串联电路中，开关闭合前电路处于零初始状态，即 $u_C(0_-) = 0$，在 $t = 0$ 时开关闭合，直流电压源接入电路，电路响应为零状态响应。

对图 8-4 所示电路，由 KVL 可得

$$u_R + u_C = U_s, \quad t \geqslant 0_+ \qquad (8-14)$$

由元件约束可得

$$\begin{cases} u_R = Ri \\ i = C\dfrac{\text{d}u_C}{\text{d}t} \end{cases} \qquad (8-15)$$

图 8-4 *RC* 电路的零状态响应

将式（8-15）所示元件约束带入式（8-14）所示 KVL 方程可得

$$RC\frac{\text{d}u_C}{\text{d}t} + u_C = U_s, \quad t \geqslant 0_+ \qquad (8-16)$$

此方程是常系数一阶线性非齐次微分方程。方程的解 u_C 由特解 u_C' 和对应的齐次微分方程的通解 u_C'' 两部分组成，即

$$u_C = u_C' + u_C'' \tag{8-17}$$

上式中，u_C'、u_C'' 分别满足以下方程

$$\begin{cases} RC \dfrac{\mathrm{d}u_C'}{\mathrm{d}t} + u_C' = U_s \\[2mm] RC \dfrac{\mathrm{d}u_C''}{\mathrm{d}t} + u_C'' = 0 \end{cases} \tag{8-18}$$

可解得 $u_C' = U_s$，$u_C'' = A\mathrm{e}^{-\frac{t}{\tau}}$，其中 $\tau = RC$。因此

$$u_C = U_s + A\mathrm{e}^{-\frac{t}{\tau}}, \quad t \geqslant 0_+ \tag{8-19}$$

利用 $u_C(0_+) = u_C(0_-) = 0$，可以求得

$$A = -U_s \tag{8-20}$$

将 A 代入微分方程的解式（8-19）中，即得

$$u_C = U_s - U_s\mathrm{e}^{-\frac{t}{\tau}} = U_s(1 - \mathrm{e}^{-\frac{t}{\tau}}), \quad t \geqslant 0_+ \tag{8-21}$$

于是

$$i = C \frac{\mathrm{d}u_C}{\mathrm{d}t} = \frac{U_s}{R}\mathrm{e}^{-\frac{t}{\tau}}, \quad t \geqslant 0_+ \tag{8-22}$$

u_C 和 i 以及 u_C 的两个分量 u_C'、u_C'' 随时间变化的曲线如图 8-5 所示。从图中可见，u_C 最终趋于稳定值 U_s，i 最终趋于稳定值 0。从理论上来讲，换路后电路进入稳态需要无穷的时间，但工程上通常认为电路换路后经过 $3\tau \sim 5\tau$ 时间就进入稳定。

　　由式（8-18）可以看出，特解 $u_C'(=U_s)$ 由外加激励决定，故称为强制分量；通解 $u_C''(=A\mathrm{e}^{-\frac{t}{RC}})$ 的变化规律与外加激励无关，仅由电路自身的结构和参数决定，故称为自由分量。因此，可以得到

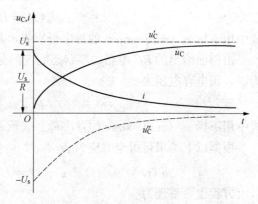

$$\text{零状态响应} = \text{强制分量} + \text{自由分量} \tag{8-23}$$

　　在直流激励或正弦激励（见 8.9 节）情况下，强制分量保持不变或按正弦规律变化，故也称为稳态分量；自由分量按指数规律衰减，最终趋于零，故也称为暂态分量。因此，可以得到

图 8-5　RC 电路零状态响应波形

$$\text{零状态响应} = \text{稳态分量} + \text{暂态分量} \tag{8-24}$$

以上是对电压 u_C 分析得到的结果，对电流 i 做分析可得类似的结果。

　　从能量角度看，图 8-4 所示电路中的电容电压被充电到 $u_C = U_s$ 时，其储能为

$$W_C = \frac{1}{2}Cu_C^2 = \frac{1}{2}CU_s^2 \tag{8-25}$$

在充电过程中，电阻消耗的总能量为

$$W_R = \int_0^\infty Ri^2 \,\mathrm{d}t = \int_0^\infty \frac{U_s^2}{R}\mathrm{e}^{-\frac{2t}{RC}}\,\mathrm{d}t = \frac{U_s^2}{R}\left(-\frac{RC}{2}\right)\mathrm{e}^{-\frac{2t}{RC}}\Big|_0^\infty = \frac{1}{2}CU_s^2 \tag{8-26}$$

所以，在充电过程中电阻消耗的总能量与电容最终存储的能量是相等的，电源在充电过程中提供的总能量为

$$W_{\mathrm{S}} = W_{\mathrm{C}} + W_{\mathrm{R}} = CU_{\mathrm{s}}^2 \tag{8-27}$$

以上分析结果说明，用直流电源对电容进行充电，充电效率只有 50%。

8.1.3 RC 电路的全响应

初始状态不为零的动态电路在外加激励作用下的响应称为全响应。如图 8-6 所示 RC 电路，设电容初始状态为 $u_{\mathrm{C}}(0_-) = U_0 \neq 0$，$t=0$ 时开关闭合，独立电压源 U_{s} 接入电路，则 $t \geqslant 0_+$ 时电路的响应为全响应。

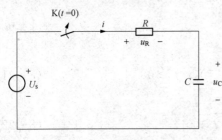

图 8-6　RC 电路的全响应

对图 8-6 所示电路，将电容初始状态 $u_{\mathrm{C}}(0_-)$ 置为零而保留独立电压源 U_{s}，$t \geqslant 0_+$ 时电路的响应为零状态响应；将独立电压源 U_{s} 置为零而保留电容初始状态 $u_{\mathrm{C}}(0_-) = U_0$，$t \geqslant 0_+$ 时电路的响应为零输入响应。根据线性电路满足的叠加定理可知，全响应等于零输入响应和零状态响应的叠加，即

$$\text{全响应} = \text{零输入响应} + \text{零状态响应} \tag{8-28}$$

由前面给出的 RC 电路的零输入响应的分析结果知，图 8-6 所示电路若 $u_{\mathrm{C}}(0_-) = U_0$ 而电压源为零，则电容电压为

$$u_{\mathrm{Czi}}(t) = U_0 \mathrm{e}^{\frac{1}{RC}t}, \quad t \geqslant 0_+ \tag{8-29}$$

式中用下标 zi（zero-input 的首字母）表示是零输入响应。

由前面给出的 RC 电路的零状态响应的分析结果知，图 8-6 所示电路若电容电压初始值为零，则电容电压为

$$u_{\mathrm{Czs}}(t) = U_{\mathrm{s}} - U_{\mathrm{s}} \mathrm{e}^{\frac{t}{RC}} = U_{\mathrm{s}}(1 - \mathrm{e}^{\frac{t}{RC}}), \quad t \geqslant 0_+ \tag{8-30}$$

式中用下标 zs（zero-state 的首字母）表示是零状态响应。

根据以上结果可得全响应为

$$u_{\mathrm{C}}(t) = u_{\mathrm{Czi}}(t) + u_{\mathrm{Czs}}(t) = U_0 \mathrm{e}^{\frac{t}{RC}} + (U_{\mathrm{s}} - U_{\mathrm{s}} \mathrm{e}^{\frac{t}{RC}}), \quad t \geqslant 0_+ \tag{8-31}$$

以上方程也可整理为

$$u_{\mathrm{C}}(t) = U_{\mathrm{s}} + (U_0 - U_{\mathrm{s}}) \mathrm{e}^{\frac{t}{RC}}, \quad t \geqslant 0_+ \tag{8-32}$$

设 $U_0 > U_{\mathrm{s}}$，则全响应波形如图 8-7 所示。

从式（8-32）可以看出，等式右边的第一项 U_{s} 等于外施的直流电压，它不随时间变化，是稳态分量；等式右边的第二项 $(U_0 - U_{\mathrm{s}}) \mathrm{e}^{\frac{t}{RC}}$ 随时间按指数规律逐渐衰减为零，每时每刻都在变化，是暂态分量。所以，直流激励下的全响应又可以表示为

$$\text{全响应} = \text{稳态分量} + \text{暂态分量} \tag{8-33}$$

与零状态响应一样，全响应也可通过微分方程由特解加齐次微分方程通解得到，因此还可得的

$$\text{全响应} = \text{强制分量} + \text{自由分量} \tag{8-34}$$

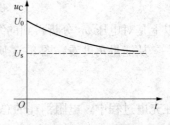

图 8-7　RC 电路全响应波形

无论是把全响应分解为零输入响应与零状态响应之和,还是分解为稳态分量与暂态分量之和,或是分解为强制分量与自由分量之和,都是人们为了求解方便或深入分析问题所做的分解,电路中直接显现出来的只能是全响应。

8.2 RL 电路的时域分析

8.2.1 RL 电路的零输入响应

图 8-8(a)所示电路在开关 K 动作之前已处于稳态,电感电流 $i_L(0_-) = I_0$,$t=0$ 时开关动作,得图 8-8(b)所示电路,在 $t \geqslant 0_+$ 时电路的响应为零输入响应。

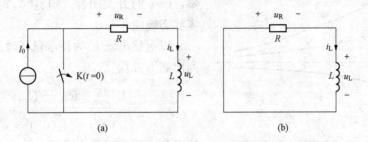

(a)   (b)

图 8-8 RL 电路的零输入响应

(a)原电路;(b)$t > 0$ 时的等效电路

对图 8-8(b)所示电路,根据拓扑约束和元件约束可得如下方程

$$\begin{cases} u_R + u_L = 0 \\ u_R = Ri_L \\ u_L = L \dfrac{\mathrm{d}i_L}{\mathrm{d}t} \end{cases} \qquad (8\text{-}35)$$

设 i_L 为待求量,将以上方程中的元件约束带入拓扑约束中可得

$$\frac{L}{R}\frac{\mathrm{d}i_L}{\mathrm{d}t} + i_L = 0, \quad t \geqslant 0_+ \qquad (8\text{-}36)$$

根据电路结构,利用电感电流不变定理可得 $i_L(0_+) = i_L(0_-) = I_0$。令方程的通解为 $i_L = Ae^{pt}$,代入式(8-36)后可得

$$\left(\frac{L}{R}p + 1\right)Ae^{pt} = 0 \qquad (8\text{-}37)$$

相应的特征方程为

$$\frac{L}{R}p + 1 = 0 \qquad (8\text{-}38)$$

特征根为

$$p = -\frac{R}{L} \qquad (8\text{-}39)$$

将初始条件 $i_L(0_+) = i_L(0_-) = I_0$ 代入 $i_L = Ae^{pt}$,即可求得积分常数 $A = i_L(0_+) = I_0$。于是满足初始条件的微分方程的解为

$$i_L(t) = I_0 e^{-\frac{R}{L}t} = I_0 e^{-\frac{t}{\tau}}, \quad t \geqslant 0_+ \qquad (8\text{-}40)$$

式中 $\tau = \dfrac{L}{R}$ 为 RL 电路的时间常数。可得电阻和电感上的电压分别为

$$u_R(t) = Ri(t) = RI_0 e^{-\frac{t}{\tau}}, \quad t \geqslant 0_+ \tag{8-41}$$

$$u_L(t) = L\frac{di(t)}{dt} = -RI_0 e^{-\frac{R}{L}t}, \quad t \geqslant 0_+ \tag{8-42}$$

$i_L(t)$、$u_R(t)$、$u_L(t)$ 随时间变化的规律如图 8-9 所示。

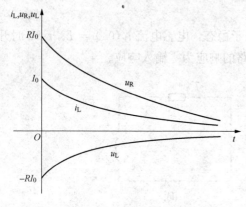

图 8-9　RL 电路的零输入响应波形

8.2.2　RL 电路的零状态响应

图 8-10 所示 RL 串联电路中，直流电压源的电压为 U_s，开关 K 闭合前电感 L 中的电流为零，$t=0$ 时开关闭合，则 $t \geqslant 0_+$ 时电路的响应为零状态响应。

以电感电流 i_L 为待求量，对图 8-10 电路可列出如下方程

$$\begin{cases} L\dfrac{di_L}{dt} + Ri_L = U_s, t \geqslant 0_+ \\ i_L(0_+) = i_L(0_-) = 0 \end{cases} \tag{8-43}$$

依微分方程求解理论可得

$$i_L(t) = \frac{U_s}{R}(1 - e^{-\frac{R}{L}t}), \quad t \geqslant 0_+ \tag{8-44}$$

所以

$$u_L(t) = L\frac{di_L}{dt} = U_s e^{-\frac{R}{L}t}, \quad t \geqslant 0_+ \tag{8-45}$$

i_L 和 u_L 随时间的变化曲线如图 8-11 所示。

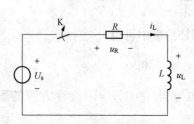

图 8-10　RL 电路的零状态响应

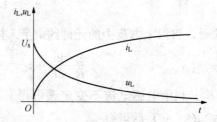

图 8-11　RL 电路零状态响应波形

8.2.3　RL 电路的全响应

图 8-12 所示电路中，开关 K 闭合前电感 L 中的电流不为零，$t=0$ 时开关闭合后，电路中依然存在独立源，故 $t \geqslant 0_+$ 时电路中的响应为全响应。

对图 8-12 所示电路，可通过拓扑约束和元件约束建立电路的微分方程并求解得到电路的解，这里不做进一步分析。在后面将用三要素法对该电路进行分析。

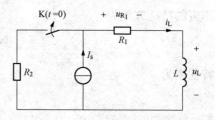

图 8-12　RL 电路的全响应

8.3　一阶电路响应求解的三要素法

常系数一阶微分方程的解有固定的形式，直接根据这一固定形式得到电路的解无疑是一种可行的方法，该方法称为一阶电路求解的三要素法。下面以图 8-13 所示电路为例，导出一阶电路求解的三要素法公式。

对图 8-13 所示电路，以 u_C 作为待求量，可得如下方程

$$RC\frac{\mathrm{d}u_C}{\mathrm{d}t} + u_C = u_s(t), \quad t \geqslant 0_+ \tag{8-46}$$

参照式 (8-16) ～式 (8-19) 可知，式 (8-46) 的解为

$$u_C(t) = u'_C(t) + Ae^{-\frac{t}{\tau}}, \quad t \geqslant 0_+ \tag{8-47}$$

其中 $\tau = RC$，u'_C 为方程的特解，由 $u_s(t)$ 决定。令 $t = 0_+$，有

$$u_C(0_+) = u'_C(0_+) + A \tag{8-48}$$

因此 $A = u_C(0_+) - u'_C(0_+)$。所以，方程的解为

$$u_C(t) = u'_C(t) + [u_C(0_+) - u'_C(0_+)]e^{-\frac{t}{\tau}}, \quad t \geqslant 0_+ \tag{8-49}$$

式 (8-49) 中，$u'_C(t)$、$u_C(0_+)$、τ 为求解电路所需的三个要素。

若图 8-13 所示电路中的激励源为直流，即 $u_s(t) = U_s$，则特解为 $u'_C(t) = U_s$，$t = 0_+$ 时有 $u'_C(0_+) = U_s$，此时式 (8-49) 所示的三要素法公式转化为

$$u_C(t) = U_s + [u_C(0_+) - U_s]e^{-\frac{t}{\tau}}, \quad t \geqslant 0_+ \tag{8-50}$$

因 $t \to \infty$ 时有 $u_C(\infty) = U_s$，因此，式 (8-50) 所示的三要素法公式可进一步转化为

$$u_C(t) = u_C(\infty) + [u_C(0_+) - u_C(\infty)]e^{-\frac{t}{\tau}}, \quad t \geqslant 0_+ \tag{8-51}$$

式 (8-51) 中，$u_C(0_+)$、$u_C(\infty)$、τ 为求解电路所需的三个要素。

图 8-13 所示电路的对偶电路如图 8-14 所示，图 8-14 中的电感电流 i_L 与图 8-13 中的电容电压 u_C 为对偶量，根据对偶原理，由式 (8-49) 可得

$$i_L(t) = i'_L(t) + [i_L(0_+) - i'_L(0_+)]e^{-\frac{t}{\tau}}, \quad t \geqslant 0_+ \tag{8-52}$$

上式中 $\tau = GL = L/R$，这也可根据对偶原理由 $\tau = RC$ 导出。

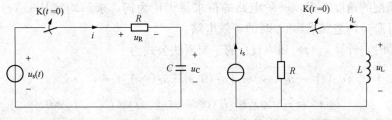

图 8-13　一阶 RC 电路　　　　图 8-14　RL 并联电路

当激励为直流时，根据对偶原理，由式 (8-51) 可得

$$i_L(t) = i_L(\infty) + [i_L(0_+) - i_L(\infty)]e^{-\frac{t}{\tau}}, \quad t \geqslant 0_+ \tag{8-53}$$

式 (8-52)、式 (8-53) 也可通过对图 8-14 所示电路列写微分方程并求解的方法导出。

式 (8-51)、式 (8-53) 可统一写成

$$f(t) = f(\infty) + [f(0_+) - f(\infty)]e^{-\frac{t}{\tau}}, \quad t \geqslant 0_+ \tag{8-54}$$

式（8-54）即为直流激励下三要素法的通用公式，其中 $f(0_+)$、$f(\infty)$、τ 为待求响应 $f(t)$ 的三要素。

式（8-49）、式（8-52）可统一写成

$$f(t) = f'(t) + [f(0_+) - f'(0_+)]e^{-\frac{t}{\tau}}, \quad t \geqslant 0_+ \tag{8-55}$$

式（8-55）即为非直流激励下三要素法的通用公式，$f(0_+)$、$f'(t)$、τ 为待求响应 $f(t)$ 的三要素。

对于一阶电路，无论待求量是电容电压 $u_C(t)$、电感电流 $i_L(t)$，还是其他的物理量，所建立的电路方程均为一阶微分方程，解的形式均如式（8-54）或式（8-55）所示。因此，只要知道了对应于待求量的三个要素，应用式（8-54）或式（8-55）就可求出待求量。应该指出，三要素法不仅适用于一阶电路全响应的求解，也能应用于一阶电路零输入响应和零状态响应的求解。

直流激励时待求量三要素的确定方法如下：

（1）$f(0_+)$ 的确定方法。确定 $f(0_+)$ 通常需构造出 $t=0_+$ 时的等效电路，并对该电路进行求解，本书 7.4 节中对此已进行过详细论述。若待求量是 $u_C(t)$ 或 $i_L(t)$，则 $f(0_+)$ 为 $u_C(0_+)$ 或 $i_L(0_+)$，它们通常可用换路定理由 $u_C(0_-)$ 或 $i_L(0_-)$ 直接得到，这样就不需构造和求解 $t=0_+$ 时的等效电路。若 $u_C(0_-)$ 或 $i_L(0_-)$ 未由已知条件给出，则需构造 $t=0_-$ 时的等效电路并求解。$t=0_+$ 或 $t=0_-$ 时的等效电路均是电阻电路。

（2）$f(\infty)$ 的确定方法。$f(\infty)$ 的确定需构造稳态（$t\rightarrow\infty$）时的等效电路，方法是将电容用开路替代，电感用短路替代，电路其余部分保持不变。该电路是电阻电路，求解可得 $f(\infty)$。若待求量是 $u_C(t)$ 或 $i_L(t)$，则 $f(\infty)$ 为 $u_C(\infty)$ 或 $i_L(\infty)$。

（3）τ 的确定方法。τ 的确定需构造求 τ 值等效电路。将电路中所有独立电源置为零，将电容 C 或电感 L 以外的电路用等效电阻 R_{eq} 置换，可得到求 τ 值等效电路。对于 RC 电路，由求 τ 值等效电路可得 $\tau = R_{eq}C$；对于 RL 电路，由求 τ 值等效电路可得 $\tau = L/R_{eq}$。在电路中存在受控源的情况下，等效电阻 R_{eq} 需用开路电压短路电流法或外加激励求响应的方法求出。在电路中存在多个电容或电感的情况下，多个电容或电感也需等效为一个等效电容 C_{eq} 或等效电感 L_{eq}。

从分析简便的角度考虑，一阶电路的待求量无论为何，求解均宜从 $u_C(t)$ 或 $i_L(t)$ 入手，这样，可避免构造和求解 0_+ 时的等效电路。

直流激励时，计算 $u_C(t)$ 和 $i_L(t)$ 的三要素法公式为

$$\begin{cases} u_C(t) = u_C(\infty) + [u_C(0_+) - u_C(\infty)]e^{-\frac{t}{RC}}, & t \geqslant 0_+ \\ i_L(t) = i_L(\infty) + [i_L(0_+) - i_L(\infty)]e^{-\frac{R}{L}t}, & t \geqslant 0_+ \end{cases} \tag{8-56}$$

三要素法是求解一阶电路响应的主要方法，下面给出用该法求解的若干例题。

【例 8-2】 用三要素法重新求解［例 8-1］所给题目中的问题。

解 这是一个零输入响应求解问题。依［例 8-1］中给出的求解过程，可得 $u_C(0_+) = u_C(0_-) = 2\text{V}$，$\tau = RC = 2 \times 1 = 2$ (s)。

开关 K 在 $t=0$ 时闭合后，电路如图 8-3（b）所示，经过无穷时间后，电容储能释放完毕，故有 $u_C(\infty) = 0\text{V}$。由三要素法公式可得

$$u_C(t) = u_C(\infty) + [u_C(0_+) - u_C(\infty)]e^{-\frac{t}{RC}} = 0 + (2-0)e^{-\frac{t}{2}} = 2e^{-\frac{t}{2}}(\text{V}), \quad t \geqslant 0_+$$

所以

$$i(t) = -\frac{u_C}{2} = -e^{-\frac{t}{2}} = -e^{-0.5t}(\text{A}), \quad t \geqslant 0_+$$

【例 8 - 3】　用三要素法求解图 8 - 10 所示电路中的电感电流 i_L。

解　这是一个零状态响应求解问题。由图 8 - 10 所示电路可知，$i_L(0_+) = i_L(0_-) = 0V$；$t = \infty$ 时电感相当于短路，故有 $i_L(\infty) = \dfrac{U_s}{R}$；将电路中电压源置零后，由相应电路可得 $\tau = \dfrac{L}{R}$。由三要素法公式可得

$$i_L(t) = i_L(\infty) + [i_L(0_+) - i_L(\infty)]e^{-\frac{R}{L}t} = \frac{U_s}{R} + \left[0 - \frac{U_s}{R}\right]e^{-\frac{R}{L}t} = \frac{U_s}{R}(1 - e^{-\frac{R}{L}t}), \quad t \geqslant 0_+$$

【例 8 - 4】　图 8 - 15 （a）所示电路中，开关 K 合在 "1" 时电路已处于稳态。在 $t = 0$ 时，开关从 "1" 接到 "2"，试求 $t \geqslant 0_+$ 时的 u_C、i_C 和 i_R。

解　这是一个全响应求解问题。

（1）求 $u_C(0_+)$。电路在 $t = 0_-$ 时已处于稳态，电容相当于开路，电容电压即为电路中右端 6Ω 电阻上电压。由分压公式可求得 $u_C(0_-) = \dfrac{6}{6+4+6} \times 16 = 6(\text{V})$，由电容电压不变定理知 $u_C(0_+) = u_C(0_-) = 6V$。

（2）求 $u_C(\infty)$。电路在 $t = \infty$ 时处于稳态，电容相当于开路，电容电压即为电路中右端 6Ω 电阻上电压。由分压公式可求得 $u_C(\infty) = \dfrac{6}{2+4+6} \times 6 = 3(\text{V})$。

（3）求 τ。当 $t \geqslant 0_+$ 时，电容 C 以外部分电路如图 8 - 15 （b）所示。由此可求得等效电阻为 $R_{eq} = 3 + \dfrac{(2+4) \times 6}{(2+4) + 6} = 6(\Omega)$，则时间常数为 $\tau = R_{eq}C = 6 \times 1 = 6$ （s）。

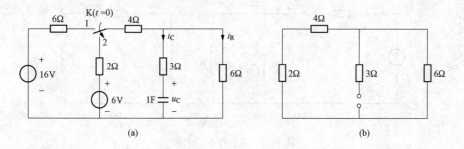

图 8 - 15　［例 8 - 3］电路

（a）原电路；（b）求 τ 值时的等效电路

由三要素法公式可得

$$u_C(t) = u_C(\infty) + [u_C(0_+) - u_C(\infty)]e^{-\frac{t}{RC}} = 3 + (6-3)e^{-\frac{t}{6}} = 3 + 3e^{-\frac{t}{6}}(\text{V}), \quad t \geqslant 0_+$$

所以

$$i_C = C\frac{\mathrm{d}u_C}{\mathrm{d}t} = -\frac{1}{2}e^{-\frac{t}{6}}(\text{A}), \quad t \geqslant 0_+$$

$$i_R = \frac{u_C + 3i_C}{6} = \frac{1}{2} + \frac{1}{4} e^{-\frac{t}{6}} (A), \quad t \geqslant 0_+$$

【例 8 - 5】 试求 $t \geqslant 0_+$ 时图 8 - 12 所示电路中的 i_L。

解 （1）求 $i_L(0_+)$。由图 8 - 12 所示电路可知 $i_L(0_-) = I_s$，利用电感电流不变定理可得 $i_L(0_+) = i_L(0_-) = -2A$。

（2）求 $i_L(\infty)$。开关闭合后经过无穷时间电感相当于短路，由分流公式可得 $i_L(\infty) = \frac{R_2}{R_1 + R_2} I_s$。

（3）求 τ。将电流源置为零，即视其为开路，由所得电路可得 $\tau = \frac{L}{R_1 + R_2}$。

由三要素法公式可得

$$i_L(t) = i_L(\infty) + [i_L(0_+) - i_L(\infty)] e^{-\frac{t}{\tau}}$$
$$= \frac{R_2}{R_1 + R_2} I_s + \left(I_s - \frac{R_2}{R_1 + R_2} I_s\right) e^{\frac{R_1 + R_2}{L} t} = I_s \left(\frac{R_2}{R_1 + R_2} + \frac{R_1}{R_1 + R_2} e^{\frac{R_1 + R_2}{L} t}\right), \quad t \geqslant 0_+$$

【例 8 - 6】 图 8 - 16（a）所示电路中，$U_s = 10V$，$I_s = 2A$，$R = 2\Omega$，$L = 4H$。在 $t = 0$ 时开关 K 闭合，试求 $t \geqslant 0_+$ 时的电感电流 i_L 和电阻电流 i。

解 （1）求 $i_L(0_+)$。由开关动作前电路可知 $i_L(0_-) = -I_s = -2A$，利用电感电流不变定理得 $i_L(0_+) = i_L(0_-) = -2A$。

（2）求 $i_L(\infty)$。开关闭合后，经过无穷时间，电感相当于短路。由 KCL 可知 $i_L(\infty) = i(\infty) - I_s = \frac{U_s}{R} - I_s = \frac{10}{2} - 2 = 3(A)$。

（3）求 τ。将开关闭合后电路中的全部独立电源置零，可得求 τ 值等效电路如图 8 - 16（b）所示，则 $\tau = \frac{L}{R} = \frac{4}{2} = 2$（s）。

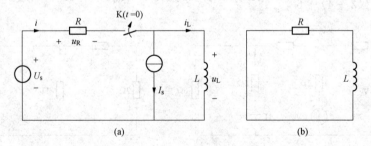

图 8 - 16　[例 8 - 3] 图

(a) 原电路；(b) 求 τ 值时的等效电路

由三要素法公式可得

$$i_L(t) = i_L(\infty) + [i_L(0_+) - i_L(\infty)] e^{-\frac{t}{\tau}} = 3 + (-2 - 3) e^{-\frac{t}{2}} = 3 - 5e^{-\frac{t}{2}} (A), \quad t \geqslant 0_+$$

由 KCL 可得

$$i(t) = i_L(t) + I_s = 3 - 5e^{-\frac{t}{2}} + 2 = 5 - 5e^{-\frac{t}{2}} (A), \quad t \geqslant 0_+$$

【例 8 - 7】 图 8 - 17（a）所示电路中，开关 K 闭合前电路已达稳态，$t = 0$ 时开关闭合，求 $t \geqslant 0_+$ 时的电容电压 u_C。

解 （1）求 $u_C(0_+)$。开关 K 闭合前电路已达稳态，电容相当于开路，可得求 $u_C(0_-)$ 的等效电路如图 8-17（b）所示。由 KCL 可得

$$\frac{u_1}{2} = 1 + 1.5u_1$$

解得 $u_1 = -1\text{V}$。由 KVL，可得 $u_C(0_-) = 4 \times 1.5u_1 + u_1 = -7\text{V}$，由电容电压不变定理，可得 $u_C(0_+) = u_C(0_-) = -7\text{V}$。

（2）求 $u_C(\infty)$。开关 K 闭合后经过无穷时间电路达到稳态，电容相当于开路，可得 $t = \infty$ 时的等效电路如图 8-17（c）所示。由图知 $u_C(\infty) = u_{oC} = 0.5 + 4 \times 1.5u_1 = 0.5 + 4 \times 1.5 \times 0.5 = 3.5\text{V}$。

（3）求 τ。将电容所在之处短路，得如图 8-17（d）所示电路，由 KCL 可得 $i_{sc} = 1.5u_1 + \frac{0.5}{4} = 1.5 \times 0.5 + \frac{0.5}{4} = 0.875(\text{V})$，所以有 $R_{eq} = \frac{u_{oc}}{i_{sc}} = \frac{3.5}{0.875} = 4(\Omega)$，由此得 $\tau = R_{eq}C = 4 \times 0.5 = 2$ (s)。

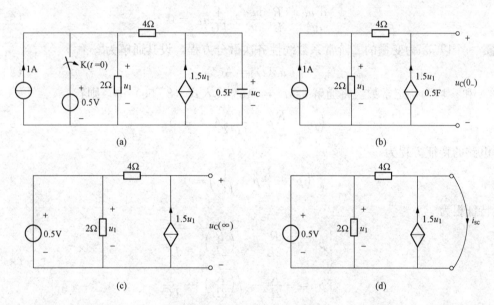

图 8-17 ［例 8-7］电路

（a）原电路；（b）求 $u_C(0_-)$ 的等效电路；（c）求 $u_C(\infty)$ 的等效电路；（d）电容处短路时的等效电路

由三要素法公式可得

$$u_C(t) = u_C(\infty) + [u_C(0_+) - u_C(\infty)]e^{-\frac{t}{\tau}}$$

$$= 3.5 + (-7 - 3.5)e^{-\frac{t}{2}} = 3.5 - 10.5e^{-\frac{t}{2}}(\text{V}), \quad t \geqslant 0_+$$

8.4 二阶电路的零输入响应

当描述动态电路的方程为二阶微分方程时，相应的电路称为二阶电路。RLC 串联电路和 GLC 并联电路是两种典型的二阶电路。

下面以图 8-18 所示的 RLC 串联电路为例讨论二阶电路的零输入响应。

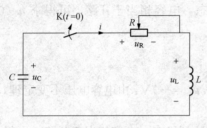

图 8-18　RLC 串联电路的零输入响应

图 8-18 所示的 RLC 串联电路中，设电容 C 有初始储能，即 $u_C(0_-) = U_0$；电感初始储能为零，即 $i(0_-) = 0$。当 $t=0$ 时开关闭合，电容开始放电，此电路的放电过程即为二阶电路的零输入响应。在图示电压、电流参考方向下，列 KVL 方程可得

$$-u_C + u_R + u_L = 0 \tag{8-57}$$

因元件约束为 $i = -C \dfrac{\mathrm{d}u_C}{\mathrm{d}t}$、$u_R = Ri = -RC \dfrac{\mathrm{d}u_C}{\mathrm{d}t}$、

$u_L = L \dfrac{\mathrm{d}i}{\mathrm{d}t} = -LC \dfrac{\mathrm{d}^2 u_C}{\mathrm{d}t^2}$，把它们代入上式，得

$$LC \frac{\mathrm{d}^2 u_C}{\mathrm{d}t^2} + RC \frac{\mathrm{d}u_C}{\mathrm{d}t} + u_C = 0 \tag{8-58}$$

即

$$\frac{\mathrm{d}^2 u_C}{\mathrm{d}t^2} + \frac{R}{L} \frac{\mathrm{d}u_C}{\mathrm{d}t} + \frac{1}{LC} u_C = 0 \tag{8-59}$$

该式是一个以 u_C 为变量的二阶常系数线性齐次微分方程，设其通解为

$$u_C(t) = A e^{pt} \tag{8-60}$$

式中 A 和 p 均为待定常数。将通解 $u_C(t) = A e^{pt}$ 代入式（8-59）中，则有

$$\left(p^2 + \frac{R}{L} p + \frac{1}{LC} \right) A e^{pt} = 0 \tag{8-61}$$

故得电路的特征方程为

$$\left(p^2 + \frac{R}{L} p + \frac{1}{LC} \right) = 0 \tag{8-62}$$

解出特征根为

$$\begin{cases} p_1 = -\dfrac{R}{2L} + \sqrt{\left(\dfrac{R}{2L}\right)^2 - \dfrac{1}{LC}} \\[4mm] p_2 = -\dfrac{R}{2L} - \sqrt{\left(\dfrac{R}{2L}\right)^2 - \dfrac{1}{LC}} \end{cases} \tag{8-63}$$

可以看出特征根 p_1、p_2 是由电路元件 R、L 和 C 的值决定的，称之为电路的固有频率。若令 $\beta = \dfrac{R}{2L}$，$\omega_0 = \sqrt{\dfrac{1}{LC}}$，则有

$$\begin{cases} p_1 = -\beta + \sqrt{\beta^2 - \omega_0^2} \\[2mm] p_2 = -\beta - \sqrt{\beta^2 - \omega_0^2} \end{cases} \tag{8-64}$$

$\beta = \dfrac{R}{2L}$ 也被称为阻尼系数（或衰减常数）。

二阶电路微分方程的通解可表述为

$$u_C = A_1 e^{p_1 t} + A_2 e^{p_2 t} \tag{8-65}$$

式中：A_1 和 A_2 由电路的初始条件解出。

β 和 ω_0 相对大小的变化，使得 p_1、p_2 具有不同的特点，因而零输入响应有不同的表现，下面分过阻尼、临界阻尼、欠阻尼、无阻尼四种情况进行分析。

1. $R>2\sqrt{\dfrac{L}{C}}$，过阻尼，衰减非振荡放电过程

当 $R>2\sqrt{\dfrac{L}{C}}$ 时，有 $\left(\dfrac{R}{2L}\right)^2>\dfrac{1}{LC}$，即 $\beta^2>\omega_0^2$，称为过阻尼。由式（8-64）可知，此时特征根 p_1 和 p_2 为两个不相等的负实数，则响应为两个衰减指数函数之和，即

$$u_C(t)=A_1 e^{p_1 t}+A_2 e^{p_2 t} \tag{8-66}$$

确定系数 A_1、A_2，需知道初始条件 $u_C(0_+)$、$\left.\dfrac{\mathrm{d}u_C}{\mathrm{d}t}\right|_{t=0_+}$。

由电容电压不变定理可得 $u_C(0_+)=u_C(0_-)=U_0$，由电感电流不变定理可得 $i(0_+)=i(0_-)=0$。因为 $i(0_+)=-C\left.\dfrac{\mathrm{d}u_C}{\mathrm{d}t}\right|_{t=0_+}$，所以 $\left.\dfrac{\mathrm{d}u_C}{\mathrm{d}t}\right|_{t=0_+}=-\dfrac{i(0_+)}{C}$，因此有 $\left.\dfrac{\mathrm{d}u_C}{\mathrm{d}t}\right|_{t=0_+}=-\dfrac{i(0_+)}{C}=-\dfrac{0}{C}=0$。得到初始条件后，将其代入式（8-66），可得

$$\begin{cases} A_1=\dfrac{p_2}{p_2-p_1}U_0 \\[3mm] A_2=-\dfrac{p_1}{p_2-p_1}U_0 \end{cases} \tag{8-67}$$

则电容电压为

$$u_C(t)=\dfrac{U_0}{p_2-p_1}(p_2 e^{p_1 t}-p_1 e^{p_2 t}), \quad t\geqslant 0_+ \tag{8-68}$$

而电感电流为

$$i(t)=-C\dfrac{\mathrm{d}u_C}{\mathrm{d}t}=-\dfrac{CU_0 p_1 p_2}{p_2-p_1}(e^{p_1 t}-e^{p_2 t})=-\dfrac{U_0}{L(p_2-p_1)}(e^{p_1 t}-e^{p_2 t}), \quad t\geqslant 0_+ \tag{8-69}$$

导出式（8-69）的过程中用到了 $p_1 p_2=\dfrac{1}{LC}$ 关系。电感电压为

$$u_L(t)=L\dfrac{\mathrm{d}i_L}{\mathrm{d}t}=-\dfrac{U_0}{p_2-p_1}(p_1 e^{p_1 t}-p_2 e^{p_2 t}), \quad t\geqslant 0_+ \tag{8-70}$$

图 8-19 给出了 u_C、i 和 u_L 随时间变化的规律。从图中可以看出，电容电压 u_C 从 U_0 开始连续下降并趋近于零，电容在整个过程中一直释放所储存的能量，因此该过程被称为衰减非振荡放电过程，也称过阻尼放电过程。因电感 L 的存在，电路中电流 i 不能突变。当 $t=0_+$ 时，$i(0_+)=0$；当 $t\rightarrow\infty$ 时，放电过程结束，$i(\infty)=0$。因此在整个放电过程中，电流 i 必定经历从小到大再趋近于零的变化过程。电流 i 达到最大值的时刻 t_m 可由 $\dfrac{\mathrm{d}i}{\mathrm{d}t}=0$ 求极值确定，结果为

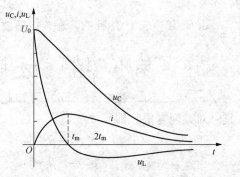

图 8-19　过阻尼放电过程中 u_C、u_L 和 i 随时间变化的曲线

$$t_m=\dfrac{\ln\left(\dfrac{p_2}{p_1}\right)}{p_1-p_2} \tag{8-71}$$

过阻尼放电过程可分成两个阶段。

（1）$0 < t < t_m$。电感吸收能量，建立磁场，电感电流从零达到最大；电容发出能量；电阻消耗能量。能量传输规律如图 8-20（a）所示。

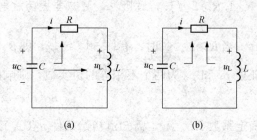

（2）$t > t_m$。电感释放在 $0 < t < t_m$ 时间内吸收的能量，磁场逐渐减弱趋向消失，电感电流从最大趋近于零；电容发出能量；电阻消耗能量。能量传输规律如图 8-20（b）所示。

图 8-20　过阻尼放电时的能量传输规律
(a) $0 < t < t_m$ 时的能量传输规律；
(b) $t > t_m$ 时的能量传输规律

当 $t = t_m$ 时，电感电流最大，电感电压为零，此刻为电感从吸收能量转向发出能量的转折点。

2. $R = 2\sqrt{\dfrac{L}{C}}$，临界阻尼，衰减非振荡放电过程

当 $R = 2\sqrt{\dfrac{L}{C}}$ 时，有 $\left(\dfrac{R}{2L}\right)^2 = \dfrac{1}{LC}$，即 $\beta^2 = \omega_0^2$，称为临界阻尼，此时特征根为重根，即

$$p_1 = p_2 = -\frac{R}{2L} = -\beta \tag{8-72}$$

电路微分方程式（8-59）的解为

$$u_C(t) = (A_1 + A_2 t)\mathrm{e}^{-\beta t} \tag{8-73}$$

由初始条件确定积分常数，可得 $A_1 = U_0$，$A_2 = \beta U_0$，故

$$u_C(t) = U_0(1 + \beta t)\mathrm{e}^{-\beta t} \tag{8-74}$$

$$i(t) = -C\frac{\mathrm{d}u_C}{\mathrm{d}t} = \frac{U_0}{L}t\mathrm{e}^{-\beta t} \tag{8-75}$$

$$u_L(t) = L\frac{\mathrm{d}i}{\mathrm{d}t} = U_0(1 - \beta t)\mathrm{e}^{-\beta t} \tag{8-76}$$

u_C、i、u_L 的变化规律与图 8-19 所示的非振荡过程相似。可见，临界阻尼时，电路仍为衰减非振荡放电过程。

3. $R < 2\sqrt{\dfrac{L}{C}}$，欠阻尼，衰减振荡放电过程

当 $R > 2\sqrt{\dfrac{L}{C}}$ 时，有 $\left(\dfrac{R}{2L}\right)^2 < \dfrac{1}{LC}$，即 $\beta^2 < \omega_0^2$，称为欠阻尼。令 $\omega^2 = \omega_0^2 - \beta^2$，则 $\sqrt{\beta^2 - \omega_0^2} = \sqrt{-\omega^2} = \pm\mathrm{j}\omega$，由式（8-64）可知此时特征根 p_1 和 p_2 是一对共轭复根，即

$$\begin{cases} p_1 = -\beta + \mathrm{j}\omega \\ p_2 = -\beta - \mathrm{j}\omega \end{cases} \tag{8-77}$$

因 $\omega_0^2 = \beta^2 + \omega^2$，可知 ω_0、β、ω 可构成直角三角形（见图 8-21），其中 ω_0 为斜边。设 ω_0 与直角边 β 之间的夹角为 φ，则 $\beta = \omega_0\cos\varphi$，$\omega = \omega_0\sin\varphi$，$\varphi = \arctan\dfrac{\omega}{\beta}$。

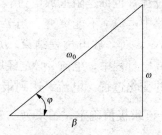

图 8-21　表示 ω_0、ω 和 β 关系的三角形

根据欧拉公式

$$\begin{cases} \mathrm{e}^{\mathrm{j}\varphi} = \cos\varphi + \mathrm{j}\sin\varphi \\ \mathrm{e}^{-\mathrm{j}\varphi} = \cos\varphi - \mathrm{j}\sin\varphi \end{cases} \tag{8-78}$$

由式（8-77）可得

$$\begin{cases} p_1 = -\omega_0\left(\dfrac{\beta}{\omega_0} - \mathrm{j}\,\dfrac{\omega}{\omega_0}\right) = -\omega_0(\cos\varphi - \mathrm{j}\sin\varphi) = -\omega_0\mathrm{e}^{-\mathrm{j}\varphi} \\ p_2 = -\omega_0\left(\dfrac{\beta}{\omega_0} + \mathrm{j}\,\dfrac{\omega}{\omega_0}\right) = -\omega_0(\cos\varphi + \mathrm{j}\sin\varphi) = -\omega_0\mathrm{e}^{\mathrm{j}\varphi} \end{cases} \tag{8-79}$$

根据式（8-68）可得电容电压为

$$\begin{aligned} u_\mathrm{C} &= \frac{U_0}{p_2 - p_1}(p_2\mathrm{e}^{p_1 t} - p_1\mathrm{e}^{p_2 t}) = \frac{U_0}{-\mathrm{j}2\omega}\left[-\omega_0\mathrm{e}^{\mathrm{j}\varphi}\cdot\mathrm{e}^{(-\beta+\mathrm{j}\omega)t} + \omega_0\mathrm{e}^{-\mathrm{j}\varphi}\cdot\mathrm{e}^{(-\beta-\mathrm{j}\omega)t}\right] \\ &= \frac{U_0\omega_0}{\omega}\mathrm{e}^{-\beta t}\left[\frac{\mathrm{e}^{\mathrm{j}(\omega t+\varphi)} - \mathrm{e}^{-\mathrm{j}(\omega t+\varphi)}}{\mathrm{j}2}\right] = \frac{U_0\omega_0}{\omega}\mathrm{e}^{-\beta t}\sin(\omega t + \varphi) \end{aligned} \tag{8-80}$$

根据式（8-69）可得电感电流为

$$\begin{aligned} i &= -C\frac{\mathrm{d}u_\mathrm{C}}{\mathrm{d}t} = -\frac{U_0}{L(p_2 - p_1)}(\mathrm{e}^{p_1 t} - \mathrm{e}^{p_2 t}) \\ &= \frac{U_0}{L\mathrm{j}2\omega}\left[\mathrm{e}^{(-\beta+\mathrm{j}\omega)t} - \mathrm{e}^{(-\beta-\mathrm{j}\omega)t}\right] = \frac{U_0}{\omega L}\mathrm{e}^{-\beta t}\sin\omega t \end{aligned} \tag{8-81}$$

根据式（8-70）可得电感电压为

$$\begin{aligned} u_\mathrm{L}(t) &= L\frac{\mathrm{d}i_\mathrm{L}}{\mathrm{d}t} = -\frac{U_0}{p_2 - p_1}(p_1\mathrm{e}^{p_1 t} - p_2\mathrm{e}^{p_2 t}) \\ &= \frac{U_0}{\mathrm{j}2\omega}\left[-\omega_0\mathrm{e}^{-\mathrm{j}\varphi}\cdot\mathrm{e}^{(-\beta+\mathrm{j}\omega)t} + \omega_0\mathrm{e}^{\mathrm{j}\varphi}\cdot\mathrm{e}^{(-\beta-\mathrm{j}\omega)t}\right] \\ &= -\frac{U_0\omega_0}{\omega}\mathrm{e}^{-\beta t}\sin(\omega t - \varphi) \end{aligned} \tag{8-82}$$

图 8-22 给出了 u_C、i 和 u_L 随时间变化的规律。从图中可以看出，u_C、i 和 u_L 周期性地改变方向，各波形均呈衰减振荡的状态，故该过程称为衰减振荡放电过程，也称为欠阻尼放电过程。

欠阻尼放电过程在 $\omega t = 0 \to \pi$ 区间可分成以下三个阶段。

（1）$0 < \omega t < \varphi$。电容释放能量，电感吸收能量，电阻消耗能量。能量传输规律如图 8-23（a）所示。

（2）$\varphi < \omega t < \pi - \varphi$。电容释放能量，电感释放能量，电阻消耗能量。能量传输规律如图 8-23（b）所示。

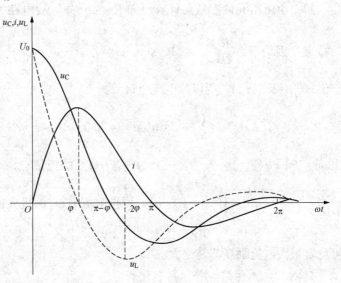

图 8-22　欠阻尼放电过程中 u_C、u_L 和 i 随时间变化的波形

（3）$\pi - \varphi < \omega t < \pi$。电容吸收能量，电感释放能量，电阻消耗能量。能量传输规律如图

8-23（c）所示。

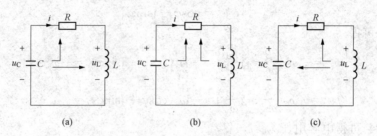

图 8-23　欠阻尼放电时的能量传输规律

(a) $0<\omega t<\varphi$ 时的能量传输规律；(b) $\varphi<\omega t<\pi-\varphi$ 时的能量传输规律；

(c) $\pi-\varphi<\omega t<\pi$ 时的能量传输规律

在 $\omega t=\pi\rightarrow 2\pi$ 区间，重复以上三个阶段。由于电路中电阻总是以 $p=i^2R$ 的速率不断消耗电路的能量，故电容、电感中存储的总能量不断减少，当电路中的全部能量被电阻消耗完毕时，衰减振荡放电过程结束。

从 u_C、i 和 u_L 的表达式和图 8-22 中可以看出：当 $\omega t=k\pi(k=1,2,3,\cdots)$ 时为 i 的零点，也即为 u_C 的极值点；当 $\omega t=k\pi+\varphi(k=1,2,3,\cdots)$ 时为 u_L 的零点，亦即 i 的极值点；当 $\omega t=k\pi-\varphi(k=1,2,3,\cdots)$ 时为 u_C 的零点。

【例 8-8】　工程实践中，有时需要强大的脉冲电流，这种电流可通过图 8-18 所示的 *RLC* 放电电路产生。若已知 *RLC* 放电电路的 $R=6\times10^{-4}\Omega$，$L=6\times10^{-9}$ H，$C=1700\mu$F，$u_C(0_-)=U_0=15$kV，试问：（1）电流 $i(t)$ 如何变化？（2）$i(t)$ 在何时达到极大值？并求出 $i_{\max}$。

解　由所给元件参数经计算可知 $R<2\sqrt{\dfrac{L}{C}}$，故电路为欠阻尼二阶电路，具有振荡放电的特点。因为 $\beta=\dfrac{R}{2L}=5\times10^4\,\mathrm{s}^{-1}$、$\omega=\sqrt{\omega_0^2-\beta^2}=\sqrt{\dfrac{1}{LC}-\left(\dfrac{R}{2L}\right)^2}=3.09\times10^5\,\mathrm{rad/s}$、$\varphi=\arctan\dfrac{\omega}{\beta}=1.41\mathrm{rad}$，所以，电流 $i(t)$ 为

$$i(t)=\frac{U_0}{\omega L}\mathrm{e}^{-\beta t}\sin(\omega t)=8.09\times10^6\,\mathrm{e}^{-5\times10^4 t}\sin(3.09\times10^5 t)\mathrm{A}$$

因 $\omega t=k\pi+\varphi(k=1,2,3,\cdots)$ 为电流 $i(t)$ 的极值点。令 $k=0$，得 $\omega t=\varphi$，求得 $t=\dfrac{\varphi}{\omega}=\dfrac{1.41}{3.09\times10^5}=4.56\times10^{-6}=4.56\mu$s，可得电流 $i(t)$ 的极大值为

$$i_{\max}=8.09\times10^6\,\mathrm{e}^{-5\times10^4\times4.56\times10^{-6}}\sin(3.09\times10^5\times4.56\times10^{-6})=6.36\times10^6 A$$

可见，最大电流强度非常之大。

4. $R=0$，无阻尼，等幅振荡过程

当 $R=0$ 时，有 $\beta=0$，称为无阻尼。可知有 $\omega=\omega_0=\dfrac{1}{\sqrt{LC}}$，此时特征根 p_1 和 p_2 是一对共轭虚根，并有 $\varphi=\dfrac{\pi}{2}$。由式（8-80）～式（8-82）可得

$$u_C = U_0 \sin\left(\omega_0 t + \frac{\pi}{2}\right) \tag{8-83}$$

$$i = \frac{U_0}{\omega_0 L}\sin\omega_0 t \tag{8-84}$$

$$u_L(t) = U_0 \sin\left(\omega_0 t - \frac{\pi}{2}\right) \tag{8-85}$$

这时，u_C、i 和 u_L 都是正弦波，幅度并不衰减，故该过程称为非衰减振荡放电过程，也称等幅振荡过程。

8.5　二阶电路的零状态响应和全响应

8.5.1　零状态响应

若二阶电路的初始储能为零，即电容上的电压和电感中的电流都为零，在此情况下，由外施激励引起的响应称为二阶电路的零状态响应。

图 8-24 所示为 GLC 并联电路，开关原已闭合，电路处于稳态，$u_C(0_-)=0$，$i_L(0_-)=0$。当 $t=0$ 时，开关断开，电流源 i_s 作用于电路，这时二阶电路对应的响应就为零状态响应。

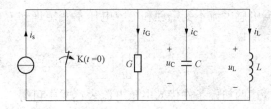

图 8-24　GLC 并联电路

$t \geq 0_+$ 时，由 KCL 有

$$i_C + i_G + i_L = i_s \tag{8-86}$$

由元件的伏安特性可得 $u_L = L\dfrac{di_L}{dt}$、$i_C = C\dfrac{du_C}{dt} = LC\dfrac{d^2 i_L}{dt^2}$、$i_G = Gu_G = Gu_L = GL\dfrac{di_L}{dt}$，将它们代入式（8-86）有

$$LC\frac{d^2 i_L}{dt^2} + GL\frac{di_L}{dt} + i_L = i_s \tag{8-87}$$

该方程为非齐次微分方程，它的解由特解 i'_L 和对应的齐次微分方程的通解 i''_L 组成，即

$$i_L = i'_L + i''_L \tag{8-88}$$

i'_L 和 i''_L 分别满足以下关系

$$\begin{cases} LC\dfrac{d^2 i'_L}{dt^2} + GL\dfrac{di'_L}{dt} + i'_L = i_s \\[2mm] LC\dfrac{d^2 i''_L}{dt^2} + GL\dfrac{di''_L}{dt} + i''_L = 0 \end{cases} \tag{8-89}$$

特解 i'_L 与外加激励 i_s 形式一致，可通过式（8-89）中的第 1 式直接求出；齐次微分方程通解 i''_L 与电路零输入响应的形式相同，其中的系数由初始条件确定。这样，就可求出电路的零状态响应。

【例 8-9】　在图 8-24 所示的电路中，已知 $i_s = 1A$，$G = 2 \times 10^{-3}\,S$，$C = 1 \times 10^{-6}\,F$，$L = 1H$，$u_C(0_-) = 0$，$i_L(0_-) = 0$。当 $t = 0$ 时，将开关打开，试求电路的零状态响应 i_L、u_C、i_C。

解　$t \geq 0_+$ 时，利用拓扑约束和元件约束建立方程可得

$$LC\frac{\mathrm{d}^2 i_L}{\mathrm{d}t^2} + GL\frac{\mathrm{d}i_L}{\mathrm{d}t} + i_L = i_s$$

其特征方程为

$$p^2 + \frac{G}{C}p + \frac{1}{LC} = 0$$

代入数据后可求得其特征根为重根，即 $p_1 = p_2 = p = -10^3$。因 p_1、p_2 是重根，所以电路为临界阻尼情况。微分方程的解为

$$i_L = i'_L + i''_L$$

根据 i_s 的形式可知特解为

$$i'_L = 1\text{A}$$

根据临界阻尼时齐次微分方程的通解形式，可得

$$i''_L = (A_1 + A_2 t)\mathrm{e}^{pt} = (A_1 + A_2 t)\mathrm{e}^{-1000t}\text{A}$$

可知电感电流为

$$i_L = 1 + (A_1 + A_2 t)\mathrm{e}^{-1000t}\text{A}$$

根据电感电流不变定理和电容电压不变定理知 $i_L(0_+) = i_L(0_-) = 0\text{A}$、$u_C(0_+) = u_C(0_-) = 0\text{V}$，所以

$$\left.\frac{\mathrm{d}i_L}{\mathrm{d}t}\right|_{t=0_+} = \frac{u_L(0_+)}{L} = \frac{u_C(0_+)}{L} = \frac{0}{L} = 0$$

将上述两初始条件代入电感电流表达式中可得

$$\begin{cases} 1 + A_1 = 0 \\ -1000A_1 + A_2 = 0 \end{cases}$$

解得 $A_1 = -1$、$A_2 = -1000$。据此，可求得电路零输入响应 i_L、u_C、i_C 分别为

$$i_L = 1 - (1 + 1000t)\mathrm{e}^{-1000t}\text{A}, \quad t \geqslant 0_+$$

$$u_C = u_L = L\frac{\mathrm{d}i_L}{\mathrm{d}t} = 10^6 t\mathrm{e}^{-1000t}\text{V}, \quad t \geqslant 0_+$$

$$i_C = C\frac{\mathrm{d}u_C}{\mathrm{d}t} = (1 - 1000t)\mathrm{e}^{-1000t}\text{A}, \quad t \geqslant 0_+$$

i_L、u_C、i_C 随时间变化的波形如图 8-25 所示。

8.5.2　全响应

如果二阶电路的初始储能不为零，并且还接入了外加激励，则电路中的响应称为全响应。全响应可用零输入响应加零状态响应的方法求出，也可以通过直接求解二阶电路方程的方法求出。求解二阶电路全响应的计算步骤与求解二阶电路零状态响应的计算步骤完全一致，不同之处仅在于求解齐次微分方程通解的系数时带入的初始条件不同。例如，在〔例 8-9〕中，若 $u_C(0_-) \neq 0$ 或 $i_L(0_-) \neq 0$，则电路的响应就为全响应，此时电路的解仍为 $i_L = 1 + (A_1 + A_2 t)\mathrm{e}^{-1000t}\text{A}$，但因为求 A_1、A_2 时带入的初始条件与零状态响应时不同，所以解出的 A_1、A_2 会有所不同，因而 i_L、u_C、i_C 的表达式也会有所不同。

因为二阶电路全响应的求解类似于二阶电路零状态响应的求解，因此，此处对二阶电路全响应的求解不做介绍。

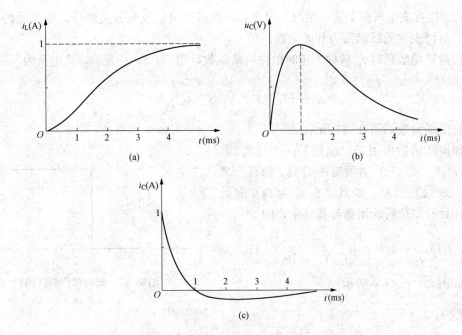

图 8 - 25　i_L、u_C、i_C 的波形曲线

(a) i_L 的波形曲线；(b) u_C 的波形曲线；(c) i_C 的波形曲线

8.6　一阶电路的阶跃响应

单位阶跃函数是一种奇异函数，其定义为

$$\varepsilon(t) = \begin{cases} 0, & t \leqslant 0_- \\ 1, & t \geqslant 0_+ \end{cases} \tag{8-90}$$

该函数的波形如图 8 - 26 （a） 所示，此函数在 $t=0$ 瞬间发生了跃变，$t=0$ 处为间断点，在该点函数没有定义。

阶跃函数 $\varepsilon(t)$ 可以用来描述图 8 - 26 （b） 所示电路中电压 $u(t)$ 的变化规律，而 $u(t)$ 的变化反映了电路中开关的动作。$u(t)$ 反映了在 $t=0$ 时把电路从输入端短路变成接到电压

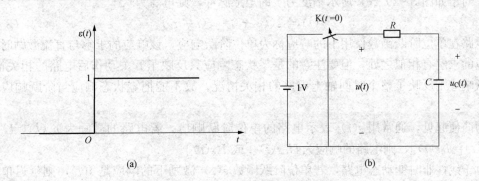

图 8 - 26　单位阶跃函数及其对应电路

(a) 单位阶跃函数；(b) 单位阶跃函数的电路

为 1V 的单位直流电压源上这一情况。可见，阶跃函数可以反映开关动作，是开关的一种数学模型，所以也称阶跃函数为开关函数。

单位阶跃函数延时 t_0 后称为延时单位阶跃函数，用 $\varepsilon(t-t_0)$ 表示，其定义为

$$\varepsilon(t-t_0) = \begin{cases} 0, & t \leqslant t_{0_-} \\ 1, & t \geqslant t_{0_+} \end{cases} \tag{8-91}$$

延时单位阶跃函数如图 8-27 所示。

单位阶跃函数可用来"起始"一个任意的时间函数 $f(t)$。设 $f(t)$ 对所有的时间 t 都有定义，如图 8-28（a）所示，如果要在 t_0 时刻"起始"它，可用延时单位阶跃函数与其相乘，即

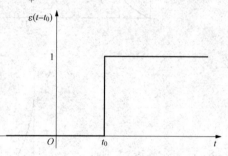

$$f(t)\varepsilon(t-t_0) = \begin{cases} 0, & t \leqslant t_{0_-} \\ f(t), & t \geqslant t_{0_+} \end{cases} \tag{8-92}$$

其波形如图 8-28（b）所示。

图 8-27　延时单位阶跃函数

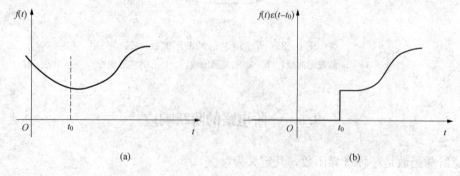

图 8-28　单位阶跃函数的起始作用
(a) 函数 $f(t)$ 的波形；(b) 函数 $f(t)\varepsilon(t-t_0)$ 的波形

对于一个如图 8-29（a）所示幅度为 1 的矩形脉冲，可以把它看作由两个阶跃函数组合构成，如图 8-29（b）所示，即

$$f(t) = \varepsilon(t) - \varepsilon(t-t_0) \tag{8-93}$$

同样，对于如图 8-29（c）所示幅度为 1 的矩形脉冲，则可写为

$$f(t) = \varepsilon(t-\tau_1) - \varepsilon(t-\tau_2) \tag{8-94}$$

电路在单位阶跃函数作用下的响应称为单位阶跃响应，该响应的求解与直流激励时零状态响应的求解有相似之处，但要注意的是零状态响应只反映了开关动作后电路的相关情况，而阶跃响应则反映了整个时间轴上电路的相关情况，故不能把零状态响应与阶跃响应混为一谈。

为简便起见，通常用 $s(t)$ 表示电路的单位阶跃响应。若电路的激励为 $u_s(t)=U_0\varepsilon(t)$ [或 $i_s(t)=I_0\varepsilon(t)$]，则电路的响应为 $U_0 s(t)$ [或 $I_0 s(t)$]。

对于线性非时变动态电路，若单位阶跃函数 $\varepsilon(t)$ 激励下的响应是 $s(t)$，则延迟单位阶跃函数 $\varepsilon(t-t_0)$ 激励下的响应是 $s(t-t_0)$；延迟阶跃函数 $A\varepsilon(t-t_0)$ 激励下的响应是 $As(t-t_0)$。

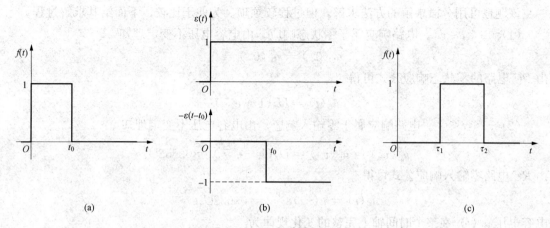

图 8-29　矩形脉冲的组成

（a）矩形脉冲；（b）两个阶跃函数；（c）$\varepsilon(t-\tau_1)-\varepsilon(t-\tau_2)$ 的波形

对图 8-30 所示 RC 电路，其零状态响应为 $u_C(t)=1-\mathrm{e}^{-\frac{t}{RC}}\mathrm{V}$, $t\geqslant0_+$；若要求的是阶跃响应，则应考虑整个时间轴的情况。因 $t\leqslant0_-$ 时 $u_C(t)=0\mathrm{V}$，故阶跃响应为

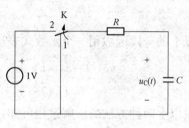

图 8-30　RC 电路

$$s(t)=(1-\mathrm{e}^{-\frac{t}{RC}})\varepsilon(t)\mathrm{V} \qquad (8-95)$$

利用阶跃函数，可使某些复杂信号作用下的响应求解变得简单。

【例 8-10】　图 8-31（a）所示的电路中，开关合在 1 时电路已达到稳定状态，$t=0$ 时开关由 1 合向 2，在 $t=\tau=RC$ 时，开关又由 2 合向 1，试求电容电压 $u_C(t)$。

解　可将图 8-31（a）所示电路用图 8-31（b）所示电路表示，图中激励 $u_s(t)$ 如图 8-31（c）所示，可表示为

$$u_s(t)=U_s\varepsilon(t)-U_s\varepsilon(t-\tau)$$

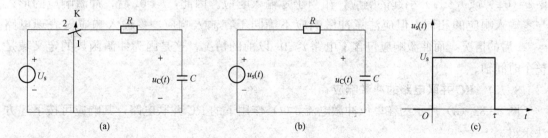

图 8-31　［例 8-10］电路

（a）原电路；（b）原电路的新形式；（c）方波

因为 RC 电路的单位阶跃响应为

$$s(t)=(1-\mathrm{e}^{-\frac{t}{\tau}})\varepsilon(t)$$

根据叠加定理和线性时不变电路的特性，可得

$$u_C(t)=U_s s(t)-U_s s(t-\tau)=U_s(1-\mathrm{e}^{-\frac{t}{\tau}})\varepsilon(t)-U_s(1-\mathrm{e}^{-\frac{t-\tau}{\tau}})\varepsilon(t-\tau)$$

该题也可用分段求解的方法求解，但过程较烦琐。为便于比较，下面给其求解过程。

(1) $0_+ \leqslant t \leqslant \tau_-$。电路响应属于零状态响应。由电容电压不变定理知

$$u_C(0_+) = u_C(0_-) = 0$$

由 RC 电路的零状态响应公式可得

$$u_C(t) = U_s(1 - e^{-\frac{t}{\tau}})$$

(2) $\tau_+ \leqslant t < \infty$。电路响应属于零输入响应。由电容电压不变定理知

$$u_C(\tau_+) = u_C(\tau_-) = U_s(1 - e^{-\frac{\tau}{\tau}}) = 0.632U_s$$

由 RC 电路零输入响应公式可得

$$u_C(t) = u(\tau_+)e^{-\frac{t-\tau}{\tau}} = 0.632U_s e^{-\frac{t-\tau}{\tau}}$$

电容电压 $u_C(t)$ 在整个时间轴上完整的变化规律为

$$u_C(t) = \begin{cases} 0V, & t \leqslant 0_- \\ U_s(1 - e^{-\frac{t}{\tau}}), & 0_+ \leqslant t \leqslant \tau_- \\ 0.632U_s e^{-\frac{t-\tau}{\tau}}, & \tau_+ \leqslant t \end{cases}$$

把以上的分段函数用一个函数式表达，有

$$u_C(t) = U_s(1 - e^{-\frac{t}{\tau}})[\varepsilon(t) - \varepsilon(t-\tau)] + 0.632U_s e^{-\frac{t-\tau}{\tau}}\varepsilon(t-\tau)$$
$$= U_s(1 - e^{-\frac{t}{\tau}})\varepsilon(t) - U_s(1 - e^{-\frac{t-\tau}{\tau}})\varepsilon(t-\tau)$$

比较以上两种方法的求解过程可知，把激励信号进行分解的求解方法更优越。

8.7　一阶电路的冲激响应

电路中，仅由单位冲激信号决定的响应称为单位冲激响应。

当冲激信号 $\delta_i(t)$ 或 $\delta_u(t)$ 作用于零状态的 RC 或 RL 电路时，会使电容电压或电感电流发生跃变。在 $t \geqslant 0_+$ 时，冲激信号已为零，但 $u_C(0_+)$ 或 $i_L(0_+)$ 不为零，电路中将产生由 $u_C(0_+)$ 或 $i_L(0_+)$ 引起的响应，相当于零输入响应。因此，$t \geqslant 0_+$ 后，冲激响应的形式与零输入响应的相同。但应注意冲激响应不等同于零输入响应，零输入响应仅表现电路 $t \geqslant 0_+$ 后的情况，而冲激响应包含了电路 $t \leqslant 0_-$ 以前的情况，这是因为冲激函数的定义域是整个时间轴。

8.7.1　RC 并联电路的冲激响应

图 8-32 (a) 所示为在单位冲激电流 $\delta_i(t)$ 作用下的 RC 并联电路，其响应可按下述方法求得。

$t \leqslant 0_-$ 时电路如图 8-32 (b) 所示，所以 $u_C(0_-) = 0$。$t = 0$ 时，出现了无穷大电流，但该电流只能全部流过电容 C，不可能全部或部分流过电阻 R。这是因为 $t = 0$ 时若有无穷大电流流过电阻 R，电阻两端就会产生无穷大电压，这时图 8-32 (b) 所示电路的回路将不满足 KVL，出现矛盾。由此可知

$$u_C(0_+) = u_C(0_-) + \frac{1}{C}\int_{0_-}^{0_+} i(t)\mathrm{d}t = 0 + \frac{1}{C}\int_{0_-}^{0_+} \delta_i(t)\mathrm{d}t = \frac{1}{C} \tag{8-96}$$

$t \geqslant 0_+$ 后电路也如图 8-32 (b) 所示。则电容电压为

$$u_C(t) = u_C(0_+)e^{-\frac{t}{\tau}} = \frac{1}{C}e^{-\frac{t}{\tau}} \tag{8-97}$$

式中 $\tau = RC$，为电路的时间常数。结合电容电压 $t \leqslant 0_-$ 前和 $t \geqslant 0_+$ 后的变化规律可得

$$u_C(t) = u_C(0_+)e^{-\frac{t}{\tau}}\varepsilon(t) = \frac{1}{C}e^{-\frac{t}{\tau}}\varepsilon(t) \tag{8-98}$$

u_C 的变化波形如图 8-32（c）所示。电容电流为

$$i_C(t) = C\frac{du_C}{dt} = \frac{de^{-\frac{t}{\tau}}}{dt}\varepsilon(t) + e^{-\frac{t}{\tau}}\frac{d\varepsilon(t)}{dt} = \delta(t) - \frac{1}{RC}e^{-\frac{t}{\tau}}\varepsilon(t) \tag{8-99}$$

式（8-99）的导出用到了 $\dfrac{d\varepsilon(t)}{dt} = \delta(t)$ 和 $f(t)\delta(t) = f(0)\delta(t)$ 的关系。冲激响应在 $t \geqslant 0_+$ 后的变化规律与零输入响应相同，但冲激响应包含了 $t \leqslant 0_-$ 时的情况，故冲激响应不同于零输入响应。

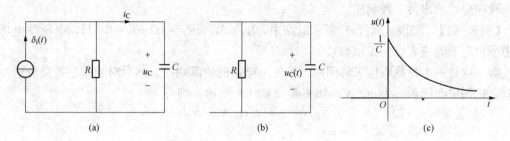

图 8-32　RC 并联电路的冲激响应
（a）原电路；（b）$t \neq 0$ 时的电路；（c）电容电压的波形曲线

8.7.2　RL 串联电路的冲激响应

图 8-33（a）所示电路与图 8-32（a）所示电路为对偶电路。用与 8.7.1 节中求 RC 电路冲激响应相同的分析方法，或利用对偶原理，可求得图 8-33（a）所示 RL 串联电路在单位冲激电压激励下的响应为

$$i_L(t) = \frac{1}{L}e^{-\frac{t}{\tau}}\varepsilon(t) \tag{8-100}$$

式中：$\tau = GL = \dfrac{L}{R}$ 为给定 RL 电路的时间常数。电感电压 u_L 为

$$u_L(t) = L\frac{di_L(t)}{dt} = \delta(t) - \frac{R}{L}e^{-\frac{t}{\tau}}\varepsilon(t) \tag{8-101}$$

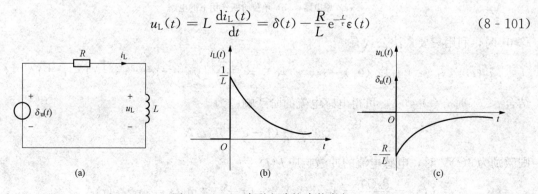

图 8-33　RL 串联电路的冲激响应
（a）电路；（b）电感电流 i_L 的波形曲线；（c）电感电压 u_L 的波形曲线

i_L、u_L 的波形如图 8-33（b）、图 8-33（c）所示。

8.7.3 阶跃响应与冲激响应的关系

单位冲激函数 $\delta(t)$ 与单位阶跃函数 $\varepsilon(t)$ 之间的关系为：单位冲激函数 $\delta(t)$ 对时间的积分等于单位阶跃函数 $\varepsilon(t)$，即

$$\int_{-\infty}^{t} \delta(\xi)\mathrm{d}\xi = \varepsilon(t) \tag{8-102}$$

或单位阶跃函数 $\varepsilon(t)$ 对于时间的一阶导数等于单位冲激函数 $\delta(t)$，即

$$\frac{\mathrm{d}\varepsilon(t)}{\mathrm{d}t} = \delta(t) \tag{8-103}$$

单位冲激响应常记为 $h(t)$，单位阶跃响应常记为 $s(t)$。可以证明，针对线性时不变电路，其 $h(t)$ 和 $s(t)$ 的关系为 $h(t) = \dfrac{\mathrm{d}s(t)}{\mathrm{d}t}$ 或 $\displaystyle\int_{-\infty}^{t} h(t)\mathrm{d}\tau = s(t)$。利用上述关系，可以在已知一种响应时求出另一种响应。

【例 8-11】 图 8-34（a）所示电路中，$R_1 = 6\Omega$、$R_2 = 4\Omega$、$L = 0.1\mathrm{H}$，电压源电压如图中所示。求响应 $i_L(t)$ 和 $u_L(t)$。

解 这是一个冲激响应求解问题，可先求电路的阶跃响应，然后对响应进行微分求冲激响应。把图中激励源改为 $\varepsilon(t)\mathrm{V}$，如图 8-34（b）所示，则有

$$i_L(0_+) = i_L(0_-) = 0$$

$$i_L(\infty) = \frac{1}{R_1} = \frac{1}{6}\mathrm{A}$$

$$\tau = \frac{L}{R_1 /\!/ R_2} = \frac{0.1}{6 /\!/ 4} = \frac{1}{24}(\mathrm{s})$$

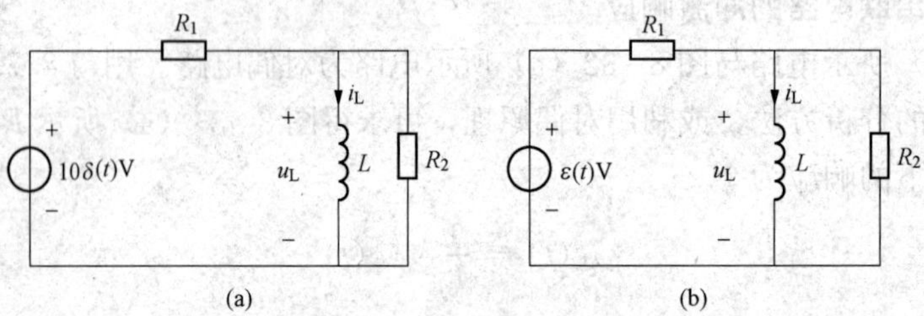

图 8-34 ［例 8-11］电路
(a) 原电路；(b) 单位阶跃作用下的电路

$t \geqslant 0_+$ 时，利用三要素法公式有

$$i_L(t) = i_L(\infty) + [i_L(0_+) - i_L(\infty)]\mathrm{e}^{-\frac{t}{\tau}} = \frac{1}{6} + \left(0 - \frac{1}{6}\right)\mathrm{e}^{-24t} = \frac{1}{6}(1 - \mathrm{e}^{-24t})\mathrm{A}$$

结合 $t \leqslant 0_-$ 时 $i_L(t) = 0\mathrm{A}$，可得电感电流的阶跃响应为

$$s(t) = \frac{1}{6}(1 - \mathrm{e}^{-24t})\varepsilon(t)\mathrm{A}$$

则激励为 $\delta(t)\mathrm{V}$ 时，电感电流的冲激响应 $h(t)$ 为

$$h(t) = \frac{\mathrm{d}s(t)}{\mathrm{d}t} = 4\mathrm{e}^{-24t}\varepsilon(t) + \frac{1}{6}(1 - \mathrm{e}^{-24t})\delta(t) = 4\mathrm{e}^{-24t}\varepsilon(t)\mathrm{A}$$

当激励为 $10\delta(t)\mathrm{V}$ 时，根据齐性定理，可知电感电流为

$$i_L(t) = 10h(t) = 40e^{-24t}\varepsilon(t)\,\text{A}$$

此时的电感电压为

$$u_L(t) = L\frac{\mathrm{d}i_L}{\mathrm{d}t} = 4\delta(t) - 96e^{-24t}\varepsilon(t)\,\text{V}$$

8.8　二阶电路的阶跃响应和冲激响应

8.8.1　阶跃响应

将图 8-24 改画为图 8-35 形式，令 $i(t) = \varepsilon(t)\,\text{A}$，则电路响应就为阶跃响应。对此电路，不用专门指明 $t = 0_-$ 时电路的状态，一定会存在 $u_C(0_-) = 0$，$i_L(0_-) = 0$。这是因为 $t \leqslant 0_-$ 时激励始终为零，电路中所有电压、电流均为零。根据［例 8-9］的结果可知，$t \geqslant 0_+$ 时电路的响应 i_L、u_C、i_C 为

$$\begin{cases} i_L = 1 - (1 + 1000t)e^{-1000t}\,\text{A} \\[2mm] u_C = u_L = L\dfrac{\mathrm{d}i_L}{\mathrm{d}t} = 10^6 t e^{-1000t}\,\text{V} \\[2mm] i_C = C\dfrac{\mathrm{d}u_C}{\mathrm{d}t} = (1 - 1000t)e^{-1000t}\,\text{A} \end{cases} \tag{8-104}$$

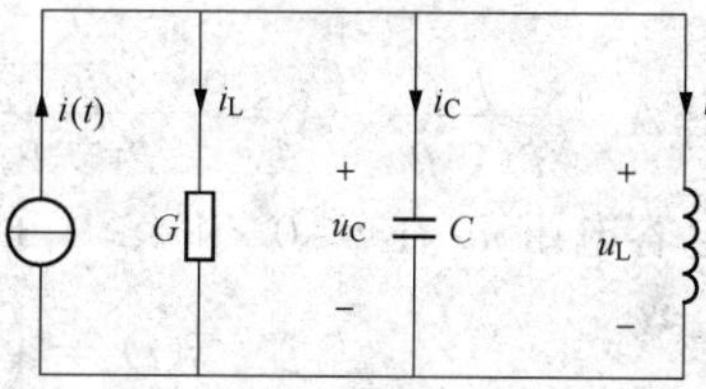

结合 $t \leqslant 0_-$ 时电路中的各物理量均为零这一结果，可得电路的阶跃响应 i_L、u_C、i_C 为

图 8-35　二阶电路的阶跃响应

$$\begin{cases} i_L = [1 - (1 + 1000t)e^{-1000t}]\varepsilon(t)\,\text{A} \\[2mm] u_C = u_L = L\dfrac{\mathrm{d}i_L}{\mathrm{d}t} = 10^6 t e^{-1000t}\varepsilon(t)\,\text{V} \\[2mm] i_C = C\dfrac{\mathrm{d}u_C}{\mathrm{d}t} = [(1 - 1000t)e^{-1000t}]\varepsilon(t)\,\text{A} \end{cases} \tag{8-105}$$

8.8.2　冲激响应

二阶电路在单位冲激电源作用下的响应，称为二阶电路的单位冲激响应。如图 8-36（a）所示的 RLC 串联电路，电路的响应就为冲激响应。

在时域中直接求冲激响应是比较麻烦的。对于线性电路，可采用先求电路的阶跃响应 $s(t)$，然后对阶跃响应 $s(t)$ 求微分，这样就可方便求得二阶电路的冲激响应 $h(t)$。

图 8-36（a）所示电路中激励为单位冲激函数，将图中激励源改为单位阶跃函数 $\varepsilon(t)$，得图 8-36（b）。以电容 C 的端电压 u_C 为待求量，由拓扑约束和元件约束可得到图 8-36

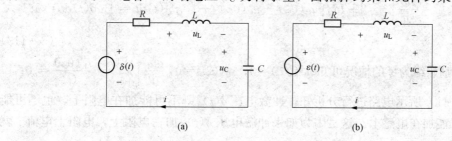

(a)　　　　　　　　　　　　(b)

图 8-36　二阶电路冲激响应的求解

（a）激励为冲激函数时的电路；（b）激励为阶跃函数时的电路

（b）所示电路的方程为

$$LC\frac{\mathrm{d}^2 u_\mathrm{C}}{\mathrm{d}t^2} + RC\frac{\mathrm{d}u_\mathrm{C}}{\mathrm{d}t} + u_\mathrm{C} = \varepsilon(t) \tag{8-106}$$

$t \geqslant 0_+$ 时电路方程为

$$LC\frac{\mathrm{d}^2 u_\mathrm{C}}{\mathrm{d}t^2} + RC\frac{\mathrm{d}u_\mathrm{C}}{\mathrm{d}t} + u_\mathrm{C} = 1 \tag{8-107}$$

方程的特解为 $u'_\mathrm{C} = 1\mathrm{V}$，齐次微分方程通解为 $u''_\mathrm{C} = A_1 \mathrm{e}^{p_1 t} + A_2 \mathrm{e}^{p_2 t}\mathrm{V}$，则

$$u_\mathrm{C} = u'_\mathrm{C} + u''_\mathrm{C} = 1 + A_1 \mathrm{e}^{p_1 t} + A_2 \mathrm{e}^{p_2 t} \tag{8-108}$$

根据 $u_\mathrm{C}(0_+) = u_\mathrm{C}(0_-) = 0$、$\left.\dfrac{\mathrm{d}u_\mathrm{C}}{\mathrm{d}t}\right|_{t=0_+} = \dfrac{i_\mathrm{C}(0_+)}{C} = \dfrac{i_\mathrm{L}(0_+)}{C} = \dfrac{i_\mathrm{L}(0_-)}{C} = 0$，有

$$\begin{cases} 1 + A_1 + A_2 = 0 \\ A_1 p_1 + A_2 p_2 = 0 \end{cases} \tag{8-109}$$

解出 $A_1 = \dfrac{p_2}{p_1 - p_2}$，$A_2 = -\dfrac{p_1}{p_1 - p_2}$。利用 $t \leqslant 0_-$ 时电路中全部电压和电流均为零这一规律，把电容电压 u_C 在 $t \leqslant 0_-$ 和 $t \geqslant 0_+$ 的规律结合起来，可得电路的单位阶跃响应为

$$s(t) = \left(1 + \frac{p_2}{p_1 - p_2}\mathrm{e}^{p_1 t} - \frac{p_1}{p_1 - p_2}\mathrm{e}^{p_2 t}\right)\varepsilon(t) \tag{8-110}$$

据阶跃响应与冲激响应的关系知，当激励为单位冲激时，电路的响应为

$$\begin{aligned}
h(t) = \frac{\mathrm{d}s(t)}{\mathrm{d}t} &= \left(1 + \frac{p_2}{p_1 - p_2}\mathrm{e}^{p_1 t} - \frac{p_1}{p_1 - p_2}\mathrm{e}^{p_2 t}\right)\frac{\mathrm{d}\varepsilon(t)}{\mathrm{d}t} + \left(\frac{p_2 p_1}{p_1 - p_2}\mathrm{e}^{p_1 t} - \frac{p_1 p_2}{p_1 - p_2}\mathrm{e}^{p_2 t}\right)\varepsilon(t) \\
&= \left(1 + \frac{p_2}{p_1 - p_2}\mathrm{e}^{p_1 t} - \frac{p_1}{p_1 - p_2}\mathrm{e}^{p_2 t}\right)\delta(t) + \frac{p_1 p_2}{(p_2 - p_1)}(\mathrm{e}^{p_1 t} - \mathrm{e}^{p_2 t})\varepsilon(t)\varepsilon(t) \\
&= \frac{p_1 p_2}{(p_2 - p_1)}(\mathrm{e}^{p_1 t} - \mathrm{e}^{p_2 t})\varepsilon(t) \tag{8-111}
\end{aligned}$$

以上所示为间接求冲激响应的方法，该方法相对简单。直接求冲激响应的方法难度要大一些，难点主要在初始条件的确定方面。为进行对比，下面给出直接求冲激响应的计算过程。

对图 8-36（a）所示电路，冲激激励下电路方程为

$$LC\frac{\mathrm{d}^2 u_\mathrm{C}}{\mathrm{d}t^2} + RC\frac{\mathrm{d}u_\mathrm{C}}{\mathrm{d}t} + u_\mathrm{C} = \delta(t) \tag{8-112}$$

对以上方程在 $t = 0_-$ 和 $t = 0_+$ 间隔内积分，可得

$$LC\left(\left.\frac{\mathrm{d}u_\mathrm{C}}{\mathrm{d}t}\right|_{t=0_+} - \left.\frac{\mathrm{d}u_\mathrm{C}}{\mathrm{d}t}\right|_{t=0_-}\right) + RC[u_\mathrm{C}(0_+) - u_\mathrm{C}(0_-)] + \int_{0_-}^{0_+} u_\mathrm{C}(t)\mathrm{d}t = \int_{0_-}^{0_+}\delta(t)\mathrm{d}t = 1 \tag{8-113}$$

根据 $t \leqslant 0_-$ 时激励始终为零的情况可知 $u_\mathrm{C}(0_-) = 0$，$i_\mathrm{L}(0_-) = 0$，$\left.\dfrac{\mathrm{d}u_\mathrm{C}}{\mathrm{d}t}\right|_{t=0_-} = \dfrac{i_\mathrm{L}(0_-)}{C} = 0$。

对图 8-36（a）所示电路进行分析知，冲激电压 $\delta(t)$ 既不可能加在电阻上，也不可能加在电容上，只能加在电感上。这是因为如果冲激电压 $\delta(t)$ 加在电阻上，电阻上电流 i 就为冲激电流，则电感电压 $u = L\dfrac{\mathrm{d}i}{\mathrm{d}t}$ 中就会出现冲激偶，也即电感电压在 $t = 0_-$ 和 $t = 0_+$ 时出现了两个冲激，这将导致在 $t = 0_-$ 和 $t = 0_+$ 时 KVL 不能满足的情况出现；假设冲激电压 $\delta(t)$

加在电容上，则电容电流 $i = C\dfrac{\mathrm{d}u_C}{\mathrm{d}t}$ 为冲激偶，进而电阻上的电压就为冲激偶，也将导致在 $t=0_-$ 和 $t=0_+$ 时 KVL 不能满足的情况出现。

因冲激电压 $\delta(t)$ 不可能加在电阻上，故换路瞬间电阻上电流不为无穷大，电容上没有无穷大电流，依电容电压不变定理可得 $u_C(0_+) = u_C(0_-) = 0$；因冲激电压 $\delta(t)$ 不可能加在电容上，电容电压不为无穷大，故有 $\displaystyle\int_{0_-}^{0_+} u_C \mathrm{d}t = 0$；因冲激电压 $\delta(t)$ 在 $t=0_-$ 时还未对电路起作用，故有 $\left.\dfrac{\mathrm{d}u_C}{\mathrm{d}t}\right|_{t=0_-} = 0$。将这些结果代入式（8 - 113）中，可得 $\left.LC\dfrac{\mathrm{d}u_C}{\mathrm{d}t}\right|_{t=0_+} = 1$，或 $\left.\dfrac{\mathrm{d}u_C}{\mathrm{d}t}\right|_{t=0_+} = \dfrac{1}{LC}$，因此

$$i(0_+) = \left.C\dfrac{\mathrm{d}u_C}{\mathrm{d}t}\right|_{t=0_+} = \frac{1}{L} \tag{8 - 114}$$

该式的物理意义是冲激电压 $\delta(t)$ 在 $t=0_- \to 0_+$ 间隔内使电感电流发生了跃变（电流从 0 变为了 $\dfrac{1}{L}$）。这样，电感中就有了相应的磁场能，$t \geqslant 0_+$ 后电路的响应转变为由磁场能引起的响应，故 $t \geqslant 0_+$ 时相当于是零输入响应。由前面二阶电路零输入响应的讨论可知，$t \geqslant 0_+$ 时电容电压变化规律为

$$u_C(t) = A_1 \mathrm{e}^{p_1 t} + A_2 \mathrm{e}^{p_2 t} \tag{8 - 115}$$

将初始条件 $u_C(0_+) = 0$、$\left.\dfrac{\mathrm{d}u_C}{\mathrm{d}t}\right|_{t=0_+} = \dfrac{1}{LC}$ 代入上式，有

$$\begin{cases} u_C(0_+) = A_1 + A_2 = 0 \\ \left.\dfrac{\mathrm{d}u_C}{\mathrm{d}t}\right|_{t=0_+} = A_1 p_1 + A_2 p_2 = \dfrac{1}{LC} \end{cases} \tag{8 - 116}$$

联立解得

$$A_1 = -A_2 = \frac{1}{LC(p_2 - p_1)} = \frac{p_1 p_2}{p_2 - p_1} \tag{8 - 117}$$

则

$$u_C(t) = \frac{p_1 p_2}{(p_2 - p_1)} (\mathrm{e}^{p_1 t} - \mathrm{e}^{p_2 t}) \tag{8 - 118}$$

结合 $t \leqslant 0_-$ 时 $u_C(t) = 0$ 的情况，可得电路的冲激响应为

$$u_C(t) = \frac{p_1 p_2}{(p_2 - p_1)} (\mathrm{e}^{p_1 t} - \mathrm{e}^{p_2 t}) \varepsilon(t) \tag{8 - 119}$$

8.9　一阶电路正弦激励时的零状态响应

8.9.1　RC 电路

1. 零状态响应的求解

图 8-37 所示的 RC 电路中，设正弦激励 $i_s(t) = I_m \cos(\omega t + \theta_i)$ A，以 u_C 为待求量，可得正弦激励下该电路零状态响应的微分方程为

$$\begin{cases} C\dfrac{\mathrm{d}u_C}{\mathrm{d}t} + \dfrac{1}{R}u_C = I_m \cos(\omega t + \theta_i) \\ u_C(0_+) = u_C(0_-) = 0 \end{cases} \tag{8 - 120}$$

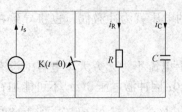

图 8-37　RC 电路

方程的解 u_C 由特解 u'_C 和对应的齐次微分方程通解 u''_C 两部分组成，即

$$u_C = u'_C + u''_C \tag{8-121}$$

上式中，u'_C、u''_C 分别满足以下方程

$$\begin{cases} C\dfrac{\mathrm{d}u'_C}{\mathrm{d}t} + \dfrac{1}{R}u'_C = I_m\cos(\omega t + \theta_i) \\[2mm] C\dfrac{\mathrm{d}u''_C}{\mathrm{d}t} + \dfrac{1}{R}u''_C == 0 \end{cases} \tag{8-122}$$

可解得 $u''_C = Ae^{-\frac{t}{RC}}$，因此

$$u_C(t) = u'_C(t) + u''_C(t) = u'_C(t) + Ae^{-\frac{t}{RC}} \tag{8-123}$$

特解 $u'_C(t)$ 是响应的强制分量，也是稳态分量，可用三角函数的待定系数法求解。令 $u'_C(t) = U_m\cos(\omega t + \varphi_u)$，代入式（8-122）中的第 1 式，可得

$$-\omega CU_m\sin(\omega t + \varphi_u) + \frac{1}{R} \times U_m\cos(\omega t + \varphi_u) = I_m\cos(\omega t + \theta_i) \tag{8-124}$$

令 $|Y| = \sqrt{(\omega C)^2 + (1/R)^2}$，于是有

$$U_m|Y|\left[\frac{(1/R)}{|Y|}\cos(\omega t + \varphi_u) - \frac{\omega C}{|Y|}\sin(\omega t + \varphi_u)\right] = I_m\cos(\omega t + \theta_i) \tag{8-125}$$

令 $\varphi' = \arctan R\omega C$，则 $\sin\varphi' = \dfrac{\omega C}{|Y|}$，$\cos\varphi' = \dfrac{(1/R)}{|Y|}$。由三角恒等变换关系，可将式（8-125）变为

$$U_m|Y|\cos(\omega t + \varphi_u + \varphi') = I_m\cos(\omega t + \theta_i) \tag{8-126}$$

比较以上方程两边，可知有 $U_m|Y| = I_m$，$\varphi_u + \varphi' = \theta_i$。由此可得 $U_m = \dfrac{I_m}{|Y|}$，$\varphi_u = \theta_i - \varphi'$，所以

$$u'_C(t) = U_m\cos(\omega t + \varphi_u) \tag{8-127}$$

将初始条件带入式（8-123），可求得 $A = -u'_C(0) = -U_m\cos\varphi_u$，故电路在正弦激励下的零状态响应为

$$u_C(t) = U_m\cos(\omega t + \varphi_u) - U_m\cos\varphi_u e^{-\frac{t}{RC}} \tag{8-128}$$

2. 合闸角对电路响应的影响

电容电压 $u_C(t)$ 的零状态响应与正弦激励函数中的初相位 θ_i 有很大的关系，工程中常称 θ_i 为合闸角。

在正弦激励下的零状态响应式 $u_C(t) = U_m\cos(\omega t + \varphi_u) - U_m\cos\varphi_u e^{-\frac{t}{RC}}$ 中，$u'_C = U_m\cos(\omega t + \varphi_u)$ 是电路的稳态分量，也称为电路的正弦稳态解，可以看出它与电路的激励以及电路的结构和参数有关，而与电路的初始状态无关；$u''_C = -U_m\cos\varphi_u e^{-\frac{t}{RC}}$ 是电路的暂态分量，它不仅与电路的激励及电路的结构和参数有关，而且还与电路的初始状态有关。理论上讲，当 $t \to \infty$ 时，u''_C 趋于零，现实中，在 $t = (3-5)RC$ 以后，可将 u''_C 视为零。

（1）当合闸角 $\theta_i = \pm\dfrac{\pi}{2} + \varphi'$ 时，有 $\varphi_u = \theta_i - \varphi' = \pm\dfrac{\pi}{2}$。此时暂态分量 $u''_C = -U_m\cos\varphi_u e^{-\frac{t}{RC}} = 0$，合闸后电路直接进入稳态，电路响应为

$$u_{\mathrm{C}}(t) = u'_{\mathrm{C}}(t) = U_{\mathrm{m}}\cos(\omega t + \varphi_u) = U_{\mathrm{m}}\cos\left(\omega t \pm \frac{\pi}{2}\right) = \mp U_{\mathrm{m}}\sin\omega t \qquad (8\text{-}129)$$

（2）当合闸角 $\theta_{\mathrm{i}} = \varphi'$ 时，有 $\varphi_u = \theta_{\mathrm{i}} - \varphi' = 0$。此时暂态分量 $u''_{\mathrm{C}} = -U_{\mathrm{m}}\cos\varphi_u \mathrm{e}^{-\frac{t}{RC}} = -U_{\mathrm{m}}\mathrm{e}^{-\frac{t}{RC}}$，合闸后电路响应为

$$u_{\mathrm{C}}(t) = u'_{\mathrm{C}}(t) + u''_{\mathrm{C}}(t) = U_{\mathrm{m}}\cos(\omega t + \varphi_u) + U_{\mathrm{m}}\mathrm{e}^{-\frac{t}{RC}} = U_{\mathrm{m}}\left[\cos\omega t - \mathrm{e}^{-\frac{t}{RC}}\right]$$
$$(8\text{-}130)$$

如果时间常数 $\tau = RC$ 很大，则暂态分量衰减较慢。设 $\tau = RC$ 远大于正弦波周期 T，当 $t = \dfrac{T}{2}$ 时，有 $\mathrm{e}^{-\frac{t}{RC}} = \mathrm{e}^{-\frac{T}{2RC}} \approx 1$，而 $\cos\omega\dfrac{T}{2} = \cos(\pi) = -1$，故

$$u_{\mathrm{C}}\left(\frac{T}{2}\right) \approx -2U_{\mathrm{m}} \qquad (8\text{-}131)$$

此时电容 C 两端的电压绝对值达到最大，可接近其稳态工作时最大电压的两倍。在电气工程中，计算电气设备或器件所要承受的电压时，必须考虑这一情况。

（3）当合闸角 $\theta_{\mathrm{i}} = -\pi + \varphi'$ 时，$u_{\mathrm{C}}(t) = U_{\mathrm{m}}\left[-\cos\omega t + \mathrm{e}^{-\frac{t}{RC}}\right]$，此时，$u_{\mathrm{C}}$ 的变化规律如图 8-38 所示。如果有 $\tau = RC$ 远大于正弦波周期 T，则有 $u_{\mathrm{C}}\left(\dfrac{T}{2}\right) \approx 2U_{\mathrm{m}}$，电压接近其稳态工作时最大电压的两倍。

8.9.2　RL 电路

图 8-39 所示为 RL 电路，设 $u_{\mathrm{s}}(t) = U_{\mathrm{m}}\cos(\omega t + \theta_u)$，电感电流 $i_{\mathrm{L}}(t)$ 的零状态响应与 $u_{\mathrm{s}}(t)$ 的初相位 θ_u 关系密切，工程中常称 θ_u 为合闸角。

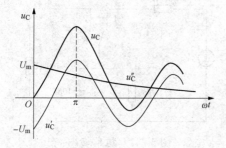

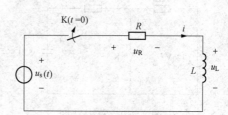

图 8-38　合闸角 $\theta_{\mathrm{i}} = -\pi + \varphi'$ 时 RC
电路的零状态响应

图 8-39　RL 电路

对图 8-39 所示电路，开关闭合后电路方程为

$$\begin{cases} L\dfrac{\mathrm{d}i}{\mathrm{d}t} + Ri = u_{\mathrm{s}}(t) \\ i(0_+) = i(0_-) = 0 \end{cases} \qquad (8\text{-}132)$$

由 $u_{\mathrm{s}}(t) = U_{\mathrm{m}}\cos(\omega t + \theta_u)$，可解出

$$i(t) = I_{\mathrm{m}}\cos(\omega t + \varphi_{\mathrm{i}}) - I_{\mathrm{m}}\cos(\varphi_{\mathrm{i}})\mathrm{e}^{-\frac{t}{\tau}} \qquad (8\text{-}133)$$

其中 $I_{\mathrm{m}} = \dfrac{U_{\mathrm{m}}}{\sqrt{(\omega L)^2 + R^2}}$，$\varphi_{\mathrm{i}} = \theta_u - \varphi'$，$\varphi' = \arctan\dfrac{\omega L}{R}$，$\tau = \dfrac{L}{R}$。

（1）当合闸角 $\theta_u = \pm\dfrac{\pi}{2} + \varphi'$ 时，有 $\varphi_i = \theta_u - \varphi' = \pm\dfrac{\pi}{2}$。此时暂态分量为零，过渡过程不存在，电路直接进入稳态，电流为

$$i(t) = I_{\mathrm{m}}\cos\left(\omega t \pm \dfrac{\pi}{2}\right) = \mp I_{\mathrm{m}}\sin\omega t \tag{8-134}$$

（2）当合闸角 $\theta_u = \varphi'$（或 $\theta_u = -\pi + \varphi'$）时，有 $\varphi_i = \theta_u - \varphi' = 0$（或 $\varphi_i = -\pi$）。此时暂态分量 $i''_{\mathrm{L}} = -I_{\mathrm{m}}\cos(\varphi_i)\mathrm{e}^{-\frac{t}{\tau}} = -I_{\mathrm{m}}\mathrm{e}^{-\frac{t}{\tau}}$（或 $i''_{\mathrm{L}} = I_{\mathrm{m}}\mathrm{e}^{-\frac{t}{\tau}}$），则合闸后电路响应为

$$i(t) = I_{\mathrm{m}}\cos\omega t - I_{\mathrm{m}}\mathrm{e}^{-\frac{t}{\tau}}\left[\text{或 } i(t) = -I_{\mathrm{m}}\cos\omega t + I_{\mathrm{m}}\mathrm{e}^{-\frac{t}{\tau}}\right] \tag{8-135}$$

若电路的时间常数 $\tau = \dfrac{L}{R}$ 很大，则暂态分量衰减很慢，经过半个周期的时间，电流值约为

$$i\left(\dfrac{T}{2}\right) = I_{\mathrm{m}}\cos\pi - I_{\mathrm{m}}\mathrm{e}^{-\frac{T}{2\tau}} \approx -2I_{\mathrm{m}}\left[\text{或 } i\left(\dfrac{T}{2}\right) \approx 2I_{\mathrm{m}}\right] \tag{8-136}$$

可见此时瞬时电流的绝对值接近稳态分量电流最大值的两倍。

由此可见，一阶电路与正弦电源接通后，在初始值一定的条件下，电路的过渡过程与开关的动作时刻有关。

习　题

8-1　图 8-40 所示电路在 $t=0$ 时开关 K 闭合，求 $t>0$ 时的 $u_{\mathrm{C}}(t)$。

8-2　图 8-41 所示电路中开关 K 原在位置 1 已久，$t=0$ 时将开关 K 合向位置 2，试求 $t>0$ 时的 $u_{\mathrm{C}}(t)$ 和 $i(t)$。

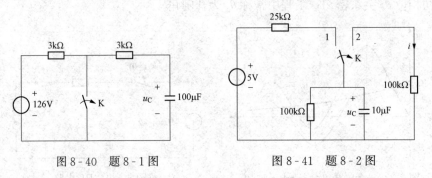

图 8-40　题 8-1 图　　　　　　　图 8-41　题 8-2 图

8-3　图 8-42 所示电路中，$u_{\mathrm{C}}(0_+) = 4\mathrm{V}$，求 $t>0$ 时 $u(t)$ 的表达式。

8-4　图 8-43 所示电路中，开关 K 闭合之前电容电压 $u_{\mathrm{C}}(0_-)$ 为零。在 $t=0$ 时开关 K 闭合，求 $t>0$ 时的 $u_{\mathrm{C}}(t)$ 和 $i_{\mathrm{C}}(t)$。

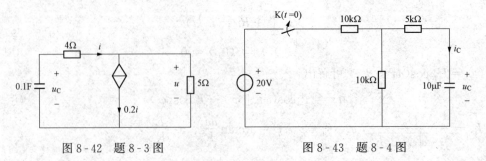

图 8-42　题 8-3 图　　　　　　　图 8-43　题 8-4 图

8-5　图 8-44 所示电路中，$t=0$ 时开关 K 从 1 接入 2，已知：$i_s=10$A，$R_1=1\Omega$，$R_2=2\Omega$，$C=1$F，$u_C(0_-)=2$V，$g=0.25$S。求 $t>0$ 时的全响应 $u_C(t)$、$i_C(t)$、$i_1(t)$。

8-6　图 8-45 所示电路中，$u_C(0_-)=0$，电源均于 $t=0$ 时作用。当 $u_s=1$V、$i_s=0$ 时，$u_C^{(1)}(t)=\left(2e^{-2t}+\dfrac{1}{2}\right)$V，$t>0$；当 $u_s=0$V、$i_s=1$A 时，$u_C^{(2)}(t)=\left(\dfrac{1}{2}e^{-2t}+2\right)$V，$t>0$。

(1) 求 R_1、R_2 和 C 的值。

(2) 若 u_s 和 i_s 同时作用于电路，求 $u_C(t)$ 的值。

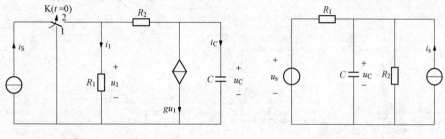

图 8-44　题 8-5 图　　　　　　　　图 8-45　题 8-6 图

8-7　电路如图 8-46 所示，N 为无独立源电阻性网络，已知 1-1′端口电容 $C=2$F，开关 K 闭合前 $u_C(0_-)=10$V。当 $t=0$ 时，开关 K 闭合，则端口 2-2′短路电流 $i_2(t)=2e^{-0.25t}$A。若 2-2′端口接电压源 $U_s=10$V，且 $u_C(0_-)=10$V 不变，求 $t=0$ 时开关 K 闭合后的 $u_C(t)$。

8-8　图 8-47 中，$t<0$ 时开关 K 闭合，$t=0$ 时将开关 K 打开。求：

(1) $u_C(t)$ 的零输入响应和零状态响应。

(2) $u_C(t)$ 的全响应。

(3) $u_C(t)$ 的自由分量和强制分量。

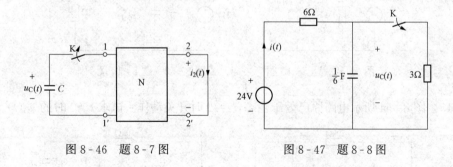

图 8-46　题 8-7 图　　　　　　　　图 8-47　题 8-8 图

8-9　图 8-48 所示电路原已处于稳态，$t=0$ 时开关由位置 1 合向 2，求换路后的 $i(t)$ 和 $u_L(t)$。

8-10　图 8-49 所示电路中，开关 K 合在 "1" 时电路已处于稳态。在 $t=0$ 时，开关从 "1" 接到 "2"，试求 $t\geqslant0_+$ 时电感电流 i_L 和电感电压 u_L。

8-11　图 8-50 所示电路中，已知电感电压 $u_L(0_+)=18$V，求 $t>0$ 时 $u_{ab}(t)$。

8-12　图 8-51 所示电路中，已知 $i_L(0_+)=2$A，求 $t>0$ 时的 $u(t)$。

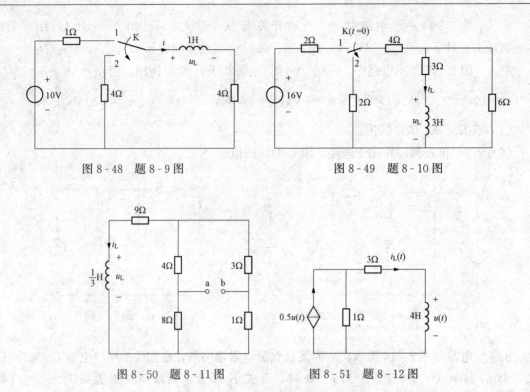

图 8-48　题 8-9 图　　　　　　图 8-49　题 8-10 图

图 8-50　题 8-11 图　　　　　　图 8-51　题 8-12 图

8-13　图 8-52 所示电路 $t=0$ 时开关 K 闭合，求换路后的零状态响应 $i_L(t)$。

8-14　图 8-53 所示电路原已处于稳态，$t=0$ 时将开关 K 闭合，试求 $t>0$ 时的 $u_C(t)$ 和 $i(t)$。

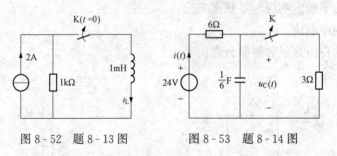

图 8-52　题 8-13 图　　　　　　图 8-53　题 8-14 图

8-15　图 8-54 所示电路原已处于稳态，$t=0$ 时开关动作。试求 $t>0$ 时的 $u_C(t)$ 和 $i(t)$。

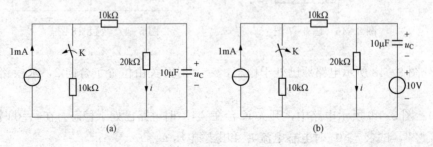

(a)　　　　　　(b)

图 8-54　题 8-15 图

8-16　图 8-55 所示电路原已处于稳态，U_s 为何值时才能使开关闭合后电路不出现动态过程？若 $U_s=50\text{V}$，求 $u_C(t)$。

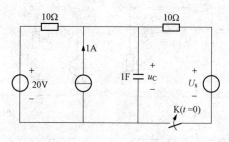

图 8-55　题 8-16 图

8-17　某 RC 一阶电路的全响应为 $u_c(t)=8-2e^{-5t}\text{V}$。若初始状态不变而输入减少为原来的一半，则全响应 $u_c(t)$ 为多少？

8-18　图 8-56 所示电路已达稳态，$t=0$ 时合上开关，求换路后的电流 $i_L(t)$。

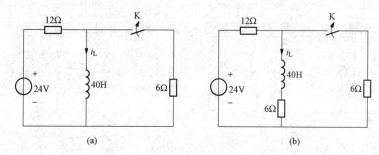

(a)　　　　　　　(b)

图 8-56　题 8-18 图

8-19　图 8-57 所示电路原已处于稳态，$t=0$ 时开关 K 打开，求：

(1) 全响应 $i_L(t)$、$i_1(t)$、$i_2(t)$。

(2) $i_L(t)$ 的零状态响应和零输入响应。

(3) $i_L(t)$ 的自由分量和强制分量。

8-20　图 8-58 中，电路已处于稳态。开关 K 在 $t=0$ 时闭合，求开关闭合后的电压 $u(t)$ 和 $u_{ab}(t)$。

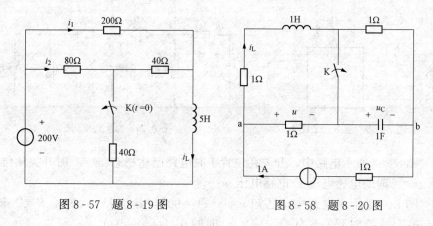

图 8-57　题 8-19 图　　　　　图 8-58　题 8-20 图

8-21　求图8-59所示电路开关K动作后电路的时间常数。

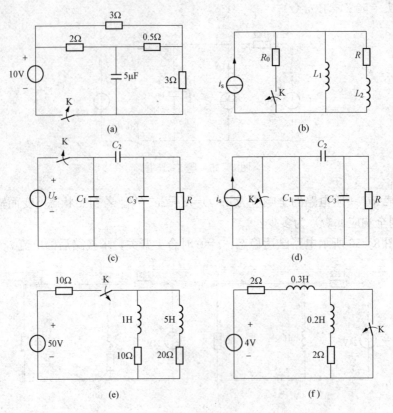

图8-59　题8-21图

8-22　图8-60所示电路，网络N内部只有电阻，$t=0$时开关K接通，输出端的响应为 $u_0(t)=\left(\dfrac{1}{2}+\dfrac{1}{8}\mathrm{e}^{-0.25t}\right)\mathrm{V},t>0$。若把电路中的电容换为2H的电感，则输出端的响应 $u_0(t)$ 应为多少？

8-23　图8-61所示电路原处于稳态，$t=0$时开关K闭合，求 $t>0$ 时 $i(t)$。

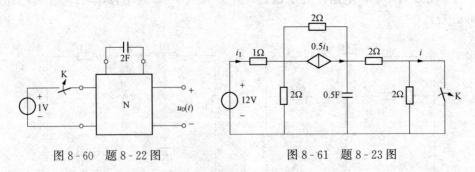

图8-60　题8-22图　　　　　图8-61　题8-23图

8-24　图8-62所示电路中，开关在位置1时电路已达稳态，$t=0$时开关从位置1接到位置2，求 $t \geqslant 0_+$ 时的电感电流 i_L 电感电压 u_L。

8-25　图8-63所示电路中，已知 $u_{C1}(0_-)=90\mathrm{V}$，$u_{C2}(0_-)=0\mathrm{V}$，$R=15\mathrm{k}\Omega$，$C_1=6\mu\mathrm{F}$，$C_2=3\mu\mathrm{F}$。$t=0$时开关K闭合，求 $t>0$ 时的 $u_{C1}(t)$、$u_{C2}(t)$。

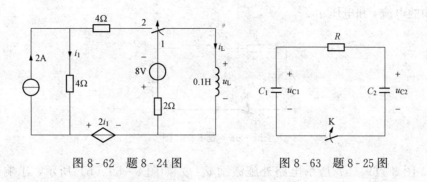

图 8-62　题 8-24 图　　　　　　　图 8-63　题 8-25 图

8-26　图 8-64 所示电路中 $t<0$ 时开关 K 闭合，$t=0$ 时将开关 K 打开。求 $t>0$ 时的 $i(t)$ 和 $u(t)$。

8-27　图 8-65 所示电路中，电容原已充电，且 $u_C(0_-)=U_0=6\text{V}$，$R=2.5\Omega$，$L=0.25\text{H}$，$C=0.25\text{F}$。试求：

(1) 开关 K 闭合后的 $u_C(t)$ 和 $i(t)$。

(2) 欲使电路在临界阻尼下放电，当 L 和 C 不变时，电阻 R 应为何值？

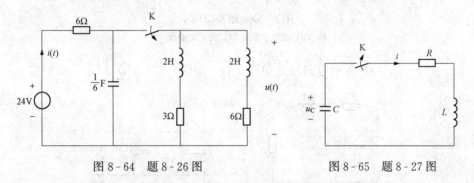

图 8-64　题 8-26 图　　　　　　　图 8-65　题 8-27 图

8-28　图 8-66 所示为 GLC 并联电路，已知 $u_C(0_+)=1\text{V}$，$i_L(0_+)=2\text{A}$，试求 $t>0$ 时的 $i_L(t)$。

8-29　图 8-67 所示电路中，若 $R=\sqrt{\dfrac{L}{C}}$，当开关 K 闭合时，a、b 右边部分电路处于什么状态？而当开关 K 断开时，整个电路处于什么状态？

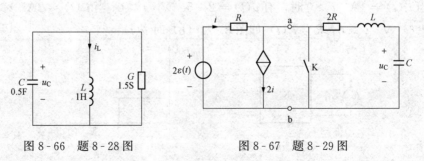

图 8-66　题 8-28 图　　　　　　　图 8-67　题 8-29 图

8-30　图 8-68 所示的电路，$t=0$ 时开关闭合，设 $u_C(0_-)=0$，$i(0_-)=0$，$L=1\text{H}$，$C=1\mu\text{F}$，$U=100\text{V}$。若电阻：①$R=3\text{k}\Omega$、②$R=2\text{k}\Omega$、③$R=200\Omega$，试分别求在上述电阻

值时电路中的电流 i 和电压 u_C。

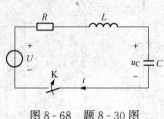

图 8-68 题 8-30 图

8-31 图 8-69（a）所示电路外施激励 $u_s(t)$ 如图 8-69（b）所示，求响应 $u_C(t)$、$i(t)$。

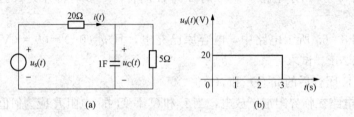

图 8-69 题 8-31 图
（a）电路；（b）激励的波形曲线

8-32 图 8-70（a）所示电路外施激励 $u_s(t)$ 如图 8-70（b）所示，求响应 $u_0(t)$。

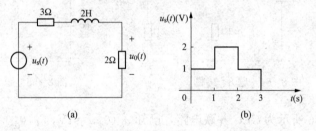

图 8-70 题 8-32 图
（a）电路；（b）激励的波形曲线

8-33 图 8-71（a）所示电路中，N_0 为不含独立源的一阶电路，$t=0_-$ 时动态元件有储能。已知当 $i_s(t)=1A$ $t>0$ 时，有 $u(t)=2+5e^{-t}V$ $t>0$；当 $i_s(t)=2A$ $t>0$ 时，有 $u(t)=4+6e^{-t}V$ $t>0$；求当 $i_s(t)$ 如图 8-71（b）时 $u(t)=?$

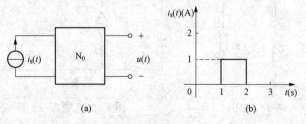

图 8-71 题 8-33 图
（a）电路；（b）激励的波形曲线

8-34　图 8-72 所示电路中，N 为纯电阻电路，已知：$i_s(t) = 4\varepsilon(t)A$ 时，$i_L(t) = 2(1 - e^{-t})\varepsilon(t)A$、$u_R(t) = (2 - 0.5e^{-t})\varepsilon(t)V$，试求当 $i_L(0_-) = 2A$、$i_s(t) = 2A$，$t > 0$ 时的电压 $u_R(t)$。

8-35　求图 8-73 所示电路中电感电流 i_L 的阶跃响应 $s(t)$ 和冲激响应 $h(t)$。

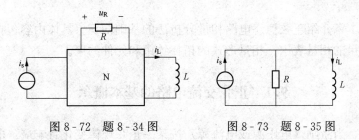

图 8-72　题 8-34 图　　　　　图 8-73　题 8-35 图

8-36　图 8-74 所示电路中，$G=5S$，$L=0.25H$，$C=1F$。试求：

(1) $i_s(t) = \varepsilon(t)A$ 时，电路的阶跃响应 $i_L(t)$。

(2) $i_s(t) = \delta(t)A$ 时，电路的冲激响应 $u_C(t)$。

8-37　图 8-75 所示电路中，电源为冲激电流源，且已知 $u_C(0_-) = 0V$，$i_L(0_-) = 0A$，试求电容电压 $u_C(t)$。

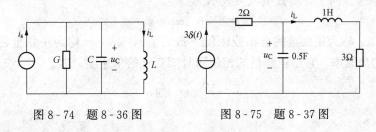

图 8-74　题 8-36 图　　　　　图 8-75　题 8-37 图

8-38　图 8-76 所示电路中，已知 $u_s(t) = 10\cos(314t - 45°)V$，开关 K 在 $t=0$ 时闭合，求 $t > 0$ 后电路的零状态响应电流 $i(t)$。

8-39　图 8-77 所示电路中，$u_s(t) = 10\sin(4t + \varphi)$ V，电感无初始能，$t=0$ 时开关 K 闭合。若 K 闭合后电路中不产生过渡过程，则电源的初相位 φ 应为多少？

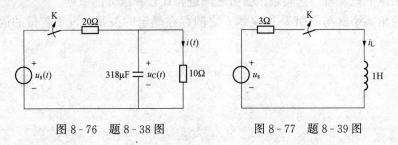

图 8-76　题 8-38 图　　　　　图 8-77　题 8-39 图

第9章 正弦稳态电路的相量分析法基础

内容提要：本章介绍正弦稳态电路相量分析法的基础知识。具体内容包括正弦交流电的基本概念、正弦量的相量表示、相量形式的拓扑约束和元件约束。

9.1 正弦交流电路的基本概念

线性电路中，当激励（电压源或电流源）按某一正弦规律变化且响应（电压、电流）也为同频率的正弦量时，电路的这种工作状态称为正弦稳态。此时的电路称为正弦稳态电路或正弦交流电路。

本书采用余弦函数来对电路进行稳态分析。因正弦函数和余弦函数可统称为正弦函数，因此，本书用统称方式把余弦称为正弦。

9.1.1 正弦量的三要素

在指定的参考方向下，正弦电流可表示为

$$i = I_m \cos(\omega t + \varphi_i) \tag{9-1}$$

式（9-1）中，I_m 称为正弦量的振幅或幅值（最大值），$\omega t + \varphi_i$ 称为正弦量的相位或相角，ω 称为正弦量的角频率，它是正弦量的相位随时间变化的角速度，即

$$\omega = \frac{d}{dt}(\omega t + \varphi_i) \tag{9-2}$$

ω 的单位为 rad/s。

φ_i 称为正弦量的初相位（角），它是正弦量在 $t=0$ 时刻的相位，简称初相，即

$$(\omega t + \varphi_i)\,|_{t=0} = \varphi_i \tag{9-3}$$

初相的单位用弧度或度表示，通常要求在主值范围内取值，即 $|\varphi_i| \leqslant 180°$。

从上面的讨论可以看出，一个正弦量的瞬时值由其幅值、角频率和初相位决定，所以这三者称为正弦量的三要素。它们是正弦量之间进行比较和区分的依据。

正弦量的角频率 ω 与周期 T 和频率 f 之间存在确定的关系。设正弦量的周期为 T（单位为 s），则

$$\omega = \frac{2\pi}{T} \tag{9-4}$$

且有

$$f = \frac{1}{T} \tag{9-5}$$

显然，f 与 ω 的关系为

$$\omega = 2\pi f \tag{9-6}$$

频率 f 的单位为赫兹（Hz）。我国工业和居民用电的频率为 50Hz。工程技术中常用频率来区分电路，例如低频电路、高频电路、甚高频电路等。

图 9-1 是正弦电流 i 的波形图（$\varphi_i > 0$）。图中横轴可用时间 t 表示，也可以用 ωt（单位

为 rad）表示。

9.1.2　正弦信号的有效值

正弦信号（电压或电流）的瞬时值随时间不断发生变化，直接应用很不方便，因此引入了有效值的概念。有效值是指与正弦电压（或电流）具有相同做功能力的直流电压（或电流）的数值。

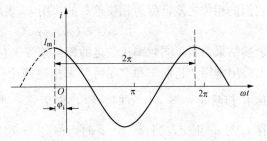

图 9-1　初相位 $\varphi_i > 0$ 时的正弦波

假设有一个正弦电流 $i(t) = I_m \cos(\omega t + \varphi_i)$ 通过某一电阻 R，该电流在一个周期 T 内所做的功为 $\int_0^T i^2 R \mathrm{d}t$，而在同样长的时间 T 内，直流电流 I 通过电阻 R 所做的功为 $I^2 R T$，若两者相等，即

$$I^2 R T = \int_0^T i^2 R \mathrm{d}t \tag{9-7}$$

则有

$$I = \sqrt{\frac{1}{T} \int_0^T i^2 \mathrm{d}t} \tag{9-8}$$

此时，直流电流 I 就是正弦电流 i 的有效值，也称为方均根值。

同理可得正弦电压 u 有效值的定义

$$U = \sqrt{\frac{1}{T} \int_0^T u^2 \mathrm{d}t} \tag{9-9}$$

将 $i(t) = I_m \cos(\omega t + \varphi_i)$ 代入式（9-8）得

$$I = \sqrt{\frac{1}{T} \int_0^T I_m^2 \cos^2(\omega t + \varphi_i) \mathrm{d}t} = \sqrt{\frac{1}{T} \int_0^T I_m^2 \frac{1 + \cos[2(\omega t + \varphi_i)]}{2} \mathrm{d}t} = \frac{1}{\sqrt{2}} I_m = 0.707 I_m \tag{9-10}$$

同理，若正弦电压为 $u(t) = U_m \cos(\omega t + \varphi_u)$，则有效值为

$$U = \frac{1}{\sqrt{2}} U_m = 0.707 U_m \tag{9-11}$$

可见正弦信号的振幅与有效值之间存在有 $\sqrt{2}$ 的关系，因此可将正弦信号改写成如下形式，即

$$i = \sqrt{2} I \cos(\omega t + \varphi_i) \tag{9-12}$$

$$u = \sqrt{2} U \cos(\omega t + \varphi_u) \tag{9-13}$$

所以，也可称有效值、角频率和初相位为正弦量的三要素。

实际生活中所说的正弦电压和电流，其大小一般均指的是有效值，例如照明电压 220V。各种交流电气设备的额定电压、额定电流（即电气设备按设计要求正常工作时对应的电压、电流）也均是指有效值。

9.1.3　同频率正弦量的相位差

在正弦交流电路中，常常需要比较两个同频率正弦量之间的相位关系。例如，同频率正弦电流 i_1 和正弦电压 u_2 分别为

$$i_1 = \sqrt{2} I_1 \cos(\omega t + \varphi_{i1}) \tag{9-14}$$

$$u_2 = \sqrt{2}U_2\cos(\omega t + \varphi_{u2}) \tag{9-15}$$

它们的相位之差，称为相位差。如果用 φ_{12} 表示电流 i_1 与电压 u_2 之间的相位差，则

$$\varphi_{12} = (\omega t + \varphi_{i1}) - (\omega t + \varphi_{u2}) = \varphi_{i1} - \varphi_{u2} \tag{9-16}$$

上述结果表明，同频率正弦量的相位差等于它们的初相位之差，是一个与时间无关的常数。电路中常用"超前"和"滞后"来描述两个同频率正弦量相位的比较结果。当 $\varphi_{12} > 0$ 时，称 i_1 超前 u_2；当 $\varphi_{12} < 0$ 时，称 i_1 滞后 u_2；当 $\varphi_{12} = 0$ 时，称 i_1 与 u_2 同相；当 $|\varphi_{12}| = \dfrac{\pi}{2}$ 时，称 i_1 与 u_2 正交；当 $|\varphi_{12}| = \pi$ 时，称 i_1 与 u_2 反相。

应注意，只有同频率的正弦量，才能对相位进行比较，不同频率的正弦量之间是不能比较相位差的，不同频率的正弦量之间只能就频率或者幅度进行比较。

【例 9-1】 已知 $u = 310\cos(314t)\text{V}$，$i = -10\sqrt{2}\cos\left(314t - \dfrac{\pi}{2}\right)\text{A}$。求电压 u 的最大值、有效值、角频率、频率、周期和初相位，并比较电压与电流之间的相位差。

解 电压 u 的最大值

$$U_m = 310\text{V}$$

电压 u 的有效值

$$U = \frac{U_m}{\sqrt{2}} = \frac{310}{\sqrt{2}} = 220(\text{V})$$

电压 u 的角频率

$$\omega = 314\text{rad/s}$$

电压 u 的频率

$$f = \frac{\omega}{2\pi} = \frac{314}{2\pi} = 50(\text{Hz})$$

电压 u 的周期

$$T = \frac{1}{f} = \frac{1}{50} = 0.02(\text{s})$$

电压 u 的初相位

$$\varphi_u = 0$$

电流 $i = -10\sqrt{2}\cos\left(314t - \dfrac{\pi}{2}\right) = 10\sqrt{2}\cos\left(314t + \dfrac{\pi}{2}\right)\text{A}$，故电流 i 的初相位为 $\varphi_i = \dfrac{\pi}{2}$，所以电压 u 超前电流 i 的角度为 $\varphi = \varphi_u - \varphi_i = 0 - \dfrac{\pi}{2} = -\dfrac{\pi}{2}$，即实际上是电流超前电压 $\dfrac{\pi}{2}$，或电压滞后电流 $\dfrac{\pi}{2}$。

9.2 正弦量的相量表示

9.2.1 复数的表示及运算

在正弦交流电路的计算中，广泛采用以复数为基础的相量法。应用相量法不仅能使交流电路的计算得到简化，还能使交流电路的计算与直流电路的计算在形式上得到统一。两者的主要差别在于直流电路中计算采用实数，交流电路中计算采用复数。

1. 复数的表示

复数的表示形式有多种，总体来说，可归纳为下列 5 种形式。

（1）代数形式。代数形式是复数常用的表示形式之一，其形式为

$$F = a + \mathrm{j}b \qquad (9-17)$$

式中 $\mathrm{j} = \sqrt{-1}$ 为单位虚数，有 $\mathrm{j}^2 = -1$，$\mathrm{j}^3 = -\mathrm{j}$，$\mathrm{j}^4 = 1$。$a$ 为复数 F 的实部，b 为复数 F 的虚部。取复数 F 的实部和虚部分别用下列符号表示

$$\mathrm{Re}[F] = a, \mathrm{Im}[F] = b$$

即用 $\mathrm{Re}[F]$ 表示取方括号中复数 F 的实部，用 $\mathrm{Im}[F]$ 表示取方括号中复数 F 的虚部。

（2）图形形式。任何复数都可用复平面上的点来表示，复平面的横轴为实轴，纵轴为虚轴。例如复数 $F = a + \mathrm{j}b$ 可用图 9-2 所示复平面上的点 F 来表示。

如果从坐标原点 O 向点 F 画一带箭头的有向线段，即形成一个矢量 OF，简写为 $\vec{F}$，这样复数 F 就与矢量 $\vec{F}$ 对应了。换句话说，把一个矢量放在复平面上，则一定会有一个复数（矢量端点所表示）与之对应，从而可用复数来代表这个矢量。因此，在复平面上，复数可用矢量来表示，矢量也可用复数来表示。设矢量 $\vec{F}$ 的长度（模）为 $|\vec{F}|$，矢量与实轴的夹角（或称为辐角）为 θ，则矢量 $\vec{F}$ 与复数 F 的对应关系为

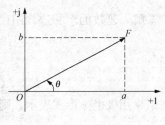

图 9-2　复平面

$$F = \vec{F} \qquad (9-18)$$

矢量的模为

$$|F| = \sqrt{a^2 + b^2} \qquad (9-19)$$

矢量的辐角为

$$\theta = \arctan\left(\frac{b}{a}\right) \qquad (9-20)$$

（3）三角函数形式。根据图 9-2 可得复数 F 的三角函数形式为

$$F = |F|(\cos\theta + \mathrm{j}\sin\theta) \qquad (9-21)$$

（4）指数形式。根据欧拉公式

$$\mathrm{e}^{\mathrm{j}\theta} = \cos\theta + \mathrm{j}\sin\theta \qquad (9-22)$$

复数 F 的三角函数形式可写成指数形式，即

$$F = |F|\mathrm{e}^{\mathrm{j}\theta} \qquad (9-23)$$

所以复数 F 是其模 $|F|$ 与 $\mathrm{e}^{\mathrm{j}\theta}$ 相乘的结果。

（5）极坐标形式。复数的极坐标形式为

$$F = |F|\angle\theta \qquad (9-24)$$

式中 $|F|$ 就是复数 F 的模，θ 是复数 F 的辐角。

由以上复数的各种表示形式可知，各形式之间存在以下关系

$$F = a + \mathrm{j}b = |F|(\cos\theta + \mathrm{j}\sin\theta) = |F|\mathrm{e}^{\mathrm{j}\theta} = |F|\angle\theta \qquad (9-25)$$

复数的辐角要求在主值区间范围，即 $-\pi \leqslant \theta \leqslant \pi$。

2. 旋转因子

由前面的讨论可以看出，$\mathrm{e}^{\mathrm{j}\theta} = 1\angle\theta$ 是一个模为 1、辐角为 θ 的复数，任何一个复数 F 乘

以 $e^{j\theta}$，相当于把复数 F 对应的矢量 $\vec{F}$ 逆时针旋转一个角度 θ，所以 $e^{j\theta}$ 称为旋转因子。

根据欧拉公式，不难得出 $e^{j\frac{\pi}{2}}=j$，$e^{-j\frac{\pi}{2}}=-j$，$e^{j\pi}=-1$。因此 "$\pm j$" 和 "-1" 都可以看成旋转因子。例如复数 F 乘以 j，等于把该复数对应的矢量 $\vec{F}$ 逆时针旋转 $\frac{\pi}{2}$；复数 F 除以 j，等于把复数 F 乘以 "$-j$"，即等于把复数 F 对应的矢量 $\vec{F}$ 顺时针旋转 $\frac{\pi}{2}$。

3. 复数的运算

复数可进行加、减、乘、除四则运算。运算时，加、减通常采用代数形式或图形形式，乘、除通常采用极坐标形式。

【例 9 - 2】　设 $F_1=3-j4$，$F_2=10\angle135°$。试求 F_1+F_2 和 $\dfrac{F_1}{F_2}$。

解　复数的求和适合用代数形式，故把 F_2 从极坐标形式转化为代数形式，有

$$F_2 = 10\angle135° = 10(\cos135°+j\sin135°) = -7.07+j7.07$$

则

$$F_1+F_2 = (3-j4)+(-7.07+j7.07) = -4.07+j3.07$$

把结果用极坐标形式表示，则有

$$\arg(F_1+F_2) = \arctan\left(\frac{3.07}{-4.07}\right) = 143°$$

$$|F_1+F_2| = \sqrt{(4.07)^2+(3.07)^2} = 5.1$$

即

$$F_1+F_2 = 5.1\angle143°$$

复数相除适合采用极坐标形式，故把 F_1 从代数形式转化为极坐标形式，有

$$F_1 = 3-j4 = 5\angle-53.1°$$

所以

$$\frac{F_1}{F_2} = \frac{3-j4}{10\angle135°} = \frac{5\angle-53.1°}{10\angle135°} = 0.5\angle-188.1° = 0.5\angle171.9°$$

以上对复数的辐角进行变化，是为了满足主值区间的要求。

9.2.2　正弦量的相量表示

如果有一个复数 $F=|F|e^{j\theta}$，它的辐角 $\theta=\omega t+\varphi$ 随时间变化，则称该复数为复指数函数。根据欧拉公式，可将 $F=|F|e^{j\theta}$ 表示为

$$F = |F|e^{j(\omega t+\varphi)} = |F|\cos(\omega t+\varphi)+j|F|\sin(\omega t+\varphi) \tag{9 - 26}$$

取其实部有

$$\mathrm{Re}[F] = |F|\cos(\omega t+\varphi)$$

因此，如果将正弦量取为复指数函数的实部，则正弦量可以与复指数函数对应。例如，以正弦电流为例，设 i 为

$$i = \sqrt{2}I\cos(\omega t+\varphi_i)$$

则有

$$i = \mathrm{Re}\left[\sqrt{2}Ie^{j(\omega t+\varphi_i)}\right] = \mathrm{Re}\left[\sqrt{2}Ie^{j\varphi_i}e^{j\omega t}\right]$$

由上式可以看出，复指数函数中的 $Ie^{j\varphi_i}$ 是以正弦量的有效值为模、以初相角为辐角的一个复

常数，这个复常数定义为正弦量的相量，用符号 $\dot{I}$ 表示，即

$$\dot{I} = Ie^{j\varphi_i} = I\angle\varphi_i \tag{9-27}$$

同理，对正弦电压 $u = \sqrt{2}U\cos(\omega t + \varphi_u)$，其对应的相量为

$$\dot{U} = Ue^{j\varphi_u} = U\angle\varphi_u \tag{9-28}$$

以上为按正弦量有效值定义的相量，称为有效值相量，也可以按正弦量的最大值来定义相量，称为最大值相量，记为 $\dot{I}_m$ 或 $\dot{U}_m$。实际工作中一般采用有效值相量。

相量具有与复数完全一样的表现形式，但它与一般的复数不一样，与正弦函数有对应关系。在相量的极坐标形式中，相量的模为正弦量的有效值（或幅值），相量的辐角为正弦量的初相位。相量在复平面上的几何表示称为相量图，如图 9-3 所示即是电流相量的相量图。

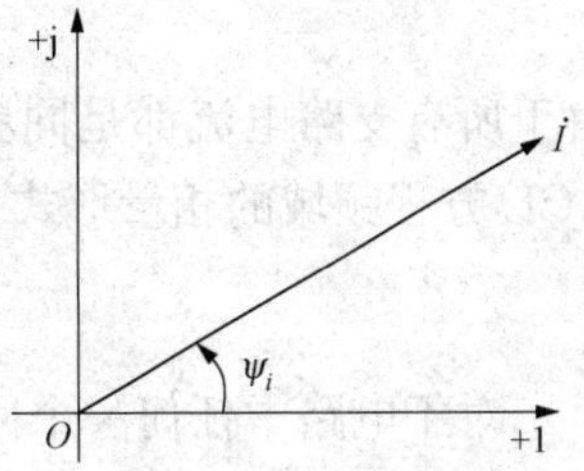

若某个正弦量 $i = \sqrt{2}I\cos(\omega t + \varphi_i)$ 对应的相量为 $\dot{I} = I\angle\varphi$，则 $\dfrac{di}{dt}$ 对应的相量为 $j\omega\dot{I}$，这一结论可证明如下：因为 $i = \sqrt{2}I\cos(\omega t + \varphi_i)$，所以 $\dfrac{di}{dt} = -\sqrt{2}\omega I\sin(\omega t + \varphi_i) = \sqrt{2}\omega I\cos(\omega t + \varphi_i + 90°)$。根据正弦量与相量的对应关系可知，$\sqrt{2}\omega I\cos(\omega t + \varphi_i + 90°)$ 对应的相量为 $\omega I\angle\varphi_i + 90° = j\omega I\angle\varphi_i = j\omega\dot{I}$，因为 $\dfrac{di}{dt}$ 等于正弦量 $\sqrt{2}\omega I\cos(\omega t + \varphi_i + 90°)$，所以 $\dfrac{di}{dt}$ 对应的相量为 $j\omega\dot{I}$。

图 9-3　电流相量的相量图

若某个正弦量 $i = \sqrt{2}I\cos(\omega t + \varphi_i)$ 对应的相量为 $\dot{I}$，则 $\displaystyle\int i\,dt$ 对应的相量为 $\dfrac{1}{j\omega}\dot{I}$。这一结论的证明此处从略，感兴趣的读者可参阅相关文献。

把正弦量表示为相量后，时域中同频率正弦量的加、减运算就可转化为对应相量（复数）的加、减运算，时域中正弦量的微分、积分运算就可转化为相量（复数）的乘、除运算，这样就给正弦量的运算带来了极大的方便。

正弦量表示为相量后，相关的所有的运算均不涉及时间，但会涉及频率，频率影响计算结果。所以，把借助相量的分析方法称为频域分析方法，或称为相量分析方法，简称相量法。

【例 9-3】　已知两个同频率正弦电流分别为 $i_1 = 10\sqrt{2}\cos(314t + 60°)\text{A}$，$i_2 = 22\sqrt{2}\cos(314t - 150°)\text{A}$，试用相量法求：(1) $i_1 + i_2$。(2) $\dfrac{di_1}{dt}$。

解　(1) 把电流表示为相量，有 $\dot{I}_1 = 10\angle60°$，$\dot{I}_2 = 22\angle-150°$，设 i 对应的相量为 $\dot{I} = I\angle\varphi_i$，可有

$$\dot{I} = \dot{I}_1 + \dot{I}_2 = 10\angle60° + 22\angle-150° = (5 + j8.66) + (-19.05 - j11)$$
$$= (-14.05 - j2.34) = 14.24\angle-170.54°$$

则

$$i = 14.24\sqrt{2}\cos(314t - 170.54°)\text{A}$$

(2) i_1 对应的相量为 $\dot{I}_1 = I_1\angle60°$，则 $\dfrac{di_1}{dt}$ 对应的相量为 $j\omega\dot{I}_1 = \omega I_1\angle60° + 90° =$

$\omega I_1 \angle 150°$，所以

$$\frac{\mathrm{d}i_1}{\mathrm{d}t} = 314 \times 10\sqrt{2}\cos(314t + 150°) = 3140\sqrt{2}\cos(314t + 150°)\,\mathrm{A}$$

9.3   相量形式的拓扑约束和元件约束

9.3.1   KCL 和 KVL 的相量形式

在正弦交流电路中，各支路的电流和电压都是同频率的正弦量，所以可以用相量形式表示 KCL 和 KVL。

对于电路中任何一个节点或闭合面，其时域 KCL 方程为

$$\sum_k \pm i_k = 0 \tag{9-29}$$

由于所有支路电流都是同频率的正弦量，所以，通过正弦量与相量的对应关系，可以导出 KCL 方程频域的相量形式为

$$\sum_k \pm \dot{I}_k = 0 \tag{9-30}$$

对于电路中任何一个回路，其时域 KVL 方程为

$$\sum_k \pm u_k = 0 \tag{9-31}$$

与 KCL 方程同理，可以导出 KVL 方程频域的相量形式为

$$\sum_k \pm \dot{U}_k = 0 \tag{9-32}$$

9.3.2   电阻元件、电感元件和电容元件 VCR 的相量形式

1. 电阻元件 VCR 的相量形式

图 9-4（a）所示是电阻元件 R 的时域模型，其上的电压与电流取关联方向，则该电阻时域电压电流的关系为 $u = Ri$。当有正弦交流电流 $i = \sqrt{2}I_R\cos(\omega t + \varphi_i)$ 通过电阻 R 时，在其两端将产生一个同频率的正弦交流电压 $u = \sqrt{2}U_R\cos(\omega t + \varphi_u)$。将瞬时值表达式代入 $u = Ri$ 中有

$$\sqrt{2}U_R\cos(\omega t + \varphi_u) = \sqrt{2}I_R R\cos(\omega t + \varphi_i) \tag{9-33}$$

对应的相量形式为

$$U_R\angle\varphi_u = I_R R\angle\varphi_i \tag{9-34}$$

也即

$$\dot{U}_R = R\dot{I}_R \tag{9-35}$$

可见，电阻元件上电压与电流的大小关系为 $U_R = RI_R$ 或 $I_R = \frac{1}{R}U_R$，而电压与电流的相位相同，即 $\varphi_u = \varphi_i$。图 3-4（b）所示是电阻 R 的频域相量形式电路模型，简称频域模型或相量模型；图 3-4（c）是电阻 R 上的正弦电压与正弦电流的相量图。

2. 电感元件 VCR 的相量形式

图 9-5（a）所示是电感元件 L 的时域模型，其上电压与电流取关联方向，则时域电压电流关系为 $u_L = L\dfrac{\mathrm{d}i_L}{\mathrm{d}t}$。当正弦电流通过电感元件时，其两端将产生同频率的正弦电压。设

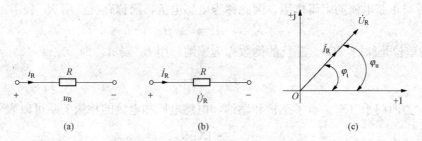

图 9-4　电阻元件的模型和相量图

（a）时域模型；（b）频域模型；（c）电压和电流相量图

正弦电流和正弦电压分别为 $i_L=\sqrt{2}I_L\cos(\omega t+\varphi_i)$、$u_L=\sqrt{2}U_L\cos(\omega t+\varphi_u)$，分别用 $\dot{I}_L$ 和 $\dot{U}_L$ 表示正弦电流和正弦电压的相量。因为存在 $u_L=L\dfrac{\mathrm{d}i_L}{\mathrm{d}t}$ 的关系，根据前面已经给出的结果，应有

$$\dot{U}_L = \mathrm{j}\omega L\,\dot{I}_L \tag{9-36}$$

或

$$\dot{I}_L = \frac{\dot{U}_L}{\mathrm{j}\omega L} \tag{9-37}$$

可见，电感元件电压和电流有效值的关系为 $U_L=\omega L I_L$ 或 $I_L=\dfrac{U_L}{\omega L}$，而电压和电流相位的关系为

$$\varphi_u = \varphi_i + \frac{\pi}{2} \tag{9-38}$$

或

$$\varphi_u - \varphi_i = \frac{\pi}{2} \tag{9-39}$$

即电感上的电压在相位上超前其电流 $\dfrac{\pi}{2}$。

　　图 9-5（b）是电感 L 的频域模型（相量模型），图 9-5（c）是电感 L 上的上正弦电压和正弦电流的相量图。

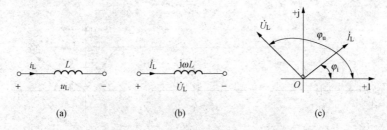

图 9-5　电感元件的模型和相量图

（a）时域模型；（b）频域模型；（c）电压和电流相量图

　　下面讨论 ωL 的含义。由 $I_L=\dfrac{U_L}{\omega L}$ 可知，当 U_L 一定时，ωL 越大，I_L 就越小。可见 ωL

反映了电感对正弦电流的阻碍作用，因此称为电感电抗，简称感抗。用 X_L 表示，即

$$X_L = \omega L = 2\pi f L \qquad (9-40)$$

感抗 X_L 的单位是欧姆（Ω）。感抗的倒数称为感纳，用 B_L 表示，即

$$B_L = \frac{1}{X_L} \qquad (9-41)$$

感纳的单位为西门子（S）。有了感抗和感纳，电感电压和电流的相量关系可以表示为

$$\dot{U}_L = jX_L \dot{I}_L \qquad (9-42)$$

或

$$\dot{I}_L = -jB_L \dot{U}_L \qquad (9-43)$$

3. 电容元件 VCR 的相量形式

设电容元件电压电流取关联方向，如图 9-6（a）所示，则时域形式的电压电流关系式为 $i_C = C\dfrac{du_C}{dt}$。当电容元件两端施加一个正弦电压时，该元件中产生同频率的正弦电流。设正弦电压和正弦电流分别为

$$u_C = \sqrt{2}U\cos(\omega t + \varphi_u) \qquad (9-44)$$

$$i_C = \sqrt{2}I\cos(\omega t + \varphi_i) \qquad (9-45)$$

分别用 $\dot{U}_C$ 和 $\dot{I}_C$ 表示正弦电压和正弦电流的相量。因为存在 $i_C = C\dfrac{du_C}{dt}$ 的关系，根据前面已经给出的结果，应有 $\dot{I}_C = j\omega C\dot{U}_C$，所以 $\dot{U}_C = \dfrac{\dot{I}_C}{j\omega C}$。可见，电容元件电压和电流有效值的关系为

$$U_C = \frac{1}{\omega C}I_C$$

而两者的相位关系为

$$\varphi_i = \varphi_u + \frac{\pi}{2} \ \text{或} \ \varphi_u - \varphi_i = -\frac{\pi}{2}$$

即电容上的电压在相位上滞后其电流 $\dfrac{\pi}{2}$。

图 9-6（b）是电容 C 的频域模型（相量模型），图 9-6（c）是电容 C 上的电压和电流的相量图。

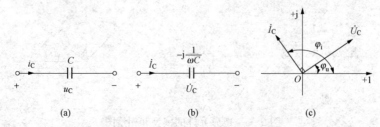

图 9-6 电容元件的模型和相量图

（a）时域模型；（b）频域模型；（c）电压和电流相量图

下面来讨论 $\frac{1}{\omega C}$ 的含义。由 $U_C = \frac{1}{\omega C} I_C$ 可知，当 U_C 一定时，$\frac{1}{\omega C}$ 越大，I_C 就越小。可见 $\frac{1}{\omega C}$ 反映了电容对正弦电流的阻碍作用，因此将其称为电容的电抗，简称容抗，用 X_C 表示，即

$$X_C = \frac{1}{\omega C} = \frac{1}{2\pi f C}$$

容抗 X_C 的单位是欧姆（Ω）。容抗的倒数称为容纳，用 B_C 表示，即

$$B_C = \frac{1}{X_C}$$

容纳的单位是西门子（S）。显然，容纳表示电容对正弦电流的导通能力。

有了容抗和容纳的概念，电容电压和电流的相量关系可表示为

$$\dot{U}_C = -\mathrm{j} X_C \dot{I}_C \tag{9-46}$$

或

$$\dot{I}_C = \mathrm{j} B_C \dot{U}_C \tag{9-47}$$

从以上介绍的 KCL 和 KVL 的相量形式以及 R、L、C 元件 VCR 的相量形式可以看出，它们与直流电路的有关公式在形式上完全相似。

【例 9-4】　图 9-7（a）所示的 RLC 串联电路中，已知 $R = 3\,\Omega$、$L = 1\mathrm{H}$、$C = 1\mu\mathrm{F}$，正弦电流源的电流为 i_s，其有效值为 $I_s = 5\mathrm{A}$、角频率 $\omega = 10^3\,\mathrm{rad/s}$，试用相量法求电压 u_{ad} 和 u_{bd}。

解　先画出图 9-7（a）所示电路对应的频域电路图，如图 9-7（b）所示。因为在串联电路中，通过各元件的电流 i_s 是共同的，故设电流相量为参考相量，即令 $\dot{I} = \dot{I}_s = 5\angle 0°$ A。根据各元件的 VCR 有

$$\dot{U}_R = R \dot{I} = 3 \times 5\angle 0° = 15\angle 0°\mathrm{V}$$

$$\dot{U}_L = \mathrm{j}\omega L \dot{I} = 5000\angle 90°\mathrm{V}$$

$$\dot{U}_C = -\mathrm{j}\frac{1}{\omega C} \dot{I} = 5000\angle -90°\mathrm{V}$$

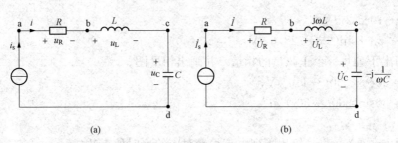

(a)　　　　　　　　　　　　(b)

图 9-7　［例 9-4］图
（a）时域电路；（b）频域电路

根据相量形式的 KVL 和以上结果有

$$\dot{U}_{bd} = \dot{U}_L + \dot{U}_C = 0$$

$$\dot{U}_{ad} = \dot{U}_R + \dot{U}_{bd} = 15\angle 0°\mathrm{V}$$

所以

$$u_{bd} = 0$$

$$u_{ad} = 15\sqrt{2}\cos10^3 t\,\text{V}$$

习　题

9-1　求正弦量 $120\cos(4\pi t+30°)$ 的角频率、周期、频率、初相、振幅、有效值。

9-2　角频率为 ω，写出下列电压、电流相量所对应的正弦电压和电流。

(1) $\dot{U}_m = 10\angle-10°\text{V}$；

(2) $\dot{U} = (-6-\text{j}8)\text{V}$；

(3) $\dot{I}_m = (1-\text{j}1)\text{V}$；

(4) $\dot{I} = -30\text{A}$。

9-3　图 9-8 所示电路中 $u=100\cos(\omega t+10°)\text{V}$，$i_1=2\cos(\omega t+100°)\text{A}$，$i_2=-4\cos(\omega t+190°)\text{A}$，$i_3=5\sin(\omega t+10°)\text{A}$。试写出各电压和各电流的有效值、初相位，并求各支路电压超前电流的角度。

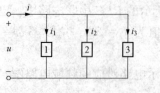

图 9-8　题 9-3 图

9-4　如果 $i=2.5\cos(2\pi t-30°)\text{A}$，求当 u 为下列表达式时，u 与 i 的相位差，二者超前或滞后的关系如何？

(1) $u = 120\cos(2\pi t+10°)\text{V}$；

(2) $u = 40\sin\left(2\pi t-\dfrac{\pi}{3}\right)\text{V}$；

(3) $u = -10\cos2\pi t\,\text{V}$；

(4) $u = -33.8\sin(2\pi t-28.6°)\text{V}$。

9-5　写出下列每一个正弦量的相量，并画出相量图。

(1) $u_1 = 50\cos(600t-110°)\text{V}$；

(2) $u_2 = 30\sin(600t+30°)\text{V}$；

(3) $u = u_1 + u_2$。

9-6　设 $\omega=200\text{rad/s}$，给出下列电流相量对应的瞬时值表达式。

(1) $\dot{I}_1 = \text{j}10\text{A}$；

(2) $\dot{I}_2 = (4+\text{j}2)\text{A}$；

(3) $\dot{I} = \dot{I}_1 + \dot{I}_2$。

9-7　已知方程式 $Ri+L\dfrac{\text{d}i}{\text{d}t}=u$ 中，电压、电流均为同频率的正弦量，设正弦量的角频

率为 ω，试给出该式对应的相量形式。

9-8 已知方程式 $LC\dfrac{\mathrm{d}^2 i_L}{\mathrm{d}^2 t}+GL\dfrac{\mathrm{d}i_L}{\mathrm{d}t}+i_L=i_s$ 中，电压、电流均为同频率的正弦量，设正弦量的角频率为 ω，试给出该式对应的相量形式。

9-9 图 9-9 所示电路中，已知 $u_s=480\sqrt{2}\cos(800t-30°)\mathrm{V}$，试给出该电路的频域模型（相量模型）。

9-10 图 9-10 所示电路中，已知 $u_{s1}=18.3\sqrt{2}\cos 4t\mathrm{V}$，$i_s=2.1\sqrt{2}\cos(4t-35°)\mathrm{A}$，$u_{s2}=25.2\sqrt{2}\cos(4t+10°)\mathrm{V}$，试给出该电路的相量模型。

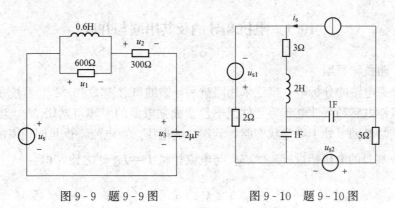

图 9-9 题 9-9 图　　　　　图 9-10 题 9-10 图

9-11 图 9-11 所示电路中，已知 $u_s(t)=100\sqrt{2}\cos 100t\mathrm{V}$，$C=10^{-5}\mathrm{F}$，$L=2\mathrm{H}$，$R_1=200\Omega$，$R_2=100\Omega$，试给出该电路的相量模型。

9-12 图 9-12 所示电路中，$\dot{I}_s=10\angle 30°\mathrm{A}$，$\dot{U}_s=100\angle-60°\mathrm{V}$，$\omega L=20\Omega$，$\dfrac{1}{\omega C}=20\Omega$，$R=4\Omega$。已知 $\omega=100\mathrm{rad/s}$，试给出该相量模型对应的时域模型。

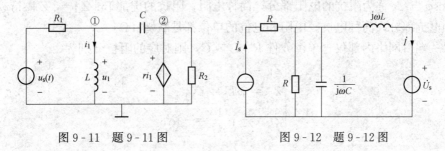

图 9-11 题 9-11 图　　　　　图 9-12 题 9-12 图

第10章 正弦稳态电路

内容提要：本章介绍正弦稳态电路的分析方法和各种功率的概念和意义，并对谐振电路进行分析。具体内容包括阻抗和导纳及其串并联、正弦稳态电路的相量分析法、正弦稳态电路的功率、谐振电路。

10.1 阻抗和导纳及其串联与并联

10.1.1 阻抗和导纳

在正弦稳态电路的分析中，广泛采用阻抗和导纳的概念。图 $10-1$（a）所示为一个含有线性电阻、线性电感和线性电容等元件但不包含独立电源的一端口网络 N_0，当它在角频率为 ω 的正弦信号激励下处于稳定状态时，其端口的电压（或电流）也是同频率的正弦量。阻抗 Z 定义为一端口的电压相量 $\dot{U}=U\angle\varphi_u$ 与电流相量 $\dot{I}=I\angle\varphi_i$ 之比，即

$$Z=\frac{\dot{U}}{\dot{I}}=\frac{U}{I}\angle\varphi_u-\varphi_i=|Z|\angle\varphi_Z \tag{10-1}$$

阻抗 Z 的单位为欧姆（Ω）。由于 Z 是复数，所以又称为复数阻抗或复阻抗，其图形符号如图 $10-1$（b）所示。Z 的模 $|Z|$ 称为阻抗模，其辐角 φ_Z 称为阻抗角。

阻抗 Z 也可以用代数形式表示，即

$$Z=R+jX \tag{10-2}$$

阻抗的实部 R、虚部 X 和模 $|Z|$ 构成阻抗三角形，如图 $10-1$（c）所示。阻抗的实部 $\mathrm{Re}[Z]=|Z|\cos\varphi_Z=R$ 称为阻抗的电阻部分，简称电阻；阻抗的虚部 $\mathrm{Im}[Z]=|Z|\sin\varphi_Z=X$ 称为阻抗的电抗部分，简称电抗。电阻和电抗的单位都是欧姆（Ω）。

如果一端口网络内部仅含单个元件 R、L 或 C，则对应的阻抗分别为

$$\begin{cases} Z_R=R \\ Z_L=j\omega L=jX_L \\ Z_C=-j\dfrac{1}{\omega C}=-jX_C \end{cases} \tag{10-3}$$

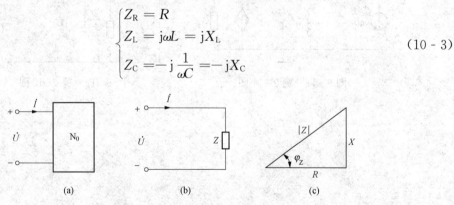

图 $10-1$ 一端口网络的阻抗

（a）一端口网络；（b）复阻抗；（c）阻抗三角形

如果一端口网络内部为 RLC 串联电路，由 KVL 可得其阻抗 Z 为

$$Z = \frac{\dot{U}}{\dot{I}} = R + \mathrm{j}\omega L + \left(-\mathrm{j}\frac{1}{\omega C}\right) = R + \mathrm{j}\left(\omega L - \frac{1}{\omega C}\right) = R + \mathrm{j}X = |Z| \angle \varphi_Z \quad (10\text{-}4)$$

显然，Z 的实部就是电阻 R，而虚部即电抗 X 为

$$X = X_L - X_C = \omega L - \frac{1}{\omega C} \quad (10\text{-}5)$$

此时 Z 的模和辐角分别为

$$\begin{cases} |Z| = \sqrt{R^2 + X^2} \\ \varphi_Z = \arctan\left(\dfrac{X}{R}\right) \end{cases} \quad (10\text{-}6)$$

而

$$\begin{cases} R = |Z| \cos\varphi_Z \\ X = |Z| \sin\varphi_Z \end{cases} \quad (10\text{-}7)$$

当 $X > 0$ 或 $\varphi_Z > 0$，即 $\omega L > \dfrac{1}{\omega C}$ 时，称 Z 呈感性，相应的电路为感性电路；当 $X < 0$ 或 $\varphi_Z < 0$，即 $\omega L < \dfrac{1}{\omega C}$ 时，称 Z 呈容性，相应的电路为容性电路；当 $X = 0$ 或 $\varphi_Z = 0$，即 $\omega L = \dfrac{1}{\omega C}$ 时，称 Z 呈电阻性，相应的电路为电阻性电路或谐振电路（见 10.4 节）。

在一般情况下，按式 $Z = \dfrac{\dot{U}}{\dot{I}}$ 定义的阻抗称为一端口网络的输入阻抗或驱动点阻抗，也可称为等效阻抗。因输入阻抗的实部和虚部都是外施激励正弦量角频率 ω 的函数，所以也可将 Z 写为

$$Z(\mathrm{j}\omega) = R(\omega) + \mathrm{j}X(\omega) \quad (10\text{-}8)$$

式中 $Z(\mathrm{j}\omega)$ 的实部 $R(\omega)$ 即为其电阻部分，虚部 $X(\omega)$ 为电抗部分。

阻抗 Z 的倒数定义为导纳，用 Y 表示，即

$$Y = \frac{1}{Z} = \frac{\dot{I}}{\dot{U}} \quad (10\text{-}9)$$

导纳的单位是西门子（S）。由导纳的定义式不难得出 Y 的极坐标形式为

$$Y = |Y| \angle \varphi_Y = \frac{\dot{I}}{\dot{U}} = \frac{I}{U} \angle \varphi_\mathrm{i} - \varphi_\mathrm{u} \quad (10\text{-}10)$$

即

$$|Y| \angle \varphi_Y = \frac{I}{U} \angle \varphi_\mathrm{i} - \varphi_\mathrm{u} \quad (10\text{-}11)$$

Y 的模 $|Y|$ 称为导纳模，其辐角称为导纳角。显然有 $|Y| = \dfrac{I}{U}$，$\angle \varphi_Y = \angle \varphi_\mathrm{i} - \varphi_\mathrm{u}$。导纳 Y 也可以用代数形式表示，即

$$Y = G + \mathrm{j}B \quad (10\text{-}12)$$

Y 的实部 $\mathrm{Re}[Y] = |Y| \cos\varphi_Y = G$ 称为电导；虚部 $\mathrm{Im}[Y] = |Y| \sin\varphi_Y = B$ 称为电纳。它们的单位都是西门子（S）。导纳的实部 G、虚部 B 和模 $|Y|$ 构成导纳三角形。

在一般情况下，按式 $Y = \dfrac{\dot{I}}{\dot{U}}$ 定义的一端口网络 N_0 的导纳称为 N_0 的输入导纳，其实部和虚部都是外施正弦激励角频率 ω 的函数。因此，Y 也可写为

$$Y(j\omega) = G(\omega) + jB(\omega) \tag{10-13}$$

式中 $Y(j\omega)$ 的实部 $G(\omega)$ 即为它的电导分量，虚部 $B(\omega)$ 称为其电纳分量。

阻抗和导纳可以等效互换，其等效条件为

$$ZY = 1 \tag{10-14}$$

即

$$\begin{cases} |Z||Y| = 1 \\ \varphi_Z + \varphi_Y = 0 \end{cases} \tag{10-15}$$

用代数形式表示有

$$G(\omega) + jB(\omega) = \frac{1}{R(\omega) + jX(\omega)} = \frac{R(\omega)}{|Z|^2} - j\frac{X(\omega)}{|Z|^2} \tag{10-16}$$

所以有 $G(\omega) = \dfrac{R(\omega)}{|Z|^2}$，$B(\omega) = -\dfrac{X(\omega)}{|Z|^2}$；或者 $R(\omega) = \dfrac{G(\omega)}{|Y|^2}$，$X(\omega) = -\dfrac{B(\omega)}{|Y|^2}$。

以 RLC 串联电路为例，由前面的讨论可直接写出其阻抗，即

$$Z = R + j\left(\omega L - \frac{1}{\omega C}\right) = R + jX \tag{10-17}$$

而其等效导纳则为

$$Y = \frac{R}{R^2 + X^2} - j\frac{X}{R^2 + X^2} \tag{10-18}$$

可以看出 Y 的实部和虚部都是 ω 的函数，而且比较复杂。同理，对于 RLC 并联电路，其导纳也可直接写出，即

$$Y = \frac{1}{R} + j\left(\omega C - \frac{1}{\omega L}\right) = G + jB \tag{10-19}$$

则其等效阻抗为

$$Z = \frac{G}{G^2 + B^2} - j\frac{B}{G^2 + B^2} \tag{10-20}$$

当一端口网络 N_0 中含有受控源时，可能会出现 $\mathrm{Re}[Z] < 0$ 或 $|\varphi_Z| > \dfrac{\pi}{2}$ 的情况。如果仅限于 R、L、C 元件的组合，且各元件参数均为正值时，则一定有 $\mathrm{Re}[Z] \geqslant 0$ 或 $|\varphi_Z| \leqslant \dfrac{\pi}{2}$。

10.1.2 阻抗和导纳的串联与并联

阻抗的串联和并联电路的计算，在形式上与直流电路中电阻的串联和并联计算相似。对于 n 个阻抗串联而成的电路，其等效阻抗为

$$Z = Z_1 + Z_2 + \cdots + Z_n \tag{10-21}$$

各个阻抗的电压分配为

$$\dot{U}_k = \frac{Z_k}{Z}\dot{U} \quad k = 1, 2, \cdots, n \tag{10-22}$$

式中：$\dot{U}$ 为总电压；$\dot{U}_k$ 为第 k 个阻抗上的电压。同理，对于 n 个导纳并联而成的电路，其

等效导纳为

$$Y = Y_1 + Y_2 + \cdots + Y_n \tag{10-23}$$

各个导纳的电流分配为

$$\dot{I}_k = \frac{Y_k}{Y}\dot{I} \quad k = 1,2,\cdots,n \tag{10-24}$$

式中：$\dot{I}$ 为总电流；$\dot{I}_k$ 为导纳 Y_k 上的电流。

10.2　正弦稳态电路的相量分析法

10.2.1　一般分析方法

由前面的讨论我们知道，对于电阻电路，其拓扑约束和元件约束（设元件上电压电流取关联方向）为

$$\begin{cases} \sum \pm i = 0 \\ \sum \pm u = 0 \\ u = Ri \\ i = Gu \end{cases} \tag{10-25}$$

对于正弦交流电路，其频域相量形式的拓扑约束和元件约束（设元件上电压电流取关联方向）为

$$\begin{cases} \sum \pm \dot{I} = 0 \\ \sum \pm \dot{U} = 0 \\ \dot{U} = Z\dot{I} \\ \dot{I} = Y\dot{U} \end{cases} \tag{10-26}$$

比较上述两组式子，它们在形式上是完全相同的。因此，线性电阻电路中的各种分析方法和电路定理（如电阻的串并联等效变换、电阻的 Y—△ 等效变换、电压源和电流源的等效变换、支路法、节点法以及戴维南定理和叠加定理等）都可以频域相量形式直接用于正弦稳态电路的分析。所不同的是线性电阻电路的方程为实系数方程，而正弦稳态电路的方程为复系数方程。

【例 10-1】　在图 10-2 所示电路中，各独立电源都是同频率的正弦量。试列写该电路的节点电压方程和回路电流方程。

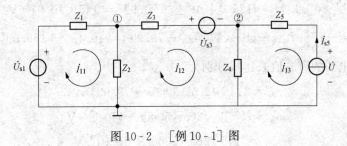

图 10-2　［例 10-1］图

　　解　设接地点为参考节点，节点①和节点②的节点电压分别为$\dot{U}_{n1}$和$\dot{U}_{n2}$，根据节点法（注意电路中 Z_5 为虚元件），可写出该电路的节点方程为

$$\left(\frac{1}{Z_1}+\frac{1}{Z_2}+\frac{1}{Z_3}\right)\dot{U}_{n1}-\frac{1}{Z_3}\dot{U}_{n2}=\frac{1}{Z_1}\dot{U}_{s1}+\frac{1}{Z_3}\dot{U}_{s3}$$

$$-\frac{1}{Z_3}\dot{U}_{n1}+\left(\frac{1}{Z_3}+\frac{1}{Z_4}\right)\dot{U}_{n2}=-\frac{1}{Z_3}\dot{U}_{s3}+\dot{I}_{s5}$$

图 10-2 所示电路中有无伴电流源支路，利用添加法，设无伴电流源两端电压为$\dot{U}$，并设回路电流 $\dot{I}_{11}$、$\dot{I}_{12}$、$\dot{I}_{13}$ 的参考方向如图 10-2 中所示，根据回路电流法可列出如下方程：

$$(Z_1+Z_2)\dot{I}_{11}-Z_2\dot{I}_{12}=\dot{U}_{s1}$$

$$-Z_2\dot{I}_{11}+(Z_2+Z_3+Z_4)\dot{I}_{12}-Z_4\dot{I}_{13}=-\dot{U}_{s3}$$

$$-Z_4\dot{I}_{12}+(Z_4+Z_5)\dot{I}_{13}+\dot{U}=0$$

$$\dot{I}_{13}=-\dot{I}_{s5}$$

　　【例 10-2】　RLC 串联电路的相量模型如图 10-3（a）所示。已知：电阻 $R=15\Omega$，电感 $L=25\text{mH}$，电容 $C=5\mu\text{F}$，端电压 $u=100\sqrt{2}\cos 5000t\text{V}$。试求电流和各元件电压的瞬时值表达式，判断电路的性质，并画出电路的相量图。

　　解　用相量法分析，有

$$Z_R=15\Omega$$

$$Z_L=\text{j}\omega L=\text{j}5000\times 25\times 10^{-3}=\text{j}125(\Omega)$$

$$Z_C=-\text{j}\frac{1}{\omega C}=-\text{j}\frac{1}{5000\times 5\times 10^{-6}}=-\text{j}40(\Omega)$$

所以

$$Z=Z_R+Z_L+Z_C=15+\text{j}85=86.31\angle 79.99°(\Omega)$$

输入端的电压相量为

$$\dot{U}=100\angle 0°\text{V}$$

输入端的电流相量为

$$\dot{I}=\frac{\dot{U}}{Z}=\frac{100\angle 0°}{86.31\angle 79.99°}=1.16\angle -79.99°(\text{A})$$

各元件上的电压相量分别为

$$\dot{U}_R=R\dot{I}=15\times 1.16\angle -79.99°=17.38\angle -79.99°(\text{V})$$

$$\dot{U}_L=\text{j}\omega L\dot{I}=\text{j}125\times 1.16\angle -79.99°=145\angle 10.01°(\text{V})$$

$$\dot{U}_C=-\text{j}\frac{1}{\omega C}\dot{I}=-\text{j}40\times 1.16\angle -79.99°=46.4\angle -169.99°(\text{V})$$

电流和各元件上电压的瞬时值表达式分别为

$$i=1.16\sqrt{2}\cos(5000t-79.99°)\text{A}$$

$$u_R=17.38\sqrt{2}\cos(5000t-79.99°)\text{V}$$

$$u_L=145\sqrt{2}\cos(5000t+10.01°)\text{V}$$

$$u_C=46.4\sqrt{2}\cos(5000t-169.99°)\text{V}$$

以上结果表明，本例中电感两端的电压高于电路的端口电压。

电路的性质，可根据阻抗角 φ 来进行判断，也可根据阻抗的虚部 X（电抗）来加以判断，还可用电路端口电压与端口电流的相位差 $\varphi_u - \varphi_i$ 来加以判断。在本例中，阻抗角 $\varphi =$ 79.99 > 0，阻抗的虚部 $X = \mathrm{Im}[Z] = 85\Omega > 0$，端口电压与端口电流的相位差 $\varphi_u - \varphi_i = 0° -(-79.99°) = 79.99° > 0$，都说明该电路为感性电路。

由电压、电流的相量表示可画出该电路的相量图如图 10-3（b）所示，该图体现了 $\dot{U} = \dot{U}_R + \dot{U}_L + \dot{U}_C$ 的关系。从相量图中可见电路的端口电流滞后端口电压，说明电路呈感性。

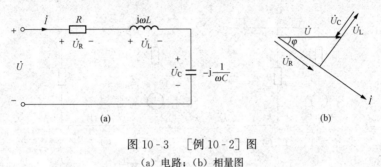

图 10-3　[例 10-2] 图

(a) 电路；(b) 相量图

【例 10-3】　在图 10-4（a）所示的电路中，已知 $R_1 = 10\Omega$，$R_2 = 5\Omega$，$R_3 = 10\Omega$，$R_4 = 7\Omega$，$L_1 = 2\mathrm{H}$，$C_2 = 0.025\mathrm{F}$，$u_s = 100\sqrt{2}\cos 10t\,\mathrm{V}$，$i_s = 2\sqrt{2}\cos\left(10t + \dfrac{\pi}{2}\right)\mathrm{A}$。求流过电阻 R_4 上的电流 i。

解　首先计算各阻抗值，并画出电路的相量模型如图 10-4（b）所示。其中

$$Z_1 = R_1 + j\omega L_1 = 10 + j10 \times 2 = 10 + j20(\Omega)$$

$$Z_2 = R_2 - j\frac{1}{\omega C} = 5 - j\frac{1}{10 \times 0.025} = 5 - j4(\Omega)$$

将图 10-4（b）的 R_4 支路断开，可得图 10-4（c）所示的等效电路，其中

$$\dot{U}_{s1} = \dot{U}_s + Z_2\dot{I}_s$$

$$Z = Z_1 + Z_2$$

将 $\dot{U}_s = 100\angle 0°\mathrm{V}$，$\dot{I}_s = 2\angle 0.5\pi\mathrm{A}$，及 Z_1、Z_2 代入以上两式整理后即得

$$\dot{U}_{s1} = (108 + j10)\mathrm{V}$$

$$Z = (15 + j16)\Omega$$

图 10-4（c）所示电路的戴维南等效电路参数为

$$\dot{U}_{oc} = \frac{R_3}{R_3 + Z}\dot{U}_{s1} = \frac{10}{10 + 15 + j16} \times (108 + j10) = 36.54\angle -27.33°(\mathrm{V})$$

$$Z_{eq} = \frac{R_3 Z}{R_3 + Z} = \frac{10(15 + j16)}{10 + 15 + j16} = 7.39\angle 14.23° = 7.16 + j1.82(\Omega)$$

由图 10-4（d）可得

$$\dot{I} = \frac{\dot{U}_{oc}}{Z_{eq} + R_4} = \frac{36.54\angle -27.33°}{7.16 + j1.82 + 7} = 2.56\angle -34.65°(\mathrm{A})$$

$$i = 2.56\sqrt{2}\cos(10t - 34.65°)\mathrm{A}$$

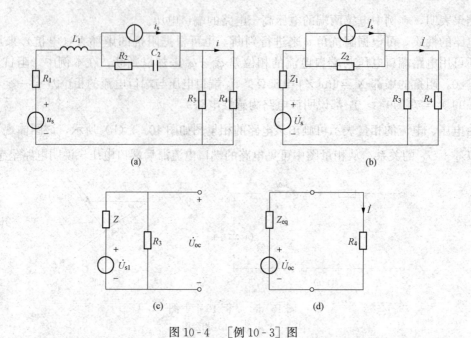

图 10 - 4   ［例 10 - 3］图

（a）原电路；（b）相量模型；（c）计算开路电压的等效电路；（d）计算电流的等效电路

10.2.2   借助相量图的分析方法

前面已经谈到，相量在复平面上的几何表示称为相量图。针对一个电路，可依据其相量形式的拓扑约束和元件约束画出对应的相量图，该图形可以直观地表达各个物理量之间的关系，如图 10 - 3（b）就表达了 $\dot{U} = \dot{U}_{R} + \dot{U}_{L} + \dot{U}_{C}$ 的关系，并且从图中还可以看出 $\dot{U}$、$\dot{U}_{R}$、$\dot{U}_{L}$、$\dot{U}_{C}$ 之间的相位关系。

电路相量图画出的过程中会涉及相量的求和，对两个相量的求和，可以采用平行四边形法则，或采用三角形法则。用平行四边形法则时，两个相量的始端应画在一起，平行四边形的对角线即为两个相量之和；用三角形法则时，第二个相量的始端应接于第一个相量的末端，这样，参与求和的两个相量构成三角形的两个边，第三个边即为两个相量求和的结果。如对 $\dot{U} = \dot{U}_{1} + \dot{U}_{2}$，按平行四边形法则作相量图如图 10 - 5（a）所示，按三角形法则作相量图如图 10 - 5（b）所示。对于多于两个相量的求和，如 $\dot{U} = \dot{U}_{1} + \dot{U}_{2} + \dot{U}_{3}$，可依次采用平行四边形法则或三角形法则，若依次采用三角形法则，就形成了多边形法则，如图 10 - 5（c）所示。

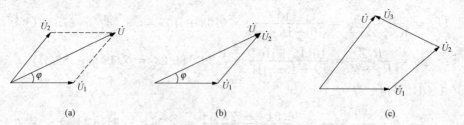

图 10 - 5   说明相量求和方法的相量图

（a）平行四边形法则求和；（b）三角形法则求和；（c）多边形法则求和

　　相量图除了可用于直观地表达各个物理量之间的关系外，还可用其来帮助分析电路。

　　线性电路在其结构、参数完全已知的情况下，可采用节点法、回路法等方法对电路进行分析。如果存在元件参数未知的情况，因元件约束不完整，故采用一般方法无法给出电路的解。

　　若电路结构已知而部分参数未知，但知道了一些附加条件，这时往往可示意性地画出相量图，并通过画出的相量图发现一些关系，得到一些方程，从而使电路可解。这时，相量图就起到了帮助分析电路的作用。

　　在用相量图帮助分析电路的过程中，因为画相量图的时候电路还未解出，所以电路中的许多物理量是未知的，这样，就无法精确地画出相量图，只能画出一个大致的示意图。合理地选择参考相量是顺利地画出该示意图的关键。

　　所谓参考相量是指画相量图时的基准相量，其初相为零，在相量图上表现为从原点出发，一般是从左向右处于水平位置上。参考相量选取的一般原则是：串联电路选电流为参考相量，并联电路选电压为参考相量，复杂（混联）电路从远离电源端处选参考相量。如对图 10‐6（a）所示的混联电路，选 $\dot{U}_1$ 为参考相量，画出示意性相量图如图 10‐6（b）所示。下面对图 10‐6（b）画出的过程加以说明。

　　图 10‐6（a）所示是一混联电路，参考相量宜从远离电源端处选取。远离电源端处为一并联结构，故选电压 $\dot{U}_1$ 为参考相量，即令 $\dot{U}_1 = U_1 \angle 0°$。显然 $\dot{I}_2$ 与 $\dot{U}_1$ 同相位，而 $\dot{I}_1$ 滞后 $\dot{U}_1$ 90°，因此可在图中画出相量 $\dot{I}_1$ 和 $\dot{I}_2$，应用平行四边形法则进而得到相量 $\dot{I}$，这样就做出了各电流相量。因 U_{R1} 和 $\dot{I}$ 同相位，$\dot{U}_L$ 超前于 $\dot{I}$ 90°，因此又可以 $\dot{I}$ 为基础做出相量 $\dot{U}_{R1}$ 和 $\dot{U}_L$，应用平行四边形法则进而可得到 $\dot{U}_{RL}$。再应用平行四边形法则，由 $\dot{U}_{RL}$ 和 $\dot{U}_1$ 得出端口电压相量 $\dot{U}$。由此得到最终相量图。图 10‐6（b）中的 φ 角为端口电压与端口电流的相位差，也是该电路输入阻抗的阻抗角。

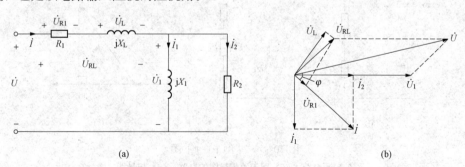

图 10‐6　电路及示意性相量图
(a) 电路；(b) 相量图

　　下面给出若干例题，说明借助相量图对电路进行分析的过程。

　　【例 10‐4】　图 10‐7（a）所示电路中，已知 $R = 7\Omega$，端口电压 $U = 200V$，R 和 Z_1 上电压的大小分别为 70V 和 150V，求复阻抗 Z_1。

　　解　本题特点是电路结构已知而部分参数未知，但知道一些附加条件，可借助相量图对电路进行分析。题中阻抗 Z_1 的性质未指明，可能是感性的，也有可能是容性的。可先设 Z_1

为感性，表示为 $Z_1 = R_1 + jX_1$。

设电路中各电流、电压相量及参考方向如图 10-7（b）所示。电路为串联，故设电路中的电流为参考相量，即 $\dot{I} = I\angle 0° A$。可画出图 10-7（c）所示的相量图。由图 10-7（c）中的两个直角三角形，可列出下述方程组：

$$(U_R + U_{R1})^2 + U_{X1}^2 = U^2$$
$$U_{R1}^2 + U_{X1}^2 = U_{Z1}^2$$

将所给已知条件代入后可得

$$(70 + U_{R1})^2 + U_{X1}^2 = 200^2$$
$$U_{R1}^2 + U_{X1}^2 = 150^2$$

解之，可得

$$U_{R1} = 90V$$
$$U_{X1} = 120V$$

由题可知串联电路中电流的有效值为 $I = \dfrac{U_R}{R} = \dfrac{70}{7} = 10A$，于是可得参数 R_1 和 X_1 的值为

$$R_1 = \frac{U_{R1}}{I} = \frac{90}{10}\Omega = 9\Omega$$

$$X_1 = \frac{U_{X1}}{I} = \frac{120}{10}\Omega = 12\Omega$$

因此

$$Z_1 = R + jX_1 = (9 + j12)\Omega$$

若设 Z_1 为容性，按以上过程求解可得

$$Z_1 = R - jX_1 = (9 - j12)\Omega$$

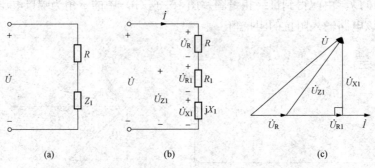

图 10-7　[例 10-4] 图
(a) 原电路；(b) 用于画相量图的电路；(c) 相量图

【例 10-5】　在图 10-8（a）所示的电路中，正弦电压有效值 $U_s = 380V$，频率 $f = 50Hz$。电容为可调电容，当 $C = 80.95\mu F$ 时，交流电流表 A 的读数最小，其值为 2.59A。试求图中交流电流表 A1 的读数以及参数 R 和 L。

解　本题属于电路结构已知而部分参数未知但知道一些附加条件的情况，适合借助相量图对电路进行分析。因电路结构为并联，故选并联电压为参考相量，令 $\dot{U}_s = 380\angle 0° V$，可知电感电流 $\dot{I}_1 = \dfrac{\dot{U}_s}{R + j\omega L}$ 滞后电压 $\dot{U}_s$，$\dot{I}_C = j\omega C\dot{U}_s$ 超前电压 $\dot{U}_s$ 的角度为 $\dfrac{\pi}{2}$，对应的相量

图如图 10-8（b）所示。从图中可见，当电容 C 变化时，$\dot{I}_C$ 的顶端将沿图中所示的虚线（垂线）变化，只有当 $\dot{I}_C$ 的顶端到达 a 点时，I 为最小，即交流电流表 A 的读数最小，此时，$\dot{I}$、$\dot{I}_1$ 和 $\dot{I}_C$ 三者构成直角三角形。

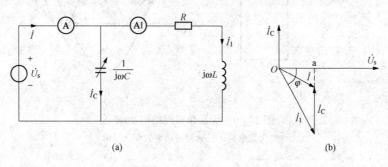

图 10-8　［例 10-5］图
(a) 电路；(b) 相量图

因 $I_C = \omega C U_s = 9.66 \text{A}$，$I = 2.59 \text{A}$，由此可求得电流表 A_1 的读数为

$$I_1 = \sqrt{(9.66)^2 + (2.59)^2} = 10 \text{A}$$

由 $\dot{I}$、$\dot{I}_1$ 和 $\dot{I}_C$ 构成的直角三角形可得 $|\varphi| = \arctan \dfrac{I_C}{I} = 74.99°$，所以

$$R + j\omega L = \frac{\dot{U}_s}{\dot{I}_1} = \frac{U_s}{I_1}(\cos|\varphi| + j\sin|\varphi|) = \frac{380}{10}(0.259 + j0.966) = 9.84 + j36.7(\Omega)$$

由此可得 $R = 9.48\Omega$，$L = \dfrac{36.7}{2\pi f} = \dfrac{36.7}{2 \times 3.14 \times 50} = 0.117$（H）。

10.3　正弦稳态电路的功率

10.3.1　瞬时功率

假定图 10-9（a）所示网络 N_0 由电阻、电感等无源元件构成，外接电源。在正弦稳态情况下，设 u、i 分别为

$$u = \sqrt{2}U\cos(\omega t + \varphi_u) \tag{10-27}$$

$$i = \sqrt{2}I\cos(\omega t + \varphi_i) \tag{10-28}$$

则该网络吸收的瞬时功率为

$$p = ui = 2UI\cos(\omega t + \varphi_u)\cos(\omega t + \varphi_i) \tag{10-29}$$

令 $\varphi = \varphi_u - \varphi_i$，$\varphi$ 为正弦电压与正弦电流的相位差，则

$$p = UI\cos\varphi + UI\cos(2\omega t + \varphi_u + \varphi_i) \tag{10-30}$$

从式（10-30）可以看出，瞬时功率由两部分组成，一部分为 $UI\cos\varphi$，是与时间无关的恒定分量，另一部分为 $UI\cos(2\omega t + \varphi_u + \varphi_i)$，是随时间按角频率 2ω 变化的正弦量。瞬时功率的变化规律如图 10-9（b）所示，瞬时功率的单位为瓦特（W）。

由式（10-29），还可将瞬时功率写为

$$p = UI\cos\varphi + UI\cos(2\omega t + 2\varphi_u - \varphi)$$

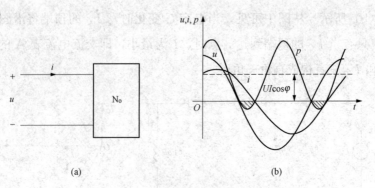

图 10-9　无源单口网络的功率

(a) 无源电路；(b) 瞬时功率的变化规律

$$= UI\cos\varphi + UI\cos\varphi\cos(2\omega t + 2\varphi_u) + UI\sin\varphi\sin(2\omega t + 2\varphi_u)$$

$$= UI\cos\varphi\{1 + \cos[2(\omega t + \varphi_u)]\} + UI\sin\varphi\sin[2(\omega t + \varphi_u)] \quad (10\text{-}31)$$

由于已假定该网络由无源元件构成，因此网络等效阻抗的阻抗角 $|\varphi| \leqslant \dfrac{\pi}{2}$，所以 $\cos\varphi \geqslant$ 0。由此可知，式（10-31）中的第一项始终大于或等于零，它是瞬时功率中的不可逆部分；第二项是瞬时功率中的可逆部分，以 2ω 的频率按正弦规律变化，反映了外接电路与单口网络之间能量交换的情况。

瞬时功率物理意义清晰，但由于每时每刻都在发生变化，故在实际工作中应用不便，实际工作中经常用下面讨论的平均功率、无功功率和视在功率反映相关情况。

10.3.2　平均功率

平均功率是瞬时功率在一个周期内的平均值，用大写字母 P 表示，即

$$P = \frac{1}{T}\int_0^T p\,dt = \frac{1}{T}\int_0^T UI[\cos\varphi + \cos(2\omega t + \varphi_u + \varphi_i)]dt = UI\cos\varphi \quad (10\text{-}32)$$

平均功率也称为有功功率，表示的是单口网络实际消耗（或发出）的功率，亦即式（10-30）中的恒定分量，单位为瓦特（W）。由式（10-32）可以看出，平均功率不仅决定于网络端口电压 u 与端口电流 i 的有效值，而且与它们之间的相位差 $\varphi = \varphi_u - \varphi_i$ 有关。式（10-32）中 $\cos\varphi$ 称为功率因数，用符号 λ 表示，即

$$\lambda = \cos\varphi \quad (10\text{-}33)$$

式（10-33）表明，功率因数的大小由网络端口电压 u 与端口电流 i 的相位差 φ 决定，φ 越小，$\cos\varphi$ 越大。当 $\varphi = 0$ 时，为纯电阻电路，功率因数 $\cos\varphi = 1$；当 $\varphi = \pm\dfrac{\pi}{2}$ 时，为纯电抗电路，功率因数 $\cos\varphi = 0$。

10.3.3　无功功率

无功功率用 Q 表示，其定义为

$$Q = UI\sin\varphi \quad (10\text{-}34)$$

从式（10-31）可知它是瞬时功率中可逆部分的最大值，表明了电源与单口网络之间能量交换的最大速率。无功功率的单位用乏（var）表示。

对电感元件，因为 $Q_L = UI\sin\varphi = UI\sin 90° > 0$，故通常说电感"吸收"无功功率；对电容元件，因为 $Q_C = UI\sin\varphi = UI\sin(-90°) < 0$，因此通常说电容"发出"无功功率。事实

上，用以反映电源与单口网络能量交换的无功功率并不存在吸收和发出的现象。

10.3.4 视在功率

在设计和制造电气设备时通常要规定设备在正常工作条件下的电压和电流，这种电压和电流分别称为额定电压、额定电流，额定电压 U 与额定电流 I 的乘积称为额定视在功率，用 S 表示，即

$$S = UI \tag{10-35}$$

为简便起见，额定视在功率在工程上往往简称为视在功率，用以反映电气设备的额定容量。设备正常工作时的功率为视在功率与功率因数的乘积，即 $P = S\cos\varphi = UI\cos\varphi$。视在功率的单位用伏安（VA）表示。

可以证明，正弦交流电路中有功功率和无功功率均守恒，即电路中各部分发出的有功功率之和等于电路中其他部分吸收的有功功率之和，电路中各部分"发出"的无功功率之和等于电路中其他部分"吸收"的无功功率之和，但电路的视在功率一般不守恒。

【例 10-6】 图 10-10 所示是测量电感线圈参数 R、L 的实验电路模型。已知电压表的读数为 50V，电流表的读数为 1A，功率表的读数为 30W，电源的频率 $f = 50\text{Hz}$，试求电感线圈参数 R、L 之值。

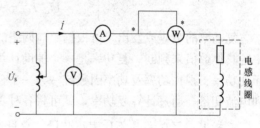

图 10-10 ［例 10-6］图

解 设电感线圈阻抗为 $Z = |Z|\angle\varphi = R + j\omega L$，根据电压表和电流表的读数，可以求得阻抗的模为 $|Z| = \dfrac{U}{I} = \dfrac{50}{1} = 50\Omega$。功率表的读数为线圈吸收的功率，因此有

$$UI\cos\varphi = 30$$

则 $\varphi = \arccos\left(\dfrac{30}{UI}\right) = \arccos\left(\dfrac{30}{50 \times 1}\right) = 53.13°$，由此得线圈的阻抗为

$$Z = R + j\omega L = |Z|\angle\varphi = 50\angle 53.13° = 30 + j40 (\Omega)$$

所以 $R = 30\Omega$，$\omega L = 40\Omega$。可得

$$L = \frac{40}{\omega} = \frac{40}{2\pi f} = \frac{40}{2\pi \times 50} = 127 (\text{mH})$$

该题也可利用 $P = I^2 R$ 求出 R，然后利用 $\sqrt{|Z|^2 - R^2} = \omega L$ 求出 ωL，再由此求得 L。

10.3.5 复功率

为了将相量法引入功率的计算，必须引入复功率的概念。复功率定义为具有关联方向的端口电压相量与端口电流相量共轭复数的乘积，用符号 $\bar{S}$ 表示，即

$$\bar{S} = \dot{U}\dot{I}^* \tag{10-36}$$

复功率的单位与视在功率相同，也是伏安（VA）。

设某一单口电路端口电压相量为 $\dot{U} = U\angle\varphi_u$，与端口电压具有关联方向的端口电流相量为 $\dot{I} = I\angle\varphi_i$，其共轭复数为 $\dot{I}^* = I\angle-\varphi_i$，则

$$\bar{S} = \dot{U}\dot{I}^* = U\angle\varphi_u \cdot I\angle-\varphi_i = UI\angle\varphi_u - \varphi_i$$

$$= UI\angle\varphi = UI\cos\varphi + jUI\sin\varphi = P + jQ \tag{10-37}$$

由式（10-37）可知，复功率可以将所有功率联系起来。在直角坐标下，复功率的实部和虚

部分别为有功功率 P 和无功功率 Q；在极坐标下，复功率的模是视在功率，其辐角是功率因数角。

对于不含独立源的单口网络，有 $\dot{U}=Z\dot{I}$，代入式（10-36），可得

$$\bar{S}=Z\dot{I}\dot{I}^{*}=ZI^{2} \tag{10-38}$$

或者将 $\dot{I}^{*}=(Y\dot{U})^{*}$ 代入式（10-36），可得

$$\bar{S}=\dot{U}(Y\dot{U})^{*}=Y^{*}U^{2} \tag{10-39}$$

R、L、C 元件的复功率分别为

$$\begin{cases} \bar{S}_{R}=\dot{U}_{R}\dot{I}_{R}^{*}=RI_{R}^{2}=\dfrac{U_{R}^{2}}{R} \\[2mm] \bar{S}_{L}=\dot{U}_{L}\dot{I}_{L}^{*}=j\omega LI_{L}^{2}=j\dfrac{U_{L}^{2}}{\omega L} \\[2mm] \bar{S}_{C}=\dot{U}_{C}\dot{I}_{C}^{*}=-j\dfrac{1}{\omega C}I_{C}^{2}=-j\omega CU_{C}^{2} \end{cases} \tag{10-40}$$

复功率的吸收或发出，可根据单口网络的端口电压和端口电流的参考方向，并结合复功率的具体数值来判断。复功率是一个辅助计算功率的复数，它将正弦稳态电路的有功功率、无功功率、视在功率及功率因数统一为一个公式表示。因此，只要计算出电路中的电压相量和电流相量，通过计算复功率，就可将各种功率方便地求出。

应指出，复功率 $\bar{S}$ 不代表正弦量，它只表示 $\dot{U}\dot{I}^{*}$，本身没有物理意义。复功率的概念适用于单个电路元件或任意单口电路。可以证明，电路中的复功率是守恒的，即电路中各部分发出的复功率的总和等于电路中其余部分吸收的复功率总和。

【例 10-7】 将 $\dot{U}=200\angle-30°\text{V}$ 的正弦交流电压加在阻抗为 $Z=100\angle30°\Omega$ 的负载上，试求该阻抗的视在功率、有功功率和无功功率。

解 由电阻的元件约束可知，电路中的电流为

$$\dot{I}=\frac{\dot{U}}{Z}=\frac{200\angle-30°}{100\angle30°}=2\angle-60°(\text{A})$$

所以

$$\begin{aligned} \bar{S}=\dot{U}\dot{I}^{*}&=200\angle-30°\times2\angle60°=400\angle30° \\ &=400\cos30°+j400\sin30°=346+j200(\text{VA}) \end{aligned}$$

由此可知，视在功率、有功功率和无功功率分别为 $S=|\bar{S}|=400\text{VA}$、$P=346\text{W}$、$Q=200\text{var}$。

10.3.6　功率因数的提高

正弦交流电路中，在电源发出电能向负载传输的过程中，系统传送的电能不会被负载全部消耗掉，有一部分会从负载反送回电源，并再次发送出来，不断循环［可参阅图10-9(b)］，也即电源在输出有功功率的同时也在"输出"无功功率。当负载要求的有功功率 P 一定时，$\cos\varphi$ 越小（φ 越大），则无功功率 Q 越大，较大的无功功率使得较大的电能在电力系统的输电线路上来回输送，一方面会在输电线路起始端之间形成较大的电压降落，使得负载端电压降低，设备不能正常工作；另一方面，也会使输电线路产生较大的能量损耗，降低了电力系统的经济效益。因此必须尽可能想办法提高负载的功率因数，减少负载的无功功

率 Q。

提高功率因数的方法很多,对于用户来讲大多采用在负载两端并联电容器的方法。下面举例加以说明。

【例 10-8】 在图 10-11(a)所示的电路中,已知 $U=380\text{V}$,工作频率为 50Hz。感性负载吸收的功率为 $P=20\text{kW}$,功率因数 $\cos\varphi_1=0.6$。如需将电路的功率因数提高到 $\cos\varphi=0.9$,试求并联在负载两端的电容 C。

解 (1)方法一:并联电容 C 不会影响 R、L 串联支路的复功率(设为 $\bar{S}_1$),这是因为 $\dot{U}$ 和 $\dot{I}_1$ 都没有改变。但是并联电容 C 后,电容 C 的无功功率"补偿"了电感 L 的无功功率,可使总的无功功率减少,电路的功率因数随之提高。设电容的复功率为 $\bar{S}_C$,并联电容后电路的复功率为 $\bar{S}$,则有

$$\bar{S}=\bar{S}_1+\bar{S}_C$$

并联电容前

$$\lambda_1=\cos\varphi_1=0.6$$
$$P_1=20\text{kW}$$
$$Q_1=P_1\tan\varphi_1=26.67\text{kvar}$$
$$\bar{S}_1=P_1+jQ_1=(20+j26.67)\text{kVA}$$

并联电容后,要使 $\lambda=\cos\varphi=0.9$,应有 $\varphi=\pm25.84°$,而有功功率并没有改变,所以电路的无功功率为 $Q=P_1\tan\varphi=\pm9.69\text{kvar}$,所以

$$\bar{S}=P_1+jQ=(20\pm j9.69)\text{kVA}$$

可知电容的复功率为

$$\bar{S}_C=\bar{S}-\bar{S}_1=-j16.98(\text{或}-j36.36)\text{kVA}$$

工程实际中并联的电容需要经费购置和空间安放,结合现实中低费用和小空间的要求,应选择并联较小的电容,故取 $\bar{S}_C=-j16.98\text{kVA}$。因为

$$\bar{S}_C=U^2Y_C^*=-j\omega CU^2$$

所以

$$-j16.98\times10^3=-j\omega C\times380^2$$

因此

$$C=\frac{16.98\times10^3}{\omega\times380^2}=\frac{16.98\times10^3}{2\pi\times50\times380^2}=375(\mu\text{F})$$

(2)方法二:本题具有电路结构已知、部分参数未知、但补充了附加条件的特点,适合用相量图帮助分析电路。令 $\dot{U}=380\angle0°\text{V}$,可画出并联电容后电路的相量图,如图 10-11(b)和图 10-11(c)所示。

图 10-11(b)中,因 $\varphi_1<0$,$\varphi<0$,所以有

$$I_2=I_1\sin|\varphi_1|-I\sin|\varphi|$$

因为 $U=380\text{V}$,$\cos\varphi_1=0.6$,$P=UI_1\cos\varphi_1=20\text{kW}$,由此可求得

$$I_1=\frac{P}{U\cos\varphi_1}=\frac{20\times10^3}{380\times0.6}=87.72(\text{A})$$

若将功率因数提高到 $\cos\varphi=0.9$,因为负载工作状态没有发生变化,故负载吸收的有功功率不变,由此可求得

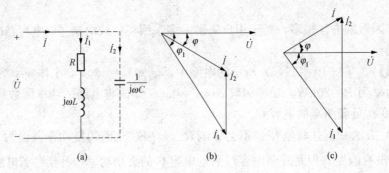

图 10 - 11 ［例 10 - 8］图

(a) 电路；(b) 相量图一；(c) 相量图二

$$I = \frac{P}{U\cos\varphi} = \frac{20 \times 10^3}{380 \times 0.9} = 58.48(\text{A})$$

由 $\cos\varphi_1 = 0.6$ 可得 $\sin|\varphi_1| = \sqrt{1 - (\cos\varphi_1)^2} = \sqrt{1 - 0.6^2} = 0.8$，由 $\cos\varphi = 0.9$ 可得 $\sin|\varphi| = \sqrt{1 - (\cos\varphi)^2} = \sqrt{1 - 0.9^2} = 0.436$，所以有

$$I_2 = I_1\sin|\varphi_1| - I\sin|\varphi| = 87.72 \times 0.8 - 58.48 \times 0.436 = 44.69(\text{A})$$

故有

$$C = \frac{I_2}{\omega U} = \frac{44.69}{2\pi \times 50 \times 380} = 3.75 \times 10^{-4}(\text{F}) = 375(\mu\text{F})$$

图 10 - 11 (c) 中，因 $\varphi_1 < 0$，$\varphi > 0$，所以有

$$I_2 = I_1\sin|\varphi_1| + I\sin|\varphi| = 87.72 \times 0.8 + 58.48 \times 0.436 = 95.67(\text{A})$$

故有

$$C = \frac{I_2}{\omega U} = \frac{95.67}{2\pi \times 50 \times 380} = 8.02 \times 10^{-4}(\text{F}) = 802(\mu\text{F})$$

电容取 $375\mu\text{F}$ 或 $802\mu\text{F}$ 均是满足题目要求的解。结合工程背景要求，应选择电容为 $375\mu\text{F}$。

通过上述例子可以看出提高功率因数的经济意义。并联电容后线路电流从 $I_1 = 87.72\text{A}$ 减少为 $I = 58.48\text{A}$，从而使得输电线路上的损耗减少；或者在保持线路原有电流的情况下能使该条线路带更多的负荷，从而提高了设备的利用率。

以上例子中的计算问题是工程实践中经常碰到的，该项计算可直接按式（10 - 41）进行，即

$$C = \frac{P}{\omega U^2}(\tan|\varphi_1| - \tan|\varphi|) \tag{10 - 41}$$

上式可结合［例 10 - 8］中的一些中间结果推出

$$C = \frac{I_2}{\omega U} = \frac{I_1\sin|\varphi_1| - I\sin|\varphi|}{\omega U}$$

$$= \frac{\dfrac{P}{U\cos\varphi_1} \times \sin|\varphi_1| - \dfrac{P}{U\cos\varphi}\sin|\varphi|}{\omega U} = \frac{P}{\omega U^2}(\tan|\varphi_1| - \tan|\varphi|)$$

10.3.7 最大功率传输

在第 6 章中已讨论过电阻电路中的最大功率传输问题，此处讨论含有电容和电感的电路在正弦稳态情况下的最大功率传输问题。在通信系统、电子电路等传输和处理信号的电路

中，经常需要考虑这一问题。

图 10-12（a）所示为含有独立电源的一端口网络 N_s 向负载 Z 传输功率的情况。根据戴维南定理，该问题可以用图 10-12（b）所示的等效电路进行研究。

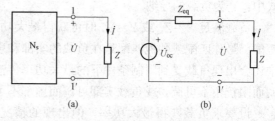

图 10-12　分析最大功率传输问题用图
（a）原电路；（b）等效电路

设图 10-12（b）中戴维南等效电路阻抗为 $Z_{eq}=R_{eq}+jX_{eq}$，设负载的阻抗为 $Z=R+jX$，则负载吸收的有功功率为 $P=RI^2$。

因 $\dot{I}=\dfrac{1}{Z_{eq}+Z}\dot{U}_{oc}$，所以

$$I=\frac{U_{oc}}{|Z_{eq}+Z|}=\frac{U_{oc}}{|R_{eq}+jX_{eq}+R+jX|}=\frac{U_{oc}}{\sqrt{(R_{eq}+R)^2+(X_{eq}+X)^2}} \quad (10\text{-}42)$$

将上式代入 $P=RI^2$ 表达式，可得

$$P=\frac{RU_{oc}^2}{(R_{eq}+R)^2+(X_{eq}+X)^2} \quad (10\text{-}43)$$

如果 R 和 X 均可变，当其他参数不变时，负载 Z 获得的最大功率可由下式求出

$$\begin{cases} \dfrac{\partial P}{\partial R}=0 \\[2mm] \dfrac{\partial P}{\partial X}=0 \end{cases} \quad (10\text{-}44)$$

式（10-44）的运算较麻烦。但因 X 只在式（10-43）的分母位置出现，具有特殊性，故求 P 最大值可有简便方法。

由式（10-43）可知，当 $X_{eq}+X=0$ 时，针对 X 的变化 P 达到最大，此时

$$P=\frac{RU_{oc}^2}{(R_{eq}+R)^2} \quad (10\text{-}45)$$

接下来，可通过 $dP/dR=0$ 求式（10-45）的最大值。因此，负载 Z 获得最大功率的约束条件可变为

$$\begin{cases} X_{eq}+X=0 \\[2mm] \dfrac{d}{dR}\left[\dfrac{RU_{oc}^2}{(R_{eq}+R)^2}\right]=0 \end{cases} \quad (10\text{-}46)$$

解得

$$\begin{cases} R=R_{eq} \\ X=-X_{eq} \end{cases} \quad (10\text{-}47)$$

即

$$Z=R_{eq}-jX_{eq}=Z_{eq}^* \quad (10\text{-}48)$$

此时负载获得的最大功率为

$$P_{max}=\frac{U_{oc}^2}{4R_{eq}} \quad (10\text{-}49)$$

也可用诺顿等效电路研究上述最大功率传输问题。令诺顿等效电路导纳为 $Y_{eq}=G_{eq}+jB_{eq}$，则负载获得最大功率的条件为

$$Y = G_{eq} - jB_{eq} = Y_{eq}^* \tag{10-50}$$

式中：Y 为负载的导纳。

负载满足 $Z = Z_{eq}^*$ 或 $Y = Y_{eq}^*$ 时可获得最大功率，这种情况在工程上称为最佳匹配或共扼匹配。最佳匹配或共扼匹配是在负载的实部和虚部均可调整的情况下得到的结果。实际工作中还会出现负载受到限制条件下的最大功率传输问题。负载受到限制的情况包括负载的模可调而阻抗角不可调，或负载实部可调而虚部不可调等。下面对其中一种情况做分析。

设要求负载获得最大功率，但出现的情况是负载阻抗 $Z = R + jX = |Z| \angle \varphi$ 的模可调，而阻抗角不能改变，例如负载只能是一纯电阻。该问题仍可用图 10-12（b）所示的等效电路进行研究。为此，将 $R_{eq} = |Z_{eq}| \cos\varphi_{eq}$、$X_{eq} = |Z_{eq}| \sin\varphi_{eq}$、$R = |Z| \cos\varphi$、$X = |Z| \sin\varphi$ 代入式（10-43）可得

$$
\begin{aligned}
P &= \frac{U_{oc}^2 |Z| \cos\varphi}{|Z_{eq}|^2 + |Z|^2 + 2|Z_{eq}||Z|(\cos\varphi_{eq}\cos\varphi + \sin\varphi_{eq}\sin\varphi)} \\
&= \frac{U_{oc}^2 \cos\varphi}{|Z_{eq}|^2/|Z| + |Z| + 2|Z_{eq}|\cos(\varphi_{eq} - \varphi)}
\end{aligned} \tag{10-51}
$$

上式中的分子与负载阻抗的模 $|Z|$ 无关，为求得 P 的极大值，只需令分母对 $|Z|$ 求导并令导数等于零，可得

$$-\frac{|Z_{eq}|^2}{|Z|^2} + 1 = 0 \tag{10-52}$$

因而有

$$|Z| = |Z_{eq}| \tag{10-53}$$

此时式（10-51）的分母取极小值，P 为极大值。因此，当只能改变负载阻抗的模时，负载获得最大功率的条件是负载阻抗的模与戴维南等效阻抗的模相等。此时求得的最大功率为

$$P_{max} = \frac{U_{oc}^2 \cos\varphi}{2|Z_{eq}|[1 + \cos(\varphi_{eq} - \varphi)]} \tag{10-54}$$

【例 10-9】 图 10-13（a）所示电路中，已知电流源的电流 $\dot{I}_s = 2\angle 0°\text{A}$，求：

（1）最佳匹配时负载 Z 获得的最大功率。

（2）若负载是一个纯电阻 R，求其能获得的最大功率。

解 针对负载而言，与电流源串联的电阻为虚元件。可以求出负载左侧含有独立电源一端口网络的戴维南等效电路如图 10-13（b）所示，其中等效电压源的电压为

$$\dot{U}_{oc} = \frac{2 \times \dot{I}_s}{2 + 2 + j4} \times j4 = \frac{2 \times 2\angle 0°}{2 + 2 + j4} \times j4 = \sqrt{8}\angle 45°\text{(A)}$$

戴维南等效阻抗为

$$Z_{eq} = \frac{(2+2) \times j4}{2 + 2 + j4} = 2 + j2 = 2\sqrt{2}\angle 45°\text{(}\Omega\text{)}$$

（1）最佳匹配时负载 $Z = Z_{eq}^* = (2 - j2)\Omega$，负载获得的最大功率为

$$P_{max} = \frac{U_{oc}^2}{4R_{eq}} = \frac{(\sqrt{8})^2}{4 \times 2} = 1\text{(W)}$$

（2）负载为一纯电阻 R 时，阻抗角 $\varphi = 0$。又因为 $\varphi_{eq} = 45°$，所以当 $R = |Z_{eq}| = 2\sqrt{2}\,\Omega$ 时，负载获得的最大功率为

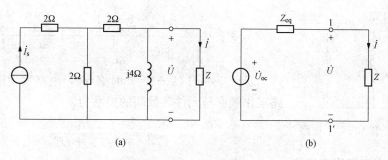

图 10 - 13 ［例 10 - 9］图

（a）原电路；（b）等效电路

$$P_{\max} = \frac{U_{oc}^2 \cos\varphi}{2|Z_{eq}|[1 + \cos(\varphi_{eq} - \varphi)]} = \frac{(\sqrt{8})^2 \times 1}{2 \times 2\sqrt{2} \times (1 + \cos45°)} = 0.828(\text{W})$$

可见，负载为纯电阻时获得的最大功率小于最佳匹配时负载获得的最大功率，最佳匹配时负载获得的功率为最大。

10.4 谐 振 电 路

10.4.1 谐振的定义

由线性电阻、线性电容、线性电感等元件组成的不含独立电源电路如图 10 - 14 所示，在正弦稳态情况下，其端口电压 $\dot{U}$ 和电流 $\dot{I}$ 的相位一般是不同的，如果出现了这两者同相位的情况，则称电路发生了谐振。

因谐振时电路的电压与电流同相位，端口的输入阻抗 $Z = R + jX = \dfrac{\dot{U}}{\dot{I}} = R$ 为纯电阻（端口的输入导纳 $Y = G + jB = \dfrac{\dot{I}}{\dot{U}} = G$，为纯电导），故也将输入阻抗为纯电阻（纯电导）作为谐振的定义。

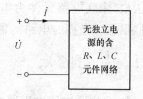

图 10 - 14 不含独立电源
的一端口网络

谐振时，电路的输入阻抗呈纯电阻性，阻抗角 $\varphi = 0$，功率因数 $\cos\varphi = 1$，电路的无功功率 $Q = UI\sin\varphi = 0$。这说明电路与电源间仅存在能量的单向传输关系，不存在能量的双向交换关系，电源输出的能量全部被电路内的电阻所消耗。

谐振是正弦稳态电路存在的一种特殊现象。当电路发生谐振时，电路中某些支路（元件）上的电压或电流的幅值可能大于端口电压或电流的幅值，即出现"过电压"或"过电流"的情况。在工程实际中，需要根据不同的目的来利用或者避开谐振现象。

对于仅由电容和电感组成的纯电抗网络，输入阻抗为 $Z = jX$，输入导纳为 $Y = jB$。当 $Z = 0$（对应 $|Y| \to \infty$）或 $Y = 0$（对应 $|Z| \to \infty$）时，也称电路发生谐振。

【例 10 - 10】 电路如图 10 - 15 所示，频率为何值时电路发生谐振？并说明谐振时电路的表现。

解 图 10 - 15 所示电路的输入阻抗为

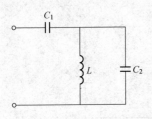

$$Z = -j\frac{1}{\omega C_1} + \frac{j\omega L\left(-j\frac{1}{\omega C_2}\right)}{j\omega L - j\frac{1}{\omega C_2}} = -j\frac{\omega^2 LC_2 + \omega^2 LC_1 - 1}{\omega C_1(\omega^2 LC_2 - 1)}$$

$\omega^2 LC_2 + \omega^2 LC_1 - 1 = 0$ 时 $Z = 0$，电路发生谐振，可得电路工作频率与元件参数间的关系为

图 10-15 　[例 10-10] 电路

$$\omega_1 = \sqrt{\frac{1}{LC_1 + LC_2}}$$

此时，电路的表现相当于短路。

$\omega C_1(\omega^2 LC_2 - 1) = 0$ 时 $|Z| \to \infty$，电路发生谐振，可得电路工作频率与元件参数间的关系为

$$\omega_2 = \frac{1}{\sqrt{LC_2}}$$

此时，电路的表现相当于开路。

10.4.2　*RLC* 串联谐振电路

RLC 串联谐振电路是一种典型的谐振电路，其结构如图 10-16 所示。该电路的输入阻抗为

$$Z = \frac{\dot{U}}{\dot{I}} = R + j\left(\omega L - \frac{1}{\omega C}\right) = |Z|\angle\varphi \tag{10-55}$$

当 $\omega L = \dfrac{1}{\omega C}$ 时，电感和电容串联部分相当于短路，阻抗角 $\varphi = 0$，电压 $\dot{U}$ 和电流 $\dot{I}$ 同相，电路发生谐振。因 *RLC* 串联电路元件为串联连接，故该类谐振称为串联谐振。谐振时电路的输入阻抗 $Z = R$ 为最小，电流 $\dot{I}_0 = \dfrac{\dot{U}}{R}$ 达到最大。

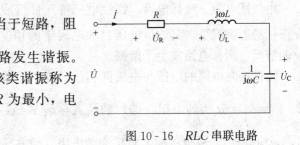

图 10-16 　*RLC* 串联电路

RLC 串联电路发生谐振的充要条件是 $\omega L = \dfrac{1}{\omega C}$，可以通过改变电路参数 L 或 C，或调节外加电源的角频率 ω 来满足这一条件。对于 L 和 C 已经固定的电路，发生谐振时端口电源的角频率 ω_0 为

$$\omega_0 = \frac{1}{\sqrt{LC}} \tag{10-56}$$

当电路参数 L 或 C 发生变化时，电路的谐振频率也随之改变。

RLC 串联电路达到谐振时，电路的感抗与容抗相等，即 $X_L = X_C$，其值为

$$\omega_0 L = \frac{1}{\omega_0 C} = \sqrt{\frac{L}{C}} = \rho \tag{10-57}$$

式中：ρ 是一个仅与电路参数有关而与频率无关的量，称为电路的特性阻抗。

RLC 串联电路的特征阻抗 ρ 与 R 之比定义为电路的品质因数，用 Q 表示，即

$$Q = \frac{\rho}{R} = \frac{1}{R}\sqrt{\frac{L}{C}} = \frac{\omega_0 L}{R} = \frac{1}{\omega_0 CR} \tag{10-58}$$

Q 是一个无量纲的纯数，能够反映谐振电路的性能。需要注意的是，字母 Q 也被用来表示无功功率，应根据 Q 出现的场合判断 Q 的具体含义。

图 10-16 所示电路发生串联谐振时，电阻电压 $\dot{U}_R = \dot{U}$，电感电压 $\dot{U}_L = j\omega_0 L \dot{I}_0 = j\omega_0 L \dfrac{\dot{U}}{R} = jQ\dot{U}$，电容电压 $\dot{U}_C = -j\dfrac{1}{\omega_0 C}\dot{I}$。

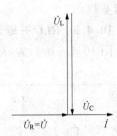

图 10-17 RLC 串联电路谐振时的相量图

$= -j\dfrac{1}{\omega_0 C}\dfrac{\dot{U}}{R} = -jQ\dot{U}$。可见，谐振时电阻电压与端口电压相同，电感电压和电容电压的大小均为端口电压的 Q 倍。由于电感电压和电容电压的大小相等，方向相反，$\dot{U}_L + \dot{U}_C = 0$，两者相互抵消，所以，串联谐振又称为电压谐振。图 10-17 所示为谐振时电路的相量图。

若电路的 Q 值较大，谐振时电容和电感上会得到远大于端口电压的电压。在电子技术和无线电工程等弱电系统中，常利用串联谐振的方法得到比激励电压高若干倍的响应电压。然而在电力工程等强电系统中，串联谐振产生的高压会造成设备和器件的损坏，因此在强电系统中要尽量避免谐振或接近谐振的情况出现。

在实际工作中，通常用电感线圈和电容器串联组成串联谐振电路。电路谐振时电感线圈本身的电抗与电阻之比称为线圈的品质因数，用 Q_L 表示，即

$$Q_L = \frac{\omega_0 L}{R_L} \tag{10-59}$$

由于实际电容元件的损耗较小，其电阻效应可忽略不计，所以可认为实际谐振电路的电阻即是电感线圈的等效电阻，因此谐振电路的品质因数 Q 与谐振频率下电感线圈的品质因数 Q_L 一致。收音机中的电感线圈，其品质因数可达 $200 \sim 300$。

谐振状态下，电感和电容之间相互交换能量，电感和电容作为一个整体与电路中的其他部分没有能量交换关系，电感中储存的磁场能与电容中储存的电场能总和为一定值，下面给出证明。

设图 10-16 所示电路中端口电压 $\dot{U} = U\angle 0° \text{V}$，则谐振时有 $\dot{I} = \dfrac{\dot{U}}{R} = \dfrac{U}{R}\angle 0° \text{V}$，$\dot{U}_L = j\omega L \dot{I} = \dfrac{\omega L U}{R}\angle 90° \text{V}$，$\dot{U}_C = -j\dfrac{1}{\omega C}\dot{I} = \dfrac{U}{\omega C R}\angle -90° \text{V}$。设 $u = \sqrt{2}U\cos\omega t \text{ V}$，则 $i_L = i = \dfrac{u}{R} = \dfrac{1}{R}\sqrt{2}U\cos\omega t \text{ A}$，$u_C = \dfrac{1}{\omega C R}\sqrt{2}U\sin\omega t \text{ V}$，可得电容和电感储存的能量之和为

$$\begin{aligned}
\frac{1}{2}C[u_C(t)]^2 + \frac{1}{2}L[i_L(t)]^2 &= \frac{1}{2}C\left(\frac{1}{\omega C R}\sqrt{2}U\sin\omega t\right)^2 + \frac{1}{2}L\left(\frac{1}{R}\sqrt{2}U\cos\omega t\right)^2 \\
&= \frac{U^2}{\omega^2 C R^2}(\sin\omega t)^2 + \frac{LU^2}{R^2}(\cos\omega t)^2 \\
&= L\left(\frac{U}{R}\right)^2[(\sin\omega t)^2 + (\cos\omega t)^2] \\
&= LI^2
\end{aligned} \tag{10-60}$$

谐振时电阻在一个周期内消耗的能量为

$$PT = I^2 RT = I^2 R\frac{1}{f} = I^2 R\frac{2\pi}{\omega} = I^2 RL\frac{2\pi}{\omega L} = \frac{2\pi}{Q}LI^2 \tag{10-61}$$

该能量与谐振时电容和电感储存的总能量之间有 $\dfrac{2\pi}{Q}$ 倍的关系，可见 Q 是谐振电路一个很重要的参数。

10.4.3　*RLC* 并联谐振电路

图 10-18 所示为典型的 *RLC* 并联谐振电路，其分析方法与 *RLC* 串联谐振电路相似。

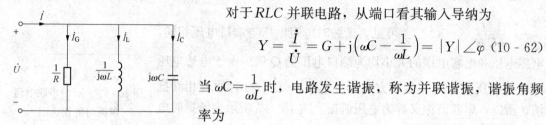

图 10-18　*RLC* 并联谐振电路

对于 *RLC* 并联电路，从端口看其输入导纳为

$$Y = \frac{\dot{I}}{\dot{U}} = G + \mathrm{j}\left(\omega C - \frac{1}{\omega L}\right) = |Y| \angle \varphi \quad (10-62)$$

当 $\omega C = \dfrac{1}{\omega L}$ 时，电路发生谐振，称为并联谐振，谐振角频率为

$$\omega_0 = \frac{1}{\sqrt{LC}} \quad\quad (10-63)$$

RLC 并联电路与 *RLC* 串联电路为对偶电路，通过直接分析或借助对偶性可知，并联谐振发生时电路有以下特点：

（1）谐振时，电路呈电阻性，阻抗角 $\varphi = 0$，电路 LC 并联组合部分相当于开路，电路的输入导纳最小，即 $Y = \dfrac{1}{R} = G$。若电路接电压源，谐振时电路端口电流最小，并等于电阻支路中的电流，即 $I = GU = \dfrac{U}{R}$。

（2）并联谐振电路的品质因数 $Q = \dfrac{1}{G}\sqrt{\dfrac{C}{L}} = \dfrac{1}{\omega_0 LG} = \dfrac{\omega_0 C}{G}$。谐振时，$\dot{I}_L = -\mathrm{j}Q\dot{I}$，$\dot{I}_C = \mathrm{j}Q\dot{I}$，即电容电流和电感电流的大小均为端口电流的 Q 倍。当 Q 值很高时，I_L 和 I_C 将远大于端口电流 I。

（3）谐振时电感电流 $\dot{I}_L$ 与电容电流 $\dot{I}_C$ 大小相等，方向相反，$\dot{I}_L + \dot{I}_C = 0$，二者相互抵消，所以，并联谐振又称为电流谐振。

（4）谐振时电路的无功功率 $UI\sin\varphi = 0$，电感中储存的磁场能与电容中储存的电场能之和为一定值，即 $W = W_L + W_C = \dfrac{1}{2}Li_L^2 + \dfrac{1}{2}Ci_C^2 = CU^2$。

实际的并联谐振电路通常是由实际的电感线圈与电容器并联构成，其电路模型如图 10-19 所示。该电路的输入导纳为

$$Y = \frac{1}{R+\mathrm{j}\omega L} + \mathrm{j}\omega C = \frac{R}{R^2+\omega^2 L^2} - \mathrm{j}\frac{\omega L}{R^2+\omega^2 L^2} + \mathrm{j}\omega C$$

$$(10-64)$$

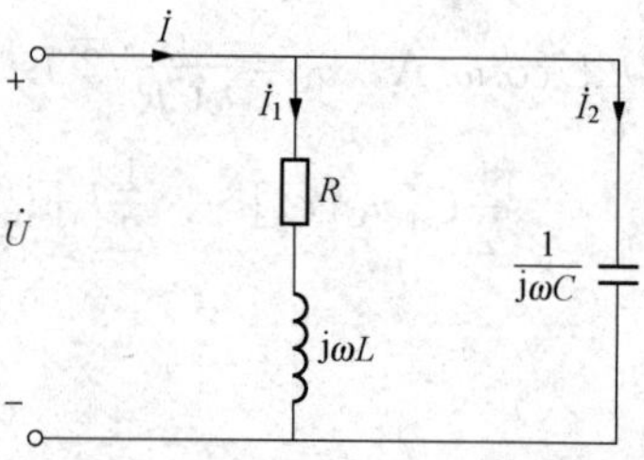

图 10-19　实际并联谐振电路模型

电路谐振时，导纳应为纯电导，即 Y 的虚部为零，要求

$$\frac{\omega L}{R^2+\omega^2 L^2} - \omega C = 0 \quad\quad (10-65)$$

由此解得谐振角频率与电路参数的关系为

$$\omega = \sqrt{\frac{1}{LC} - \frac{R^2}{L^2}} = \frac{1}{\sqrt{LC}} \sqrt{1 - \frac{CR^2}{L}} \qquad (10\text{-}66)$$

若 $1 - \frac{CR^2}{L} > 0$，即 $R < \sqrt{\frac{L}{C}}$，ω 为实数，电路可发生谐振。若 $R > \sqrt{\frac{L}{C}}$，ω 为虚数，电路不可能发生谐振。

谐振时，图 10-19 所示电路的输入导纳为

$$Y = \frac{R}{R^2 + \omega^2 L^2} = \frac{R}{R^2 + \left(\frac{1}{LC} - \frac{R^2}{L^2} \right) L^2} = \frac{CR}{L} \qquad (10\text{-}67)$$

【例 10-11】 将一个等效参数为 $R = 2\,\Omega$、$L = 40\,\mu\text{H}$ 的实际电感线圈与电容器并联，电容器的等效参数为 $C = 1\text{nF}$，求此并联电路的谐振频率及谐振时的输入阻抗。

解 谐振角频率为

$$\omega = \sqrt{\frac{1}{LC} - \frac{R^2}{L^2}} = \frac{1}{\sqrt{LC}} \sqrt{1 - \frac{CR^2}{L}}$$

$$= \sqrt{\frac{1}{40 \times 10^{-6} \times 10^{-9}} - \frac{4}{16 \times 10^{-10}}} \approx \sqrt{\frac{1}{40 \times 10^{-15}}} = 5 \times 10^6 \,(\text{rad/s})$$

谐振时的输入导纳为

$$Y = \frac{CR}{L} = \frac{1 \times 10^{-9} \times 2}{40 \times 10^{-6}} = 5 \times 10^{-5} \,(\text{S})$$

故谐振时的输入阻抗为

$$Z = \frac{1}{Y} = \frac{1}{5 \times 10^{-5}} = 2 \times 10^4 = 20 \,(\text{k}\Omega)$$

【例 10-12】 分析图 10-20 所示电路的谐振情况，并求出谐振频率及谐振时的输入阻抗。

解 图示电路的输入阻抗为

$$Z = j\omega L // \left(R - j\frac{1}{\omega C} \right) = \frac{j\omega L \left(R - j\frac{1}{\omega C} \right)}{R + j\left(\omega L - \frac{1}{\omega C} \right)}$$

$$= \frac{R\omega^2 L^2}{R^2 + \left(\omega L - \frac{1}{\omega C} \right)^2} + j\frac{\omega R^2 L - \frac{\omega L^2}{C} + \frac{L}{\omega C^2}}{R^2 + \left(\omega L - \frac{1}{\omega C} \right)^2}$$

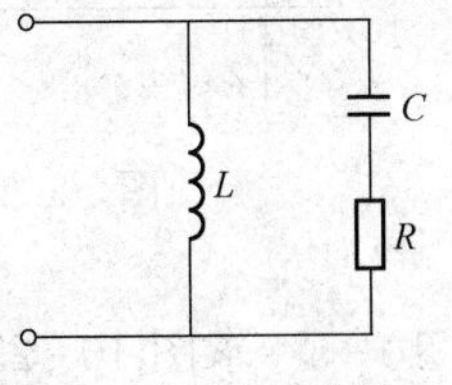

图 10-20 ［例 10-12］电路

上式虚部为零时 $\omega R^2 L - \frac{\omega^2 L}{C} + \frac{L}{\omega C^2} = 0$，可求得谐振角频率为 $\omega = \frac{1}{\sqrt{LC - R^2 C^2}}$，此时，电路的输入阻抗为一纯电阻，即

$$Z = \frac{R\omega^2 L^2}{R^2 + \left(\omega L - \frac{1}{\omega C} \right)^2} = \frac{L}{RC}$$

若 $LC - R^2 C^2 < 0$，即 $L - R^2 C < 0$，或 $R > \sqrt{\frac{L}{C}}$，该电路不可能有谐振状态出现。

习 题

10-1 二端网络如图 10-21 所示，求其输入阻抗 Z_{in} 及输入导纳 Y_{in}。

10-2 图 10-22 所示电路中，已知 $u(t) = 10\cos 2t \text{V}$，$i(t) = 2\cos(2t-60°)\text{A}$，试确定方框内电路 N 的输入阻抗及最简单的串联组合和并联组合元件值。

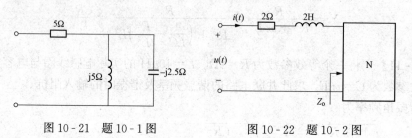

图 10-21 题 10-1 图　　　图 10-22 题 10-2 图

10-3 正弦稳态电路如图 10-23 所示，求它的输入阻抗 $Z_{in}(j\omega)$；若 $R_1 = R_2$，则 $Z_{in}(j\omega)$ 为多少?

10-4 求图 10-24 所示电路中的电压 $\dot{U}_{ab}$。

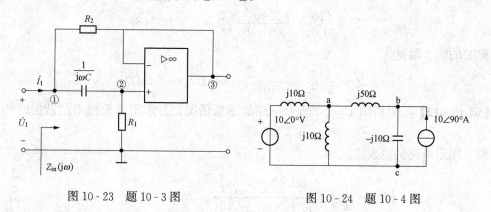

图 10-23 题 10-3 图　　　图 10-24 题 10-4 图

10-5 求图 10-25 所示电路中的电压 $\dot{U}$，并画出电路的相量图。

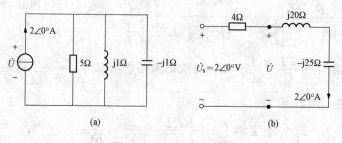

图 10-25 题 10-5 图

10-6 图 10-26 所示电路中，已知 $\dot{I}_L = 4\angle 28°\text{A}$，$\dot{I}_C = 1.2\angle 53°\text{A}$。求 $\dot{I}_s$、$\dot{U}_s$ 及 $\dot{U}_R$。

10-7 图 10-27 所示电路中，已知 $u = 220\sqrt{2}\cos(250t+20°)\text{V}$，$R = 110\Omega$，$C_1 = 20\mu\text{F}$，

$C_2=80\mu\text{F}$，$L=1\text{H}$。求电路中各电流表的读数和电路的输入阻抗。

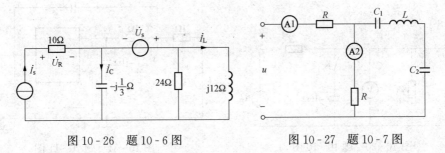

图 10-26 题 10-6 图　　　　图 10-27 题 10-7 图

10-8　列写图 10-28 所示电路的节点电压方程。已知 $u_{s1}=18.3\sqrt{2}\cos 4t\text{V}$，$i_s=2.1\sqrt{2}\cos(4t-35°)\text{A}$，$u_{s2}=25.2\sqrt{2}\cos(4t+10°)\text{V}$。

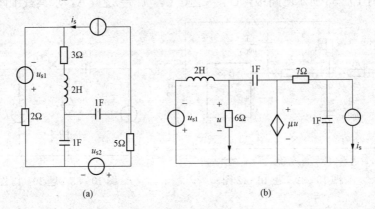

(a)　　　　(b)

图 10-28 题 10-8 图

10-9　求图 10-29 所示电路的戴维南等效电路和诺顿等效电路。

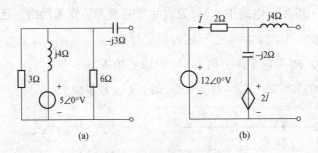

(a)　　　　(b)

图 10-29 题 10-9 图

10-10　图 10-30 所示电路中，$Z_1=(6+\text{j}12)\Omega$，$Z_2=2Z_1$，独立电源为同频率的正弦量。当开关 K 打开时，电压表的读数为 25V，求开关闭合后电压表的读数。

10-11　图 10-31 所示电路，电压源 $u_s(t)=4\cos 2t\text{V}$，求输出电压 u_o。

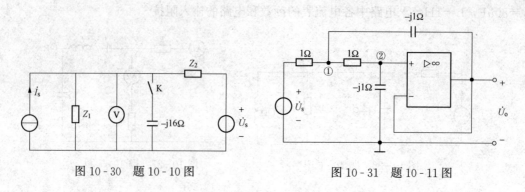

图 10 - 30　题 10 - 10 图　　　　　　图 10 - 31　题 10 - 11 图

10 - 12　求图 10 - 32 所示电路的 $\dot{U}_2/\dot{U}_1$。

10 - 13　图 10 - 33 所示电路中，$\dot{U}_s = 2\angle 0°\text{V}$，$\dot{I}_s = 2\angle 0°\text{A}$，求其戴维南等效电路。

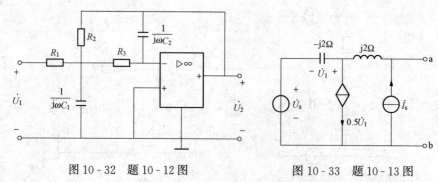

图 10 - 32　题 10 - 12 图　　　　　　图 10 - 33　题 10 - 13 图

10 - 14　图 10 - 34 所示电路中，已知 $u_s(t) = 100\sqrt{2}\cos 100t\text{V}$，$C = 10^{-5}\text{F}$，$L = 2\text{H}$，$R_1 = 200\Omega$，$R_2 = 100\Omega$，若要求 $\dot{U}_1$ 与 $\dot{U}_s$ 在相位上相差 $\dfrac{\pi}{2}$，试求 r 和 $\dot{U}_1$。

10 - 15　图 10 - 35 所示电路中，N_0 为线性非时变无独立源网络。已知：

(1) 当 $\dot{U}_s = 20\angle 0°\text{V}$，$\dot{I}_s = 2\angle -90°\text{A}$ 时，$\dot{U}_{ab} = 0$。

(2) 当 $\dot{U}_s = 40\angle 30°\text{V}$，$\dot{I}_s = 0$ 时，$\dot{U}_{ab} = 10\angle 60°\text{V}$。

求：当 $\dot{U}_s = 100\angle 60°\text{V}$，$\dot{I}_s = 10\angle 60°\text{A}$ 时，$\dot{U}_{ab}$ 为多少?

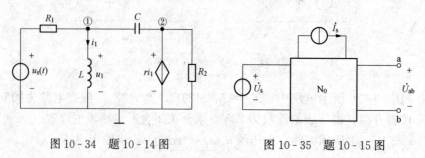

图 10 - 34　题 10 - 14 图　　　　　　图 10 - 35　题 10 - 15 图

10 - 16　图 10 - 36 所示电路中，已知 $U = 100\text{V}$、$U_1 = 130\text{V}$、$U_2 = 40\text{V}$、$\dfrac{1}{\omega C} = 160\Omega$，求 Z。

10-17 在图 10-37 所示电路中，电压表为理想电压表。

(1) 以 $\dot{U}_s$ 为参考相量，画出电路的相量图。

(2) 欲使电压表读数最小，求可变电阻比值 R_1/R_2。

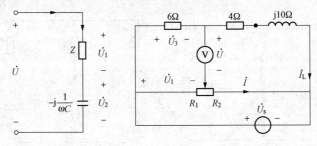

图 10-36 题 10-16 图　　　　图 10-37 题 10-17 图

10-18 图 10-38 所示电路中，已知 $U=380\text{V}$、$f=50\text{Hz}$，若 C 的参数值使开关 K 闭合与断开时电流表的读数均为 0.5A，求 L 的参数值。

10-19 图 10-39 所示电路，$\dfrac{1}{\omega L_1}>\omega C$，$I_1=4\text{A}$，$I_2=5\text{A}$，则 I 为多少?

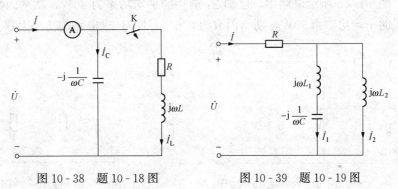

图 10-38 题 10-18 图　　　　图 10-39 题 10-19 图

10-20 如图 10-40 所示正弦稳态电路中，电源电压的有效值 $U=100\text{V}$、频率 $f=50\text{Hz}$、电流有效值 $I=I_1=I_2$、平均功率 $P=866\text{W}$，求电流 I。如果 f 改为 25Hz，但保持 U 不变，求此时的 I_1、I_2、I 以及 P。

10-21 电路如图 10-41 所示，电源 $U_s=220\text{V}$、$f=50\text{Hz}$，测得 $I_1=4\text{A}$、$I_C=5\text{A}$、$I=3\text{A}$，求阻抗 Z 消耗的有功功率。

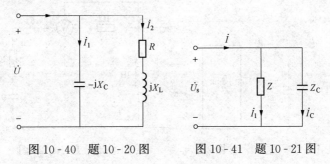

图 10-40 题 10-20 图　　　　图 10-41 题 10-21 图

10-22 图 10-42 所示电路中，已知 $I=I_1=I_L=5\text{A}$，电路消耗的功率 $P=150\text{W}$，试求

R、X_L、X_C 和 I_2。

10-23　图 10-43 所示正弦稳态电路中，$\dot{U}_s = U_s \angle 0° \text{V}$，$\omega$、$R_1$、$C$ 均为已知，R_2 可变。试指出当 R_2 从 0 变到 ∞ 时，电压 $\dot{U}_{ab}$ 的有效值及相位的变化情况。

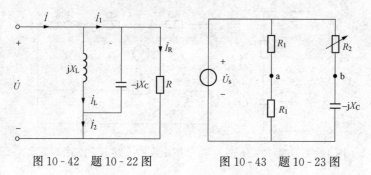

图 10-42　题 10-22 图　　　　　图 10-43　题 10-23 图

10-24　图 10-44 所示正弦稳态电路中，$\dot{I}_s = 10 \angle 30° \text{A}$，$\dot{U}_s = 100 \angle -60° \text{V}$，$\omega L = 20\Omega$，$\dfrac{1}{\omega C} = 20\Omega$，$R = 4\Omega$。试求出各个电源供给电路的有功功率和无功功率。

10-25　图 10-45 所示电路中，已知 Z_1 消耗的平均功率为 80W，功率因数为 0.8（感性）；Z_2 消耗的平均功率为 30W，功率因数为 0.6（容性）；求电路的功率因数。

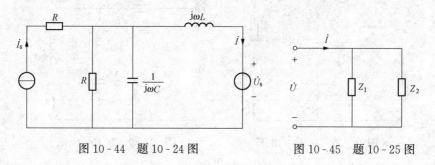

图 10-44　题 10-24 图　　　　　图 10-45　题 10-25 图

10-26　电路如图 10-46 所示，已知感性负载接在电压 $U = 220\text{V}$、频率 $f = 50\text{Hz}$ 的交流电源上，其平均功率 $P = 1.1\text{kW}$，功率因数 $\cos\varphi = 0.5$（滞后）。现欲并联电容使功率因数提高到 0.8（滞后），求需接多大电容 C？

10-27　图 10-47 所示正弦稳态电路中，$i = \sqrt{2}\cos t \text{A}$，则功率表的读数为多少？

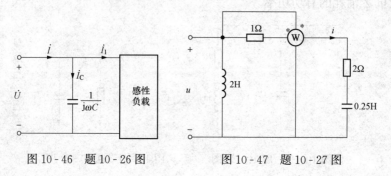

图 10-46　题 10-26 图　　　　　图 10-47　题 10-27 图

10-28　电路如图 10-48 所示。

（1）求 Z_L 断开时的戴维南等效电路。

（2）为使负载获得最大功率，负载阻抗 Z_L 应为多少？并求最大功率。

10 - 29　图 10 - 49 所示电路中，$R_1 = 1\Omega$，$C_1 = 10^3\mu F$，$L_1 = 0.4mH$，$R_2 = 2\Omega$，$\dot{U}_s = 10\angle -45°V$，$\omega = 10^3 rad/s$。

（1）求 Z_L 断开时的戴维南等效电路。

（2）Z_L 为何值时能获得的最大功率？求此最大功率。

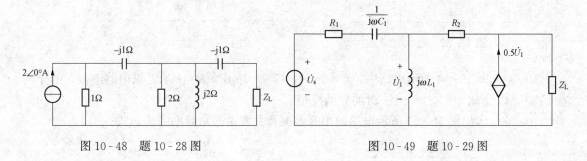

图 10 - 48　题 10 - 28 图　　　　　　　　　　图 10 - 49　题 10 - 29 图

10 - 30　图 10 - 50 所示电路仅由电感和电容构成，试求谐振角频率，并说明谐振时电路的表现。

10 - 31　求图 10 - 51 所示电路的谐振角频率。

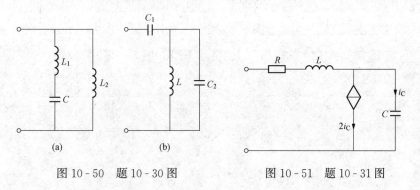

图 10 - 50　题 10 - 30 图　　　　　　图 10 - 51　题 10 - 31 图

10 - 32　RLC 串联电路中，$R = 150\Omega$，$L = 8.78\mu H$，$C = 2000pF$，试求电路电流滞后于外加电压 45° 的频率，在何种频率时电流超前外加电压 45°？

10 - 33　RLC 串联电路的端电压 $u = 10\sqrt{2}\cos(2500t + 10°)V$，当 $C = 8\mu F$ 时，电路吸收的功率为最大且 $P_{max} = 100W$。试求：

（1）电感 L 和 Q 值。

（2）做出电路以及电路的相量图。

10 - 34　RLC 串联电路中，$R = 10\Omega$，$L = 1H$，电源频率为 50Hz 时端电压为 100V，电流为 10A。如果把 R、L、C 改成并联接到同一电源上，求各并联支路的电流。

10 - 35　图 10 - 52 所示正弦交流电路中，电流源有效值为 $I_s = 1A$，初相位为 0。调节电源频率，使电压 u 达到最大值，此时 $R = 5\Omega$、$L = 2\mu H$、$C = 5mF$。求 i_s、u、i_R、i_L、i_C 及品质因数 Q，并画出相量图。

10 - 36　图 10 - 53 所示正弦稳态电路中，已知电流表 A 的读数为零，端电压 u 的有效

值 $U=200\text{V}$。求电流表 A4 的读数（电流表读数为有效值）。

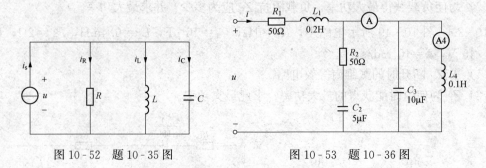

图 10-52　题 10-35 图　　　　图 10-53　题 10-36 图

10-37　图 10-54 所示电路中，$L=2\text{mH}$，$C=7.75\mu\text{F}$，$R=10\Omega$。求电路谐振时的导纳模 $|Y_0|$，以及 $\omega_1=8\times10^3\text{rad/s}$ 时的导纳模 $|Y_1|$。

10-38　求出图 10-55 所示电路的串联谐振及并联谐振角频率的表达式。

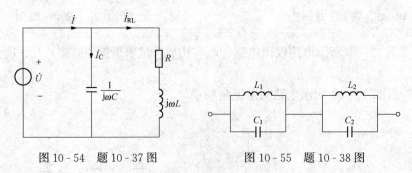

图 10-54　题 10-37 图　　　　图 10-55　题 10-38 图

第11章　含耦合电感元件和理想变压器的电路

内容提要：本章介绍含耦合电感元件和理想变压器电路的分析方法，并对理想变压器传输直流的特性进行分析。具体内容为耦合线圈的磁耦合、耦合线圈的同名端、耦合电感元件、变压器的耦合电感模型、耦合电感的去耦合等效、理想变压器、理想变压器传输直流特性及分析。

11.1　耦合线圈的磁耦合

图 11-1 所示为彼此相邻的两个实际耦合线圈的示意图，线圈 1 和线圈 2 的匝数分别为 N_1 和 N_2，在紧密缠绕的情况下，当两个线圈各自通有电流 i_1 和 i_2 时，将分别在各自线圈中产生磁通 Φ_{11} 和 Φ_{22}，称为自感磁通，并产生自感磁链 $\psi_{11}=N_1\Phi_{11}$ 和 $\psi_{22}=N_2\Phi_{22}$（注：双下标中的前一个下标表示该物理量所在的线圈编号，后一个下标表示产生该物理量的线圈编号，后续各物理量的双下标含义相同）。线圈 1 和线圈 2 中的磁通 Φ_{11} 和 Φ_{22} 分别会有一部分穿过另一线圈，记为 Φ_{21} 和 Φ_{12}，称为互感磁通，它们会产生互感磁链。这种载流线圈之间通过彼此的磁场相互联系的物理现象称为磁耦合。两线圈存在磁耦合关系时称为互感线圈或耦合线圈，耦合线圈的电路模型为耦合电感。

图 11-1（a）中的 Φ_{11} 是第一个线圈中的电流 i_1 在第一个线圈中产生的自感磁通，其中的一部分 Φ_{21} 穿越第二个线圈；图 11-1（b）中的 Φ_{22} 是第二个线圈的电流 i_2 在第二个线圈中产生的自感磁通，其中的一部分 Φ_{12} 穿越第一个线圈。相应地，把 $\psi_{21}=N_2\Phi_{21}$ 称为线圈 1 对线圈 2 的互感磁链，$\psi_{12}=N_1\Phi_{12}$ 称为线圈 2 对线圈 1 的互感磁链。图 11-1 中的电流与其产生的磁通之间满足右手螺旋定则。

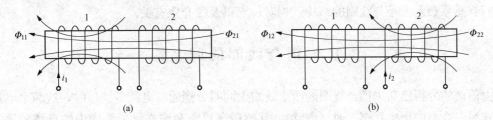

图 11-1　载流线圈

（a）线圈 1 产生的磁通；（b）线圈 2 产生的磁通

设两线圈的特性线性程度较好，则两线圈中的总磁链可看成由自感磁链和互感磁链叠加而成。若线圈 1 和线圈 2 中的总磁链分别记为 ψ_1 和 ψ_2，并设每个线圈中的总磁链与其自感磁链参考方向定为一致，即 ψ_1 与 ψ_{11} 参考方向一致，ψ_2 与 ψ_{22} 方向一致，则

$$\begin{cases} \psi_1 = \psi_{11} \pm \psi_{12} \\ \psi_2 = \psi_{22} \pm \psi_{21} \end{cases} \tag{11-1}$$

假设自感磁链与产生该磁链的电流为关联参考方向（即电流的参考方向与由其产生的磁

通的参考方向之间满足右手螺旋定则），则自感磁链为

$$\begin{cases} \psi_{11} = L_1 i_1 \\ \psi_{22} = L_2 i_2 \end{cases} \tag{11-2}$$

式（11-2）中，L_1、L_2 分别表示线圈1、线圈2的电感参数或电感系数，也称为自感。

设互感磁链与产生该磁链的电流为关联参考方向，则互感磁链为

$$\begin{cases} \psi_{12} = M_{12} i_2 \\ \psi_{21} = M_{21} i_1 \end{cases} \tag{11-3}$$

互感磁链公式中的 M_{12} 和 M_{21} 称为互感参数或互感系数，亦称互感，单位为亨利（H）。在假设线圈具有线性特性的条件下，可以证明 $M_{12} = M_{21}$，统一表示为 M，且数值取正。这样，互感线圈的两个线圈中的磁链可分别表述为

$$\begin{cases} \psi_1 = L_1 i_1 \pm M i_2 \\ \psi_2 = L_2 i_2 \pm M i_1 \end{cases} \tag{11-4}$$

互感 M 的量值反映了一个线圈中的电流在另一线圈中产生磁通（磁链）的能力。通常，两个线圈的电流在本线圈中产生的磁通只有一部分穿越另一线圈，还有一部分没有穿越另一线圈，称为漏磁通。为了定量地描述两个线圈耦合的紧密程度，把两线圈中互感磁链与自感磁链比值的几何平均值定义为耦合系数，用 k 表示，即

$$k = \sqrt{\frac{\psi_{12}}{\psi_{11}} \cdot \frac{\psi_{21}}{\psi_{22}}} \tag{11-5}$$

将 $\psi_{11} = L_1 i_1$，$\psi_{12} = M i_2$，$\psi_{22} = L_2 i_2$，$\psi_{21} = M i_1$ 代入式（11-5）可得

$$k = \frac{M}{\sqrt{L_1 L_2}} \tag{11-6}$$

由于 $\Phi_{12} \leqslant \Phi_{22}$，$\Phi_{21} \leqslant \Phi_{11}$，所以有

$$k = \sqrt{\frac{\psi_{12}}{\psi_{11}} \cdot \frac{\psi_{21}}{\psi_{22}}} = \sqrt{\frac{N_1 \Phi_{12}}{N_1 \Phi_{11}} \cdot \frac{N_2 \Phi_{21}}{N_2 \Phi_{22}}} = \sqrt{\frac{\Phi_{12}}{\Phi_{11}} \cdot \frac{\Phi_{21}}{\Phi_{22}}} \leqslant 1 \tag{11-7}$$

k 的取值范围为 $0 \leqslant k \leqslant 1$，当 $k=1$ 时，说明无漏磁通，此时两线圈称为全耦合。现实中，耦合线圈互感系数的大小与线圈的结构、相对位置以及磁介质有关。

11.2 耦合线圈的同名端

由前面的分析已知，耦合线圈的两个线圈中同时分别通以电流 i_1、i_2 时，这两个电流分别会在另一线圈中产生互感磁通（磁链）。互感磁通可能会增强另一线圈中的自感磁通（自感磁链），也可能会减弱另一线圈中的自感磁通（自感磁链）。式（11-4）中互感磁通前的"±"号可表示磁耦合中互感作用的两种可能性。"+"表示互感磁链与自感磁链参考方向一致，互感磁链加强自感磁链；"−"表示互感磁链与自感磁链参考方向相反，互感磁链削弱自感磁链。

耦合线圈的导线通常是缠绕并被封装起来的，此种情况下，难以得出互感磁链与自感磁链的关系，为此，引入同名端的概念。同名端的定义是：当两个线圈的电流 i_1 和 i_2 同时存在，且 i_1 和 i_2 按参考方向分别从两个线圈的某一端子流入时，两电流所产生的磁通互为增强，这样的一对端子为同名端。同名端通常用小圆点"·"或星号"＊"等符号标记。例如

图 11-2（a）中，端钮 1 与端钮 2 为同名端（端钮 $1'$ 与端钮 $2'$ 也为同名端），用 "·" 表示。而在图 11-2（b）中，端钮 1 与端钮 2 不满足同名端的定义，但端钮 1 与端钮 $2'$ 满足同名端的定义（端钮 $1'$ 与端钮 2 也满足同名端的定义），用 "·" 标记为同名端。

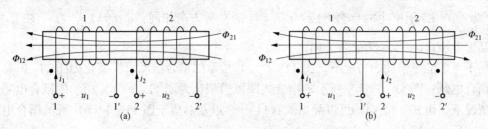

图 11-2　耦合线圈的同名端

（a）相对同名端两电流流向一致；（b）相对同名端两电流流向相反

11.3　耦 合 电 感 元 件

11.3.1　时域形式约束

耦合电感元件是一种理想电路元件，也称为互感元件，简称为耦合电感或互感，是为了描述实际的两个载流线圈之间存在的磁耦合现象而定义出来的，其电路符号如图 11-3 所示。图中，L_1、L_2 为自感，M 为互感；"·" 表示同名端，用于说明当 L_1、L_2 上的电流均从 "·" 端流入时，两电流的作用相互加强。

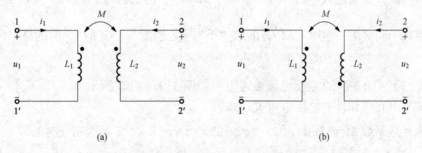

图 11-3　耦合电感元件的符号

（a）两电流相对同名端流向一致；（b）两电流相对同名端流向相反

图 11-3（a）所示耦合电感的元件约束为

$$\begin{cases} u_1 = L_1 \dfrac{\mathrm{d}i_1}{\mathrm{d}t} + M \dfrac{\mathrm{d}i_2}{\mathrm{d}t} = u_{11} + u_{12} \\ u_2 = L_2 \dfrac{\mathrm{d}i_2}{\mathrm{d}t} + M \dfrac{\mathrm{d}i_1}{\mathrm{d}t} = u_{22} + u_{21} \end{cases} \tag{11-8}$$

注意，图 11-3（a）中，i_1 与 u_1 的参考方向相同，i_2 与 u_2 的参考方向相同；i_1 与 i_2 均为从同名端 "·" 流入，两电流的作用相互加强。

由式（11-8）可见，互感元件每个端口的电压均由两个分量叠加构成。$u_{11} = L_1 \dfrac{\mathrm{d}i_1}{\mathrm{d}t}$ 为 i_1 在 L_1 上产生的自感电压，等号后无负号是因为 u_{11} 与 i_1 的参考方向相同［为简便起见，u_{11}

未在图 11-3（a）中标出，其他量也如此]；$u_{12}=M\dfrac{\mathrm{d}i_2}{\mathrm{d}t}$ 为 i_2 在 L_1 上产生的互感电压，等号后无负号是因为 u_{12} 与 i_2 为关联方向（即 u_{12} 与 i_2 的参考方向相对于同名端指向一致）；$u_{22}=L_2\dfrac{\mathrm{d}i_2}{\mathrm{d}t}$ 为 i_2 在 L_2 上产生的自感电压，u_{22} 与 i_2 的参考方向相同；$u_{21}=M\dfrac{\mathrm{d}i_1}{\mathrm{d}t}$ 为 i_1 在 L_2 上产生的互感电压，u_{21} 与 i_1 为关联方向。

在不考虑能量损耗的情况下，图 11-2（a）所示的耦合线圈可模型化为图 11-3（a）所示的耦合电感，图 11-2（b）所示的耦合线圈可模型化为图 11-3（b）所示的耦合电感。在这种情况下，由式（11-4）可以导出式（11-8）以及对应于图 11-3（b）所示耦合电感的约束式（后面［例 11-1］中给出）。

对任意的电压、电流参考方向，耦合电感的通用约束式为

$$\begin{cases} u_1 = \pm u_{11} \pm u_{12} = \pm L_1 \dfrac{\mathrm{d}i_1}{\mathrm{d}t} \pm M \dfrac{\mathrm{d}i_2}{\mathrm{d}t} \\[2mm] u_2 = \pm u_{22} \pm u_{21} = \pm L_2 \dfrac{\mathrm{d}i_2}{\mathrm{d}t} \pm M \dfrac{\mathrm{d}i_1}{\mathrm{d}t} \end{cases} \qquad (11-9)$$

式（11-9）中，各分量前的“＋”“－”号的确定方法为：对第一式，当 i_1 与 u_1 参考方向相同时，$L_1\dfrac{\mathrm{d}i_1}{\mathrm{d}t}$ 前取“＋”，反之取“－”；当 i_2 与 i_1 相对于同名端流向一致时，$M\dfrac{\mathrm{d}i_2}{\mathrm{d}t}$ 前的符号与 $L_1\dfrac{\mathrm{d}i_1}{\mathrm{d}t}$ 前一致，否则相反；第二式的处理方法与第一式相同。

还可用其他方法确定式（11-9）中 $M\dfrac{\mathrm{d}i_2}{\mathrm{d}t}$ 和 $M\dfrac{\mathrm{d}i_1}{\mathrm{d}t}$ 前的符号。对第一式，当 i_2 和 u_1 的参考方向相对于同名端一致时，$M\dfrac{\mathrm{d}i_2}{\mathrm{d}t}$ 前取“＋”，反之取“－”；$M\dfrac{\mathrm{d}i_1}{\mathrm{d}t}$ 前的符号可用同样方法确定。

【例 11-1】 互感元件电压电流参考方向如图 11-3（b）所示。

（1）试写出互感元件的电压电流关系式。

（2）若互感系数 $M=18\mathrm{mH}$，$i_1=2\sqrt{2}\sin 2000t\mathrm{A}$，求 2、2′ 两端断开时的 u_2。

解 （1）因 i_1 与 u_1 参考方向相同时，故 $L_1\dfrac{\mathrm{d}i_1}{\mathrm{d}t}$ 前取“＋”；因 i_2 与 i_1 流入同名端方向相反，故 $M\dfrac{\mathrm{d}i_2}{\mathrm{d}t}$ 前与 $L_1\dfrac{\mathrm{d}i_1}{\mathrm{d}t}$ 前相反取“－”；也可根据 i_2 和 u_1 的参考方向相对于同名端是相反的，将 $M\dfrac{\mathrm{d}i_2}{\mathrm{d}t}$ 前取“－”。因此，由通式（11-9）中的第一式可得到

$$u_1 = L_1 \frac{\mathrm{d}i_1}{\mathrm{d}t} - M \frac{\mathrm{d}i_2}{\mathrm{d}t}$$

同理，由通式（11-9）中的第二式可得到

$$u_2 = L_2 \frac{\mathrm{d}i_2}{\mathrm{d}t} - M \frac{\mathrm{d}i_1}{\mathrm{d}t}$$

（2）2、2′ 断开时，$i_2=0$。若 $M=18\mathrm{mH}$，$i_1=2\sqrt{2}\sin 2000t\mathrm{A}$，则有

$$u_2 = L_2 \frac{\mathrm{d}i_2}{\mathrm{d}t} - M \frac{\mathrm{d}i_1}{\mathrm{d}t} = L_2 \times 0 - 18 \times 10^{-3} \frac{\mathrm{d}}{\mathrm{d}t}\left(2\sqrt{2}\sin 2000t\right)$$

$$=-18\times10^{-3}\times2\times10^{3}\times2\sqrt{2}\cos2000t=-72\sqrt{2}\cos2000t(\mathrm{V})$$

11.3.2　相量形式约束

如果耦合电感中的电流 i_1、i_2 为同频率的正弦量，在正弦稳态情况下，其端口电压与电流的关系可用相量形式表示，即

$$\begin{cases}\dot{U}_1=\pm\mathrm{j}\omega L_1\dot{I}_1\pm\mathrm{j}\omega M\dot{I}_2=\pm\mathrm{j}\omega L_1\dot{I}_1\pm Z_\mathrm{M}\dot{I}_2\\\dot{U}_2=\pm\mathrm{j}\omega L_2\dot{I}_2\pm\mathrm{j}\omega M\dot{I}_1=\pm\mathrm{j}\omega L_2\dot{I}_2\pm Z_\mathrm{M}\dot{I}_1\end{cases}\qquad(11\text{-}10)$$

式中：$Z_\mathrm{M}=\mathrm{j}\omega M$，称为互感抗。

根据相量形式的电压与电流约束关系，可得耦合电感频域模型（相量模型）。与图 11 - 3 电路对应的频域模型如图 11 - 4 所示。

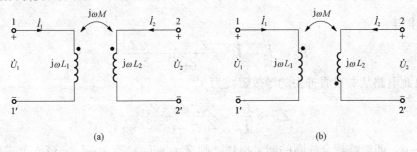

图 11 - 4　耦合电感的频域模型

（a）图 11 - 3（a）电路的频域模型；（b）图 11 - 3（b）电路的频域模型

另外，还可用电流控制电压源（CCVS）表示互感电压的作用。例如，对图 11 - 4（a）所示的电路，可列出相量形式的电压电流方程为

$$\begin{cases}\dot{U}_1=\mathrm{j}\omega L_1\dot{I}_1+\mathrm{j}\omega M\dot{I}_2=\mathrm{j}\omega L_1\dot{I}_1+Z_\mathrm{M}\dot{I}_2\\\dot{U}_2=\mathrm{j}\omega L_2\dot{I}_2+\mathrm{j}\omega M\dot{I}_1=\mathrm{j}\omega L_2\dot{I}_2+Z_\mathrm{M}\dot{I}_1\end{cases}\qquad(11\text{-}11)$$

对图 11 - 4（b）所示的电路，可列出相量形式的电压电流方程为

$$\begin{cases}\dot{U}_1=\mathrm{j}\omega L_1\dot{I}_1-\mathrm{j}\omega M\dot{I}_2=\mathrm{j}\omega L_1\dot{I}_1-Z_\mathrm{M}\dot{I}_2\\\dot{U}_2=\mathrm{j}\omega L_2\dot{I}_2\mathrm{j}\omega M\dot{I}_1=\mathrm{j}\omega L_2\dot{I}_2-Z_\mathrm{M}\dot{I}_1\end{cases}\qquad(11\text{-}12)$$

由此可画出图 11 - 4 电路的等效电路如图 11 - 5 所示，图中的受控源反映了互感的作用。含受控源等效电路可用于研究能量传输的规律。

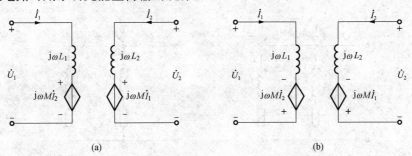

图 11 - 5　耦合电感的受控源等效模型

（a）图 11 - 4（a）电路的受控源等效模型；（b）图 11 - 4（b）电路的受控源等效模型

【例 11 - 2】　　耦合线圈的并联有两种情况，一种是同侧并联，其模型如图 11 - 6（a）所示，另一种是异侧并联，其模型如图 11 - 6（b）所示，求两种情况下模型电路的输入阻抗。

解　按图 11 - 6（a）所示的电压电流参考方向，对同侧并联情况，可列写出以下方程

$$\begin{cases} \dot{U} = (R_1 + j\omega L_1)\,\dot{I}_1 + j\omega M\dot{I}_2 = Z_1\,\dot{I}_1 + Z_M\,\dot{I}_2 \\ \dot{U} = (R_2 + j\omega L_2)\,\dot{I}_2 + j\omega M\dot{I}_1 = Z_2\,\dot{I}_2 + Z_M\,\dot{I}_1 \end{cases}$$

式中 $Z_1 = R_1 + j\omega L_1$，$Z_2 = R_2 + j\omega L_2$，$Z_M = j\omega M$。求解可得

$$\begin{cases} \dot{I}_1 = \dfrac{Z_2 - Z_M}{Z_1 Z_2 - Z_M^2}\,\dot{U} \\ \dot{I}_2 = \dfrac{Z_1 - Z_M}{Z_1 Z_2 - Z_M^2}\,\dot{U} \end{cases}$$

由 KCL 可求得

$$\dot{I}_3 = \dot{I}_1 + \dot{I}_2 = \frac{Z_1 + Z_2 - 2Z_M}{Z_1 Z_2 - Z_M^2}\,\dot{U}$$

由此可求出此电路从端口看进去的等效阻抗为

$$Z_{eq} = \frac{\dot{U}}{\dot{I}_3} = \frac{Z_1 Z_2 - Z_M^2}{Z_1 + Z_2 - 2Z_M}$$

若 $R_1 = R_2 = 0$，即忽略耦合线圈的能量损耗，则 $Z_1 = j\omega L_1$，$Z_2 = j\omega L_2$，带入上式可得

$$Z_{eq} = \frac{\dot{U}}{\dot{I}_3} = \frac{Z_1 Z_2 - Z_M^2}{Z_1 + Z_2 - 2Z_M} = j\omega\,\frac{L_1 L_2 - M^2}{L_1 + L_2 - 2M} = j\omega L_{eq}$$

此时电路的等效电感为

$$L_{eq} = \frac{L_1 L_2 - M^2}{L_1 + L_2 - 2M}$$

对图 11 - 6（b）所示的异侧并联电路，按图中所示电压电流参考方向，可列写出以下方程

$$\begin{cases} \dot{U} = (R_1 + j\omega L_1)\,\dot{I}_1 - j\omega M\dot{I}_2 = Z_1\,\dot{I}_1 - Z_M\,\dot{I}_2 \\ \dot{U} = (R_2 + j\omega L_2)\,\dot{I}_2 - j\omega M\dot{I}_1 = Z_2\,\dot{I}_2 - Z_M\,\dot{I}_1 \end{cases}$$

用与以上相同的分析步骤，可得从端口看进去的等效阻抗为

$$Z_{eq} = \frac{\dot{U}}{\dot{I}_3} = \frac{Z_1 Z_2 - Z_M^2}{Z_1 + Z_2 + 2Z_M}$$

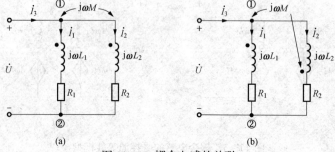

图 11 - 6　耦合电感的并联

（a）同侧并联；（b）异侧并联

若 $R_1 = R_2 = 0$，则 $Z_1 = j\omega L_1$，$Z_2 = j\omega L_2$，带入上式可得

$$Z_{eq} = \frac{\dot{U}}{\dot{I}_3} = \frac{Z_1 Z_2 - Z_M^2}{Z_1 + Z_2 - 2Z_M} = j\omega \frac{L_1 L_2 - M^2}{L_1 + L_2 + 2M} = j\omega L_{eq}$$

此时电路的等效电感为

$$L_{eq} = \frac{L_1 L_2 - M^2}{L_1 + L_2 + 2M}$$

从以上结果可见，同侧并联的等效电感要大于异侧并联的等效电感，原因是同侧并联时两线圈的磁通互相加强，因此等效电感加大；而异侧并联时两线圈中的磁通互相削弱，故等效电感减小。

11.4 变压器的耦合电感模型

变压器是电子电气工程中利用互感现象来实现电能和信号传输以及用于变换电压和电流的一种实际电气设备，双绕组变压器由绕制在同一个芯子上的两个耦合线圈构成，接电源的线圈称为一次线圈（原边），与电源连接后构成一次回路（初级回路）；接负载的线圈称为二次线圈（副边），与负载连接后构成二次回路（次级回路）。变压器的芯子如果由铁磁材料构成，称为铁芯变压器；如果由非铁磁材料构成，称为空心变压器。铁芯变压器的耦合系数接近 1，属于紧耦合，但非线性程度较空心变压器大，自身的功率损耗也较大，在电力工程中得到广泛应用，在电子设备中也有较多应用；空心变压器的耦合系数较小，但线性程度好，自身的功率损耗较小，在电子电路中得到广泛应用。工程中往往借助耦合电感表示空心变压器的电路模型，用理想变压器（见 11.6 节）表示铁芯变压器的电路模型。

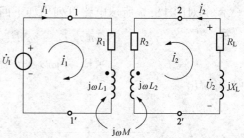

图 11-7 变压器电路的模型

正弦稳态情况下，空心变压器的电路模型可用如图 11-7 所示电路的中间部分（由 1-1' 和 2-2' 表明）表示，图中分别用 R_1、R_2 表示空心变压器的一次绕组、二次绕组的耗能效应，因实际电路中感性负载居多，故负载表示为电阻和电感的串联组合。按图 11-7 中各电压、电流的参考方向，用回路法列方程可有

$$\begin{cases} (R_2 + j\omega L_1)\dot{I}_1 + j\omega M \dot{I}_2 = \dot{U}_1 \\ (R_2 + j\omega L_2 + R_L + jX_L)\dot{I}_2 + j\omega M \dot{I}_1 = 0 \end{cases} \quad (11\text{-}13)$$

令一次回路阻抗为 $Z_{11} = R_1 + j\omega L_1$，二次回路阻抗为 $Z_{22} = R_2 + j\omega L_2 + R_L + jX_L$，互感感抗 $Z_M = j\omega M$，并令 $Y_{11} = \dfrac{1}{Z_{11}}$，$Y_{22} = \dfrac{1}{Z_{22}}$，由式（11-13）可以求得

$$\begin{cases} \dot{I}_1 = \dfrac{\dot{U}_1}{Z_{11} - Z_M^2 Y_{22}} = \dfrac{\dot{U}_1}{Z_{11} + (\omega M)^2 Y_{22}} \\ \dot{I}_2 = \dfrac{-Z_M Y_{11} \dot{U}_1}{Z_{22} - Z_M^2 Y_{11}} = \dfrac{-j\omega M Y_{11} \dot{U}_1}{R_2 + j\omega L_2 + R_L + jX_L + (\omega M)^2 Y_{11}} \end{cases} \quad (11\text{-}14)$$

式（11-14）中第一式的分母 $Z_{11} + (\omega M)^2 Y_{22}$ 是一次绕组移去电压源后电路的输入阻抗，其

中 $(\omega M)^2 Y_{22}$ 称为引入阻抗（或反映阻抗），它是二次绕组阻抗通过互感耦合的作用反映到一次绕组中的等效阻抗。引入阻抗的性质与 Z_{22} 相反，即感性（容性）变为容性（感性）。由式（11-14）中的第一式可构造图 11-8（a）所示电路，该电路是变压器原边的等效电路；由式（11-14）中的第二式可构造图 11-8（b）所示电路，该电路是变压器二次绕组的等效电路，图中 $j\omega M Y_{11} \dot{U}_1$ 和 $Z_{eq} = R_2 + j\omega L_2 + (\omega M)^2 Y_{11}$ 是负载移开后的戴维南等效电路的开路电压和等效阻抗。实际工作中，可借助这两个等效电路，或直接套用式（11-14）对含变压器电路进行分析。

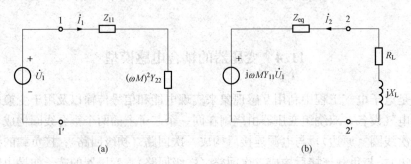

图 11-8　变压器的一次绕组和二次绕组等效电路
(a) 一次绕组等效电路；(b) 二次绕组等效电路

【例 11-3】　含变压器电路其模型如图 11-7 所示，已知 $R_1 = R_2 = 0$，$L_1 = 5\mathrm{H}$，$L_2 = 1.2\mathrm{H}$，$M = 2\mathrm{H}$，电源电压为 $u_1 = 100\cos 10t\mathrm{V}$，负载阻抗为 $Z_L = R_L + jX_L = 3\Omega$，试求电流 i_1 和 i_2。

解　对图 11-7 所示电路可列出如下回路电流方程

$$\begin{cases} j\omega L_1 \dot{I}_1 + j\omega M \dot{I}_2 = \dot{U}_1 & （一次侧）\\ (R_L + j\omega L_2) \dot{I}_2 + j\omega M \dot{I}_1 = 0 & （二次侧）\end{cases}$$

由此可解出

$$\dot{I}_1 = \frac{\dot{U}_1}{j\omega L_1 + (\omega M)^2 \dfrac{1}{R_L + j\omega L_2}} = \frac{\dfrac{100}{\sqrt{2}}}{j50 + \dfrac{(10 \times 2)^2}{3 + j12}} = \frac{\dfrac{100}{\sqrt{2}}}{j50 + 7.84 - j31.37}$$

$$= 3.5 \angle -67.2° \text{(A)}$$

$$\dot{I}_2 = \frac{-j\omega M \dot{I}_1}{R_L + j\omega L_2 + (\omega M)^2 \dfrac{1}{j\omega L_1}} = \frac{-j10 \times 2 \times 3.5 \angle -67.2°}{3 + j12 + \dfrac{(10 \times 2)^2}{j50}}$$

$$= 14 \angle 149.7° \text{(A)}$$

因此，电流 i_1 和 i_2 分别为

$$i_1 = 3.50\sqrt{2}\cos(10t - 67.2°)\text{A}$$

$$i_2 = 14\sqrt{2}\cos(10t + 149.7°)\text{A}$$

11.5　耦合电感的去耦合等效

耦合电感的两个电感存在直接连接关系时，可用等效变换的方法消去互感，称为去耦合，简称去耦，所得电路称为去耦等效电路或消互感等效电路。采用去耦等效电路往往可使含互感电路的分析过程得到简化。

图 11-9 (a) 所示互感电路，具有同名端相连的特点，可列出如下约束方程

$$\begin{cases} \dot{U}_1 = j\omega L_1 \dot{I}_1 + j\omega M \dot{I}_2 \\ \dot{U}_2 = j\omega L_2 \dot{I}_2 + j\omega M \dot{I}_1 \end{cases} \tag{11-15}$$

对如图 11-9 (b) 所示电路，可列出如下约束方程

$$\begin{cases} \dot{U}_1 = j\omega(L_1 - M)\dot{I}_1 + j\omega M(\dot{I}_1 + \dot{I}_2) = j\omega L_1 \dot{I}_1 + j\omega M \dot{I}_2 \\ \dot{U}_2 = j\omega(L_2 - M)\dot{I}_2 + j\omega M(\dot{I}_1 + \dot{I}_2) = j\omega L_2 \dot{I}_2 + j\omega M \dot{I}_1 \end{cases} \tag{11-16}$$

由此可见，式 (11-15) 和式 (11-16) 相同，因此可知图 11-9 (a) 所示电路与图 11-9 (b) 所示电路互为等效电路。这一结果虽然是在图中给出的电压电流参考方向下导出的，但无论电压电流的参考方向如何改变，两电路得到的最终方程均完全一样。因此在给出去耦等效电路时，无需考虑电压电流的参考方向，只需根据耦合电感同名端相连情况，即可得到去耦等效电路。

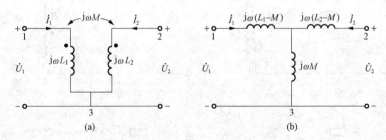

图 11-9　耦合电感与去耦合等效电路

(a) 同名端相连耦合电感；(b) 去耦等效电路

图 11-9 (a) 所示电路是互感的同名端相连的情况，其去耦等效电路如图 11-9 (b) 所示。图 11-10 (a) 所示电路是互感异名端相连的情况，其去耦等效电路如图 11-10 (b) 所示。

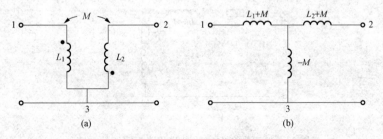

图 11-10　异名端连接方式的耦合电感与去耦合等效电路

(a) 异名端相连耦合电感；(b) 去耦等效电路

　　耦合电感端子相连的情况只有两种，即同名端相连或异名端相联，因此只存在两种消互感等效电路。对比根据电压电流参考方向列写互感约束方程的情况，消互感的方法变化少，并且在电路消去互感后，往往可利用串并联等效变换的方法处理电路，因此消互感是一种相对简便的处理方法。但应注意的是，消互感后电路中增加了一个原先并不存在的节点，是等效变换的结果，该节点与其他节点间的电压无法与原电路中的任何电压对应。

　　【例 11 - 4】　　耦合线圈的串联方式分为两种，一种是顺向连接，其电路模型如图 11 - 11 (a) 所示，简称顺接；另一种是反向连接，其电路模型如图 11 - 11 (b) 所示，简称反接。求两种情况下电路的输入阻抗。

　　解　对图 11 - 11 (b) 所示电路，将图中的 R_2 与 L_2 交换位置，得到图 11 - 11 (c) 所示电路，出现了同名端相连的情况，可用消互感方法得到图 11 - 11 (d) 所示电路。图 11 - 11 (d) 中因 M 所在支路的一端是断开的，所以 M 上即无电流，也无电压，因此图 11 - 11 (d) 电路可转化为与图 11 - 11 (e) 所示电路。由该电路，很容易得到图 11 - 11 (b) 所示互感反接电路的输入阻抗为

$$Z = [R_1 + j\omega(L_1 - M)] + [R_2 + j\omega(L_2 - M)] = R_1 + R_2 + j\omega(L_1 + L_2 - 2M)$$

　　用同样方法，很容易得到图 11 - 12 (a) 所示互感顺接电路的输入阻抗为

$$Z = [R_1 + j\omega(L_1 + M)] + [R_2 + j\omega(L_2 + M)] = R_1 + R_2 + j\omega(L_1 + L_2 + 2M)$$

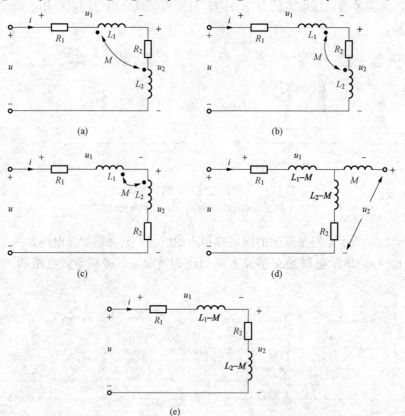

图 11 - 11　耦合电感的串联及消互感等效电路

(a) 顺向连接；(b) 反向连接；(c) 图 11 - 11 (b) 电路的变化；

(d) 消互感电路；(e) 图 11 - 11 (d) 电路的变化

顺接时等效电感比两电感直接相加大 $2M$，是因为顺接时两电感磁通互相加强；反接时等效电感比两电感直接相加小 $2M$，是因为反接时两电感磁通互相削弱。

【例 11 - 5】 在前面给出的 ［例 11 - 2］ 中，已给出了耦合电感并联电路如图 11 - 6 所示，试用消互感的方法求出图 11 - 6 所示电路的输入阻抗。

解 图 11 - 6 (a)、图 11 - 6 (b) 所示耦合电感并联电路消互感后的电路如图 11 - 12 所示，对图 11 - 12 (a) 所示电路，根据电路结构，可得输入阻抗为

$$Z = [j\omega(L_1 - M) + R_1]//[j\omega(L_2 - M) + R_2] + j\omega M$$

对图 11 - 12 (b)，根据电路结构，可得输入阻抗为

$$Z = [j\omega(L_1 + M) + R_1]//[j\omega(L_2 + M) + R_2] - j\omega M$$

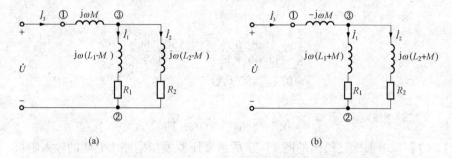

图 11 - 12 耦合电感并联电路的消互感等效电路
(a) 同侧并联消互感后电路；(b) 异侧并联消互感后电路

【例 11 - 6】 图 11 - 13 (a) 所示电路中，已知 $C = 0.5\mu F$，$L_1 = 2H$，$L_2 = 1H$，$M = 0.5H$，$R = 1000\Omega$，$u_s = 150\sqrt{2}\cos(1000t + 60°)V$。求电容支路的电流 i_C。

解 耦合电感 L_1 与 L_2 为同名端相接，用消互感方法，将电路化为无互感等效电路，如图 11 - 13 (b) 所示。因为

$$\frac{1}{\omega C} = \frac{1}{1000 \times 0.5 \times 10^{-6}} = 2000(\Omega)$$

$$\omega M = 1000 \times 0.5 = 500(\Omega)$$

$$\omega(L_1 - M) = 1000(2 - 0.5) = 1500(\Omega)$$

$$\omega(L_2 - M) = 1000(1 - 0.5) = 500(\Omega)$$

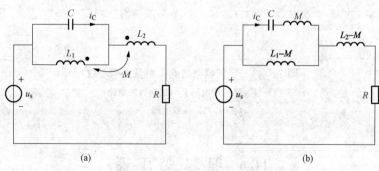

图 11 - 13 ［例 11 - 6］电路
(a) 原电路；(b) 消互感后电路

图 11-13（b）中并联部分电路的阻抗为

$$Z = \frac{\left(-\mathrm{j}\dfrac{1}{\omega C} + \mathrm{j}\omega M\right)\mathrm{j}\omega(L_1 - M)}{\left(-\mathrm{j}\dfrac{1}{\omega C} + \mathrm{j}\omega M\right) + \mathrm{j}\omega(L_1 - M)}$$

$$= \frac{(-\mathrm{j}2000 + 500)\mathrm{j}1500}{-\mathrm{j}2000 + \mathrm{j}500 + \mathrm{j}1500} \to \infty(\Omega)$$

$Z \to \infty$ 说明电路中出现了并联谐振。由分压公式可知，此时电源电压全部加在并联部分的电路上，因此，i_C 支路上的电压即为电源电压，因此有

$$\dot{I}_C = \frac{\dot{U}_s}{-\mathrm{j}\dfrac{1}{\omega C} + \mathrm{j}\omega M}$$

$$= \frac{150\angle 60^\circ}{-\mathrm{j}2000 + \mathrm{j}500} = \frac{150\angle 60^\circ}{-\mathrm{j}1500}$$

$$= 0.1\angle 150^\circ(\mathrm{A})$$

所以

$$i_C = 0.1\sqrt{2}\cos(1000t + 150^\circ)\mathrm{A}$$

【例 11-7】 求前面已给出的图 11-7 所示变压器模型电路 1-1′端的输入阻抗。

解 该题有多种求解方法，这里用消互感的方法求解。可将图 11-8 所示电路两电感的下端用理想导线相连，这样就满足了消互感要求耦合电感的两个电感之间至少有一端相连的条件，如图 11-14（a）所示。据 KCL 可知，添加的连接导线中不会有电流，所以这种连接，并没有改变电路的拓扑约束和元件约束，不会对电路的求解结果带来影响，因此是等效变换。消互感后的电路如图 11-14（b）所示。由此可得 1-1′端的输入阻抗为

$$Z = [R_1 + \mathrm{j}\omega(L_1 - M)] + \mathrm{j}\omega M /\!/ [\mathrm{j}\omega(L_2 - M) + R_2 + R_L + \mathrm{j}\omega L]$$

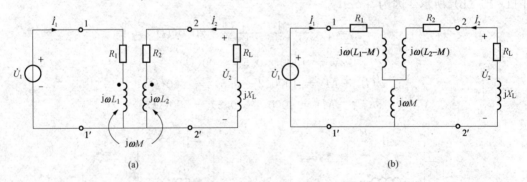

图 11-14 变压器电路的模型及去耦等效

（a）将互感的两电感下端相连后的电路；

（b）去耦等效电路

11.6 理 想 变 压 器

理想变压器是为了描述实际变压器而定义出来的一种理想元件，其电路图形符号如图 11-15（a）所示，在图中所示的同名端和电压、电流的参考方向条件下，其特性方程为

$$\begin{cases} u_1 = nu_2 \\ i_1 = -\dfrac{1}{n}i_2 \end{cases} \tag{11-17}$$

依理想变压器的定义（特性方程），可知它是一种电阻性元件，这是因为该元件的电压、电流之间满足代数关系（可参见图 7-8）。如果理想变压器工作在正弦稳态情况下，可有相量形式的电路模型如图 11-15（b）所示，其相量形式的特性方程为

$$\begin{cases} \dot{U}_1 = n\dot{U}_2 \\ \dot{I}_1 = -\dfrac{1}{n}\dot{I}_2 \end{cases} \tag{11-18}$$

应指出，式（11-17）和式（11-18）是在图 11-15 所示的电压、电流的参考方向和同名端位置下给出的，若电压、电流的参考方向或同名端位置发生变化，理想变压器特性方程应做相应改变，如对图 11-16 所示的理想变压器电路，其特性方程为

$$\begin{cases} u_1 = -nu_2 \\ i_1 = \dfrac{1}{n}i_2 \end{cases} \tag{11-19}$$

理想变压器可用受控源来等效，图 11-17 所示即为图 11-15（a）所示理想变压器用受控源表示的等效电路。

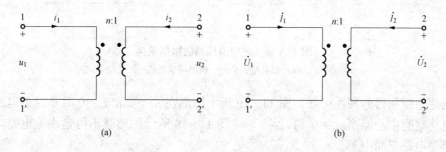

图 11-15 理想变压器电路一

（a）理想变压器电路符号；（b）理想变压器的相量模型

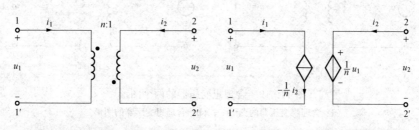

图 11-16 理想变压器电路二　　图 11-17 理想变压器用受控源表示
的等效电路

对图 11-15（a）所示的理想变压器，由其特性方程可得

$$u_1 i_1 + u_2 i_2 = nu_2\left(-\frac{1}{n}i_2\right) + u_2 i_2 = 0 \tag{11-20}$$

$u_1 i_1$ 是理想变压器原边吸收的功率，$u_2 i_2$ 是副边吸收的功率。

式（11-20）表明理想变压器两边吸收的功率之和等于零，这说明理想变压器既不消耗能量也不存储能量，它将一次侧吸收的能量全部传输到二次侧输出，在传输过程中，仅仅将电压、电流按变比 n 做了数值变换。

理想变压器除了具有变换电压、电流的作用外，还具有变换阻抗的作用。在正弦稳态的情况下，当理想变压器二次侧接有负载 Z_L 时，如图 11-18（a）所示，则在理想变压器一次侧 1-1′ 得到的输入阻抗为

$$Z_{11'} = \frac{\dot{U}_1}{\dot{I}_1} = \frac{n\dot{U}_2}{-\frac{1}{n}\dot{I}_2} = n^2 Z_L \qquad (11-21)$$

$n^2 Z_L$ 即为从二次侧折算到一次侧的等效阻抗。由图 11-18（a）可得一次侧等效电路如图 11-18（b）所示。

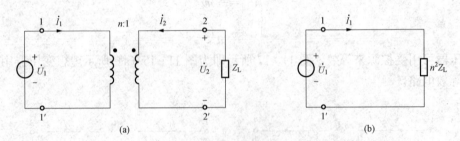

图 11-18 理想变压器的阻抗变换
(a) 原电路；(b) 一次侧等效电路

根据理想变压器的特性可知，图 11-19 所示图形在 $u_s = 0$ 和 $i_s = 0$ 时是模型电路，存在于模型电路空间中。但当 $u_s \neq 0$ 和 $i_s \neq 0$ 时，图 11-19 所示图形就不再是模型电路，就不能存在于模型电路空间中了。

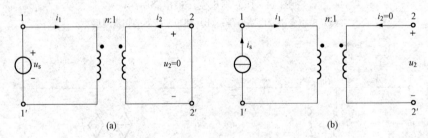

图 11-19 含理想变压器的两个图形
(a) 含理想变压器的图形一；(b) 含理想变压器的图形二

【例 11-8】 含理想变压器的电路如图 11-20（a）所示。已知 $R_0 = 8\Omega$，$R_1 = 4\Omega$，$i_s(t) = \sqrt{2} \times 3\cos\omega t\, \text{A}$，$n = 2$，问：

（1）R_L 为何值时能获得最大功率？最大功率为多少？

（2）考察理想变压器的特性方程，能否得出其可以传输直流的结论？当 $i_s(t) = 3\text{A}$、$R_L = 3\Omega$ 时，负载获得的功率为多少？

解　（1）利用理想变压器的阻抗变换作用，可将原电路转化为图 11-20（b）形式。图 11-20（b）所示电路 ab 左边部分的戴维南等效电阻和开路电压为

$$R_{\mathrm{eq}} = R_1 + R_0 = 8 + 4 = 12(\Omega)$$

$$\dot{U}_{\mathrm{oc}} = \dot{I}_s R_0 = 3\angle 0° \times 8 = 24\angle 0°(\mathrm{V})$$

当 $n^2 R_{\mathrm{L}} = 2^2 R_{\mathrm{L}} = R_{\mathrm{eq}} = 12\Omega$ 时，即 $R_{\mathrm{L}} = 3\Omega$ 时，R_{L} 获最大功率，即

$$P_{\mathrm{Lmax}} = \frac{U_{\mathrm{oc}}^2}{4R_{\mathrm{eq}}} = \frac{24^2}{4 \times 12} = 12(\mathrm{W})$$

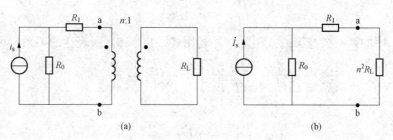

图 11-20　［例 11-8］电路

(a) 原电路；(b) 阻抗变换后的电路

　　（2）由理想变压器的特性方程式（11-19）可知，它是一电阻性元件（可参见图 7-8），其唯一参数是 n，与频率无关，说明理想变压器具有传输直流的特性，故式（11-19）在直流情况下仍然成立。如果将电流源改为 $i_s(t) = 3\mathrm{A}$，因其与 $i_s(t) = \sqrt{2} \times 3\cos\omega t\,\mathrm{A}$ 有效值相同，故 $R_{\mathrm{L}} = 3\Omega$ 时，负载获得的功率不变，仍为 12W。

　　理想元件特性通常都是由定义给出的，不是通过推导的方法得出的。但理想变压器却有所不同，其特性可以在实际的磁耦合变压器的电路模型基础上通过一定假设条件导出。假设条件是：①变压器无损耗；②变压器无漏磁通，为全耦合，耦合系数 $k=1$；③变压器自感 L_1、L_2 和互感 M 都为无穷大。

　　需要指出，由于假设条件中出现了 L_1、L_2 和互感 M 都为无穷大的情况，理想变压器不再具有耦合电感所具有的电感属性，变成了一个电阻性元件，因而可以传输直流。这些变化无法从物理原理上加以解释，因为无穷大条件下发生的情况人们是无法想象的，更不可能感知，不能直接得出相关结论，只能通过其他方式得出。

　　下面给出由实际磁耦合变压器模型导出理想变压器特性方程的过程。

　　图 11-7 所示电路是含实际磁耦合变压器模型的一个电路，按照图中所示的同名端和各电压电流的参考方向，可以列出如下方程

$$\begin{cases} (R_1 + \mathrm{j}\omega L_1)\dot{I}_1 + \mathrm{j}\omega M \dot{I}_2 = \dot{U}_1 \\ (R_2 + \mathrm{j}\omega L_2)I_2 + \mathrm{j}\omega M \dot{I}_2 = \dot{U}_2 \end{cases} \tag{11-22}$$

若变压器无损耗，则 $R_1 = R_2 = 0$；若变压器为全耦合，则 $k = \dfrac{M}{\sqrt{L_1 L_2}} = 1$ 或 $M = \sqrt{L_1 L_2}$。因此，式（11-22）可简化为

$$\begin{cases} \mathrm{j}\omega L_1 \dot{I}_1 + \mathrm{j}\omega \sqrt{L_1 L_2}\,\dot{I}_2 = \dot{U}_1 \\ \mathrm{j}\omega L_2 \dot{I}_2 + \mathrm{j}\omega \sqrt{L_1 L_2}\,\dot{I}_1 = \dot{U}_2 \end{cases} \tag{11-23}$$

因变压器为全耦合，所以有 $\Phi_{21} = \Phi_{11}$，$\Phi_{12} = \Phi_{22}$，由此得

$$M = M_{12} = \frac{N_1 \Phi_{12}}{i_2} = \frac{N_1 \Phi_{22}}{i_2} \times \frac{N_2}{N_2} = \frac{N_1}{N_2} \times \frac{N_2 \Phi_{22}}{i_2} = \frac{N_1}{N_2} \times L_2 = nL_2 \qquad (11-24)$$

同理

$$M = M_{21} = \frac{N_2 \Phi_{21}}{i_1} = \frac{N_2 \Phi_{11}}{i_1} \times \frac{N_1}{N_1} = \frac{N_2}{N_1} \times \frac{N_1 \Phi_{11}}{i_1} = \frac{N_2}{N_1} \times L_1 = \frac{L_1}{n} \qquad (11-25)$$

将以上两式进行比较可知

$$\sqrt{\frac{L_1}{L_2}} = n = \frac{N_1}{N_2} \qquad (11-26)$$

把式（11-23）中的第一式与第二式相除，并利用式（11-26）所表达的关系，可得

$$\frac{\dot{U}_1}{\dot{U}_2} = \frac{L_1 \dot{I}_1 + \sqrt{L_1 L_2}\, \dot{I}_2}{L_2 \dot{I}_2 + \sqrt{L_1 L_2}\, \dot{I}_1} = \sqrt{\frac{L_1}{L_2}} = \frac{N_1}{N_2} = n \qquad (11-27)$$

即

$$\dot{U}_1 = n\dot{U}_2 \qquad (11-28)$$

由图 11-7 可知 $\dot{U}_2 = -Z_L \dot{I}_2$，将它代入式（11-23）中的第二式，有

$$j\omega \sqrt{L_1 L_2}\, \dot{I}_1 + (j\omega L_2 + Z_L) \dot{I}_2 = 0 \qquad (11-29)$$

若变压器的自感 L_1、L_2 和互感 M 都为无穷，则 $|j\omega L_2|$ 远大于 $|Z_L|$，可将 Z_L 略去，由此得到

$$j\omega \sqrt{L_1 L_2}\, \dot{I}_1 + j\omega L_2 \dot{I}_2 = 0 \qquad (11-30)$$

即

$$\frac{\dot{I}_1}{\dot{I}_2} = -\sqrt{\frac{L_2}{L_1}} = -\frac{N_2}{N_1} = -\frac{1}{n} \qquad (11-31)$$

因此有

$$\dot{I}_1 = -\frac{1}{n} \dot{I}_2 \qquad (11-32)$$

式（11-28）和式（11-32）合起来即为式（11-18）。式（11-18）对应的时域形式即如式（11-17）所示。

实际变压器不可能满足前面的三个假设条件。但对实际铁芯变压器而言，因其漏磁通很小而近似具有全耦合的特性，且自感和互感均很大，在原边的电压、电流随时间发生变化且可忽略耗能效应的条件下，实际变压器可建模为理想变压器；对有些实际空心变压器，其一次绕组和二次绕组匝数均很大，具有较大自感，耦合得也比较紧密，接近全耦合，在一定条件下也可建模为理想变压器。

11.7 理想变压器传输直流特性及分析

11.7.1 理想变压器传输直流特性的证明

理想变压器是电阻性元件，可以传输直流。下面，通过证明的方法得出这一结论。

设理想变压器的一次电压、一次电流分别为

$$\begin{cases} u_1 = u_1^{(1)} + u_1^{(2)} \\ i_1 = i_1^{(1)} + i_1^{(2)} \end{cases} \qquad (11-33)$$

式（11-33）中，$u_1^{(1)}$、$i_1^{(1)}$ 为不随时间变化的直流成分，$u_1^{(2)}$、$i_1^{(2)}$ 为时变的成分。

　　理想变压器是一线性元件，它满足叠加定理。假定理想变压器不能传输直流，依叠加定理并根据式（11-17）可得

$$\begin{cases} u_2 = \dfrac{1}{n} u_1^{(2)} \\ i_2 = -n i_1^{(2)} \end{cases} \qquad (11-34)$$

这样，就会有

$$\begin{cases} u_1 \neq n u_2 \\ i_1 \neq -\dfrac{1}{n} i_2 \end{cases} \qquad (11-35)$$

式（11-35）与定义式（11-17）矛盾，说明理想变压器不能传输直流的假定错误。这样，就证明了理想变压器能够传输直流，这一特性由定义给出。

11.7.2　对相关问题的分析

　　理想变压器传输直流的特性可与实际结合。

　　图 11-21 所示为含有电磁式变压器的电路（已将电源和负载用电路模型表示），其中 $i_s(t) = (1 + \cos\omega t)$A。为简单起见，建模时忽略实际变压器的能量损耗，针对电流源中的直流分量，可建立如图 11-22（a）所示的模型（若考虑能量损耗，则一、二次绕组应建模为两个电阻）；针对电流源中的交流分量，可建立如图 11-22（b）所示的模型。

图 11-21　含有实际变压器的电路

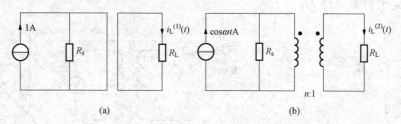

图 11-22　电流源不同分量对应的电路模型
（a）直流分量对应的模型；（b）交流分量对应的模型

　　对图 11-22（a）所示的模型，很明显 $i_L^{(1)}(t) = 0$；对图 11-22（b）所示的模型，虽然其中的理想变压器能够传输直流，但因激励为交流，所以 R_L 中也只有交流，可以算出 $i_L^{(2)}(t) = \dfrac{nR_s\cos\omega t}{R_s + n^2 R_L}$ A。利用叠加定理，将图 11-22（a）、图 11-22（b）两模型得到的结果相加，可得 $i_L(t) = i_L^{(1)}(t) + i_L^{(2)}(t) = \dfrac{nR_s\cos\omega t}{R_s + n^2 R_L}$ A，可见 R_L 中没有直流成分，分析结果与实际一致。

　　工程上对含实际变压器电路的分析，往往不论电路中是否存在直流，首先把实际变压器模型化为理想变压器，然后采用理想变压器不能传输直流的观点分析问题，这样，若一次绕组中有直流，就无法传输到二次绕组。这种做法从工程角度看可行，因为结果正确，但从科学角度考察则存在问题。问题之一是违背电路建模的基本原则，未考虑实际电路的工作状态

就对电路建模，建立的模型对直流而言是错误的（直流时无耦合而建模为有耦合，这与 5.4 节中图 5-14 所表现的问题有相通之处）；问题之二是错误地认为理想变压器不能传输直流。可见，上述工程方法之所以能得到正确结果，缘于连续的两个错误通过否定之否定形成，对此情况，应有正确认识。

正确的电路模型应能表现出实际电路的基本特性。基于电磁感应原理工作的变压器在直流情况下没有磁耦合效应，一次绕组的工作情况不影响二次绕组，不应该用有耦合模型对其建模，否则为建模错误，此即以上分析中指出的第一个错误；同理，电磁式变压器在交流情况下存在磁耦合效应，应该用有耦合模型对其建模，如果用无耦合模型对其建模，也属建模错误。

实际中已经可以制造出传输直流的电子式变压器（见 16.8 节），其工作原理与电磁感应无关。可见，传输直流的理想变压器存在实物原型。

另外，工程中还存在将机械运动用电路来模拟的情况，称为机电类比。例如，一对机械齿轮可模型化为理想变压器，这种情况下，理想变压器传递直流对应于一对齿轮匀速转动。

习 题

11-1 含互感的电路如图 11-23 所示。已知 $L_1=4\text{H}$、$L_2=5\text{H}$、$M=2\text{H}$、$R=10\Omega$、$i(t)=2e^{-4t}\text{A}$、$i_1(t)=0$，试求 $u_2(t)$。

11-2 含空心变压器的电路模型如图 11-24（a）所示，已知周期性电流源 $i_s(t)$ 一个周期的波形如图 11-24（b）所示，二次侧电压表读数（有效值）为 25V。试画出二次侧电压 u_2 的波形，并计算互感 M。

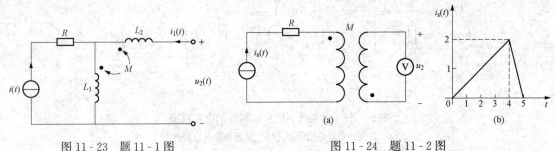

图 11-23 题 11-1 图

图 11-24 题 11-2 图
（a）电路；（b）电流源一个周期的波形

11-3 图 11-25 所示电路中，$R_1=50\Omega$，$L_1=70\text{mH}$，$L_2=25\text{mH}$，$M=25\text{mH}$，$C=1\mu\text{F}$，正弦电源 $\dot{U}=500\angle0°\text{V}$、$\omega=10^4\text{rad/s}$，求各支路电流 $\dot{I}$、$\dot{I}_1$、$\dot{I}_2$。

11-4 图 11-26 所示耦合电感电路，已知 $L_1=0.1\text{H}$、$L_2=0.4\text{H}$、$M=0.12\text{H}$，求等效电感 L_{ab}。

11-5 图 11-27 所示相量模型中，$R_1=8\Omega$，$R_2=2\Omega$，$R=10\Omega$，$\omega L_2=12\Omega$，$\omega L_1=48\Omega$，$\omega M=24\Omega$。若 $\dot{U}_s=1\angle0°\text{V}$，

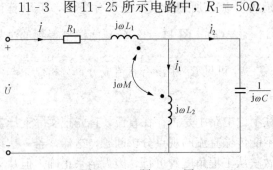

图 11-25 题 11-3 图

求 $\dot{U}$。

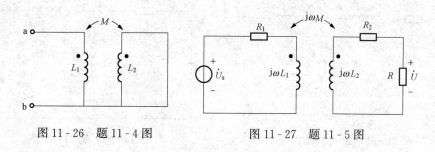

图 11 - 26　题 11 - 4 图　　　　　　　图 11 - 27　题 11 - 5 图

11 - 6　求图 11 - 28 所示电路的输入阻抗 Z（$\omega=1\text{rad/s}$）。

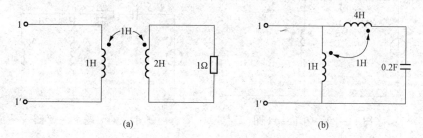

(a)　　　　　　　　　　　(b)

图 11 - 28　题 11 - 6 图

11 - 7　含有耦合电感的一端口网络如图 11 - 29 所示，若 $\omega L_1=6\Omega$、$\omega L_2=3\Omega$、$\omega M=3\Omega$、$R_1=3\Omega$、$R_2=6\Omega$，试求此一端口网络的输入阻抗。

11 - 8　求图 11 - 30 所示电路的输入阻抗。

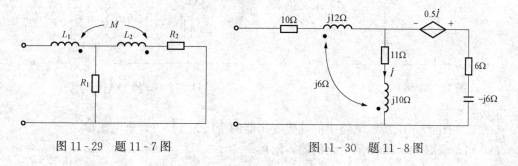

图 11 - 29　题 11 - 7 图　　　　　　　图 11 - 30　题 11 - 8 图

11 - 9　求图 11 - 31 所示一端口电路的输出阻抗。已知：$\omega L_1=\omega L_2=10\Omega$，$\omega M=5\Omega$，$R_1=R_2=6\Omega$，$\dot{U}_1=60\angle0°\text{V}$。

11 - 10　电路如图 11 - 32 所示，列写电路的网孔电流方程。

11 - 11　图 11 - 33 所示电路，已知 $\dot{U}_s=120\angle0°\text{V}$，$\omega=2\text{rad/s}$，$L_1=8\text{H}$，$L_2=6\text{H}$，$L_3=10\text{H}$，$M_{12}=4\text{H}$，$M_{23}=5\text{H}$。求该电路的戴维南等效电路。

11 - 12　图 11 - 34 所示正弦电路中，$u_s(t)$ 与电流 $i(t)$ 同相，且 $u_s(t)=100\cos1000t\text{V}$，试求电容 C 和电流 $i(t)$。

11 - 13　图 11 - 35 所示电路中，$R=200\Omega$，$L_1=25\text{mH}$，$L_2=11\text{mH}$，$M=8\text{mH}$，$C=50\mu\text{F}$，$u_s(t)=10\sqrt{2}\cos1000t\text{V}$。求两个电流表的读数。

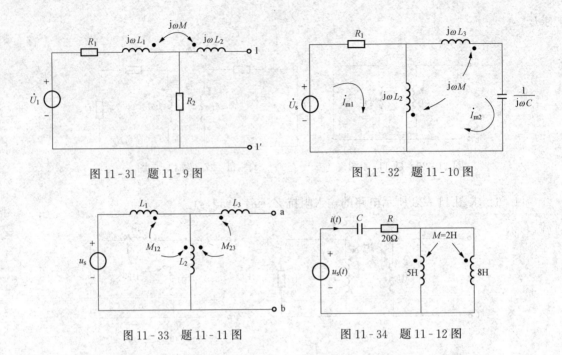

图 11-31 题 11-9 图

图 11-32 题 11-10 图

图 11-33 题 11-11 图

图 11-34 题 11-12 图

11-14 如图 11-36 所示电路中，已知：$u(t)=200\sqrt{2}\cos\omega t\,\mathrm{V}$，$R_0=R_1 50\Omega$，$L_0=0.2\mathrm{H}$，$L_1=0.1\mathrm{H}$，$C_1=10\mu\mathrm{F}$，$C_2=5\mu\mathrm{F}$，$M=0.05\mathrm{H}$，电流表读数为零，求 $u_0(t)$。

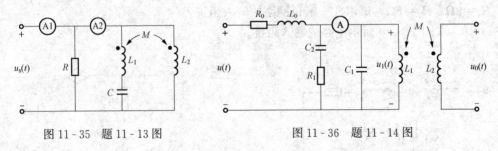

图 11-35 题 11-13 图

图 11-36 题 11-14 图

11-15 图 11-37 所示电路中的理想变压器的变比为 10：1，求电压 $\dot{U}_2$。

11-16 求图 11-38 所示电路的输入阻抗。

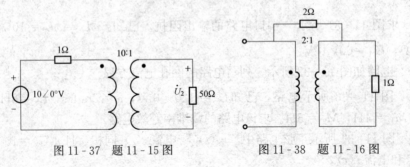

图 11-37 题 11-15 图

图 11-38 题 11-16 图

11-17 电路如图 11-39 所示，欲使 10Ω 电阻获得最大功率，试确定理想变压器的变比 n。

11-18　图 11-40 所示电路中，已知 $R=10\Omega$，$L=0.01H$，$n=5$，$u_s=20\sqrt{2}\cos1000t\,V$。求电容 C 为何值时电流 i 的有效值最大？并求此时的电压 u_2。

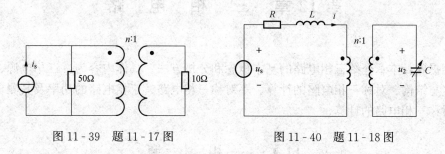

图 11-39　题 11-17 图　　　　　　图 11-40　题 11-18 图

11-19　图 11-41 所示含理想变压器电路中，$u_s(t)=12\cos2t\,V$，电路原已处于稳态，当 $t=0$ 时开关 K 闭合。求当 $t>0$ 时电容上电压 $u_C(t)$。

11-20　求图 11-42 所示电路的输入阻抗。

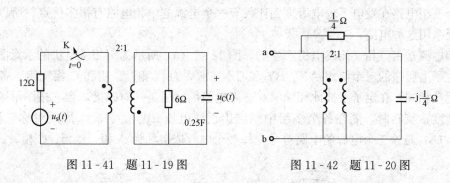

图 11-41　题 11-19 图　　　　　　图 11-42　题 11-20 图

11-21　在图 11-43 所示电路中，为使 R 获得最大功率，求 n 及此最大功率。

11-22　求出图 11-44 所示电路中的 $\dot{I}_1$、$\dot{I}_2$、$\dot{I}_3$，并求 4Ω 电阻的功率。

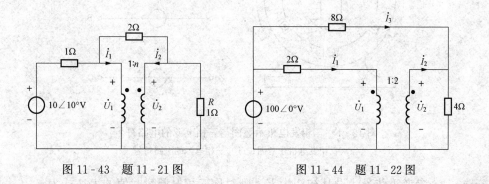

图 11-43　题 11-21 图　　　　　　图 11-44　题 11-22 图

第12章 三 相 电 路

内容提要：本章介绍三相电路的基本概念和分析方法。具体内容为：三相电源、三相电路的连接与结构、对称三相电路的计算、不对称三相电路、三相电路的功率及其测量，其中重点是对称三相电路的计算。

12.1 三 相 电 源

若有三个正弦电压源的电压 u_A、u_B、u_C，它们的最大值相等、频率相等、相位依次相差 $120°$，则称之为对称三相电压源，简称为三相电源。由三相电源供电的电路称为三相电路。由于三相电路在发电、输电等方面比仅有一个电源的单相电路有很多优点，所以电力系统中广泛采用这种电路。

三相电源是由三相交流发电机产生的，图 12-1（a）所示为三相发电机的示意图，其中发电机定子上所嵌的三个绕组 AX、BY 和 CZ 分别称为 A 相、B 相和 C 相绕组。各绕组的形状及匝数相同，在定子上彼此相隔 $120°$。发电机的转子是一对磁极，当它按图示顺时针方向以角速度 ω 旋转时，能在各个绕组中感应出正弦电压 u_A、u_B、u_C，形成对称三相电源，图 12-1（b）是这三个电源的电路符号，每一个电源依次称为 A 相、B 相、C 相。

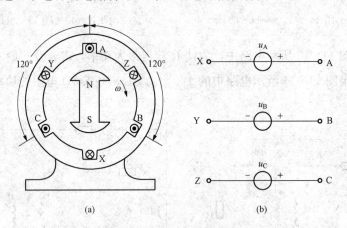

图 12-1　三相发电机示意图与三相电源的电路符号

（a）三相发电机示意图；（b）三相电源的电路符号

若选 u_A 为参考正弦量，设其初相为零，则对称三相电源瞬时值的表达式为

$$\begin{cases} u_A = \sqrt{2}U\cos(\omega t) \\ u_B = \sqrt{2}U\cos(\omega t - 120°) \\ u_C = \sqrt{2}U\cos(\omega t + 120°) \end{cases} \tag{12-1}$$

其对应的相量表达式为

$$\begin{cases} \dot{U}_A = U\angle 0° \\ \dot{U}_B = U\angle -120° = \alpha^2 \dot{U}_A \\ \dot{U}_C = U\angle +120° = \alpha \dot{U}_A \end{cases} \tag{12-2}$$

式（12-2）中，$\alpha = 1\angle 120° = -\dfrac{1}{2} + j\dfrac{\sqrt{3}}{2}$，它是工程上为了表示方便而引入的单位相量算子。对称三相电源各相的电压波形和相量图如图 12-2（a）、图 12-2（b）所示。

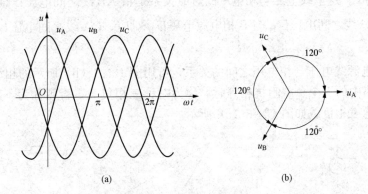

图 12-2　对称三相电源各相的电压波形和相量图
(a) 对称三相电源各相的电压波形；(b) 对称三相电源各相的电压相量图

由式（12-1）和式（12-2），并注意到 $1 + \alpha + \alpha^2 = 0$，可以证明对称三相电压满足

$$u_A + u_B + u_C = 0 \tag{12-3}$$

或

$$\dot{U}_A + \dot{U}_B + \dot{U}_C = 0 \tag{12-4}$$

三相电压源相位的次序称为相序。u_A 超前 u_B 120°、u_B 超前 u_C 120°，这样的相序称为正序或顺序。若 u_B 超前 u_A 120°、u_C 超前 u_B 120°，这样的相序称为负序或反序。u_A、u_B、u_C 三者相位相同称为零序。电力系统中一般采用正序，本章主要讨论这种情况。

12.2　三相电路的连接与结构

12.2.1　星形（Y）连接的三相电源和三相负载

星形连接的三相电源如图 12-3（a）所示。三个电压源的负极性端子 X、Y、Z 连接在一起形成的一个节点称为中性点，用 N 表示；从三个电压源的正极性端子 A、B、C 向外引出的三条输电线，称为端线（俗称火线）。

在星形电源中，端线 A、B、C 与中性点之间的电压称为相电压。由图 12-3（a）可知

$$\begin{cases} \dot{U}_{AN} = \dot{U}_A \\ \dot{U}_{BN} = \dot{U}_B \\ \dot{U}_{CN} = \dot{U}_C \end{cases} \tag{12-5}$$

对称三相电源电压的有效值通常用 U_P 表示。

端线 A、B、C 之间的电压称为线电压，分别记为 $\dot{U}_{AB}$、$\dot{U}_{BC}$、$\dot{U}_{CA}$。对称三相线电压的

有效值通常用 U_l 表示。由图 10-3（a）可知星形电源的线电压与相电压的关系为

$$\begin{cases} \dot{U}_{AB} = \dot{U}_A - \dot{U}_B = U\angle 0° - U\angle -120° = \sqrt{3}\dot{U}_A\angle 30° \\ \dot{U}_{BC} = \dot{U}_B - \dot{U}_C = U\angle -120° - U\angle 120° = \sqrt{3}\dot{U}_B\angle 30° \\ \dot{U}_{CA} = \dot{U}_C - \dot{U}_A = U\angle 120° - U\angle 0° = \sqrt{3}\dot{U}_C\angle 30° \end{cases} \quad (12\text{-}6)$$

式（12-2）表明，对称三相电源 Y 形连接时，线电压的有效值为相电压的$\sqrt{3}$倍，且相位超前对应相电压 30°。这里线电压与相电压的对应关系是指 AB 线之间电压$\dot{U}_{AB}$与 A 相电源电压$\dot{U}_A$对应，BC 线之间电压$\dot{U}_{BC}$与 B 相电源电压$\dot{U}_B$对应，CA 线之间电压$\dot{U}_{CA}$与 C 相电源电压$\dot{U}_C$对应。

对称 Y 形电源线电压与相电压之间的关系，可用图 12-3（b）所示的相量图表示。

当三相电路中的三个负载阻抗相等时，称为对称三相负载，否则称为不对称三相负载。星形连接的对称三相负载如图 12-3（c）所示。

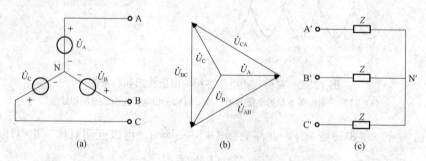

图 12-3　星形连接的三相电源和三相负载

（a）星形连接的三相电源；（b）星形连接线电压与相电压的关系；（c）星形连接的三相负载

若各相负载上电压对称，设分别为

$$\begin{cases} \dot{U}_{A'N'} = U\angle 0° \\ \dot{U}_{B'N'} = U\angle -120° \\ \dot{U}_{C'N'} = U\angle 120° \end{cases} \quad (12\text{-}7)$$

则负载端线电压与负载相电压的关系为

$$\begin{cases} \dot{U}_{A'B'} = \dot{U}_{A'N'} - \dot{U}_{B'N'} = U\angle 0° - U\angle -120° = \sqrt{3}\dot{U}_{A'N'}\angle 30° \\ \dot{U}_{B'C'} = \dot{U}_{B'N'} - \dot{U}_{C'N'} = U\angle -120° - U\angle 120° = \sqrt{3}\dot{U}_{B'N'}\angle 30° \\ \dot{U}_{C'A'} = \dot{U}_{C'N'} - \dot{U}_{A'N'} = U\angle 120° - U\angle 0° = \sqrt{3}\dot{U}_{C'N'}\angle 30° \end{cases} \quad (12\text{-}8)$$

可见负载端的线电压也对称，线电压的有效值为相电压的$\sqrt{3}$倍，且相位超前对应相电压 30°。

12.2.2　三角形（△）连接的三相电源和三相负载

将三相电压源依次首尾相连接成一个回路，即 X 与 B 连接在一起，Y 与 C 连接在一起，Z 与 A 连接在一起，再从端子 A、B、C 引出三条端线，即构成三角形连接的三相电源，如图 12-4（a）所示。

由图 12-4（a）可以得出△电源的线电压和相电压之间的关系为

$$\begin{cases} \dot{U}_{AB} = \dot{U}_A \\ \dot{U}_{BC} = \dot{U}_B \\ \dot{U}_{CA} = \dot{U}_C \end{cases} \tag{12-9}$$

由式（12-9）可知，△电源的线电压和对应的相电压有效值相等，即 $U_l = U_P$，且相位相同。

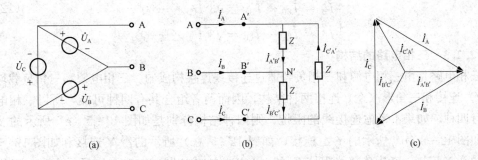

图 12-4　三角形连接的三相电源和三相负载
(a) 三角形连接的三相电源；(b) 三角形连接的三相负载；(c) 三角形连接线电流与相电流的关系

应该指出，当对称△电源连接正确时，$\dot{U}_A + \dot{U}_B + \dot{U}_C = 0$，所以三相电源构成的回路不会产生环电流，但如果出现连接错误，将实际三相电源中的某一相电源接反，由 KVL 可知回路中三个电源的电压之和将不为零。而实际电源回路中的阻抗很小，所以在回路中将形成很大的环流，产生高温，烧毁电源。因此，实际的大容量的三相交流发电机中很少采用三角形连接方式。

图 12-4（b）所示为三角形连接的三相负载。负载的相电流分别是 $\dot{I}_{A'B'}$、$\dot{I}_{B'C'}$、$\dot{I}_{C'A'}$。由图 12-4（b）所示电路可以看出，负载端的线电压和相电压相等，线电流和相电流存在如下 KCL 关系

$$\begin{cases} \dot{I}_A = \dot{I}_{A'B'} - \dot{I}_{C'A'} \\ \dot{I}_B = \dot{I}_{B'C'} - \dot{I}_{A'B'} \\ \dot{I}_C = \dot{I}_{C'A'} - \dot{I}_{B'C'} \end{cases} \tag{12-10}$$

如果三个相电流对称，设为

$$\begin{cases} \dot{I}_{A'B'} = I_P \angle 0° \\ \dot{I}_{B'C'} = I_P \angle -120° \\ \dot{I}_{C'A'} = I_P \angle 120° \end{cases} \tag{12-11}$$

则有

$$\begin{cases} \dot{I}_A = I_P \angle 0° - I_P \angle 120° = \sqrt{3}\, \dot{I}_{A'B'} \angle -30° \\ \dot{I}_B = I_P \angle -120° - I_P \angle 0° = \sqrt{3}\, \dot{I}_{B'C'} \angle -30° \\ \dot{I}_C = I_P \angle 120° - I_P \angle -120° = \sqrt{3}\, \dot{I}_{C'A'} \angle -30° \end{cases} \tag{12-12}$$

式（12-12）表明，对称三相负载三角形连接时，线电流的有效值为相电流的 $\sqrt{3}$ 倍，且相位滞后对应相电流 30°。图 12-4（c）所示的相量图表示了这一关系。

对图 12 - 4（a）所示的三相电源的三角形连接电路，若规定电源的相电流与相电压之间为非关联参考方向，此时，由 KCL 可以求出线电流的有效值为相电流的 $\sqrt{3}$ 倍，且相位滞后对应相电流 $30°$，即有

$$\begin{cases} \dot{I}_A = \dot{I}_{BA} - \dot{I}_{AC} = \sqrt{3}\,\dot{I}_{BA}\angle -30° \\ \dot{I}_B = \dot{I}_{CB} - \dot{I}_{BA} = \sqrt{3}\,\dot{I}_{CB}\angle -30° \\ \dot{I}_C = \dot{I}_{AC} - \dot{I}_{CB} = \sqrt{3}\,\dot{I}_{AC}\angle -30° \end{cases} \qquad (12 - 13)$$

12. 2. 3　三相电路的结构

三相电路是由三相电源和三相负载通过连接线连接构成的。三相电源和三相负载均有星形（Y）连接和三角形（△）连接两种结构，因而两者组合共有四种可能，所以三相电路的结构有四种，如果不考虑连接线的阻抗，则四种结构分别是如图 12 - 5（a）所示的 Y-Y 连接、如图 12 - 5（b）所示的 Y-△连接、如图 12 - 5（c）所示的△-Y 连接和如图 12 - 5（d）所示的△-Y 连接。考虑连接线阻抗 Z_l 的 Y-Y 连接方式如图 12 - 5（e）所示，在 Y-Y 连接方式下可派生出三相四线制系统，如图 12 - 5（f）所示。图 12 - 5（f）中，星形电源的中性点 N 与负载的中性点 N′之间的连接线称为中性线，简称中线或零线，Z_N 为中线上的阻抗。由 KCL 可知，三相四线制系统中的中线上的电流为

$$\dot{I}_N = \dot{I}_A + \dot{I}_B + \dot{I}_C \qquad (12 - 14)$$

三相四线制系统仍属于 Y-Y 连接方式，该结构在低压配电系统中得到了广泛应用。如果三相四线制系统中的三相电流 $\dot{I}_A$、$\dot{I}_B$、$\dot{I}_C$ 对称，则中线电流 $\dot{I}_N = 0$。

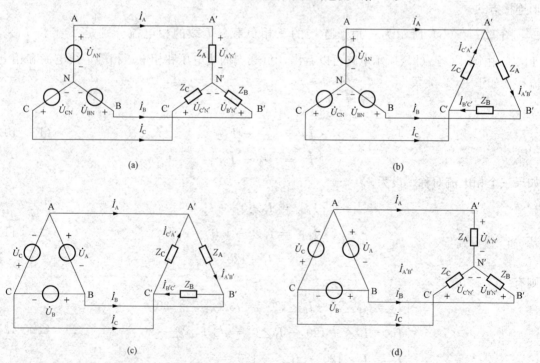

图 12 - 5　三相电路的各种结构（一）

（a）Y-Y 连接结构；（b）Y-△连接结构；（c）△-△连接；（d）△-Y 连接

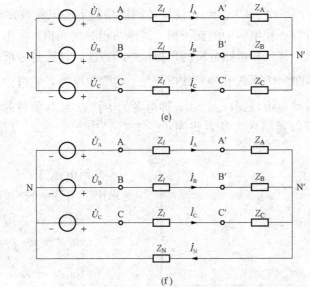

图 12 - 5 三相电路的各种结构（二）

（e）连接线有阻抗 Z_l 的 Y-Y 连接；（f）三相四线制

12.3 对称三相电路的计算

三相电路是正弦交流电路，因此用于正弦交流电路分析的各种计算方法对三相电路完全适用。而对称三相电路（三相电源对称、三相负载相等、电源与负载间的三根连接线上的阻抗相等）是一种特殊类型的正弦交流电路，其特殊性在于电路的相电压、相电流、线电压、线电流都具有对称性，利用这一特点可导出一种简便的分析方法，该方法就是下面要介绍的对称三相电路的三相化一相分析方法。

以图 12 - 5（e）所示的 Y-Y 连接电路为例讨论对称三相电路的简化计算方法。设 N 为参考节点，利用节点法可列出 N′点的节点电压方程为

$$\left(\frac{1}{Z_A+Z_l}+\frac{1}{Z_B+Z_l}+\frac{1}{Z_C+Z_l}\right)\dot{U}_{N'N}=\frac{\dot{U}_A}{Z_A+Z_l}+\frac{\dot{U}_B}{Z_B+Z_l}+\frac{\dot{U}_C}{Z_C+Z_l} \quad (12-15)$$

设电路为对称三相电路，即三相负载相同（$Z_A=Z_B=Z_C=Z$），三相电源对称，此时有

$$\left(\frac{3}{Z+Z_l}\right)\dot{U}_{N'N}=\frac{1}{Z+Z_l}(\dot{U}_A+\dot{U}_B+\dot{U}_C)=0 \quad (12-16)$$

可得 $\dot{U}_{N'N}=0$，即 N′点与 N 点等电位，所以各相连接线上的电流（也为电源与负载的相电流）分别为

$$\begin{cases} \dot{I}_A=\dfrac{\dot{U}_A-\dot{U}_{N'N}}{Z+Z_l}=\dfrac{\dot{U}_A}{Z+Z_l} \\[2mm] \dot{I}_B=\dfrac{\dot{U}_B-\dot{U}_{N'N}}{Z+Z_l}=\dfrac{\dot{U}_B}{Z+Z_l}=\alpha^2\,\dot{I}_A \\[2mm] \dot{I}_C=\dfrac{\dot{U}_C-\dot{U}_{N'N}}{Z+Z_l}=\dfrac{\dot{U}_C}{Z+Z_l}=\alpha\,\dot{I}_A \end{cases} \quad (12-17)$$

由式（12-17）可以看出，由于$\dot{U}_{N'N}=0$，使得各相连接线上的电流彼此独立，且构成对称组。因此，只要分析计算三相电路中的任一相，其他两相的线（相）电压、电流就可按对称关系直接写出，这就是对称三相电路分析的三相化一相方法，该法是分析对称三相电路的简便方法。图12-6所示即为计算 A 相连接线电流 $\dot{I}_A$ 的等效电路，它可由式（12-17）中的第一个等式得到。该电路也可根据$\dot{U}_{N'N}=0$，即电源的中性点 N 与负载的中性点 N′等电位，利用电位相等的两点可以短路的方法，将图12-5（e）中 N′、N 两点用理想导线短接后得到。

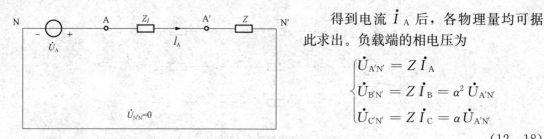

图 12-6　A 相计算等效电路

得到电流 $\dot{I}_A$ 后，各物理量均可据此求出。负载端的相电压为

$$\begin{cases} \dot{U}_{A'N'} = Z\dot{I}_A \\ \dot{U}_{B'N'} = Z\dot{I}_B = \alpha^2\dot{U}_{A'N'} \\ \dot{U}_{C'N'} = Z\dot{I}_C = \alpha\dot{U}_{A'N'} \end{cases}$$

$$(12-18)$$

负载端的线电压为

$$\begin{cases} \dot{U}_{A'B'} = \dot{U}_{A'N'} - \dot{U}_{B'N'} = \sqrt{3}\dot{U}_{A'N'}\angle 30° \\ \dot{U}_{B'C'} = \dot{U}_{B'N'} - \dot{U}_{C'N'} = \sqrt{3}\dot{U}_{B'N'}\angle 30° \\ \dot{U}_{C'A'} = \dot{U}_{C'N'} - \dot{U}_{A'N'} = \sqrt{3}\dot{U}_{C'N'}\angle 30° \end{cases}$$

$$(12-19)$$

它们也构成对称组。

若不考虑电源与负载之间连接线上的阻抗，对于图12-5（a）、图12-5（b）、图12-5（c）、图12-5（d）所示的电路，不必对电路做任何变化，可直接得到负载上的电压。

若考虑电源与负载之间连接线上的阻抗，对非 Y-Y 连接方式，可先将电路转化为 Y-Y 连接方式，在此基础上再将电路归结为一相电路进行计算。

【例 12-1】　对称三相 Y-Y 电路中，已知连接线的阻抗为 $Z_l=(1+j2)\Omega$，负载的阻抗为 $Z=(5+j6)\Omega$，线电压 $u_{AB}=380\sqrt{2}\cos(\omega t+30°)$V，试求负载中各电流相量。

解　计算 A 相电流 $\dot{I}_A$ 的等效电路如图12-6所示，利用星形连接的线电压与相电压的关系，可知

$$\dot{U}_A = \frac{\dot{U}_{AB}}{\sqrt{3}\angle 30°} = \frac{380\angle 30°}{\sqrt{3}\angle 30°} = 220\angle 0°\text{（V）}$$

因此

$$\dot{I}_A = \frac{\dot{U}_A}{Z+Z_l} = \frac{220\angle 0°}{6+j8} = \frac{220\angle 0°}{10\angle 53.1°} = 22\angle -53.1°\text{（A）}$$

根据对称性可知

$$\dot{I}_B = \alpha^2\dot{I}_A = 22\angle -173.1°\text{A}$$

$$\dot{I}_C = \alpha\dot{I}_A = 22\angle 66.9°\text{A}$$

【例 12-2】　已知对称△-△三相电路中，每一相负载的阻抗为 $Z=(19.2+j14.4)\Omega$，电源与负载之间连接线上的阻抗为 $Z_l=(3+j4)\Omega$，对称线电压 $U_{AB}=380$V。试求负载端的

线电压和线电流。

解　将电路等效变换为对称 Y-Y 三相电路，如图 12 - 7 所示。由阻抗的△-Y 等效变换关系可求得图 12 - 7 中的 Z' 为

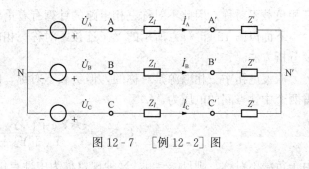

图 12 - 7　[例 12 - 2] 图

$$Z' = \frac{Z}{3} = \frac{19.2 + j14.4}{3}$$
$$= 6.4 + j4.8$$
$$= 8\angle 36.9°(\Omega)$$

由线电压 $U_{AB} = 380\text{V}$，可知图 12 - 7 中相电压 $U_A = \dfrac{U_{AB}}{\sqrt{3}} = \dfrac{380}{\sqrt{3}} = 220$ （V）。令 $\dot{U}_A = 220\angle 0°$ V，根据图 12 - 6 所示的单相计算电路有

$$\dot{I}_A = \frac{\dot{U}_A}{Z' + Z_l} = \frac{220\angle 0°}{9.4 + j8.8} = 17.1\angle -43.2°(\text{A})$$

由对称性可知

$$\dot{I}_B = \alpha^2\,\dot{I}_A = 17.1\angle -163.2°\text{A}$$
$$\dot{I}_C = \alpha\,\dot{I}_A = 17.1\angle 76.8°\text{A}$$

以上电流即为星形连接负载的各相电流，也是原△-△电路中电源与负载之间连接线上的线电流。利用三角形连接时线电流与相电流的关系，可得原电路负载的相电流为

$$\dot{I}_{A'B'} = \frac{\dot{I}_A}{\sqrt{3}}\angle 30° = \frac{17.1\angle -43.2°}{\sqrt{3}}\angle 30° = 9.9\angle -13.2°\text{A}$$

$$\dot{I}_{B'C'} = \alpha^2\,\dot{I}_{A'B'} = 9.9\angle -133.2°\text{A}$$

$$\dot{I}_{C'A'} = \alpha\,\dot{I}_{A'B'} = 9.9\angle -106.8°\text{A}$$

也可换一种方法求负载的相电流。求出图 12 - 7 中 A 相负载的相电压 $\dot{U}_{A'N'}$ 为

$$\dot{U}_{A'N'} = \dot{I}_A Z' = 17.1\angle -43.2° \times 8\angle 36.9° = 136.8\angle -6.3°(\text{V})$$

利用星形连接时线电压与相电压的关系可求出负载端线电压为

$$\dot{U}_{A'B'} = \sqrt{3}\,\dot{U}_{A'N'}\angle 30° = 236.9\angle 23.7°\text{V}$$

该电压也是原电路中三角形负载上的电压，可求得原电路中三角形负载上的相电流为

$$\dot{I}_{A'B'} = \frac{\dot{U}_{A'B'}}{Z} = \frac{236.9\angle 23.7°}{19.2 + j14.4} = \frac{236.9\angle 23.7°}{24\angle 36.9°} = 9.9\angle -13.2°(\text{A})$$

$$\dot{I}_{B'C'} = \alpha^2\,\dot{I}_{A'B'} = 9.9\angle -133.2°\text{A}$$

$$\dot{I}_{C'A'} = \alpha\dot{I}_{A'B'} = 9.9\angle -106.8°\text{A}$$

12.4　不对称三相电路

在三相电路中，只要三相电源、三相负载和三条连接线的阻抗中有任何一部分不对称，该电路就是不对称三相电路。实际的低压配电系统中的三相电路大多数是不对称的，通常是

三相负载不对称，因此不对称三相电路的计算有着重要的实际意义。

下面以图 12 - 5 （a）所示的 Y-Y 连接不对称三相电路为例来讨论不对称三相电路的特点及分析方法。

假设电路中三相电源是对称的，但负载不对称，即 $Z_A \neq Z_B \neq Z_C$。根据节点电压法可求得两个中性点间的电压为

$$\dot{U}_{N'N} = \frac{\dot{U}_A Y_A + \dot{U}_B Y_B + \dot{U}_C Y_C}{Y_A + Y_B + Y_C} \tag{12-20}$$

由于负载不对称，则 $\dot{U}_{N'N} \neq 0$，这种现象称为中性点位移。此时，各相负载电压为

$$\begin{cases} \dot{U}_{AN'} = \dot{U}_A - \dot{U}_{N'N} \\ \dot{U}_{BN'} = \dot{U}_B - \dot{U}_{N'N} \\ \dot{U}_{CN'} = \dot{U}_C - \dot{U}_{N'N} \end{cases} \tag{12-21}$$

假设 $\dot{U}_{N'N}$ 超前 $\dot{U}_A$，可定性画出该电路的电压相量图如图 12 - 8 （a）所示。从相量图中可以看出，在电源对称的情况下，中性点位移越大，负载相电压的不对称情况越严重，从而造成负载不能正常工作，甚至损坏电气设备。

为了使负载上的电压对称，须使 $\dot{U}_{N'N} = 0$，可用导线将 N 与 N' 点相连，这样就构成了三相四线制系统，如图 12 - 8 （b）所示。这样能使各相电路的工作相互独立，各相可以分别独立计算，如果某相负载发生变化，不会对其他两相产生影响。应注意，由于负载不对称，所以各相电流也不对称，因此中线电流不为零，即

$$\dot{I}_N = \dot{I}_A + \dot{I}_B + \dot{I}_C \neq 0$$

三相四线制系统中的中线是非常重要的，不允许断开，一旦断开，就会产生不良后果。

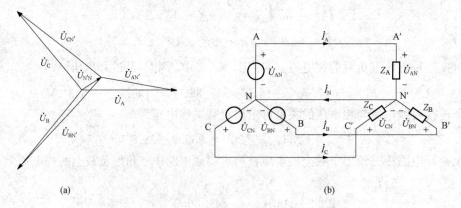

图 12 - 8 Y-Y 不对称电路的相量图和加中线电路

(a) 相量图；(b) 加中线的不对称电路

不对称三相电路是一种复杂的交流电路，三相化为一相的计算方法不能用于这种电路的计算。对不对称三相电路，可用节点法、回路法等求解复杂电路的方法对其进行分析计算。

【例 12 - 3】 相序指示器是一个用于测量三相电路相序的装置，结构非常简单，由一个电容和两个相同的灯泡（用电阻 R 表示）组成，如图 12 - 9 中的三相负载所示，其中电容的

容抗等于灯泡的电阻，即 $\frac{1}{\omega C}=R$。试说明在电源电压对称的情况下，根据两个灯泡的亮度来确定电源相序的方法。

解 假定电容所接电源为 A 相电源，并设 $\dot{U}_A=U\angle0°V$，则 $\dot{U}_B=U\angle-120°V$，$\dot{U}_C=U\angle120°V$。令 N 点为参考节点，由节点电压法可得负载与电源中点间电压为

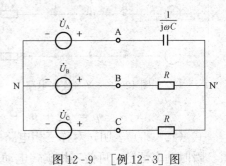

图 12-9 [例 12-3] 图

$$\dot{U}_{N'N}=\frac{j\omega C\dot{U}_A+\frac{1}{R}(\dot{U}_B+\dot{U}_C)}{j\omega C+\frac{1}{R}+\frac{1}{R}}$$

因 $\frac{1}{\omega C}=R$，故有

$$\dot{U}_{N'N}=\frac{jU\angle0°+U\angle-120°+U\angle120°}{j+2}$$
$$=(-0.2+j0.6)U=0.63U\angle108.4°$$

由 KVL 可得 B 相灯泡所承受的电压为

$$\dot{U}_{BN'}=\dot{U}_B-\dot{U}_{N'N}=U\angle-120°-(-0.2+j0.6)U$$
$$=(-0.3-j1.466)U=1.496U\angle-101.6°$$

即

$$U_{BN'}=1.496U$$

由 KVL 可得 C 相灯泡所承受的电压为

$$\dot{U}_{CN'}=\dot{U}_C-\dot{U}_{N'N}=U\angle-120°-(-0.2+j0.6)U$$
$$=(-0.3-j0.266)U=0.401U\angle138.4°$$

即

$$U_{CN'}=0.401U$$

由以上结果可知 $U_{BN'}>U_{CN'}$，若电容所在的那一相设为 A 相，则灯泡较亮的那一相就为 B 相，灯泡较暗的那一相就为 C 相，这样就把三相电源的相序测量出来了。

12.5 三相电路的功率及其测量

12.5.1 三相电路的功率

1. 瞬时功率

三相电路负载的瞬时功率为各相负载瞬时功率之和，对图 12-10 所示电路，三相电路负载的瞬时功率为

$$p=p_A+p_B+p_C=u_{AN'}i_A+u_{BN'}i_B+u_{CN'}i_C \tag{12-22}$$

设

$$\begin{cases} u_{AN'}=\sqrt{2}U_{AN'}\cos\omega t \\ i_A=\sqrt{2}I_A\cos(\omega t-\varphi) \end{cases} \tag{12-23}$$

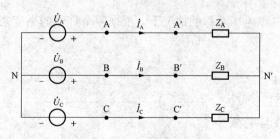

图 12 - 10　Y-Y 连接电路

当电路对称时，有

$$\begin{cases} u_{BN'} = \sqrt{2}U_{AN'}\cos(\omega t - 120°) \\ i_B = \sqrt{2}I_A\cos(\omega t - \varphi - 120°) \\ u_{CN'} = \sqrt{2}U_{AN'}\cos(\omega t + 120°) \\ i_C = \sqrt{2}I_A\cos(\omega t - \varphi + 120°) \end{cases} \tag{12-24}$$

经过推导可得

$$p = p_A + p_B + p_C = 3U_{AN'}I_A\cos\varphi = 3U_PI_P\cos\varphi \tag{12-25}$$

式（12-25）表明，对称三相电路中，三相负载的总瞬时功率不随时间变化，为一恒定值。瞬时功率恒定，可使三相旋转电动机受到恒定的转矩驱动，从而运行平稳，这是三相电路的一个突出优点。

　　2. 有功功率

　　三相负载吸收的总有功功率等于各相有功功率之和，即

$$P = P_A + P_B + P_C \tag{12-26}$$

对于图 12-10 所示的三相电路，负载吸收的总有功功率为

$$P = U_{AN'}I_A\cos\varphi_A + U_{BN'}I_B\cos\varphi_B + U_{CN'}I_C\cos\varphi_C \tag{12-27}$$

式中：φ_A、φ_B、φ_C 分别为 A、B、C 三相负载的阻抗角。

　　在对称三相电路中，因 $P_A = P_B = P_C = P_P$，所以三相负载吸收的总有功功率为

$$P = 3P_A = 3P_P \tag{12-28}$$

即

$$P = 3U_PI_P\cos\varphi_P \tag{12-29}$$

式中：U_P 为相电压；φ_P 为相电压与相电流的相位差，即负载的阻抗角。

　　在对称三相电路中，无论负载为星形连接还是三角形连接，总有以下关系成立，即

$$3U_PI_P = \sqrt{3}U_lI_l \tag{12-30}$$

故三相负载吸收的总有功功率也可表示为

$$P = \sqrt{3}U_lI_l\cos\varphi \tag{12-31}$$

注意式中 $\varphi = \varphi_P$ 为负载的阻抗角，该角度也是负载相电压与相电流的相位差，不是线电压与线电流的相位差。

　　3. 无功功率

　　与三相负载的总有功功率一样，三相负载的总无功功率为各相负载无功功率之和，即

$$Q = Q_A + Q_B + Q_C \tag{12-32}$$

对于图 12-10 所示电路，有

$$Q = U_{AN'}I_A\sin\varphi_A + U_{BN'}I_B\sin\varphi_B + U_{CN'}I_C\sin\varphi_C \tag{12-33}$$

在对称三相电路中，负载的总无功功率为

$$Q = 3Q_P = 3U_PI_P\sin\varphi_P = \sqrt{3}U_lI_l\sin\varphi \tag{12-34}$$

式中 $\varphi = \varphi_P$。

　　4. 视在功率

　　三相负载的总视在功率为

$$S = \sqrt{P^2 + Q^2} \qquad (12 - 35)$$

在对称三相电路中

$$S = 3U_P I_P = \sqrt{3} U_l I_l \qquad (12 - 36)$$

三相负载总的功率因数定义为

$$\lambda = \frac{P}{S}$$

在对称三相电路中，三相负载的总功率因数与每一相负载的功率因数相等，即 $\lambda = \cos\varphi$，其中 φ 为每一相负载的阻抗角。

12.5.2 三相电路的功率测量

在三相三线制电路中，不论电路是否对称，采用何种连接方式，都可以用两个功率表来测量负载的总功率，称为二瓦计法。二瓦计法测功率的电路如图 12 - 11 所示，两个功率表的电流线圈分别串入两连接线（图示为 A、B 两连接线）中，两功率表电压线圈的非电源端（无 * 号端）共同接到非电流线圈所在的第 3 条连接线上（图示为 C 连接线）。可以看出，这种测量方法中功率表的接线只触及电源与负载的连接线，与负载和电源的连接方式无关。

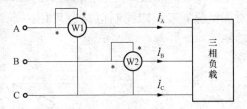

图 12 - 11　两功率表测三相电路功率示图

根据功率表的工作原理，可知两功率表的读数分别为

$$\begin{cases} P_1 = \mathrm{Re}[\dot{U}_{AC} \dot{I}_A^*] = U_{AC} I_A \cos(\varphi_{u_{AC}} - \varphi_{i_A}) \\ P_2 = \mathrm{Re}[\dot{U}_{BC} \dot{I}_B^*] = U_{BC} I_B \cos(\varphi_{u_{BC}} - \varphi_{i_B}) \end{cases} \qquad (12 - 37)$$

两功率表的读数之和为

$$P_1 + P_2 = \mathrm{Re}[\dot{U}_{AC} \dot{I}_A^*] + \mathrm{Re}[\dot{U}_{BC} \dot{I}_B^*] = \mathrm{Re}[\dot{U}_{AC} \dot{I}_A^* + \dot{U}_{BC} \dot{I}_B^*] \qquad (12 - 38)$$

因为 $\dot{U}_{AC} = \dot{U}_A - \dot{U}_C$，$\dot{U}_{BC} = \dot{U}_B - \dot{U}_C$，$\dot{I}_A^* + \dot{I}_B^* = -\dot{I}_C^*$，带入上式有

$$P_1 + P_2 = \mathrm{Re}[\dot{U}_A \dot{I}_A^* + \dot{U}_B \dot{I}_B^* + \dot{U}_C \dot{I}_C^*] = \mathrm{Re}[\overline{S}_A + \overline{S}_B + \overline{S}_C] = \mathrm{Re}[\overline{S}] \qquad (12 - 39)$$

可见，两个功率表读数之和为三相三线制电路中负载吸收的平均功率。

若电路为对称三相电路，令 $\dot{U}_A = U_P \angle 0°$，$\dot{I}_A = I_P \angle -\varphi$，则 $\dot{U}_{AC} = \sqrt{3} U_P \angle -30°$，$\dot{U}_{BC} = \sqrt{3} U_P \angle -90°$，$\dot{I}_B = I_P \angle (-120° - \varphi)$，则有

$$\begin{cases} P_1 = \mathrm{Re}[\dot{U}_{AC} \dot{I}_A^*] = U_{AC} I_A \cos(-30° + \varphi) = U_l I_l \cos(\varphi - 30°) \\ P_2 = \mathrm{Re}[\dot{U}_{BC} \dot{I}_B^*] = U_{BC} I_B \cos(-90° + 120° + \varphi) = U_l I_l \cos(\varphi + 30°) \end{cases} \qquad (12 - 40)$$

式（12 - 40）中：U_l 为线电压；I_l 为线电流；φ 为负载的阻抗角。

应该指出的是，在某些情况下，如 $\varphi > 60°$ 时，一个功率表的读数会为负值，这种情况下用两个表读数之和求负载总功率时，一个功率表的读数要用负值带入。用二瓦计法测功率，单独一个功率表的读数没有意义。

【例 12 - 4】　在图 12 - 12 所示的电路中，已知 $R = \omega L = 1/\omega C = 200\Omega$，不对称三相负载接于线电压为 380V 的对称三相电源，试求功率表 W1 和 W2 的读数。

解　设 $\dot{U}_{AB} = 380 \angle 0°V$，则 $\dot{U}_{BC} = 380 \angle -120°V$、$\dot{U}_{CA} = 380 \angle 120°V$，所以 $\dot{U}_{CB} = 380$

$\angle 60°V$、$\dot{U}_{AC}=380\angle-60°V$。由图 12-12 可知

$$\dot{I}_A = \frac{\dot{U}_{AB}}{R} + \frac{\dot{U}_{AC}}{j\omega L} = \frac{380}{200}[1+1\angle(-60°-90°)]A = 0.9835\angle-75°A$$

$$\dot{I}_C = \frac{\dot{U}_{CA}}{j\omega L} + j\omega C \dot{U}_{CB} = \frac{380}{200}[1\angle(120°-90°)+1\angle(60°+90°)]A = 1.9\angle90°A$$

则功率表 W1 和 W2 的读数分别为

$$P_1 = \mathrm{Re}[\dot{U}_{AB}\,\dot{I}_A^*] = \mathrm{Re}(380\times0.9835\angle75°) = 97(W)$$

$$P_2 = \mathrm{Re}[\dot{U}_{CB}\,\dot{I}_C^*] = \mathrm{Re}(380\angle60°\times1.9\angle-90°) = 625(W)$$

　　三相四线制电路三相总功率的测量要用三瓦计法，具体测量电路如图 12-13 所示，每一个功率表的读数即为对应相负载的功率，三个功率表的读数之和为三相负载的总功率。但对称情况下三相四线制电路也可用一个功率表测出一相功率，然后将结果乘以 3 得到总功率。

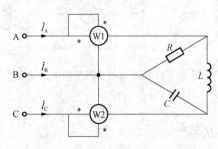

图 12-12　[例 12-4] 图

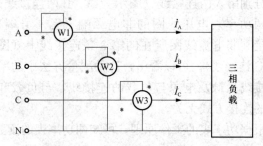

图 12-13　三相四线制电路功率测量电路

习　　题

　　12-1　已知某星形连接的三相电源的 B 相电压为 $u_{BN}=240\cos(\omega t-165°)V$，求其他两相的电压及线电压的瞬时值表达式，并作相量图。

　　12-2　已知对称三相电路的星形负载阻抗 $Z_L=(165+j84)\Omega$，端线阻抗 $Z_l=(2+j1)\Omega$，线电压 $U_l=380V$。求负载端的电流和线电压，并作电路的相量图。

　　12-3　已知三角形连接的对称三相负载 $Z=(10+j10)\Omega$，其对称线电压 $\dot{U}_{A'B'}=450\angle30V$，求相电流、线电流，并作相量图。

　　12-4　已知电源端对称三相线电压 $U_l=380V$，三角形负载阻抗 $Z=(4.5+j14)\Omega$，端线阻抗 $Z_l=(1.5+j2)\Omega$。求线电流和负载的相电流，并作相量图。

　　12-5　图 12-14 所示电路，三相电源对称，$U_{AB}=380V$，$Z=(6-j8)\Omega$，$Z_1=38\angle-83.1°\Omega$，求 $\dot{I}_A$。

　　12-6　图 12-15 所示对称三相电路中，当开关 S 闭合时，各电流表的读数均为 10A。开关断开后，各电流表的读数会发生变化，求各电流表读数。

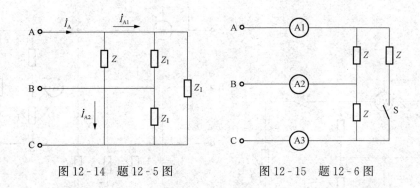

图 12 - 14 题 12 - 5 图   图 12 - 15 题 12 - 6 图

12 - 7 图 12 - 16 所示对称三相电路中，负载阻抗 $Z=(150+j150)\Omega$，端线阻抗 $Z_L=(2+j2)\Omega$，负载端线电压为 380V，求电源端线电压。

12 - 8 对称三相电路的线电压 $U_l=230$V，负载阻抗 $Z=(12+j16)\Omega$。试求：

（1）负载星形连接时的线电流和吸收的总功率。

（2）负载三角形连接时的线电流、相电流和吸收的总功率。

（3）比较（1）和（2）的结果能得到什么结论？

12 - 9 对称三相电路如图 12 - 17 所示，已知线电压 $U_l=380$V，负载阻抗 $Z_1=-j12\Omega$，$Z_2=3+j4\Omega$，求图示两个电流表的读数及全部三相负载吸收的平均功率和无功功率。

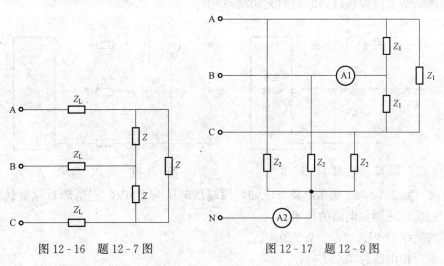

图 12 - 16 题 12 - 7 图   图 12 - 17 题 12 - 9 图

12 - 10 图 12 - 18 所示为对称的 Y-△连接三相电路，$U_{AB}=380$V，$Z=(27.5+j47.64)$ Ω，求：

（1）图中功率表 W1 和 W2 的读数及其代数和。

（2）若开关 K 打开，再求（1）。

12 - 11 图 12 - 19 所示三相电路中，$Z_1=-j10\Omega$，$Z_2=(5+j12)\Omega$，对称三相电源的线电压为 380V，K 闭合时电阻 R 吸收的功率为 24 200W。

（1）求开关 K 闭合时电路中各表的读数和全部负载的功率。

（2）求开关 K 打开时电路中各表的读数，并说明功率表读数的意义。

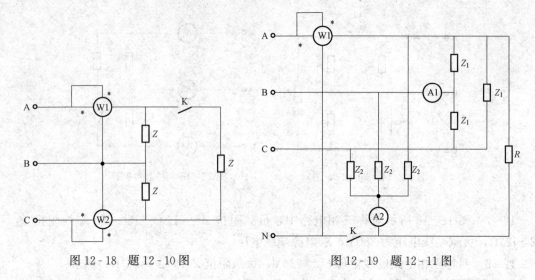

图 12-18　题 12-10 图　　　　　　　　图 12-19　题 12-11 图

12-12　对称三相电路如图 12-20 所示，开关 K 置 1 和 2 时功率表读数分别为 W_1 和 W_2。试证明三相负载的平均功率为 $P=W_1+W_2$；无功功率为 $Q=\sqrt{3}(W_2-W_1)$。

12-13　图 12-21 所示电路中，三相对称感性负载的功率为 $P=1500\text{W}$，功率因数 $\cos\varphi=0.8$。负载端线电压为 380V，连线阻抗 $Z_1=(1+\text{j}1)\Omega$，求（1）功率表的读数；（2）可否根据该功率表的读数得到电路的无功功率?

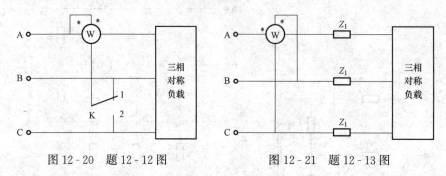

图 12-20　题 12-12 图　　　　　　　图 12-21　题 12-13 图

12-14　如图 12-22 所示电路，已知电源端线电压为 380V，三角形对称负载 $Z=(6+\text{j}6)\Omega$，用三瓦计法测量电路的功率。

（1）求功率表 W1、W2、W3 的读数。

（2）求三相电路总功率 P。

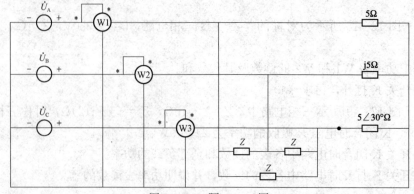

图 12-22　题 12-14 图

12 - 15　在图 12 - 23 所示对称三相电路中，相电压 $\dot{U}_A=220\angle 0°\text{V}$、$\dot{U}_B=220\angle -120°\text{V}$、$\dot{U}_C=220\angle 120°\text{V}$，功率表 W1 的读数为 4kW，功率表 W2 的读数为 2kW，试求电流 $\dot{I}_B$。

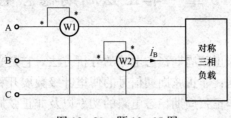

图 12 - 23　题 12 - 15 图

第 13 章　非正弦周期稳态电路

内容提要：本章介绍非正弦周期稳态电路的分析方法，它是直流电路和正弦稳态电路分析方法的推广。具体内容为：非正弦周期信号的傅里叶级数展开和信号的频谱，非正弦周期信号的有效值、平均值，非正弦周期稳态电路的功率以及非正弦周期稳态电路的计算。

13.1　非正弦周期信号的傅里叶级数展开和信号的频谱

13.1.1　非正弦周期信号

前面几章讨论了电路在正弦激励下稳态响应的计算问题，但是，在科学研究和生产实践中，人们经常会遇到按非正弦规律做周期性变化的信号（电压、电流）。例如，在自动控制、电子计算机等领域中用到的各种脉冲信号都是非正弦周期信号。在正弦电源激励下，如果电路中含有非线性元件，如二极管、三极管、铁芯线圈等，电路中也会出现按非正弦周期规律变化的电压和电流。图 13-1 列出了工程中常见的几种非正弦周期信号。

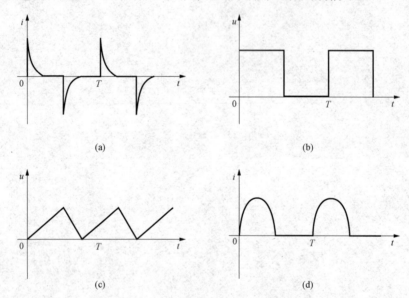

图 13-1　常见的非正弦周期信号
(a) 尖脉冲；(b) 矩形脉冲；(c) 锯齿波；(d) 半波整流波

本章讨论在非正弦周期信号作用下，线性电路的稳态分析和计算方法。

13.1.2　傅里叶级数展开

周期信号可以用一个周期函数 $f(t)$ 表示，T 表示其周期。如果周期函数 $f(t)$ 满足狄里赫利条件（即函数在一个周期内只有有限数量的第一类间断点及有限数量的极大值和极小值，且在一个周期内函数绝对可积），那么它就能展开成一个收敛的傅里叶级数，即

$$f(t) = a_0 + \sum_{k=1}^{\infty} \left[a_k \cos(k\omega t) + b_k \sin(k\omega t) \right] \tag{13-1}$$

式（13-1）中，$\omega = \dfrac{2\pi}{T}$ 各项系数 a_0、a_k、b_k 的计算公式如下

$$\begin{cases} a_0 = \dfrac{1}{T}\int_0^T f(t)\,\mathrm{d}t = \dfrac{1}{T}\int_{-\frac{T}{2}}^{\frac{T}{2}} f(t)\,\mathrm{d}t \\[2mm] a_k = \dfrac{2}{T}\int_0^T f(t)\cos(k\omega t)\,\mathrm{d}t = \dfrac{2}{T}\int_{-\frac{T}{2}}^{\frac{T}{2}} f(t)\cos(k\omega t)\,\mathrm{d}t \\[2mm] \quad = \dfrac{1}{\pi}\int_0^{2\pi} f(t)\cos(k\omega t)\,\mathrm{d}(\omega t) = \dfrac{1}{\pi}\int_{-\pi}^{\pi} f(t)\cos(k\omega t)\,\mathrm{d}(\omega t), \quad k = 1,2,\cdots,\infty \\[2mm] b_k = \dfrac{2}{T}\int_0^T f(t)\sin(k\omega t)\,\mathrm{d}t = \dfrac{2}{T}\int_{-\frac{T}{2}}^{\frac{T}{2}} f(t)\sin(k\omega t)\,\mathrm{d}t \\[2mm] \quad = \dfrac{1}{\pi}\int_0^{2\pi} f(t)\sin(k\omega t)\,\mathrm{d}(\omega t) = \dfrac{1}{\pi}\int_{-\pi}^{\pi} f(t)\sin(k\omega t)\,\mathrm{d}(\omega t), \quad k = 1,2,\cdots,\infty \end{cases}$$

$$\tag{13-2}$$

利用三角函数的知识，把式（13-1）中同频率的正弦项和余弦项合并，可得到周期函数 $f(t)$ 傅里叶级数的另一种表达式，即

$$f(t) = A_0 + \sum_{k=1}^{\infty} A_{km}\cos(k\omega t + \varphi_k) \tag{13-3}$$

式（13-3）中，A_0、$A_{km}(k=1, 2, \cdots, \infty)$ 为傅里叶系数，第一项 A_0 为非正弦周期函数 $f(t)$ 的直流分量，它是 $f(t)$ 在一个周期内的平均值；$A_{km}\cos(k\omega t + \varphi_k)$ 为谐波项，$A_{1m}\cos(\omega t + \varphi_1)$ 称为一次谐波（或基波分量），其周期或频率与非正弦周期函数 $f(t)$ 的周期或频率相同，$k>1$ 的其他各项统称为高次谐波，例如，二次谐波、三次谐波、四次谐波、……，A_{km} 及 φ_k 为 k 次谐波分量的振幅及初相位。

式（13-2）和式（13-3）这两个表达式的各项系数之间有如下关系

$$\begin{cases} A_0 = a_0 \\[2mm] A_{km} = \sqrt{a_k^2 + b_k^2} \\[2mm] a_k = A_{km}\cos\varphi_k \\[2mm] b_k = -A_{km}\sin\varphi_k \\[2mm] \varphi_k = \arctan\left(-\dfrac{b_k}{a_k}\right) \end{cases} \tag{13-4}$$

对常见的典型信号，工程上通常通过查表的方法解决傅里叶级数的展开问题。表13-1 中给出了几种常见信号的傅里叶级数展开式（表中 A 和 A_{av} 分别为信号的有效值和平均值，平均值的概念将在 13.2 节中讨论），更多信号的傅里叶级数展开式可在相关手册中查到。

表 13-1　　　　　　　　　　　　　　　几种常见的典型信号

名称	$f(t)$ 的波形图	$f(t)$ 的傅里叶级数	有效值 A	平均值 A_{av}
正弦波		$f(t) = A_m\cos(\omega t)$	$\dfrac{A_m}{\sqrt{2}}$	$\dfrac{2A_m}{\pi}$

名称	$f(t)$ 的波形图	$f(t)$ 的傅里叶级数	有效值 A	平均值 A_{av}
锯齿波		$f(t) = A_m \left\{ \dfrac{1}{2} - \dfrac{1}{\pi} \left[\sin(\omega t) + \dfrac{1}{2} \sin(2\omega t) + \dfrac{1}{3} \sin(3\omega t) + \cdots \right] \right\}$	$\dfrac{A_m}{\sqrt{3}}$	$\dfrac{A_m}{2}$
三角波		$f(t) = \dfrac{8A_m}{\pi^2} \left[\sin(\omega t) - \dfrac{1}{9} \sin(3\omega) + \dfrac{1}{25} \sin(5\omega t) - \cdots + \dfrac{(-1)^{0.5(k-1)}}{k^2} \sin(k\omega t) + \cdots \right]$ (k 为奇数)	$\dfrac{A_m}{\sqrt{3}}$	$\dfrac{A_m}{2}$
矩形波		$f(t) = \dfrac{4A_m}{\pi} \left[\sin(\omega t) + \dfrac{1}{3} \sin(3\omega t) + \dfrac{1}{5} \sin(5\omega t) + \cdots + \dfrac{1}{k} \sin(k\omega t) + \cdots \right]$ (k 为奇数)	A_m	A_m
全波整流波		$f(t) = \dfrac{4A_m}{\pi} \left[\dfrac{1}{2} + \dfrac{1}{1 \times 3} \cos(2\omega t) - \dfrac{1}{3 \times 5} \cos(4\omega t) + \dfrac{1}{5 \times 7} \cos(6\omega t) - \cdots \right.$	$\dfrac{A_m}{\sqrt{2}}$	$\dfrac{2A_m}{\pi}$

把一个非正弦周期函数 $f(t)$ 展开成傅里叶级数后，得到的是一个无穷级数。因此，从理论上讲，无穷多项之和才能准确地代表函数 $f(t)$。但是，由于傅里叶级数具有收敛性，各次谐波的振幅总体上随着频率的增高而下降，故通常截取展开式前面的若干项就可近似表达函数 $f(t)$。截取的项数越多，近似度就越高。具体问题中，应根据计算精度的要求决定傅里叶级数截取的项数。一般而言，函数 $f(t)$ 的波形越光滑和越接近于正弦波，其傅里叶级数就收敛得越快，需要截取的项数就越少。

13.1.3 非正弦周期信号的频谱和频谱图

非正弦周期函数 $f(t)$ 展开为傅里叶级数后所包含的直流成分和各谐波成分，反映了信号的组成情况，这些不同的成分组合在一起形成了信号的频谱。频谱可用图形表示，称为频谱图，频谱图又具体分为幅度频谱图和相位频谱图两种。

将各次谐波的振幅 A_{km} 用不同长度的线段（称为谱线）表示，将这些线段按对应频率的变化依次排列起来，就构成了信号的幅度频谱图，简称为幅度频谱；将各次谐波的初相位 φ_k 用不同长度的线段表示，将这些线段按对应频率的高低依次排列起来，就构成了相位频谱图，简称为相位频谱。

如对两个正弦波构成的非正弦周期信号 $x(t) = 3\cos(5t + 0.25\pi) + \cos(10t + 0.5\pi)$，可得 $\omega = 5\mathrm{rad/s}$，$A_{1m} = 3$、$A_{2m} = 1$、$\varphi_1 = 0.25\pi$、$\varphi_2 = 0.5\pi$，可分别画出其幅度频谱和相位频谱如图 13 - 2（a）、图 13 - 2（b）所示。

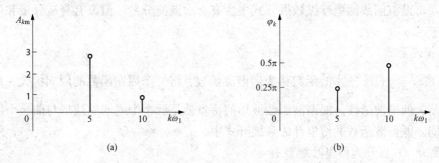

图 13 - 2　非正弦周期信号的幅度频谱和相位频谱
（a）幅度频谱；（b）相位频谱

实际工作中使用幅度频谱的情况更多一些，相位频谱的使用相对较少，如无特别说明，人们所说的频谱往往是指幅度频谱。由于周期信号由各次谐波组成，而每次谐波的频率对应于一条谱线，因此，周期信号的频谱是离散的。

13.1.4　对称非正弦周期信号的傅里叶级数

在电气电子工程领域中遇到的许多非正弦周期信号 $f(t)$ 往往具有某种对称性，利用其函数的对称性，可以简化傅里叶级数展开式中系数 a_0、a_k、b_k 的计算，使计算工作量减少。下面讨论几种对称函数的情况。

1. 奇函数

满足 $f(t) = -f(-t)$ 的函数称为奇函数，奇函数的波形具有原点对称的特点。表 13 - 1 中的矩形波、三角波对应的函数就是奇函数。奇函数傅里叶级数展开式中的系数 $a_0 = a_k = 0$，$k = 1，2，3，\cdots$。所以，将奇函数 $f(t)$ 展开为傅里叶级数有

$$f(t) = \sum_{k=1}^{\infty} b_k \sin(k\omega t) \tag{13 - 5}$$

由此可见，奇函数傅里叶级数展开式中只有正弦分量，没有直流分量和余弦分量。

2. 偶函数

满足 $f(t) = f(-t)$ 的函数称为偶函数，偶函数的波形具有纵轴对称的特点。表 13 - 1 中全波整流波形对应的函数就是偶函数。偶函数傅里叶级数展开式中的系数 $b_k = 0$，$k = 1，2，3，\cdots$。所以，将偶函数 $f(t)$ 展开为傅里叶级数有

$$f(t) = a_0 + \sum_{k=1}^{\infty} a_k \cos(k\omega t) \tag{13 - 6}$$

由此可见，偶函数傅里叶级数展开式中含有直流分量和余弦分量，但没有正弦分量。

3. 奇谐波函数

满足 $f(t) = f\left(t \pm \dfrac{T}{2}\right)$ 的函数称为奇谐波函数，奇谐波函数移动半个周期后的波形具有与原波形横轴对称的特点。在表 13 - 1 中，矩形波、三角波对应的函数是奇谐波函数。奇谐波函数展开为傅里叶级数时，$a_0 = a_k = b_k = 0$，$k = 2，4，6，\cdots$。所以，将奇谐波函数 $f(t)$

展开为傅里叶级数有

$$f(t) = \sum_{k=1}^{\infty} [a_k\cos(k\omega t) + b_k\sin(k\omega t)] \quad (k = 1,3,5,\cdots) \tag{13-7}$$

由此可见，奇谐波函数傅里叶级数展开式中含有奇次谐波分量，但没有直流分量和偶次谐波分量。

4. 偶谐波函数

满足 $f(t) = f\left(t \pm \dfrac{T}{2}\right)$ 的函数称为偶谐波函数。将一个周期函数的周期扩大一倍，得到的新函数就为偶谐波函数。偶谐波函数波形的特点就是后半个周期的波形与前半个周期的波形完全相同。偶谐波函数的傅里叶级数展开式中，$a_k = b_k = 0$ （$k = 1$, 3, 5, $\cdots$），所以，将偶谐波函数 $f(t)$ 展开为傅里叶级数有

$$f(t) = a_0 + \sum_{k=2}^{\infty} [a_k\cos(k\omega t) + b_k\sin(k\omega t)] \quad (k = 2,4,6\cdots) \tag{13-8}$$

由此可见，偶谐波函数傅里叶级数展开式中没有奇次谐波分量，但含有直流分量和偶次谐波分量。

【例 13-1】 求图 13-3（a）所示周期性矩形信号 $f(t)$ 的傅里叶级数展开式及其幅度频谱。

解 由图可知，$f(t)$ 在第一个周期内的表达式为

$$f(t) = \begin{cases} E_{\mathrm{m}}, & 0 < t < \dfrac{T}{2} \\ -E_{\mathrm{m}}, & \dfrac{T}{2} < t < T \end{cases}$$

根据式（13-2）可求得 $f(t)$ 的傅里叶系数为

$$a_0 = \frac{1}{T}\int_0^T f(t)\mathrm{d}t = 0$$

$$a_k = \frac{1}{\pi}\int_0^{2\pi} f(t)\cos(k\omega t)\mathrm{d}(\omega t) = \frac{1}{\pi}\left[\int_0^{\pi} E_{\mathrm{m}}\cos(k\omega t)\mathrm{d}(\omega t) - \int_{\pi}^{2\pi} E_{\mathrm{m}}\cos(k\omega t)\mathrm{d}(\omega t)\right]$$

$$= \frac{2E_{\mathrm{m}}}{\pi}\int_0^{\pi}\cos(k\omega t)\mathrm{d}(\omega t) = 0$$

$$b_k = \frac{1}{\pi}\int_0^{2\pi} f(t)\sin(k\omega t)\mathrm{d}(\omega t)$$

$$= \frac{1}{\pi}\left[\int_0^{\pi} E_{\mathrm{m}}\sin(k\omega t)\mathrm{d}(\omega t) - \int_{\pi}^{2\pi} E_{\mathrm{m}}\sin(k\omega t)\mathrm{d}(\omega t)\right]$$

$$= \frac{2E_{\mathrm{m}}}{\pi}\int_0^{\pi}\sin(k\omega t)\mathrm{d}(\omega t) = \frac{2E_{\mathrm{m}}}{k\pi}[1 - \cos(k\pi)]$$

当 $k=2$, 4, 6, $\cdots$时，有 $\cos(k\pi)=1$，所以 $b_k=0$；当 $k=1$, 3, 5, $\cdots$时，$\cos(k\pi)=-1$，所以 $b_k=\dfrac{4E_{\mathrm{m}}}{k\pi}$。由此可得

$$f(t) = \frac{4E_{\mathrm{m}}}{\pi}\left[\sin(\omega t) + \frac{1}{3}\sin(3\omega t) + \frac{1}{5}\sin(5\omega t) + \cdots\right]$$

图 13-3（b）中，虚线所示曲线是上述 $f(t)$ 展开式中取前三项（即取到 5 次谐波时）合成的曲线。图 13-3（c）中，是 $f(t)$ 展开式中取到 11 次谐波时的合成曲线。比较这两个

图可以看出，非正弦周期函数 $f(t)$ 的傅里叶展开式中谐波项数越多，合成波曲线越接近原来的波形。图 13-3（d）所示为 $f(t)$ 的幅度频谱。

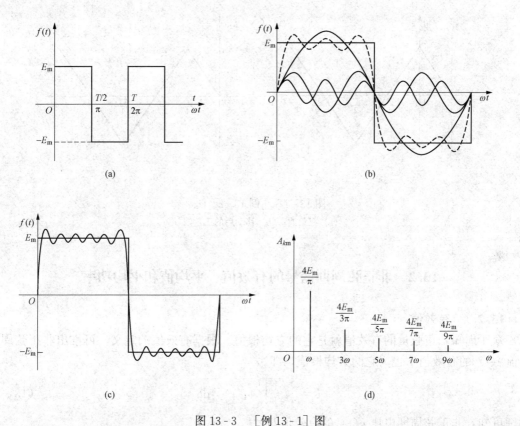

图 13-3　［例 13-1］图

（a）方波；（b）取到 5 次谐波时的合成曲线；（c）取到 11 次谐波时的合成曲线；（d）幅度频谱

事实上，本例的 $f(t)$ 是奇函数，根据奇函数的对称性，求出 b_k 后，直接由式（13-5）就可得到傅里叶级数展开式，还可以根据表 13-1 直接查表求解。

【例 13-2】　求图 13-4（a）所示的三角波 $f_1(t)$ 的傅里叶级数展开式。

解　此题可借助查表法求解。$f_1(t)$ 移动 1/4 周期后所得函数为 $f_2(t)$，波形如图 13-4（b）所示。直接查表 13-1 可知，$f_2(t)$ 的傅里叶级数展开式为

$$f_2(t) = \frac{8A_m}{\pi^2}\left[\sin(\omega t) - \frac{1}{9}\sin(3\omega t) + \frac{1}{25}\sin(5\omega t) - \cdots\right]$$

比较 $f_2(t)$ 和 $f_1(t)$ 的波形可以看出，$f_1\left(t - \dfrac{T}{4}\right) = f_2(t)$。所以

$$f_1\left(t - \frac{T}{4}\right) = \frac{8A_m}{\pi^2}\left[\sin(\omega t) - \frac{1}{9}\sin(3\omega t) + \frac{1}{25}\sin(5\omega t) - \cdots\right]$$

令 $t - \dfrac{T}{4} = t'$，有 $t = t' + \dfrac{T}{4}$，代入上式，有

$$f_1(t') = \frac{8A_m}{\pi^2}\left[\sin\omega\left(t' + \frac{T}{4}\right) - \frac{1}{9}\sin3\omega\left(t' + \frac{T}{4}\right) + \frac{1}{25}\sin5\omega\left(t' + \frac{T}{4}\right) - \cdots\right]$$

$$= \frac{8A_m}{\pi^2}\left[\cos(\omega t') - \frac{1}{9}\cos(3\omega t') + \frac{1}{25}\cos(5\omega t') + \cdots\right]$$

将 t' 用 t 带回，就可得到 $f_1(t)$ 的傅里叶级数展开式。

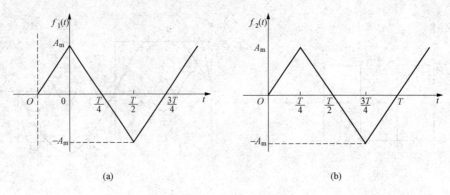

图 13 - 4　　［例 13 - 2］图

(a) 三角波；(b) 移动后的三角波

13.2　非正弦周期信号的有效值、平均值和平均功率

13.2.1　有效值

众所周知，正弦量的有效值就是它的方均根值。根据有效值的定义，可推出非正弦周期电流 $i(t)$ 的有效值 I 也为它的方均根值，即

$$I = \sqrt{\frac{1}{T}\int_0^T [i(t)]^2 \mathrm{d}t} \tag{13 - 9}$$

同理可知，非正弦周期电压 $u(t)$ 的有效值 U 为

$$U = \sqrt{\frac{1}{T}\int_0^T [u(t)]^2 \mathrm{d}t} \tag{13 - 10}$$

设某一非正弦周期电流 $i(t)$ 可以展开为傅里叶级数，即

$$i(t) = I_0 + \sum_{k=1}^{\infty} I_{km}\cos(k\omega t + \varphi_k) \tag{13 - 11}$$

将其带入有效值计算公式，可得

$$I = \sqrt{\frac{1}{T}\int_0^T \left[I_0 + \sum_{k=1}^{\infty} I_{km}\cos(k\omega t + \varphi_k)\right]^2 \mathrm{d}t} \tag{13 - 12}$$

以上算式经过运算出现的各项内容对应有以下结果，即

(1) $\dfrac{1}{T}\displaystyle\int_0^T I_0^2 \mathrm{d}t = I_0^2$

(2) $\dfrac{1}{T}\displaystyle\int_0^T I_{km}^2 \cos^2(k\omega t + \varphi_k)\mathrm{d}t = \dfrac{I_{km}^2}{2} = I_k^2$

(3) $\dfrac{1}{T}\displaystyle\int_0^T 2I_0 I_{km}\cos(k\omega t + \varphi_k)\mathrm{d}t = 0$

(4) $\dfrac{1}{T}\displaystyle\int_0^T 2I_{km}\cos(k\omega t + \varphi_k)I_{qm}\cos(q\omega t + \varphi_q)\mathrm{d}t = 0 \quad (k \neq q)$

其中（3）、（4）两项的结果是由于三角函数的正交性所致。因此可以求得电流 i 的有效值为

$$I = \sqrt{I_0^2 + I_1^2 + I_2^2 + I_3^2 + \cdots} = \sqrt{I_0^2 + \sum_{k=1}^{\infty} I_k^2} \qquad (13\text{-}13)$$

若非正弦周期电压 $u(t) = U_0 + \sum_{k=1}^{\infty} U_{km}\cos(k\omega t + \varphi_k)$，同理可得 $u(t)$ 的有效值为

$$U = \sqrt{U_0^2 + U_1^2 + U_2^2 + U_3^2 + \cdots} = \sqrt{U_0^2 + \sum_{k=1}^{\infty} U_k^2} \qquad (13\text{-}14)$$

以上结果表明，非正弦周期电流（电压）的有效值等于其直流分量的平方及各次谐波分量有效值的平方之和的平方根。

【例 13-3】　有一非正弦周期电压 $u(t)$，其傅里叶级数展开式为 $u(t) = 10 + 141.4\cos(\omega t + 30°) + 70.7\cos(3\omega t - 90°)\text{V}$，求此电压的有效值。

解　由式（13-14）可得

$$U = \sqrt{U_0^2 + U_1^2 + U_3^2} = \sqrt{10^2 + \left(\frac{141.4}{\sqrt{2}}\right)^2 + \left(\frac{70.7}{\sqrt{2}}\right)^2}$$

$$= \sqrt{10^2 + 100^2 + 50^2} = 112.2(\text{V})$$

13.2.2　平均值

傅立叶级数展开式的系数计算式有 $a_0 = \dfrac{1}{T}\int_0^T f(t)\mathrm{d}t = \dfrac{1}{T}\int_{-\frac{T}{2}}^{\frac{T}{2}} f(t)\mathrm{d}t$，$a_0$ 是 $f(t)$ 在数学意义上的平均值，该值在电气工程中称为直流分量。电气工程中信号（电压、电流）平均值的定义与数学上的定义有所不同。以电流为例，电气工程中 $i(t)$ 的平均值定义为

$$I_{av} = \frac{1}{T}\int_0^T |i|\,\mathrm{d}t \qquad (13\text{-}15)$$

可见 I_{av} 实际是数学上的绝对值的平均值。设正弦电流 $i = I_m\cos(\omega t)$，按电气工程中的定义可求得正弦电流的平均值为

$$I_{av} = \frac{1}{T}\int_0^T |I_m\cos(\omega t)|\,\mathrm{d}t = \frac{4I_m}{T}\int_0^{\frac{T}{4}} \cos(\omega t)\,\mathrm{d}t$$

$$= \frac{4I_m}{\omega T}\left[\sin(\omega t)\right]\Big|_0^{\frac{T}{4}} = \frac{2}{\pi}I_m = 0.898I \qquad (13\text{-}16)$$

根据电气工程中电流平均值的定义，可知正弦电流经全波整流后取平均，就是正弦电流在工程意义上的平均值。图 13-5 给出了正弦电流经全波整流后的波形，全波整流相当于对电流取绝对值。在表 13-1 中给出了几种常见非正弦周期信号的有效值和平均值。

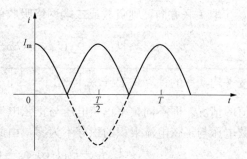

图 13-5　正弦电流的全波整流波形

对于同一个非正弦周期信号，用不同类型的仪表进行测量时，得到的测量结果是不同的。例如，用磁电系仪表（直流仪表）测量电流，测得的结果是电流的直流分量（数学意义上的平均值），这是因为磁电系仪表的偏转角 α 正比于 $\dfrac{1}{T}\int_0^T i\mathrm{d}t$，因此，仪表的刻度值是均匀分布的。如果用电磁系或电动系仪表进行测量，测得的

结果就是电流的有效值，因为这两种仪表的偏转角正比于 $\frac{1}{T}\int_0^T i^2 \mathrm{d}t$，故仪表的刻度值是非均匀分布的。如果用全波整流磁电系仪表测量电流，所测得的结果为电流的平均值（数学上绝对值的平均值），因这种仪表的偏转角 α 正比于 $\frac{1}{T}\int_0^T |i| \mathrm{d}t$，所以仪表的刻度值是均匀分布的。因此，在测量电流（或电压）时，应注意选择合适的仪表，并注意不同类型仪表读数所表示的含义（关于仪表的知识可参阅电工测量相关文献）。

为了反映具有不同波形的非正弦周期信号的特征，通常将其有效值与平均值的比值定义为波形因数，用符号 k_f 表示，即

$$k_f = \frac{I}{I_{av}} \tag{13-17}$$

对于正弦波，其波形因数为

$$k_f = \frac{\dfrac{I_m}{\sqrt{2}}}{\dfrac{2}{\pi}I_m} = 1.11 \tag{13-18}$$

对于 $k_f > 1.11$ 的非正弦波，其波形一般都是比正弦波更尖锐的波形，反之就是比正弦波更平坦的波形。借助波形因数，可以用全波整流磁电系仪表测正弦量的有效值，模拟式万用表的交流档就是用这一原理测正弦量有效值的。万用表测正弦量时，实际测出的是工程意义上的平均值，将对应值乘上 1.11 以后就得到有效值，模拟式万用表上的刻度是按有效值标示的。可以用万用表测其他类型周期信号的有效值和平均值，方法是把万用表读数除以 1.11，得到对应信号的平均值，再将平均值乘上对应信号的波形系数，就可得到所测信号的有效值。

13. 2. 3 平均功率

非正弦周期电流电路的平均功率可用瞬时功率取平均求出。现假定一个负载或一个不含独立源的二端网络的电压、电流分别为

$$\begin{cases} u(t) = U_0 + \sum_{k=1}^{\infty} U_{km}\cos(k\omega t + \varphi_{uk}) \\ i(t) = I_0 + \sum_{k=1}^{\infty} I_{km}\cos(k\omega t + \varphi_{ik}) \end{cases} \tag{13-19}$$

u、i 取关联方向，则负载或二端网络吸收的瞬时功率为

$$p = ui = \left[U_0 + \sum_{k=1}^{\infty} U_{km}\cos(k\omega t + \varphi_{uk}) \right] \times \left[I_0 + \sum_{k=1}^{\infty} I_{km}\cos(k\omega t + \varphi_{ik}) \right] \tag{13-20}$$

按平均功率的计算式 $P = \frac{1}{T}\int_0^T p\mathrm{d}t = \frac{1}{T}\int_0^T ui\,\mathrm{d}t$，可以发现存在类似于求非正弦周期电流有效值的情况，即不同频率正弦电压与正弦电流乘积的积分为零（不产生平均功率），同频率正弦电压与正弦电流乘积的积分不为零，由此可以求得

$$P = U_0 I_0 + U_1 I_1 \cos\varphi_1 + U_2 I_2 \cos\varphi_2 + \cdots + U_k I_k \cos\varphi_k + \cdots \tag{13-21}$$

式中 $U_k = \dfrac{U_{km}}{\sqrt{2}}$，$I_k = \dfrac{I_{km}}{\sqrt{2}}$，$\varphi_k = \varphi_{uk} - \varphi_{ik}$，$k = 1, 2, \cdots$。

根据正弦信号平均功率的计算式可知，$U_k I_k \cos\varphi_k$ 为 k 次谐波分量的平均功率。由此可见，非正弦周期电流电路的平均功率等于直流分量的功率与各次谐波平均功率的代数和。

如果非正弦周期电流流过电阻 R，根据式（13-21），可知电阻消耗的平均功率为

$$P = I_0^2 R + I_1^2 R + I_2^2 R + \cdots + I_k^2 R + \cdots = I^2 R \qquad (13-22)$$

【例 13-4】　一不含独立源的二端电路其端口的电压、电流分别为

$$u = [50 + 84.6\cos(\omega t + 30°) + 56.6\cos(2\omega t + 10°)]\text{V}$$

$$i = [1 + 0.707\cos(\omega t - 30°) + 0.424\cos(2\omega t + 70°)]\text{A}$$

u、i 为关联参考方向，求此二端电路吸收的功率。

解　根据式（13-21）可得

$$P = 50 \times 1 + \frac{84.6}{\sqrt{2}} \times \frac{0.707}{\sqrt{2}}\cos(30° + 30°) + \frac{56.6}{\sqrt{2}} \times \frac{0.424}{\sqrt{2}}\cos(10° - 70°)$$

$$= 50 + 30\cos 60° + 12\cos(-60°) = 71(\text{W})$$

13.3　非正弦周期稳态电路的计算

对于非正弦周期信号（电压、电流）作用下的线性电路，其分析和计算的理论基础是傅里叶级数理论和叠加定理。计算的过程是首先应用数学中的傅里叶级数展开方法，将非正弦周期信号分解成直流分量和一系列不同频率的正弦量之和，并将它们分别作用到所研究的线性电路上求其响应，最后根据线性电路的叠加定理，将求得的各个响应叠加，其结果即为电路在非正弦周期信号作用下的响应。这种方法称为谐波分析法。

非正弦周期电流电路分析计算的具体步骤为：

（1）将给定的非正弦周期信号展开成傅里叶级数，并根据所需要的准确度确定高次谐波取到哪一项为止。

（2）分别求出信号傅里叶级数展开式中的直流分量以及各次谐波分量单独作用于电路时的响应。对直流分量（$\omega=0$），求解时把电容视为开路，电感视为短路；对各次谐波分量，用相量法求解，求解时须注意电容和电感对不同谐波的阻抗值不同。电感和电容的感抗和容抗用下面两式计算，即

$$X_{Lk} = k\omega L$$

$$X_{Ck} = \frac{1}{k\omega C}$$

式中：ωL 和 $\frac{1}{\omega C}$ 分别为基波分量的感抗和容抗。电阻 R 对各次谐波阻值相同。应注意将用相量法求出的结果转化为时域形式。

（3）根据线性电路的叠加定理，把步骤（2）中计算出的直流响应和各次谐波分量产生的响应分量进行叠加。注意在叠加时只能采用时域表达式形式，不能采用相量表达式形式，原因是不同频率的相量相加是没有物理意义的。这样，求得的最终响应是一个含有直流分量和各次谐波分量的非正弦瞬时值表达式。

【例 13-5】　图 13-6（a）所示电路中，已知 $R_1=5\Omega$，$R_2=10\Omega$，基波感抗 $X_{L(1)}=\omega L$ $=2\Omega$，基波容抗 $X_{C(1)}=\frac{1}{\omega C}=15\Omega$，电源电压 $u = [10 + 141.14\cos\omega t + 70.7\cos(3\omega t + 30°)]$V，试求各支路电流 i、i_1、i_2 及电源输出的平均功率。

解　由于电源电压已展开为傅里叶级数的形式，所以可以直接求各分量的响应。

（1）直流分量单独作用时的电路如图 13-6（b）所示。此时电感 L 相当于短路，电容 C 相当于开路。直流分量可视为 0 次谐波，可计算出各支路电流分别为

$$I_{1(0)} = \frac{U_{(0)}}{R_1} = \frac{10}{5} = 2(A)$$

$$I_{2(0)} = 0$$

$$I_{(0)} = I_{1(0)} + I_{2(0)} = 2A$$

（2）基波分量单独作用时的电路如图 13-6（c）所示，用相量法计算各支路电流可得

$$\dot{I}_{1(1)} = \frac{\dot{U}_{(1)}}{R_1 + j\omega L} = \frac{\left(\frac{141.4}{\sqrt{2}}\right)\angle 0°}{5 + j2} = 18.61\angle -21.8°(A)$$

$$\dot{I}_{2(1)} = \frac{\dot{U}_{(1)}}{R_2 - j\frac{1}{\omega C}} = \frac{\left(\frac{141.4}{\sqrt{2}}\right)\angle 0°}{10 - j15} = 5.55\angle 56.3°(A)$$

$$\dot{I}_{(1)} = \dot{I}_{1(1)} + \dot{I}_{2(1)} = 18.61\angle -21.8° + 5.55\angle 56.3° = 20.5\angle -6.4°(A)$$

（3）三次谐波单独作用时的电路如图 13-6（d）所示，可计算出各支路电流相量为

$$\dot{I}_{1(3)} = \frac{\dot{U}_{(3)}}{R_1 + j3\omega L} = \frac{\left(\frac{70.7}{\sqrt{2}}\right)\angle 30°}{5 + j3 \times 2} = 6.4\angle -20.2°(A)$$

$$\dot{I}_{2(3)} = \frac{\dot{U}_{(3)}}{R_2 - j\frac{1}{3\omega C}} = \frac{\left(\frac{70.7}{\sqrt{2}}\right)\angle 30°}{10 - j\frac{1}{3} \times 15} = 4.47\angle 56.6°(A)$$

$$\dot{I}_{(3)} = \dot{I}_{1(3)} + \dot{I}_{2(3)} = 6.4\angle -20.2 + 4.47\angle 56.6° = 8.62\angle 10.17°(A)$$

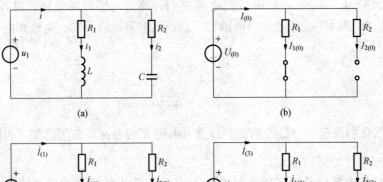

图 13-6 ［例 13-5］图

(a) 原电路；(b) 直流分量等效电路；(c) 基波分量等效电路；(d) 3 次谐波分量等效电路

（4）将直流分量及各次谐波分量的时域表达式叠加，得出各支路电流为

$$i_1 = i_{1(0)} + i_{1(1)} + i_{1(3)} = 2 + 18.6\sqrt{2}\cos(\omega t - 21.8°) + 6.4\sqrt{2}\cos(3\omega t - 20.2°)(A)$$

$$i_2 = i_{2(0)} + i_{2(1)} + i_{2(3)} = 5.55\sqrt{2}\cos(\omega t + 56.3°) + 4.47\sqrt{2}\cos(3\omega t + 56.6°)\mathrm{A}$$

$$i = i_{(0)} + i_{(1)} + i_{(3)} = 2 + 20.5\sqrt{2}\cos(\omega t - 6.4°) + 8.62\sqrt{2}\cos(3\omega t + 10.17°)\mathrm{A}$$

电源输出的平均功率为

$$P = U_{(0)}I_{(0)} + U_{(1)}I_{(1)}\cos\varphi_{(1)} + U_{(3)}I_{(3)}\cos\varphi_{(3)}$$

$$= 10 \times 2 + \frac{141.4}{\sqrt{2}} \times 20.5\cos6.4° + \frac{70.7}{\sqrt{2}} \times 8.62\cos(30° - 10.17°) = 2462.84(\mathrm{W})$$

【例 13 - 6】　图 13 - 7 所示电路中，已知 $R = 3\Omega$，基波容抗 $X_{C(1)} = \dfrac{1}{\omega C} = 9.45\Omega$，端口电压为 $u_s = 10 + 141.40\cos\omega t + 47.13\cos3\omega t + 28.28\cos5\omega t + 20.2\cos7\omega t + 15.71\cos9\omega t\ \mathrm{V}$，求电流 i 和电阻 R 消耗的平均功率 P。

解　由于所给出的电源电压已经是傅里叶级数展开形式，所以可以直接写出待求电流最大值相量的一般表达式，即

$$\dot{I}_{m(k)} = \frac{\dot{U}_{sm(k)}}{R - \mathrm{j}\dfrac{1}{k\omega C}}$$

式中：$I_{m(k)}$ 为 k 次谐波电流的振幅。根据叠加定理，按 $k = 0$，1，2，…顺序，可依次求解如下：

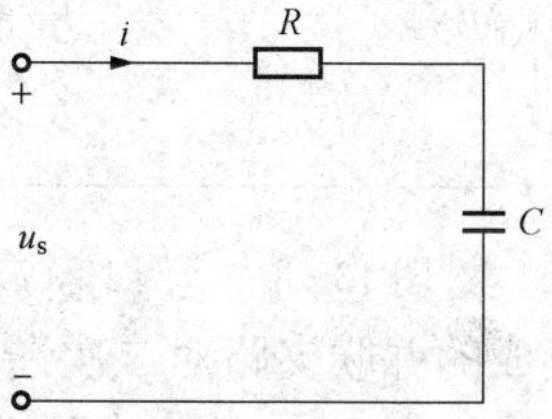

$k = 0$（直流分量）

$$U_0 = 10\mathrm{V}$$
$$I_0 = 0$$
$$P_0 = 0$$

图 13 - 7　［例 13 - 6］图

$k = 1$（一次谐波分量）

$$\dot{U}_{sm(1)} = 141.4\angle0°\mathrm{V}$$

$$\dot{I}_{m(1)} = \frac{141.4\angle0°}{3 - \mathrm{j}9.45} = 14.26\angle72.39°(\mathrm{A})$$

$$P_{(1)} = \frac{I_{m(1)}R}{\sqrt{2}} \times \frac{I_{m(1)}}{\sqrt{2}} = \frac{1}{2}I_{m(1)}^2 R = 305.02\mathrm{W}$$

$k = 3$（三次谐波分量）

$$\dot{U}_{sm(3)} = 47.13\angle0°\mathrm{V}$$

$$\dot{I}_{m(3)} = \frac{47.13\angle0°}{3 - \mathrm{j}3.15} = 10.83\angle46.4°(\mathrm{A})$$

$$P_{(3)} = \frac{I_{m(3)}R}{\sqrt{2}} \times \frac{I_{m(3)}}{\sqrt{2}} = \frac{1}{2}I_{m(3)}^2 R = 175.93\mathrm{W}$$

同理可求得其他各次谐波分量为

$$\dot{I}_{m(5)} = 7.98\angle32.21°\mathrm{A} \quad P_{(5)} = 95.52\mathrm{W}$$

$$\dot{I}_{m(7)} = 6.14\angle24.23°\mathrm{A} \quad P_{(7)} = 56.55\mathrm{W}$$

$$\dot{I}_{m(9)} = 4.94\angle19.29°\mathrm{A} \quad P_{(9)} = 36.60\mathrm{W}$$

将上述直流分量和各次谐波分量的时域表达式叠加，即得所求电流为

$$i = 14.26\cos(\omega t + 72.39°) + 10.83\cos(3\omega t + 46.4°) + 7.98\cos(5\omega t + 32.21°)$$

$$+6.14\cos(7\omega t+24.23°)+4.94\cos(9\omega t+19.29°)(\text{A})$$

电阻 R 消耗的平均功率为

$$P=P_0+P_{(1)}+P_{(3)}+\cdots+P_{(9)}=669.62\text{W}$$

【例 13-7】 图 13-8 所示电路中，已知 $\omega L_1=100\Omega$，$\dfrac{1}{\omega C_1}=400\Omega$，$\omega L_2=100\Omega$，$\dfrac{1}{\omega C_2}$ $=100\Omega$，$R=60\Omega$，外加电压 $u(t)=60+90\cos(\omega t+90°)+40\cos(2\omega t+90°)\text{V}$，求电阻 R 中的电流 $i_\text{R}(t)$。

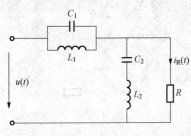

图 13-8　[例 13-7] 图

解　对这种具有电容和电感串、并联环节的电路，首先应分析电容和电感所组成的串、并联支路是否对各次谐波发生谐振。

因为 $\omega L_2=\dfrac{1}{\omega C_2}=100\Omega$，说明由 C_2 和 L_2 组成的串联支路对基波分量发生串联谐振，该支路对基波分量相当于短路；又因为 $2\omega L_1=\dfrac{1}{2\omega C_1}=200\Omega$，说明由 L_1 和 C_1 组成的并联支路对二次谐波分量发生并联谐振，该支路对二次谐波分量相当于开路。基于上述两个因素，$u(t)$ 中的基波分量和二次谐波分量均对电阻 R 不起作用，所以

$$i_{R(1)}=0,\quad i_{R(2)}=0$$

$u(t)$ 中的直流分量在电阻 R 中产生的电流为

$$I_\text{R}=\frac{U_{(0)}}{R}=\frac{60}{60}=1\text{A}$$

通过本例可以看出，判断出电路发生谐振后，利用电路谐振的特点，可以大大简化计算过程。

【例 13-8】 图 13-9（a）所示电路中，电感 $L=5\text{H}$，电容 $C=10\mu\text{F}$，负载电阻 $R=2000\Omega$，已知端口电压 u 为正弦全波整流波形，如图 13-8（b）所示，$\omega=314\text{rad/s}$，$U_\text{m}=157\text{V}$，求负载电阻 R 上的电压。

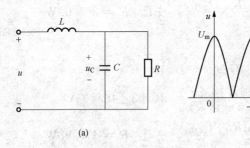

图 13-9　[例 13-8] 图
（a）电路；（b）电压波形

解　查表 13-1 可知电路激励信号为

$$u=\frac{4}{\pi}U_\text{m}\left(\frac{1}{2}+\frac{1}{3}\cos2\omega t-\frac{1}{15}\cos4\omega t+\cdots\right)=100+66.7\cos2\omega t-13.33\cos4\omega t+\cdots$$

设负载两端电压的第 k 次谐波为 $\dot{U}_{Cm(k)}$（采用最大值相量），由节点电压法，可列写出

如下节点电压方程

$$\left(\frac{1}{jk\omega L}+\frac{1}{R}+jk\omega C\right)\dot{U}_{Cm(k)}=\frac{1}{jk\omega L}\dot{U}_{m(k)}$$

即

$$\dot{U}_{Cm(k)}=\frac{\dot{U}_{m(k)}}{\left(\frac{1}{R}+jk\omega C\right)jk\omega L+1}$$

因所给激励电压 u 的傅里叶级数展开式中无奇数项，令 $k=0$，2，4，$\cdots$，代入数据，可分别求得负载两端电压中的直流分量和各次谐波分量为

$$U_{Cm(0)}=100V$$
$$U_{Cm(2)}=3.53V$$
$$U_{Cm(4)}=0.171V$$

由计算结果可以看出，负载两端的二次谐波电压幅度仅为直流电压的 3.5%，四次谐波电压仅为直流电压的 0.17%。与输入电压相比，负载电压中的谐波分量被大大压缩了，这是由于串联电感 L 对高频电压的分压作用和并联电容 C 对高频电流的分流作用造成的。

图 13-9（a）所示电路实际上是低通滤波电路，对滤波电路的讨论，可参见 15.2 节的内容。

习　　题

13-1　求图 13-10 所示波形的傅里叶级数的系数。

13-2　已知图 13-11（a）所示的正弦波 $i_1(t)$ 的有效值是 I，则图 13-11（b）所示的半波整流波 $i_2(t)$ 的有效值是多少？

13-3　非正弦周期电压如图 13-12 所示，求其有效值 U。

13-4　一个实际线圈接在非正弦周期电压上，电压瞬时值为 $u=[10+10\sqrt{2}\cos\omega t+5\sqrt{2}\cos(3\omega t+30°)]V$，如果线圈模型的电阻为 10Ω，电感对基波的感抗为 10Ω，则线圈中电流的瞬时值应为多少？

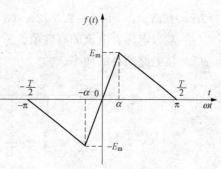

图 13-10　题 13-1 图

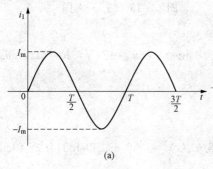

(a)

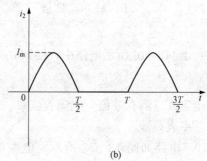

(b)

图 13-11　题 13-2 图

(a) 正弦波；(b) 半波整流波

13-5　图 13-13 所示稳态电路，已知 $R=50\Omega$，$L=100\text{mH}$，$C=10\mu\text{F}$，$i_s=0.3\text{A}$，$u_s=20\sqrt{2}\cos\omega t\text{V}$，电流表的读数为 0.5A，两表均为理想电表，其读数都是有效值。求电压源的角频率 ω 及电压表的读数。

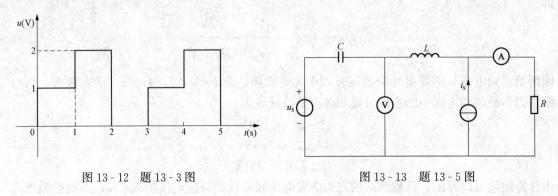

图 13-12　题 13-3 图　　　　　　　　　图 13-13　题 13-5 图

13-6　在 RLC 串联电路中，外加电压 $u=(100+60\cos\omega t+40\cos2\omega t)\text{V}$，已知 $R=30\Omega$，$\omega L=40\Omega$，$\dfrac{1}{\omega C}=80\Omega$，试写出电路中电流 i 的瞬时表达式。

13-7　图 13-14 所示电路中，已知 $u=(200+100\cos3\omega t)\text{V}$，$R=50\Omega$，$\omega L=5\Omega$，$\dfrac{1}{\omega C}=45\Omega$，试求电压表和电流表的读数。

13-8　图 13-15 中 N 为无独立源一端口电路，已知：$u=100+400\sqrt{2}\cos314t+300\sqrt{2}\cos942t\text{V}$，$i=0.5+2.5\sqrt{2}\cos(314t-30°)\text{A}$，试求：

（1）端口电压、电流的有效值。

（2）该电路消耗的功率。

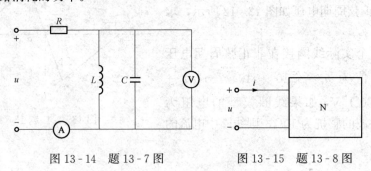

图 13-14　题 13-7 图　　　　　　图 13-15　题 13-8 图

13-9　图 13-16 所示电路中，已知 $u_{s1}=30\sqrt{2}\sin\omega t\text{V}$，$u_{s2}=24\text{V}$，$R=6\Omega$，$\omega L=\dfrac{1}{\omega C}=8\Omega$。求：

（1）电磁式（测有效值）电流表读数。

（2）功率表读数。

13-10　电路如图 13-17 所示，电源电压为 $u_s(t)=[50+100\sin314t-40\cos628t+10\sin(942t+20°)]\text{V}$，试求：

（1）电流 $i(t)$ 和电源发出的功率。

（2）电源电压 $u_s(t)$ 和电流 $i(t)$ 的有效值。

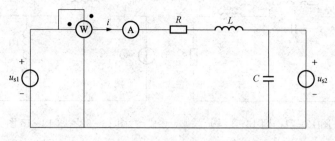

图 13-16　题 13-9 图

13-11　如图 13-18 所示电路中，$u_s=20\sqrt{2}\sin10t+10\sqrt{2}\sin20t$V，求电阻 R 消耗的平均功率 P。

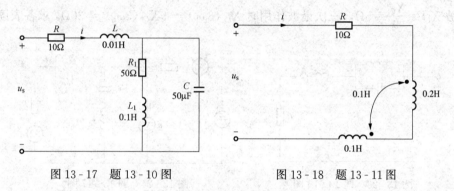

图 13-17　题 13-10 图　　　　　　图 13-18　题 13-11 图

13-12　图 13-19 所示电路中 $i_s=[5+10\cos(10t-20°)-5\sin(30t+60°)]$A，$L_1=L_2=2H$，$M=0.5$H。求图中交流电表的读数和 u_2。

13-13　图 13-20 所示电路中，$u_s=[1.5+5\sqrt{2}\sin(2t+90°)]$V，$i_s=2\sin1.5t$A。求 u_R 及 u_s 发出的功率。

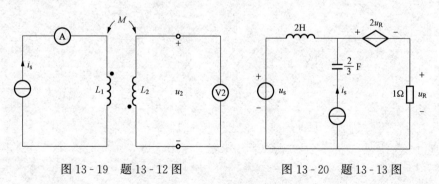

图 13-19　题 13-12 图　　　　　　图 13-20　题 13-13 图

13-14　图 13-21 所示为滤波电路，要求负载中不含基波分量，但 $4\omega_1$ 的谐波分量能全部传送至负载。如 $\omega_1=1000$rad/s，$C=1\mu$F，求 L_1 和 L_2。

13-15　图 13-22 所示电路中，$u_s(t)$ 为非正弦周期电压，其中含有 $3\omega_1$ 和 $7\omega_1$ 的谐波分量。如果要求在输出电压 $u(t)$ 中不含这两个谐波分量，问 L 和 C 应为多少？

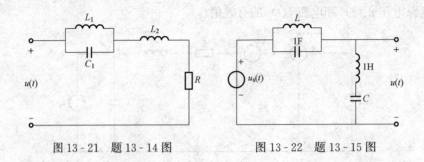

图 13-21 题 13-14 图   图 13-22 题 13-15 图

13-16 图 13-23 所示滤波器能够阻止电流的基波通至负载，同时能使 9 次谐波顺利地通至负载。设 $C=0.04\mu\text{F}$，基波频率 $f=50\text{Hz}$，求电感 L_1 和 L_2。

13-17 已知图 13-24 中，$i_s = 30 + 90\sqrt{2}\cos\omega_1 t + 90\sqrt{2}\cos(3\omega_1 t + 90°)\text{mA}$，$R_1 = R_2 = 5\Omega$，基波 $X_{L1} = \dfrac{X_{C1}}{9} = 5\Omega$，三次谐波作用时 $X_{L2}(3\omega_1) = 9X_{C2}(3\omega_1) = 30\Omega$，求各表读数。

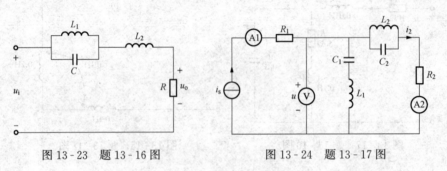

图 13-23 题 13-16 图   图 13-24 题 13-17 图

第 14 章　动态电路的复频域分析

内容提要：本章介绍动态电路的变换域分析方法，其理论基础是拉普拉斯变换。具体内容为：拉普拉斯变换及其性质、拉氏变换反变换的部分分式展开、元件约束和拓扑约束的复频域形式、动态电路的复频域分析法。

14.1　拉普拉斯变换及其性质

14.1.1　拉普拉斯变换

对于具有多个动态元件的复杂电路，经典的求解方法是建立描述电路的微分方程，并确定电路的初始条件，最后求解所建立的方程。用这种方法求解电路难度较大，原因是当电路中动态元件数量较多时，微分方程的阶数较高，求解不易；另外，高阶电路初始条件的确定也非常困难。而借助拉普拉斯变换方法求解高阶动态电路是一种简便的方法。

一个定义在 $[0, \infty)$ 区间的时间函数 $f(t)$，其拉普拉斯变换（简称为拉氏变换）定义为

$$F(s) = \int_{0_-}^{\infty} f(t) e^{-st} dt \tag{14-1}$$

式（14-1）中 $s = \sigma + j\omega$ 为复数，称为复频率。式（14-1）表示从时域函数 $f(t)$ 到复频域函数 $F(s)$ 的一种积分变换关系，$F(s)$ 称为 $f(t)$ 的象函数，$f(t)$ 称为 $F(s)$ 的原函数。常用拉氏变换算子 $\mathscr{L}[\cdot]$ 将式（14-1）简写为

$$F(s) = \mathscr{L}[f(t)] \tag{14-2}$$

式（14-2）中，$\mathscr{L}[f(t)]$ 表示对方括号内的时间函数 $f(t)$ 进行拉氏变换。

由式（14-1）可以看出，函数 $f(t)$ 拉氏变换 $F(s)$ 存在的条件是该式的积分为有限值。对于函数 $f(t)$，如果存在正的有限值常数 M 和 s_0，使得对于所有的 t 都满足以下条件，即

$$|f(t)| \leqslant M e^{s_0 t} \tag{14-3}$$

则 $f(t)$ 的拉氏变换 $F(s)$ 总存在。因为总可以找到合适的 s 值，使式（14-1）的积分结果为有限值。由于电路分析中涉及的函数 $f(t)$ 都满足此条件，故对电路应用拉氏变换时，不需讨论拉氏变换 $F(s)$ 存在的条件。

由于拉氏变换中的 $s = \sigma + j\omega$ 称为复频率，故利用拉氏变换对电路进行分析的方法也称为复频域分析法。又因为复频域分析法是用于解决动态电路运算问题的方法，所以该法也被称为运算法。

式（14-1）给出的拉氏变换定义式中，积分下限从 $t = 0_-$ 开始，可以计及 $f(t)$ 中在 $t = 0$ 时出现的冲激 $\delta(t)$，这样就给含冲激函数的信号作用下的电路求解带来了方便。

由象函数 $F(s)$ 得到对应原函数 $f(t)$ 的运算称为拉氏变换反变换（简称拉氏反变换），其定义式为

$$f(t) = \frac{1}{2\pi j} \int_{\sigma-j\infty}^{\sigma+j\infty} F(s) e^{st} ds \qquad (14-4)$$

式中积分上、下限中的 σ 为正的有限值常数。拉氏反变换也可简记为

$$f(t) = \mathscr{L}^{-1}[F(s)] \qquad (14-5)$$

式（14-5）中，$\mathscr{L}^{-1}[F(s)]$ 表示对方括号内的象函数 $F(s)$ 作拉氏反变换。

【例 14-1】 求下列函数的拉氏变换。

(1) 单位阶跃函数 $f(t) = \varepsilon(t)$；

(2) 单位冲激函数 $f(t) = \delta(t)$；

(3) 指数函数 $f(t) = e^{at}$。

解 用定义式（14-1）可以方便求得各时域函数的象函数。

(1) 单位阶跃函数的象函数

$$F(s) = \mathscr{L}[\varepsilon(t)] = \int_{0_+}^{\infty} \varepsilon(t) e^{-st} dt = \int_{0_+}^{\infty} 1 \cdot e^{-st} dt = \frac{1}{-s} e^{-st} \Big|_{0_+}^{\infty} = \frac{1}{s}$$

(2) 单位冲激函数的象函数

$$F(s) = \mathscr{L}[\delta(t)] = \int_{0_-}^{\infty} \delta(t) e^{-st} dt = \int_{0_-}^{\infty} \delta(t) e^{s \times 0} dt = \int_{0_-}^{0_+} \delta(t) dt = 1$$

(3) 指数函数的象函数

$$F(s) = \mathscr{L}[e^{at}] = \int_{0_-}^{\infty} e^{at} e^{-st} dt = \int_{0_-}^{\infty} e^{-(s-\alpha)t} dt = \frac{1}{-(s-\alpha)} e^{-(s-\alpha)t} \Big|_{0_-}^{\infty} = \frac{1}{s-\alpha}$$

从以上（2）中结果可以看出，由于拉氏变换的积分下限从 0_- 开始，变换过程能够计及 $t=0$ 时的冲激函数，故 $\delta(t)$ 的象函数等于 1；若将拉氏变换的积分下限定为 0_+，$\delta(t)$ 的象函数将等于零。实际上，式（14-1）所定义的拉氏变换在数学中被称为 0_- 单边拉氏变换，积分下限定为 0_+ 的拉氏变换在数学中被称为 0_+ 单边拉氏变换。数学中还有双边拉氏变换，积分下限为 $-\infty$，双边拉氏变换在电路分析中一般不用。正是因为电路分析中使用的是单边拉氏变换，所以 $f(t) = \varepsilon(t)$ 和 $f(t) = 1$ 的象函数相同，$f(t) = e^{at}\varepsilon(t)$ 和 $f(t) = e^{at}$ 的象函数也相同。应注意到 $f(t) = \varepsilon(t)$ 与 $f(t) = 1$ 是不同的，$f(t) = e^{at}\varepsilon(t)$ 与 $f(t) = e^{at}$ 也是不同的，可见针对单边拉氏变换，不同的原函数可得到相同的象函数。

14.1.2 拉氏变换的基本性质

拉氏变换有许多性质，本节只介绍与线性电路分析有关的一些基本性质，掌握这些性质，对用拉普拉斯变换分析电路有重要作用。

1. 线性性质

设 $f_1(t)$ 和 $f_2(t)$ 是两个时间函数，a_1 和 a_2 是两个常数，若 $\mathscr{L}[f_1(t)] = F_1(s)$，$\mathscr{L}[f_2(t)] = F_2(s)$，则 $\mathscr{L}[a_1 f_1(t) \pm a_2 f_2(t)] = a_1 F_1(s) \pm a_2 F_2(s)$。

该性质可证明如下：

$$\mathscr{L}[a_1 f_1(t) \pm a_2 f_2(t)] = \int_{0_-}^{\infty} [a_1 f_1(t) \pm a_2 f_2(t)] e^{-st} dt$$

$$= a_1 \int_{0_-}^{\infty} f_1(t) e^{-st} dt \pm a_2 \int_{0_-}^{\infty} f_2(t) e^{-st} dt$$

$$= a_1 F_1(s) \pm a_2 F_2(s)$$

线性性质表明，函数线性组合的拉氏变换等于各函数拉氏变换的线性组合。

【例 14 - 2】　求下列函数的象函数：

(1) $f(t) = \sin(\omega t)$ 和 $f(t) = \cos(\omega t)$；

(2) $f(t) = k(1 - e^{-\alpha t})$，$k$ 为常数。

解　(1) 根据欧拉公式可知

$$\sin(\omega t) = \frac{1}{2j}(e^{j\omega t} - e^{-j\omega t})$$

由［例 14 - 1］中已求出的指数函数的象函数，可以求得

$$\mathscr{L}[\sin(\omega t)] = \mathscr{L}\left[\frac{1}{2j}(e^{j\omega t} - e^{-j\omega t})\right] = \frac{1}{2j}\left(\frac{1}{s - j\omega} - \frac{1}{s + j\omega}\right) = \frac{\omega}{s^2 + \omega^2}$$

同理，可求得 $\cos(\omega t)$ 的象函数为

$$\mathscr{L}[\cos(\omega t)] = \frac{s}{s^2 + \omega^2}$$

(2) 由单位阶跃函数和指数函数象函数的表示式可求得

$$\mathscr{L}[k(1 - e^{-\alpha t})] = \mathscr{L}[k] - \mathscr{L}[k(e^{-\alpha t})] = \frac{k}{s} - \frac{k}{s + \alpha} = \frac{k\alpha}{s(s + \alpha)}$$

2. 微分性质

对于时间函数 $f(t)$，如果 $\mathscr{L}[f(t)] = F(s)$，则有 $\mathscr{L}[f'(t)] = sF(s) - f(0_-)$。

微分性质可证明如下：

$$\mathscr{L}[f'(t)] = \mathscr{L}\left[\frac{d}{dt}f(t)\right] = \int_{0_-}^{\infty} \frac{d}{dt}f(t)e^{-st}\,dt = \int_{0_-}^{\infty} e^{-st}\,d[f(t)]$$

令 $u = e^{-st}$，$v = f(t)$，由分部积分公式 $\int u\,dv = uv - \int v\,du$ 可得

$$\mathscr{L}\left[\frac{d}{dt}f(t)\right] = \int_{0_-}^{\infty} e^{-st}\,d[f(t)] = e^{-st}f(t)\Big|_{0_-}^{\infty} + s\int_{0_-}^{\infty} f(t)e^{-st}\,dt$$

$$= e^{-s\cdot\infty}f(\infty) - f(0_-) + s\int_{0_-}^{\infty} f(t)e^{-st}\,dt$$

只要把 s 的实部 σ 取得足够大，当 $t \to \infty$ 时，必有 $e^{-s\cdot\infty}f(\infty) \to 0$，因此 $\mathscr{L}[f'(t)] = sF(s) - f(0_-)$ 得证。

类似地，只要 s 的实部 σ 即 $\mathrm{Re}(s)$ 大于条件式 $|f(t)| \leqslant Me^{s_0 t}$ 中的 s_0，则有

$$\mathscr{L}[f''(t)] = s^2 F(s) - sf(0_-) - f^{(1)}(0_-)$$

$$\cdots$$

$$\mathscr{L}[f^{(n)}(t)] = s^n F(s) - s^{n-1}f(0_-) - s^{n-2}f^{(1)}(0_-) - \cdots - f^{(n-1)}(0_-)$$

微分性质可以使关于 $f(t)$ 的微分方程转化为关于 $F(s)$ 的代数方程，给电路分析带来了方便，这就是拉氏变换法广泛应用于线性电路动态过程分析的根本原因。需指出，拉氏变换仅是解决运算问题的工具，并无物理概念。

【例 14 - 3】　用拉氏变换的微分性质求下列函数的象函数；

(1) $f(t) = \delta(t)$；

(2) $f(t) = \cos(\omega t)$。

解　(1) 因为

$$\delta(t) = \frac{d\varepsilon(t)}{dt}$$

而

$$\mathscr{L}[\varepsilon(t)] = \frac{1}{s}$$

所以

$$\mathscr{L}[\delta(t)] = \mathscr{L}\left[\frac{\mathrm{d}\varepsilon(t)}{\mathrm{d}t}\right] = s \times \frac{1}{s} - \delta(0_-) = 1$$

(2) 因为

$$\cos(\omega t) = \frac{1}{\omega}\frac{\mathrm{d}\sin(\omega t)}{\mathrm{d}t}$$

而

$$\mathscr{L}[\sin(\omega t)] = \frac{\omega}{s^2 + \omega^2}$$

所以可求得

$$\mathscr{L}[\cos(\omega t)] = \mathscr{L}\left[\frac{1}{\omega}\frac{\mathrm{d}\sin(\omega t)}{\mathrm{d}t}\right] = \frac{1}{\omega}\left[s \cdot \frac{\omega}{s^2 + \omega^2} - \sin(\omega \cdot 0_-)\right] = \frac{s}{s^2 + \omega^2}$$

3. 积分性质

对于时间函数 $f(t)$，若存在 $\mathscr{L}[f(t)] = F(s)$，则有 $\mathscr{L}\left[\int_{0_-}^{t} f(t)\mathrm{d}t\right] = \frac{F(s)}{s}$。

积分性质可证明如下：

由拉氏变换的定义和分部积分法，可得

$$\mathscr{L}\int_{0_-}^{t} f(t)\mathrm{d}t = \int_{0_-}^{\infty}\left[\int_{0_-}^{t} f(t)\mathrm{d}t\right]\mathrm{e}^{-st}\mathrm{d}t = \frac{\mathrm{e}^{-st}}{-s}\int_{0_-}^{t} f(t)\mathrm{d}t \Big|_{0_-}^{\infty} - \int_{0_-}^{\infty} f(t)\left(-\frac{1}{s}\right)\mathrm{e}^{-st}\mathrm{d}t$$

只要 s 的实部 σ 足够大，以上等式右边第一项为零，故得

$$\mathscr{L}\int_{0_-}^{t} f(t)\mathrm{d}t = 0 + \frac{1}{s}\int_{0_-}^{\infty} f(t)\mathrm{e}^{-st}\mathrm{d}t = \frac{F(s)}{s}$$

定理得证。

【例 14 - 4】 应用拉氏变换的积分性质求单位斜坡函数 $f(t) = t$ 的象函数。

解 $f(t) = t$ 可看成常数 1 从时间 0 到 t 的积分，即

$$t = \int_{0}^{t} 1\mathrm{d}\xi$$

而

$$\mathscr{L}[1] = \frac{1}{s}$$

所以

$$\mathscr{L}[t] = \frac{1}{s}L[1] = \frac{1}{s} \cdot \frac{1}{s} = \frac{1}{s^2}$$

4. 时域平移定理（延迟定理）

设时间函数 $f(t)\varepsilon(t)$ 的延迟函数为 $f(t - t_0)\varepsilon(t - t_0)$，若 $f(t)\varepsilon(t)$ 的象函数为 $F(s)$，则 $f(t - t_0)\varepsilon(t - t_0)$ 的象函数为 $\mathrm{e}^{-st_0}F(s)$。

延迟定理可证明如下：

令 $\tau = t - t_0$，则有 $t = \tau + t_0$，当 $t = t_0$ 时，$\tau = 0$。所以

$$\mathscr{L}[f(t-t_0)\varepsilon(t-t_0)]=\int_{0_-}^{\infty}f(t-t_0)\varepsilon(t-t_0)\mathrm{e}^{-st}\mathrm{d}t=\int_{t_0}^{\infty}f(t-t_0)\mathrm{e}^{-st}\mathrm{d}t$$

$$=\int_{0_-}^{\infty}f(\tau)\mathrm{e}^{-s(\tau+t_0)}\mathrm{d}\tau=\mathrm{e}^{-st_0}\int_{0_-}^{\infty}f(\tau)\mathrm{e}^{-s\tau}\mathrm{d}\tau=\mathrm{e}^{-st_0}F(s)$$

定理得证。

【例 14 - 5】　应用延迟定理求矩形脉冲函数 $f(t)=A\varepsilon(t)-A\varepsilon(t-t_0)$ 的象函数。

解　阶跃函数象函数为

$$\mathscr{L}[\varepsilon(t)]=\frac{1}{s}$$

根据延迟定理有

$$\mathscr{L}[\varepsilon(t-t_0)]=\mathrm{e}^{-st_0}\cdot\frac{1}{s}$$

所以该矩形脉冲函数的象函数为

$$F(s)=A\cdot\frac{1}{s}-A\mathrm{e}^{-st_0}\cdot\frac{1}{s}=\frac{A}{s}(1-\mathrm{e}^{-st_0})$$

5. 频域平移定理

若 $\mathscr{L}[f(t)]=F(s)$，则 $\mathscr{L}[\mathrm{e}^{-\alpha t}f(t)]=F(s+\alpha)$。

频域平移定理可证明如下：

令 $s'=s+\alpha$，则有

$$\mathscr{L}[\mathrm{e}^{-\alpha t}f(t)]=\int_{0_-}^{\infty}\mathrm{e}^{-\alpha t}f(t)\mathrm{e}^{-st}\mathrm{d}t=\int_{0_-}^{\infty}f(t)\mathrm{e}^{-(s+\alpha)t}\mathrm{d}t=\int_{0_-}^{\infty}f(t)\mathrm{e}^{-s't}\mathrm{d}t=F(s')$$

把 $s'=s+\alpha$ 代入上式，可得

$$\mathscr{L}[\mathrm{e}^{-\alpha t}f(t)]=F(s+\alpha)$$

定理得证。

【例 14 - 6】　利用频域平移定理求 $\mathrm{e}^{-\alpha t}\sin(\omega t)$ 和 $\mathrm{e}^{-\alpha t}\cos(\omega t)$ 的象函数。

解　因为

$$\mathscr{L}[\sin(\omega t)]=\frac{\omega}{s^2+\omega^2}$$

$$\mathscr{L}[\cos(\omega t)]=\frac{s}{s^2+\omega^2}$$

则

$$\mathscr{L}[\mathrm{e}^{-\alpha t}\sin(\omega t)]=\frac{\omega}{(s+\alpha)^2+\omega^2}$$

$$\mathscr{L}[\mathrm{e}^{-\alpha t}\cos(\omega t)]=\frac{s+\alpha}{(s+\alpha)^2+\omega^2}$$

6. 终值定理

对于时间函数 $f(t)$，若存在 $\mathscr{L}[f(t)]=F(s)$，如果极限 $\lim\limits_{t\to\infty}f(t)$ 存在，则有

$$\lim_{t\to\infty}f(t)=\lim_{s\to0}sF(s)$$

终值定理可证明如下：

根据拉氏变换的微分性质 $\mathscr{L}[f'(t)]=sF(s)-f(0_-)$，有

$$sF(s)=\mathscr{L}[f'(t)]+f(0_-)=\int_{0_-}^{\infty}f'(t)\mathrm{e}^{-st}\mathrm{d}t+f(0_-)$$

对上式两边取极限，有

$$\lim_{s \to 0} sF(s) = \lim_{s \to 0} \left[\int_{0_-}^{\infty} f'(t) e^{-st} dt + f(0_-) \right]$$

$$= \lim_{s \to 0} \left[\int_{0_-}^{\infty} f'(t) e^{-st} dt \right] + f(0_-) = f(t) \big|_{0_-}^{\infty} + f(0_-) = \lim_{t \to \infty} f(t)$$

定理得证。

7. 初值定理

对于时间函数 $f(t)$，若存在 $\mathscr{L}[f(t)] = F(s)$，如果极限 $\lim\limits_{t \to 0_+} f(t)$ 存在，则

$$\lim_{t \to 0_+} f(t) = \lim_{s \to \infty} sF(s)$$

初值定理证明从略。

终值定理与初值定理可用于检验拉氏变换运算结果是否正确。

利用拉氏变换的定义及基本性质，可以容易地求得一些常用时间函数的象函数，将它们列于表 14 - 1 中，以供查阅。

表 14 - 1 常用函数的拉氏变换对

原函数 $f(t)$	象函数 $F(s)$	原函数 $f(t)$	象函数 $F(s)$
$\delta(t)$	1	t $t\varepsilon(t)$	$\dfrac{1}{s^2}$
1 $\varepsilon(t)$	$\dfrac{1}{s}$	$te^{-\alpha t}$ $te^{-\alpha t}\varepsilon(t)$	$\dfrac{1}{(s+\alpha)^2}$
$e^{-\alpha t}$ $e^{-\alpha t}\varepsilon(t)$	$\dfrac{1}{s+\alpha}$	$\dfrac{1}{2}t^2, \dfrac{1}{2}t^2\varepsilon(t)$	$\dfrac{1}{s^3}$
$\sin(\omega t)$ $\sin(\omega t)\varepsilon(t)$	$\dfrac{\omega}{s^2+\omega^2}$	$\dfrac{1}{n!}t^n, \dfrac{1}{n!}t^n\varepsilon(t)$	$\dfrac{1}{s^{n+1}}$
$\cos(\omega t)$ $\cos(\omega t)\varepsilon(t)$	$\dfrac{s}{s^2+\omega^2}$	$\dfrac{1}{n!}t^n e^{-\alpha t}, \dfrac{1}{n!}t^n e^{-\alpha t}\varepsilon(t)$	$\dfrac{1}{(s+\alpha)^{n+1}}$
$e^{-\alpha t}\sin\omega t$ $e^{-\alpha t}\sin\omega t\varepsilon(t)$	$\dfrac{\omega}{(s+\alpha)^2+\omega^2}$	$\sinh(\alpha t)$ $\sinh(\alpha t)\varepsilon(t)$	$\dfrac{\alpha}{s^2-\alpha^2}$
$e^{-\alpha t}\cos\omega t$ $e^{-\alpha t}\cos\omega t\varepsilon(t)$	$\dfrac{s+\alpha}{(s+\alpha)^2+\omega^2}$	$\cosh(\alpha t)$ $\cosh(\alpha t)\varepsilon(t)$	$\dfrac{s}{s^2-\alpha^2}$

14.2　拉氏变换反变换的部分分式展开

用拉氏变换法求解线性电路的时域响应时，需要把响应的象函数 $F(s)$ 通过反变换转变为时间函数 $f(t)$。象函数的反变换可以用式（14-4）求得，但涉及计算复变函数的积分，比较复杂。实际中求原函数的方法多是利用拉氏变换表，直接给出对应象函数的原函数。当象函数比较复杂时，可以把象函数分解为若干简单的分项，称为部分分式展开，然后求各分项的原函数，最后将各分项的原函数求和，即可得最终的原函数。

电路分析中得到的象函数 $F(s)$ 都是 s 的有理分式，即分子和分母都是 s 的多项式，其表达式为

$$H(s) = \frac{N(s)}{D(s)} = \frac{a_m s^m + a_{m-1} s^{m-1} + \cdots + a_0}{b_n s^n + b_{n-1} s^{n-1} + \cdots + b_0} \tag{14-6}$$

式中：m 和 n 为正整数，且 $n \geqslant m$。

当 $n > m$ 时，$F(s)$ 为真分式，可直接做部分分式展开。若 $n = m$，则需首先将有理分式化为真分式，即

$$F(s) = A + \frac{N_0(s)}{D(s)} \tag{14-7}$$

式中 A 是一个常数，其对应的原函数为 $A\delta(t)$；剩余项 $\dfrac{N_0(s)}{D(s)}$ 是真分式。

用部分分式展开有理分式时，需要对其分母多项式作因式分解，求出 $D(s) = 0$ 的根。$D(s) = 0$ 的根可以是实数单根、共轭复根和重根。下面针对根的不同情况分别讨论 $F(s)$ 的部分分式展开。

1. 实数单根

如果 $D(s) = 0$ 有 n 个实数单根，分别为 p_1、p_2、$\cdots$、p_n，则 $F(s)$ 可以展开为

$$F(s) = \frac{K_1}{s - p_1} + \frac{K_2}{s - p_2} + \cdots + \frac{K_n}{s - p_n} \tag{14-8}$$

式（14-8）中，K_1、K_2、$\cdots$、K_n 是待定系数。将上式两边乘以 $(s - p_1)$ 得

$$(s - p_1)F(s) = K_1 + (s - p_1)\left(\frac{K_2}{s - p_2} + \cdots + \frac{K_n}{s - p_n}\right) \tag{14-9}$$

令 $s = p_1$，则等式右边除第一项外都变为零，这样求得

$$K_1 = [(s - p_1)F(s)]_{s=p_1} \tag{14-10}$$

同理可求得 K_2、K_3、$\cdots$、K_n。由此可得确定式（14-8）中各待定系数的公式为

$$K_i = [(s - p_i)F(s)]_{s=p_i} \quad i = 1, 2, \cdots, n \tag{14-11}$$

确定式（14-8）中各待定系数的另一公式为

$$K_i = \frac{N(p_i)}{D'(p_i)} = \frac{N(s)}{D'(s)}\Big|_{s=p_i} \quad i = 1, 2, \cdots, n \tag{14-12}$$

该式是用 $\dfrac{0}{0}$ 不定式求极限值的方法导出的，过程如下：

$$K_i = [(s - p_i)F(s)]_{s=p_i} = \lim_{s \to p_1} \frac{(s - p_i)N(s)}{D(s)} = \lim_{s \to p_1} \frac{(s - p_i)N'(s) + N(s)}{D'(s)} = \frac{N(p_i)}{D'(p_i)}$$

确定了式（14-8）中的待定系数后，相应的原函数为

$$f(t) = L^{-1}[F(s)] = \sum_{i=1}^{n} K_i e^{p_i t} = \sum_{i=1}^{n} \frac{N(p_i)}{D'(p_i)} e^{p_i t}, t \geqslant 0_- \tag{14-13}$$

【例 14-7】 已知象函数 $F(s) = \dfrac{2s+1}{s^3 + 7s^2 + 10s}$，求其对应的原函数 $f(t)$。

解 由象函数可得

$$F(s) = \frac{2s+1}{s^3 + 7s^2 + 10s} = \frac{2s+1}{s(s+2)(s+5)} = \frac{K_1}{s} + \frac{K_2}{s+2} + \frac{K_3}{s+5}$$

可知分母多项式 $D(s) = 0$ 的根为

$$p_1 = 0, \quad p_2 = -2, \quad p_3 = -5$$

对分母多项式微分有

$$D'(s) = 3s^2 + 14s + 10$$

根据式 (14-12) 可确定 K_1 为

$$K_1 = \frac{N(s)}{D'(s)}\bigg|_{s=p_1} = \frac{2s+1}{3s^2 + 14s + 10} = 0.1$$

同理求得

$$K_2 = 0.5, \quad K_3 = -0.6$$

故可求得原函数为

$$f(t) = 0.1e^{0t} + 0.5e^{-2t} - 0.6e^{-5t} = 0.1 + 0.5e^{-2t} - 0.6e^{-5t}, \quad t \geqslant 0_-$$

2. 共轭复根

设 $D(s) = 0$ 具有共轭复根 $p_1 = a + j\omega$，$p_2 = a - j\omega$。因为复根也属于一种单根，故针对复根也可用式 (14-11) 或 (14-12) 确定系数 K_i，即

$$\begin{cases} K_1 = [(s - \alpha - j\omega)F(s)]_{s=\alpha+j\omega} = \dfrac{N(s)}{D'(s)}\bigg|_{s=\alpha+j\omega} \\ K_2 = [(s - \alpha + j\omega)F(s)]_{s=\alpha-j\omega} = \dfrac{N(s)}{D'(s)}\bigg|_{s=\alpha+j\omega} \end{cases} \tag{14-14}$$

由于 $F(s)$ 一定是两个实系数多项式之比（因为多项式中的系数均为电路元件参数的组合），所以 K_1、K_2 必为共轭复数。设 $K_1 = |K_1|e^{j\theta_1}$，则 $K_2 = |K_1|e^{-j\theta_1}$，于是在 $F(s)$ 的展开式中，将包含如下两项，即

$$\frac{|K_1|e^{j\theta_1}}{s - \alpha - j\omega} + \frac{|K_1|e^{-j\theta_1}}{s - \alpha + j\omega} \tag{14-15}$$

其所对应的原函数为

$$\begin{aligned} K_1 e^{(\alpha+j\omega)t} + K_2 e^{(\alpha-j\omega)t} &= |K_1|e^{j\theta_1}e^{(\alpha+j\omega)t} + |K_1|e^{-j\theta_1}e^{(\alpha-j\omega)t} \\ &= |K_1|e^{\alpha t}[e^{j(\omega t + \theta_1)} + e^{-j(\omega t + \theta_1)}] \\ &= 2|K_1|e^{\alpha t}\cos(\omega t + \theta_1) \end{aligned} \tag{14-16}$$

式中：a 为共轭复根的实部；ω 为共轭复根的虚部（取绝对值）；θ 为 K_1 的辐角。

【例 14-8】 求象函数 $F(s) = \dfrac{s+3}{s^2 + 2s + 5}$ 的原函数 $f(t)$。

解 $D(s) = 0$ 仅含一对共轭复根，即

$$p_1 = -1 + j2, \quad p_2 = -1 - j2$$

则

$$K_1 = \frac{N(s)}{D'(s)} \mid_{s=p_1} = \frac{s+3}{2s+2} \mid_{s=-1+j2} = 0.5 - j0.5 = 0.5\sqrt{2}e^{-j\frac{\pi}{4}}$$

$$K_2 = |K_1|e^{-j\theta_1} = 0.5\sqrt{2}e^{j\frac{\pi}{4}}$$

由式 (14-16) 并考虑到 $|K_1| = 0.5\sqrt{2}$，$a = -1$，$\omega = 2$，$\theta_1 = -\frac{\pi}{4}$，故得

$$f(t) = 2|K_1|e^{-t}\cos(\omega t + \theta_1) = \sqrt{2}e^{-t}\cos\left(2t - \frac{\pi}{4}\right) \quad t \geqslant 0_-$$

3. 重根

当 $D(s) = 0$ 具有 l 重根时，对应于该根的部分分式将有 l 项。设 p_1 为 $D(s) = 0$ 的 l 重根，则 $D(s)$ 中将含有 $(s - p_1)^l$ 的因式。又设 $D(s) = 0$ 中的其他根均为单根，则对 $F(s)$ 进行分解时，其展开式为

$$F(s) = \frac{K_{11}}{(s-p_1)^l} + \frac{K_{12}}{(s-p_1)^{l-1}} + \cdots + \frac{K_{1l}}{(s-p_1)} + \sum_{i=2}^{n-l+1} \frac{K_i}{(s-p_i)} \qquad (14-17)$$

式中 $\sum_{i=2}^{n-l+1} \frac{K_i}{(s-p_i)}$ 为其余单根对应的部分分式项，各项系数 K_i 仍用式 (14-11) 或式 (14-12) 算出。K_{11}、K_{12}、$\cdots$、K_{1l} 可用下面的方法计算。

若在式 (14-17) 两边都乘以 $(s-p_1)^l$，则可得

$$(s-p_1)^l F(s) = K_{11} + K_{12}(s-p_1) + \cdots + K_{1l}(s-p_1)^{l-1} + (s-p_1)^l \sum_{i=2}^{n-l+1} \frac{K_i}{(s-p_i)} \qquad (14-18)$$

令 $s = p_1$，则方程右边除 K_{11} 外，其他各项均为零，所以有

$$K_{11} = (s-p_1)^l F(s) \mid_{s=p_1} \qquad (14-19)$$

将式 (14-18) 两边对 s 求导一次，可得

$$\frac{d}{ds}[(s-p_1)^l F(s)] = K_{12} + \cdots + (l-1)K_{13}(s-p_1)^{l-2} + \frac{d}{ds}\left[(s-p_1)^l \sum_{i=2}^{n-l+1} \frac{K_i}{(s-p_i)}\right] \qquad (14-20)$$

令 $s = p_1$，则方程右边除 K_{12} 外，其他各项均为零，所以有

$$K_{12} = \frac{d}{ds}[(s-p_1)^l F(s)]\Big|_{s=p_1} \qquad (14-21)$$

继续按以上方法对式 (14-18) 的两边针对 s 进行求导，可得

$$\begin{cases} K_{13} = \frac{1}{2!}\frac{d^2}{ds^2}[(s-p_1)^l F(s)]\Big|_{s=p_1} \\ \quad \vdots \\ K_{1l} = \frac{1}{(l-1)!}\frac{d^{l-1}}{ds^{l-1}}[(s-p_1)^l F(s)]\Big|_{s=p_1} \end{cases} \qquad (14-22)$$

这样，重根对应的部分分式展开式的系数均可求出。

附录 C 中给出了部分分式展开式系数求解的其他一些方法，这些方法在有些情况下使用会比较方便。

【例 14-9】 求 $F(s) = \dfrac{s+2}{(s+1)^2(s+3)}$ 的原函数 $f(t)$。

解 $F(s)$ 的分母既包含有重根又含有单根。其中 $p_1 = -1$ 为二重根，$p_2 = -3$ 为单根。

此时 $F(s)$ 的展开式为

$$F(s) = \frac{K_{11}}{(s+1)^2} + \frac{K_{12}}{s+1} + \frac{K_2}{s+3}$$

以 $(s+1)^2$ 乘以 $F(s)$，得

$$(s+1)^2 F(s) = \frac{s+2}{(s+3)}$$

由相关公式可得

$$K_{11} = \left[(s+1)^2 F(s)\right]\big|_{s=-1} = \frac{s+2}{(s+3)}\bigg|_{s=-1} = \frac{1}{2} = 0.5$$

$$K_{12} = \frac{\mathrm{d}}{\mathrm{d}s}\left[(s+1)^2 F(s)\right]\big|_{s=-1} = \frac{(s+3)-(s+2)}{(s+3)^2}\bigg|_{s=-1} = \frac{1}{4} = 0.25$$

$$K_2 = \left[(s-p_2) F(s)\right]\big|_{s=p_2} = \left[(s+3)\frac{s+2}{(s+1)^2(s+3)}\right]\bigg|_{s=-3} = -\frac{1}{4} = -0.25$$

所以

$$F(s) = \frac{0.5}{(s+1)^2} + \frac{0.25}{s+1} + \frac{-0.25}{s+3}$$

查拉氏变换表 14-1 可得相应的原函数为

$$f(t) = \mathscr{L}^{-1}[F(s)] = 0.5te^{-t} + 0.25e^{-t} - 0.25e^{-3t}, \quad t \geqslant 0_-$$

14.3 元件约束和基尔霍夫定律的复频域形式

14.3.1 元件约束的复频域形式

1. 电阻元件

图 14-1（a）所示为线性电阻元件的时域模型，电阻元件的伏安约束关系为

$$u(t) = Ri(t) \tag{14-23}$$

对上式两边进行拉氏变换，得复频域形式约束关系为

$$U(s) = RI(s) \tag{14-24}$$

式（14-24）对应的复频域电路模型如图 14-1（b）所示。

图 14-1 电阻元件的时域和复频域模型

（a）时域模型；（b）复频域模型

2. 电感元件

图 14-2（a）所示为电感元件的时域电路模型，设电感的初始电流为 $i(0_-)$，则其时域伏安关系为

$$u(t) = L\frac{\mathrm{d}i(t)}{\mathrm{d}t} \tag{14-25}$$

对式（14-25）两边进行拉氏变换，并根据拉氏变换的微分性质，得电感复频域形式约束关

系为

$$U(s) = sLI(s) - Li(0_-) \tag{14 - 26}$$

由式（14 - 26）可画出相应的复频域模型如图 14 - 2（b）所示，图中的 $Li(0_-)$ 体现了初始储能的作用，相当于一个电压源，称为附加电压源，它的负极指向正极的方向与初始电流 $i(0_-)$ 的方向一致。

还可以把式（14 - 26）改写为

$$I(s) = \frac{1}{sL}U(s) + \frac{i(0_-)}{s} \tag{14 - 27}$$

由此可得出图 14 - 2（c）所示电感的复频域模型，其中的 $\dfrac{i(0_-)}{s}$ 表示附加电流源的电流。图 14 - 2（b）所示的电路与图 14 - 2（c）所示的电路可相互转化，它们分别是复频域中的戴维南形式电路和诺顿形式电路。

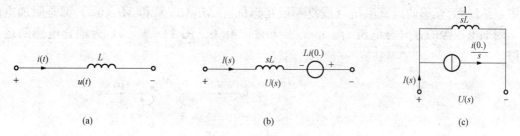

图 14 - 2　电感元件的时域和复频域模型
(a) 时域模型；(b) 复频域模型一；(c) 复频域模型二

3. 电容元件

对图 14 - 3（a）所示线性电容元件的时域电路模型，设电容的初始电压为 $u(0_-)$，则其时域形式伏安关系为

$$u(t) = \frac{1}{C}\int_{0_-}^{t} i(t)\mathrm{d}t + u(0_-) \tag{14 - 28}$$

对式（14 - 28）两边进行拉氏变换，并根据拉氏变换的积分性质可得

$$U(s) = \frac{1}{sC}I(s) + \frac{u(0_-)}{s} \text{ 或 } I(s) = sCU(s) - Cu(0_-) \tag{14 - 29}$$

由式（14 - 29）可以得到图 14 - 3（b）和图 14 - 3（c）所示的运算电路，图中 $\dfrac{u(0_-)}{s}$ 和 $Cu(0_-)$ 分别为反映电容初始电压的附加电压源和附加电流源。附加电压源的极性与初始电压 $u(0_-)$ 的极性相同。图 14 - 3（b）和图 14 - 3（c）所示的电路可根据戴维南电路和诺顿电路的关系进行相互转换。

4. 耦合电感元件

对耦合电感，运算电路中应包括由互感引起的附加电源。如图 14 - 4（a）所示电路为耦合电感元件的时域电路，其时域形式伏安约束关系为

$$\begin{cases} u_1(t) = L_1\dfrac{\mathrm{d}i_1(t)}{\mathrm{d}t} + M\dfrac{\mathrm{d}i_2(t)}{\mathrm{d}t} \\[2mm] u_2(t) = L_2\dfrac{\mathrm{d}i_2(t)}{\mathrm{d}t} + M\dfrac{\mathrm{d}i_1(t)}{\mathrm{d}t} \end{cases} \tag{14 - 30}$$

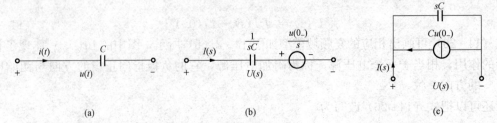

图 14-3　电容元件的时域和复频域模型

（a）时域模型；（b）复频域模型一；（c）复频域模型二

对上式两边进行拉氏变换，并根据拉氏变换的微分性质，得复频域形式伏安约束关系为：

$$\begin{cases} U_1(s) = sL_1 I_1(s) - L_1 i_1(0_-) + sM I_2(s) - M i_2(0_-) \\ U_2(s) = sL_2 I_2(s) - L_2 i_2(0_-) + sM I_1(s) - M i_1(0_-) \end{cases} \tag{14-31}$$

式中：sM 称为互感的运算阻抗（或复频域互感抗）；$M i_1(0_-)$ 和 $M i_2(0_-)$ 都是附加电压源，附加电压源的方向与电流 i_1、i_2 的参考方向有关。图 14-4（b）为耦合电感的运算电路。

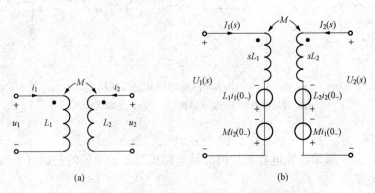

图 14-4　耦合电感元件的时域和复频域模型

（a）时域模型；（b）复频域模型

14.3.2　基尔霍夫定律的复频域形式与运算阻抗

1. KCL 的复频域形式

对电路中的任一节点，其时域形式基尔霍夫电流定律为

$$\sum_k \pm i_k(t) = 0 \tag{14-32}$$

对上式两边进行拉氏变换，得

$$\sum_k \pm I_k(s) = 0 \tag{14-33}$$

上式称为复频域形式的基尔霍夫电流定律，也称为运算形式 KCL，它说明电路中任一节点的各支路电流象函数的代数和为零。

2. KVL 的复频域形式

对电路中的任一回路，其时域形式基尔霍夫电压定律为

$$\sum_k \pm u_k(t) = 0 \tag{14-34}$$

对上式两边进行拉氏变换，得

$$\sum_k \pm U_k(s) = 0 \tag{14-35}$$

上式称为复频域形式的基尔霍夫电压定律，也称为运算形式 KVL，它说明电路中任一回路的各支路电压象函数的代数和为零。

3. 运算阻抗与运算电路

复频域电路的分析中，会用到运算阻抗、运算导纳和运算电路，下面予以讨论。

关联方向下，电阻元件的复频域约束式为 $U(s) = RI(s)$，将式中 R 用 $Z(s)$ 表示，则有 $U(s) = Z(s)I(s)$，$Z(s)$ 称为运算阻抗。运算导纳用 $Y(s)$ 表示，与运算阻抗的关系是 $Y(s) = \dfrac{1}{Z(s)}$。$U(s) = Z(s)I(s)$ 或 $I(s) = Y(s)U(s)$ 是复频域形式的元件约束。

电阻元件的运算阻抗为 $Z(s) = R$，运算导纳为 $Y(s) = \dfrac{1}{R} = G$；电感元件的运算阻抗为 $Z(s) = sL$，运算导纳为 $Y(s) = \dfrac{1}{sL}$；电容元件的运算阻抗为 $Z(s) = \dfrac{1}{sC}$，运算导纳为 $Y(s) = sC$。

图 14-5（a）所示为 RLC 串联电路，其中电源电压为 $u(t)$，电感中的初始电流为 $i(0_-)$，电容上的初始电压为 $u_C(0_-)$。将时域电路转化为复频域形式，则可得图 14-5（b）所示的电路，该电路称为运算电路。

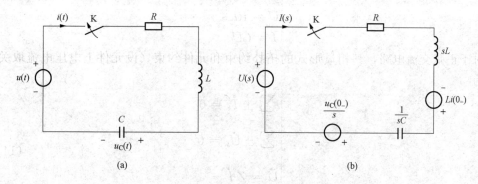

图 14-5　RLC 串联电路的时域和复频域模型
（a）时域模型；（b）复频域模型

根据复频域形式的 KVL 和元件约束，由图 14-5（b）所示运算电路可得如下方程

$$RI(s) + sLI(s) - Li(0_-) + \frac{1}{sC}I(s) + \frac{u_C(0_-)}{s} = U(s)$$

即

$$\left(R + sL + \frac{1}{sC}\right)I(s) = U(s) + Li(0_-) - \frac{u_C(0_-)}{s}$$

当已知 $U(s)$、电路元件的各参数以及初始值 $i(0_-)$ 和 $u_C(0_-)$ 时，由上式可直接求出 $I(s)$，继而通过拉氏反变换由 $I(s)$ 求出 $i(t)$。这样一种求解电流 $i(t)$ 的方法不需针对时域电路列写微分方程，避免了求微分方程初始值和解微分方程的麻烦，是复频域分析法的突出优点。

在动态元件初始值均为零，即电路为零状态时，图 14-5（b）所示复频域电路的方程为

$$\left(R + sL + \frac{1}{sC}\right)I(s) = U(s)$$

可记为

$$Z(s)I(s) = U(s)$$

式中 $Z(s) = R + sL + \frac{1}{sC}$，称为 RLC 串联电路的运算阻抗。

14.4 动态电路的复频域分析方法

动态电路的复频域分析法也称为拉普拉斯变换分析法或运算法，该方法与相量分析法的基本思想类似，均是把时域电路的求解过程转换到变换域中进行。相量法是把正弦量对应成相量（复数），从而把求解线性电路的正弦稳态响应问题归结为求解以相量为变量的线性代数方程；运算法则是把时间函数通过拉氏变换转换为对应的象函数，从而把动态电路求解问题归结为求解以象函数为变量的线性代数方程。

对于直流电路，其拓扑约束和元件约束（设元件上电压电流取关联方向）为

$$\begin{cases} \sum_k \pm I_k = 0 \\ \sum_k \pm U_k = 0 \\ U = RI \\ I = GU \end{cases} \tag{14-36}$$

对于正弦交流电路，其相量形式的拓扑约束和元件约束（设元件上电压电流取关联方向）为

$$\begin{cases} \sum_k \pm \dot{I}_k = 0 \\ \sum_k \pm \dot{U}_k = 0 \\ \dot{U} = Z\dot{I} \\ \dot{I} = Y\dot{U} \end{cases} \tag{14-37}$$

对于动态电路，在动态元件初始值为零的条件下，其复频域形式的拓扑约束和元件约束（设元件上电压电流取关联方向）为

$$\begin{cases} \sum_k \pm I_k(s) = 0 \\ \sum_k \pm U_k(s) = 0 \\ U(s) = Z(s)I(s) \\ I(s) = Y(s)U(s) \end{cases} \tag{14-38}$$

由上可见，复频域形式的拓扑约束、元件约束与直流形式和相量形式的拓扑约束、元件约束式是类似的，因此，适应于直流电路、正弦稳态电路的方法和定理，如网孔法、节点法、叠加定理、戴维南定理等完全可以应用于复频域电路分析中。

用拉氏变换法计算电路响应的一般步骤如下：

（1）确定动态元件在开关动作前的初始值 $u_C(0_-)$、$i_L(0_-)$，通常需构造 0_- 时的等值电路进行求解。若所求是电路的零状态响应，或动态元件初始值已给出，则不存在该步骤。

（2）求出时域电路中独立电压源、独立电流源的象函数，并将时域模型用复频域形式表示，做出运算电路。

（3）对运算电路，利用电路分析的各种方法列出方程，然后求解方程得到响应的象函数。

（4）对响应的象函数进行反变换求出响应的原函数。

【例 14-10】　图 14-6（a）所示电路原已处于稳态，当 $t=0$ 时开关 K 闭合，试用运算法求解电流 $i_1(t)$。

解　因为开关 K 闭合前电路已处于稳态，根据 $t=0_-$ 时电路的情况，可得电感电流 $i_1(0_-)=0$，电容电压 $u_C(0_-)=1\text{V}$。对激励求象函数得 $\mathscr{L}[U_s]=\mathscr{L}[1]=\dfrac{1}{s}$，由此可得运算电路如图 14-6（b）所示。

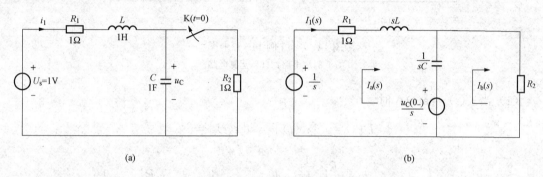

图 14-6　［例 14-10］图
(a) 时域电路；(b) 运算电路

应用回路法求解，设回路电流为 $I_a(s)$ 和 $I_b(s)$，方向如图 14-6（b）所示，可列写回路电流方程如下

$$\left(R_1+sL+\frac{1}{sC}\right)I_a(s)-\frac{1}{sC}I_b(s)=\frac{1}{s}-\frac{u_C(0_-)}{s}$$

$$-\frac{1}{sC}I_a(s)+\left(R_2+\frac{1}{sC}\right)I_b(s)=\frac{u_C(0_-)}{s}$$

代入已知数据得

$$\left(1+s+\frac{1}{s}\right)I_a(s)-\frac{1}{s}I_b(s)=0$$

$$-\frac{1}{s}I_a(s)+\left(1+\frac{1}{s}\right)I_b(s)=\frac{1}{s}$$

由以上两式解得

$$I_1(s)=I_a(s)=\frac{1}{s(s^2+2s+2)}$$

部分分式展开可得

$$I_1(s)=\frac{1}{2}\left[\frac{1}{s}-\frac{s+1}{(s+1)^2+1}-\frac{1}{(s+1)^2+1}\right]$$

所以

$$i_1(t) = \frac{1}{2}(1 - \mathrm{e}^{-t}\cos t - \mathrm{e}^{-t}\sin t)\mathrm{A}, \quad t \geqslant 0_+$$

【例 14 - 11】 图 14 - 7（a）所示为 RC 并联电路，激励为电流源 $i_s(t)$。试分别求 $i_s(t) = \varepsilon(t)\mathrm{A}$ 和 $i_s(t) = \delta(t)\mathrm{A}$ 时电路的响应 $u(t)$。

解 由题知电路初始状态为零，故运算电路中无附加电源。可得该电路的运算电路如图 14 - 7（b）所示。

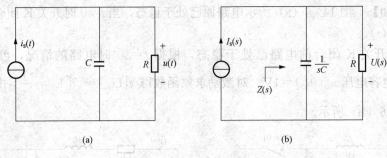

图 14 - 7 ［例 14 - 11］图

(a) 时域电路；(b) 运算电路

（1）当 $i_s(t) = \varepsilon(t)\mathrm{A}$ 时

$$I_s(s) = \mathscr{L}[i_s(t)] = \mathscr{L}[\varepsilon(t)] = \frac{1}{s}$$

$$U(s) = Z(s)I_s(s) = \frac{R \cdot \dfrac{1}{sC}}{R + \dfrac{1}{sC}} \cdot \frac{1}{s} = \frac{1}{sC\left(s + \dfrac{1}{RC}\right)} = \frac{R}{s} - \frac{1}{s + \dfrac{1}{RC}}$$

$U(s)$ 的拉氏反变换为

$$u(t) = \mathscr{L}^{-1}[U(s)] = R(1 - \mathrm{e}^{-\frac{1}{RC}t})\varepsilon(t)\mathrm{V}$$

（2）当 $i_s(t) = \delta(t)\mathrm{A}$ 时

$$I_s(s) = \mathscr{L}[i_s(t)] = \mathscr{L}[\delta(t)] = 1$$

$$U(s) = Z(s)I_s(s) = \frac{R \cdot \dfrac{1}{sC}}{R + \dfrac{1}{sC}} = \frac{1}{C\left(s + \dfrac{1}{RC}\right)}$$

$U(s)$ 的拉氏反变换为

$$u(t) = \mathscr{L}^{-1}[U(s)] = \frac{1}{C}\mathrm{e}^{-\frac{1}{RC}t}\varepsilon(t)\mathrm{V}$$

上述结果即分别为 RC 并联电路的阶跃响应和冲激响应。通过此例可见，用拉氏变换法求冲激响应比时域法要容易许多，这是因为 $\mathscr{L}[\delta(t)] = 1$，并且不必像时域分析法那样要确定 $t = 0_+$ 时刻的初始条件。

【例 14 - 12】 图 14 - 8（a）所示的电路中，激励为 $u_s(t) = 2\mathrm{e}^{-2t}\varepsilon(t)\mathrm{V}$，求电流 $i(t)$。

解 由题可知，电容、电感的初始值均为 0，且 $\mathscr{L}[u_s(t)] = \mathscr{L}[2\mathrm{e}^{-2t}] = \dfrac{2}{s+2}$，所以可做

出如图 14-8（b）所示的运算电路，做等效变换可得图 14-8（c）所示电路。

（1）方法一：对图 14-8（c）所示电路，用网孔法列方程可得

$$\left(1+\frac{1}{2s}\right)I(s)-\frac{1}{2s}I_1(s)=\frac{2}{s+2}$$

$$-\frac{1}{2s}I(s)+\left(\frac{1}{2s}+0.5s+1\right)I_1(s)=-1.5sU(s)$$

$$U(s)=1\times I_1(s)$$

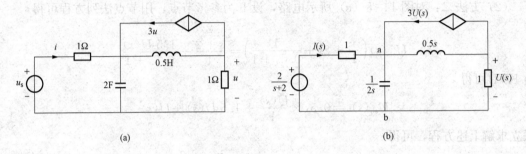

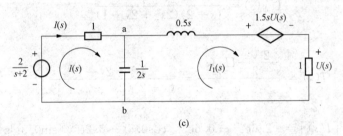

图 14-8 ［例 14-12］图

（a）时域电路；（b）运算电路；（c）等效电路

消去 $U(s)$ 后可得

$$\left(1+\frac{1}{2s}\right)I(s)-\frac{1}{2s}I_1(s)=\frac{2}{s+2}$$

$$-\frac{1}{2s}I(s)+\left(\frac{1}{2s}+2s+1\right)I_1(s)=0$$

解得

$$I(s)=\frac{\begin{vmatrix}\dfrac{2}{s+2}&-\dfrac{1}{2s}\\[2mm]0&\left(\dfrac{1}{2s}+2s+1\right)\end{vmatrix}}{\begin{vmatrix}1+\dfrac{1}{2s}&-\dfrac{1}{2s}\\[2mm]-\dfrac{1}{2s}&\left(\dfrac{1}{2s}+2s+1\right)\end{vmatrix}}=\frac{4s^2+2s+1}{(s+2)(2s^2+2s+1)}$$

$$=\frac{2.6}{s+2}+\frac{0.316\angle161.57°}{s+0.5-j0.5}+\frac{0.316\angle-161.57°}{s+0.5+j0.5}$$

故有

$$i(t)=\mathscr{L}^{-1}[I(s)]=[2.6e^{-2t}+0.632e^{-0.5t}\cos(0.5t+161.57°)]\varepsilon(t)\text{A}$$

或者

$$I(s) = \frac{4s^2 + 2s + 1}{(s+2)(2s^2 + 2s + 1)} = \frac{2.6}{(s+2)} - \frac{1.2s + 0.8}{(2s^2 + 2s + 1)}$$

$$= \frac{2.6}{(s+2)} - \frac{0.6(s+0.5)}{(s+0.5)^2 + 0.5^2} - \frac{0.2 \times 0.5}{(s+0.5)^2 + 0.5^2}$$

所以

$$i(t) = \mathscr{L}^{-1}[I(s)] = [2.6\mathrm{e}^{-2t} - 0.6\mathrm{e}^{-0.5t}\cos0.5t - 0.2\mathrm{e}^{-0.5t}\sin0.5t]\varepsilon(t)\mathrm{A}$$

（2）方法二：对图 14 - 8（c）所示电路，设 b 为参考节点，用节点法列方程可得

$$U_{ab}(s)\left(\frac{1}{1} + 2s + \frac{1}{0.5s+1}\right) = \frac{\frac{2}{s+2}}{1} + \frac{1.5sU(s)}{0.5s+1}$$

由 KVL 可得

$$U_{ab}(s) = 0.5s \times \frac{U(s)}{1} + 1.5sU(s) + U(s)$$

联立求解上述方程，可得

$$U_{ab}(s) = \frac{2s+1}{(s+2)(2s^2+2s+1)}$$

因此

$$I(s) = \frac{\frac{2}{s+2} - U_{ab}(s)}{1} = \frac{4s^2 + 2s + 1}{(s+2)(2s^2 + 2s + 1)}$$

所以

$$i(t) = \mathscr{L}^{-1}[I(s)] = [2.6\mathrm{e}^{-2t} - 0.6\mathrm{e}^{-0.5t}\cos0.5t - 0.2\mathrm{e}^{-0.5t}\sin0.5t]\varepsilon(t)\mathrm{A}$$

习　题

14 - 1　求下列各函数的象函数。

（1）$f(t) = 1 - \mathrm{e}^{-\alpha t}$；

（2）$f(t) = \sin(\omega t + \varphi)$；

（3）$f(t) = \mathrm{e}^{-\alpha t}(1 - \alpha t)$；

（4）$f(t) = \frac{1}{\alpha}(1 - \mathrm{e}^{-\alpha t})$；

（5）$f(t) = t^2$；

（6）$f(t) = t + 2 + 3\delta(t)$；

（7）$f(t) = 1 + 2t + 3\mathrm{e}^{-4t}$；

（8）$f(t) = \mathrm{e}^{\beta t}\sin\omega t$；

（9）$f(t) = t\cos(\alpha t)$；

（10）$f(t) = \mathrm{e}^{-\alpha t} + \alpha t - 1$。

14 - 2　求下列各函数的原函数。

（1）$\dfrac{(s+1)(s+3)}{s(s+2)(s+4)}$；

（2）$\dfrac{2s^2 + 16}{(s^2 + 5s + 6)(s+12)}$；

（3）$\dfrac{2s^2 + 9s + 9}{s^2 + 3s + 2}$；

（4）$\dfrac{s^3}{(s^2 + 3s + 2)s}$。

14 - 3　求下列各函数的原函数。

（1）$\dfrac{1}{(s+1)(s+2)^2}$；

（2）$\dfrac{s+1}{s^3 + 2s^2 + 2s}$；

（3）$\dfrac{s^2 + 6s + 5}{s(s^2 + 4s + 5)}$；

（4）$\dfrac{s}{(s^2 + 1)^2}$；

(5) $\dfrac{s+2}{s(s+1)^2}$;　　　　　　　　(6) $\dfrac{s^2+3s+5}{(s+1)^2(s+2)}$;

(7) $\dfrac{2s^2+2s+3}{s^2+s+1}$。

14-4　试分别求图 14-9（a）和图 14-9（b）所示网络的复频域输入阻抗。

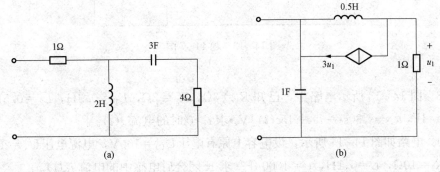

图 14-9　题 14-4 图

14-5　图 14-10 所示电路，开关 K 断开时，电路已处于稳定状态。当 $t=0$ 时合上开关 K，试画出其复频域等效电路。

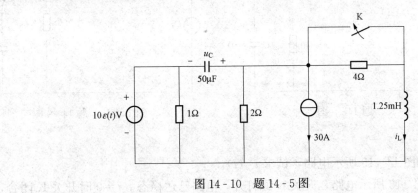

图 14-10　题 14-5 图

14-6　图 14-11 所示电路原处于零状态，在 $t=0$ 时开关 K 闭合，试画出其去耦等效变换后的复频域电路。

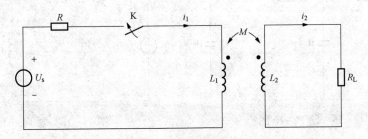

图 14-11　题 14-6 图

14-7　图 14-12 所示电路原处于零状态，在 $t=0$ 时开关 K 闭合，试求电流 i_L。

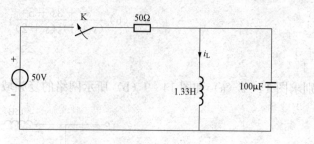

图 14-12　题 14-7 图

14-8　图 14-13 所示电路中，已知 $R_1 = 3\Omega$，$R_2 = 2\Omega$，$L_1 = 0.3H$，$L_2 = 0.5H$，$M = 0.1H$，$C = 1F$，$u_s = [30\varepsilon(-t) + 15\varepsilon(t)]V$。求 $t > 0$ 时的电流 $i(t)$。

14-9　电路如图 14-14 所示，设电容上原有电压 $U_{C0} = 100V$，电源电压 $U_s = 200V$，$R_1 = 30\Omega$，$R_2 = 10\Omega$，$L = 0.1H$，$C = 1000\mu F$。求 K 闭合后电感中的电流 $i_L(t)$。

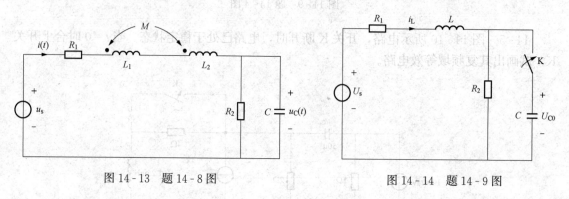

图 14-13　题 14-8 图　　　　　　　图 14-14　题 14-9 图

14-10　已知图 14-15 所示电路，试求 $i_{C2}(t)$。

14-11　图 14-16 所示电路，开关 K 原打开，电路已达稳态。$t = 0$ 时开关 K 闭合，求 $t > 0$ 时的 $u_L(t)$。

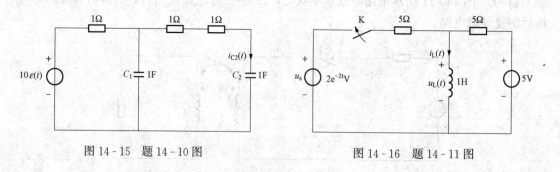

图 14-15　题 14-10 图　　　　　　图 14-16　题 14-11 图

14-12　图 14-17 所示电路中，电压源 U_s 为直流电压源，开关 K 原闭合。若 $t = 0$ 时打开开关 K，试求 $t > 0$ 时的 $i(t)$。

14-13　图 14-18 所示电路在 $t = 0$ 时合上开关 K，用运算法求 $i(t)$ 及 $u_C(t)$。

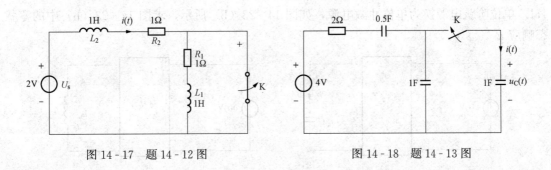

图 14-17 题 14-12 图　　　　　　　图 14-18 题 14-13 图

14-14　电路如图 14-19 所示，电路原处于稳态，已知电源为直流，$U_s=10\text{V}$，$t=0$ 时开关 K 打开，试求 $t>0$ 时的 $i(t)$、$u_C(t)$。

14-15　已知图 14-20 所示电路中，网络 N 为线性无独立源网络，电压 $u(t)$ 的零输入响应为 $20\text{e}^{-2t}\text{V}$，$t>0$，对应于 $u(t)$ 的网络函数为 $H(s)=\dfrac{4s}{s+2}$。试分别求：$i_s(t)=5\varepsilon(t)\text{A}$ 和 $i_s(t)=5\varepsilon(t-1)\text{A}$ 时，电压 $u(t)$ 的全响应。

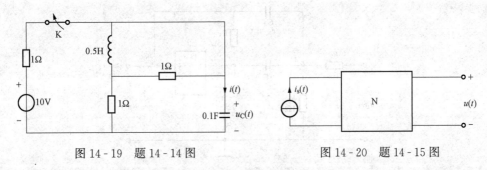

图 14-19 题 14-14 图　　　　　　　图 14-20 题 14-15 图

14-16　图 14-21 所示电路，开关 K 动作前电路已达稳态。试求开关断开后的电流 $i(t)$。

14-17　图 14-22 所示电路已达稳定状态，$t=0$ 时开关 K 闭合，试求开关闭合后流过开关 K 的电流 $i(t)$。

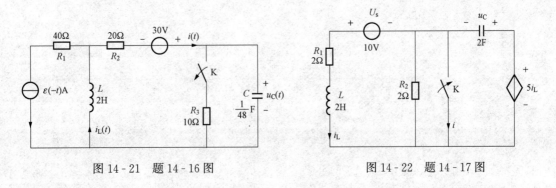

图 14-21 题 14-16 图　　　　　　　图 14-22 题 14-17 图

14-18　图 14-23 所示电路中，网络 N 为无独立源线性电阻网络，图 14-23（a）中 $C=10\mu\text{F}$，零状态响应为 $i_C=\left[\dfrac{1}{6}\text{e}^{-25t}\varepsilon(t)\right]\text{mA}$。现将图 14-23（a）中电容换成电感 $L=$

4H，单位阶跃电源换为单位冲激电源，如图 14-23（b）所示，求图 14-23（b）中的零状态响应 u_L。

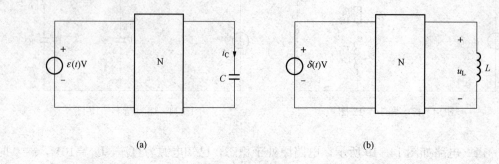

(a)   (b)

图 14-23　题 14-18 图

14-19　图 14-24 所示电路，电容电压初始值为零，求输出电压 $u_2(t)$。已知运算放大器为理想运放，且 $u_1(t) = 20\varepsilon(t)$V。

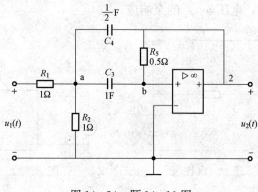

图 14-24　题 14-19 图

第 15 章　网络函数与频率特性

内容提要：本章介绍电路的网络函数和频率特性，用于描述电路的整体功能和本质特性。具体内容为网络函数、网络的频率特性、谐振电路的频率特性。

15.1　网　络　函　数

15.1.1　网络函数的定义与分类

如图 15 - 1 所示的两个电路，分别反映零状态无独立源网络端口激励为电压源和电流源时的情况。当激励为 $U_1(s)$ 时，响应为 $I_1(s)$、$U_2(s)$、$I_2(s)$；当激励为 $I_1(s)$ 时，响应为 $U_1(s)$、$U_2(s)$、$I_2(s)$。

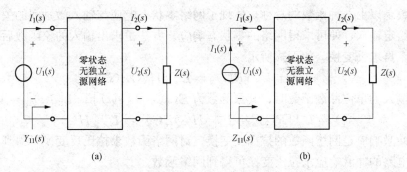

图 15 - 1　网络激励与响应
(a) 激励为电压源；(b) 激励为电流源

网络函数定义为零状态响应的拉氏变换 $R(s)$ 与激励的拉氏变换 $E(s)$ 之比，即

$$H(s) = \frac{\text{零状态响应的象函数}}{\text{激励的象函数}} = \frac{R(s)}{E(s)} \tag{15 - 1}$$

激励与响应处于同一端口，对应的网络函数称为策动点函数，该函数描述一端口网络外部特性；若处于不同的端口，则称为转移函数，该函数描述二端口网络的传输特性。网络函数进一步细分为 6 种，下面分别给出它们的定义式。

策动点阻抗的定义式为

$$H(s) = \frac{U_1(s)}{I_1(s)} \tag{15 - 2}$$

策动点阻抗也称为输入运算阻抗，记为 $Z_{11}(s)$。

策动点导纳的定义式为

$$H(s) = \frac{I_1(s)}{U_1(s)} \tag{15 - 3}$$

策动点导纳也称为输入运算导纳，记为 $Y_{11}(s)$。

转移阻抗的定义式为

$$H(s) = \frac{U_2(s)}{I_1(s)} \tag{15-4}$$

转移阻抗也可记为 $Z_{21}(s)$。

转移导纳的定义式为

$$H(s) = \frac{I_2(s)}{U_1(s)} \tag{15-5}$$

转移导纳也可记为 $Y_{21}(s)$。

转移电压比的定义式为

$$H(s) = \frac{U_2(s)}{U_1(s)} \tag{15-6}$$

转移电压比也称为电压增益或电压放大倍数，记为 $H_u(s)$。

转移电流比的定义式为

$$H(s) = \frac{I_2(s)}{I_1(s)} \tag{15-7}$$

转移电流比也称为电流增益或电流放大倍数，记为 $H_i(s)$。

网络函数是以上 6 种函数的总称，体现了网络零状态响应与输入激励间的关系。若已知网络函数，给定输入，便可求得网络的零状态响应。方法是求出输入的象函数后，将其与网络函数相乘，再求反变换，如下式所示

$$r(t) = L^{-1}[R(s)] = L^{-1}[H(s)E(s)] \tag{15-8}$$

当电路输入为单位冲激函数时，其象函数为 $E(s) = L[e(t)] = L[\delta(t)] = 1$，响应为

$$r(t) = L^{-1}[R(s)] = L^{-1}[H(s)E(s)] = L^{-1}[H(s)] \tag{15-9}$$

可见，冲激响应是网络函数的拉氏反变换。对网络函数求拉氏反变换可得到电路的冲激响应，或对电路的冲激响应求拉氏变换可得到网络函数。

网络函数由电路的结构和参数决定，用以表征电路的故有特性，与外施激励无关。因此，当激励发生变化时，零状态响应会随之变化，但网络函数不变。

由于网络函数是针对电路状态为零时提出的一个概念，故通过拉氏变换求网络函数时，运算电路中的电感、电容等动态元件的附加电源均应为零。

【例 15-1】 已知某电路在激励为 $i_s(t) = 2\varepsilon(t)$ A 时的零状态响应为 $u_0(t) = 6(1 - e^{-2t})\varepsilon(t)$ V，求该响应对应的网络函数。

解 零状态响应的象函数为

$$R(s) = U_0(s) = 6\left(\frac{1}{s} - \frac{1}{s+2}\right)$$

激励的象函数为

$$E(s) = I_s(s) = \frac{2}{s}$$

于是电路的网络函数为

$$H(s) = \frac{R(s)}{E(s)} = \frac{6}{s+2}$$

【例 15-2】 如图 15-2（a）所示电路，已知 $i_s(t) = e^{-3t}\varepsilon(t)$ A，求网络函数 $H(s) = \frac{U_R(s)}{I_s(s)}$。

解　时域电路对应的运算电路如图 15-2 （b）所示。由于网络函数与激励无关，故可不考虑原时域电路中给出的电流源。可令 $I_s(s)=1$，由节点分析法可得

$$\left(\frac{1}{2+s}+4+s\right)U(s)=I_s(s)=1$$

则

$$U(s)=\frac{1}{s+4+\dfrac{1}{s+2}}=\frac{s+2}{s^2+6s+9}$$

又

$$U_R(s)=\frac{2}{2+s}U(s)=\frac{2}{2+s}\times\frac{s+2}{s^2+6s+9}=\frac{2}{s^2+6s+9}$$

所以

$$H(s)=\frac{U_R(s)}{I_s(s)}=\frac{2}{s^2+6s+9}$$

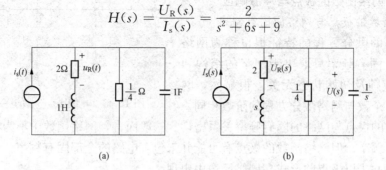

图 15-2　［例 15-2］图

（a）原电路；（b）运算电路

15.1.2　网络函数的极点和零点

对于线性时不变电路，由于其元件参数均为常数，因此其网络函数必定是 s 的实系数有理函数，网络函数的一般形式可表示为

$$H(s)=\frac{N(s)}{D(s)}=\frac{a_m s^m+a_{m-1}s^{m-1}+\cdots+a_0}{b_n s^n+b_{n-1}s^{n-1}+\cdots+b_0} \tag{15-10}$$

式（15-10）中 $a_i(i=0,1,\cdots,m)$ 和 $b_j(j=0,1,\cdots,n)$ 均为实数。若对式（15-10）的分子多项式 $N(s)$ 和分母多项式 $D(s)$ 做因式分解，则该式又可写为

$$H(s)=K\frac{(s-z_m)(s-z_{m-1})\cdots(s-z_1)}{(s-p_n)(s-p_{n-1})\cdots(s-p_1)}=K\frac{\displaystyle\prod_{i=1}^{m}(s-z_i)}{\displaystyle\prod_{j=1}^{n}(s-p_j)} \tag{15-11}$$

式（15-11）中，$K=a_m/b_n$ 为实系数。

在式（15-11）中，当 $s=z_i$ 时，有 $H(z_i)=0$，因此 $z_i(i=1,\cdots,m)$ 称为网络函数的零点。而当 $s=p_j$ 时，有 $|H(p_j)|\rightarrow\infty$，因此 $p_j(j=1,\cdots n)$ 称为网络函数的极点。

网络零状态响应的象函数为 $R(s)=H(s)E(s)$，因此 $H(s)$ 的零点和极点对零状态响应有十分重要的影响。事实上，根据 $H(s)$ 的零点和极点，结合电路激励的特点，就可以掌握电路零状态响应的变化规律。

网路函数的零点和极点可以绘制于 s 复平面上，称为零、极点图，图中一般用"○"表

示零点，用"×"表示极点。从零、极点图上可看出网路函数的零点和极点的分布情况。

【例 15 - 3】 已知某一电路的网络函数为 $H(s) = \dfrac{s^2 + 3s - 4}{s^3 + 6s^2 + 16s + 16}$，求其零点和极

点，并画出零、极点图。

解 将 $H(s)$ 的分子和分母多项式做因式分解，可得

$$H(s) = \frac{(s+4)(s-1)}{(s+2)(s^2+4s+8)} = \frac{(s+4)(s-1)}{(s+2)(s+2-j2)(s+2+j2)}$$

可见该网络函数有两个实数零点，分别为
$z_1 = 1$、$z_2 = -4$，一个实数极点和一对共轭复数
极点，分别为 $p_1 = -2$、$p_2 = -2+j2$、$p_3 = -2$
$-j2$。因此得出零、极点图如图 15 - 3 所示。

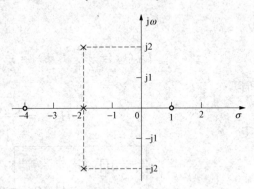

15.1.3　网络函数的极点与冲激响应

1. 网络函数的极点与网络的固有频率

描述网络的微分方程的特征根也称为网络
的固有频率。固有频率只取决于网络的结构和
参数，而与激励及初始状态无关。很显然，网
络固有频率的个数与网络微分方程的阶数相同。

图 15 - 3 　[例 15 - 3] 的零、极点图

网络函数的极点与网络的固有频率关系密切。一般而言，网络函数中不为零的极点一定
是网络的固有频率。但网络函数的极点有可能并未包含电路的全部固有频率，或者说电路的
某些固有频率并未以极点的形式在网络函数中出现。

如图 15 - 4 所示电路，以电压 $u_C(t)$ 为待
求变量，据拓扑约束和元件约束可列出描述电
路的方程为

$$\frac{d^2 u_C}{dt^2} + 2\frac{du_C}{dt} + u_C = \frac{de}{dt} + e$$

$$(15 - 12)$$

其特征方程为 $p^2 + 2p + 1 = 0$，其特征根为
$p_1 = p_2 = -1$，为二重根，这表明该电路有两
个相同的固有频率 -1。

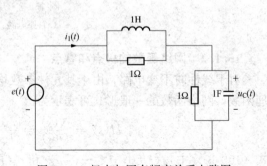

图 15 - 4 　极点与固有频率关系电路图

图 15 - 4 所示电路输入端口的策动点阻抗（网络函数的一种） $Z(s)$ 为

$$Z(s) = \frac{1}{\dfrac{1}{1} + \dfrac{1}{s}} + \frac{1}{\dfrac{1}{1} + s} = 1 \tag{15 - 13}$$

这一网络函数没有极点，但并不表明该电路不存在固有频率。或者说，电路的固有频率并未
以极点的形式在网络函数中表现出来。

若网络函数的极点数目小于电路的阶数，可通过建立电路的微分方程来获得电路的全部
固有频率。

2. 网络函数的极点与网络的稳定性

在电路的分析和设计中均必须涉及稳定性的问题。电路稳定性描述的方法有多种，其中
一种描述方法是：当有限能量的激励作用于电路上时，若产生的响应其能量也有限，则电路

是稳定的。若电路的激励为 $f(t)$，则该激励的能量用 $\int_0^\infty [f(t)]^2 dt$ 来衡量。

冲激激励具有有限的能量，若电路的冲激响应具有有限的能量，则称该电路是稳定的，若电路的冲激响应具有无限的能量，则该电路就是不稳定的。因此，对电路（系统）稳定性的讨论可转化为对冲激响应的讨论。冲激响应在概念上是零状态响应，但在 $t>0$ 时间范围内，形式上与零输入响应一致，而零输入响应的特性与网络函数的极点密切相关，因此可通过对网络函数极点的讨论来确定电路的稳定性。下面根据极点所在位置分 3 种情况加以讨论。

（1）极点全部位于 s 平面的左半开平面。网络函数的极点位于不包含虚轴的左半平面中时，具体情况可分为为单极点、共轭复数极点、多重极点 3 种，下面分别讨论。

对网络函数中位于 s 平面左半开平面的单极点 $p(p<0)$，对应的部分分式为 $\dfrac{K}{s-p}$，对应的冲激响应为 $h(t) = Ke^{pt}(t>0)$，该冲激响应为衰减的指数函数，当 $t\to\infty$ 时，冲激响应趋于零。单极点 $p(p<0)$ 在 s 平面上的位置及对应的冲激响应的波形如图 15 - 5（a）、（b）所示。

对网络函数中位于 s 平面左半开平面的共轭复数极点 $p_{1,2} = \sigma_1 \pm j\omega_1 (\sigma_1 < 0)$，对应的部分分式为 $\dfrac{K_1}{s-(\sigma_1 - j\omega_1)} + \dfrac{K_2}{s-(\sigma_1 + j\omega_1)}$，对应的冲激响应为 $K_1 e^{(\sigma_1 - j\omega_1)t} + K_2 e^{(\sigma_1 + j\omega_1)t} = Ke^{\sigma_1 t}\cos(\omega_1 t + \varphi)(t>0)$，这是一按衰减的指数规律变化的正弦波，当 $t\to\infty$ 时，该波形趋于零。共轭复数极点 $p_{1,2} = \sigma_1 \pm j\omega_1(\sigma_1 < 0)$ 在 s 平面上的位置及对应的冲激响应的波形如图 15 - 5（c）、（d）所示。

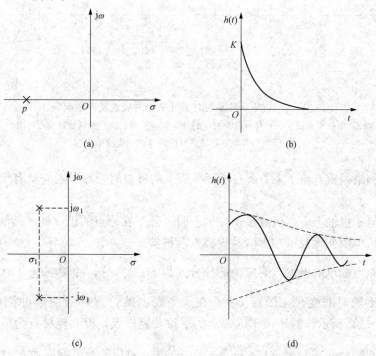

(a)　　　　　　　　　　(b)

(c)　　　　　　　　　　(d)

图 15 - 5　位于 s 平面的左半开平面的极点及冲激响应

(a) 单极点示图；(b) 与单极点对应的冲激响应波形；(c) 共轭复数极点示图；
(d) 与共轭复数极点对应的冲激响应波形

对网络函数中位于 s 平面左半开平面的 l 重极点 $p(p<0)$，对应的部分分式为 $\sum_{k=1}^{l} \frac{K_k}{(s-p)^k}$，对应的冲激响应为 $\sum_{k=1}^{l} \frac{K_k}{(l-1)!} t^{k-1} e^{pt}(t>0)$，当 $t\to\infty$ 时，冲激响应趋于零。

综上所述，当网络函数的全部极点均位于 s 平面的左半开平面上时，电路的冲激响应最终均趋于零，冲激响应具有有限能量，即电路是稳定的。

（2）部分极点位于 s 平面的右半开平面。当网络函数有极点位于 s 平面的右半开平面上时，系统的冲激响应将随时间的增加而不断增大，电路是不稳定的。例如，考虑最简单的情况，设网络函数为 $H(s)=\frac{K}{s-p}$，即只有一个单极点 $p(p>0)$，则对应的冲激响应为 $h(t)=Ke^{pt}(t>0)$，这是一个增长的指数函数，当 $t\to\infty$ 时，$h(t)$ 无界。极点 $p(p>0)$ 在 s 平面上的位置和对应的冲激响应的波形如图 15-6（a）、（b）所示。又如设网络函数有一对共轭复数极点 $p_{1,2}=\sigma_1\pm j\omega_1(\sigma_1>0)$，共轭复数极点对应的部分分式为 $H(s)=\frac{K_1}{s-(\sigma_1-j\omega_1)}+\frac{K_2}{s-(\sigma_1+j\omega_1)}$，则对应的冲激响应为 $h(t)=Ke^{\sigma_1 t}\cos(\omega_1 t+\varphi)(t>0)$，这是一个按增长的指数规律变化的正弦波，当 $t\to\infty$ 时，$h(t)\to\infty$。极点 $p_{1,2}=\sigma_1\pm j\omega_1(\sigma_1>0)$ 在 s 平面上的位置及 $h(t)$ 的波形如图 15-6（c）、（d）所示。

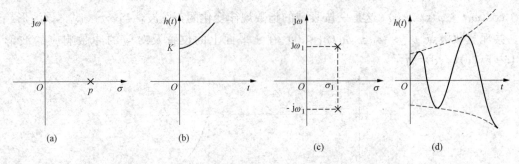

图 15-6　位于 s 平面的右半开平面的极点及冲激响应

（a）单极点示图；（b）与单极点对应的冲激响应波形；（c）共轭复数极点示图；
（d）与共轭复数极点对应的冲激响应波形

可见，当网络函数有位于 s 平面右半开平面上的极点时，冲激响应具有无限能量，电路是不稳定的。

（3）极点位于虚轴上。当极点位于虚轴上时，除了在原点的极点外，其他极点必是共轭纯虚数，这包括单阶共轭极点和多阶共轭极点两种情况。

对于位于原点的单阶极点，对应的部分分式为 $H(s)=\frac{K}{s}$，冲激响应为 $h(t)=K(t>0)$，此时冲激响应不随时间变化，极点 $p=0$ 在 s 平面上的位置和对应的冲激响应的波形如图 15-7（a）、（b）所示；对于位于虚轴上的单阶共轭极点，设共轭极点为 $p_{1,2}=\pm j\omega_1$，则共轭极点对应的部分分式为 $H(s)=\frac{K_1}{s-j\omega_1}+\frac{K_2}{s+j\omega_1}$，对应的冲激响应为 $h(t)=K\cos(\omega_1 t+\varphi)(t>0)$，此时冲激响应为一个等幅的正弦波，极点在 s 平面上的位置和对应的冲激响应的波形如图 15-7（c）、（d）所示。虚轴上单阶极点对应的冲激响应不随时间衰减，有无限的能量，按前面给出的稳定性定义，系统是不稳定的。但在有些场合，因这种情况下冲激响应不随时间的增加而增大，变化规律稳定，仍将其归入稳定的范畴，称为临界稳定。

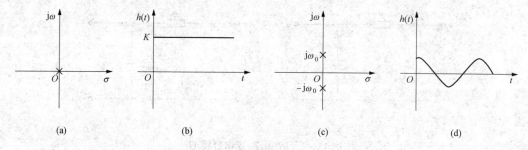

图 15 - 7　位于 s 平面虚轴上的极点及冲激响应

(a) 单极点示图；(b) 与单极点对应的冲激响应波形；(c) 共轭复数极点示图；
(d) 与共轭复数极点对应的冲激响应波形

当网络函数具有位于虚轴上的高阶共轭极点时，其对应的冲激响应是无界的，网络是不稳定的。例如，设网络函数有一对二阶的纯虚数共轭极点，即 $H(s) = \dfrac{2\omega s}{(s^2 + \omega_1^2)^2}$，则该网络的冲激响应为 $h(t) = t\sin\omega_1 t$，当 $t \to \infty$ 时，有 $h(t) \to \infty$，系统不稳定。

15.2　网络的频率特性

15.2.1　幅频特性与相频特性

网络函数 $H(s)$ 中，s 的取值范围是除了极点以外的整个复平面，这时的网络函数反映了网络中响应的象函数与激励的象函数之比的关系。但是，若将 s 的取值范围限定在虚轴的上半部分，即令 $s = j\omega(\omega \geqslant 0)$，这时 $H(s)$ 转化为 $H(j\omega)$。

网络函数 $H(j\omega)$ 也称为网络的频率特性，能够反映网络在正弦稳态情况下响应与激励的关系，有明确的物理意义。将 $H(j\omega)$ 写成 $|H(j\omega)| \angle \varphi(j\omega)$ 形式，则 $|H(j\omega)|$ 随 ω 变化的关系称为幅频特性，$\varphi(j\omega)$ 随 ω 变化的关系称为相频特性。将幅频特性和相频特性分别用曲线表示出来，称为幅频特性曲线和相频特性曲线。

网络函数在正弦稳态情况下定义为输出相量与输入相量之比，因此可用相量法求出正弦稳态条件下的网络函数。

图 15 - 8（a）所示是由电阻和电容组成的简单电路，其相量模型如图 15 - 8（b）所示，则转移电压比为

$$H(j\omega) = \frac{\dot{U}_2}{\dot{U}_1} = \frac{-j\dfrac{1}{\omega C}\dot{I}}{\left(R - j\dfrac{1}{\omega C}\right)\dot{I}} = \frac{1}{1 + j\omega RC} = \frac{1}{\sqrt{1 + (\omega RC)^2}} \angle -\arctan\omega RC$$

$$(15 - 14)$$

幅频特性为

$$|H(j\omega)| = \frac{1}{\sqrt{1 + (\omega RC)^2}} \qquad (15 - 15)$$

相频特性为

$$\varphi(\mathrm{j}\omega) = -\arctan\omega RC \qquad (15-16)$$

已知网络的频率特性，便可通过频率特性直接求出网络在正弦激励下的稳态响应。

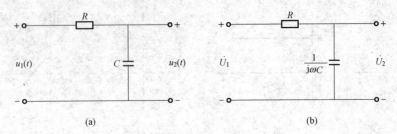

图 15-8 RC 电路及相量模型

(a) 原电路；(b) 相量模型

例如，设图 15-8（a）中，激励 $u_1(t) = \sqrt{2}U_1\cos(10t - \varphi_0)$，则有 $\omega=10\mathrm{rad/s}$，$\dot{U}_1 = U_1\angle -\varphi_0$。因为

$$\dot{U}_2 = H(\mathrm{j}\omega)\dot{U}_1 = |H(\mathrm{j}\omega)|\angle\varphi(\mathrm{j}\omega)\times U_1\angle -\varphi_0 = U_1|H(\mathrm{j}10)|\angle[-\varphi_0 + \varphi(\mathrm{j}10)]$$

所以，此时的输出电压为

$$u_2(t) = \sqrt{2}U_1|H(\mathrm{j}10)|\cos[10t - \varphi_0 + \varphi(\mathrm{j}10)]$$

15.2.2 网络函数极零点与频率特性的关系

前面已讨论过，若把 $H(s)$ 中的 s 用 $\mathrm{j}\omega(\omega\geqslant 0)$ 代换便可得到电路的频率特性 $H(\mathrm{j}\omega)$，可见频率特性 $H(\mathrm{j}\omega)$ 是 s 域中网络函数 $H(s)$ 的特例。下面分析 s 域中网络函数的极点和零点对频率特性的影响。

网络函数 $H(s)$ 的分子和分母多项式因式分解后可写为下面的形式

$$H(s) = K\frac{\prod\limits_{i=1}^{m}(s-z_i)}{\prod\limits_{j=1}^{n}(s-p_j)} \qquad (15-17)$$

其中 z_i 和 p_j 分别为零点和极点。在式（15-17）中令 $s=\mathrm{j}\omega(\omega\geqslant 0)$，则可得正弦稳态情况下的网络函数 $H(\mathrm{j}\omega)$，即

$$H(\mathrm{j}\omega) = K\frac{\prod\limits_{i=1}^{m}(\mathrm{j}\omega-z_i)}{\prod\limits_{j=1}^{n}(\mathrm{j}\omega-p_j)} \qquad (15-18)$$

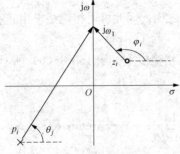

图 15-9 s 平面上的矢量

式（15-18）中的分子、分母均为复数。针对某一具体频率 ω_1，令 $\mathrm{j}\omega_1-z_i=M_i\mathrm{e}^{\mathrm{j}\varphi_i}$，$\mathrm{j}\omega_1-p_j=N_j\mathrm{e}^{\mathrm{j}\theta_j}$，在零、极点图上分别做出相应的矢量如图 15-9 所示，其中 M_i、N_j 分别为零点 z_i 至 $\mathrm{j}\omega_1$ 点、极点 p_j 至 $\mathrm{j}\omega_1$ 点所作矢量的长度，φ_i 和 θ_j 分别为相应矢量与水平轴之间的夹角，且规定逆时针方向为正，反之为负。将上述两类矢量的极坐标表达式代入式（15-18）中，并令其中 ω_1 为任意值 ω，有

$$H(j\omega) = K \frac{\prod\limits_{i=1}^{m} M_i e^{j\varphi_i}}{\prod\limits_{j=1}^{n} N_j e^{j\theta_j}} = K \frac{\prod\limits_{i=1}^{m} M_i}{\prod\limits_{j=1}^{n} N_j} e^{j(\sum\limits_{i=1}^{m} \varphi_i - \sum\limits_{j=1}^{n} \theta_j)} \tag{15-19}$$

于是，可得相应的幅频特性为

$$|H(j\omega)| = K \frac{\prod\limits_{i=1}^{m} M_i}{\prod\limits_{j=1}^{n} N_j} \tag{15-20}$$

相频特性为

$$\varphi(j\omega) = \sum_{i=1}^{m} \varphi_i - \sum_{j=1}^{n} \theta_j \tag{15-21}$$

由式（15-20）可知，频率特性的模 $|H(j\omega)|$ 与各零点至 $j\omega$ 点矢量长度的乘积成正比，与各极点至 $j\omega$ 点矢量长度的乘积成反比。由式（15-21）可知，频率特性的幅角 $\varphi(j\omega)$ 等于各零点至 $j\omega$ 点的矢量幅角的和与各极点至 $j\omega$ 点的矢量幅角的和之差。

例如，图 15-8（a）所示电路，其 s 域网络函数（转移电压比）为 $H(s) = \dfrac{1/(RC)}{s + 1/(RC)}$。当 $s = j\omega_1$ 时，可画出如图 15-10（a）所示矢量图，并有 $H(j\omega_1) = \dfrac{1/(RC)}{|j\omega_1 + 1/(RC)| \angle \theta} = \dfrac{1/(RC)}{N} \angle -\theta$，所以 $|H(j\omega_1)| = \dfrac{1/(RC)}{N}$，$\varphi(j\omega_1) = -\theta$。

当 $\omega_1 = 0$ 时，$N = 1/(RC)$，$\theta = 0$，所以 $|H(j0)| = 1$，$\varphi(j0) = 0$；当 $\omega_1 = 1/(RC)$ 时，$N = \sqrt{(1/(RC))^2 + (1/(RC))^2} = \sqrt{2}/(RC)$，$\theta = 45°$，所以 $|H(j\omega_1)| = 1/\sqrt{2} = 0.707$，$\varphi(j\omega_1) = -45°$；当 $\omega_1 \to \infty$ 时，$N \to \infty$，$\theta \to 90°$，所以 $|H(j\infty)| \to 0$，$\varphi(j\infty) \to -90°$。据此，可画出幅频特性曲线和相频特性曲线如图 15-10（b）、（c）所示。从幅频特性曲线可以看出，随着频率的升高，输出电压逐渐减小并最终趋于零，故这种电路具有低通滤波特性。

15.2.3 滤波器的频率特性

滤波器是一种常用的具有一个输入端口和一个输出端口的二端口网络，其功能是滤除（抑制）输入端口信号中的某些频率成分，而使另外一些频率成分顺利通过到达输出端口，这种具有选频功能的电路在工程上有广泛的应用。

根据滤波器的幅频特性，可将滤波器分为低通、高通、带通、带阻和全通 5 种类型。理论上有 5 种理想滤波器，它们的幅频特性分别如图 15-11（a）、（b）、（c）、（d）、（e）所示。在图 15-11（a）中，ω_c 称为低通滤波器的截止频率，它表明频率低于此值的信号可以原样通过滤波器，而频率高于此值的信号完全被滤除，$0 \sim \omega_c$ 称为低通滤波器的通带范围，$\omega_c \sim \infty$ 称为低通滤波器的阻带范围；在图 15-11（b）中，ω_c 称为高通滤波器的截止频率，它表明频率高于此值的信号可以无改变地通过滤波器，而频率低于此值的信号完全被滤除，$\omega_c \sim \infty$ 称为高通滤波器的通带范围，$0 \sim \omega_c$ 称为高通滤波器的阻带范围；在图 15-11（c）中，ω_{c1}、ω_{c2} 分别称为带通滤波器的通带下限截止频率和通带上限截止频率，表明频率处于 $\omega_{c1} \sim \omega_{c2}$ 范围内的信号可以无改变地通过滤波器，频率处于该范围以外的信号完全被滤除，$\Delta\omega = \omega_{c2} - \omega_{c1}$ 称为带通滤波器的通带宽度。在图 15-11（d）中，ω_{c1}、ω_{c2} 分别称为阻带滤波器的

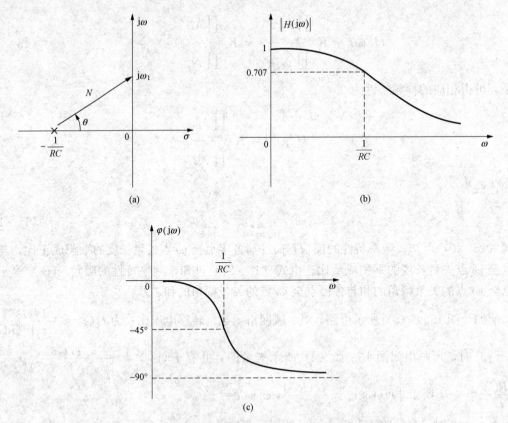

图 15-10　RC 电路的矢量图和频率特性曲线

(a) 由极点至 $j\omega_1$ 构成的矢量；(b) 幅频特性曲线；(c) 相频特性曲线

阻带下限截止频率和阻带上限截止频率，表明频率处于 $0 \sim \omega_{c1}$ 范围和频率处于 $\omega_{c2} \sim \infty$ 范围内的信号可以无改变地通过滤波器，频率处于 $\omega_{c1} \sim \omega_{c2}$ 范围内的信号完全被滤除，$\Delta\omega = \omega_{c2} - \omega_{c1}$ 称为阻带滤波器的阻带宽度。如图 15-11（e）所示是全通滤波器的幅频特性，这种滤波器不改变任何频率成分的幅度，允许所有频率信号通过，但对不同的信号在相位上产生不同的影响，全通滤波器在通信信号处理中有广泛的应用。

　　以上所示理想滤波器的幅频特性具有平坦和跳变的特点，在现实中是无法实现的，工程上可以实现的滤波器其幅频特性具有非平坦（全通滤波器除外）和渐变的特点。如图 15-8（a）所示电路就是一种可实现的低通滤波器，其幅频特性如图 15-10（b）所示，具有非平坦和渐变的特点。

　　从图 15-10（b）所示的幅频特性可以看出，当 $\omega_1 = 1/RC$ 时，$|H(j\omega_1)| = (1/\sqrt{2}) |H(j0)|$。所以，某一幅度的信号，当频率为零时可以无衰减通过，当频率为 $\omega_1 = 1/RC$ 时通过后幅度变为原来的 0.707，即功率变为原来的一半，因此 $\omega_1 = 1/RC$ 处对应的频率称为半功率点频率，用 ω_c 表示。从滤波的角度来看，由于大于 ω_c 的信号通过电路后功率小于原来的一半，衰减较大，工程上认为信号没能通过，所以将 ω_c 定义为截止频率。将 $0 \sim \omega_c$ 的这段频率范围称为通频带，即认为在此频率范围内的信号能够通过电路到达输出端。通频带宽度为

$$BW = \omega_c - 0 = \omega_c \tag{15-22}$$

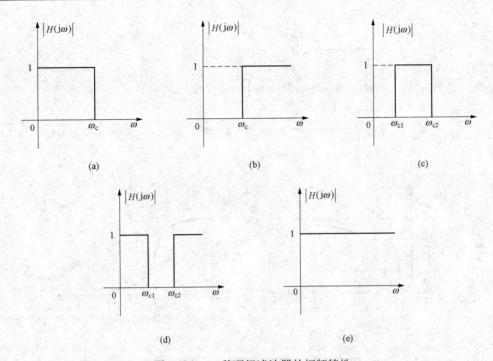

图 15 - 11　5 种理想滤波器的幅频特性

(a) 低通滤波器；(b) 高通滤波器；(c) 带通滤波器；(d) 带阻滤波器；(e) 全通滤波器

由于图 15 - 8（a）所示电路的截止频率 ω_c 只与电路参数 R、C 有关，所以改变 R、C 就可以改变电路的低通特性。在实际滤波器的设计过程时，要根据对截止频率的具体要求确定电路参数。

如果将图 15 - 8（a）电路中电阻两端的电压作为输出，该电路就是高通滤波电路，如图 15 - 12（a）所示，其网络函数为

$$H_U(\mathrm{j}\omega) = \frac{\dot{U}_2}{\dot{U}_1} = \frac{R\,\dot{I}}{\left(R - \mathrm{j}\frac{1}{\omega C}\right)\dot{I}} = \frac{\mathrm{j}\omega RC}{1 + \mathrm{j}\omega RC} = \frac{\omega RC}{\sqrt{1 + (\omega RC)^2}} \angle [90° - \arctan(\omega RC)]$$

$$(15 - 23)$$

幅频特性为

$$|H(\mathrm{j}\omega)| = \frac{\omega RC}{\sqrt{1 + (\omega RC)^2}} \tag{15 - 24}$$

相频特性为

$$\varphi(\mathrm{j}\omega) = 90° - \arctan(\omega RC) \tag{15 - 25}$$

根据幅频特性和相频特性的表达式可以画出它们的频率特性曲线，如图 15 - 12（b）、(c) 所示。

可仅用电感和电容构成滤波器，如图 15 - 13（a）所示为一个低通滤波器，图中电感 L 对高频电流有抑制作用，电容 C 对高频电流起分流作用，这样输出端中的高频电流分量就被大大削弱，而低频电流则能顺利通过。图 15 - 13（b）是一个高通滤波器，其中电容 C 对低频分量具有抑制作用，电感 L 对低频分量有分流作用，这样输出端中的低频电流分量就

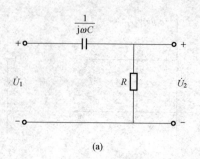

(a)

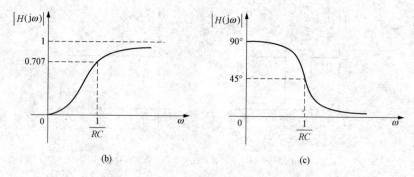

(b)　　　　　　　(c)

图 15 - 12　RC 高通滤波电路及其频率特性

（a）电路的相量模型；（b）幅频特性曲线；（c）相频特性曲线

很小。图 15 - 13（c）是一个带通滤波器，而图 15 - 13（d）则是一个带阻滤波器。

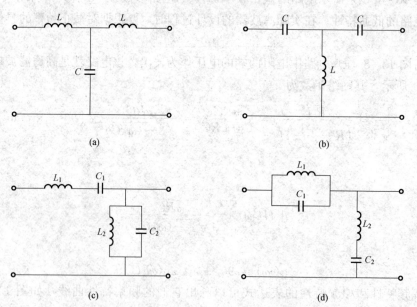

(a)　　　　　　　(b)

(c)　　　　　　　(d)

图 15 - 13　LC 元件构成的滤波电路

（a）低通滤波器；（b）高通滤波器；（c）带通滤波器；（d）带阻滤波器

13.3 节的［例 13 - 8］中给出了另一种结构的 LC 低通滤波电路，并通过计算结果，说明了滤波效果。

15.3　谐振电路的频率特性

谐振电路的频率特性包括电流、电压、阻抗等物理量随频率变化的关系，这些特性用曲线表示时称为谐振曲线。下面仅讨论 RLC 串联电路的频率特性，RLC 并联电路的谐振曲线根据电路的对偶性得出。

15.3.1　RLC 串联电路电流谐振曲线

为讨论方便，重画图 10 - 16 所示的 RLC 串联谐振电路如图 15 - 14 所示。

RLC 串联谐振电路电流有效值为

$$I(\omega) = \frac{U}{\sqrt{R^2 + \left(\omega L - \dfrac{1}{\omega C}\right)^2}} \quad (15 - 26)$$

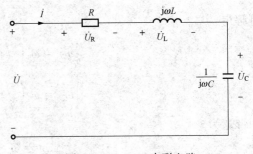

把谐振频率 $\omega_0 = \dfrac{1}{\sqrt{LC}}$ 和品质因数 $Q = \dfrac{\rho}{R} = \dfrac{\omega_0 L}{R}$

图 15 - 14　RLC 串联电路

$= \dfrac{1}{\omega_0 CR}$ 代入式（15 - 26）中，有

$$I(\omega) = \frac{U}{\sqrt{R^2 + \left(\omega L - \dfrac{1}{\omega C}\right)^2}} = \frac{U}{\sqrt{R^2 + \left(\dfrac{\omega \omega_0 L}{\omega_0} - \dfrac{\omega_0}{\omega \omega_0 C}\right)^2}}$$

$$= \frac{U}{\sqrt{R^2 + \rho^2\left(\dfrac{\omega}{\omega_0} - \dfrac{\omega_0}{\omega}\right)^2}} = \frac{U}{R\sqrt{1 + Q^2\left(\dfrac{\omega}{\omega_0} - \dfrac{\omega_0}{\omega}\right)^2}}$$

$$= \frac{I_0}{\sqrt{1 + Q^2\left(\dfrac{\omega}{\omega_0} - \dfrac{\omega_0}{\omega}\right)^2}} \qquad (15 - 27)$$

式中 $I_0 = \dfrac{U}{R}$ 为谐振电流，从而可得

$$\frac{I}{I_0} = \frac{1}{\sqrt{1 + Q^2(\omega/\omega_0 - \omega_0/\omega)^2}} = \frac{1}{\sqrt{1 + Q^2(\eta - 1/\eta)^2}} \qquad (15 - 28)$$

式中 $\eta = \omega/\omega_0$ 为频率比。式（15 - 28）表明了电流比 I/I_0 与频率比 $\eta = \omega/\omega_0$ 和品质因数 Q 的关系。

图 15 - 15 绘出了不同 Q 值时的电流谐振曲线，由于曲线的横坐标与纵坐标都是相对量，故其适用于一切串联谐振电路，因此称之为通用谐振曲线。由通用谐振曲线可知，电路谐振时，有 ω/ω_0 $= 1$ 且 $I/I_0 = 1$，电流达到最大值，这表明谐振电路对不同频率的信号具有选择性，这一特性在无线电技术中得到广泛

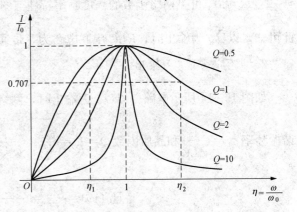

图 15 - 15　通用谐振曲线

应用。从谐振曲线图上还可以看出，Q 值越高，曲线越尖锐。这说明信号频率 ω 偏离谐振频率 ω_0 时，Q 值越高的电路，电路中电流的降低就越多，所以 Q 值越高，电路的选择性就越好。

$\dfrac{I}{I_0} = \dfrac{1}{\sqrt{2}} = 0.707$ 所对应的两个频率 $\omega_2 = \eta_2 \omega_0$ 和 $\omega_1 = \eta_1 \omega_0$ 决定了谐振电路的通频带。由

通用谐振曲线表达式可知，当 $\dfrac{I}{I_0} = \dfrac{1}{\sqrt{2}}$ 时，$\dfrac{\omega}{\omega_0} - \dfrac{\omega_0}{\omega} = \pm \dfrac{1}{Q}$。令 $\dfrac{\omega_1}{\omega_0} - \dfrac{\omega_0}{\omega_1} = -\dfrac{1}{Q}$，$\dfrac{\omega_2}{\omega_0} - \dfrac{\omega_0}{\omega_2} = \dfrac{1}{Q}$，

可解得

$$
\begin{cases}
\omega_1 = \omega_0 \left(\sqrt{1 + \left(\dfrac{1}{2Q}\right)^2} - \dfrac{1}{2Q} \right) \\
\omega_2 = \omega_0 \left(\sqrt{1 + \left(\dfrac{1}{2Q}\right)^2} + \dfrac{1}{2Q} \right)
\end{cases}
\tag{15-29}
$$

则带宽为

$$
\Delta \omega = \omega_2 - \omega_1 = \omega_0 / Q
\tag{15-30}
$$

或

$$
\eta_2 - \eta_1 = 1/Q
\tag{15-31}
$$

由上述讨论可见，带宽与电路的品质因数 Q 成反比，即 Q 值越高，通频带越窄，选择性越好。在实际中，并非谐振电路的通频带越窄越好，而是应具有合适的宽度，因为需要通过谐振电路的信号一般不会是单频信号，而会占有一定带宽，谐振电路必须有一定的带宽，才能较完整地接受输入信号。应该指出的是，以上对串联谐振电路的分析，是基于理想电压源做出的。如果信号源的内阻不能忽略，则当它接入 RLC 串联电路后，将增大电路的总电阻，从而降低电路的品质因数和选择性，所以串联谐振电路适宜连接低内阻的信号源。对高内阻的信号源，选频时宜采用并联谐振电路。

15.3.2　RLC 串联电路电压谐振曲线

1. 电阻电压 $\dot{U}_R$ 为输出

如图 15-14 所示电路，以 $\dot{U}_R$ 为输出时，网络函数（转移电压比）$H_R(j\omega) = \dfrac{\dot{U}_R}{\dot{U}} = \dfrac{\dot{I}R}{\dot{I}_0 R}$

$= \dfrac{I}{I_0} \angle \varphi_R(j\omega)$，可见网络函数的幅度频率特性与图 15-15 所示的通用谐振曲线完全相同。由

此可知，以 $\dot{U}_R$ 为输出时，RLC 串联电路为一带通滤波电路。

2. 电容电压 $\dot{U}_C$ 为输出

如图 15-14 所示电路，以 $\dot{U}_C$ 为输出时，网络函数（转移电压比）为 $H_C(j\omega) = \dfrac{\dot{U}_C}{\dot{U}}$，把

谐振频率 $\omega_0 = \dfrac{1}{\sqrt{LC}}$ 和品质因数 $Q = \dfrac{\rho}{R} = \dfrac{\omega_0 L}{R} = \dfrac{1}{\omega_0 CR}$ 带入 $H_C(j\omega)$ 中，则有

$$
H_C(j\omega) = \dfrac{\dot{U}_C}{\dot{U}} = \dfrac{\dfrac{1}{j\omega C}}{R + j\left(\omega L - \dfrac{1}{\omega C}\right)}
$$

$$= \frac{1}{(1 - \omega^2 LC) + j\omega CR} = \frac{1}{\left[1 - \left(\dfrac{\omega}{\omega_0}\right)^2\right] + j\,\dfrac{1}{Q}\left(\dfrac{\omega}{\omega_0}\right)} \tag{15-32}$$

网络函数的幅度频率特性和相位频率特性分别为

$$|H_C(j\omega)| = \frac{1}{\sqrt{\left[1 - \left(\dfrac{\omega}{\omega_0}\right)^2\right]^2 + \dfrac{1}{Q^2}\left(\dfrac{\omega}{\omega_0}\right)^2}} \tag{15-33}$$

$$\varphi_C(j\omega) = -\arctan\left[\frac{1}{Q(\omega_0/\omega - \omega/\omega_0)}\right] \tag{15-34}$$

当 $\omega/\omega_0 = 0$ 时，$|H_C(j\omega)| = 1$，$\varphi_C(j\omega) = 0$；当 $\omega/\omega_0 = 1$ 时，$|H_C(j\omega)| = Q$，$\varphi_C(j\omega) = -90°$；当 $\omega/\omega_0 \to \infty$ 时，$|H_C(j\omega)| = 0$，$\varphi_C(j\omega) = -180°$，可见对应电路为一低通滤波电路。设品质因数 Q 分别等于 2、1、0.7，可画出幅度频率特性和相位频率特性曲线如图 15-16 所示。从图中可知，对应不同的 Q 值，$|H_C(j\omega)|$ 曲线有的有峰值，有的没有峰值。由 $\dfrac{\mathrm{d}|H_C(j\omega)|}{\mathrm{d}\omega} = 0$ 可求得 $|H_C(j\omega)|$ 峰值出现的频率为 $\omega_C = \omega_0\sqrt{1 - \dfrac{1}{2Q^2}}$，可见 $Q > \dfrac{1}{\sqrt{2}}$ 才能有峰值出现，并且峰值出现的频率低于谐振频率。

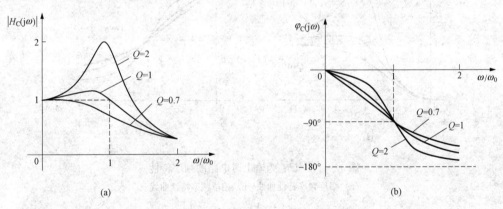

图 15-16　$\dot{U}_C$ 为输出时电路的频率特性

（a）幅度频率特性曲线；（b）相位频率特性曲线

由图 15-16（a）可知，以 $\dot{U}_C$ 为输出，Q 较小时，无峰值出现时，RLC 串联电路为一低通滤波电路；Q 较大时，有峰值出现时，RLC 串联电路为具有电压放大作用的选频电路。

3. 电感电压 $\dot{U}_L$ 为输出

如图 15-14 所示电路，以 $\dot{U}_L$ 为输出时，则网络函数（转移电压比）为

$$H_L(j\omega) = \frac{\dot{U}_L}{\dot{U}} = \frac{j\omega L}{R + j\left(\omega L - \dfrac{1}{\omega C}\right)}$$

$$= \frac{1}{\left(1 - \dfrac{1}{\omega^2 LC}\right) + j\,\dfrac{R}{\omega L}} = \frac{1}{\left[1 - \left(\dfrac{\omega_0}{\omega}\right)^2\right] + j\,\dfrac{1}{Q}\left(\dfrac{\omega_0}{\omega}\right)} \tag{15-35}$$

幅度频率特性和相位频率特性分别为

$$|H_{\rm L}({\rm j}\omega)| = \frac{1}{\sqrt{\left[1-\left(\frac{\omega_0}{\omega}\right)^2\right]^2 + \frac{1}{Q^2}\left(\frac{\omega_0}{\omega}\right)^2}} \qquad (15-36)$$

$$\varphi_{\rm L}({\rm j}\omega) = -\arctan\left[\frac{1}{Q\left(\frac{\omega}{\omega_0}-\frac{\omega_0}{\omega}\right)}\right] \qquad (15-37)$$

当 $\omega/\omega_0=0$ 时，$|H_{\rm L}({\rm j}\omega)|=0$，$\varphi_{\rm L}({\rm j}\omega)=180°$；当 $\omega/\omega_0=1$ 时，$|H_{\rm L}({\rm j}\omega)|=Q$，$\varphi_{\rm L}({\rm j}\omega)=90°$；当 $\omega/\omega_0\to\infty$ 时，$|H_{\rm L}({\rm j}\omega)|=1$，$\varphi_{\rm L}({\rm j}\omega)=0$，可见对应电路为一高通滤波电路。设品质因数 Q 分别等于 2、1、0.7，可画出幅度频率特性和相位频率特性曲线如图 15-17 所示。从图中可知，对应不同的 Q 值，$|H_{\rm L}({\rm j}\omega)|$ 曲线有的有峰值，有的没有峰值。由 $\frac{{\rm d}|H_{\rm L}({\rm j}\omega)|}{{\rm d}\omega}=0$ 可求得 $|H_{\rm L}({\rm j}\omega)|$ 峰值出现的频率为 $\omega_{\rm L}=\dfrac{\omega_0}{\sqrt{1-1/(2Q^2)}}$，可见 $Q>\dfrac{1}{\sqrt{2}}$ 才能有峰值出现，并且峰值出现的频率高于谐振频率。

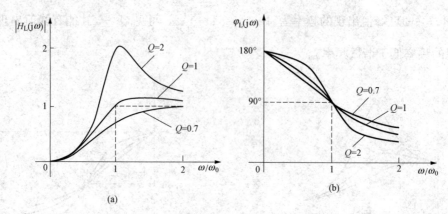

图 15-17　$\dot{U}_{\rm L}$ 为输出时电路的频率特性

(a) 幅度频率特性曲线　(b) 相位频率特性曲线

由图 15-17 (a) 可知，以 $\dot{U}_{\rm L}$ 为输出，Q 较小时，无峰值出现时，RLC 串联电路为一高通滤波电路；Q 较大时，有峰值出现时，RLC 串联电路为具有电压放大作用的选频电路。

【例 15-4】　如图 15-18 (a) 所示为一调谐电路的示意图，选频回路的等效模型如图 15-18 (b) 所示，C 为可调电容，$R=2\Omega$，$L=5\mu{\rm H}$。欲用该电路接收载波频率为 10MHz、电压有效值为 $U=0.15{\rm mV}$ 的信号，试求：

(1) 可调电容 C 的值、电路的 Q 值和谐振时电流 I_0；

(2) 当激励电压幅度不变而载波频率增加 10% 时，电路电流 I 及电容电压 $U_{\rm C}$ 变为多少？

解　(1) 电路对频率为 10MHz 的信号发生谐振可收到该信号，则可调电容的值应为

$$C_0 = \frac{1}{\omega_0^2 L} = \frac{1}{(2\pi\times10\times10^6)^2\times5\times10^{-6}} = 50.7({\rm pF})$$

电路的 Q 值为

$$Q = \frac{\rho}{R} = \frac{1}{R}\sqrt{\frac{L}{C}} = \frac{1}{2}\sqrt{\frac{5\times10^{-6}}{50.7\times10^{-12}}} = 157$$

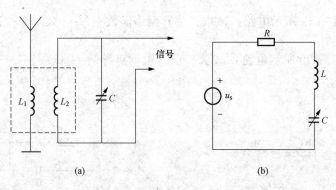

图 15 - 18　[例 15 - 4] 图

(a) 谐调电路；(b) 选频回路的等频模型

谐振电流为

$$I_0 = \frac{U}{R} = \frac{0.15 \times 10^{-3}}{2} = 0.075 \text{mA} = 75(\mu\text{A})$$

电容电压为

$$U_{0C} = QU = 157 \times 0.15 = 23.55(\text{mV})$$

（2）载波频率增加 10%，即 $f = (1+10\%)f_0 = (1+10\%) \times 10 = 11(\text{MHz})$，则电容电抗为

$$X_C = \frac{1}{2\pi f C_0} = \frac{1}{2\pi \times 11 \times 10^6 \times 50.7 \times 10^{-12}} = 285.5(\Omega)$$

电感电抗为

$$X_L = 2\pi f L = 2\pi \times 11 \times 10^6 \times 5 \times 10^{-6} = 345.4(\Omega)$$

RLC 串联阻抗为

$$|Z| = \sqrt{R^2 + (X_L - X_C)^2} = \sqrt{2^2 + (345.4 - 285.5)^2} = 59.93(\Omega)$$

电流为

$$I = \frac{U}{|Z|} = \frac{0.5 \times 10^{-3}}{59.93} = 2.5(\mu\text{A})$$

电容电压为

$$U_C = IX_C = 2.5 \times 10^{-6} \times 285.5 = 0.714(\text{mV})$$

谐振时，电容电压对输入电压的放大倍数为 $23.55/0.15 = 157$，电路对输入电压能有效放大；频率较谐振频率增加 10% 时，电容电压对输入电压的放大倍数为 $0.714/0.15 = 2.86$，电路对输入电压放大作用已不明显。这一结果表明，相对于谐振频率而言，较小的频率偏移就会造成电容电压急剧减少，说明该接收电路的选择性较好。品质因数 $Q = 157$ 也说明了这一情况。

习　　题

15 - 1　已知电路的输入 $e(t) = 5\text{e}^{-2t}\text{V}$，零状态响应 $r(t) = (5\text{e}^{-t} - \text{e}^{-2t})\varepsilon(t)\text{V}$，试求对应的网络函数，并求输入为 $e(t) = 2\sin 2t\text{V}$ 时，电路的零状态响应 $r(t)$。

15-2 如图 15-19 所示电路，试求：(1) 网络函数 $\dfrac{U(s)}{U_s(s)}$；(2) 单位冲激响应 $h(t)$。

15-3 如图 15-20 所示电路，试求：(1) 策动点导纳 $H_1(s) = \dfrac{I_1(s)}{U_1(s)}$；(2) 转移导纳 $H_2(s) = \dfrac{I_2(s)}{U_1(s)}$。

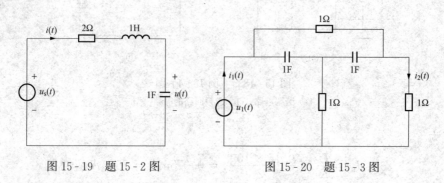

图 15-19 题 15-2 图   图 15-20 题 15-3 图

15-4 如图 15-21 所示电路，$R_1 = 10\Omega$，$R_2 = 1\Omega$，$R_3 = 3\Omega$，$L = 1\mathrm{H}$，$C = \dfrac{1}{2}\mathrm{F}$。求网络函数 $H(s) = \dfrac{I_2(s)}{U_1(s)}$。

15-5 如图 15-22 所示电路，N 为不含独立源且储能元件初始储能为零的双口网络，已知 $u_o(t)$ 的单位阶跃响应为 $u_o(t) = (2.5 - \mathrm{e}^{-t} - 1.5\mathrm{e}^{-2t})\varepsilon(t)\mathrm{V}$，求电路的网络函数，并求当 $i_s(t) = (40\sqrt{2}\sin 2t)\varepsilon(t)\mathrm{A}$ 时，$u_o(t)$ 的稳态响应。

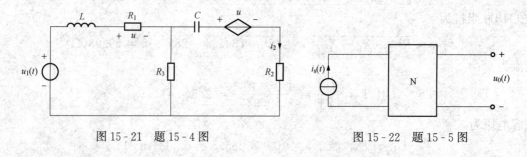

图 15-21 题 15-4 图   图 15-22 题 15-5 图

15-6 已知零状态网络的转移阻抗 $Z(s)$ 的零极点分布如图 15-23 所示，求 $Z(s)$ 的表达式。

15-7 如图 15-24 所示电路，试求：(1) 网络函数 $H(s) = \dfrac{U_o(s)}{U_s(s)}$；(2) 绘出 $H(s)$ 的零、极点图。

15-8 某电路的网络函数 $H(s) = \dfrac{U_2(s)}{U_1(s)}$ 的零、极点分布如图 15-25 所示，且已知 $|H(\mathrm{j}2)| = 3.29$，$0° < \arg H(\mathrm{j}\omega) < 90°$，试求：(1) $H(s)$；(2) 当输入 $U_1(t) = (1 + \sin 4t)\mathrm{V}$ 时的稳态响应 $u_2(t)$。

15-9 如图 15-26 所示，电路中 N 为线性无独立源网络，该网络的网络函数 $H(s) =$

$\dfrac{U_2(s)}{U_1(s)} = \dfrac{1}{(s+2)(s+3)}$，若 $u_2(0_+) = 0$，$\dfrac{\mathrm{d}u_2(t)}{\mathrm{d}t}\Big|_{t=0_+} = 1$，求 $u_1(t) = (1+\sin2t)\varepsilon(t)\mathrm{V}$ 时的全响应 $u_2(t)$。

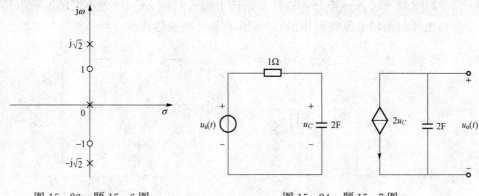

图 15 - 23　题 15 - 6 图　　　　　　　图 15 - 24　题 15 - 7 图

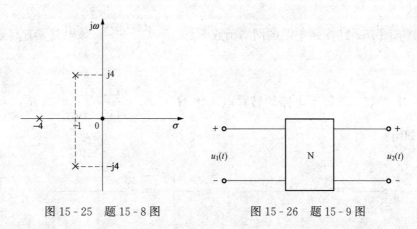

图 15 - 25　题 15 - 8 图　　　　　　　图 15 - 26　题 15 - 9 图

15 - 10　如图 15 - 27 所示，电路是由电阻 R 与电感 L 串联组成的，如果以 $\dot{U}_1$ 为输入相量，$\dot{U}_2$ 为输出相量，试求电路的频率特性、截止频率，并判断电路的性质，大致画出幅频特性曲线。

15 - 11　求图 15 - 28 所示电路的网络函数 $H(\mathrm{j}\omega) = \dfrac{\dot{U}_R(\mathrm{j}\omega)}{\dot{U}(\mathrm{j}\omega)}$ 及其截止频率，并指出通带范围。

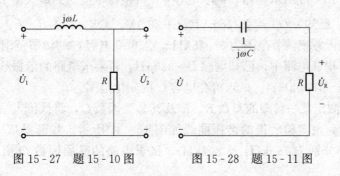

图 15 - 27　题 15 - 10 图　　　　　　　图 15 - 28　题 15 - 11 图

15-12 如图 15-29 所示电路，已知 $R_1 = R_2 = 1\Omega$，求网络函数 $H(s) = \dfrac{U_2(s)}{U_1(s)}$，并定性画出幅频特性和相频特性图形。

15-13 如图 15-30 所示电路，在什么条件下输入阻抗 $Z(j\omega)$ 为不变的实数（即在任何频率下端口电压与端口电流波形相似），求出 $Z(j\omega)$ 的表达式。

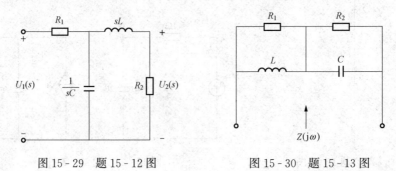

图 15-29 题 15-12 图　　　　图 15-30 题 15-13 图

15-14 求图 15-31 所示电路的网络函数 $H(j\omega) = \dfrac{\dot{U}_2(j\omega)}{\dot{U}_1(j\omega)}$，该电路具有高通特性还是低通特性？

15-15 求图 15-32 所示电路的转移电压比 $H(j\omega) = \dfrac{\dot{U}_2(j\omega)}{\dot{U}_1(j\omega)}$，当 $R_1C_1 = R_2C_2$ 时，此电路特性如何？

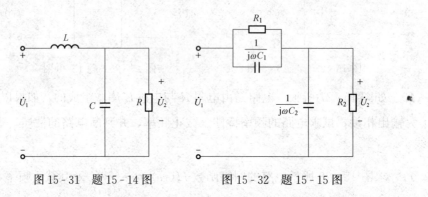

图 15-31 题 15-14 图　　　　图 15-32 题 15-15 图

15-16 如图 15-33 所示电路，调节电容 C，可使得电流达到最大值 $I_{max} = 0.5A$，电感两端电压为 200V。已知 $u_s(t) = 2\sqrt{2}\cos(10^4 t + 20°)$V。试求：(1) R、L、C 和品质因数 Q；(2) 若使电路的谐振频率调节范围为 $6\sim15$kHz，求可变电容 C 的调节范围。

15-17 RLC 串联电路中，已知电感 $L = 320\mu$H，若要求电路的谐振频率覆盖无线电广播中波频率（550k$\sim$1600kHz）。试求可变电容 C 的变化范围。

15-18 为了测定某一线圈的参数 R、L 及其品质因数 Q，将线圈与一个 $C = 199$pF 的电容串联进行实验，由实验所得的谐振曲线如图 15-34 所示。其谐振频率 f_0 为 800kHz，通频带的边界频率分别为 796kHz 及 804kHz，试求电路的品质因数 Q 值、线圈的电感及电阻。

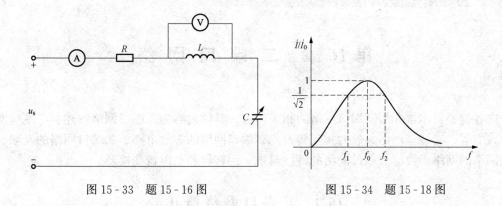

图 15-33　题 15-16 图　　　　　　　图 15-34　题 15-18 图

15-19　试证明图 15-35 所示电路的 $H_R(j\omega) = \dfrac{\dot{I}_R(j\omega)}{\dot{I}_s(j\omega)}$ 是一带通函数。若要求其谐振频率 $f_0 = 1\text{MHz}$，带宽 $\Delta f = 10\text{kHz}$，且 $R = 10\text{k}\Omega$，试求 L 和 C。

15-20　如图 15-36 所示谐振电路，已知谐振回路本身的 $Q_0 = 40$，信号源内阻 $R_i = 40\text{k}\Omega$，$C = 100\text{pF}$，$L = 100\mu\text{H}$，试求：（1）谐振频率 f_0 及电路通频带；（2）当接上负载 $R_L = 40\text{k}\Omega$ 时，电路通频带有何变化？

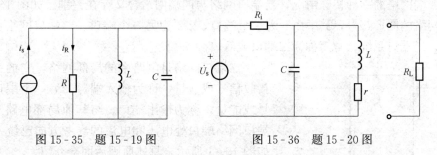

图 15-35　题 15-19 图　　　　　图 15-36　题 15-20 图

第16章 二端口网络

内容提要：本章介绍二端口网络的相关内容。具体内容为二端口网络概述、二端口网络的约束方程、二端口网络参数的相互转换、二端口网络的等效电路、二端口网络的互联、二端口网络的网络函数、二端口网络的特性阻抗、回转器和负阻抗变换器。

16.1 二端口网络概述

有两个引出端子的网络称为二端网络，有三个引出端子的网络称为三端网络，有四个引出端子的网络称为四端网络，类似地，可定义 n 端网络。

若一个网络的两个端子在任意时刻 t，从一个端子流入的电流恒等于从另一个端子流出的电流，这两个端子合称为端口。四端网络当某二个端子符合端口定义时，根据 KCL 可知，另两个端子也一定符合端口定义，此时四端网络为二端口网络，也称为双口网络。可见二端口网络是四端网络的一种特殊情况，二端口网络与四端网络含义存在差别。如图 16 - 1 所示是二端口网络的图形符号，其中 1-1′ 为一个端口，2-2′ 为另一个端口。二端口网络也称为二端口电路、二端口系统，常简称为二端口或双口。

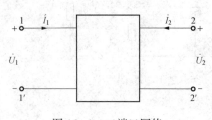

二端口网络是电路中的局部网络，它的一个端口接收信号或能量，称为输入端口，另一个端口输出信号或能量，称为输出端口。与其他局部电路不同，二端口网络端口处电压和电流的参考方向已统一约定为如图 16 - 1 所示，具体原因后面会介绍。

图 16 - 1　二端口网络

二端口网络是一种常见的网络，在工程中有广泛的应用。例如，许多实际电路器件如晶体管、变压器等，它们的电路模型都可用二端口网络表示。又例如，信号处理中常用的放大器和滤波器，还有电力系统中的输电线，它们都有一个信号（能量）输入端口和一个信号（能量）输出端口，也都是二端口网络。另外，当仅讨论网络中某一特定激励与某一特定响应的关系时，若把激励所在的支路和响应所在的支路从网络中抽出，则剩下的网络显然也构成一个二端口网络。

本章所讨论的二端口网络限定由线性电阻、线性电容、线性电感（包括耦合电感）和线性受控源组成，不包含任何独立电源，并规定用拉氏变换进行分析时附加电源为零，也即电容、电感初始状态为零。

16.2 二端口网络的约束方程

二端口网络的端口上共有 4 个变量，即输入端口变量 $\dot{U}_1$、$\dot{I}_1$ 和输出端口变量 $\dot{U}_2$、$\dot{I}_2$。二端口网络的特性就是由这 4 个变量之间的约束关系描述的。如果取四个变量中的任意两个为自变量,余下两个为因变量,则有 6 种不同的组合方式（$C_4^2 = 6$）,从而可形成 6 种不同的参数方程。本书仅讨论 4 种参数方程及其对应的参数 Z、Y、H、$T(A)$。

前面曾经提到过二端口网络端口电压和电流的参考方向是约定好的,不可随意改变,原因是如果变量的参考方向可以改变,则参数方程就会改变。为了使参数方程的形式普遍化,人们预先约定二端口网络端口电压和电流的参考方向如图 16 - 1 中所示,并且一般不予改变。

16.2.1　Z 参数方程

如图 16 - 1 所示二端口网络,选电流 $\dot{I}_1$、$\dot{I}_2$ 为自变量,$\dot{U}_1$、$\dot{U}_2$ 为因变量,将 $\dot{I}_1$、$\dot{I}_2$ 用两个电流源表示,如图 16 - 2 所示。

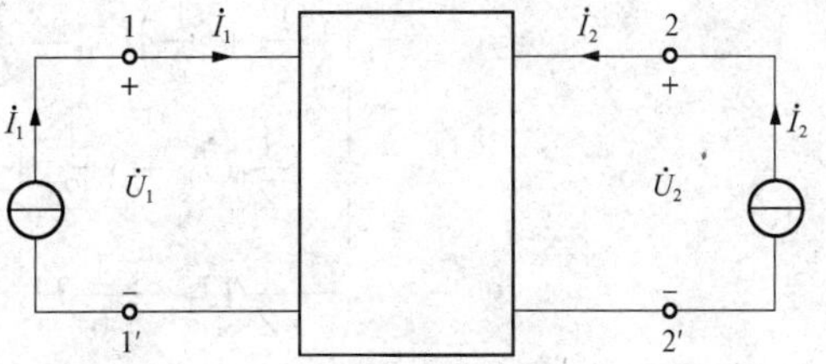

对图 16 - 2 所示电路,由叠加定理可得

$$\begin{cases} \dot{U}_1 = Z_{11}\dot{I}_1 + Z_{12}\dot{I}_2 \\ \dot{U}_2 = Z_{21}\dot{I}_1 + Z_{22}\dot{I}_2 \end{cases} \tag{16 - 1}$$

式（16 - 1）中,各系数的定义式及意义（名

图 16 - 2　两个电流源激励下的二端口网络

称）:$Z_{11} = \dfrac{\dot{U}_1}{\dot{I}_1}\Big|_{\dot{I}_2=0}$ 为端口 2 开路时端口 1 的输

入阻抗（策动点阻抗）;$Z_{21} = \dfrac{\dot{U}_2}{\dot{I}_1}\Big|_{\dot{I}_2=0}$ 为端口 2 开路时从端口 1 到端口 2 的传输阻抗;$Z_{12} = \dfrac{\dot{U}_1}{\dot{I}_2}\Big|_{\dot{I}_1=0}$ 为端口 1 开路时从端口 2 到端口 1 的传输阻抗;$Z_{22} = \dfrac{\dot{U}_2}{\dot{I}_2}\Big|_{\dot{I}_1=0}$ 为端口 1 开路时端口 2 的输入阻抗（策动点阻抗）。

式（16 - 1）为二端口网络的 Z 参数方程,其矩阵形式为

$$\begin{bmatrix} \dot{U}_1 \\ \dot{U}_2 \end{bmatrix} = \begin{bmatrix} Z_{11} & Z_{12} \\ Z_{21} & Z_{22} \end{bmatrix} \begin{bmatrix} \dot{I}_1 \\ \dot{I}_2 \end{bmatrix} = \mathbf{Z} \begin{bmatrix} \dot{I}_1 \\ \dot{I}_2 \end{bmatrix} \tag{16 - 2}$$

式（16 - 2）中,$\mathbf{Z} = \begin{bmatrix} Z_{11} & Z_{12} \\ Z_{21} & Z_{22} \end{bmatrix}$ 称为 $\mathbf{Z}$ 参数矩阵。由于 $\mathbf{Z}$ 参数矩阵中的四个元素均为阻抗,且定义式都与端口开路有关,故 $\mathbf{Z}$ 参数矩阵也称为开路阻抗矩阵,式（16 - 1）也称为开路阻抗参数方程。

若二端口网络中无受控源,则为互易网络,根据互易定理形式 2 和 Z_{12}、Z_{21} 的定义知,有 $Z_{12} = Z_{21}$,所以互易二端口网络的 Z 参数中,只有三个是独立的,且 $\mathbf{Z}$ 参数矩阵为对称矩阵。当二端口网络中有受控源时,网络通常不是互易的,这时,$\mathbf{Z}$ 参数中的 4 个参数均独立,$\mathbf{Z}$ 参数矩阵不是对称矩阵。

若二端口网络除有 $Z_{12} = Z_{21}$ 并同时有 $Z_{11} = Z_{22}$ 成立,则称为对称二端口网络,这表明对称二端口网络的 Z_{11}、Z_{12}、Z_{21}、Z_{22} 4 个参数中,只有两个参数是独立的。

对给定电路,求 Z 参数的方法一般可根据定义进行,有时也可通过直接列方程并整理方程为式（16 - 1）的形式求得。

【例 16 - 1】　求解图 16 - 3 所示电路的 Z 参数。

解　方法 1　根据定义求解

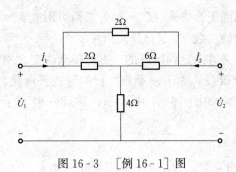

图 16-3 [例 16-1] 图

根据 Z 参数定义，由原电路可以求出

$$Z_{11} = \frac{\dot{U}_1}{\dot{I}_1} \Big|_{\dot{I}_2=0} = (2+6)//2+4 = 5.6(\Omega)$$

$$Z_{22} = \frac{\dot{U}_2}{\dot{I}_2} \Big|_{\dot{I}_1=0} = (2+2)//6+4 = 6.4(\Omega)$$

为了求出 Z_{12}、Z_{21}，构造如图 16-4 所示电路。

针对图 16-4 （a）所示电路，可列出如下节点电压方程

$$\begin{cases} \left(\dfrac{1}{2}+\dfrac{1}{2}\right)\dot{U}_1 - \dfrac{1}{2}\dot{U}_2 - \dfrac{1}{2}\dot{U}_3 = \dot{I}_1 \\[2mm] -\dfrac{1}{2}\dot{U}_1 + \left(\dfrac{1}{2}+\dfrac{1}{6}\right)\dot{U}_2 - \dfrac{1}{6}\dot{U}_3 = 0 \\[2mm] -\dfrac{1}{2}\dot{U}_1 - \dfrac{1}{6}\dot{U}_2 + \left(\dfrac{1}{2}+\dfrac{1}{4}+\dfrac{1}{6}\right)\dot{U}_3 = 0 \end{cases}$$

可解出 $\dot{U}_2 = 5.2\dot{I}_1$，所以

$$Z_{21} = \frac{\dot{U}_2}{\dot{I}_1} \Big|_{\dot{I}_2=0} = 5.2(\Omega)$$

针对图 16-4 （b）所示电路，可列出如下节点电压方程

$$\begin{cases} \left(\dfrac{1}{2}+\dfrac{1}{2}\right)\dot{U}_1 - \dfrac{1}{2}\dot{U}_2 - \dfrac{1}{2}\dot{U}_3 = 0 \\[2mm] -\dfrac{1}{2}\dot{U}_1 + \left(\dfrac{1}{2}+\dfrac{1}{6}\right)\dot{U}_2 - \dfrac{1}{6}\dot{U}_3 = \dot{I}_2 \\[2mm] -\dfrac{1}{2}\dot{U}_1 - \dfrac{1}{6}\dot{U}_2 + \left(\dfrac{1}{2}+\dfrac{1}{4}+\dfrac{1}{6}\right)\dot{U}_3 = 0 \end{cases}$$

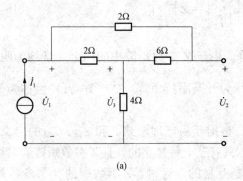
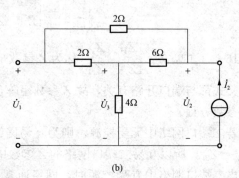

(a)　　　　　　　　　　　　　(b)

图 16-4 求解 [例 16-1] 用图一

(a) 求 Z_{21} 构造的电路；(b) 求 Z_{12} 构造的电路

可解出 $\dot{U}_1 = 5.2\dot{I}_2$，所以

$$Z_{12} = \frac{\dot{U}_1}{\dot{I}_2} \Big|_{\dot{I}_1=0} = 5.2(\Omega)$$

所以，电路的 $\mathbf{Z}$ 参数矩阵为

$$\boldsymbol{Z} = \begin{bmatrix} Z_{11} & Z_{12} \\ Z_{21} & Z_{22} \end{bmatrix} = \begin{bmatrix} 5.6 & 5.2 \\ 5.2 & 6.4 \end{bmatrix} (\Omega)$$

方法 2 直接列方程求解

构造如图 16-5 所示电路，可列出回路电流方程如下

$$\begin{cases} \dot{U}_1 = (2+4)\dot{I}_1 + 4\dot{I}_2 + 2\dot{I}_3 \\ \dot{U}_2 = 4\dot{I}_1 + (6+4)\dot{I}_2 - 6\dot{I}_3 \\ 0 = 2\dot{I}_1 - 6\dot{I}_2 + (2+2+6)\dot{I}_3 \end{cases}$$

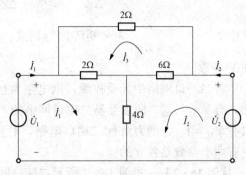

消去以上方程中的 $\dot{I}_3$，并整理得

$$\begin{cases} \dot{U}_1 = 5.6\dot{I}_1 + 5.2\dot{I}_2 \\ \dot{U}_2 = 5.2\dot{I}_1 + 6.4\dot{I}_2 \end{cases}$$

图 16-5 求解 [例 16-1] 用图二

由此可得 $\boldsymbol{Z}$ 参数矩阵。

本题电路中无受控源，为互易二端口网络，计算结果表明，$Z_{12} = Z_{21}$，与前面分析结果一致。

16.2.2 Y 参数方程

在图 16-1 中，选 $\dot{U}_1$、$\dot{U}_2$ 为自变量，$\dot{I}_1$、$\dot{I}_2$ 为因变量。将 $\dot{U}_1$、$\dot{U}_2$ 用两个电压源表示，如图 16-6 所示。

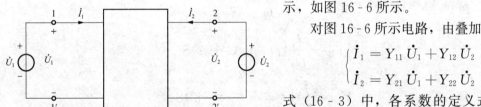

对图 16-6 所示电路，由叠加定理可得

$$\begin{cases} \dot{I}_1 = Y_{11}\dot{U}_1 + Y_{12}\dot{U}_2 \\ \dot{I}_2 = Y_{21}\dot{U}_1 + Y_{22}\dot{U}_2 \end{cases} \quad (16-3)$$

式（16-3）中，各系数的定义式及意义

图 16-6 两个电压源激励下的双口网络 （名称）：$Y_{11} = \dfrac{\dot{I}_1}{\dot{U}_1}\Big|_{\dot{U}_2=0}$ 为端口 2 短路时端

口 1 的输入导纳（策动点导纳）；$Y_{21} = \dfrac{\dot{I}_2}{\dot{U}_1}\Big|_{\dot{U}_2=0}$ 为端口 2 短路时从端口 1 到端口 2 的传输导纳；

$Y_{12} = \dfrac{\dot{I}_1}{\dot{U}_2}\Big|_{\dot{U}_1=0}$ 为端口 1 短路时从端口 2 到端口 1 的传输导纳；$Y_{22} = \dfrac{\dot{I}_2}{\dot{U}_2}\Big|_{\dot{U}_1=0}$ 为端口 1 短路时端口 2 的输入导纳（策动点导纳）。

式（16-3）称为二端口的 Y 参数方程，其矩阵形式为

$$\begin{bmatrix} \dot{I}_1 \\ \dot{I}_2 \end{bmatrix} = \begin{bmatrix} Y_{11} & Y_{12} \\ Y_{21} & Y_{22} \end{bmatrix} \begin{bmatrix} \dot{U}_1 \\ \dot{U}_2 \end{bmatrix} = \boldsymbol{Y} \begin{bmatrix} \dot{U}_1 \\ \dot{U}_2 \end{bmatrix} \quad (16-4)$$

式（16-4）中，$\boldsymbol{Y} = \begin{bmatrix} Y_{11} & Y_{12} \\ Y_{21} & Y_{22} \end{bmatrix}$ 称为 Y 参数矩阵。由于 Y 参数矩阵中的四个元素均为导纳，且定义式都与端口短路有关，故 Y 矩阵也称为短路导纳矩阵，式（16-3）也称为短路导纳参数方程。

比较式（16-4）与（16-2），很容易得出 Z 参数矩阵与 Y 参数矩阵的关系为 $\boldsymbol{Y} = \boldsymbol{Z}^{-1}$ 或

$Z=Y^{-1}$。若 Z 参数已求出，可根据 Y 与 Z 的关系求出 Y，反之亦然。要注意，二端口网络的某些参数方程可能不存在，如由 Z 参数求 Y 参数涉及如下运算

$$Y_{11} = \frac{Z_{22}}{\Delta Z}, \quad Y_{12} = \frac{-Z_{12}}{\Delta Z}, \quad Y_{21} = \frac{-Z_{21}}{\Delta Z}, \quad Y_{22} = \frac{Z_{11}}{\Delta Z}$$

式中 $\Delta Z = \begin{vmatrix} Z_{11} & Z_{12} \\ Z_{21} & Z_{22} \end{vmatrix}$ 为 Z 矩阵的行列式。若某一网络 $\Delta Z = \begin{vmatrix} Z_{11} & Z_{12} \\ Z_{21} & Z_{22} \end{vmatrix} = 0$，则该网络不存在 Y 参数。

若二端口网络中无受控源，则电路为互易网络，根据互易定理形式 1 和 Y_{12}、Y_{21} 的定义知，有 $Y_{12} = Y_{21}$，所以互易二端口网络的 4 个参数中只有 3 个是独立的。若有 $Y_{12} = Y_{21}$ 并同时有 $Y_{11} = Y_{22}$，则为对称二端口电路，对称二端口电路的 Y_{11}、Y_{12}、Y_{21}、Y_{22} 4 个参数中，只有两个参数是独立的。

【例 16-2】 求图 16-7 所示二端口网络的 Y 参数和 Z 参数。

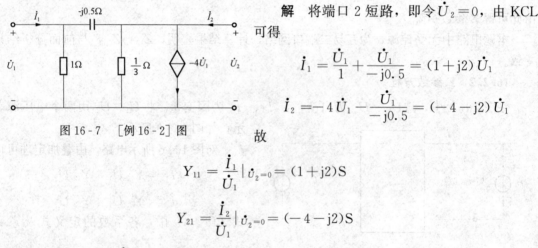

图 16-7　[例 16-2] 图

解 将端口 2 短路，即令 $\dot{U}_2 = 0$，由 KCL 可得

$$\dot{I}_1 = \frac{\dot{U}_1}{1} + \frac{\dot{U}_1}{-j0.5} = (1+j2)\dot{U}_1$$

$$\dot{I}_2 = -4\dot{U}_1 - \frac{\dot{U}_1}{-j0.5} = (-4-j2)\dot{U}_1$$

故

$$Y_{11} = \frac{\dot{I}_1}{\dot{U}_1}\Big|_{\dot{U}_2=0} = (1+j2)\text{S}$$

$$Y_{21} = \frac{\dot{I}_2}{\dot{U}_1}\Big|_{\dot{U}_2=0} = (-4-j2)\text{S}$$

将端口 1 短路，即令 $\dot{U}_1 = 0$，则受控电流源电流为零，相当于断开，故有

$$\dot{I}_1 = -\frac{\dot{U}_2}{-j0.5} = -j2\dot{U}_2$$

$$\dot{I}_2 = \frac{\dot{U}_2}{\frac{1}{3}} + \frac{\dot{U}_2}{-j0.5} = (3+j2)\dot{U}_2$$

故

$$Y_{12} = \frac{\dot{I}_1}{\dot{U}_2}\Big|_{\dot{U}_1=0} = -j2\text{S}$$

$$Y_{22} = \frac{\dot{I}_2}{\dot{U}_2}\Big|_{\dot{U}_1=0} = (3+j2)\text{S}$$

可得

$$Y = \begin{bmatrix} 1+j2 & -j2 \\ -4-j2 & 3+j2 \end{bmatrix}(\text{S})$$

所以

$$Z = Y^{-1} = \begin{bmatrix} 1+j2 & j2 \\ 4-j2 & 3+j2 \end{bmatrix}^{-1} = \begin{bmatrix} 1+j\dfrac{2}{3} & j\dfrac{2}{3} \\ \dfrac{4}{3}+j\dfrac{2}{3} & \dfrac{1}{3}+j\dfrac{2}{3} \end{bmatrix} \text{(Ω)}$$

本例中 $Y_{12} \neq Y_{21}$，$Z_{12} \neq Z_{21}$，原因是图 16-7 所示电路中含有受控源，不是互易二端口网络。

16.2.3 T 参数方程

在图 16-1 中，若选 $\dot{U}_2$、$-\dot{I}_2$ 为自变量，$\dot{U}_1$、$\dot{I}_1$ 为因变量，由式（16-3）可推导出如下方程

$$\begin{cases} \dot{U}_1 = -\dfrac{Y_{22}}{Y_{21}} \dot{U}_2 - \dfrac{1}{Y_{21}}(-\dot{I}_2) \\ \dot{I}_1 = \left(Y_{12} - \dfrac{Y_{11}Y_{22}}{Y_{21}} \right) \dot{U}_2 - \dfrac{Y_{11}}{Y_{21}}(-\dot{I}_2) \end{cases} \tag{16-5}$$

将式（16-5）方程改写为以下形式

$$\begin{cases} \dot{U}_1 = A\dot{U}_2 + B(-\dot{I}_2) \\ \dot{I}_1 = C\dot{U}_2 + D(-\dot{I}_2) \end{cases} \tag{16-6}$$

式（16-6）中 $A = -\dfrac{Y_{22}}{Y_{21}}$，$B = -\dfrac{1}{Y_{21}}$，$C = Y_{12} - \dfrac{Y_{11}Y_{22}}{Y_{21}}$，$D = -\dfrac{Y_{11}}{Y_{21}}$。

式（16-6）称为 T 参数方程，有的书中也称其为 A 参数方程，式中各系数的定义式及意义（名称）：$A = \dfrac{\dot{U}_1}{\dot{U}_2}\bigg|_{-\dot{I}_2=0}$ 为端口 2 开路时的电压传输比；$B = \dfrac{\dot{U}_1}{-\dot{I}_2}\bigg|_{\dot{U}_2=0}$ 为端口 2 短路时的转移阻抗；$C = \dfrac{\dot{I}_1}{\dot{U}_2}\bigg|_{-\dot{I}_2=0}$ 为端口 2 开路时的转移导纳；$D = \dfrac{\dot{I}_1}{-\dot{I}_2}\bigg|_{\dot{U}_2=0}$ 为端口 2 短路时的电流传输比。

T(A) 参数方程的矩阵形式为

$$\begin{bmatrix} \dot{U}_1 \\ \dot{I}_1 \end{bmatrix} = \begin{bmatrix} A & B \\ C & D \end{bmatrix} \begin{bmatrix} \dot{U}_2 \\ -\dot{I}_2 \end{bmatrix} = T \begin{bmatrix} \dot{U}_2 \\ -\dot{I}_2 \end{bmatrix} \tag{16-7}$$

式（16-7）中，$T = \begin{bmatrix} A & B \\ C & D \end{bmatrix}$ 称为 T 参数矩阵。由于 T 参数矩阵中的 4 个元素定义式都为不同端口物理量的比，具有传输的意义，故 T 矩阵也称为传输参数矩阵，式（16-6）也称为传输参数方程。

注意，T 参数方程中，$\dot{I}_2$ 前面要加"—"号，写成 $-\dot{I}_2$ 形式，这样便于两个二端口网络级联（见 16.5 节）时的处理。

对于互易二端口网络，存在 $AD-BC=1$ 的关系，这说明 A、B、C、D 4 个参数中，只有 3 个参数是独立的。互易二端口网络 $AD-BC=1$ 的关系可证明如下

$$AD - BC = -\dfrac{Y_{22}}{Y_{21}}\left(-\dfrac{Y_{11}}{Y_{21}}\right) - \left(-\dfrac{1}{Y_{21}}\right)\left(Y_{12} - \dfrac{Y_{11}Y_{22}}{Y_{21}}\right) = \dfrac{Y_{12}}{Y_{21}} = 1$$

对于对称二端口网络，因为 $Y_{11} = Y_{22}$，所以还存在 $A = D$ 的关系，故对称二端口网络的 A、B、C、D 4 个参数中，只有两个参数是独立的。

【例 16 - 3】 耦合电感电路如图 16 - 8 所示，试求该电路的 T 参数。

解 对图 16 - 8 所示的电路，可列出相量形式的电压、电流方程为

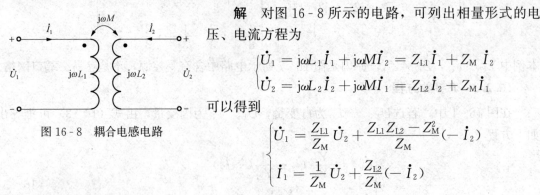

图 16 - 8 耦合电感电路

$$\begin{cases} \dot{U}_1 = j\omega L_1 \dot{I}_1 + j\omega M \dot{I}_2 = Z_{L1} \dot{I}_1 + Z_M \dot{I}_2 \\ \dot{U}_2 = j\omega L_2 \dot{I}_2 + j\omega M \dot{I}_1 = Z_{L2} \dot{I}_2 + Z_M \dot{I}_1 \end{cases}$$

可以得到

$$\begin{cases} \dot{U}_1 = \dfrac{Z_{L1}}{Z_M} \dot{U}_2 + \dfrac{Z_{L1} Z_{L2} - Z_M^2}{Z_M}(-\dot{I}_2) \\ \dot{I}_1 = \dfrac{1}{Z_M} \dot{U}_2 + \dfrac{Z_{L2}}{Z_M}(-\dot{I}_2) \end{cases}$$

所以，T 参数为

$$T = \begin{bmatrix} \dfrac{Z_{L_1}}{Z_M} & \dfrac{Z_{L_1} Z_{L_2} - Z_M^2}{Z_M} \\ \dfrac{1}{Z_M} & \dfrac{Z_{L2}}{Z_M} \end{bmatrix}$$

16.2.4 H 参数方程

在图 16 - 1 中，选 $\dot{I}_1$、$\dot{U}_2$ 为自变量，$\dot{U}_1$、$\dot{I}_2$ 为因变量。此时相当于二端口网络的 1-1′ 端口受到独立电流源 $\dot{I}_1$ 的激励，2-2′ 端口受到独立电压源 $\dot{U}_2$ 的激励，如图 16 - 9 所示。

对图 16 - 9，利用叠加定理可得

$$\begin{cases} \dot{U}_1 = H_{11} \dot{I}_1 + H_{12} \dot{U}_2 \\ \dot{I}_2 = H_{21} \dot{I}_1 + H_{22} \dot{U}_2 \end{cases} \tag{16 - 8}$$

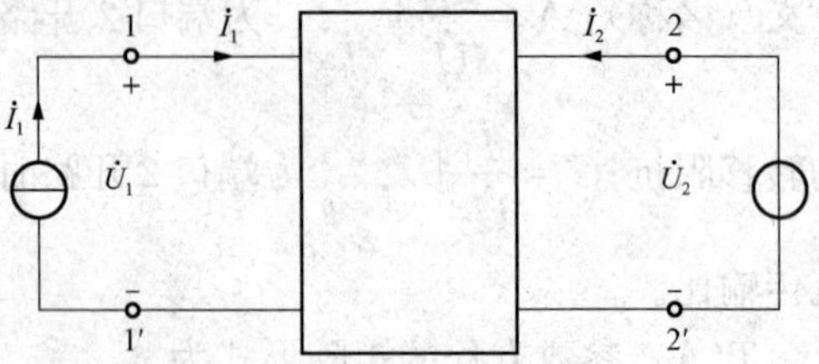

式（16 - 8）中，各系数的定义式及意义（名

称）：$H_{11} = \dfrac{\dot{U}_1}{\dot{I}_1}\Big|_{\dot{U}_2=0}$ 为端口 2 短路时端口 1 的输

图 16 - 9 一个电流源和一个电压源激励下的双口网络

入阻抗；$H_{12} = \dfrac{\dot{U}_1}{\dot{U}_2}\Big|_{\dot{I}_1=0}$ 为端口 1 开路时的反向

电压传输比；$H_{21} = \dfrac{\dot{I}_2}{\dot{I}_1}\Big|_{\dot{U}_2=0}$ 为端口 2 短路时的正向电流传输比；$H_{22} = \dfrac{\dot{I}_2}{\dot{U}_2}\Big|_{\dot{I}_1=0}$ 为端口 1 开路时端口 2 的输入导纳（策动点导纳）。

式（16 - 8）称为二端口的 H 参数方程，其矩阵形式为

$$\begin{bmatrix} \dot{U}_1 \\ \dot{I}_2 \end{bmatrix} = \begin{bmatrix} H_{11} & H_{12} \\ H_{21} & H_{22} \end{bmatrix} \begin{bmatrix} \dot{I}_1 \\ \dot{U}_2 \end{bmatrix} = H \begin{bmatrix} \dot{I}_1 \\ \dot{U}_2 \end{bmatrix} \tag{16 - 9}$$

式（16 - 9）中，$H = \begin{bmatrix} H_{11} & H_{12} \\ H_{21} & H_{22} \end{bmatrix}$ 称为 H 参数矩阵。由于矩阵 H 中的 4 个元素是阻抗或导纳的混合，且 H 参数方程中的自变量和因变量均是电压与电流的混合、输入端变量与输出端变量的混合，所以 H 参数矩阵也称为混合参数矩阵，H 参数方程也称为混合参数方程。

对于互易二端口网络，存在 $H_{21} = -H_{12}$ 的关系，这说明 H 参数的 4 个参数中，只有 3

个参数是独立的。对于对称二端口网络，还存在 $H_{11}H_{22} - H_{12}H_{21} = 1$ 的关系，故对称二端口网络的 H_{11}、H_{12}、H_{21}、H_{22} 四个参数中，只有两个参数是独立的。

【例 16 - 4】 如图 16 - 10 所示电路为晶体管的小信号模型，试求此电路的混合参数 H。

解 由 H 参数的定义可求得

$$H_{11} = \frac{\dot{U}_1}{\dot{I}_1}\bigg|_{\dot{U}_2 = 0} = R_1$$

$$H_{21} = \frac{\dot{I}_2}{\dot{I}_1}\bigg|_{\dot{U}_2 = 0} = \beta$$

$$H_{12} = \frac{\dot{U}_1}{\dot{U}_2}\bigg|_{\dot{I}_1 = 0} = 0$$

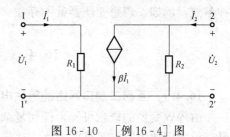

图 16 - 10　[例 16 - 4] 图

$$H_{22} = \frac{\dot{I}_2}{\dot{U}_2}\bigg|_{\dot{I}_1 = 0} = \frac{1}{R_2}$$

所以

$$\boldsymbol{H} = \begin{bmatrix} R_1 & 0 \\ \beta & \dfrac{1}{R_2} \end{bmatrix}$$

16.3　二端口网络参数的相互转换

由前面的讨论可知，同一个二端口网络，可以用不同的参数方程来描述。根据各参数方程不难推出各参数之间的换算关系，表 16 - 1 给出了这些关系。

表 16 - 1　　　　　　　　　　　　　二端口网络 4 种参数间的换算关系

参数	Z 参数		Y 参数		H 参数		$T(A)$ 参数	
Z 参数	Z_{11}	Z_{12}	$\dfrac{Y_{22}}{\Delta Y}$	$-\dfrac{Y_{12}}{\Delta Y}$	$\dfrac{\Delta H}{H_{22}}$	$\dfrac{H_{12}}{H_{22}}$	$\dfrac{A}{C}$	$\dfrac{\Delta T}{C}$
	Z_{21}	Z_{22}	$-\dfrac{Y_{21}}{\Delta Y}$	$\dfrac{Y_{11}}{\Delta Y}$	$-\dfrac{H_{21}}{H_{22}}$	$\dfrac{1}{H_{22}}$	$\dfrac{1}{C}$	$\dfrac{D}{C}$
Y 参数	$\dfrac{Z_{22}}{\Delta Z}$	$-\dfrac{Z_{12}}{\Delta Z}$	Y_{11}	Y_{12}	$\dfrac{1}{H_{11}}$	$-\dfrac{H_{12}}{H_{11}}$	$\dfrac{D}{B}$	$-\dfrac{\Delta T}{B}$
	$-\dfrac{Z_{21}}{\Delta Z}$	$\dfrac{Z_{11}}{\Delta Z}$	Y_{21}	Y_{22}	$\dfrac{H_{21}}{H_{11}}$	$\dfrac{\Delta H}{H_{11}}$	$-\dfrac{1}{B}$	$\dfrac{A}{B}$
H 参数	$\dfrac{\Delta Z}{Z_{22}}$	$\dfrac{Z_{12}}{Z_{22}}$	$\dfrac{1}{Y_{11}}$	$-\dfrac{Y_{12}}{Y_{11}}$	H_{11}	H_{12}	$\dfrac{B}{D}$	$\dfrac{\Delta T}{D}$
	$-\dfrac{Z_{21}}{Z_{22}}$	$\dfrac{1}{Z_{22}}$	$\dfrac{Y_{21}}{Y_{11}}$	$\dfrac{\Delta Y}{Y_{11}}$	H_{21}	H_{22}	$-\dfrac{1}{D}$	$\dfrac{C}{D}$
$T(A)$ 参数	$\dfrac{Z_{11}}{Z_{21}}$	$\dfrac{\Delta Z}{Z_{21}}$	$-\dfrac{Y_{22}}{Y_{21}}$	$-\dfrac{1}{Y_{21}}$	$-\dfrac{\Delta H}{H_{21}}$	$-\dfrac{H_{11}}{H_{21}}$	A	B
	$\dfrac{1}{Z_{21}}$	$\dfrac{Z_{22}}{Z_{21}}$	$-\dfrac{\Delta Y}{Y_{21}}$	$-\dfrac{Y_{11}}{Y_{21}}$	$-\dfrac{H_{22}}{H_{21}}$	$-\dfrac{1}{H_{21}}$	C	D

表中 $\Delta Z = \begin{vmatrix} Z_{11} & Z_{12} \\ Z_{21} & Z_{22} \end{vmatrix}$，$\Delta Y = \begin{vmatrix} Y_{11} & Y_{12} \\ Y_{21} & Y_{22} \end{vmatrix}$，$\Delta H = \begin{vmatrix} H_{11} & H_{12} \\ H_{21} & H_{22} \end{vmatrix}$，$\Delta T = \begin{vmatrix} A & B \\ C & D \end{vmatrix}$，应当指出的是，有的二端口网络同时存在这 4 种参数，但并不是所有的二端口网络都同时存在这 4 种参数，例如，理想变压器就不存在 Z 参数和 Y 参数。

16.4 二端口网络的等效电路

16.4.1 互易二端口网络的等效电路

由等效变换的概念可知，任何复杂的线性一端口网络，从外部特性来看，总可以用一个最简单的等效电路（戴维南电路、诺顿电路）来替代。同理，对于二端口网络也可以找到最简单的等效电路来予以替代。等效条件是二端口网络等效电路的端口方程必须与被替代的二端口网络端口方程相同。

对于互易二端口网络，由于表征它的每种参数中均只有 3 个参数是独立的，所以互易二端口网络可以用 3 个阻抗（或导纳）构成的电路等效，等效电路的具体结构有 T 形（星形）或 π 形（三角形）两种，如图 16 - 11 所示。

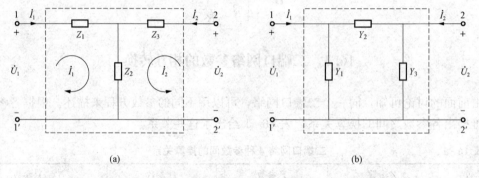

(a)　(b)

图 16 - 11　二端口网络的 T 形等效电路或 π 形等效电路
(a) T 形等效电路；(b) π 形等效电路

1. T 形等效电路

如果给定互易二端口网络的 Z 参数（$Z_{12} = Z_{21}$），可写出此二端口网络的 Z 参数方程，即

$$\begin{cases} \dot{U}_1 = Z_{11} \dot{I}_1 + Z_{12} \dot{I}_2 \\ \dot{U}_2 = Z_{12} \dot{I}_1 + Z_{22} \dot{I}_2 \end{cases} \tag{16 - 10}$$

要确定此二端口网络的 T 形等效电路，即确定图 16 - 11 (a) 电路中的 Z_1、Z_2、Z_3 的值，可针对 T 形等效电路列出如下的 KVL 方程

$$\begin{cases} \dot{U}_1 = Z_1 \dot{I}_1 + Z_2(\dot{I}_1 + \dot{I}_2) = (Z_1 + Z_2) \dot{I}_1 + Z_2 \dot{I}_2 \\ \dot{U}_2 = Z_2(\dot{I}_1 + \dot{I}_2) + Z_3 \dot{I}_2 = Z_2 \dot{I}_1 + (Z_2 + Z_3) \dot{I}_2 \end{cases} \tag{16 - 11}$$

比较以上两式可得

$$\begin{cases} Z_{11} = Z_1 + Z_2 \\ Z_{12} = Z_{21} = Z_2 \\ Z_{22} = Z_2 + Z_3 \end{cases} \tag{16-12}$$

可解得 T 形等效电路中 3 个阻抗的值分别为

$$\begin{cases} Z_1 = Z_{11} - Z_{12} \\ Z_2 = Z_{12} = Z_{21} \\ Z_3 = Z_{22} - Z_{12} \end{cases} \tag{16-13}$$

由此可确定二端口网络的 T 形等效电路。

2. π 形等效电路

如果给定互易二端口网络的 Y 参数（$Y_{12} = Y_{21}$），可写出此二端口网络的 Y 参数方程，即

$$\begin{cases} \dot{I}_1 = Y_{11}\dot{U}_1 + Y_{12}\dot{U}_2 \\ \dot{I}_2 = Y_{21}\dot{U}_1 + Y_{22}\dot{U}_2 \end{cases} \tag{16-14}$$

要确定此二端口网络的 π 形等效电路，即确定图 16-11（b）电路中的 Y_1、Y_2、Y_3 的值，可针对 π 形等效电路，列出如下的 KCL 方程

$$\begin{cases} \dot{I}_1 = Y_1\dot{U}_1 + Y_2(\dot{U}_1 - \dot{U}_2) = (Y_1 + Y_2)\dot{U}_1 - Y_2\dot{U}_2 \\ \dot{I}_2 = Y_2(\dot{U}_2 - \dot{U}_1) + Y_3\dot{U}_2 = -Y_2\dot{U}_1 + (Y_2 + Y_3)\dot{U}_2 \end{cases} \tag{16-15}$$

比较式（16-14）和（16-15）可得

$$\begin{cases} Y_{11} = Y_1 + Y_2 \\ Y_{12} = Y_{21} = -Y_2 \\ Y_{22} = Y_2 + Y_3 \end{cases} \tag{16-16}$$

由式（16-16）可解得 π 形等效电路中 3 个导纳的值分别为

$$\begin{cases} Y_1 = Y_{11} + Y_{12} \\ Y_2 = -Y_{12} = -Y_{21} \\ Y_3 = Y_{22} + Y_{21} \end{cases} \tag{16-17}$$

因此可确定二端口网络的 π 形等效电路。

如果给定的是互易二端口网络其他参数，则可查表 16-1，把其他参数转换成 Z 参数或 Y 参数，然后再由式（16-13）或式（16-17）求得 T 形等效电路或 π 形等效电路的参数值。也可针对等效电路列方程，找出对应关系，解出最终结果。例如，可解出 T 形等效电路的 Z_1、Z_2、Z_3 与 T 参数之间的关系为

$$\begin{cases} Z_1 = \dfrac{A-1}{C} \\[2mm] Z_2 = \dfrac{1}{C} \\[2mm] Z_3 = \dfrac{D-1}{C} \end{cases} \tag{16-18}$$

可解出 π 形等效电路的 Y_1、Y_2、Y_3 与 T 参数之间的关系为

$$\begin{cases} Y_1 = \dfrac{D-1}{B} \\[2mm] Y_2 = \dfrac{1}{B} \\[2mm] Y_2 = \dfrac{A-1}{B} \end{cases} \tag{16-19}$$

如果二端口网络是对称的，由于 $Z_{11}=Z_{22}$，$Y_{11}=Y_{22}$，$A=D$，则等效 T 形电路或 π 形电路也一定是对称的，这时应有 $Z_1=Z_3$，$Y_1=Y_3$。

【例 16-5】 已知某二端口网络的传输参数为 $A=7$，$B=3\Omega$，$C=9S$，$D=4$。试求该网络的 T 形和 π 形等效电路各元件的参数值。

解 首先验证网络的互易性。由该题目所给条件，有 $AD-BC=1$，故原网络为互易网络。

由式（16-18）可得 T 形等效电路各元件参数为

$$\begin{cases} Z_1 = \dfrac{A-1}{C} = \dfrac{2}{3}\,\Omega \\[2mm] Z_2 = \dfrac{1}{C} = \dfrac{1}{9}\,\Omega \\[2mm] Z_3 = \dfrac{D-1}{C} = \dfrac{1}{3}\,\Omega \end{cases}$$

由式（16-19）可得 π 形等效电路元件参数为

$$\begin{cases} Y_1 = \dfrac{D-1}{B} = 1S \\[2mm] Y_2 = \dfrac{1}{B} = \dfrac{1}{3}S \\[2mm] Y_2 = \dfrac{A-1}{B} = 2S \end{cases}$$

16.4.2　非互易二端口网络的等效电路

对于非互易网络，每种参数中的 4 个参数彼此相互独立，必须有 4 个元件才能构成等效电路。若给定二端口网络的 Z 参数，则可将其参数方程改写成

$$\begin{cases} \dot{U}_1 = Z_{11}\dot{I}_1 + Z_{12}\dot{I}_2 \\[2mm] \dot{U}_2 = Z_{12}\dot{I}_1 + Z_{22}\dot{I}_2 + (Z_{21}-Z_{12})\,\dot{I}_1 \end{cases} \tag{16-20}$$

移去方程中的 $(Z_{21}-Z_{12})\,\dot{I}_1$ 后，剩余部分对应着互易二端口网络，可用 T 形电路等效。接下来再考虑 $(Z_{21}-Z_{12})\,\dot{I}_1$ 项，该项对应着一个 CCVS，串联在 2 号端子所在支路上，由此可得非互易二端口网络的等效电路如图 16-12（a）所示。图 16-12（a）所示的等效电路不是唯一的，将非互易二端口网络方程变形为其他形式，就可得其他结构的等效电路，读者可自行推导一下。

同理，对于用 Y 参数表示的非互易的二端口网络，可将其参数方程改写成

$$\begin{cases} \dot{I}_1 = Y_{11}\dot{U}_1 + Y_{12}\dot{U}_2 \\[2mm] \dot{I}_2 = Y_{12}\dot{U}_1 + Y_{22}\dot{U}_2 + (Y_{21}-Y_{12})\dot{U}_1 \end{cases} \tag{16-21}$$

移去方程中的 $(Y_{21}-Y_{12})\dot{U}_1$ 项，剩余部分对应着互易二端口网络，可用 π 形电路等效。接

下来再考虑 $(Y_{21}-Y_{12})\dot{U}_1$ 项，该项对应着一个 VCCS，并联在 2-2' 端口上，由此可得非互易二端口网络的等效电路如图 16-12（b）所示。该等效电路不是唯一的，将非互易二端口网络方程变形为其他形式，还可得到其他结构的等效电路。

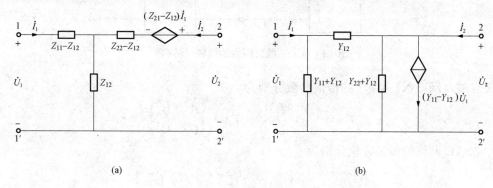

图 16-12　非互易二端口网络的等效电路

(a) 等效电路一　(b) 等效电路二

【例 16-6】　已知二端口网络的 Z 参数为 $Z_{11}=3\Omega$、$Z_{12}=4\Omega$、$Z_{21}=\mathrm{j}2\Omega$、$Z_{22}=\mathrm{j}3\Omega$，求其等效电路。

解　由给定的 Z 参数可知，该二端口网络是非互易的，可采用图 16-12（a）所示的等效电路等效。根据给定的 Z 参数可得

$$\begin{cases} Z_1 = Z_{11} - Z_{12} = -1\Omega \\ Z_2 = Z_{12} = 4\Omega \\ Z_3 = Z_{22} - Z_{12} = (-4-\mathrm{j}3)\Omega \\ (Z_{21} - Z_{12})\dot{I}_1 = (\mathrm{j}2-4)\dot{I}_1 \end{cases}$$

由此可得等效电路如图 16-13 所示。

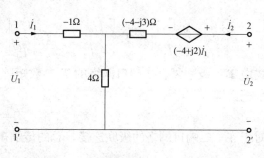

图 16-13　［例 16-6］电路的等效电路

16.5　二端口网络的互联

在实际工作中，常常需要将一些不同功能的二端口网络按一定方式连接起来，用以实现特定的技术要求。例如，把一个基本放大器与一个反馈网络适当地连接起来，可组成负反馈放大器，它能使得输出保持稳定。在电路分析中，如果把一个复杂的二端口网络看成是由若干个简单的二端口网络组合（连接）而成，可使分析简化。因此，讨论二端口网络的连接问题具有重要意义。二端口网络的连接方式有 5 种，分别为级联、串联、并联、串并联、并串联，常用的有级联、串联、并联 3 种。

16.5.1　二端口网络的级联

两个二端口网络 N1 和 N2 级联，也称为链联，是指将第一个二端口网络的输出端口直接与第二个二端口网络的输入端口相连，如图 16-14 所示，这样便构成了一个复合二端口网络。

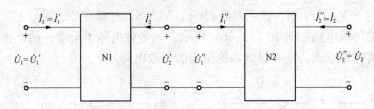

图 16 - 14　二端口网络的级联（链联）

设二端口网络 N1 和 N2 的传输参数分别为

$$\boldsymbol{T}_1 = \begin{bmatrix} A' & B' \\ C' & D' \end{bmatrix}, \quad \boldsymbol{T}_2 = \begin{bmatrix} A'' & B'' \\ C'' & D'' \end{bmatrix}$$

则两个二端口网络的传输方程分别为

$$\begin{bmatrix} \dot{U}_1' \\ \dot{I}_1' \end{bmatrix} = \boldsymbol{T}_1 \begin{bmatrix} \dot{U}_2' \\ -\dot{I}_2' \end{bmatrix}, \quad \begin{bmatrix} \dot{U}_1'' \\ \dot{I}_1'' \end{bmatrix} = \boldsymbol{T}_2 \begin{bmatrix} \dot{U}_2'' \\ -\dot{I}_2'' \end{bmatrix}$$

由于 $\dot{U}_1 = \dot{U}_1'$，$\dot{U}_2' = \dot{U}_1''$，$\dot{U}_2'' = \dot{U}_2$，$\dot{I}_1 = \dot{I}_1'$，$-\dot{I}_2' = \dot{I}_1''$，$\dot{I}_2'' = \dot{I}_2$，故得

$$\begin{bmatrix} \dot{U}_1 \\ \dot{I}_1 \end{bmatrix} = \begin{bmatrix} \dot{U}_1' \\ \dot{I}_1' \end{bmatrix} = \boldsymbol{T}_1 \begin{bmatrix} \dot{U}_2' \\ -\dot{I}_2' \end{bmatrix} = \boldsymbol{T}_1 \begin{bmatrix} \dot{U}_1'' \\ \dot{I}_1'' \end{bmatrix} = \boldsymbol{T}_1 \boldsymbol{T}_2 \begin{bmatrix} \dot{U}_2'' \\ -\dot{I}_2'' \end{bmatrix} = \boldsymbol{T}_1 \boldsymbol{T}_2 \begin{bmatrix} \dot{U}_2 \\ -\dot{I}_2 \end{bmatrix} = \boldsymbol{T} \begin{bmatrix} \dot{U}_2 \\ -\dot{I}_2 \end{bmatrix}$$

式中 $\boldsymbol{T}$ 为级联复合二端口网络的 T 参数矩阵，它等于组成级联的各二端口网络传输矩阵的乘积，即

$$\boldsymbol{T} = \boldsymbol{T}_1 \boldsymbol{T}_2 \tag{16 - 22}$$

对于 n 个二端口网络的级联连接，总的传输矩阵为

$$\boldsymbol{T} = \prod_{i=1}^{n} \boldsymbol{T}_i \tag{16 - 23}$$

【例 16 - 7】　求图 16 - 15 所示二端口网络的传输参数。

解　图 16 - 16 所示二端口网络可以看作是 3 个简单二端口网络的级联，各级联二端口网络的传输矩阵分别为

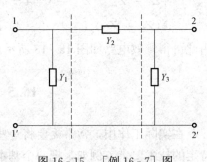

图 16 - 15　[例 16 - 7] 图

$$\boldsymbol{T}_1 = \begin{bmatrix} 1 & 0 \\ Y_1 & 1 \end{bmatrix}, \quad \boldsymbol{T}_2 = \begin{bmatrix} 1 & \dfrac{1}{Y_2} \\ 0 & 1 \end{bmatrix}, \quad \boldsymbol{T}_3 = \begin{bmatrix} 1 & 0 \\ Y_3 & 1 \end{bmatrix}$$

则所求二端口网络的传输矩阵为

$$\boldsymbol{T} = \boldsymbol{T}_1 \cdot \boldsymbol{T}_2 \cdot \boldsymbol{T}_3 = \begin{bmatrix} 1 & 0 \\ Y_1 & 1 \end{bmatrix} \begin{bmatrix} 1 & \dfrac{1}{Y_2} \\ 0 & 1 \end{bmatrix} \begin{bmatrix} 1 & 0 \\ Y_3 & 1 \end{bmatrix} = \begin{bmatrix} 1 + \dfrac{Y_3}{Y_2} & \dfrac{1}{Y_2} \\ Y_1 + Y_3 + \dfrac{Y_1 Y_3}{Y_2} & 1 + \dfrac{Y_1}{Y_2} \end{bmatrix}$$

16.5.2　二端口网络的串联

两个二端口网络的串联连接如图 16 - 16 所示，可见两个二端口网络串联连接后组成了一个新的二端口网络，该二端口网络的总端口电压为 $\dot{U}_1 = \dot{U}_1' + \dot{U}_1''$，$\dot{U}_2 = \dot{U}_2' + \dot{U}_2''$。

串联有可能使原来二端口网络的端口条件（一个端子流入的电流等于另一个端子流出的电流）遭到破坏，使原来二端口不再成为二端口，仅是一个四端网络而已。如果两个二端口网络串联后，原有的二端口的端口依然满足端口条件，则有 $\dot{I}_1 = \dot{I}_1' = \dot{I}_1''$，$\dot{I}_2 = \dot{I}_2' = \dot{I}_2''$。设参与串联的两个二端口网络的 Z 参数分别为

$$\mathbf{Z}_1 = \begin{bmatrix} Z_{11}' & Z_{12}' \\ Z_{21}' & Z_{22}' \end{bmatrix}, \quad \mathbf{Z}_2 = \begin{bmatrix} Z_{11}'' & Z_{12}'' \\ Z_{21}'' & Z_{22}'' \end{bmatrix}$$

则有

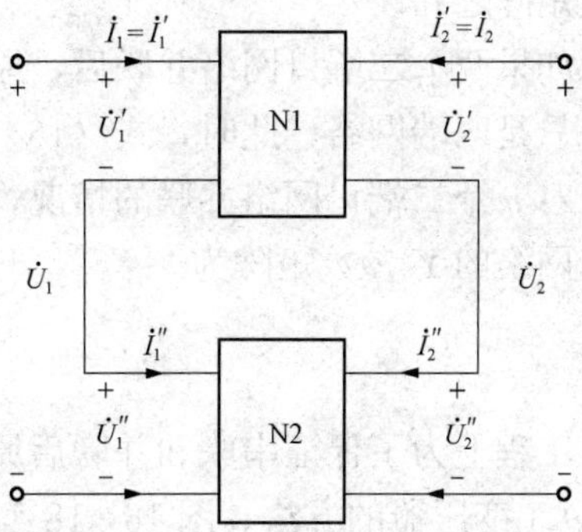

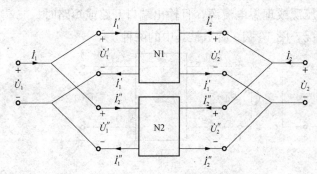

图 16 - 16　二端口网络的串联

$$\begin{bmatrix} \dot{U}_1 \\ \dot{U}_2 \end{bmatrix} = \begin{bmatrix} \dot{U}_1' + \dot{U}_1'' \\ \dot{U}_2' + \dot{U}_2'' \end{bmatrix} = \begin{bmatrix} \dot{U}_1' \\ \dot{U}_2' \end{bmatrix} + \begin{bmatrix} \dot{U}_1'' \\ \dot{U}_2'' \end{bmatrix} = \mathbf{Z}_1 \begin{bmatrix} \dot{I}_1' \\ \dot{I}_2' \end{bmatrix} + \mathbf{Z}_2 \begin{bmatrix} \dot{I}_1'' \\ \dot{I}_2'' \end{bmatrix}$$

$$= \mathbf{Z}_1 \begin{bmatrix} \dot{I}_1 \\ \dot{I}_2 \end{bmatrix} + \mathbf{Z}_2 \begin{bmatrix} \dot{I}_1 \\ \dot{I}_2 \end{bmatrix} = (\mathbf{Z}_1 + \mathbf{Z}_2) \begin{bmatrix} \dot{I}_1 \\ \dot{I}_2 \end{bmatrix} = \mathbf{Z} \begin{bmatrix} \dot{I}_1 \\ \dot{I}_2 \end{bmatrix}$$

上式中 $\mathbf{Z}$ 为串联后复合二端口网络的 Z 参数矩阵，它等于组成串联的两个二端口网络 Z 参数矩阵之和，即

$$\mathbf{Z} = \mathbf{Z}_1 + \mathbf{Z}_2 \tag{16 - 24}$$

如果两个二端口网络串联后，原来的二端口网络的端口条件遭到破坏，不再是二端口网络，只是四端网络，此时，式（16 - 24）就不再成立。例如，将图 16 - 11（a）、（b）所示两个电路进行串联，原来的两个二端口网络的端口条件遭到破坏，这时不存在 $\mathbf{Z} = \mathbf{Z}_1 + \mathbf{Z}_2$ 的关系。

对 n 个二端口网络串联的情况，若串联后原有的每个二端口网络端口均满足端口条件，则复合二端口网络的 Z 参数矩阵为

$$\mathbf{Z} = \sum_{i=1}^{n} \mathbf{Z}_i \tag{16 - 25}$$

16.5.3　二端口网络的并联

两个二端口网络 N1 和 N2 的并联连接如图 16 - 17 所示。可以看出连接得到的复合网络仍是一个二端口网络，且有 $\dot{I}_1 = \dot{I}_1' + \dot{I}_1''$ 和 $\dot{I}_2 = \dot{I}_2' + \dot{I}_2''$。

并联有可能造成原来的二端口网络不再是二端口网络，而仅是一个四端网络。如果并联后原有的二端口网络的端口条件仍然成立，通过推导，不难导出并联后复合二端口网络的 Y 参数矩阵与原有的两个二端口网络的 Y 参数矩阵间有以下关系

$$\mathbf{Y} = \mathbf{Y}_1 + \mathbf{Y}_2 \tag{16 - 26}$$

即并联后复合二端口网络的 Y 参数矩阵，等于组成并联的各二端口网络 Y

图 16 - 17　二端口网络的并联

参数矩阵之和。

如果两个二端口网络并联后，原来的二端口网络的端口条件遭到破坏，不再是二端口网络，只是四端网络，此时，式（16-26）就不再成立。

对 n 个二端口网络并联的情况，若并联后每个二端口网络依然满足端口条件，则复合二端口网络的 Y 参数矩阵为

$$Y = \sum_{i=1}^{n} Y_i \tag{16-27}$$

工程上为了保证串联和并联后原有二端口网络的端口条件不被破坏，可采用在电路中加装 1∶1 变压器的方法。图 16-18（a）所示是加装 1∶1 变压器的串联结构，图 16-18（b）所示是加装 1∶1 变压器的并联结构。

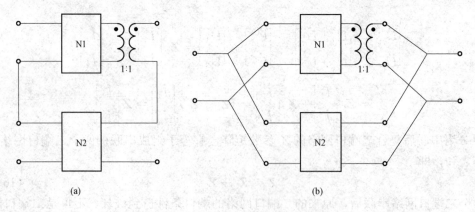

图 16-18　二端口网络加装 1∶1 变压器后的串联和并联
(a) 串联；(b) 并联

16.6　二端口网络的网络函数

此前对二端口网络的讨论都是用相量法进行的，这里用拉氏变换来讨论二端口网络的网络函数。

1. 无端接情况

当二端口网络的输入端口接理想电压源或理想电流源，且输出端口开路或短路时，二端口网络称为无端接。无端接对应 4 种情况，图 16-19 所示是其中的两种。

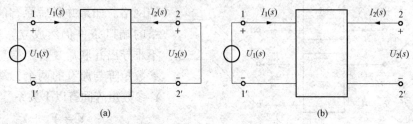

图 16-19　无端接二端口网络
(a) 无端接二端口网络一；(b) 无端接二端口网络二

设二端口网络的 Z 参数已知，对图 16 - 19（a）所示电路，可列出如下方程

$$\begin{cases} U_1(s) = Z_{11}(s)I_1(s) + Z_{12}(s)I_2(s) \\ U_2(s) = Z_{21}(s)I_1(s) + Z_{22}(s)I_2(s) \\ U_2(s) = 0 \end{cases} \qquad (16 - 28)$$

用式（16 - 28）给出的 3 个方程中的两个消去 $U_2(s)$、$I_1(s)$，剩余方程为

$$U_1(s) = Z_{11}(s)\left(-\frac{Z_{22}(s)}{Z_{21}(s)}\right)I_2(s) + Z_{12}(s)I_2(s) \qquad (16 - 29)$$

可得转移导纳（函数）为

$$\frac{I_2(s)}{U_1(s)} = \frac{Z_{21}(s)}{Z_{12}(s)Z_{21}(s) - Z_{11}(s)Z_{22}(s)} \qquad (16 - 30)$$

若用式（16 - 28）给出的三个方程中的两个消去 $U_2(s)$、$I_2(s)$，剩余方程为

$$U_1(s) = Z_{11}(s)I_1(s) + Z_{12}(s)\left(-\frac{Z_{22}(s)}{Z_{21}(s)}\right)I_1(s) \qquad (16 - 31)$$

可得策动点阻抗（函数）为

$$\frac{U_1(s)}{I_1(s)} = \frac{Z_{11}(s)Z_{21}(s) - Z_{12}(s)Z_{22}(s)}{Z_{21}(s)} \qquad (16 - 32)$$

若二端口网络的其他参数已知，则网络函数也可用其他参数表示。

2. 有端接情况

在实际应用中，二端口网络的输入端口接有实际电源，输出端口接有实际负载。在电路模型中，负载用阻抗 Z_L 表示，实际电源用理想电压源和阻抗 Z_s 的串联组合或理想电流源和阻抗 Z_s 的并联组合表示，此时的二端口网络称为具有双端接二端口网络，如图 16 - 20（a）、（b）所示。如果 Z_L 为 0 或为无穷大，或理想电压源串联 Z_s 为 0（理想电流源并联 Z_s 为无穷大），则称二端口网络具有单端接，图 16 - 20（c）所示是其中的一种。单端接或双端接二端口网络的网络函数与端接阻抗有关。

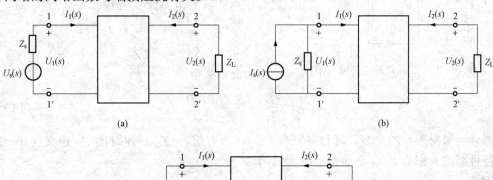

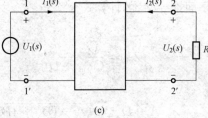

图 16 - 20　有端接二端口网络

（a）双端接二端口网络一；（b）双端接二端口网络二；（c）单端接二端口网络的一种结构

对图 16-20（a）所示的双端接二端口网络，若要求出电压转移函数，设二端口网络的 Z 参数已知，根据拓扑约束和元件约束可列出如下方程

$$\begin{cases} Z_{11}(s)I_1(s) + Z_{12}(s)I_2(s) = U_1(s) \\ Z_{21}(s)I_1(s) + Z_{22}(s)I_2(s) = U_2(s) \\ U_1(s) = U_s(s) - Z_s I_1(s) \\ U_2(s) = -Z_L I_2(s) \end{cases} \tag{16-33}$$

用以上 4 个方程中的 3 个消去 $U_1(s)$、$I_1(s)$、$I_2(s)$，可解得

$$U_2(s) = \frac{-U_s(s)Z_{21}(s)Z_L}{[Z_s + Z_{11}(s)][Z_L + Z_{22}(s)] - Z_{12}(s)Z_{21}(s)} \tag{16-34}$$

所以，电压转移函数为

$$\frac{U_2(s)}{U_s(s)} = \frac{-Z_{21}(s)Z_L}{[Z_s + Z_{11}(s)][Z_L + Z_{22}(s)] - Z_{12}(s)Z_{21}(s)} \tag{16-35}$$

实际工作中，二端口网络起某些特定的作用。例如，滤波器能让具有某些频率的信号通过，而对具有另外一些频率的信号加以抑制。这种作用往往通过转移函数描述或指定。可见二端口网络的转移函数是一个很重要的概念。

16.7　二端口网络的特性阻抗

如图 16-21 所示的二端口网络，若 $2-2'$ 端口接有负载阻抗 Z_{L2}，则 $1-1'$ 端口的输入阻抗 Z_{i1} 可以用二端口网络的参数和负载阻抗 Z_{L2} 表示。反过来，若 $1-1'$ 端口接有负载阻抗 Z_{L1}，则 $2-2'$ 端口的输入阻抗 Z_{i2} 也可以用二端口网络的参数和负载阻抗 Z_{L1} 表示。

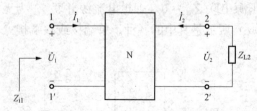

图 16-21　二端口网络的输入阻抗

假定图 16-21 所示二端口网络的 T 参数方程已知，将负载阻抗的元件约束 $\dot{U}_2 = -Z_{L2}\dot{I}_2$ 代入 T 参数方程中，得到

$$\begin{cases} \dot{U}_1 = -AZ_{L2}\dot{I}_2 + B(-\dot{I}_2) \\ \dot{I}_1 = -CZ_{L2}\dot{I}_2 + D(-\dot{I}_2) \end{cases} \tag{16-36}$$

由此可解得

$$Z_{i1} = \frac{\dot{U}_1}{\dot{I}_1} = \frac{AZ_{L2} + B}{CZ_{L2} + D} \tag{16-37}$$

通常的情况下，$Z_{i1} \neq Z_{L2}$。但对特定的 Z_{L2}，会有 $Z_{i1} = Z_{L2}$，此时的 Z_{L2} 定义为 $1-1'$ 端口的特性阻抗，记为 Z_{c1}，下面推导 Z_{c1} 的计算式。

据式（16-37），可知应有

$$Z_{c1} = \frac{AZ_{c1} + B}{CZ_{c1} + D} \tag{16-38}$$

求解得

$$Z_{c1} = \frac{A - D \pm \sqrt{(A-D)^2 + 4BC}}{2C} \tag{16-39}$$

其物理意义是负载阻抗 $Z_{L2} = Z_{c1}$ 时，$1-1'$ 端口的输入阻抗也为 Z_{c1}。

记 $2-2'$ 端口的特性阻抗为 Z_{c2}，采用与上相同的推导方法，可得

$$Z_{c2} = \frac{-(A-D) \pm \sqrt{(A-D)^2 + 4BC}}{2C} \tag{16-40}$$

式 (16-40)、式 (16-39) 的导出，可与 [例2-5] 发生联系。

对于对称二端口，因为 $A=D$，则有

$$Z_{c1} = Z_{c2} = Z_c = \sqrt{\frac{B}{C}} \tag{16-41}$$

Z_c 称为对称二端口网络的特性阻抗。

对实际的信号传输线和输电线，可建立起二端口表示的模型，对应的二端口为对称二端口，其特性阻抗，是信号传输线和输电线的重要参数。由于信号传输线和输电线用于传输电压波和电流波，故特性阻抗在工程上也常称为波阻抗。20.2节中会直接引出均匀传输线的特性阻抗（波阻抗），特性阻抗的概念与2.2节中 [例2-5] 也有关联。

16.8 回转器和负阻抗变换器

16.8.1 回转器

回转器有理想回转器和实际回转器之分。实际回转器是指一种在物理上可以实现的电路结构；理想回转器是一种模型元件，用于对实际回转器建模。为简单起见，一般将理想回转器简称为回转器

回转器是一种线性非互易的二端口元件，其图形符号如图16-22所示，其端口电压、电流满足下列关系式

$$\begin{cases} u_1 = -ri_2 \\ u_2 = ri_1 \end{cases} \tag{16-42}$$

式中 r 为常数，具有电阻的量纲，称为回转电阻。

式 (16-42) 也可改写为

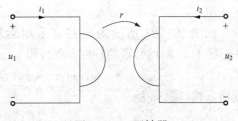

图16-22 回转器

$$\begin{cases} i_1 = \dfrac{1}{r}u_2 = gu_2 \\ i_2 = -\dfrac{1}{r}u_1 = -gu_1 \end{cases} \tag{16-43}$$

式中 $g = \dfrac{1}{r}$，具有电导的量纲，称为回转电导。

回转器的特性方程用矩阵形式表示时，有

$$\begin{bmatrix} u_1 \\ u_2 \end{bmatrix} = \begin{bmatrix} 0 & -r \\ r & 0 \end{bmatrix} \begin{bmatrix} i_1 \\ i_2 \end{bmatrix} \text{ 或 } \begin{bmatrix} i_1 \\ i_2 \end{bmatrix} = \begin{bmatrix} 0 & g \\ -g & 0 \end{bmatrix} \begin{bmatrix} u_1 \\ u_2 \end{bmatrix} \tag{16-44}$$

可见，回转器的 Z 参数矩阵和 Y 参数矩阵分别为

$$\boldsymbol{Z} = \begin{bmatrix} 0 & -r \\ r & 0 \end{bmatrix} \text{ 或 } \boldsymbol{Y} = \begin{bmatrix} 0 & g \\ -g & 0 \end{bmatrix} \tag{16-45}$$

由回转器的特性方程，可得

$$u_1 i_1 + u_2 i_2 = -ri_1 i_2 + ri_1 i_2 = 0 \tag{16-46}$$

式 (16-46) 表明回转器既不消耗功率，也不发出功率，是一个无源线性元件。另外，由于

回转器 Z 参数中 $Z_{12} \neq Z_{21}$，所以回转器不是互易元件。应该注意的是，实际回转器在工作时是要消耗能量的。

理想变压器也是一个二端口元件，可将回转器与理想变压器做一比较。理想变压器的特性方程为

$$\begin{cases} u_1 = nu_2 \\ i_1 = -\dfrac{1}{n}i_2 \end{cases} \tag{16-47}$$

由理想变压器的特性方程，可得

$$u_1 i_1 + u_2 i_2 = nu_2 \left(-\frac{1}{n}\right) i_2 + u_2 i_2 = 0 \tag{16-48}$$

式（16-48）说明理想变压器既不消耗功率，也不发出功率，是一个无源线性元件，这一点与回转器相同。理想变压器无 Z、Y 参数，其 T 参数为

$$\boldsymbol{T} = \begin{bmatrix} n & 0 \\ 0 & \dfrac{1}{n} \end{bmatrix} \tag{16-49}$$

因为 $AD - BC = 1$，所以理想变压器是互易元件，这一点与回转器不同。

从回转器的特性方程可以看出，回转器能够把一端口上的电流"回转"成另一端口上的电压或做相反的处理。这一性质，使得回转器能够把一个电容回转成为一个电感。在集成电路制造中，常利用这一特点把易于集成的电容回转成难于集成的电感。下面说明回转器的这一作用。

如图 16-23 所示的电路（采用运算形式），输出端口接有电容，因此有 $I_2(s) = -sCU_2(s)$，由回转器的特性方程可得

$$U_1(s) = -rI_2(s) = rsCU_2(s) = r^2 sCI_1(s) \tag{16-50}$$

则输入端口阻抗为

$$Z_i = \frac{U_1(s)}{I_1(s)} = sr^2 C = s\frac{C}{g^2} = sL_{eq} \tag{16-51}$$

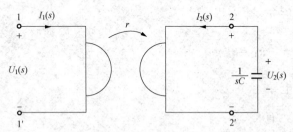

图 16-23 接有电容的回转器

可见，对于图 16-23 所示的电路，从输入端看，相当于一个电感元件，其电感值为 $L_{eq} = r^2 C = \dfrac{C}{g^2}$。如果 $C = 1\mu F$，$r = 1k\Omega$，则 $L = 1H$。即该回转器可把 $1\mu F$ 的电容回转为 $1H$ 的电感。

实际回转器可用实际运算放大器和实际电阻实现，实现实际回转器的一种电路模型如图 16-24 所示。因运算放大器可以传输直流，故回转器也可以"回转"直流。

两个回转器的级联如图 16-25 所示，该电路的 T 参数方程为

$$\boldsymbol{T} = \boldsymbol{T}_1 \cdot \boldsymbol{T}_2 = \begin{bmatrix} 0 & r_1 \\ \dfrac{1}{r_1} & 0 \end{bmatrix} \begin{bmatrix} 0 & r_2 \\ \dfrac{1}{r_2} & 0 \end{bmatrix} = \begin{bmatrix} \dfrac{r_1}{r_2} & 0 \\ 0 & \dfrac{r_2}{r_1} \end{bmatrix} \tag{16-52}$$

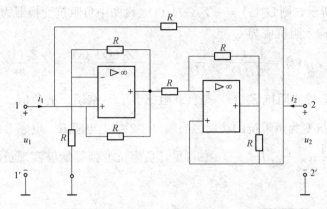

图 16-24　用运算放大器实现回转器的一种电路结构

若 $\dfrac{r_1}{r_2}=n$，则式（16-52）与理想变压器的 T 参数矩阵相同。

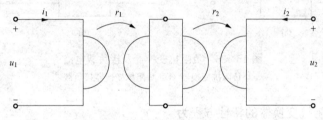

图 16-25　回转器的级联

可见，两个理想回转器级联可构成理想变压器。由此知两个实际回转器级联可构成与理想变压器对应的实际电路。由于实际回转器可以传递直流，这种方式构成的电子式实际变压器就可以传递直流，在 11.7 节中对此作过讨论。

16.8.2　负阻抗变换器

负阻抗变换器有理想负阻抗变换器和实际负阻抗变换器之分。实际负阻抗变换器是指在物理上可以实现的一种电路结构；理想负阻抗变换器是一种定义出来的元件，用于对实际负阻抗变换器建模。为简单起见，省略理想负阻抗变换器中"理想"二字，将理想负阻抗变换器简称为负阻抗变换器。

负阻抗变换器（NIC）也是一个二端口主件，其电路符号如图 16-26（a）所示。负阻抗变换器有两种类型，其特性可用 T 参数方程描述，一种类型的负阻抗变换器的 T 参数方程为

$$\begin{bmatrix} U_1(s) \\ I_1(s) \end{bmatrix} = \begin{pmatrix} 1 & 0 \\ 0 & -k \end{pmatrix} \begin{bmatrix} U_2(s) \\ -I_2(s) \end{bmatrix} \tag{16-53}$$

式（16-53）中 k 为常数。

由上述负阻抗变换器的特性方程式可以看出，输入电压 $U_1(s)$ 经过传输后没有任何变化，即 $U_2(s)$ 等于 $U_1(s)$，但是电流 $I_1(s)$ 经过传输后变为 $kI_2(s)$，大小和方向均发生了变化。所以这种负阻抗变换器称为电流反向型负阻抗变换器。

下面来说明负阻抗变换器把正阻抗变为负阻抗的特性。设 2-2′端口接有负载阻抗 $Z_2(s)$，

如图 16-26（b）所示，则 $U_2(s) = -Z_2(s)I_2(s)$。设图中负阻抗变换器为电流反向型的，从端口 1-1′ 看进去的输入阻抗应为

$$Z_{1\text{in}}(s) = \frac{U_1(s)}{I_1(s)} = \frac{U_2(s)}{kI_2(s)} = \frac{-Z_2(s)I_2(s)}{kI_2(s)} = -\frac{Z_2(s)}{k} \qquad (16-54)$$

式（16-54）表明，输入阻抗 $Z_{1\text{in}}(s)$ 是负载阻抗 $Z_2(s)$ 乘以 $\frac{1}{k}$ 的负值。这说明该二端口网络具有把一个正阻抗变为负阻抗的功能。当端口 2-2′ 接上电阻 R、电感 L 或电容 C 时，则在端口 1-1′ 等效为 $-\frac{1}{k}R$、$-\frac{1}{k}L$、$-kC$。可见，负阻抗变换器能够实现负电阻、负电感、负电容。

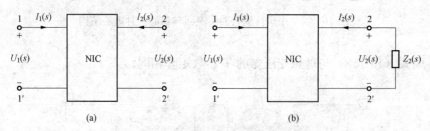

图 16-26　负阻抗变换器及接负载电路

(a) 负阻抗变换器 (b) 负阻抗变换器接负载

电压反向型负阻抗变换器的特性方程为

$$\begin{bmatrix} U_1(s) \\ I_1(s) \end{bmatrix} = \begin{pmatrix} -k & 0 \\ 0 & 1 \end{pmatrix} \begin{bmatrix} U_2(s) \\ -I_2(s) \end{bmatrix} \qquad (16-55)$$

这种负阻抗变换器能使输入电压 $U_1(s)$ 在传输后变为 $-kU_2(s)$，方向和大小均有所改变，但电流 $I_1(s)$ 经传输后方向和大小没有改变。

实际负阻抗变换器可在实际运算放大器基础上实现，5.3 节中的图 5-9 所示电路就是一种实际负阻抗变换器的电路原理结构。

习　题

16-1　求图 16-27 所示二端口网络的 Z 参数。

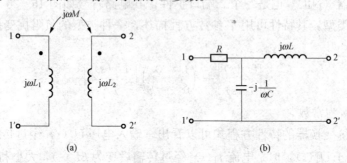

图 16-27　题 16-1 图

(a) 电路一；(b) 电路二

16-2 求图16-28所示电路的 Z 参数。

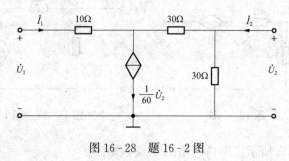

图16-28 题16-2图

16-3 已知图16-29所示二端口网络的 Z 参数矩阵为 $\boldsymbol{Z} = \begin{bmatrix} 10 & 8 \\ 5 & 10 \end{bmatrix} \Omega$，求 R_1、R_2、R_3 和 r 的值。

16-4 如图16-30所示电路，$R = 2\Omega$，二端口网络 N 的 Z 参数为 $\boldsymbol{Z} = \begin{pmatrix} 3 & 2 \\ 2 & 5 \end{pmatrix} \Omega$，求复合二端口网络的 Z' 参数。

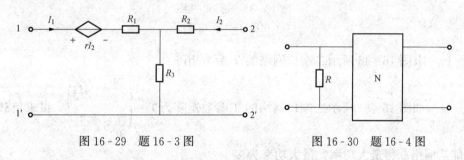

图16-29 题16-3图   图16-30 题16-4图

16-5 求图16-31所示二端口网络的 Z、Y 参数矩阵。

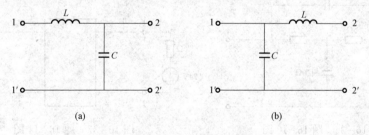

(a)   (b)

图16-31 题16-5图
(a) 电路一；(b) 电路二

16-6 求图16-32所示二端口网络的 Z、Y 参数矩阵。

16-7 求图16-33所示二端口网络的 Y 参数矩阵。

16-8 求图16-34所示二端口网络的 Y 参数矩阵。

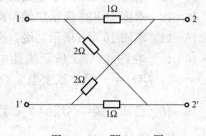

图16-32 题16-6图

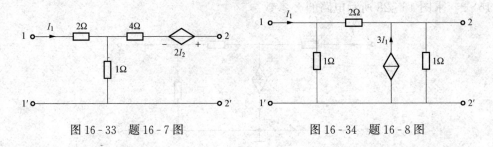

图 16-33　题 16-7 图　　　　　　　图 16-34　题 16-8 图

16-9　求图 16-35 所示二端口网络的 T 参数矩阵。

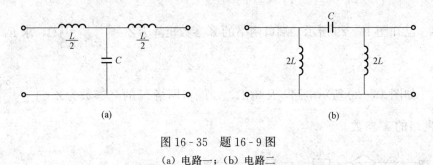

(a)　　　　　　　　　　　(b)

图 16-35　题 16-9 图

(a) 电路一；(b) 电路二

16-10　求图 16-36 所示二端口网络的 T 参数矩阵。

16-11　如图 16-37 所示二端口网络的 T 参数矩阵为 $\boldsymbol{T}=\begin{pmatrix} \dfrac{4}{3} & 4\Omega \\ \dfrac{7}{36}\mathrm{S} & \dfrac{4}{3} \end{pmatrix}$，试求负载 R_L 为

何值时能从网络获得最大功率？最大功率为多少？

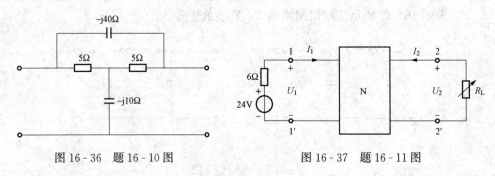

图 16-36　题 16-10 图　　　　　　　图 16-37　题 16-11 图

16-12　求图 16-38 所示电路的 Y 参数和 H 参数。

16-13　求图 16-39 所示二端口网络的 H 参数。

16-14　求图 16-40 所示二端口网络的 H 参数。

16-15　在图 16-41 所示线性电阻电路 N_R 中，已知当 $u_1(t)=30\mathrm{V}$，$u_2(t)=0$ 时，$i_1(t)=5\mathrm{A}$，$i_2(t)=-2\mathrm{A}$。试求当 $u_1(t)=(30t+60)\mathrm{V}$，$u_2(t)=(60t+15)\mathrm{V}$ 时的 $i_1(t)$。

16-16　已知二端口网络的 Y 参数矩阵为 $\boldsymbol{Y}=\begin{bmatrix} 1.5 & -1.2 \\ -1.2 & 1.8 \end{bmatrix}\mathrm{S}$，求 H 参数矩阵，并说

明二端口网络中是否有受控源？

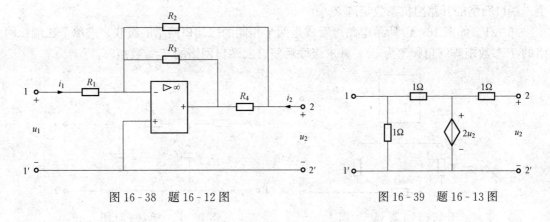

图 16 - 38 题 16 - 12 图

图 16 - 39 题 16 - 13 图

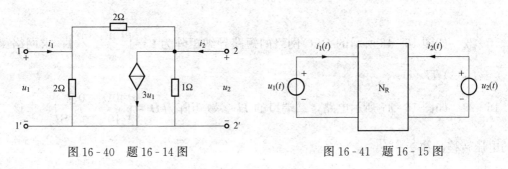

图 16 - 40 题 16 - 14 图

图 16 - 41 题 16 - 15 图

16 - 17 已知二端口网络的参数矩阵为（a）$Z = \begin{bmatrix} \dfrac{60}{9} & \dfrac{40}{9} \\ \dfrac{40}{9} & \dfrac{100}{9} \end{bmatrix}$ Ω，（b）$Y = \begin{bmatrix} 5 & -2 \\ 0 & 3 \end{bmatrix}$ S，试

问这两个二端口网络中是否含有受控源？并求它们的 π 形等效电路。

16 - 18 如图 16 - 42 所示电路，无独立源线性二端口网络 N 的 Y 参数为 $Y_{11} = 0.01$S，$Y_{12} = -0.02$S，$Y_{21} = 0.03$S，$Y_{22} = 0.02$S，另有 $\dot{U}_s = 400 \angle -30°$V，$R_s = 100$Ω，负载阻抗 Z_L 为 $20 \angle 30°$Ω。试通过二端口网络的等效电路求 $\dot{U}_2$。

16 - 19 如图 16 - 43 所示电路，N 为线性电阻性二端口网络，当 $R_L = \infty$ 时，$U_2 = 7.5$V；当 $R_L = 0$ 时，$I_1 = 3$A，$I_2 = -1$A。（1）求二端口网络的 Y 参数；（2）求二端口网络的 π 形等效电路；（3）当 $R_L = ?$ 时，可获得最大功率，并求此最大功率。

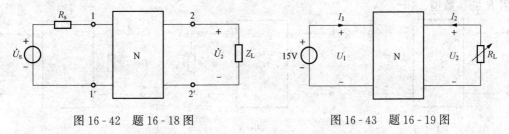

图 16 - 42 题 16 - 18 图

图 16 - 43 题 16 - 19 图

16 - 20 如图 16 - 44 所示电路，二端口 N 的开路阻抗参数矩阵为 $Z_N = \begin{bmatrix} 4 & 2 \\ 2 & 4 \end{bmatrix}$ Ω，求整

个二端口网络的开路阻抗参数矩阵 $\boldsymbol{Z}$。

16-21　如图 16-45 所示电路可看成是两个相同的二端口网络的级联，求单个二端口网络的 T 参数矩阵（角频率为 ω），并求级联后复合二端口网络的 T 参数矩阵。

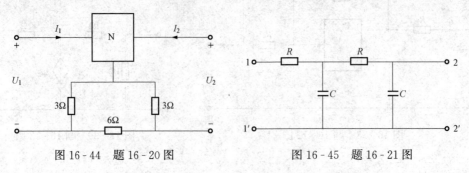

图 16-44　题 16-20 图　　　　　　　图 16-45　题 16-21 图

16-22　如图 16-46 所示的 RLC 网络的短路导纳矩阵为 $\boldsymbol{Y}=\begin{pmatrix} Y_{11} & Y_{12} \\ Y_{21} & Y_{22} \end{pmatrix}$，求网络函数 $H(s)=U_2(s)/U_1(s)$。

16-23　如图 16-47 所示电路，二端口的 H 参数矩阵为 $\boldsymbol{H}=\begin{pmatrix} 40\Omega & 0.4 \\ 10 & 0.1S \end{pmatrix}$，求该二端口的电压转移函数 $\dfrac{U_2(s)}{U_s(s)}$。

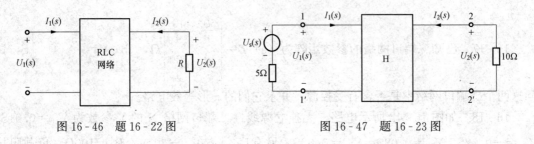

图 16-46　题 16-22 图　　　　　　　图 16-47　题 16-23 图

16-24　如图 16-48（a）所示互易二端口网络 N_R，其传输方程为 $\begin{cases} U_1=2U_2-30I_2, \\ I_1=0.1U_2-2I_2, \end{cases}$ U_1、U_2 的单位为 V，I_1、I_2 的单位为 A。如图 16-48（b）所示，当某一电阻 R 接在输出端口时，输入端口的输入电阻为该电阻接入图 16-48（c）所示网络时输入电阻的 6 倍，求电阻 R 的参数值。

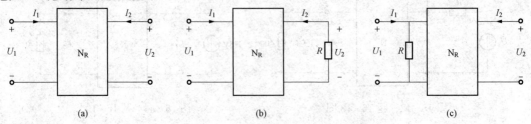

图 16-48　题 16-24 图

（a）原电路；（b）电路的变化一；（c）电路的变化二

16-25 如图 16-49 所示电路，已知 $U_s=240\text{V}$，试求：（1）虚线包围的二端口网络的特性阻抗；（2）负载 R_L 吸收的功率。

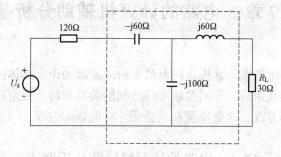

图 16-49 题 16-25 图

16-26 试求图 16-50 所示电路的输入阻抗 $Z_{in}(s)$。已知 $C_1=C_2=1\text{F}$，$G_1=G_2=1\text{S}$，$g=2\text{S}$。

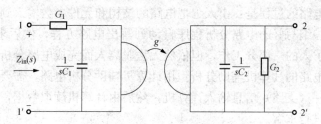

图 16-50 题 16-26 图

16-27 如图 16-51 所示电路，已知负阻抗变换器的传输方程为 $\begin{pmatrix} \dot{U}_1 \\ \dot{I}_1 \end{pmatrix}=\begin{pmatrix} 1 & 0 \\ 0 & -2 \end{pmatrix}\begin{pmatrix} \dot{U}_2 \\ -\dot{I}_2 \end{pmatrix}$，若 $\dot{U}_1=250\angle 0°\text{mV}$，求 $\dot{I}_1$ 和输入阻抗 Z_i。

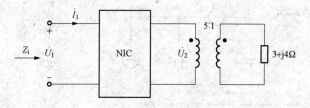

图 16-51 题 16-27 图

第 17 章　电路的计算机辅助分析基础

内容提要：本章介绍借助计算机进行电路分析的基础知识。具体内容为电路的计算机辅助分析概述、割集、关联矩阵、不同关联矩阵之间的关系和特勒根定理的证明、标准支路的约束关系、电路的矩阵方程、含受控源和互感元件时的矩阵方程。

17.1　电路的计算机辅助分析概述

前面各章介绍的均是手工分析电路的方法，然而对工程实际中的大规模电路，用人工方法进行分析计算显然力不从心，因此有必要引入借助计算机的分析方法。

用计算机分析电路的过程是：由人工把电路的结构和元件参数输入到计算机中，在此基础上计算机通过已经编写好的电路分析程序自动列写出电路方程，然后求解得到电路的解。可见，计算机替代了人的一部分工作，但依然无法脱离人而完成电路分析的全过程，故用计算机分析电路称为电路的计算机辅助分析。用计算机辅助分析电路，需要用人工的方式把电路的连接情况和元件（支路）信息输入计算机，然后由计算机读取数据，根据输入的数据自动形成电路方程并进行求解。

人工如何把电路信息输入计算机？下面以图 17 - 1 (a) 所示电路为例做初步说明。

以每个元件作为一条支路，画出电路的有向图，并对节点和支路编号，如图 17 - 1 (b) 所示，其中每条支路都连接在两个节点上，一个节点称为始节点，另一个节点称为终节点，规定支路的参考方向是从始节点指向终节点，因此根据何为始节点和何为终节点就可指明支路的参考方向。

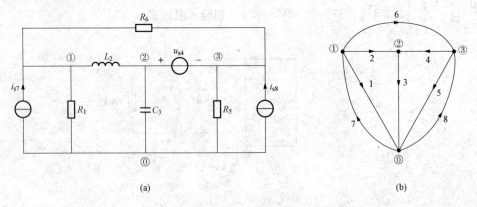

(a)　　　　　　　　　　　　　　　　　　　(b)

图 17 - 1　生成信息的电路及其有向图
(a) 电路图；(b) 有向图

可用一个 5 列的表格表达图 17 - 1 (a) 所示电路的拓扑信息和元件信息，其中第一列表示支路编号；第二列表示支路的始节点编号；第三列表示支路的终节点编号；第四列表示元件的类型，例如可用 "1" 表示电阻，用 "2" 表示电容，用 "3" 表示电感，用 "4" 表示独立电压源，用"5"表示独立电流源；第五列表示元件的参数值。表 17-1 是针对图 17-1（a）所示电路建立的表格，共 5 列和 8 行。

表 17-1　　　　　　　　　　　电路的拓扑信息和元件信息表

支路号	始节点号	终节点号	元件类型	元件值
1	1	0	1	R_1
2	1	2	3	L_2
3	2	0	2	C_3
4	3	2	4	u_{s4}
5	3	0	1	R_5
6	1	3	1	R_6
7	0	1	5	i_{s7}
8	0	3	5	i_{s8}

可用数据文件将表 17-1 所示的数据导入计算机，计算机读取这些数据，实际上就获取了电路的拓扑约束和元件约束信息，在此基础上按一定方法就可建立方程，通过求解方程，就可得到电路的计算结果。

图 17-1（b）是按每个元件作为一个支路画出的有向图，这种定义支路的方法在工程中有实际应用。还可定义更复杂的支路（见 17.5 节），这时电路的有向图会发生变化，表格 17-1 的形式也会发生变化，最后列出来的方程形式也会有所变化。

17.2　割　　集

3.4 节介绍了电路拓扑图（简称电路图）的定义及有关节点、回路、树、树支、连支等基本概念，这里介绍割集的概念。

所谓割集，是针对连通图的一种支路集合，它满足以下两个条件：

（1）移去集合中的所有支路，剩下的图是分离的；

（2）保留集合中任一条支路不移去，剩下的图仍是连通的。

注意，移去支路，仅仅是移去支路本身，支路两端的节点并没有移走；而移去节点，则意味着与节点相连的支路一并移去。如图 17-2（a）所示的连通图 G 中，移去支路 1、2、3，与这三条支路相关的节点①、②、③、④均保留在图中，特别是节点②，其上已无支路连接，形成了孤立的节点，但必须将它保留在图中，由此得到图 17-2（b）所示的子图 G_1。子图 G_1 是分离的两个部分，但只要少移去 1、2、3 支路中的任何一条，图就仍然是连通的，因此支路 1、2、3 的集合称为割集，用 $C_1(1, 2, 3)$ 表示。

如同回路包含网孔一样，割集包含节点，其范畴比节点要广。电路理论中，割集与回路以及节点与网孔都是对偶的概念。

确定连通图割集的方法是做一个封闭面，若将该封闭面切割的所有支路移去，原连通图被分割成两部分，则这样的一组支路集合称为原连通图的割集。

根据割集的定义，图 17-3 中虚线所示支路的集合 $C_2(1, 4, 6)$、$C_3(3, 4, 5)$、$C_4(2,$

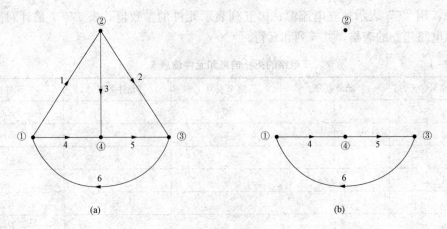

(a)   (b)

图 17-2 移去支路的含义

(a) 连通图；(b) 子图

5，6）、C_5（1，2，4，5）均是图 17-2（a）中连通图 G 的割集，而支路（1，2，5，6）则不是 G 图的割集。

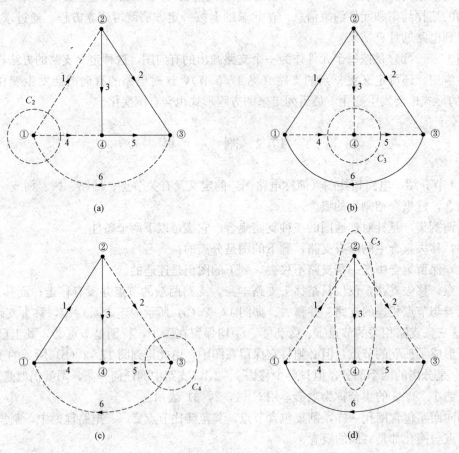

(a)   (b)

(c)   (d)

图 17-3 割集的定义

(a) 割集示例一 (b) 割集示例二；(c) 割集示例三 (d) 割集示例四

类似于回路，对割集可规定参考方向。对由某一闭合面切割支路而形成的割集，其参考方向就是人为指定的闭合面的外法线方向或内法线方向。

17.3 关 联 矩 阵

基尔霍夫电压定律和电流定律是电路的拓扑约束，与电路元件的性质无关，可将电路的拓扑结构用有向图表示。有向图直观、清晰地反映了电路的结构信息，即电路的节点与支路、回路与支路、割集与支路的关系。

用计算机对电路做辅助分析时需要将电路的结构信息用代数的方式加以描述，描述的方法是下面要介绍的节点支路关联矩阵、回路支路关联矩阵和割集支路关联矩阵，分别简称为关联矩阵、回路矩阵和割集矩阵。

17.3.1 节点支路关联矩阵 A

有向图中节点与支路的关系，可用节点支路关联矩阵 $\mathbf{A}_a$ 表示。令矩阵的行与有向图的节点对应，列与支路对应，这样，对于一个具有 n 个节点和 b 条支路的有向图，该矩阵就是 n 行 b 列的矩阵，a_{ik} 为在矩阵 i 行 k 列位置上的元素，按下面的约定取值：

$$a_{ik}=\begin{cases}0, & \text{若支路 } k \text{ 与结点 } i \text{ 不关联,即支路 } k \text{ 未与结点 } i \text{ 相连;}\\ 1, & \text{若支路 } k \text{ 与结点 } i \text{ 关联,且支路 } k \text{ 的参考方向背离结点 } i\text{;}\\ -1, & \text{若支路 } k \text{ 与结点 } i \text{ 关联,且支路 } k \text{ 的参考方向指向结点 } i\end{cases}$$

对图 17 - 4 所示的有向图，根据上面给出的约定，可列出表示节点与支路关系的关联矩阵为

$$\mathbf{A}_a=\begin{matrix} & \begin{matrix}1 & 2 & 3 & 4 & 5 & 6\end{matrix}\\ \begin{matrix}①\\②\\③\\④\end{matrix} & \begin{bmatrix}1 & 0 & 0 & 1 & 0 & -1\\ -1 & 1 & 1 & 0 & 0 & 0\\ 0 & -1 & 0 & 0 & -1 & 1\\ 0 & 0 & -1 & -1 & 1 & 0\end{bmatrix}\end{matrix}$$

矩阵的行对应于节点，列对应于支路。

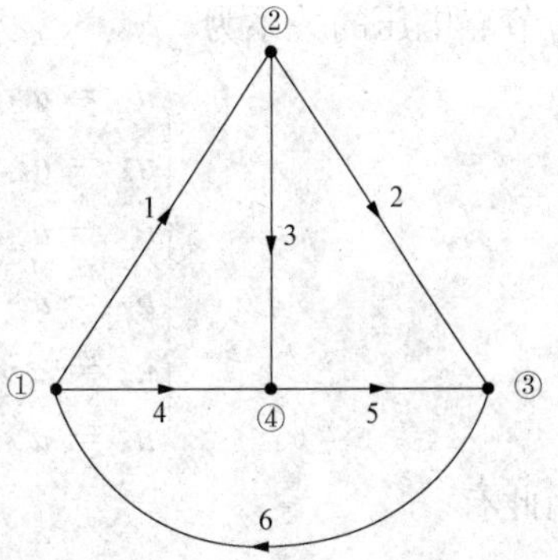

图 17 - 4　关联矩阵列写方法示例

矩阵 $\mathbf{A}_a$ 的每一行对应着一个节点，每一列对应着一条支路。由于一条支路只能连接在两个节点之间，且该支路的参考方向相对其中一个节点是离开时，相对另一个节点必然是指向的，因此每一列中必有两个非零元素，一个为+1，另一个为−1，其余的均为0。由此可知，每一列中的元素相加后结果为零，所以 $\mathbf{A}_a$ 的行彼此不是独立的。因此，删去 $\mathbf{A}_a$ 中的任一行得到的子矩阵仍能完整地表示有向图的节点和支路的关系。把 $\mathbf{A}_a$ 中删除一行得到的 $(n-1)\times b$ 阶矩阵用 $\mathbf{A}$ 表示，称为降阶关联矩阵，而删去的那一行所对应的节点，就是电路分析中的参考节点。对图 17 - 4 所示的有向图，删去节点④所对应的行，所得的降阶关联矩阵为

$$\mathbf{A}=\begin{bmatrix}1 & 0 & 0 & 1 & 0 & -1\\ -1 & 1 & 1 & 0 & 0 & 0\\ 0 & -1 & 0 & 0 & -1 & 1\end{bmatrix}$$

由于电路分析中所用的均是降阶关联矩阵，为论述方便，将该矩阵简称为关联矩阵。

可用关联矩阵 $\boldsymbol{A}$ 表示 KCL。如对图 17-3 所示有向图对应的电路，设支路编号、节点编号和电流参考方向如有向图中所示，则电路节点①、②、③的 KCL 方程为

$$\begin{cases} i_1 + i_4 - i_6 = 0 \\ -i_1 + i_2 + i_3 = 0 \\ -i_2 - i_5 + i_6 = 0 \end{cases} \tag{17-1}$$

将以上方程组表示成矩阵形式，可得

$$\begin{bmatrix} 1 & 0 & 0 & 1 & 0 & -1 \\ -1 & 1 & 1 & 0 & 0 & 0 \\ 0 & -1 & 0 & 0 & -1 & 1 \end{bmatrix} \begin{bmatrix} i_1 \\ i_2 \\ i_3 \\ i_4 \\ i_5 \\ i_6 \end{bmatrix} = \begin{bmatrix} 0 \\ 0 \\ 0 \end{bmatrix} \tag{17-2}$$

即

$$\boldsymbol{A}\boldsymbol{I}_b = 0 \tag{17-3}$$

式（17-3）中 $\boldsymbol{I}_b$ 是电路 b 个支路电流的向量，即 $\boldsymbol{I}_b = \begin{bmatrix} i_1 & i_2 & i_3 & i_4 & i_5 & i_6 \end{bmatrix}^T$。式（17-3）即为矩阵形式的 KCL 方程。

还可用关联矩阵 $\boldsymbol{A}$ 表示 KVL。如对图 17-3 所示有向图所对应的电路，设支路编号、节点编号和电压参考方向如有向图中所示，以节点④为参考节点，由 KVL 可得各支路电压与节点电压的关系为

$$\begin{cases} u_1 = u_{n1} - u_{n2} \\ u_2 = u_{n2} - u_{n3} \\ u_3 = u_{n2} \\ u_4 = u_{n1} \\ u_5 = -u_{n3} \\ u_6 = u_{n3} - u_{n1} \end{cases} \text{或} \begin{bmatrix} u_1 \\ u_2 \\ u_3 \\ u_4 \\ u_5 \\ u_6 \end{bmatrix} = \begin{bmatrix} 1 & -1 & 0 \\ 0 & 1 & -1 \\ 0 & 1 & 0 \\ 1 & 0 & 0 \\ 0 & 0 & -1 \\ -1 & 0 & 1 \end{bmatrix} \begin{bmatrix} u_{n1} \\ u_{n2} \\ u_{n3} \end{bmatrix}$$

因此有

$$\boldsymbol{U}_b = \boldsymbol{A}^T \boldsymbol{U}_n \tag{17-4}$$

式（17-4）中，$\boldsymbol{U}_b$ 为 b 维节点电压列向量，即 $\boldsymbol{U}_b = \begin{bmatrix} u_1 & u_2 & u_3 & u_4 & u_5 & u_6 \end{bmatrix}^T$；$\boldsymbol{U}_n$ 为 $n-1$ 维节点电压列向量，即 $U_n = \begin{bmatrix} u_{n1} & u_{n2} & u_{n3} \end{bmatrix}^T$。式（17-4）即为矩阵形式的 KVL 方程，它也表明节点电压是完备电路变量。

17.3.2　回路支路关联矩阵 $\boldsymbol{B}$

回路与支路的关系可用回路支路关联矩阵来描述。由于回路是由支路构成的，故针对每一个回路均可建立其与支路的关系。

独立回路与支路的关系矩阵称为独立回路支路关联矩阵，由于电路分析中所用的均是独立回路支路关联矩阵，为论述方便，通常将该矩阵简称为回路矩阵。

回路矩阵用 $\boldsymbol{B}$ 表示，它的行对应着回路，列对应着支路。对一个独立回路数为 l、支路数为 b 的有向图，$\boldsymbol{B}$ 是一个 $l \times b$ 阶矩阵，其第 i 行第 k 列位置上的元素 b_{ik} 定义为

$$b_{ik} = \begin{cases} 1, & \text{支路 } k \text{ 属于回路 } i, \text{且支路 } k \text{ 的参考方向与回路 } i \text{ 的绕行方向一致；} \\ -1, & \text{支路 } k \text{ 属于回路 } i, \text{且支路 } k \text{ 的参考方向与回路 } i \text{ 的绕行方向不一致；} \\ 0, & \text{支路 } k \text{ 不在回路 } i \text{ 上} \end{cases}$$

如图 17 - 5 所示的有向图，网孔 l_1、l_2、l_3 是独立回路，则回路矩阵为

$$\boldsymbol{B} = \begin{array}{c} \\ l_1 \\ l_2 \\ l_3 \end{array} \begin{array}{cccccc} 1 & 2 & 3 & 4 & 5 & 6 \\ \left[\begin{array}{cccccc} 1 & 0 & 1 & -1 & 0 & 0 \\ 0 & 1 & -1 & 0 & -1 & 0 \\ 0 & 0 & 0 & 1 & 1 & 1 \end{array} \right] \end{array}$$

独立回路的选择方法有很多，如果对有向图选定一个树，先对连支进行编号，后对树支进行编号，并以连支编号作为对应单连支回路的编号，这样形成的一组独立回路称为基本回路组。基本回路组选定后，规定各回路电流方向与连支方向一致，在此基础上列出的回路矩阵称为基本回路矩阵，用 $\boldsymbol{B}_\mathrm{f}$ 表示。

图 17 - 6 所示的有向图中，支路 1、2、3 为连支，4、5、6 为树枝；单连枝回路编号与连支一致，回路绕行方向与连支一致，符合列写基本回路矩阵的要求，可得基本回路矩阵为

$$\boldsymbol{B}_\mathrm{f} = \begin{array}{c} \\ l_1 \\ l_2 \\ l_3 \end{array} \begin{array}{ccccccc} 1 & 2 & 3 & & 4 & 5 & 6 \\ \left[\begin{array}{cccccccc} 1 & 0 & 0 & \vdots & 0 & -1 & -1 \\ 0 & 1 & 0 & \vdots & -1 & -1 & 0 \\ 0 & 0 & 1 & \vdots & 1 & 1 & 1 \end{array} \right] \end{array}$$

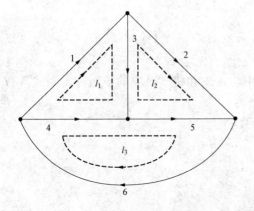
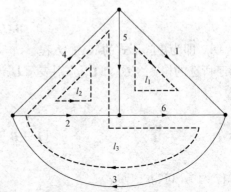

图 17 - 5　回路矩阵列写方法示例　　　　　图 17 - 6　基本回路矩阵列写方法示例

基本回路矩阵是 $(b-n+1) \times b$ 的矩阵，$b-n+1$ 个连支与基本回路关联形成的子矩阵是 $(b-n+1)$ 阶的方阵。按照基本回路矩阵的列写方法，列出的 $(b-n+1)$ 阶方阵是单位矩阵，记为 $\boldsymbol{I}_l$，因此基本回路矩阵一般写成

$$\boldsymbol{B}_\mathrm{f} = \left[\boldsymbol{I}_l \vdots \boldsymbol{B}_\mathrm{t} \right] \tag{17 - 5}$$

式（17 - 5）中，$\boldsymbol{B}_\mathrm{t}$ 为基本回路与树支关联的子矩阵。

KCL 可以用回路矩阵 $\boldsymbol{B}$ 或基本回路矩阵 $\boldsymbol{B}_\mathrm{f}$ 表示。如图 17 - 5 所示的有向图，设想在每个基本回路 l_1、l_2、l_3 中有回路电流 i_{l1}、i_{l2}、i_{l3}，则有 $i_1 = i_{l1}$、$i_2 = i_{l2}$、$i_3 = i_{l3}$。由 KCL 可得 $i_4 = +i_2 + i_3 = -i_{l2} + i_{l3}$、$i_5 = -i_1 + i_4 = -i_{l1} - i_{l2} + i_{l3}$、$i_6 = -i_1 + i_3 = -i_{l1} + i_{l3}$，因此可得到如下形式的支路电流与回路电流的方程式

$$\begin{bmatrix} i_1 \\ i_2 \\ i_3 \\ i_4 \\ i_5 \\ i_6 \end{bmatrix} = \begin{bmatrix} 1 & 0 & 0 \\ 0 & 1 & 0 \\ 0 & 0 & 1 \\ 0 & -1 & 1 \\ -1 & -1 & 1 \\ -1 & 0 & 1 \end{bmatrix} \begin{bmatrix} i_{l1} \\ i_{l2} \\ i_{l3} \end{bmatrix} \tag{17-6}$$

即

$$\boldsymbol{I}_b = \boldsymbol{B}_{\mathrm{f}}^{\mathrm{T}} \boldsymbol{I}_l \tag{17-7}$$

式（17-7）即为矩阵形式的 KCL 方程，它也表明回路电流是完备电路变量。

KVL 可用回路矩阵 $\boldsymbol{B}$ 或基本回路矩阵 $\boldsymbol{B}_{\mathrm{f}}$ 表示。如图 17-6 所示的有向图对基本回路 l_1、l_2、l_3 分别列写 KVL 可得 $u_1 - u_5 - u_6 = 0$，$u_2 - u_4 - u_5 = 0$，$u_3 + u_4 + u_5 + u_6 = 0$，写成矩阵形式有

$$\begin{bmatrix} 1 & 0 & 0 & \vdots & 0 & -1 & -1 \\ 0 & 1 & 0 & \vdots & -1 & -1 & 0 \\ 0 & 0 & 1 & \vdots & 1 & 1 & 1 \end{bmatrix} \begin{bmatrix} u_1 \\ u_2 \\ u_3 \\ u_4 \\ u_5 \\ u_6 \end{bmatrix} = \begin{bmatrix} 0 \\ 0 \\ 0 \end{bmatrix} \tag{17-8}$$

即

$$\boldsymbol{B}_{\mathrm{f}} \boldsymbol{U}_b = 0 \tag{17-9}$$

式（17-9）即为矩阵形式的 KVL 方程。

对于所选的树，令 $\boldsymbol{U}_l$ 和 $\boldsymbol{U}_{\mathrm{t}}$ 分别表示 $\boldsymbol{U}_b$ 中与连支和树支对应的子矩阵，则式（17-9）可写成

$$\begin{bmatrix} \boldsymbol{I}_l & \vdots & \boldsymbol{B}_{\mathrm{t}} \end{bmatrix} \begin{bmatrix} \boldsymbol{U}_l \\ \cdots \\ \boldsymbol{U}_{\mathrm{t}} \end{bmatrix} = 0 \tag{17-10}$$

由式（17-10）可得

$$\boldsymbol{U}_l = -\boldsymbol{B}_{\mathrm{t}} \boldsymbol{U}_{\mathrm{t}} \tag{17-11}$$

记 $\boldsymbol{I}_{n-1}$ 为 $n-1$ 阶方阵，所以

$$\boldsymbol{U}_b = \begin{bmatrix} \boldsymbol{U}_l \\ \cdots \\ \boldsymbol{U}_{\mathrm{t}} \end{bmatrix} = \begin{bmatrix} -\boldsymbol{B}_{\mathrm{t}} \\ \cdots \\ \boldsymbol{I}_{n-1} \end{bmatrix} \boldsymbol{U}_{\mathrm{t}} \tag{17-12}$$

式（17-12）表明，$n-1$ 个树支电压是一组完备的电路变量（能提供电路求解的充分信息），实际上也是一组独立的电路变量。

全部支路电压是一组完备的电路变量，但不是一组独立的电路变量，这是因为 b 条支路电压之间存在 $b - (n-1)$ 个 KVL 方程，所以 b 条支路电压中满足独立性条件的支路电压数量只有 $b - [b - (n-1)] = n-1$ 个。n 个节点的电路中树支的数量是 $n-1$ 个，$n-1$ 个树支电压恰好满足独立性支路电压的数量要求，并且树支电压之间不存在彼此转化、组合的关

系，均是相互独立的。结合式（17‐12），可以得出的结论是：全部 $n-1$ 个树支电压是一组独立完备的电路变量。

17.3.3　割集支路关联矩阵 Q

割集由支路组成，对有向图选定一组割集，就可得到割集支路关联矩阵。电路计算机辅助分析中用到的割集，通常是通过选树然后确定单树枝割集得到的。所谓单树枝割集是指只包含一条树支的割集，也称为基本割集，全部单树枝割集的集合称为基本割集组。

对一个由 b 条支路、n 个节点构成的有向图，树支数为 $n-1$ 个，基本割集数也为 $n-1$ 个。用矩阵 Q 表示有向图的基本割集与支路的关系，矩阵将是 $n-1$ 行 b 列的矩阵，Q 可简称为割集矩阵。矩阵的第 i 行第 k 列元素 q_{ik} 定义为

$$q_{ik} = \begin{cases} 1, & \text{支路 } k \text{ 属于割集 } i,\text{且支路 } k \text{ 的参考方向与割集 } i \text{ 的参考方向一致；} \\ -1, & \text{支路 } k \text{ 属于割集 } i,\text{且支路 } k \text{ 的参考方向与割集 } i \text{ 的参考方向相反；；} \\ 0, & \text{支路 } k \text{ 不属于割集 } i \end{cases}$$

列写矩阵 Q 时，若有如下约定：

（1）首先选树，然后按"先连支后树支"顺序对支路编号；

（2）按从小到大的顺序对树支编号，将基本割集编号为 1、2、…、$n-1$；

（3）基本割集的参考方向与它所包含的树支的参考方向一致。

则割集矩阵 Q 称为基本割集矩阵，记为 Q_f。

如图 17‐7 所示，若选取支路 4、5、6 为树，则 C_1、C_2、C_3 为对应的基本割集。由此可得基本割集矩阵 Q_f 为

$$Q_f = \begin{matrix} & \begin{matrix} 1 & 2 & 3 & & 4 & 5 & 6 \end{matrix} \\ \begin{matrix} C_1 \\ C_2 \\ C_3 \end{matrix} & \begin{bmatrix} 0 & 1 & -1 & \vdots & 1 & 0 & 0 \\ 1 & 1 & -1 & \vdots & 0 & 1 & 0 \\ 1 & 0 & -1 & \vdots & 0 & 0 & 1 \end{bmatrix} \end{matrix} \tag{17-13}$$

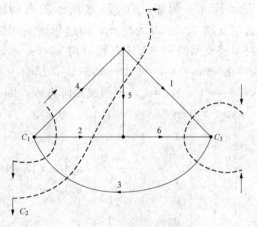

图 17‐7　基本割集示例

基本割集矩阵中，$n-1$ 个树支与割集关联的子矩阵是一个 $n-1$ 阶的单位方阵，记为 I_{n-1}，因此基本割集矩阵一般可表示为

$$Q_f = [Q_l \vdots I_{n-1}] \tag{17-14}$$

式（17‐14）中，Q_l 表示连支与割集关联的子矩阵。

可用割集矩阵 Q 或基本割集矩阵 Q_f 表示 KCL。如图 17‐7 所示的有向图，根据割集的参考方向由 KCL 可得 $i_2-i_3+i_4=0$，$i_1+i_2-i_3+i_5=0$，$i_1-i_3+i_6=0$，写成矩阵形式有

$$\begin{bmatrix} 0 & 1 & -1 & \vdots & 1 & 0 & 0 \\ 1 & 1 & -1 & \vdots & 0 & 1 & 0 \\ 1 & 0 & -1 & \vdots & 0 & 0 & 1 \end{bmatrix} \begin{bmatrix} i_1 \\ i_2 \\ i_2 \\ i_4 \\ i_5 \\ i_6 \end{bmatrix} = 0 \tag{17-15}$$

即

$$\mathbf{Q}_{\mathrm{f}}\mathbf{I}_b = 0 \qquad (17-16)$$

式 (17-16) 即为矩阵形式的 KCL 方程。式 (17-16) 也可写成分块矩阵的形式，即

$$\left[\mathbf{Q}_l \vdots \mathbf{I}_{n-1}\right]\begin{bmatrix}\mathbf{I}_l\\ \cdots\\ \mathbf{I}_t\end{bmatrix} = 0 \qquad (17-17)$$

因此有

$$\mathbf{I}_t = -\mathbf{Q}_l\mathbf{I}_l \qquad (17-18)$$

式 (17-18) 表明，对于任意选取的树，树支电流可以表示为连支电流的线性组合。由于 $n-1$ 个树支电流与 $b-(n-1)$ 个连支电流合起来为 b 个支路电流，而树枝电流可由连支电流求出，故式 (17-18) 说明连支电流是一组完备的电路变量。

全部支路电流是一组完备的电路变量，但全部支路电流不是独立的电路变量，这是因为 b 条支路电流之间存在 $n-1$ 个 KCL 方程，所以 b 条支路电流中满足独立性条件的支路电流数量只有 $b-(n-1)$ 个。b 条支路的电路中连支的数量是 $b-(n-1)$ 个，$b-(n-1)$ 个连支电流的数量恰好满足独立性支路电流数量的要求，并且连支电流之间不存在彼此转化、组合的关系，均是相互独立的，故连支电流是一组独立的电路变量。结合连支电流具备完备性的特点，可以得出的结论是：全部 $b-(n-1)$ 个连支电流是一组独立完备的电路变量。

割集矩阵 $\mathbf{Q}$ 或基本割集矩阵 $\mathbf{Q}_{\mathrm{f}}$ 可以用来表示 KVL。例如，图 17-8 所示的有向图，选取支路 4、5、6 为树支，构造单连支回路，对单连支回路列 KVL 方程可得 $u_1 = u_5 + u_6$、$u_2 = u_4 + u_5$、$u_3 = -u_4 - u_5 - u_6$，结合 $u_4 = u_4$、$u_5 = u_5$、$u_6 = u_6$，可形成矩阵方程，即

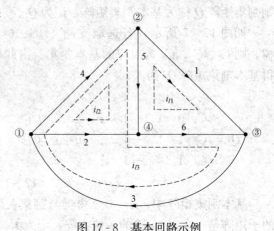

图 17-8 基本回路示例

$$\begin{bmatrix}u_1\\ u_2\\ u_3\\ u_4\\ u_5\\ u_6\end{bmatrix} = \begin{bmatrix}0 & 1 & 1\\ 1 & 1 & 0\\ -1 & -1 & -1\\ 1 & 0 & 0\\ 0 & 1 & 0\\ 0 & 0 & 1\end{bmatrix}\begin{bmatrix}u_4\\ u_5\\ u_6\end{bmatrix} \qquad (17-19)$$

即

$$\mathbf{U}_b = \mathbf{Q}_{\mathrm{f}}^{\mathrm{T}}\mathbf{U}_t \qquad (17-20)$$

式 (17-20) 即为矩阵形式的 KVL 方程。式 (17-20) 也说明 $n-1$ 个树支电压是完备的电路变量。而树支电压的独立性前面已做过说明。

17.4 不同关联矩阵之间的关系和特勒根定理的证明

有向图的关联矩阵 $\mathbf{A}$、回路矩阵 $\mathbf{B}$ 和割集矩阵 $\mathbf{Q}$，分别反映了有向图的节点与支路、回路与支路、割集与支路的关系，这些矩阵的列和有向图的支路相对应。在支路排列顺序相同时，同一个有向图的关联矩阵、回路矩阵和割集矩阵之间存在确定的关系。

1. A 与 B_f 的关系

在列写一个有向图的关联矩阵 A 和基本回路矩阵 B_f 时，若矩阵的支路顺序相同，因为有 $U_b = A^T U_n$、$B_f U_b = 0$，所以有 $B_f U_b = B_f A^T U_n = 0$。式 $B_f A^T U_n = 0$ 中，节点电压 U_n 是一组独立变量，可以任意给定。因此，可设 U_n 只有第 1 个元素非零，由此得知 $B_f A^T$ 的第 1 列元素均为零；再设 U_n 只有第 2 个元素非零，由此又可得知 $B_f A^T$ 的第 2 列元素均为零。依次递推便得出 $B_f A^T$ 的全部元素都为零，即

$$B_f A^T = 0 \tag{17-21}$$

两边取转置，则

$$A B_f^T = 0 \tag{17-22}$$

若 B_f 是按 "先连支后树支" 的约定方式列写出来的，则式 (17-22) 可写成

$$\begin{bmatrix} A_l & \vdots & A_t \end{bmatrix} \begin{bmatrix} I_l \\ \cdots \\ B_t^T \end{bmatrix} = 0 \tag{17-23}$$

因 A_t 有逆矩阵，所以由上式得

$$B_t^T = -A_t^{-1} A_l \tag{17-24}$$

即

$$B_t = (-A_t^{-1} A_l)^T \tag{17-25}$$

这样基本回路矩阵就可用关联矩阵 A 表示为

$$B_f = [I_l \vdots (-A_t^{-1} A_l)^T] \tag{17-26}$$

2. Q_f 与 B_f 的关系

若一个有向图的基本割集矩阵和基本回路矩阵的支路顺序相同，因为有 $U_b = Q_f^T U_t$、$B_f U_b = 0$，所以有 $B_f U_b = B_f Q_f^T U_t = 0$。因 $B_f Q_f^T U_t = 0$ 对任意的树支电压 U_t 均成立，由此得

$$B_f Q_f^T = 0 \tag{17-27}$$

两边取转置，则

$$Q_f B_f^T = 0 \tag{17-28}$$

当 Q_f 和 B_f 分别按照 "先连支后树支" 的约定方式列写时，式 (17-27) 可写成

$$\begin{bmatrix} Q_l & \vdots & I_{n-1} \end{bmatrix} \begin{bmatrix} I_l \\ \cdots \\ B_t^T \end{bmatrix} = 0 \tag{17-29}$$

所以

$$Q_l = -B_t^T (\text{或 } B_t = -Q_l^T) \tag{17-30}$$

这样，由有向图的基本割集矩阵，就可以直接定出其对应于同一树的基本回路矩阵，反之亦然，即

$$B_f = [I_l \vdots -Q_l^T] \tag{17-31}$$

和

$$Q_f = [-B_t^T \vdots I_{n-1}] \tag{17-32}$$

3. 特勒根定理的证明

(1) 特勒根定理 1 的证明。对某一网络 N，用 A 矩阵表示的 KVL 方程为 $U_b = A^T U_n$，式中 U_n 为节点电压列向量，将该式两边同时转置，有 $U_b^T = U_n^T A$，再将该式两边同时右乘

I_b，有 $U_n^T I_b = U_n^T A I_b$，但 $AI_b = 0$，所以 $U_b^T I_b = 0$，特勒根定理 1 得以证明。

（2）特勒根定理 2 的证明。设有两个拓扑结构完全相同的网络 N 和 N̂，它们具有相同的有向图。在网络 N 中，用 Q 矩阵表示的 KVL 方程为 $U_b = Q_f^T U_t$，式中 U_t 为树枝电压列向量，将该式两边同时转置，有 $U_b^T = U_t^T Q_f$；在网络 N̂ 中，用 $\hat{Q}$ 矩阵表示的 KVL 方程为 $\hat{U}_b = \hat{Q}_f^T \hat{U}_t$，式中 $\hat{U}_t$ 为树枝电压列向量，将该式两边同时转置，有 $\hat{U}_b^T = \hat{U}_t^T \hat{Q}_f$。因 N 和 N̂ 具有相同的有向图，则必有 $\hat{Q}_f = Q_f$，于是 $U_b^T = U_t^T Q_f$ 可写为 $U_b^T = U_t^T \hat{Q}_f$。将 $U_b^T = U_t^T \hat{Q}_f$ 两边同乘以 $\hat{I}_b$，有 $U_b^T \hat{I}_b = U_t^T \hat{Q}_f \hat{I}_b$，又因为 $\hat{Q}_f \hat{I}_b = 0$，所以 $U_b^T \hat{I}_b = 0$，类似地可证明 $\hat{U}_b^T I_b = 0$，这样特勒根定理 2 得以证明。

17.5 标准支路的约束关系

17.5.1 不含受控源的标准支路

前面已给出了矩阵形式的拓扑约束。直接形式的拓扑约束为 $AI_b = 0$（KCL）、$B_f U_b = 0$（KVL）、$Q_f I_b = 0$（KCL），间接形式的拓扑约束为 $U_b = A^T U_n$（KVL）、$I_b = B_f^T I_l$（KCL）、$U_b = Q_f^T U_t$（KVL），这些关系汇总在表 17 - 2 中。分析电路时除了依据拓扑约束外，还要依据支路（元件）的电压和电流的约束关系（VCR），即支路方程。

表 17 - 2　　　　　　　　　　　　矩阵形式的拓扑约束

关联矩阵	A	B	Q
KCL	$AI_b = 0$	$I_b = B_f^T I_l$	$Q_f I_b = 0$
KVL	$U_b = A^T U_n$	$B_f U_b = 0$	$U_b = Q_f^T U_t$

适合用计算机分析电路的一种不含受控源的标准支路（也称为不含受控源的复合支路）如图 17 - 9 所示。其中，下标 k 表示是第 k 条支路，$\dot{U}_{sk}$ 和 $\dot{I}_{sk}$ 分别表示独立电压源电压相量和独立电流源电流相量，$Z_k(Y_k)$ 表示支路 k 的复阻抗（复导纳）。动态电路可改用运算模型。

使用图 17 - 9 所示支路时，电路信息输入计

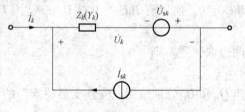

图 17 - 9　不含受控源的标准支路

算机的方式见表 17 - 3，如果没有电压源，则 $\dot{U}_{sk} = 0$；如果没有电流源，则 $\dot{I}_{sk} = 0$；如果既没有电流源也没有电压源，则该支路就只有阻抗 Z_k。还可用别的方式将电路信息输入计算机，如给出 R、L、C 和频率的信息，而不是直接给出 Z_k 参数值。

表 17 - 3　　　　　　　　　　　　电路的拓扑信息和元件信息表

支路号	始节点号	终节点号	Z_k 参数	$\dot{U}_{sk}$ 参数	$\dot{I}_{sk}$ 参数
1					
2					
...					

17.5.2 标准支路约束关系的矩阵形式

如图 17 - 9 所示支路的电压、电流关系为

$$\dot{U}_k = Z_k(\dot{I}_k + \dot{I}_{sk}) - \dot{U}_{sk} \quad (k = 1, 2, \cdots, b) \tag{17-33}$$

或

$$\dot{I}_k = Y_k(\dot{U}_k + \dot{U}_{sk}) - \dot{I}_{sk} \quad (k = 1, 2, \cdots, b) \tag{17-34}$$

将式（17-33）写成矩阵形式有

$$
\begin{bmatrix} \dot{U}_1 \\ \dot{U}_2 \\ \vdots \\ \dot{U}_b \end{bmatrix} =
\begin{bmatrix} Z_1 & 0 & 0 & 0 \\ 0 & Z_2 & 0 & 0 \\ 0 & 0 & 0 & 0 \\ 0 & 0 & 0 & Z_b \end{bmatrix} \cdot
\left\{ \begin{bmatrix} \dot{I}_1 \\ \dot{I}_2 \\ \vdots \\ \dot{I}_b \end{bmatrix} +
\begin{bmatrix} \dot{I}_{s1} \\ \dot{I}_{s2} \\ \vdots \\ \dot{I}_{sb} \end{bmatrix} \right\} -
\begin{bmatrix} \dot{U}_{s1} \\ \dot{U}_{s2} \\ \vdots \\ \dot{U}_{sb} \end{bmatrix} \tag{17-35}
$$

令 $\dot{I}_b = \begin{bmatrix} \dot{I}_1 & \dot{I}_2 & \cdots & \dot{I}_b \end{bmatrix}^{\mathrm{T}}$ 为支路电流列向量，$\dot{U}_b = \begin{bmatrix} \dot{U}_1 & \dot{U}_2 & \cdots & \dot{U}_b \end{bmatrix}^{\mathrm{T}}$ 为支路电压列向量，$\dot{I}_{sb} = \begin{bmatrix} \dot{I}_{s1} & \dot{I}_{s2} & \cdots & \dot{I}_{sb} \end{bmatrix}^{\mathrm{T}}$ 为支路电流源的电流列向量，$\dot{U}_{sb} = \begin{bmatrix} \dot{U}_{s1} & \dot{U}_{s2} & \cdots & \dot{U}_{sb} \end{bmatrix}^{\mathrm{T}}$ 为支路电压源的电压列向量，则可得

$$\dot{U}_b = Z_b(\dot{I}_b + \dot{I}_{sb}) - \dot{U}_{sb} \tag{17-36}$$

式（17-36）中，Z_b 是支路阻抗矩阵，它是一对角矩阵，即

$$
Z_b = \begin{bmatrix} Z_1 & 0 & \cdots & 0 \\ 0 & Z_2 & \cdots & 0 \\ \vdots & \vdots & \ddots & \vdots \\ 0 & 0 & \cdots & Z_b \end{bmatrix}
$$

同理，式（17-34）可改写为

$$\dot{I}_b = Y_b(\dot{U}_b + \dot{U}_{sb}) - \dot{I}_{sb} \tag{17-37}$$

式（17-37）中，$Y_b = Z_b^{-1}$ 是支路导纳矩阵，它也是一对角矩阵，有

$$
Y_b = \begin{bmatrix} Y_1 & 0 & \cdots & 0 \\ 0 & Y_2 & \cdots & 0 \\ \vdots & \vdots & \ddots & \vdots \\ 0 & 0 & \cdots & Y_b \end{bmatrix}
$$

17.6　电路的矩阵方程

17.6.1　节点电压方程

对于一个线性电路，其拓扑约束和支路（元件）约束关系可以表达为

$$A\dot{I}_b = 0 \tag{17-38}$$

$$\dot{U}_b = A^{\mathrm{T}}\dot{U}_n \tag{17-39}$$

$$\dot{I}_b = Y_b(\dot{U}_b + \dot{U}_{sb}) - \dot{I}_{sb} \tag{17-40}$$

将式（17-40）代入式（17-38），有

$$AY_b\dot{U}_b + AY_b\dot{U}_{sb} - A\dot{I}_{sb} = 0 \tag{17-41}$$

将式（17-39）代入式（17-41）中并整理有

$$\boldsymbol{A Y}_b \boldsymbol{A}^{\mathrm{T}} \dot{\boldsymbol{U}}_n = \boldsymbol{A}\dot{\boldsymbol{I}}_{sb} - \boldsymbol{A Y}_b \dot{\boldsymbol{U}}_{sb} \tag{17-42}$$

令节点导纳矩阵 $\boldsymbol{Y}_n = \boldsymbol{A Y}_b \boldsymbol{A}^{\mathrm{T}}$，令流入各节点的电流源（包括等效变换得到的电流源）的电流相量为 $\dot{\boldsymbol{I}}_{ns} = \boldsymbol{A}\dot{\boldsymbol{I}}_{sb} - \boldsymbol{A Y}_b \dot{\boldsymbol{U}}_{sb}$，节点电压方程的矩阵式（17-42）可简化为

$$\boldsymbol{Y}_n \dot{\boldsymbol{U}}_n = \dot{\boldsymbol{I}}_{ns} \tag{17-43}$$

得到各节点电压 $\dot{\boldsymbol{U}}_n$ 后，利用 $\dot{\boldsymbol{U}}_b = \boldsymbol{A}^{\mathrm{T}}\dot{\boldsymbol{U}}_n$、$\dot{\boldsymbol{I}}_b = \boldsymbol{Y}_b(\dot{\boldsymbol{U}}_b + \dot{\boldsymbol{U}}_{sb}) - \dot{\boldsymbol{I}}_{sb}$ 关系，可求出电路的全部支路电压和支路电流。

【例 17-1】 求图 17-10（a）所示正弦稳态电路的节点电压方程的矩阵形式。

解 （1）做出图 17-10（a）所示电路的有向图如图 17-10（b）所示。选节点④为参考节点，则关联矩阵为

$$\boldsymbol{A} = \begin{bmatrix} -1 & 0 & 0 & 1 & 0 \\ 1 & 1 & -1 & 0 & 0 \\ 0 & -1 & 0 & -1 & -1 \end{bmatrix}$$

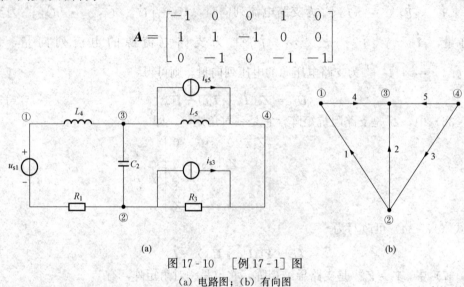

(a)

(b)

图 17-10　[例 17-1] 图

(a) 电路图；(b) 有向图

（2）根据有向图的方向，结合图 17-9 所示的标准支路，可知 $\dot{U}_{s1}$、$\dot{I}_{s3}$、$\dot{I}_{s5}$ 的方向均符合标准支路中的方向，因此 $\dot{U}_{s1}$、$\dot{I}_{s3}$、$\dot{I}_{s5}$ 在表达式中前面均为正号，由此可得电压源列向量和电流源列向量分别为

$$\dot{\boldsymbol{U}}_{sb} = \begin{bmatrix} \dot{U}_{s1} & 0 & 0 & 0 & 0 \end{bmatrix}^{\mathrm{T}}$$

$$\dot{\boldsymbol{I}}_{sb} = \begin{bmatrix} 0 & 0 & \dot{I}_{s3} & 0 & \dot{I}_{s5} \end{bmatrix}^{\mathrm{T}}$$

（3）支路导纳矩阵为

$$\boldsymbol{Y}_b = \begin{bmatrix} \dfrac{1}{R_1} & 0 & 0 & 0 & 0 \\ 0 & \mathrm{j}\omega C_2 & 0 & 0 & 0 \\ 0 & 0 & \dfrac{1}{R_3} & 0 & 0 \\ 0 & 0 & 0 & \dfrac{1}{\mathrm{j}\omega L_4} & 0 \\ 0 & 0 & 0 & 0 & \dfrac{1}{\mathrm{j}\omega L_5} \end{bmatrix}$$

（4）将上面所得各矩阵代入 $AY_bA^{\mathrm{T}}\dot{U}_n = A\dot{I}_{sb} - AY_b\dot{U}_{sb}$ 中，得节点电压方程的矩阵形式为

$$
\begin{bmatrix}
\dfrac{1}{R_1} + \dfrac{1}{\mathrm{j}\omega L_4} & -\dfrac{1}{R_1} & -\dfrac{1}{\mathrm{j}\omega L_4} \\[2mm]
-\dfrac{1}{R_1} & \dfrac{1}{R_1} + \mathrm{j}\omega C_2 + \dfrac{1}{R_3} & -\mathrm{j}\omega C_2 \\[2mm]
-\dfrac{1}{\mathrm{j}\omega L_4} & -\mathrm{j}\omega C_2 & \mathrm{j}\omega C_2 + \dfrac{1}{\mathrm{j}\omega L_4} + \dfrac{1}{\mathrm{j}\omega L_5}
\end{bmatrix}
\begin{bmatrix}
\dot{U}_{n1} \\[2mm]
\dot{U}_{n2} \\[2mm]
\dot{U}_{n3}
\end{bmatrix}
=
\begin{bmatrix}
\dfrac{\dot{U}_{s1}}{R_1} \\[2mm]
-\dfrac{\dot{U}_{s1}}{R_1} - \dot{I}_{s3} \\[2mm]
-\dot{I}_{s5}
\end{bmatrix}
$$

需要注意的是，列写矩阵形式节点电压方程时，不允许存在无伴电压源支路。如［例 17-1］中，如果 $R_1 = 0$，将电压源 $\dot{U}_{s1}$ 仍然单独作为一条支路看待，则支路导纳矩阵 Y_b 就无法写出，也就无法得出最后的节点电压方程。若存在无伴电压源支路时仍想用节点电压方程求解电路，可用 2.5 节中的方法将无伴电压源做转移。在不对无伴电压源进行转移的情况下，工程上解决此问题的一种方法是在无伴电压源支路上串联一个参数非常小的电阻，并将其带入计算过程。

17.6.2 回路电流方程

对于一个线性电路，其拓扑约束和元件约束关系可表示为

$$\mathbf{B}_f\dot{U}_b = 0 \tag{17-44}$$

$$\dot{I}_b = \mathbf{B}_f^{\mathrm{T}}\dot{I}_l \tag{17-45}$$

$$\dot{U}_b = \mathbf{Z}_b(\dot{I}_b + \dot{I}_{sb}) - \dot{U}_{sb} \tag{17-46}$$

将式（17-46）带入式（17-44）中，有

$$\mathbf{B}_f\mathbf{Z}_b\dot{I}_b + \mathbf{B}_f\mathbf{Z}_b\dot{I}_{sb} - \mathbf{B}_f\dot{U}_{sb} = 0 \tag{17-47}$$

将式（17-45）带入式（17-47）并整理有

$$\mathbf{B}_f\mathbf{Z}_b\mathbf{B}_f^{\mathrm{T}}\dot{I}_l = \mathbf{B}_f\dot{U}_{sb} - \mathbf{B}_f\mathbf{Z}_b\dot{I}_{sb} \tag{17-48}$$

令回路阻抗矩阵 $\mathbf{Z}_l = \mathbf{B}_f\mathbf{Z}_b\mathbf{B}_f$，令回路中电压源（包括等效变换得到的电压源）电压矩阵 $\dot{U}_{ls} = \mathbf{B}_f\mathbf{Z}_b\dot{I}_{sb} - \mathbf{B}_f\dot{U}_{sb}$，因此回路电流方程的矩阵式（17-48）可简化为

$$\mathbf{Z}_l\dot{I}_l = \dot{U}_{ls} \tag{17-49}$$

当用回路电流法求出回路电流后，利用 $\dot{I}_b = \mathbf{B}^{\mathrm{T}}\dot{I}_l$ 可求出各支路电流，再用 $\dot{U}_b = \mathbf{Z}_b(\dot{I}_b + \dot{I}_{sb}) - \dot{U}_{sb}$ 的关系可求出各支路电压。

【例 17-2】 列出图 17-11（a）所示电路运算形式的回路电流矩阵方程。设电路中动态元件的初始状态为零。

解 画出电路的有向图如图 17-11（b）所示。选支路 4、5、6 为树支，则三个单连支基本回路如图 17-11（b）所示，令连支电流 $I_{l1}(s)$、$I_{l2}(s)$、$I_{l3}(s)$ 的方向为回路电流方向，则可得基本回路矩阵为

$$
\mathbf{B}_f =
\begin{bmatrix}
1 & 0 & 0 & 1 & 1 & 0 \\
0 & 1 & 0 & 0 & -1 & 1 \\
0 & 0 & 1 & 1 & 1 & -1
\end{bmatrix}
$$

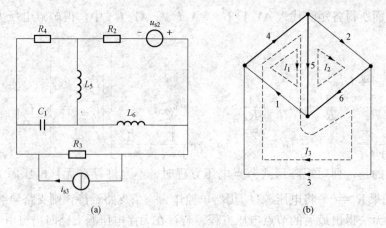

图 17 - 11　　［例 17 - 2］图

(a) 电路图；(b) 有向图

电压源和电流源列向量分别为

$$\boldsymbol{U}_{sb}(s) = \begin{bmatrix} 0 & U_{s2}(s) & 0 & 0 & 0 & 0 \end{bmatrix}^{\mathrm{T}}$$

$$\boldsymbol{I}_{sb}(s) = \begin{bmatrix} 0 & 0 & -I_{s3}(s) & 0 & 0 & 0 \end{bmatrix}^{\mathrm{T}}$$

$I_{s3}(s)$ 前面取负号，是因为 $I_{s3}(s)$ 与图 17 - 9 所示的标准支路中的独立电流源方向相反。支路复阻抗矩阵为

$$\boldsymbol{Z}_b(s) = \begin{bmatrix} \dfrac{1}{sC_1} & 0 & 0 & 0 & 0 & 0 \\ 0 & R_2 & 0 & 0 & 0 & 0 \\ 0 & 0 & R_3 & 0 & 0 & 0 \\ 0 & 0 & 0 & R_4 & 0 & 0 \\ 0 & 0 & 0 & 0 & sL_5 & 0 \\ 0 & 0 & 0 & 0 & 0 & sL_6 \end{bmatrix}$$

把上面各式代入运算形式回路电流方程的矩阵形式中，经过运算可得回路电路方程的矩阵形式为

$$\begin{bmatrix} \dfrac{1}{sC_1}+R_4+sL_5 & -sL_5 & R_4+sL_5 \\ -sL_5 & R_2+sL_5+sL_6 & -sL_5-sL_6 \\ R_4+sL_5 & -sL_5-sL_6 & R_3+R_4+sL_5+sL_6 \end{bmatrix} \begin{bmatrix} I_{l1}(s) \\ I_{l2}(s) \\ I_{l3}(s) \end{bmatrix} = \begin{bmatrix} 0 \\ U_{s2}(s) \\ R_3 I_{s3}(s) \end{bmatrix}$$

需要注意的是，列写矩阵形式回路电流方程时，不允许存在无伴电流源支路。在 ［例 17 - 2］ 中，若 $R_3 = \infty$，将电流源 i_{s3} 仍然单独作为一条支路，则无法写出支路阻抗矩阵 $\boldsymbol{Z}_b(s)$，也就无法得出最后的回路电流方程。若存在无伴电流源支路时仍想用回路电流方程求解电路，可用 2.5 节中的方法将无伴电流源做转移。在不转移无伴电流源的情况下，工程上解决此问题的一种方法是在无伴电流源支路上并联一个参数非常大的电阻，并将其带入计算过程。

17.6.3　割集电压（树支电压）方程

对于一个线性电路，其拓扑约束和元件约束关系可表示为

$$Q_\mathrm{f}\,\dot{I}_b = 0 \tag{17-50}$$

$$\dot{U}_b = Q_\mathrm{f}^\mathrm{T}\,\dot{U}_\mathrm{t} \tag{17-51}$$

$$\dot{I}_b = Y_b(\dot{U}_b + \dot{U}_{sb}) - \dot{I}_{sb} \tag{17-52}$$

将式（17-52）代入式（17-50），有

$$Q_\mathrm{f}Y_b\dot{U}_b + Q_\mathrm{f}Y_b\dot{U}_{sb} - Q_\mathrm{f}\dot{I}_{sb} = 0 \tag{17-53}$$

将式（17-51）代入式（17-53）并整理有

$$Q_\mathrm{f}Y_bQ_\mathrm{f}^\mathrm{T}\dot{U}_\mathrm{t} = Q_\mathrm{f}\dot{I}_{sb} - Q_\mathrm{f}Y_b\dot{U}_{sb} \tag{17-54}$$

令割集导纳矩阵 $Y_Q = Q_\mathrm{f}Y_bQ_\mathrm{f}^\mathrm{T}$，令流入割集的电流源（包括等效变换得到的电流源）电流矩阵 $\dot{I}_{sQ} = Q_\mathrm{f}\dot{I}_{sb} - Q_\mathrm{f}Y_b\dot{U}_{sb}$，因此式（17-54）的割集电压（树支电压）方程的矩阵形式可简化为

$$Y_Q\dot{U}_\mathrm{t} = \dot{I}_{sQ} \tag{17-55}$$

【例 17-3】 列出图 17-11（a）所示电路割集电压方程的矩阵形式，要求用相量形式表达。

解 图 17-11（a）所示电路的有向图如图 17-12 所示，选支路 4、5、6 为树支，各树支对应的基本割集为 C_1（包含支路 1、3、4）、C_2（包含支路 1、2、3、5）、C_3（包含支路 2、3、6）。

选割集方向与树支方向相同，如图 17-12 所示，则基本割集矩阵为

$$Q_\mathrm{f} = \begin{matrix} & \begin{matrix} 1 & 2 & 3 & 4 & 5 & 6 \end{matrix} \\ \begin{matrix} C_1 \\ C_2 \\ C_3 \end{matrix} & \begin{bmatrix} -1 & 0 & -1 & 1 & 0 & 0 \\ -1 & 1 & -1 & 0 & 1 & 0 \\ 0 & -1 & 1 & 0 & 0 & 1 \end{bmatrix} \end{matrix}$$

支路导纳矩阵为

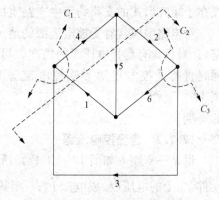

图 17-12 电路的基本割集

$$Y_b = \begin{bmatrix} \mathrm{j}\omega C_1 & 0 & 0 & 0 & 0 & 0 \\ 0 & \dfrac{1}{R_2} & 0 & 0 & 0 & 0 \\ 0 & 0 & \dfrac{1}{R_3} & 0 & 0 & 0 \\ 0 & 0 & 0 & \dfrac{1}{R_4} & 0 & 0 \\ 0 & 0 & 0 & 0 & \dfrac{1}{\mathrm{j}\omega L_5} & 0 \\ 0 & 0 & 0 & 0 & 0 & \dfrac{1}{\mathrm{j}\omega L_6} \end{bmatrix}$$

电压源和电流源列向量分别为

$$\dot{U}_{sb} = \begin{bmatrix} 0 & \dot{U}_{s2} & 0 & 0 & 0 & 0 \end{bmatrix}^\mathrm{T}$$

$$\dot{I}_{sb} = \begin{bmatrix} 0 & 0 & -\dot{I}_{s3} & 0 & 0 & 0 \end{bmatrix}^\mathrm{T}$$

将上述各式代入式（17-54），经过运算，可得割集电压方程矩阵形式为

$$
\begin{bmatrix}
j\omega C_1+\dfrac{1}{R_3}+\dfrac{1}{R_4} & j\omega C_1+\dfrac{1}{R_3} & -\dfrac{1}{R_3} \\[2mm]
j\omega C_1+\dfrac{1}{R_3} & \dfrac{1}{R_2}+\dfrac{1}{R_3}+\dfrac{1}{j\omega L_6} & -\dfrac{1}{R_2}-\dfrac{1}{R_3} \\[2mm]
-\dfrac{1}{R_3} & -\dfrac{1}{R_2}-\dfrac{1}{R_3} & \dfrac{1}{R_2}+\dfrac{1}{R_3}+\dfrac{1}{j\omega L_6}
\end{bmatrix}
\begin{bmatrix}
\dot U_4 \\[2mm] \dot U_5 \\[2mm] \dot U_6
\end{bmatrix}
=
\begin{bmatrix}
\dot I_{s3} \\[2mm] \dot I_{s3}-\dfrac{\dot U_{s2}}{R_2} \\[2mm] -\dot I_{s3}+\dfrac{\dot U_{s2}}{R_2}
\end{bmatrix}
$$

从上述分析可知，割集方程和节点方程的列写过程非常相似，比较起来割集方程的列写要复杂一些，多了一个确定割集的过程。

与节点法类似，列写割集方程时，不允许存在无伴电压源支路，原因与节点法相同。

17.7　含受控源和互感元件时的矩阵方程

17.7.1　含受控源的标准支路

电路中含有受控源和互感元件时，电路方程的矩阵形式与无受控源和互感元件时的差别仅在于矩阵形式的支路约束中支路阻抗矩阵或支路导纳矩阵的元素有所变化。

对电路中仅含有受控电流源的情况，可定义如图 17-13（a）所示的标准支路（复合支路）；对仅含有受控电压源的情况，可定义如图 17-13（b）所示的标准支路（复合支路）；同时含有受控电压源和受控电流源时定义的标准支路如图 17-13（c）所示。实际上，图 17-9、图 17-13（a）、图 17-13（b）所示的标准支路均是图 17-13（c）所示标准支路的特例。

17.7.2　含受控电流源

设某一支路 k 如图 17-12（a）所示含有受控电流源，控制量来源于第 j 条支路中无源元件 Y_j 上的电压 $\dot U_{ej}$ 或电流 $\dot I_{ej}$，则其支路约束为

$$\dot I_k=Y_k(\dot U_k+\dot U_{sk})+\dot I_{dk}-\dot I_{sk} \tag{17-56}$$

若受控电流源是 VCCS，则 $\dot I_{dk}=g_{kj}\dot U_{ej}=g_{kj}(\dot U_j+\dot U_{sj})$；若受控电流源为 CCCS，则 $\dot I_{dk}=\beta_{kj}\dot I_{ej}=\beta_{kj}Y_j(\dot U_j+\dot U_{sj})$。对于一个具有 b 条支路的电路，若仅在第 k 条支路上有受控源，且控制量来源于第 j 条支路，对第 k 条支路按式（17-56）列出方程，对其他支路按式（17-34）列出方程，整理方程成矩阵形式，可有

$$
\begin{bmatrix}
\dot I_1 \\ \dot I_2 \\ \vdots \\ \dot I_j \\ \vdots \\ \dot I_k \\ \vdots \\ \dot I_b
\end{bmatrix}
=
\begin{bmatrix}
Y_1 & 0 & \cdots & 0 & \cdots & 0 & \cdots & 0 \\
0 & Y_2 & \cdots & 0 & \cdots & 0 & \cdots & 0 \\
\vdots & & \ddots & \vdots & \cdots & \vdots & \cdots & \vdots \\
0 & 0 & \cdots & Y_j & \cdots & 0 & \cdots & 0 \\
\vdots & & \cdots & \vdots & \ddots & \vdots & \cdots & \vdots \\
0 & 0 & \cdots & Y_{kj} & \cdots & Y_k & \cdots & 0 \\
\vdots & & \cdots & \vdots & \cdots & \vdots & \ddots & \vdots \\
0 & 0 & \cdots & 0 & \cdots & 0 & \cdots & Y_b
\end{bmatrix}
\begin{bmatrix}
\dot U_1+\dot U_{s1} \\ \dot U_2+\dot U_{s2} \\ \vdots \\ \dot U_j+\dot U_{sj} \\ \vdots \\ \dot U_k+\dot U_{sk} \\ \vdots \\ \dot U_b+\dot U_{sb}
\end{bmatrix}
-
\begin{bmatrix}
\dot I_{s1} \\ \dot I_{s2} \\ \vdots \\ \dot I_{sj} \\ \vdots \\ \dot I_{sk} \\ \vdots \\ \dot I_{sb}
\end{bmatrix}
\tag{17-57}
$$

式（17-57）中

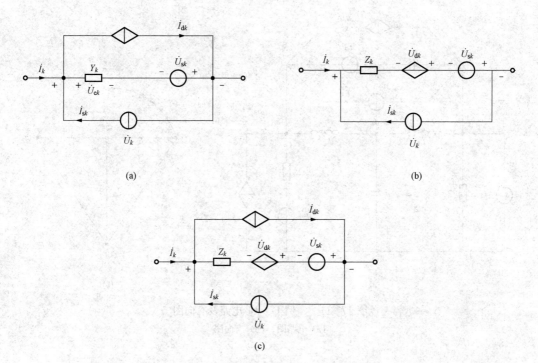

图 17 - 13 含受控源的标准支路

(a) 标准支路一 (b) 标准支路二；(c) 标准支路三

$$Y_{kj} = \begin{cases} g_{kj} & \text{当 } I_{dk} \text{ 为 VCCS 时；} \\ \beta_{kj}Y_j & \text{当 } I_{dk} \text{ 为 CCCS 时} \end{cases}$$

即

$$\dot{\boldsymbol{I}} = \boldsymbol{Y}_b(\dot{\boldsymbol{U}} + \dot{\boldsymbol{U}}_s) - \dot{\boldsymbol{I}}_s \tag{17-58}$$

由此可得 $\boldsymbol{Y}_b$ 矩阵，利用 $\boldsymbol{Z}_b = \boldsymbol{Y}_b^{-1}$ 的关系可得到 $\boldsymbol{Z}_b$ 矩阵。得到 $\boldsymbol{Z}_b$ 和 $\boldsymbol{Y}_b$ 后，结合 17.6 节中的方程列写过程，可得到矩阵形式的节点电压方程、回路电流方程、割集电压方程。

【例 17 - 4】 如图 17 - 14 (a) 所示电路，图中元件下标代表支路编号，图 17 - 14 (b) 是它的有向图。已知 $i_{d2} = g_{21}u_1$，$i_{d4} = \beta_{46}i_6$，写出电路支路约束方程的矩阵形式，用相量形式表达，并给出支路导纳矩阵、支路阻抗矩阵。

解 对支路 2、支路 4 按式 (17 - 56) 列方程有

$$\dot{I}_2 = \frac{1}{R_2}(\dot{U}_2 - \dot{U}_{s2}) - g_{21}(\dot{U}_1 + 0) - 0$$

$$\dot{I}_4 = j\omega C_3(\dot{U}_4 + \dot{U}_{s4}) + \beta_{46}\,\dot{I}_6 + \dot{I}_{s4} = j\omega C_3(\dot{U}_4 + \dot{U}_{s4}) + \frac{\beta_{46}}{j\omega L_6}(\dot{U}_6 + 0) + \dot{I}_{s4}$$

对支路 1、支路 3、支路 5、支路 6 按式 (17 - 54) 列方程有

$$\dot{I}_1 = \frac{1}{R_1}(\dot{U}_1 + 0) - \dot{I}_{s1}$$

$$\dot{I}_3 = j\omega C_3(\dot{U}_3 + 0) - 0$$

$$\dot{I}_5 = \frac{1}{j\omega L_5}(\dot{U}_5 + 0) - 0$$

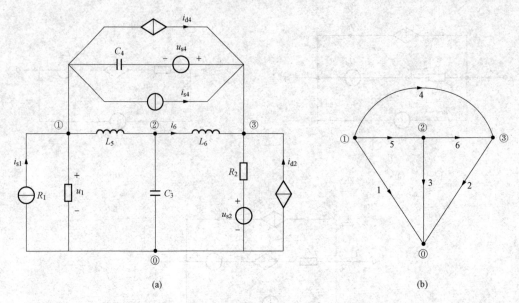

图 17 - 14 ［例 17 - 4］电路及有向图

(a) 电路图；(b) 有向图

$$\dot{I}_6 = \frac{1}{j\omega L_6}(\dot{U}_6 + 0) - 0$$

把以上各式写成矩阵形式有

$$
\begin{bmatrix} \dot{I}_1 \\ \dot{I}_2 \\ \dot{I}_3 \\ \dot{I}_4 \\ \dot{I}_5 \\ \dot{I}_6 \end{bmatrix}
=
\begin{bmatrix}
\dfrac{1}{R_1} & 0 & 0 & 0 & 0 & 0 \\
-g_{21} & \dfrac{1}{R_2} & 0 & 0 & 0 & 0 \\
0 & 0 & j\omega C_3 & 0 & 0 & 0 \\
0 & 0 & 0 & j\omega C_4 & 0 & \dfrac{\beta_{46}}{j\omega L_6} \\
0 & 0 & 0 & 0 & \dfrac{1}{j\omega L_5} & 0 \\
0 & 0 & 0 & 0 & 0 & \dfrac{1}{j\omega L_6}
\end{bmatrix}
\begin{bmatrix} \dot{U}_1 + 0 \\ \dot{U}_2 - \dot{U}_{s2} \\ \dot{U}_3 + 0 \\ \dot{U}_4 + \dot{U}_{s4} \\ \dot{U}_5 + 0 \\ \dot{U}_6 + 0 \end{bmatrix}
-
\begin{bmatrix} \dot{I}_{s1} \\ 0 \\ 0 \\ -\dot{I}_{s4} \\ 0 \\ 0 \end{bmatrix}
$$

即

$$\boldsymbol{i} = \boldsymbol{Y}_b(\dot{\boldsymbol{U}} + \dot{\boldsymbol{U}}_s) - \dot{\boldsymbol{I}}_s$$

由此可得到支路导纳矩阵 $\boldsymbol{Y}_b$，利用 $\boldsymbol{Z}_b = \boldsymbol{Y}_b^{-1}$ 关系可得支路阻抗矩阵。

17.7.3 含受控电压源或互感元件

设某一支路 k 如图 17 - 13 (b) 所示含有受控电压源，控制量来源于第 j 条支路，则其支路约束为

$$\dot{U}_k = Z_k(\dot{I}_k + \dot{I}_{sk}) + \dot{U}_{dk} - \dot{U}_{sk} \qquad (17-59)$$

若受控电压源是 VCVS，则 $\dot{U}_{dk} = \mu_{kj} Z_j (\dot{I}_j + \dot{I}_{sj})$；若受控电压源为 CCVS，则 $\dot{U}_{dk} = r_{kj} (\dot{I}_j + \dot{I}_{sj})$。对于一个具有 b 条支路的电路，若仅在第 k 条支路上有受控源，且控制量来源

于第 j 条支路，对第 k 条支路按式（17-59）列出方程，对其他支路按式（17-33）列出方程，整理方程成矩阵形式可得支路矩阵形式的约束关系。

含有互感的情况与含有受控电压源的情况是类似的，因为互感的作用可用 CCVS 表示（见 11.3 节中图 11-5 所示的去耦合等效电路），所不同的是出现互感时，电路中的 CCVS 是成对出现。

对于一个具有 b 条支路的电路，设在支路 g、k 之间有互感，则 g、k 支路的约束为

$$\dot{U}_g = \mathrm{j}\omega L_g(\dot{I}_g + \dot{I}_{sg}) \pm \mathrm{j}\omega M(\dot{I}_k + \dot{I}_{sk}) - \dot{U}_{sg} \tag{17-60}$$

$$\dot{U}_k = \mathrm{j}\omega L_k(\dot{I}_k + \dot{I}_{sk}) \pm \mathrm{j}\omega M(\dot{I}_g + \dot{I}_{sg}) - \dot{U}_{sk} \tag{17-61}$$

其他支路的约束如式（17-33）所示，写出全部支路的约束后，整理方程成矩阵形式，可有

$$
\begin{bmatrix} \dot{U}_1 \\ \vdots \\ \dot{U}_g \\ \vdots \\ \dot{U}_k \\ \vdots \\ \dot{U}_b \end{bmatrix} =
\begin{bmatrix}
Z_1 & \cdots & 0 & \cdots & 0 & \cdots & 0 \\
\vdots & & \vdots & & \vdots & & \vdots \\
0 & \cdots & \mathrm{j}\omega L_g & \cdots & \pm\mathrm{j}\omega M & \cdots & 0 \\
\vdots & & \vdots & & \vdots & & \vdots \\
0 & \cdots & \pm\mathrm{j}\omega M & \cdots & \mathrm{j}\omega L_k & \cdots & 0 \\
\vdots & & \vdots & & \vdots & & \vdots \\
0 & \cdots & 0 & \cdots & 0 & \cdots & Z_b
\end{bmatrix}
\begin{bmatrix} \dot{I}_1 + \dot{I}_{s1} \\ \vdots \\ \dot{I}_g + \dot{I}_{sg} \\ \vdots \\ \dot{I}_k + \dot{I}_{sk} \\ \vdots \\ \dot{I}_b + \dot{I}_{sb} \end{bmatrix} -
\begin{bmatrix} \dot{U}_{s1} \\ \vdots \\ \dot{U}_{sg} \\ \vdots \\ \dot{U}_{sk} \\ \vdots \\ \dot{U}_{sb} \end{bmatrix} \tag{17-62}
$$

由此可得支路阻抗矩阵 $\boldsymbol{Z}_b$，利用 $\boldsymbol{Y}_b = \boldsymbol{Z}_b^{-1}$ 的关系可得支路导纳矩阵 $\boldsymbol{Y}_b$。得到 $\boldsymbol{Z}_b$ 和 $\boldsymbol{Y}_b$ 后，结合 17.6 节中的方程列写过程，可得到矩阵形式的节点电压方程、回路电流方程、割集电压方程。

如图 17-15（a）所示电路是图 17-11 电路中两电感元件之间存在耦合的情景，图 17-15（b）是该电路的有向图，按式（17-33）、式（17-60）、式（17-61）分别列出每条支路的约束式，整理方程成矩阵形式的式（17-62），可得阻抗矩阵为

$$
\boldsymbol{Z}_b =
\begin{bmatrix}
\dfrac{1}{\mathrm{j}\omega C_1} & 0 & 0 & 0 & 0 & 0 \\
0 & R_2 & 0 & 0 & 0 & 0 \\
0 & 0 & R_3 & 0 & 0 & 0 \\
0 & 0 & 0 & R_4 & 0 & 0 \\
0 & 0 & 0 & 0 & \mathrm{j}\omega L_5 & \mathrm{j}\omega M \\
0 & 0 & 0 & 0 & \mathrm{j}\omega M & \mathrm{j}\omega L_6
\end{bmatrix}
$$

17.7.4 同时含受控电流源和受控电压源

当电路中同时含有受控电流源和受控电压源时，支路阻抗 $\boldsymbol{Z}_b$ 和支路导纳矩阵 $\boldsymbol{Y}_b$ 的推导过程比较复杂，因此这里仅给出具体计算公式。关于具体的推导过程，可参考有关书籍。

支路阻抗矩阵为

$$\boldsymbol{Z}_b = (\boldsymbol{I} + \boldsymbol{C})\boldsymbol{Z}_e(\boldsymbol{I} + \boldsymbol{D})^{-1} \tag{17-63}$$

支路导纳矩阵为

$$\boldsymbol{Y}_b = (\boldsymbol{I} + \boldsymbol{D})\boldsymbol{Y}_e(\boldsymbol{I} + \boldsymbol{C})^{-1} \tag{17-64}$$

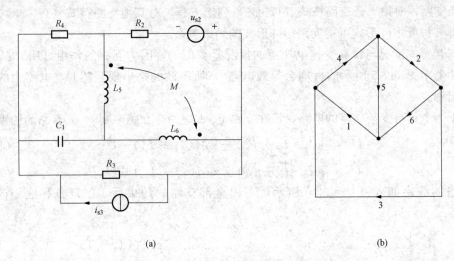

(a)   (b)

图 17-15   含有耦合电感的电路和它的有向图

(a) 电路图；(b) 有向图

式（17-63）、式（17-64）中，Z_e 和 Y_e 分别为各支路阻抗和导纳组成的对角矩阵；$C=\mu+rY_e$，$D=\beta+gZ_e$，μ、r、β、g 分别是电压控制电压源（VCVS）、电流控制电压源（CCVS）、电流控制电流源（CCCS）、电压控制电流源（VCCS）的控制系数矩阵，这些矩阵均为 $b\times b$ 阶，行对应受控源所在支路，列对应控制量所在支路。

对于电路中含有理想变压器的电路，可把理想变压器用图 11-17 所示的含受控源等效电路等效，电路中同时具有受控电流源和受控电压源，可用此处介绍的方法处理相关问题。

在得到 Z_b 和 Y_b 后，结合 17.6 节中的方程列写过程，可得到矩阵形式的节点电压法方程、回路电流法方程、割集电压法方程。

用计算机对电路做分析，除了本章介绍的节点电压法、回路电流法、割集电压法外，还有其他一些方法，如改进节点法、列表法等，这些方法的优点是适应性强，缺点是方程的数量多。随着计算机技术和计算技术的进步，方程的数量多已不成为明显缺点，故这些方法在实际工作中均得到了广泛应用，感兴趣的读者可参阅有关文献。

 习   题

17-1   下面给出了图 17-16 所示拓扑图的 4 组支路集合，确定哪些集合是割集？说明理由。

(1) {3，4，7，8，9}；(2) {1，3，5，6}；(3) {1，2，5，7}；(4) {3，4，9}。

17-2   如图 17-17 所示拓扑图，选支路 1、2、3 为树，确定全部的基本回路的支路集合和全部的基本割集的支路集合。

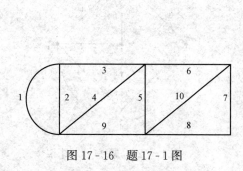

图 17-16　题 17-1 图

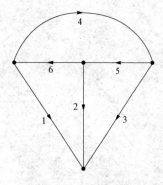

图 17-17　题 17-2 图

17-3　如图 17-18 所示有向拓扑图，选取支路 7、8、9、10 为树支，试找出对应的基本回路组和基本割集组所含的支路。

17-4　写出图 17-19 所示有向图的关联矩阵 A。

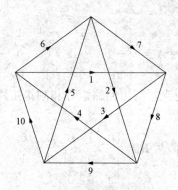

图 17-18　题 17-3 图

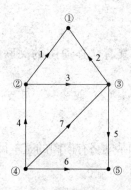

图 17-19　题 17-4 图

17-5　已知有向图的关联矩阵 A 为 $A = \begin{array}{c} \\ 1 \\ 2 \\ 3 \\ 4 \end{array} \begin{bmatrix} \begin{array}{cccccccc} 1 & 2 & 3 & 4 & 5 & 6 & 7 & 8 \end{array} \\ \begin{array}{cccccccc} 1 & 0 & 0 & 0 & -1 & 1 & 0 & 0 \\ 0 & 0 & -1 & 0 & 0 & -1 & 1 & 0 \\ 0 & 0 & 0 & 1 & 1 & 0 & -1 & 1 \\ 0 & 1 & 0 & 0 & 0 & 0 & 0 & -1 \end{array} \end{bmatrix}$，试

根据关联矩阵 A 画出对应的有向图。

17-6　如图 17-20 所示有向图，选支路 1、2、3、4 为树支，列出对应的回路矩阵和割集矩阵。

17-7　如图 17-21 所示有向图，(1) 选支路 5、6、7、8 为树支，按支路 1、2、3、4 的顺序选取基本回路，写出基本回路矩阵；(2) 按所选的树，按支路 5、6、7、8 的顺序选取基本割集，写出基本割集矩阵。

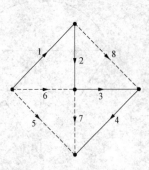

图 17-20　题 17-6 图

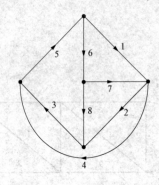

图 17-21　题 17-7 图

17-8　设某网络有向图的基本回路矩阵为 $\boldsymbol{B} = \begin{bmatrix} 0 & -1 & 1 & 1 & 0 & 0 \\ 1 & -1 & 1 & 0 & 1 & 0 \\ 0 & 0 & 1 & 0 & 0 & 1 \end{bmatrix}$，试画出对应的

有向图。

17-9　已知某有向连通图的关联矩阵为 $\boldsymbol{A} = \begin{bmatrix} 1 & 1 & -1 & 1 & 0 & 0 & 0 \\ -1 & -1 & 0 & 0 & -1 & 0 & 1 \\ 0 & 0 & 1 & 0 & 0 & -1 & -1 \end{bmatrix}$，

(1) 画出此连通图；(2) 取 2、4、6 支路为树支，写出回路矩阵和割集矩阵。

17-10　已知某网络有向图的基本回路矩阵为 $\boldsymbol{B} = \begin{bmatrix} 1 & 0 & 0 & 0 & 0 & -1 & -1 & 0 \\ 0 & 1 & 0 & 0 & 0 & 0 & 1 & 1 \\ 0 & 0 & 1 & 0 & 1 & 1 & 1 & -1 \\ 0 & 0 & 0 & 1 & -1 & -1 & 0 & 1 \end{bmatrix}$，

试写出此网络的基本割集矩阵 $\boldsymbol{Q}_{\mathrm{f}}$。

17-11　如图 17-22 所示有向图，以节点⑤为参考节点，选支路 1、2、3、4 为树，按支路 5、6、7、8、1、2、3、4 的顺序，写出关联矩阵、基本回路矩阵和基本割集矩阵，并验证 $\boldsymbol{B}_{\mathrm{t}}^{\mathrm{T}} = -\boldsymbol{A}_{\mathrm{t}}^{-1}\boldsymbol{A}_{l}$ 和 $\boldsymbol{Q}_{l} = -\boldsymbol{B}_{\mathrm{t}}^{\mathrm{T}}$。

17-12　如图 17-23 所示网络，试写出该网络支路方程的矩阵形式。

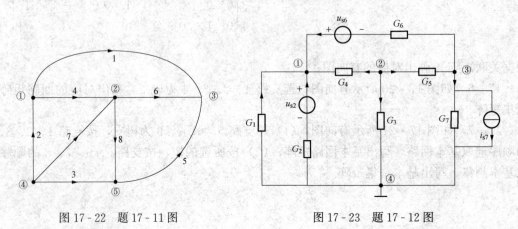

图 17-22　题 17-11 图　　　　　　　　　　图 17-23　题 17-12 图

17-13　如图 17-24 所示电路，利用矩阵运算方法列出节点电压方程。

17-14　如图 17-25 所示正弦交流网络，试绘出该网络的有向图，写出关联矩阵 **A**，并用系统法写出节点分析方程的矩阵形式（电源角频率为 ω）。

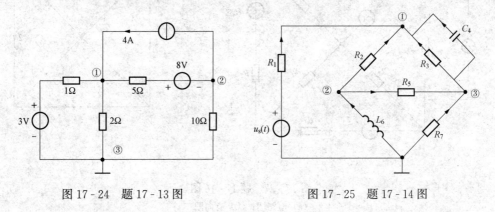

图 17-24　题 17-13 图　　　　　　　图 17-25　题 17-14 图

17-15　如图 17-26（a）所示电路，其有向图如图 17-26（b）所示，选支路 1、2、4、7 为树，用系统法列写其回路电流方程。

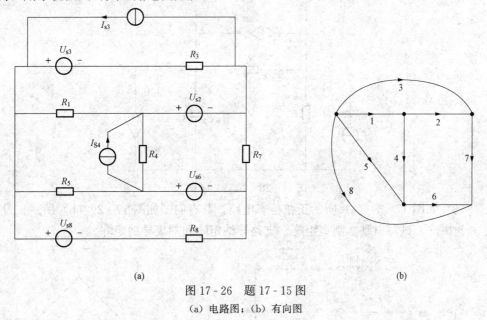

图 17-26　题 17-15 图

（a）电路图；（b）有向图

17-16　如图 17-27（a）所示电路，其有向图如图 17-27（b）所示。选支路 1、2、6、7 为树，写出矩阵形式的割集电压方程。

17-17　如图 17-28 所示电路，试求：（1）关联矩阵 **A**；（2）支路导纳矩阵 **Y**；（3）节点电压的矩阵形式。

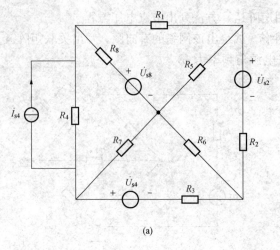
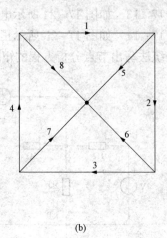

(a)   (b)

图 17 - 27   题 17 - 16 图
（a）电路图；（b）有向图

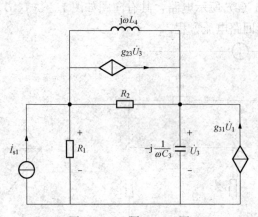

图 17 - 28   题 17 - 17 图

17 - 18   如图 17 - 29（a）所示正弦稳态电路，其有向图如图 17 - 29（b）所示。设支路 1、2、6 为树支，试写出基本割集矩阵、支路导纳矩阵和割集导纳矩阵。

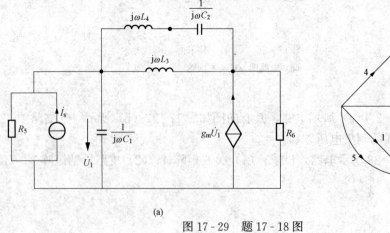

(a)   (b)

图 17 - 29   题 17 - 18 图
（a）电路图；（b）有向图

17-19　图 17-30（a）所示电路的有向图如图 17-30（b）所示，试写出电路的关联矩阵和节点电压方程的矩阵形式。

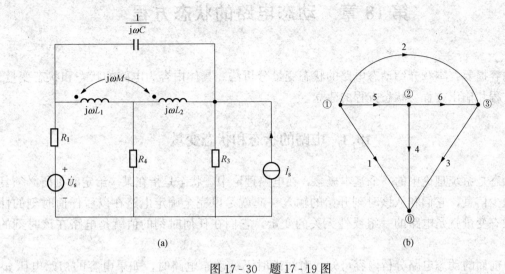

图 17-30　题 17-19 图
(a) 电路图；(b) 有向图

17-20　如图 17-31（a）所示电路，其有向图如图 17-31（b）所示。以支路 3、4、5为树支，写出基本回路矩阵和回路电流方程的矩阵形式。

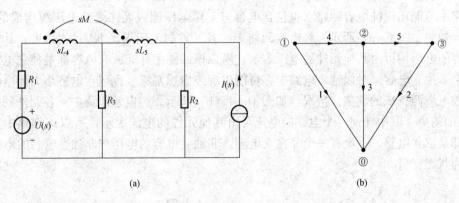

图 17-31　题 17-20 图
(a) 电路图；(b) 有向图

第 18 章 动态电路的状态方程

内容提要：本章介绍动态电路的状态变量分析法。具体内容为电路的状态和状态变量、状态方程和输出方程、状态方程的建立。

18.1 电路的状态和状态变量

状态是系统理论中的一个基本概念，在电路理论中，状态是指在某一给定时刻所必须具备的最少信息，它们和从该时刻开始的输入一起就足以完全确定电路在以后任何时刻的性状。状态变量就是电路的一组线性无关的变量，它们在任何时刻的值就是电路在该时刻的状态。

由前面的动态电路分析内容可知，对线性时不变动态电路时，如果电容的初始电压 u_C (0_+) 和电感的初始电流 i_L (0_+) 已憬，再结合电路在 $t \geq 0_+$ 后的激励情况，就可以确定 $t \geq 0_+$ 后电路的任何响应。因此，线性时不变电路中，独立电容的电压与独立电感的电流一起构成了电路的状态变量；而非线性或时变电路中，独立电容的电荷与独立电感的磁链构成电路的状态变量。

电路中可能出现纯电容回路（也包含电容与无伴电压源或无伴受控电压源构成的回路）的情况，如图 18-1（a）所示。纯电容回路中，各元件的电压满足 KVL 的约束，其中任何一个电容的电压均可由其他元件的电压表示，所以该回路中并非所有电容都是独立电容，一定有一个非独立电容。对偶地，电路中亦可能出现纯电感割集（也包含电感与无伴电流源或无伴受控电流源构成的割集）情况，如图 18-1（b）所示。纯电感割集中，各元件的电流满足 KCL 的约束，其中任何一个电感的电流可由其他元件的电流表示，所以该割集中并非所有电感都是独立电感，一定有一个非独立电感。非独立电容的电压和非独立电感的电流，均不能成为状态变量。

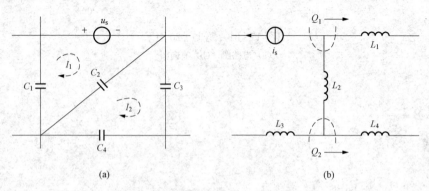

图 18-1 纯电容回路与纯电感割集

（a）纯电容回路；（b）纯电感割集

对既无纯电容回路又无纯电感割集的电路，其所包含的所有的电容和电感均是独立的，这些电容的电压和电感的电流均为状态变量，可见电路状态变量的数量等于电路中所含有的独立电容和独立电感的数量。

状态变量通常写成形如 $\boldsymbol{X}(t) = [x_1(t)\, x_2(t) \cdots x_n(t)]^{\mathrm{T}}$ 的形式，称为状态向量。

18.2　状态方程和输出方程

18.2.1　状态方程

状态方程是状态变量满足一定形式的一阶微分方程组。对于图 18-2 所示电路，状态变量为电容电压 u_{C} 和电感电流 i_{L}。由 KCL、KVL 和元件约束可得

$$\begin{cases} C\dfrac{\mathrm{d}u_{\mathrm{C}}}{\mathrm{d}t} = i_1 - i_{\mathrm{L}} \\[2mm] L\dfrac{\mathrm{d}i_{\mathrm{L}}}{\mathrm{d}t} = u_{\mathrm{C}} - i_2 R_2 \end{cases} \tag{18-1}$$

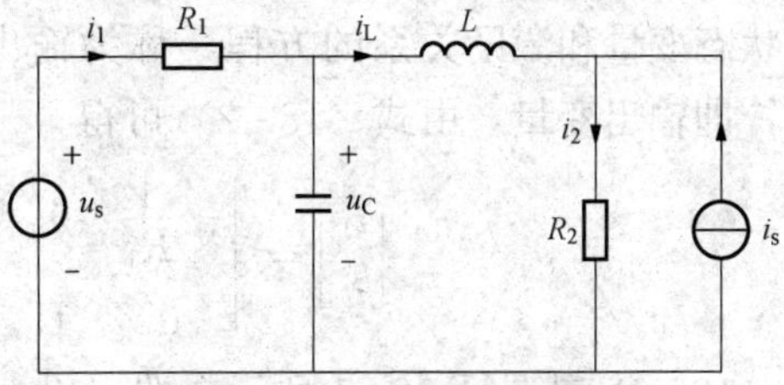

图 18-2　列写状态方程所用电路

以及

$$\begin{cases} i_1 = \dfrac{u_{\mathrm{s}} - u_{\mathrm{C}}}{R_1} \\[2mm] i_2 = i_{\mathrm{L}} + i_{\mathrm{s}} \end{cases} \tag{18-2}$$

将式（18-2）代入式（18-1）中消去 i_1、i_2，整理后可得

$$\begin{cases} \dfrac{\mathrm{d}u_{\mathrm{C}}}{\mathrm{d}t} = -\dfrac{1}{R_1 C}u_{\mathrm{C}} - \dfrac{1}{C}i_{\mathrm{L}} + \dfrac{u_{\mathrm{s}}}{R_1 C} \\[3mm] \dfrac{\mathrm{d}i_{\mathrm{L}}}{\mathrm{d}t} = \dfrac{1}{L}u_{\mathrm{C}} - \dfrac{R_2}{L}i_{\mathrm{L}} - \dfrac{R_2}{L}i_{\mathrm{s}} \end{cases} \tag{18-3}$$

将式（18-3）写成矩阵形式，且将 $\dfrac{\mathrm{d}u_{\mathrm{C}}}{\mathrm{d}t}$，$\dfrac{\mathrm{d}i_{\mathrm{L}}}{\mathrm{d}t}$ 分别用 $\dot{u}_{\mathrm{C}}$，$\dot{i}_{\mathrm{L}}$ 表示，得到

$$\begin{bmatrix} \dot{u}_{\mathrm{C}} \\[2mm] \dot{i}_{\mathrm{L}} \end{bmatrix} = \begin{bmatrix} -\dfrac{1}{R_1 C} & -\dfrac{1}{C} \\[3mm] \dfrac{1}{L} & -\dfrac{R_2}{L} \end{bmatrix} \begin{bmatrix} u_{\mathrm{C}} \\[2mm] i_{\mathrm{L}} \end{bmatrix} + \begin{bmatrix} \dfrac{1}{R_1 C} & 0 \\[3mm] 0 & -\dfrac{R_2}{L} \end{bmatrix} \begin{bmatrix} u_{\mathrm{s}} \\[2mm] i_{\mathrm{s}} \end{bmatrix} \tag{18-4}$$

式（18-3）或式（18-4）即为图 18-1 所示电路的状态方程。

推广到一般情况，对于有 n 个状态变量，m 个激励的线性电路，若用 $x_i(t)$（$i=1$，2，$\cdots$，n）表示状态变量，$e_j(t)$（$j=1$，2，$\cdots$，m）表示激励函数，则状态方程的矩阵形式为

$$\begin{bmatrix} \dot{x}_1(t) \\ \dot{x}_2(t) \\ \vdots \\ \dot{x}_n(t) \end{bmatrix} = \begin{bmatrix} a_{11} & a_{12} & \cdots & a_{1n} \\ a_{21} & a_{22} & \cdots & a_{2n} \\ \vdots & \vdots & \vdots & \vdots \\ a_{n1} & a_{n2} & \cdots & a_{nn} \end{bmatrix} \begin{bmatrix} x_1(t) \\ x_2(t) \\ \vdots \\ x_n(t) \end{bmatrix} + \begin{bmatrix} b_{11} & b_{12} & \cdots & b_{1m} \\ b_{21} & b_{22} & \cdots & b_{2m} \\ \vdots & \vdots & \ddots & \vdots \\ b_{n1} & b_{n2} & \cdots & b_{nm} \end{bmatrix} \begin{bmatrix} e_1(t) \\ e_2(t) \\ \vdots \\ e_m(t) \end{bmatrix} \tag{18-5}$$

可表示为更简洁的形式

$$\dot{\boldsymbol{X}}(t) = \boldsymbol{A}\boldsymbol{X}(t) + \boldsymbol{B}\boldsymbol{E}(t) \tag{18-6}$$

式（18-6）中，$\boldsymbol{X}(t)$ 为 n 维状态向量，$\dot{\boldsymbol{X}}(t)$ 为状态向量的一阶导数，$\boldsymbol{E}(t)$ 为 m 维激励向量，$\boldsymbol{A}$ 与 $\boldsymbol{B}$ 均为由电路结构和参数决定的常数矩阵，分别为 $n \times n$ 阶和 $n \times m$ 阶矩阵。式（18-5）或式（18-6）称为状态方程的标准形式。

电路中出现纯电容回路和纯电感割集时，纯电容回路中的某一电容电压和纯电感割集中的某一电感电流不应设为状态变量，这时的状态方程中会出现激励的导数，即有

$$\dot{\boldsymbol{X}}(t) = \boldsymbol{A}\boldsymbol{X}(t) + \boldsymbol{B}_1\boldsymbol{E}(t) + \boldsymbol{B}_2\dot{\boldsymbol{E}}(t) \qquad (18-7)$$

式（18-7）导出的具体过程此处从略，感兴趣的读者可参阅相关书籍。

18.2.2 输出方程

通常，电路的状态变量并非是所要求的输出变量（待求量），这时还必须建立输出变量与状态变量和激励关系的方程，称为输出方程。在图 18-1 中，若 i_1，i_2 是所要求的电路解，即输出变量，由式（18-2）可得

$$\begin{bmatrix} i_1 \\ i_2 \end{bmatrix} = \begin{bmatrix} -\dfrac{1}{R_1} & 0 \\ 0 & 1 \end{bmatrix} \begin{bmatrix} u_C \\ i_L \end{bmatrix} + \begin{bmatrix} \dfrac{1}{R_1} & 0 \\ 0 & 1 \end{bmatrix} \begin{bmatrix} u_s \\ i_s \end{bmatrix} \qquad (18-8)$$

式（18-8）就是图 18-1 所示电路以 i_1、i_2 为待求量时的输出方程。

一般情况下，对有 n 个状态变量、m 个激励、h 个输出变量的线性时不变电路，输出变量用 $y_j(t)$ （$j=1$，2，$\cdots$，h）表示，则输出方程为

$$\begin{bmatrix} y_1(t) \\ y_2(t) \\ \vdots \\ y_h(t) \end{bmatrix} = \begin{bmatrix} c_{11} & c_{12} & \cdots & c_{1n} \\ c_{21} & c_{22} & \cdots & c_{2n} \\ \vdots & \vdots & \vdots & \vdots \\ c_{h1} & c_{h2} & \cdots & c_{hn} \end{bmatrix} \begin{bmatrix} x_1(t) \\ x_2(t) \\ \vdots \\ x_n(t) \end{bmatrix} + \begin{bmatrix} d_{11} & d_{12} & \cdots & d_{1m} \\ d_{21} & d_{22} & \cdots & d_{2m} \\ \vdots & \vdots & \vdots & \vdots \\ d_{h1} & d_{h2} & \cdots & d_{hm} \end{bmatrix} \begin{bmatrix} e_1(t) \\ e_2(t) \\ \vdots \\ e_m(t) \end{bmatrix} \qquad (18-9)$$

可表示为更简洁的形式

$$\boldsymbol{Y}(t) = \boldsymbol{C}\boldsymbol{X}(t) + \boldsymbol{D}\boldsymbol{E}(t) \qquad (18-10)$$

式（18-10）中，$\boldsymbol{Y}(t)$ 为 h 维的输出向量，系数矩阵 $\boldsymbol{C}$ 与 $\boldsymbol{D}$ 由电路的结构和参数决定，分别为 $h \times n$ 阶与 $h \times m$ 阶矩阵。

电路中出现纯电容回路和纯电感割集时，纯电容回路中的一个电容电压和纯电感割集中的一个电感电流不应设为状态变量，这时输出方程中会出现激励的导数，即

$$\boldsymbol{Y}(t) = \boldsymbol{C}\boldsymbol{X}(t) + \boldsymbol{D}_1\boldsymbol{E}(t) + \boldsymbol{D}_2\dot{\boldsymbol{E}}(t) \qquad (18-11)$$

相关情况此处不做进一步讨论。

电路的状态方程建立起来后，利用时域法、复频域分析法求解，可得到状态变量；将状态变量带入输出方程中，即可求得电路解。状态方程求解方法本书不作介绍，感兴趣的读者可参阅相关书籍。

18.3 状态方程和输出方程的建立

18.3.1 元件混合变量法

建立状态方程的方法有多种，有适合于手工列写方程的观察法、电源替代法等，也有适合计算机处理的系统法。借助元件混合变量法建立状态方程是一种有明显规律的

观察法。

元件混合变量法是支路混合变量法的变形。支路混合变量法中，电压源（含受控电压源，下同）与电阻的串联组合是一条支路，电流源（含受控电流源，下同）与电阻的并联组合也是一条支路。元件混合变量法的不同之处是规定每个元件作为一条支路，每个元件（也即支路）设一个变量（待求量），某些元件的变量为电压，其余元件的电流为变量，电压源的电流和电流源的电压为变量。当电路中有 b 个元件时，就有 b 个变量，就需要 b 个方程，分别是 $n-1$ 个 KCL 方程和 $b-(n-1)$ 个 KVL 方程；元件的 VCR 部分体现在 KCL 方程中，部分体现在 KVL 方程中。由此建立起来的方程即为元件混合变量法方程。

列方程时可采用超节点和超回路的处理方法，即把（受控）电压源两端的节点合并为一个超节点列 KCL 方程，把（受控）电流源断开后形成超回路列 KVL 方程，这样可减少需要列出方程的数量，因为（受控）电压源的电流和（受控）电流源的电压已不成为待求量了。

以电阻电路为例，采用超节点和超回路的处理方法，元件混合变量法建立方程的步骤如下：

（1）将每个元件（包括（受控）电压源、（受控）电流源）视为一条支路，节点为两个及两个以上支路（元件）的连接点。

（2）将一部分电阻的电压作为待求量，则其余部分电阻的电流也为待求量，并假定电阻上的电压与电流为关联方向。若电路中有受控源，应注意将控制量设定为待求量，否则列方程时须补充控制量与待求量关系的方程。

（3）对独立节点（含超节点）列 KCL 方程，与节点关联的电阻 R_j 若其电压 u_j 为待求量，则电流用 u_j/R_j 代入。

（4）对独立回路（含超回路）列 KVL 方程，与回路关联的电阻 R_k 若其电流 i_k 为待求量，则电压用 $R_k i_k$ 代入。

（5）必要时补充控制量与待求量关系的方程。

（6）整理方程，可得最终方程。最终方程数量等于电阻的数量；在未消去控制量情况下，方程数量等于电阻的数量加上控制量的数量。

元件混合变量法需列出 $n-1$ 个独立 KCL 方程和 $b-n+1$ 个独立 KVL 方程，若有受控源则视情况补充方程。如果采用超节点和超回路的处理方法，假设超节点数为 n_x，超回路数为 l_x，则列出的 KCL 方程数为 $n-1-n_x$，列出的 KVL 方程数为 $b-n+1-l_x$。

【例 18 - 1】 如图 18 - 3 所示电路，以电阻 R_1、R_3、R_5 的电流 i_1、i_3、i_5 和电阻 R_2、R_4、R_6 的电压 u_{R2}、u_{R4}、u_{R6} 为变量建立元件混合变量法方程。若受控源参数由 βi_1 变为 $g u_{16}$（u_{16} 是节点①和节点⑥之间的电压），此时方程如何变化？

解 节点①与④、节点②与⑤分别形成两个超节点。对节点③和两个超节点列 KCL 方程有

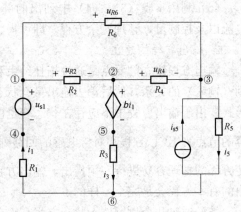

图 18 - 3 ［例 18 - 1］电路

$$-i_1 + u_{R2}/R_2 + u_{R6}/R_6 = 0$$
$$-u_{R2}/R_2 + i_3 + u_{R4}/R_4 = 0$$
$$-u_{R4}/R_4 + i_5 - u_{R6}/R_6 = i_{s5}$$

断开电流源后有三个网孔（含一个超网孔），对网孔列 KVL 方程，有

$$R_1 i_1 + u_{R2} + \beta i_1 + R_3 i_3 = u_{s1}$$
$$-R_3 i_3 - \beta i_1 + u_{R4} + R_5 i_5 = 0$$
$$-u_{R2} - u_{R4} + u_{R6} = 0$$

受控源参数为 βi_1 时，因控制量 i_1 是待求量，故不用补充控制量与待求量关系的方程，元件混合变量法最终方程数量为 6 个。

若受控源由 βi_1 变为 gu_{16}，则应将受控源所在的两个网孔方程中的 βi_1 变为 gu_{16}，并补充以下方程

$$u_{16} = u_s - R_1 i_1$$

由此即得到了元件混合变量法方程，方程数量为 7 个。也可消去 u_{16} 得最终方程，方程数量为 6 个。

18.3.2　基于元件混合变量法建立状态方程和输出方程

1. 状态方程的建立

采用超节点和超回路的处理方法，基于元件混合变量法建立状态方程的步骤如下：

（1）将每个元件视为一条支路。

（2）将电容电压和电感电流作为待求量（即为状态变量），电阻任选其电压或电流为待求量，并假定元件上的电压与电流均为关联方向。若电路中有受控源，应注意将控制量设定为待求量。否则，列方程时须补充控制量与待求量关系的方程。

（3）对全部独立节点（含超节点）列 KCL 方程，与节点关联的电容其电流用 $C\dfrac{du_C}{dt}$ 表示；与节点关联的电阻 R_j 若其电压 u_j 为待求量，则电流用 u_j/R_j 代入。

（4）对全部独立回路（含超回路）列 KVL 方程，与回路关联的电感其电压用 $L\dfrac{di_L}{dt}$ 表示；与回路关联的电阻 R_k 若其电流 i_k 为待求量，则电压用 $R_k i_k$ 代入。

（5）必要时补充控制量与待求量关系的方程。

（6）利用步骤（3）、（4）中列出的部分方程和步骤（5）给出的方程消去电阻的电压、电流以及控制量，整理剩余方程，即可得状态方程。

2. 输出方程的建立

输出方程建立的要点是通过拓扑约束和元件约束找出输出量（待求量）与状态变量和激励（输入）的关系，然后消去输出量、状态变量和激励以外的变量，最后将方程整理成标准形式。由于输出方程中不应存在状态变量的导数，故列写拓扑约束方程时应尽量避免对含电容的节点列 KCL 方程和对含电感的回路列 KVL 方程，这样可以避免 $C\dfrac{du_C}{dt}$ 和 $L\dfrac{di_L}{dt}$ 的出现，使方程的整理容易进行。须指出，输出方程建立过程中列出的方程与状态方程建立过程中列出的有些方程会是完全一样的。

下面通过几个例题例示状态方程和输出方程建立的具体过程。

【例 18-2】　列出图 18-4 所示电路的状态方程。

解　不考虑独立源，电路中电阻、电容、电感元件共 5 个，无受控源，故元件混合变量法方程数应为 5，选择各元件的变量分别为 i_{L1}、i_{L2}、u_C、i_1、i_2，如图 18-4 所示。设节点⑤为参考节点，对节点①、②、③列 KCL 方程（节点④与节点⑤合并为超节点，不需对节点④列方程），对中间和右边的网孔按顺时针方向列 KVL 方程，有如下结果：

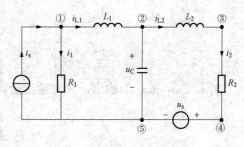

图 18-4　[例 18-2] 图

$$i_{L1} + i_1 - i_s = 0 \tag{1}$$

$$C\frac{du_C}{dt} - i_{L1} + i_{L2} = 0 \tag{2}$$

$$i_{L2} - i_2 = 0 \tag{3}$$

$$-R_1 i_1 + L_1\frac{di_{L1}}{dt} + u_C = 0 \tag{4}$$

$$-u_C + L_2\frac{di_{L2}}{dt} + R_2 i_2 + u_s = 0 \tag{5}$$

用方程（1）、（3）消去非状态变量 i_1 和 i_2，将剩余的 3 个方程整理成标准形式，有

$$
\begin{bmatrix} \dfrac{du_C}{dt} \\[2mm] \dfrac{di_{L1}}{dt} \\[2mm] \dfrac{di_{L2}}{dt} \end{bmatrix}
=
\begin{bmatrix} 0 & \dfrac{1}{C} & -\dfrac{1}{C} \\[2mm] -\dfrac{1}{L} & -\dfrac{R_1}{L} & 0 \\[2mm] \dfrac{1}{L_2} & 0 & \dfrac{R_2}{L_2} \end{bmatrix}
\begin{bmatrix} u_C \\[1mm] i_{L1} \\[1mm] i_{L2} \end{bmatrix}
+
\begin{bmatrix} 0 & 0 \\[2mm] 0 & \dfrac{R_1}{L_1} \\[2mm] -\dfrac{1}{L_2} & 0 \end{bmatrix}
\begin{bmatrix} u_s \\[1mm] i_s \end{bmatrix}
$$

【例 18-3】　列出图 18-5 所示电路的状态方程，并以 u_C、u_1 和 i_2 为输出列出输出方程。

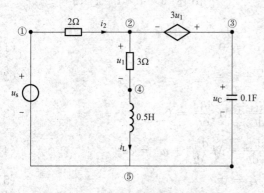

图 18-5　[例 18-3] 图

解　不考虑独立源和受控源，该电路包含的电阻、电容、电感元件共 4 个，各元件的变量分别选为 i_L、u_C、u_1、i_2，因 u_1 是受控源控制量，所以不用补充控制量与待求量关系的方程，故元件混合变量法方程数应为 4 个。设节点⑤为参考节点，对节点②和节点③形成的超节点、节点④列 KCL 方程，对左边的网孔和大回路按顺时针方向列 KVL 方程，有如下结果：

$$-i_2 + \frac{u_1}{3} + 0.1\frac{du_C}{dt} = 0 \tag{1}$$

$$-\frac{u_1}{3} + i_L = 0 \tag{2}$$

$$-u_s + 2i_2 + u_1 + L\frac{di_L}{dt} = 0 \tag{3}$$

$$-u_s + 2i_2 - 3u_1 + u_C = 0 \tag{4}$$

用方程（2）、（4）消去非状态变量 u_1、i_2，并将剩余的两个方程整理成标准形式，有

$$\begin{bmatrix} \dfrac{\mathrm{d}i_{\mathrm{L}}}{\mathrm{d}t} \\[2mm] \dfrac{\mathrm{d}u_{\mathrm{C}}}{\mathrm{d}t} \end{bmatrix} = \begin{bmatrix} -24 & 2 \\ 35 & -5 \end{bmatrix} \begin{bmatrix} i_{\mathrm{L}} \\ u_{\mathrm{C}} \end{bmatrix} + \begin{bmatrix} 0 \\ 5 \end{bmatrix} u_{\mathrm{s}}$$

若 u_{C}、u_1 和 i_2 为输出，针对输出量，利用拓扑约束和元件约束可列出如下方程

$$u_{\mathrm{C}} = u_{\mathrm{C}} \tag{5}$$

$$u_1 = 3i_{\mathrm{L}} \tag{6}$$

$$-u_{\mathrm{s}} + 2i_2 - 3u_1 + u_{\mathrm{C}} = 0 \tag{7}$$

方程（7）也是列状态方程时得到的方程（4）。将方程（7）整理为以下形式

$$i_2 = -\frac{1}{2}u_{\mathrm{C}} + \frac{9}{2}i_{\mathrm{L}} + \frac{1}{2}u_{\mathrm{s}} \tag{8}$$

由方程（5）、（6）、（8）可得输出方程为

$$\begin{bmatrix} u_{\mathrm{C}} \\ u_1 \\ i_2 \end{bmatrix} = \begin{bmatrix} 0 & 1 \\ 3 & 0 \\ 9/2 & -1/2 \end{bmatrix} \begin{bmatrix} i_{\mathrm{L}} \\ u_{\mathrm{C}} \end{bmatrix} + \begin{bmatrix} 0 \\ 0 \\ 1/2 \end{bmatrix} u_{\mathrm{s}}$$

【例 18-4】 列出图 18-6 所示电路的状态方程，并假定 $\Delta = L_1 L_2 - M^2 \neq 0$。

解 不包括电压源，电路的电阻、电容元件共有 3 个，另有互感元件一个。由于互感元件须设两个待求量 i_{L1}、i_{L2}，故待求量共 5 个，分别为 i_{L1}、i_{L2}、u_{C}、i_1、i_2，如图 18-6 中所示，所以元件混合变量法方程数为 5。设节点③为参考节点，对节点①和节点④形成的超节点、节点②列 KCL 方程，对 3 个网孔按顺时针方向列 KVL 方程，有如下结果：

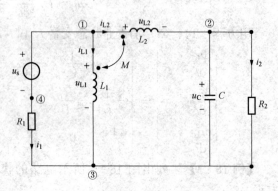

图 18-6 ［例 18-4］图

$$i_1 + i_{\mathrm{L1}} + i_{\mathrm{L2}} = 0 \tag{1}$$

$$-i_{\mathrm{L2}} + C\frac{\mathrm{d}u_{\mathrm{C}}}{\mathrm{d}t} + i_2 = 0 \tag{2}$$

$$-R_1 i_1 - u_{\mathrm{s}} + L_1 \frac{\mathrm{d}i_{\mathrm{L1}}}{\mathrm{d}t} + M\frac{\mathrm{d}i_{\mathrm{L2}}}{\mathrm{d}t} = 0 \tag{3}$$

$$-L_1 \frac{\mathrm{d}i_{\mathrm{L1}}}{\mathrm{d}t} - M\frac{\mathrm{d}i_{\mathrm{L2}}}{\mathrm{d}t} + L_2 \frac{\mathrm{d}i_{\mathrm{L2}}}{\mathrm{d}t} + M\frac{\mathrm{d}i_{\mathrm{L1}}}{\mathrm{d}t} + u_{\mathrm{C}} = 0 \tag{4}$$

$$-u_{\mathrm{C}} + R_2 i_2 = 0 \tag{5}$$

用方程（1）、（5）消去非状态变量 i_1、i_2，将剩余的 3 个方程整理成标准形式，有

$$\begin{bmatrix} \dfrac{\mathrm{d}u_{\mathrm{C}}}{\mathrm{d}t} \\[3mm] \dfrac{\mathrm{d}i_{\mathrm{L1}}}{\mathrm{d}t} \\[3mm] \dfrac{\mathrm{d}i_{\mathrm{L2}}}{\mathrm{d}t} \end{bmatrix} = \begin{bmatrix} -\dfrac{1}{R_2 C} & 0 & \dfrac{1}{C} \\[3mm] \dfrac{M}{\Delta} & \dfrac{M-L_2}{\Delta}R_1 & \dfrac{M-L_2}{\Delta}R_1 \\[3mm] \dfrac{-L_1}{\Delta} & \dfrac{M-L_1}{\Delta}R_1 & \dfrac{M-L_1}{\Delta}R_1 \end{bmatrix} \begin{bmatrix} u_{\mathrm{C}} \\[3mm] i_{\mathrm{L1}} \\[3mm] i_{\mathrm{L2}} \end{bmatrix} = \begin{bmatrix} 0 \\[3mm] \dfrac{L_2-M}{\Delta} \\[3mm] \dfrac{L_1-M}{\Delta} \end{bmatrix}$$

已知条件已说明 $\Delta = L_1 L_2 - M^2$，所以方程成立。

若互感耦合系数 $k = \dfrac{M}{\sqrt{L_1 L_2}} = 1$，即互感为全耦合时，有 $\Delta = L_1 L_2 - M^2 = 0$，在此情况下，上面列出的方程就不能成立，原因是此种情况下 i_{L1}、i_{L2} 不全是独立变量，列写状态方程时只能选择其中之一作为状态变量。对此不作进一步讨论，读者可参阅其他书籍。

【例 18 - 5】　列出图 18 - 7 所示电路的状态方程。

解　不包括独立源，电阻、电容、电感共 4 个，另有理想变压器 1 个。由于理想变压器须设两个待求量，故待求量共 6 个。又由于电阻 R 的电流与变压器原边电流为同一个电流，故实际待求量有 5 个，所以元件混合变量法方程数为 5。设待求量为 i_{L1}、i_{L2}、u_C、i_1、u_1，如图 18 - 7 所示。图中理想变压器副边电

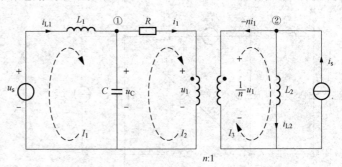

图 18 - 7　［例 18 - 5］图

压、电流分别表示为 $\dfrac{1}{n}u_1$、$-ni_1$，这样就将理想变压器的特性方程表现出来了。对节点①、②列 KCL 方程，对回路 l_1、l_2、l_3 列 KVL 方程，有如下结果：

$$C \frac{\mathrm{d}u_C}{\mathrm{d}t} = i_{L1} - i_1 \tag{1}$$

$$-ni_1 + i_{L2} - i_s = 0 \tag{2}$$

$$L_1 \frac{\mathrm{d}i_{L1}}{\mathrm{d}t} = u_s - u_C \tag{3}$$

$$-u_C + Ri_1 + u_1 = 0 \tag{4}$$

$$L_2 \frac{\mathrm{d}i_{L2}}{\mathrm{d}t} = \frac{1}{n}u_1 \tag{5}$$

用方程中（2）、（4）消去非状态变量 u_1、i_1，将剩余的 3 个方程整理成标准形式，有

$$\begin{bmatrix} \dfrac{\mathrm{d}u_C}{\mathrm{d}t} \\[2mm] \dfrac{\mathrm{d}i_{L1}}{\mathrm{d}t} \\[2mm] \dfrac{\mathrm{d}i_{L2}}{\mathrm{d}t} \end{bmatrix} = \begin{bmatrix} 0 & \dfrac{1}{C} & -\dfrac{1}{nC} \\[2mm] -\dfrac{1}{L_1} & 0 & 0 \\[2mm] \dfrac{1}{nL_2} & 0 & -\dfrac{R}{n^2 L_2} \end{bmatrix} \begin{bmatrix} u_C \\[2mm] i_{L1} \\[2mm] i_{L2} \end{bmatrix} + \begin{bmatrix} 0 & \dfrac{1}{nC} \\[2mm] \dfrac{1}{L_1} & 0 \\[2mm] 0 & \dfrac{R}{n^2 L_2} \end{bmatrix} \begin{bmatrix} u_s \\[2mm] i_s \end{bmatrix}$$

18.3.3　借助特有树和元件混合变量法建立状态方程

建立状态方程的关键是对独立节点和独立回路列写 KCL 和 KVL 方程。独立节点的选择非常容易，但当电路规模较大时，独立回路的选择就很困难，借助特有树，可方便解决这一问题。

特有树的构成：将电路中的每个元件均视为一个支路，树由电路中全部的电容、（受控）电压源和部分电阻支路构成，连支由电路中全部的电感、（受控）电流源和部分电阻支路构成。当电路中没有纯电容回路［也包含电容与（受控）电压源构成的回路］和纯电感割集

［也包含电感与（受控）电流源构成的割集］时，这样的特有树一定存在。

　　借助特有树和元件混合变量法建立状态方程的方法与基于元件混合变量法建立状态方程的方法基本一致，不同之处是独立回路用特有树确定，KCL 方程不是针对节点而是针对单树支割集列写。

　　【例 18 - 6】 列出图 18 - 8 （a）所示电路的状态方程，并以节点 1、2、3、4 的电压作为输出列输出方程。

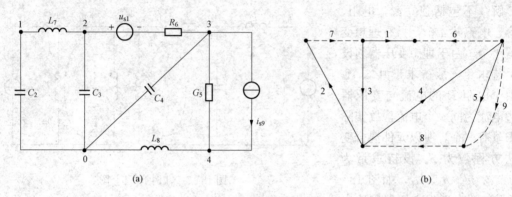

图 18 - 8 　［例 18 - 6］图
(a) 电路图；(b) 有向图

　　解　不包括电源，电阻、电容、电感元件共 7 个。各元件的变量设为 u_{C2}、u_{C3}、u_{C4}、i_{R5}、i_{R6}、i_{L7}、i_{L8}，各变量的方向如有向图 18 - 8 （b）所示，实线所示支路 1、2、3、4、5 构成特有树，对单树支割集（采用超节点，故不包括支路 1 构成的单树支割集）列写 KCL 方程有

$$C_2 \frac{\mathrm{d}u_{C2}}{\mathrm{d}t} = i_{L7} \tag{1}$$

$$C_3 \frac{\mathrm{d}u_{C3}}{\mathrm{d}t} = i_{R6} + i_{L7} \tag{2}$$

$$C_4 \frac{\mathrm{d}u_{C4}}{\mathrm{d}t} = i_{R6} + i_{L8} \tag{3}$$

$$i_{R5} = i_{L8} - i_{s9} \tag{4}$$

　　对单连支回路（采用超网孔，故不包括支路 5 和支路 9 构成的单连支回路）列写 KVL 方程有

$$L_7 \frac{\mathrm{d}i_{L7}}{\mathrm{d}t} = -u_{C2} - u_{C3} \tag{5}$$

$$L_8 \frac{\mathrm{d}i_{L8}}{\mathrm{d}t} = -u_{C4} - R_5 i_5 \tag{6}$$

$$R_6 i_{R6} = u_{s1} - u_{C3} - u_{C4} \tag{7}$$

　　将式（4）、式（7）代入其他式子中消去非状态变量 i_5、i_6，并把方程整理成矩阵形式，有

$$
\begin{bmatrix}
\dfrac{\mathrm{d}u_{C2}}{\mathrm{d}t} \\[2ex]
\dfrac{\mathrm{d}u_{C3}}{\mathrm{d}t} \\[2ex]
\dfrac{\mathrm{d}u_{C4}}{\mathrm{d}t} \\[2ex]
\dfrac{\mathrm{d}i_{L7}}{\mathrm{d}t} \\[2ex]
\dfrac{\mathrm{d}i_{L8}}{\mathrm{d}t}
\end{bmatrix}
=
\begin{bmatrix}
0 & 0 & 0 & \dfrac{1}{C_2} & 0 \\[2ex]
0 & -\dfrac{1}{R_6 C_3} & -\dfrac{1}{R_6 C_3} & \dfrac{1}{C_3} & 0 \\[2ex]
0 & -\dfrac{1}{R_6 C_4} & -\dfrac{1}{R_6 C_4} & 0 & \dfrac{1}{C_4} \\[2ex]
-\dfrac{1}{L_7} & -\dfrac{1}{L_7} & 0 & 0 & 0 \\[2ex]
0 & 0 & -\dfrac{1}{L_8} & 0 & -\dfrac{1}{G_5 L_8}
\end{bmatrix}
\begin{bmatrix}
u_{C2} \\[1ex]
u_{C3} \\[1ex]
u_{C4} \\[1ex]
i_{L7} \\[1ex]
i_{L8}
\end{bmatrix}
+
\begin{bmatrix}
0 & 0 \\[2ex]
\dfrac{1}{R_6 C_3} & 0 \\[2ex]
\dfrac{1}{R_6 C_4} & 0 \\[2ex]
0 & 0 \\[2ex]
0 & -\dfrac{1}{G_5 L_8}
\end{bmatrix}
\begin{bmatrix}
u_{s1} \\[1ex]
i_{s9}
\end{bmatrix}
$$

由 KCL、KVL 可列出以下方程

$$u_{n1} = -u_{C2} \tag{8}$$

$$u_{n2} = u_{C3} \tag{9}$$

$$u_{n3} = -u_{C4} \tag{10}$$

$$u_{n4} = -u_{C4} - \frac{i_{R5}}{G_5} \tag{11}$$

$$i_{R5} = i_{L8} - i_{s9} \tag{12}$$

将式（12）代入式（11）中消去非状态变量 i_{R5}，并把方程整理成矩阵形式，可得输出方程为

$$
\begin{bmatrix}
u_{n1} \\[1ex]
u_{n2} \\[1ex]
u_{n3} \\[1ex]
u_{n4}
\end{bmatrix}
=
\begin{bmatrix}
-1 & 0 & 0 & 0 & 0 \\[1ex]
0 & 1 & 0 & 0 & 0 \\[1ex]
0 & 0 & -1 & 0 & 0 \\[1ex]
0 & 0 & -1 & 0 & -\dfrac{1}{G_5}
\end{bmatrix}
\begin{bmatrix}
u_{C2} \\[1ex]
u_{C3} \\[1ex]
u_{C4} \\[1ex]
i_{L7} \\[1ex]
i_{L8}
\end{bmatrix}
+
\begin{bmatrix}
0 & 0 \\[1ex]
0 & 0 \\[1ex]
0 & 0 \\[1ex]
0 & \dfrac{1}{G_5}
\end{bmatrix}
\begin{bmatrix}
u_{s1} \\[1ex]
i_{s9}
\end{bmatrix}
$$

习 题

18-1 列出图 18-9 所示电路的状态方程。

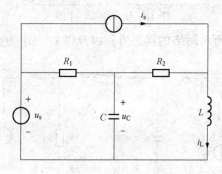

图 18-9 题 18-1 图

18-2 如图 18-10 所示电路，以 u_{C1}、u_{C2}、i_L 为状态变量，列出该电路的状态方程。

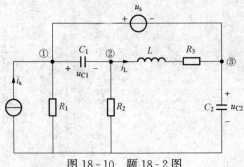

图 18-10　题 18-2 图

18-3　如图 18-11 所示电路，试写出状态方程。

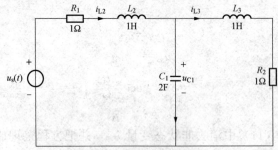

图 18-11　题 18-3 图

18-4　如图 18-12 所示电路，状态变量为 u_{C3}、i_{L4}、i_{L5}，试写出电路的状态方程。

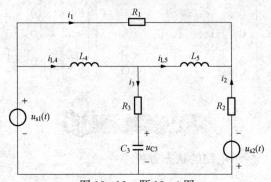

图 18-12　题 18-4 图

18-5　列写图 18-13 所示网络的状态方程以及以 i_1、u_2 为变量的输出方程。

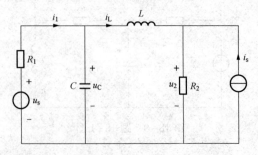

图 18-13　题 18-5 图

18-6　试列出图 18-14 所示电路的状态方程。

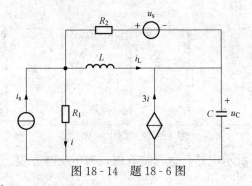

图 18-14　题 18-6 图

18-7　列写图 18-15 所示电路的状态方程。

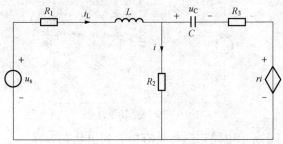

图 18-15　题 18-7 图

18-8　列出图 18-16 所示网络的状态方程，假定 $\Delta = L_1 L_2 - M^2 \neq 0$。

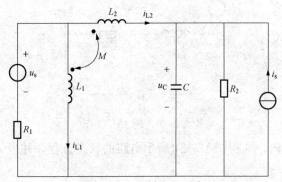

图 18-16　题 18-8 图

18-9　试写出图 18-17 所示网络的状态方程。

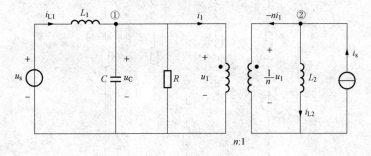

图 18-17　题 18-9 图

18-10 试写出图 18-18 所示网络的状态方程。

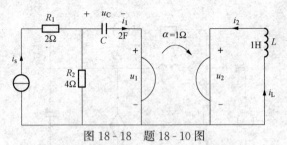

图 18-18 题 18-10 图

18-11 对图 18-19 所示电路，选择特有树，列出状态方程。

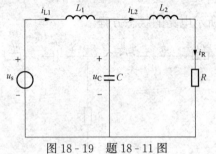

图 18-19 题 18-11 图

18-12 对图 18-20 所示电路，选择特有树，列出状态方程。

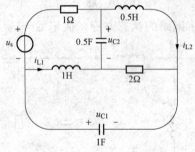

图 18-20 题 18-12 图

18-13 选择特有树，列写图 18-21 所示电路的状态方程，并以 u_{R7} 和 u_{R9} 作为输出，列写输出方程。

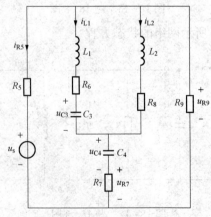

图 18-21 题 18-13 图

第 19 章　非 线 性 电 阻 电 路

内容提要：本章介绍非线性电阻电路分析的基本方法，具体内容为非线性电阻电路及其电路方程、图解法、分段线性化法、小信号分析法。

19.1　非线性电阻电路及其方程

19.1.1　非线性电路的概念

任何一个实际器件，从本质上来说，其 u-i 关系（或 u-q 关系、ψ-i 关系、ψ-q 关系）都是非线性的，并且都随时间发生变化，也就是说其特性是非线性时变的。但若在我们关心的特性范围内，实际元件的非线性程度较轻以致可以忽略时，可将实际器件用线性元件建模；当在我们关心的时间范围内，实际器件的特性随时间变化较小以致可以忽略时，可将实际器件用时不变元件建模。线性时不变元件是一类理想电路元件的总称，广泛用于描述实际电路。

如果电路元件的参数与其端电压或端电流（或磁链、电荷）有关，则为非线性元件。若对某一电路列写出的描述电路的方程为非线性方程，该电路就称为非线性电路。含有非线性元件的电路一般是非线性电路。许多实际电路的非线性特征不容忽略，否则难以解释实际电路中发生的物理现象，或者会出现理论计算结果与实际观测结果相差太大而无意义的情况，这时需按非线性电路分析的方法对电路做出分析。因此，研究非线性电路有重要意义。

19.1.2　非线性电阻元件

线性电阻元件其特性是 u-i 平面上过原点的一条直线，即线性电阻元件的电压与电流满足线性函数关系。但对非线性电阻元件来说，其电压与电流却是非线性关系，对应的特性曲线一般不是一条直线。

如图 19-1（a）所示为非线性电阻元件的符号，其电压、电流关系可表示为

$$u = f(i) \tag{19-1}$$

或

$$i = g(u) \tag{19-2}$$

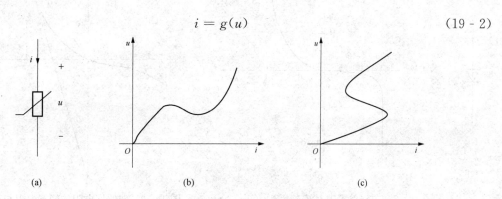

(a)　　　　　　　　　　　(b)　　　　　　　　　　　(c)

图 19-1　非线性电阻的符号及其伏安特性

（a）电路符号；（b）充气二极管伏安特性曲线；（c）隧道二极管伏安特性曲线

　　若某一非线性电阻元件特性只能用式（19-1）表示，说明该元件的电压是电流的单值函数，而同一电压值，可能对应着多个电流值，称这种类型的非线性电阻为电流控制型非线性电阻。充气二极管是电流控制型非线性电阻，其伏安特性曲线如图 19-1（b）所示。

　　若某一非线性电阻元件特性只能用式（19-2）表示，说明该元件的电流是电压的单值函数，同一电流值，可能对应着多个电压值，称这种类型的非线性电阻为电压控制型非线性电阻。隧道二极管是电压控制型非线性电阻，其伏安特性曲线如图 19-1（c）所示。

　　从图 19-1（b）、（c）中可以看出，这两种电阻元件的伏安特性都有一段斜率为负，在斜率为负的范围内，电压（或电流）随电流（或电压）的增大而减小。

　　若某一非线性电阻元件特性既能用式（19-1）表示，也能用式（19-2）表示，说明该元件的伏安特性是严格单调变化的。这种元件既属于电流控制型，也属于电压控制型，半导体二极管就属于这种类型。如图 19-2（a）所示为二极管符号，其伏安特性如图 19-2（b）所示。

　　与线性元件不同，非线性元件存在静态参数和动态参数两种参数。静态参数是针对不变的电压电流而提出的一个概念，动态参数是针对变化的电压电流而提出的一个概念。非线性元件的静态参数和动态参数随工作点的不同而不同。对非线性电阻元件而言，在特性曲线上某一点 P 处的静态电阻 R 和动态电阻 R_d 分别定义为

$$R = \frac{u}{i} \Big|_P \tag{19-3}$$

$$R_d = \frac{\mathrm{d}u}{\mathrm{d}i} \Big|_P \tag{19-4}$$

　　由图 19-3 可以看出，P 点的静态电阻 R 正比于 $\tan\alpha$，动态电阻 R_d 正比于 $\tan\beta$。一般情况下，$R \neq R_d$。实际非线性电阻的静态电阻均为正值，但动态电阻随工作点不同可能为正也可能为负。由式（19-4）可知，在特性曲线斜率为负的区域动态电阻将为负值，表现为负电阻性质（仅对工作点处小范围变化的电压电流而言）。

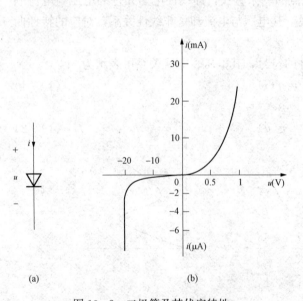

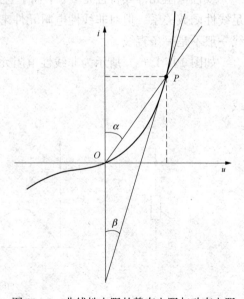

图 19-2　二极管及其伏安特性
（a）二极管电路符号；（b）二极管伏安特性曲线

图 19-3　非线性电阻的静态电阻与动态电阻

与动态电阻定义类似，P 处的动态电导定义为

$$G_d = \frac{di}{du}\Big|_P \qquad (19-5)$$

19.1.3 非线性电阻电路的方程

非线性电路分析用到的方法比较多，除了解析法外，还常用其他一些方法。

用解析法对非线性电路做分析首先需要建立描述电路的方程，方程建立的依据是拓扑约束和元件约束。集中参数非线性电路的拓扑约束依然是 KCL、KVL，但元件约束中有非线性的关系。下面给出一个用解析法求解非线性电路的例子。

【例 19-1】 如图 19-4 所示的非线性电阻电路中，非线性电阻是电流控制型的，特性方程为 $u_3 = f(i_3) = 2i_3^2 + 1$，$R_1 = 2\Omega$，$R_2 = 6\Omega$，$i_s = 2A$，$u_s = 7V$。试求 R_1 两端的电压 u_1。

解 根据拓扑约束和元件约束可列出如下方程

$$i_3 = i_s - i_1 = 2 - i_1$$
$$u_1 = u_2 + u_3 + u_s = u_2 + u_3 + 7$$
$$u_1 = R_1 i_1 = 2i_1$$
$$u_2 = R_2 i_3 = 6i_3$$
$$u_3 = 2i_3^2 + 1$$

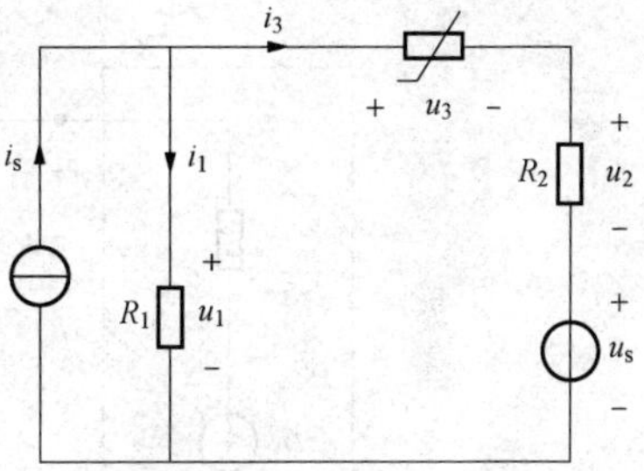

将以上方程化简可得

$$u_1^2 - 16u_1 + 56 = 0$$

由此解得

$$u_1 = 10.828V \text{ 或 } u_1 = 5.172V$$

图 19-4 ［例 19-1］电路

可见，非线性电路的解有时不是唯一的。

19.2 图 解 法

图解法是通过在 u-i 平面上画出元件或局部电路的特性曲线，并在此基础上对电路进行求解的一种方法，是非线性电阻电路分析的重要方法。该法通常只适用于简单电路的分析。

如图 19-5（a）所示为两个非线性电阻串联的单口网络，两个非线性电阻的特性方程分别为 $u_1 = f_1(i)$ 和 $u_2 = f_2(i)$，特性曲线如图 19-5（b）所示。因两个电阻为串联连接，电流值相同，可以利用图解法求出该单口网络的电压电流关系，做法是在同一电流值下将两个电压相加，得到对应的端口电压，不断改变电流值继续进行。端口的特性曲线 $u = f(i)$ 示于图 19-5（b）中。如果是多个电阻串联连接，可用同样的方法求得端口特性。

如果电阻是并联连接的，并且有 $i_1 = f_1(u)$ 和 $i_2 = f_2(u)$，则在同一电压值下，将电流进行相加，即可得到端口的电流，不断进行可得端口的电压电流关系。

如图 19-6（a）所示的非线性电阻电路，U_s 为直流电压源，R_s 为线性电阻。U_s 与 R_s 串联构成的二端电路其端口的特性方程为 $u = U_s - R_s i$，如图 19-6（b）所示的直线，非线性电阻 R 的特性如图 19-6（b）所示的曲线。由于直线与曲线的交点 Q 即满足直线约束又满足曲线约束，因此该交点的坐标即为电路的解。这种作图求解电路的方法称为图解法，也称为曲线相交法。

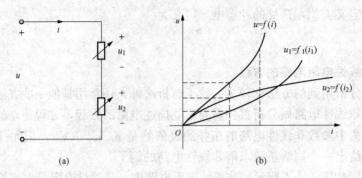

图 19-5　非线性电阻串联及其特性曲线

(a) 非线性电阻串联；(b) 串联非线性电阻的特性曲线

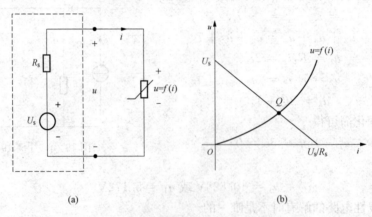

图 19-6　非线性电阻电路及其图解法

(a) 非线性电阻电路；(b) 非线性电阻电路图解法

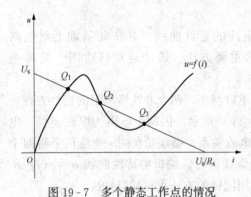

图 19-7　多个静态工作点的情况

图 19-6（b）中的交点 Q 是在电源为直流情况下得到的，交点不会发生变化，故称其为静态工作点。在某些情况下，电路的静态工作点可能有多个，如当图 19-6（b）中的非线性电阻不是单调型时，就可能会有多个静态工作点，图 19-7 所示是一种情况。实际电路在某一具体时间其静态工作点只能是一个，若用曲线相交法得出多个静态工作点，根据实际电路开始的工作情况开展分析，才可明确具体的工作点。

19.3　分 段 线 性 化 法

分段线性化法是把非线性元件的特性近似分为几个直线段，将每个直线段用等效线性电路表示（表现为理想电压源与电阻的串联或理想电流源与电阻的并联，其中的电阻有可能为负电阻），这样含有非线性元件的原电路就可转变为几个不同的线性电路，对这几个线性电路分别加以分析，得到各自的解，合起来即为电路的解。这是一种分析非线性电路的有效方法。由于分段线性化使得原来的连续曲线变成了几段相连折线，所以这种方法又称为折线法。

对于图 19-7 所示非线性电阻的特性曲线，可以先将其进行分段线性化，分别得到对应线性段的等效电路，然后利用线性电路的分析方法进行求解。图 19-8（a）为线性化后得到的图形。

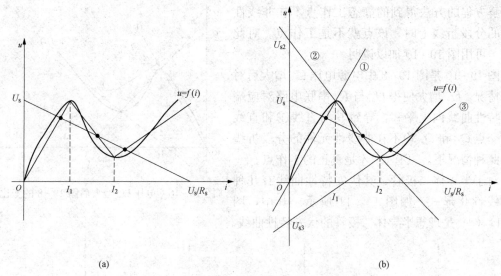

(a)   (b)

图 19-8 分段线性化法

（a）分段线性化；（b）分段线性化后的直线

由图 19-8（a）可知，原非线性曲线被分为 3 个直线段，这 3 个直线段分别处在图 19-8（b）所示的直线①、直线②和直线③上。直线①在（0，I_1）横坐标区间的线段及直线②在（I_1，I_2）横坐标区间的线段和直线③在（I_2，∞）横坐标区间的线段合起来为非线性元件分段线性化后的特性曲线。

直线①、直线②、直线③对应的方程分别为 $u=R_1 i$，$u=U_{s2}+R_2 i$，$u=U_{s3}+R_3 i$，3 个方程分别对应 3 个二端电路，由此可将图 19-6（a）所示的电路转化为图 19-9（a）、（b）、（c）所示的 3 个电路。图 19-9（a）中 $R_1>0$；图 19-9（b）中 $R_2<0$，$U_{s2}>0$；图 19-9（c）中 $R_3>0$，$U_{s3}<0$。对图 19-9 所示的 3 个电路可分别建立线性方程，求解方程可得到 3 个静态工作点。

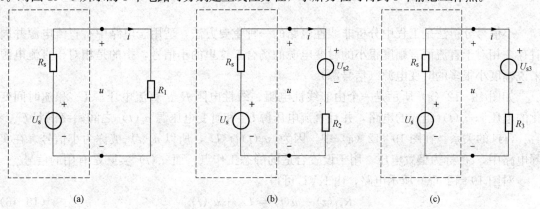

(a)   (b)   (c)

图 19-9 分段线性化法后的等效电路

（a）等效电路一；（b）等效电路二；（c）等效电路三

综上所述，通过分段线性化的方法，可把非线性电路的分析转化为线性电路的分析。如果非线性元件特性曲线的分段线性化结果比较接近于实际特性曲线，则用这种方法得出的结果就与实际比较接近。

应用分段线性化方法时要注意一种情况，当通过解方程的方法得到的静态工作点不在非线性元件的分段折线上时，该点就不是工作点。对此情况，可用图 19 - 10 加以说明。

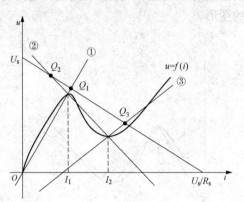

图 19 - 10　电压 U_s 增大后图 19 - 8 的变化

图 19 - 10 是图 19 - 8 中电源电压 U_s 增大后对应的情况，U_s 增大使得 U_s 与 R_s 串联电路对应端口的特性曲线向上平移，导致其与直线①和直线②的交点 Q_1 和 Q_2 均不在非线性元件的分段折线上，此种情况下，只有 Q_3 才是真正的工作点。

对于半导体二极管，其伏安特性曲线有几种分段线性化形式，如图 19 - 11 所示。其中，图 19 - 11 （d）是理想半导体二极管的伏安特性曲线。

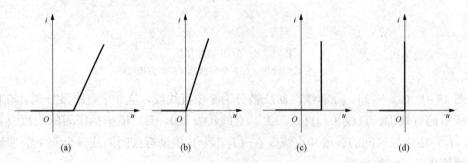

图 19 - 11　半导体二极管伏安特性曲线的几种分段线性化形式
(a) 形式一；(b) 形式二；(c) 形式三；(d) 形式四

19.4　小 信 号 分 析 法

小信号分析法是工程中分析非线性电路的一种重要方法，适用于电路中有直流电源并同时存在相对于直流而言幅度很小的时变电源的场合。这里的小信号，指的是相对于直流电源来说幅度小很多的时变电源（信号源）。

如图 19 - 12 （a）所示是一个由非线性电阻、线性电阻 R_s、直流电压源 U_s 和随时间变化的电压源 $u_s(t)$ 组成的电路，并且直流电压源 U_s 和时变电压源 $u_s(t)$ 之间始终满足 $U_s \gg |u_s(t)|$ 的关系。在图 19 - 12 （a）中，因为 $|u_s(t)| \ll U_s$，所以 $u_s(t)$ 被称为小信号。在实际电路中，U_s 称为偏置电压，用于设置合适的静态工作点，而 $u_s(t)$ 实际是有用的信号。

对图 19 - 12 （a）所示电路，由 KVL 可得

$$R_s i(t) + u(t) = U_s + u_s(t) \tag{19 - 6}$$

当小信号源 $u_s(t) = 0$ 时，式（19 - 6）变为

$$R_s i(t) + u(t) = U_s \tag{19 - 7}$$

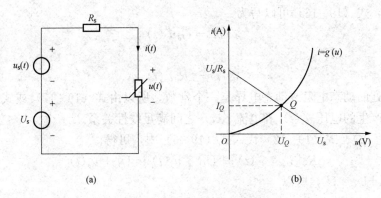

图 19 - 12 非线性电阻电路

(a) 非线性电路;(b) 非线性电路的静态工作点

假设非线性电阻的 VCR 可表示为

$$i = g(u) \tag{19-8}$$

将式（19-8）代入式（19-7）中，可解出电压 $u = U_Q$，再将 u 代入式（19-8）中，即可求得电流 $i = I_Q$。也可以利用图解法求出这一结果，如图 19-12（b）所示，其中的 Q 点就是电路的静态工作点。Q 的坐标 (U_Q, I_Q) 既满足式（19-7），也满足式（19-8），即

$$R_s I_Q + U_Q = U_s \tag{19-9}$$

$$I_Q = g(U_Q) \tag{19-10}$$

当 $u_s(t) \neq 0$ 时，可设

$$u(t) = U_Q + u'(t) \tag{19-11}$$

$$i(t) = I_Q + i'(t) \tag{19-12}$$

式（19-11）、（19-12）中，$u'(t)$ 和 $i'(t)$ 是由小信号而引起的变化量。由于 $|u_s(t)| \ll U_s$，所以在任何时刻，$u'(t)$、$i'(t)$ 相对于 U_Q 和 I_Q 来说都是很小的量，因此非线性电阻上的电压和电流一定会在静态工作点附近变化，不会偏离太多。

根据非线性电阻的 VCR 方程 $i = g(u)$，有

$$I_Q + i'(t) = g[U_Q + u'(t)] \tag{19-13}$$

因为 $u'(t)$ 相对于 U_Q 很小，可将其看成为在 U_Q 基础上的增量，因此可对式（19-13）右边进行泰勒级数展开，即

$$I_Q + i'(t) = g(U_Q) + \frac{\mathrm{d}g}{\mathrm{d}u}\Big|_{U_Q} u'(t) + \frac{1}{2!}\frac{\mathrm{d}^2 g}{\mathrm{d}^2 u}\Big|_{U_Q} [u'(t)]^2 + \cdots \tag{19-14}$$

由于 $u'(t)$ 很小，可略去 $u'(t)$ 的二次方及更高次方项，只保留级数的前两项，由此可得

$$I_Q + i'(t) = g(U_Q) + \frac{\mathrm{d}g}{\mathrm{d}u}\Big|_{U_Q} u'(t) \tag{19-15}$$

由于 $I_Q = g(U_Q)$，所以由式（19-15）可导出

$$i'(t) = \frac{\mathrm{d}g}{\mathrm{d}u}\Big|_{U_Q} u'(t) \tag{19-16}$$

根据动态电导的定义，可知 $\frac{\mathrm{d}g}{\mathrm{d}u}\Big|_{U_Q} = G_d = \frac{1}{R_d}$ 是非线性电阻在工作点 $Q(U_Q, I_Q)$ 处的动

态电导。这样，式（19-16）可以写为

$$i'(t) = G_d u'(t) \tag{19-17}$$

或

$$u'(t) = R_d i'(t) \tag{19-18}$$

由于某点处的动态电阻或动态电导是一个常数，所以由式（19-17）或式（19-18）可知，由小信号产生的电压 $u'(t)$ 和电流 $i'(t)$ 之间满足线性关系。

将式（19-11）、式（19-12）代入式（19-6）中，可得

$$R_s[I_Q + i'(t)] + U_Q + u'(t) = U_s + u_s(t) \tag{19-19}$$

因为 $R_s I_Q + U_Q = U_s$，所以

$$R_s i'(t) + u'(t) = u_s(t) \tag{19-20}$$

将式（19-18）代入式（19-20）得

$$R_s i'(t) + R_d i'(t) = u_s(t) \tag{19-21}$$

式（19-21）是一个线性代数方程，据此可以画出图 19-13 所示的电路，该电路为非线性电路在工作点 $Q(U_Q, I_Q)$ 处的小信号等效电路，是一个线性电路。

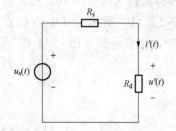

图 19-13　小信号等效电路

由图 19-13 所示电路可得

$$i'(t) = \frac{u_s(t)}{R_s + R_d} \tag{19-22}$$

$$u'(t) = R_d i'(t) = \frac{R_d u_s'(t)}{R_s + R_d} \tag{19-23}$$

将小信号产生的变化量与静态工作点处的电压、电流相加，可得非线性电路在直流电源与小信号共同作用下的响应为

$$u(t) = U_Q + u'(t) \tag{19-24}$$

$$i(t) = I_Q + i'(t) \tag{19-25}$$

由式（19-24）、式（19-25）可知，用小信号分析法分析非线性电路时，电路中各元件上的电压和电流均表现为静态值与小信号产生的变化量的叠加。

应注意，式（19-24）、式（19-25）均是近似公式，它们是在忽略了式（19-14）中 $u'(t)$ 的高次项后导出的结果，故这里的叠加不能视为叠加定理的应用。叠加定理是线性电路的一个定理，不能用于非线性电路。

【例 19-2】　已知图 19-14（a）所示电路中的非线性电阻为电压控制型，其电压和电流的关系为

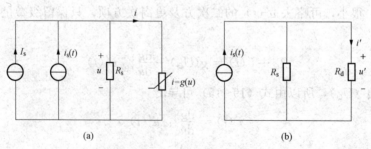

(a)　　　　　　　　　　　　　(b)

图 19-14　［例 19-2］电路

(a) 非线性电路；(b) 小信号等效电路

$$i = g(u) = \begin{cases} u^2 & u \geqslant 0 \\ 0 & u < 0 \end{cases}$$

直流电流源 $I_s = 10\text{A}$，$R_s = \dfrac{1}{3}\Omega$，小信号电流源的电流为 $i_s(t) = 0.5\cos t\text{A}$。试求非线性电阻上的电压和电流。

解 本题 $i_s(t) = 0.5\cos t\text{A}$，$I_s = 10\text{A}$，满足 $|i_s(t)| \ll I_s$ 的关系，可用小信号分析法分析电路。根据 KCL 有

$$\frac{1}{R_s}u + i = I_s + i_s$$

令 $i_s = 0$，由上式可得

$$\frac{1}{R_s}u + i = I_s$$

当 $u \geqslant 0$ 时，有

$$3u + u^2 = 10$$

解方程可得 $u = 2\text{V}$ 或 $u = -5\text{V}$。由于 $u = -5\text{V}$ 不符合 $u \geqslant 0$ 的前提条件，因此不是方程的解，所以方程的解为

$$U_Q = u = 2\text{V}$$

由非线性电阻的 VCR 又可得

$$I_Q = U_Q^2 = 4\text{A}$$

所以，电路的静态工作点为 Q（2V，4A）。非线性电阻在 Q 点处的动态电导为

$$G_d = \frac{\mathrm{d}(u^2)}{\mathrm{d}u}\Big|_{U_Q} = 2u\,|_{u=2} = 4\text{S}$$

则动态电阻为

$$R_d = \frac{1}{G_d} = \frac{1}{4}\Omega$$

由此可画出小信号等效电路，如图 19-14（b）所示。由此电路可求得由小信号产生的电压和电流的变化量为

$$u'(t) = \frac{R_s R_d}{R_s + R_d}i_s(t) = \frac{1}{14}\cos t = 0.0714\cos t\text{V}$$

$$i'(t) = \frac{R_s}{R_s + R_d}i_s(t) = \frac{2}{7}\cos t = 0.286\cos t\text{A}$$

在静态工作点基础上加上小信号产生的电压和电流的变化量，可得非线性电阻上最终的电压和电流为

$$u(t) = U_Q + u'(t) = 2 + 0.714\cos t\text{V}$$

$$i(t) = I_R + i'(t) = 4 + 0.286\cos t\text{A}$$

直流电压源 U_s 和线性电阻 R_s 可以看作是线性含独立源单口网络的戴维南等效电路，所以对于一般线性含独立源单口网络与非线性电阻连接的电路仍可用小信号分析法进行分析。这时，可先求出非线性电阻以外电路的戴维南等效电路，然后再利用小信号分析法求解。

【例 19-3】 如图 19-15（a）所示电路，已知 $U_s = 12\text{V}$，$R_1 = R_2 = 20\Omega$，$R_3 = 10\Omega$，

$u_s(t) = \cos t\,\mathrm{V}$，非线性电阻的伏安特性为 $u = \dfrac{1}{2}i^2 + i$。求非线性电阻上的电压 u 和电流 i。

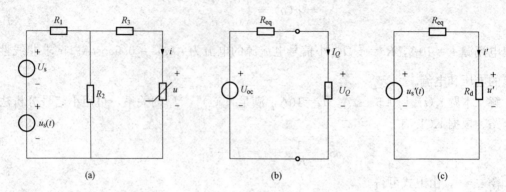

图 19 - 15　[图 19 - 3] 电路
(a) 非线性电路；(b) 静态工作点的等效电路；(c) 小信号等效电路

解 （1）非线性电路以外的戴维南等效电路的开路电压为

$$u_{oc} = \frac{R_2}{R_1 + R_2}[U_s + u_s(t)] = \frac{20}{20 + 20}(12 + \cos t) = (6 + 0.5\cos t)\,\mathrm{V}$$

记 $u_{oc} = U_{oc} + u'_s(t)$，则 $U_{oc} = 6\,\mathrm{V}$，$u'_s(t) = 0.5\cos t\,\mathrm{V}$。

可求出戴维南电路的等效电阻为

$$R_{eq} = R_3 + R_1 /\!/ R_2 = 10 + \frac{20 \times 20}{20 + 20} = 20\,\Omega$$

令 u_{oc} 中的小信号 $u'_s(t)$ 为零，可得静态工作点等效电路如图 19 - 15（b）所示。如图 19 -15(b) 所示电路，根据 KVL 有

$$R_{eq}I_Q + U_Q = U_{oc}$$

将已知数据和非线性电阻的电压电流关系 $U_Q = \dfrac{1}{2}I_Q^2 + I_Q$ 代入上式可得

$$20I_Q + \frac{1}{2}I_Q^2 + I_Q = 6$$

整理后得

$$I_Q^2 + 42I_Q - 12 = 0$$

解得　$I_{Q1} = 0.285\,\mathrm{A}$，$I_{Q2} = -42.285\,\mathrm{A}$。$I_Q$ 应为正值，即 $I_Q = 0.285\,\mathrm{A}$，则

$$U_Q = \frac{1}{2}I_Q^2 + I_Q = \frac{1}{2} \times 0.285^2 + 0.285 = 0.33\,\mathrm{V}$$

此时非线性电阻的动态电阻为

$$R_d = \frac{\mathrm{d}u}{\mathrm{d}i}\bigg|_{I_Q} = (i + 1)\big|_{I_Q} = 1.285\,\Omega$$

（2）画出小信号等效电路如图 19 - 15(c) 所示，则

$$i'(t) = \frac{u'_s(t)}{R_{eq} + R_d} = \frac{0.5\cos t}{20 + 1.285} = 0.024\cos t\,\mathrm{A}$$

$$u'(t) = R_d i'(t) = 1.285 \times 0.024\cos t = 0.03\cos t\,\mathrm{V}$$

（3）非线性电阻上的电压和电流分别为

$$u(t) = U_Q + u'(t) = 0.33 + 0.03\cos t\,\mathrm{V}$$

$$i(t) = I_Q + i'(t) = 0.285 + 0.024\cos t \text{ A}$$

当电路中有多个非线性电阻元件进行串联或并联时，如果其类型相同，即都是压控型的或都是流控型的，仍可用小信号分析方法进行求解，下面仅以两个非线性电阻串联的电路为例进行说明。

【例 19-4】 如图 19-16（a）所示电路，已知 $U_s = 10\text{V}$，$R = 10\Omega$，$u_s(t) = 0.5\sin t\text{V}$，两个非线性电阻电压电流的关系分别为 $u_1 = 5i_1^{1/2}$，$u_2 = 10i_2^{1/2} + i_2$，均为电流控制型。求 u_1、u_2 和 i。

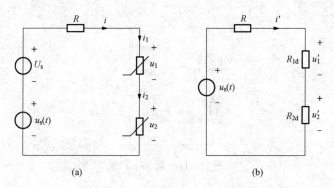

图 19-16 ［例 19-4］电路
(a) 非线性电路；(b) 小信号等效电路

解 （1）令 $u_s(t) = 0$，求解静态工作点 Q（U_Q，I_Q）。因为两个非线性电阻为串联，所以有 $i_1 = i_2 = i$。根据 KVL 有

$$RI_Q + U_{1Q} + U_{2Q} = U_s$$

将已知数据和非线性电阻的电压电流关系代入上式并整理得

$$11I_Q + 15I_Q^{1/2} - 10 = 0$$

可以解得 $I_{Q_1}^{1/2} = 0.49\text{A}$，$I_{Q_2}^{1/2} = -1.85\text{A}$。$I_{Q_2}^{1/2} = -1.85\text{A}$ 与电路的情况明显不符，不是电路的解，所以电路静态工作点电流为 $I_{Q_1} = 0.24\text{A}$，由此可得

$$U_{1Q_1} = 5I_{Q_1}^{1/2} = 5 \times 0.24^{1/2} = 2.45\text{V}$$

$$U_{2Q_1} = 10I_{2Q_1}^{1/2} + I_{2Q_1} = 10 \times 0.24^{1/2} + 0.24 = 5.14\text{V}$$

两个非线性电阻在工作点 Q_1 处的动态电阻分别为

$$R_{1d} = \frac{du_1}{di_1}\Big|_{I_{Q_1}} = 5 \times \frac{1}{2} \times i^{-\frac{1}{2}}\Big|_{I_{Q_1}} = 5.1\Omega$$

$$R_{2d} = \frac{du_2}{di_2}\Big|_{I_{Q_1}} = (5i + 1)\Big|_{I_{Q_1}} = 2.2\Omega$$

（2）画出小信号等效电路，如图 19-16（b）所示。则

$$i'(t) = \frac{u_s(t)}{R + R_{1d} + R_{2d}} = \frac{0.5\sin t}{10 + 5.1 + 2.2} = 0.029\sin t \text{ A}$$

$$u'_1(t) = R_{1d}i'(t) = 5.1 \times 0.029\sin t = 0.148\sin t \text{ V}$$

$$u'_2(t) = R_{2d}i'(t) = 2.2 \times 0.029\sin t = 0.064\sin t \text{ V}$$

（3）将小信号引起的变化量与静态工作点的电压及电流叠加，可得所要求的电压和电流分别为

$$u_1(t) = U_{1Q_1} + u'_1(t) = 2.45 + 0.148\sin t \text{V}$$
$$u_2(t) = U_{2Q_1} + u'_2(t) = 5.14 + 0.064\sin t \text{V}$$
$$i(t) = I_{Q_1} + i'(t) = 0.24 + 0.029\sin t \text{A}$$

习　题

19-1　试确定图 19-17 所示电路中非线性电阻的静态工作点。

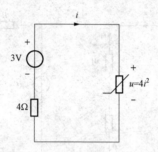

图 19-17　题 19-1 图

19-2　某一非线性电阻的伏安特性为 $i = u^2 + 3u$，若通过该电阻的电流为 -2A，求对应的静态电阻值和动态电阻值。

19-3　如图 19-18 所示电路，已知 $U = I^2 + 2I$，试求电压 U。

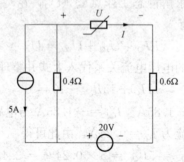

图 19-18　题 19-3 图

19-4　如图 19-19 所示电路，非线性电阻的伏安特性为 $U = \begin{cases} 0 & I \leqslant 0 \\ I^2 + 1 & I > 0 \end{cases}$，求 I 和 U。

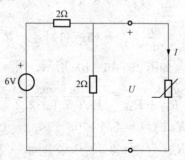

图 19-19　题 19-4 图

19-5 如图 19-20 (a) 所示电路，其中 $U_s=16V$，$R_1=R_2=2\Omega$，$R_3=1\Omega$，非线性电阻的伏安特性如图 19-20 (b) 所示。试计算各支路的电压、电流。

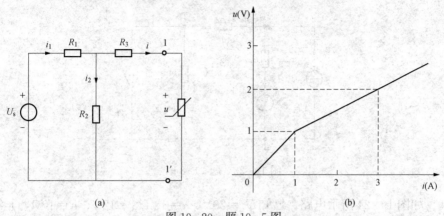

图 19-20 题 19-5 图

(a) 非线性电路；(b) 非线性电阻的伏安特性曲线

19-6 如图 19-21 (a) 所示电路，已知 $U_s=6V$，$I_s=2A$，$R_1=1\Omega$，R_2、R_3 为非线性电阻，其伏安特性如图 19-21 (b) 所示曲线，求电流 I_2、I_3。

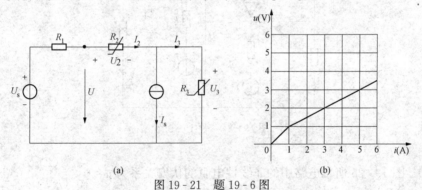

图 19-21 题 19-6 图

(a) 非线性电路；(b) 非线性电阻的伏安特性曲线

19-7 如图 19-22 (a) 所示电路，非线性电阻的伏安特性如图 19-22 (b) 所示，用图解法求解非线性电阻的端电压 U 和电流 I。

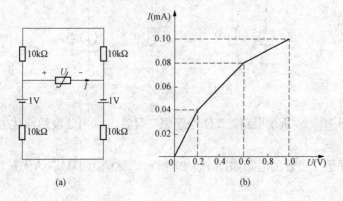

图 19-22 题 19-7 图

(a) 非线性电路；(b) 非线性电阻的伏安特性曲线

19-8 如图 19-23 所示电路，非线性电阻为电流控制型电阻，其伏安特性为 $u=f(i)$，试写出电路的节点方程。

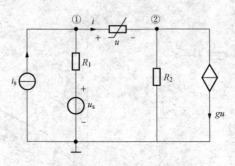

图 19-23 题 19-8 图

19-9 如图 19-24 所示电路，已知 $U_s=20\text{V}$、$\alpha=3$、$U_{s1}=12\text{V}$、$R=10\Omega$，非线性电阻 R_1 的伏安特性为 $U_1=10I_1^2$，试分别求开关 K 在位置 1 和位置 2 情况下的电压 U。

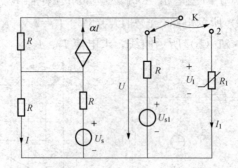

图 19-24 题 19-9 图

19-10 图 19-25 所示电路中的非线性电阻的伏安关系为 $u=\begin{cases}3i^2 & (i>0)\\0 & (i<0)\end{cases}$，试求电流 i。

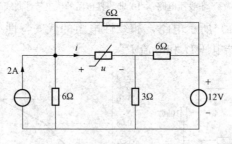

图 19-25 题 19-10 图

19-11 如图 19-26 所示电路，VD 为理想二极管，试用分段线性化方法确定 U_2 与 U_1 的关系。

19-12 含理想二极管的电路如图 19-27 所示，试画出 1-1′端的伏安特性曲线。

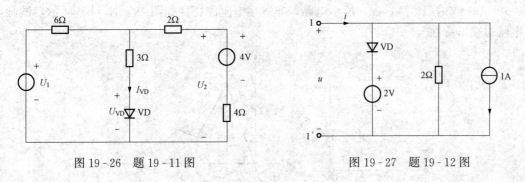

图 19-26 题 19-11 图   图 19-27 题 19-12 图

19-13 试确定图 19-28 所示电路的端口特性。图中 $R>0$，$E>0$，VD 为理想二极管。

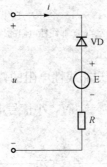

图 19-28 题 19-13 图

19-14 如图 19-29 所示非线性电路，VD 是理想二极管，画出该单口电路的伏安特性曲线。

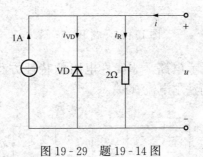

图 19-29 题 19-14 图

19-15 求图 19-30 所示电路的端口特性。图中 VD1、VD2 为理想二极管。

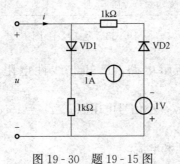

图 19-30 题 19-15 图

19-16　如图 19-31（a）所示电路，非线性电阻的特性如图 19-31（b）所示，试画出此电路的端口特性。

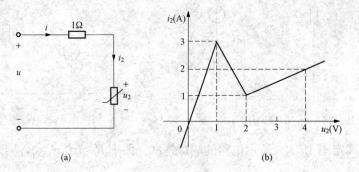

图 19-31　题 19-16 图

（a）非线性电路；（b）非线性电阻的伏安特性曲线

19-17　图 19-32 所示电路，已知非线性电阻的伏安特性表示为 $u = \begin{cases} i^2 + 2i & (i \geqslant 0) \\ 0 & (i < 0) \end{cases}$，$R_1 = 0.4\Omega$，$R_2 = 0.6\Omega$，直流电压源 $U_s = 18\text{V}$，小信号电流源 $i_s(t) = 4.5\sin(\omega t + 30°)$ A。试求静态工作点、电压 $u(t)$ 和电流 $i(t)$。

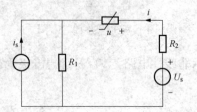

图 19-32　题 19-17 图

19-18　如图 19-33 所示电路，非线性电阻的特性方程为 $u = i^3 + 2i$，若 $i_s(t) = 0.35\sin 2t \text{A}$，试用小信号分析法求电流 $i(t)$。

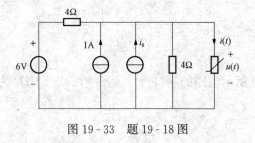

图 19-33　题 19-18 图

19-19　如图 19-34 所示电路，已知非线性电阻的伏安特性为 $i = g(u) = \begin{cases} \dfrac{1}{50}u^2 & u > 0 \\ 0 & u < 0 \end{cases}$，直流电源 $U_s = 4\text{V}$，小信号电压源 $u_s(t) = 15\cos\omega t \text{mV}$，试求工作点和在工作点处由小信号电压源产生的电压和电流。

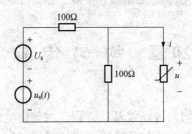

图 19 - 34　题 19 - 19 图

19 - 20　如图 19 - 35 所示电路，非线性电阻的特性方程为 $u = i^2 + 2i$，$i > 0$，试确定非线性电阻的静态工作点。若 $u_s = 0.6\sin\omega t\,\mathrm{V}$，试用小信号分析法确定电流 i。

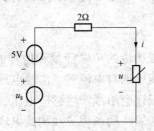

图 19 - 35　题 19 - 20 图

第 20 章 均 匀 传 输 线

内容提要：本章主要介绍均匀传输线及其方程、均匀传输线的正弦稳态解、行波与反射系数、均匀传输线的特性与无畸变均匀传输线、终端连接不同类型负载的均匀传输线、正弦稳态时无损耗均匀传输线的特性及其应用、无损耗均匀传输线的暂态过程。

20.1 均匀传输线及其方程

20.1.1 均匀传输线的概念

传输线是平行放置的两根导线构成的传输能量和信号的实际电路，可分为两线架空线、两芯电缆和同轴电缆等。当传输线中通有电流时，沿线电压因导线具有电阻会发生变化。若电流是交变的，则产生的交变磁场还会沿线产生感应电压。因此，传输线上各处的线间电压不同，并沿线连续改变。此外，传输线的两根导线构成电容，所以线间还存在电容电流，频率越高则此电流越大。线间还存在漏电导，导致产生漏电流，电压越高则漏电流越大。因此，传输线各处的电流也不同，并沿线连续改变。

当传输线较长时，传输线上各处的电压、电流变化会较大，就不适合将整条导线的电阻、电感、电容用集中参数来表示。如果将传输线进行分割，可认为每一微小长度单元 dx（dx 趋于无穷小）都具有电阻和电感，每一微小长度单元 dx 的两根导线间都具有电导和电容，这样就可将传输线视为由无穷多个集中参数元件构成的一种极限情况，由此可建立传输线的分布参数电路模型。

若传输线的各种参数沿线是均匀分布的，即每一微小长度单元 dx 都具有相同的参数，这种传输线就称为均匀传输线。均匀传输线是理想的传输线，现实中并不存在，是实际传输线的一种近似描述，也可认为是实际传输线的一种模型。

实际传输线的参数并不是均匀分布的。例如架空输电线，在塔杆位置处和非塔杆位置处，导线的漏电流情况就大不相同。但为分析方便，通常忽略造成不均匀性的各种因素而把实际传输线视为均匀传输线，然后再进行模型化，从而给出方便理论分析的电路模型。

均匀传输线的电路模型有明显的特点，因此，可借助集中参数电路分析方法对其建立方程进行分析。

20.1.2 均匀传输线的电路模型

均匀传输线有四种原始参数，简称原参数，分别为 R_0——单位长度的两根导线具有的电阻，与电流产生的压降对应，单位符号为 Ω/m；L_0——单位长度的两根导线具有的电感，与磁场产生的感应电压对应，单位符号为 H/m；G_0——单位长度的两根导线间具有的电导，与导线间的漏电流对应，单位符号为 S/m；C_0——单位长度的两根导线间具有的电容，与导线间的电容电流对应，单位符号为 F/m。

如果已知均匀传输线的四种原参数，那么传输线的每一微小长度单元 dx 的电阻为 $dR = R_0 dx$，电感为 $dL = L_0 dx$；传输线的每一微小长度单元 dx 的两根导线间的电导为 $dG =$

$G_0 dx$，电容为 $dC = C_0 dx$。因此，便可建立如图 20-1 所示的均匀传输线的分布参数电路模型。

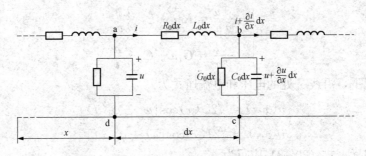

图 20-1 均匀传输线的分布参数电路模型

20.1.3 均匀传输线的方程

图 20-1 所示为均匀传输线的分布参数电路模型，局部具有集中参数电路的特点，故可以用两类约束建立方程。对图 20-1 中 a、b、c、d 四个节点对应的回路列写 KVL 方程，可得

$$u - \left(u + \frac{\partial u}{\partial x}dx\right) = R_0 dx \cdot i + L_0 dx \frac{\partial i}{\partial t} \qquad (20-1)$$

整理式（20-1），并约去公因子 dx，可得

$$-\frac{\partial u}{\partial x} = R_0 i + L_0 \frac{\partial i}{\partial t} \qquad (20-2)$$

对图 20-1 中的节点 b 列写 KCL 方程得

$$i - \left(i + \frac{\partial i}{\partial x}dx\right) = G_0 dx \left(u + \frac{\partial u}{\partial x}dx\right) + C_0 dx \frac{\partial}{\partial t}\left(u + \frac{\partial u}{\partial x}dx\right) \qquad (20-3)$$

整理式（20-3）有

$$-\frac{\partial i}{\partial x}dx = G_0\left[udx + \frac{\partial u}{\partial x}(dx)^2\right] + C_0 \frac{\partial}{\partial t}\left[udx + \frac{\partial u}{\partial x}(dx)^2\right] \qquad (20-4)$$

略去上式中二阶无穷小量 $(dx)^2$ 所在项，有

$$-\frac{\partial i}{\partial x}dx = G_0 u dx + C_0 \frac{\partial}{\partial t}u dx \qquad (20-5)$$

约去式（20-5）中的公因子 dx，可得

$$-\frac{\partial i}{\partial x} = G_0 u + C_0 \frac{\partial u}{\partial t} \qquad (20-6)$$

式（20-2）和式（20-6）构成了描述均匀传输线的偏微分方程组。

根据边界条件（即始端和终端的情况）和初始条件（即计时起点的情况），求出式（20-2）和式（20-6）的解，就可以得到沿线的电压 $u = u(x, t)$ 和沿线的电流 $i = i(x, t)$，它们是距离 x 和时间 t 的函数。可见电压和电流不仅随时间变化，同时也随距离变化。这是分布参数电路与集中参数电路的一个显著区别。

20.2 均匀传输线的正弦稳态解

由于均匀传输线的电路模型是线性电路，在这种情况下，沿线的电压、电流将是同一频

率的以时间为自变量的正弦函数，因此，可以用相量法分析均匀传输线沿线的电压和电流。前面已经得到均匀传输线的时域方程为

$$\begin{cases} -\dfrac{\partial u}{\partial x} = R_0 i + L_0 \dfrac{\partial i}{\partial t} \\[2mm] -\dfrac{\partial i}{\partial x} = G_0 u + C_0 \dfrac{\partial u}{\partial t} \end{cases} \tag{20-7}$$

在正弦稳态情况下，沿线 x 处的电压和电流通式为

$$\begin{cases} u(x,t) = \sqrt{2}\,U(x)\cos[\omega t + \varphi_u(x)] \\[2mm] i(x,t) = \sqrt{2}\,I(x)\cos[\omega t + \varphi_i(x)] \end{cases} \tag{20-8}$$

考虑频率变化因素，式（20-8）应写为

$$\begin{cases} u(x,t) = \sqrt{2}\,U(x,\omega)\cos[\omega t + \varphi_u(x,\omega)] \\[2mm] i(x,t) = \sqrt{2}\,I(x,\omega)\cos[\omega t + \varphi_i(x,\omega)] \end{cases} \tag{20-9}$$

则电压和电流的相量可写为

$$\begin{cases} \dot{U}(x,\omega) = U(x,\omega)\angle\varphi_u(x,\omega) \\[2mm] \dot{I}(x,\omega) = I(x,\omega)\angle\varphi_i(x,\omega) \end{cases} \tag{20-10}$$

对频率 ω 固定的情况，电压和电流的相量可简写为

$$\begin{cases} \dot{U}(x) = U(x)\angle\varphi_u(x) \\[2mm] \dot{I}(x) = I(x)\angle\varphi_i(x) \end{cases} \tag{20-11}$$

于是有

$$\begin{cases} u(x,t) = \mathrm{Re}[\sqrt{2}\,\dot{U}(x)\mathrm{e}^{\mathrm{j}\omega t}] \\[2mm] i(x,t) = \mathrm{Re}[\sqrt{2}\,\dot{I}(x)\mathrm{e}^{\mathrm{j}\omega t}] \end{cases} \tag{20-12}$$

可将 $\dot{U}(x)$ 和 $\dot{I}(x)$ 进一步简写为 $\dot{U}$ 和 $\dot{I}$，因而由方程（20-7）可得到对应的相量方程为

$$\begin{cases} -\dfrac{\mathrm{d}\dot{U}}{\mathrm{d}x} = (R_0 + \mathrm{j}\omega L_0)\,\dot{I} = Z_0\,\dot{I} \\[2mm] -\dfrac{\mathrm{d}\dot{I}}{\mathrm{d}x} = (G_0 + \mathrm{j}\omega C_0)\,\dot{U} = Y_0\,\dot{U} \end{cases} \tag{20-13}$$

式（20-13）中，$Z_0 = R_0 + \mathrm{j}\omega L_0$，$Y_0 = G_0 + \mathrm{j}\omega C_0$，分别为单位长度的阻抗和单位长度的导纳。式（20-13）中的全导数符号由式（20-7）中的偏导数符号变化而来，原因是 $\dot{U}$ 和 $\dot{I}$ 仅是 x 的函数，与时间 t 无关。将式（20-13）对 x 求导，得

$$\begin{cases} -\dfrac{\mathrm{d}^2\dot{U}}{\mathrm{d}x^2} = Z_0\,\dfrac{\mathrm{d}\dot{I}}{\mathrm{d}x} \\[2mm] -\dfrac{\mathrm{d}^2\dot{I}}{\mathrm{d}x^2} = Y_0\,\dfrac{\mathrm{d}\dot{U}}{\mathrm{d}x} \end{cases} \tag{20-14}$$

将式（20-13）代入式（20-14）可得

$$\begin{cases} \dfrac{\mathrm{d}^2 \dot{U}}{\mathrm{d}x^2} = Y_0 Z_0 \dot{U} \\[3mm] \dfrac{\mathrm{d}^2 \dot{I}}{\mathrm{d}x^2} = Y_0 Z_0 \dot{I} \end{cases} \tag{20-15}$$

式（20-15）即为均匀传输线的正弦稳态方程。令 $\gamma = \sqrt{Y_0 Z_0} = \alpha + \mathrm{j}\beta$，$\gamma$ 称为传播常数，是均匀传输线的一种副参数，则式（20-15）可改写为

$$\begin{cases} \dfrac{\mathrm{d}^2 \dot{U}}{\mathrm{d}x^2} - \gamma^2 \dot{U} = 0 \\[3mm] \dfrac{\mathrm{d}^2 \dot{I}}{\mathrm{d}x^2} - \gamma^2 \dot{I} = 0 \end{cases} \tag{20-16}$$

这是一个常系数的二阶线性微分方程组，该方程组的通解为

$$\begin{cases} \dot{U} = A_1 \mathrm{e}^{-\gamma x} + A_2 \mathrm{e}^{\gamma x} \\[2mm] \dot{I} = B_1 \mathrm{e}^{-\gamma x} + B_2 \mathrm{e}^{\gamma x} \end{cases} \tag{20-17}$$

式（20-17）中，A_1、A_2、B_1、B_2 为积分常数。将式（20-17）对 x 微分，可得

$$\begin{cases} \dfrac{\mathrm{d}\dot{U}}{\mathrm{d}x} = -\gamma A_1 \mathrm{e}^{-\gamma x} + \gamma A_2 \mathrm{e}^{\gamma x} \\[3mm] \dfrac{\mathrm{d}\dot{I}}{\mathrm{d}x} = -\gamma B_1 \mathrm{e}^{-\gamma x} + \gamma B_2 \mathrm{e}^{\gamma x} \end{cases} \tag{20-18}$$

将式（20-13）代入式（20-18），可得

$$\begin{cases} -Z_0 \dot{I} = -\gamma A_1 \mathrm{e}^{-\gamma x} + \gamma A_2 \mathrm{e}^{\gamma x} \\[2mm] -Y_0 \dot{U} = -\gamma B_1 \mathrm{e}^{-\gamma x} + \gamma B_2 \mathrm{e}^{\gamma x} \end{cases} \tag{20-19}$$

比较式（20-17）与式（20-19），可以得到

$$\begin{cases} A_1 = \dfrac{\gamma B_1}{Y_0} = B_1 \sqrt{\dfrac{Z_0}{Y_0}} = B_1 Z_c \\[4mm] A_2 = -\dfrac{\gamma B_2}{Y_0} = -B_2 \sqrt{\dfrac{Z_0}{Y_0}} = -B_2 Z_c \end{cases} \tag{20-20}$$

令 $Z_c = \sqrt{\dfrac{Z_0}{Y_0}}$，称为特性阻抗或波阻抗（物理意义可参见 2.2 节中的 ［例 2-5］ 和 16.7 的论述），也是均匀传输线的副参数，则正弦稳态通解式（20-17）可表示为

$$\begin{cases} \dot{U} = A_1 \mathrm{e}^{-\gamma x} + A_2 \mathrm{e}^{\gamma x} \\[3mm] \dot{I} = \dfrac{A_1}{Z_c} \mathrm{e}^{-\gamma x} - \dfrac{A_2}{Z_c} \mathrm{e}^{\gamma x} \end{cases} \tag{20-21}$$

利用边界条件可以求出积分常数 A_1，A_2。下面分两种情况加以讨论。

1. 始端电压和电流为边界条件

设传输线的始端电压和电流已知，分别为 $\dot{U} = \dot{U}_1$，$\dot{I} = \dot{I}_1$。当以始端作为计算距离 x 的起点时，在始端即 $x=0$ 处，根据给定的边界条件，由式（20-21）可以得到

$$\begin{cases} \dot{U}_1 = A_1 + A_2 \\[3mm] \dot{I}_1 = \dfrac{A_1}{Z_c} - \dfrac{A_2}{Z_c} \end{cases} \tag{20-22}$$

因此求得 A_1，A_2 为

$$
\begin{cases}
A_1 = \dfrac{1}{2}(\dot{U}_1 + Z_c\,\dot{I}_1) \\[2mm]
A_2 = \dfrac{1}{2}(\dot{U}_1 - Z_c\,\dot{I}_1)
\end{cases}
\tag{20-23}
$$

由此得到传输线上距始端 x 处的电压和电流为

$$
\begin{cases}
\dot{U} = \dfrac{1}{2}(\dot{U}_1 + Z_c\,\dot{I}_1)\mathrm{e}^{-\gamma x} + \dfrac{1}{2}(\dot{U}_1 - Z_c\,\dot{I}_1)\mathrm{e}^{\gamma x} \\[3mm]
\dot{I} = \dfrac{1}{2}\left(\dot{I}_1 + \dfrac{\dot{U}_1}{Z_c}\right)\mathrm{e}^{-\gamma x} + \dfrac{1}{2}\left(\dot{I}_1 - \dfrac{\dot{U}_1}{Z_c}\right)\mathrm{e}^{\gamma x}
\end{cases}
\tag{20-24}
$$

利用双曲线函数

$$
\begin{cases}
\dfrac{1}{2}(\mathrm{e}^{\gamma x} + \mathrm{e}^{-\gamma x}) = \cosh(\gamma x) \\[3mm]
\dfrac{1}{2}(\mathrm{e}^{\gamma x} - \mathrm{e}^{-\gamma x}) = \sinh(\gamma x)
\end{cases}
\tag{20-25}
$$

可得

$$
\begin{cases}
\dot{U} = \dot{U}_1 \cosh(\gamma x) - Z_c\,\dot{I}_1 \sinh(\gamma x) \\[3mm]
\dot{I} = \dot{I}_1 \cosh(\gamma x) - \dfrac{\dot{U}_1}{Z_c}\sinh(\gamma x)
\end{cases}
\tag{20-26}
$$

2. 终端电压和电流为边界条件

设传输线的终端电压和电流为已知，分别为 $\dot{U}=\dot{U}_2$，$\dot{I}=\dot{I}_2$。假设传输线的长度为 l，则式（20-21）为

$$
\begin{cases}
\dot{U}_2 = A_1\mathrm{e}^{-\gamma l} + A_2\mathrm{e}^{\gamma l} \\[3mm]
\dot{I}_2 = \dfrac{A_1}{Z_c}\mathrm{e}^{-\gamma l} - \dfrac{A_2}{Z_c}\mathrm{e}^{\gamma l}
\end{cases}
\tag{20-27}
$$

由此求得 A_1，A_2 为

$$
\begin{cases}
A_1 = \dfrac{1}{2}(\dot{U}_2 + Z_c\,\dot{I}_2)\mathrm{e}^{\gamma l} \\[3mm]
A_2 = \dfrac{1}{2}(\dot{U}_2 - Z_c\,\dot{I}_2)\mathrm{e}^{-\gamma l}
\end{cases}
\tag{20-28}
$$

于是得到传输线上与始端的距离为 x 处的电压和电流为

$$
\begin{cases}
\dot{U} = \dfrac{1}{2}(\dot{U}_2 + Z_c\,\dot{I}_2)\mathrm{e}^{\gamma(l-x)} + \dfrac{1}{2}(\dot{U}_2 - Z_c\,\dot{I}_2)\mathrm{e}^{-\gamma(l-x)} \\[3mm]
\dot{I} = \dfrac{1}{2}\left(\dot{I}_2 + \dfrac{\dot{U}_2}{Z_c}\right)\mathrm{e}^{\gamma(l-x)} + \dfrac{1}{2}\left(\dot{I}_2 - \dfrac{\dot{U}_2}{Z_c}\right)\mathrm{e}^{-\gamma(l-x)}
\end{cases}
\tag{20-29}
$$

式（20-29）中，x 为距线路始端的距离，若令 $y=l-x$，则 y 为距线路终端的距离。将 $y=l-x$ 带入式（20-29），得

$$
\begin{cases}
\dot{U} = \dfrac{1}{2}(\dot{U}_2 + Z_c\,\dot{I}_2)\mathrm{e}^{\gamma y} + \dfrac{1}{2}(\dot{U}_2 - Z_c\,\dot{I}_2)\mathrm{e}^{-\gamma y} \\[3mm]
\dot{I} = \dfrac{1}{2}\left(\dot{I}_2 + \dfrac{\dot{U}_2}{Z_c}\right)\mathrm{e}^{\gamma y} + \dfrac{1}{2}\left(\dot{I}_2 - \dfrac{\dot{U}_2}{Z_c}\right)\mathrm{e}^{-\gamma y}
\end{cases}
\tag{20-30}
$$

借助双曲线函数，可将式（20-30）表示为

$$\begin{cases} \dot{U} = \dot{U}_2\cosh(\gamma y) + Z_c\,\dot{I}_2\sinh(\gamma y) \\ \dot{I} = \dot{I}_2\cosh(\gamma y) + \dfrac{\dot{U}_2}{Z_c}\sinh(\gamma y) \end{cases} \tag{20-31}$$

由于均匀传输线的电路模型结构固定，因而其解的形式也固定。在始端或终端电压和电流已知的条件下，均匀传输线的正弦稳态解可直接套用式（20-24）或式（20-30）求得。

【例 20-1】 某一均匀传输线原参数 $R_0 = 0.08\,\Omega/\text{km}$、$\omega L_0 = 0.2\,\Omega/\text{km}$、$\omega C_0 = 2.2 \times 10^{-6}\,\text{S/km}$，$G_0$ 忽略不计。已知始端电压相量为 $\dot{U}_1 = 92.38\angle 0°\,\text{kV}$，始端电流相量为 $\dot{I}_1 = 733\angle -10.2°\,\text{A}$，试求沿线的电压 $u(x,\ t)$ 和电流 $i(x,\ t)$。

解 由题给条件，可求得

$$Z_0 = R_0 + j\omega L_0 = 0.08 + j0.2 = 0.2154\angle 68.2°\,\Omega/\text{km}$$
$$Y_0 = G_0 + j\omega C_0 = 0 + j2.2 = 2.2 \times 10^{-6}\angle 90°\,\text{S/km}$$

特性阻抗为

$$Z_c = \sqrt{\frac{Z_0}{Y_0}} = \sqrt{\frac{0.2154\angle 68.2°}{2.2 \times 10^{-6}\angle 90°}} = 312.9\angle -10.9°\,\Omega$$

式（20-24）中指数项前的系数分别为

$$\begin{cases} A_1 = \dfrac{1}{2}(\dot{U}_1 + Z_c\dot{I}_1) = \dfrac{1}{2}(92.38 + 312.91\angle -10.9° \times 0.733\angle -10.2°) \times 10^3 \\[2mm] \quad = 158.65 \times 10^3 \angle -15.08° = |A_1|\angle \varphi_1 \\[3mm] A_2 = \dfrac{1}{2}(\dot{U}_1 - Z_c\dot{I}_1) = \dfrac{1}{2}(92.38 - 312.91\angle -10.9° \times 0.733\angle -10.2°) \times 10^3 \\[2mm] \quad = 73.49 \times 10^3 \angle 145.82° = |A_2|\angle \varphi_2 \\[3mm] B_1 = \dfrac{A_1}{Z_c} = \dfrac{1}{2}\left(\dot{I}_1 + \dfrac{\dot{U}_1}{Z_c}\right) = \dfrac{158.65 \times 10^3 \angle -15.08°}{Z_c} = \dfrac{158.65 \times 10^3 \angle -15.08°}{312.91\angle -10.9°} \\[2mm] \quad = 0.507 \times 10^3 \angle -4.18° = |B_1|\angle \varphi_3 \\[3mm] B_2 = -\dfrac{A_2}{Z_c} = \dfrac{1}{2}\left(\dot{I}_1 - \dfrac{\dot{U}_1}{Z_c}\right) = \dfrac{-73.49 \times 10^3 \angle 145.82°}{Z_c} = \dfrac{-73.49 \times 10^3 \angle 145.82°}{312.91\angle -10.9°} \\[2mm] \quad = 0.235 \times 10^3 \angle -23.28° = |B_2|\angle \varphi_4 \end{cases}$$

传输常数为

$$\gamma = \sqrt{Z_0 Y_0} = \sqrt{0.2154\angle 68.2° \times 2.2 \times 10^{-6}\angle 90°} = 0.688 \times 10^{-3} \angle 79.1°$$
$$= \alpha + j\beta = (0.1301 \times 10^{-3} + j0.6756 \times 10^{-3})[(\text{km})^{-1}]$$

所以，电压、电流的相量表达式为

$$\begin{cases} \dot{U} = A_1 \mathrm{e}^{-\gamma x} + A_2 \mathrm{e}^{\gamma x} = |A_1|\mathrm{e}^{j\varphi_1}\mathrm{e}^{-(\alpha+j\beta)x} + |A_2|\mathrm{e}^{j\varphi_2}\mathrm{e}^{(\alpha+j\beta)x} \\[2mm] \quad = |A_1|\mathrm{e}^{-\alpha x}\mathrm{e}^{-j(\beta x - \varphi_1)} + |A_2|\mathrm{e}^{\alpha x}\mathrm{e}^{j(\beta x + \varphi_2)} \\[3mm] \dot{I} = B_1 \mathrm{e}^{-\gamma x} + B_2 \mathrm{e}^{\gamma x} = |B_1|\mathrm{e}^{j\varphi_3}\mathrm{e}^{-(\alpha+j\beta)x} + |B_2|\mathrm{e}^{j\varphi_4}\mathrm{e}^{(\alpha+j\beta)x} \\[2mm] \quad = |B_1|\mathrm{e}^{-\alpha x}\mathrm{e}^{-j(\beta x - \varphi_3)} + |B_2|\mathrm{e}^{\alpha x}\mathrm{e}^{j(\beta x + \varphi_4)} \end{cases}$$

电压、电流时域形式的表达式为

$$\begin{cases} u(x,t) = \sqrt{2}\,|A_1|\,e^{-\alpha x}\cos[\omega t - (\beta x - \varphi_1)] + \sqrt{2}\,|A_2|\,e^{\alpha x}\cos[\omega t + (\beta x + \varphi_2)] \\ i(x,t) = \sqrt{2}\,|B_1|\,e^{-\alpha x}\cos[\omega t - (\beta x - \varphi_3)] + \sqrt{2}\,|B_2|\,e^{\alpha x}\cos[\omega t + (\beta x + \varphi_4)] \end{cases}$$

把具体数据带入，最终结果为

$$\begin{cases} u(x,t) = \big[\sqrt{2}\times 158.65 e^{-\alpha x}\cos(\omega t - \beta x - 15.08°) \\ \qquad\qquad + \sqrt{2}\times 73.48 e^{\alpha x}\cos(\omega t + \beta x + 145.82°)\big]\text{kV} \\ i(x,t) = \big[\sqrt{2}\times 0.507 e^{-\alpha x}\cos(\omega t - \beta x - 4.18°) \\ \qquad\qquad + \sqrt{2}\times 0.235 e^{\alpha x}\cos(\omega t + \beta x - 23.28°)\big]\text{kA} \end{cases}$$

从运算结果可以看出，随传播距离 x 的变化，α 影响正弦项的振幅，β 影响正弦项的相位，α 和 β 均影响波的传播，这就是将 $\gamma = \alpha + \mathrm{j}\beta$ 称为传播常数的原因。传播常数的实部 α 称为衰减常数，虚部 β 称为相位常数。

20.3　行波与反射系数

20.3.1　行波

在例 20-1 中已看到均匀传输线在正弦稳态情况下的电压和电流的变化规律，下面对此作进一步研究。为便于讨论，将式（20-24）中的第一个式子改写为

$$\dot{U} = \dot{U}^+ + \dot{U}^- \tag{20-32}$$

式（20-32）说明 $\dot{U}^+$ 和 $\dot{U}^-$ 与 $\dot{U}$ 的参考方向相同，均为从上指向下。$\dot{U}^+$ 和 $\dot{U}^-$ 分别为

$$\begin{cases} \dot{U}^+ = \dfrac{1}{2}(\dot{U}_1 + Z_{\mathrm{c}}\dot{I}_1)e^{-\gamma x} = U_0^+ e^{\mathrm{j}\phi_+} e^{-\gamma x} = U_0^+ e^{-\alpha x}\,e^{-\mathrm{j}(\beta x - \varphi_+)} \\ \dot{U}^- = \dfrac{1}{2}(\dot{U}_1 - Z_{\mathrm{c}}\dot{I}_1)e^{\gamma x} = U_0^- e^{\mathrm{j}\phi_-} e^{\gamma x} = U_0^- e^{\alpha x}\,e^{\mathrm{j}(\beta x + \varphi_-)} \end{cases} \tag{20-33}$$

由此可得沿线电压的时域表示式为

$$u = u^+ + u^- = \sqrt{2}U_0^+ e^{-\alpha x}\cos(\omega t - \beta x + \varphi_+) + \sqrt{2}U_0^- e^{\alpha x}\cos(\omega t + \beta x + \varphi_-) \tag{20-34}$$

式（20-34）表明，可以将 u 看作是两个电压分量 u^+ 和 u^- 合成的结果。现在分别研究 u^+ 和 u^- 这两个分量的含义。第一个分量 u^+ 为

$$u^+ = u^+(x,t) = \sqrt{2}U_0^+ e^{-\alpha x}\cos(\omega t - \beta x + \varphi_+) \tag{20-35}$$

它既是时间 t 的函数，又是空间位置 x 的函数。假设在传输线的某一固定点 $x = x_1$ 处观察 u^+，它是随时间 t 变化的正弦函数。假想在某一固定瞬间 $t = t_1$ 观察 u^+，则 u^+ 表现为随距离 x 按指数衰减正弦规律变化。为了便于理解 u^+ 的性质，在图 20-2 绘出了 t_1 和 $t_1 + \Delta t$ 这两个不同瞬间 u^+ 沿线的分布情况（λ 为波长）。可见，可以把 u^+ 看作一个随时间的变化向 x 增加方向（即从传输线的始端向终端的方向）运动的衰减波，经过 Δt 时间移动了 Δx 距离。通常将这种波称为电压入射波或正向行波。

为了确定正向行波 u^+ 的运动或传播的速

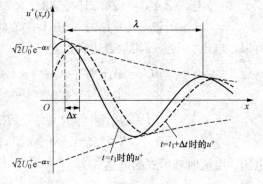

图 20-2　均匀传输线上的电压入射波

度，假设 $\alpha = 0$，此时

$$u^+ = \sqrt{2}U_0^+ \cos(\omega t - \beta x + \varphi_+) \tag{20-36}$$

也就是说把 u^+ 看作是一个不衰减的正弦波。现在分析这一正弦波任意一个具有固定相位的点的运动速度。对于两个不同的时刻 t_1 和 $t_1 + \Delta t$，如果相位保持不变，由于时间增加了 Δt，所以距离 x 必须相应增加 Δx，即

$$\omega t_1 - \beta x + \varphi_+ = \omega(t_1 + \Delta t) - \beta(x + \Delta x) + \varphi_+ \tag{20-37}$$

由此得到

$$\omega \Delta t = \beta \Delta x \tag{20-38}$$

进而可得

$$\frac{\Delta x}{\Delta t} = \frac{\omega}{\beta} \tag{20-39}$$

所研究的点沿传输线从始端向终端传播的速度为

$$v_\varphi = \lim_{\Delta t \to 0} \frac{\Delta x}{\Delta t} = \frac{\omega}{\beta} \tag{20-40}$$

这就是电压入射波的传播速度。由于这是同相位点的运动速度，因此也称为相位速度，简称相速。

在波的传播方向上，相位相差 2π 的相邻两点间的距离称为波长，以 λ 表示。波速与频率和波长的关系为

$$v_\varphi = f\lambda \tag{20-41}$$

将式（20-40）代入式（20-41）可得

$$\lambda = \frac{2\pi}{\beta} \tag{20-42}$$

用同样的方法研究式（20-34）右端的第二项

$$u^- = \sqrt{2}U_0^- e^{\alpha x} \cos(\omega t + \beta x + \varphi_-) \tag{20-43}$$

u^- 也是一种行波，称为电压反射波或反向行波。它与 u^+ 不同之处在于表达式中 αx、βx 前面的符号恰好相反，因此其传播方向与 u^+ 相反，为沿 x 减少的方向（即由终端沿传输线向始端）传播的衰减正弦波，相速依然为 v_φ。

类似地，可将式（20-24）中的第二个式子改写为

$$\dot{I} = \dot{I}^+ - \dot{I}^- \tag{20-44}$$

式（20-44）说明 $\dot{I}^+$ 与 $\dot{I}$ 的参考方向相同，从始端指向终端；$\dot{I}^-$ 与 $\dot{I}$ 的参考方向相反，从终端指向始端。$\dot{I}^+$ 和 $\dot{I}^-$ 分别为

$$\begin{cases} \dot{I}^+ = \dfrac{1}{2}\left(\dot{I}_1 + \dfrac{\dot{U}_1}{Z_c}\right) e^{-\gamma x} = \dfrac{\dot{U}^+}{Z_c} = \dfrac{U_0^+ e^{j\varphi_+} e^{-\gamma x}}{|Z_c| e^{j\theta}} = \dfrac{U_0^+}{|Z_c|} e^{-\alpha x} e^{-j(\beta x - \varphi_+ + \theta)} \\[3mm] \dot{I}^- = -\dfrac{1}{2}\left(\dot{I}_1 - \dfrac{\dot{U}_1}{Z_c}\right) e^{\gamma x} = \dfrac{\dot{U}^-}{Z_c} = \dfrac{U_0^- e^{j\varphi_-} e^{\gamma x}}{|Z_c| e^{j\theta}} = \dfrac{U_0^-}{|Z_c|} e^{\alpha x} e^{j(\beta x + \varphi_- - \theta)} \end{cases} \tag{20-45}$$

上式中 $|Z_c|$ 和 θ 分别为特性阻抗 Z_c 的模和相角。由此可得沿线电流的时域表示为

$$i = i^+ - i^- = \frac{\sqrt{2}U_0^+}{|Z_c|} e^{-\alpha x} \cos(\omega t - \beta x + \varphi_+ - \theta) - \frac{\sqrt{2}U_0^-}{|Z_c|} e^{\alpha x} \cos(\omega t + \beta x + \varphi_- - \theta)$$

$$\tag{20-46}$$

由式（20-46）可知，也可将电流 i 看作是两个具有相同的相位速度、但传播方向相反的衰减正弦波的合成，即电流 i 是由入射波电流 i^+ 减去反射波电流 i^- 的结果。

正弦稳态情况下，传输线上的电压和电流在不同时间随 x 的变化规律是非常复杂的，均可看成是入射波和反射波合成的结果，而入射波和反射波均表现为沿行进方向衰减的正弦波。

【例 20-2】 假设有一均匀传输线线路长度为 300km，工作频率为 $f=50\text{Hz}$，传播常数为 $\gamma=\alpha+\text{j}\beta=(9.779\times10^{-3}+\text{j}1.055\times10^{-3})/\text{km}$，特性阻抗为 $Z_\text{c}=(398.29-\text{j}36.95)\ \Omega$。若始端电压相量为 $\dot{U}_1=120\angle0°\text{kV}$，始端电流相量为 $\dot{I}_1=30\angle-10°\text{A}$，试求：（1）行波的相速；（2）距始端 $x=50\text{km}$ 处电压入射波和反射波的时域表达式；（3）距始端 $x=50\text{km}$ 处电压的时域表达式。

解 （1）根据相速计算公式得

$$v_\varphi=\frac{\omega}{\beta}=\frac{2\pi\times50}{1.055\times10^{-3}}=2.98\times10^5\text{km/s}$$

（2）根据相量形式电压入射波和反射波的计算公式可得

$$\begin{cases}\dot{U}_0^+=\dfrac{1}{2}(\dot{U}_1+Z_\text{c}\dot{I}_1)=65.806\angle-1.381°\text{kV}\\[2mm]\dot{U}_0^-=\dfrac{1}{2}(\dot{U}_1-Z_\text{c}\dot{I}_1)=54.224\angle1.673°\text{kV}\end{cases}$$

由此得时域形式电压入射波和反射波为

$$\begin{cases}u^+=\sqrt{2}\times65.806\text{e}^{-9.779\times10^{-3}x}\cos(314t-1.055\times10^{-3}x-1.381°)\text{kV}\\[2mm]u^-=\sqrt{2}\times54.224\text{e}^{9.779\times10^{-3}x}\cos(314t+1.055\times10^{-3}x+1.673°)\text{kV}\end{cases}$$

在 $x=50\text{km}$ 处，电压入射波和反射波的时域表达式分别为

$$\begin{cases}u^+=\sqrt{2}\times65.486\cos(314t-4.405°)\text{kV}\\[2mm]u^-=\sqrt{2}\times54.502\cos(314t+4.697°)\text{kV}\end{cases}$$

（3）在 $x=50\text{km}$ 处，由电压入射波和反射波叠加得到的电压为

$$u=u^++u^-=\sqrt{2}\times65.486\cos(314t-4.405°)+\sqrt{2}\times54.502\cos(314t+4.697°)\text{kV}$$

利用相量运算结果 $65.486\angle-4.405°+54.502\angle4.697°=119.613\angle-0.2715°$，可得在 $x=50\text{km}$ 处电压的时域表达式为

$$u=\sqrt{2}\times119.61\cos(314t-0.2715°)\text{kV}$$

20.3.2 反射系数

对于均匀传输线，还可引入反射系数的概念。传输线上距终端 y 处的反射系数定义为该处反射波与入射波电压相量或电流相量之比，结合式（20-33）和式（20-45），可得

$$n=\frac{\dot{U}^-}{\dot{U}^+}=\frac{\dot{I}^-}{\dot{I}^+}=\frac{(\dot{U}_2-Z_\text{c}\dot{I}_2)}{(\dot{U}_2+Z_\text{c}\dot{I}_2)}\text{e}^{-2\gamma y}=\frac{(Z_\text{L}-Z_\text{c})}{(Z_\text{L}+Z_\text{c})}\text{e}^{-2\gamma y} \tag{20-47}$$

式（20-47）中，$Z_\text{L}=\dfrac{\dot{U}_2}{\dot{I}_2}$ 为传输线终端的负载阻抗。反射系数 n 是一个复数，这说明反射波与入射波在幅值和相位上存在差异。从式（20-47）可以看出，当终端负载 $Z_\text{L}=Z_\text{c}$ 时，在传输线的任何位置上均有 $n=0$，即不存在反射波，这时称终端阻抗和传输线特性阻抗

"匹配"。注意,这里的"匹配"与最大功率传输时的"匹配"意义不一样,但与电路的谐振有相通之处,均意味着能量单向传输。工程上,在信号传输的过程中,通常要求线路中不存在反射波,即出现"匹配",这需要终端阻抗与传输线特性阻抗相等。

在终端,即 $y=0$ 处,由式(20-47)可得传输线的反射系数为

$$n = \frac{Z_L - Z_c}{Z_L + Z_c} \tag{20-48}$$

若终端开路,即 $Z_L = \infty$,则 $n=1$;若终端短路,即 $Z_L = 0$,则 $n=-1$。$|n|=1$ 称为全反射。故终端开路和终端短路两种情况下都会出现全反射,但两种情况下反射波和入射波的相位关系不同。

20.4 均匀传输线的特性与无畸变均匀传输线

20.4.1 均匀传输线的特性

1. 传播常数的频率特性

传播常数的定义式为

$$\gamma = \alpha + j\beta = \sqrt{Y_0 Z_0} = \sqrt{(G_0 + j\omega C_0)(R_0 + j\omega L_0)} \tag{20-49}$$

由此可得到

$$|\gamma|^2 = \alpha^2 + \beta^2 = \sqrt{[G_0^2 + (\omega C_0)^2][(R_0^2 + (\omega L_0)^2]} \tag{20-50}$$

而

$$\gamma^2 = \alpha^2 - \beta^2 + j2\alpha\beta = R_0 G_0 - \omega^2 L_0 C_0 + j\omega(G_0 L_0 + R_0 C_0) \tag{20-51}$$

联立求解式(20-50)和式(20-51)可得

$$\begin{cases} \alpha = \sqrt{\dfrac{1}{2}\left[\sqrt{(R_0^2 + \omega^2 L_0^2)(G_0^2 + \omega^2 C_0^2)} + (R_0 G_0 - \omega^2 L_0 C_0)\right]} \\[3mm] \beta = \sqrt{\dfrac{1}{2}\left[\sqrt{(R_0^2 + \omega^2 L_0^2)(G_0^2 + \omega^2 C_0^2)} - (R_0 G_0 - \omega^2 L_0 C_0)\right]} \end{cases} \tag{20-52}$$

由式(20-52)可知,衰减常数 α 和相位常数 β 均与频率 ω 有关。当频率 $\omega=0$ 时,$\alpha = \sqrt{R_0 G_0}$,$\beta = 0$;当 ω 很大时,可以求得 $\sqrt{(R_0^2 + \omega^2 L_0^2)(G_0^2 + \omega^2 C_0^2)} \approx \omega^2 L_0 C_0 + \frac{1}{2}\left(\frac{L_0 G_0^2}{C_0} + \frac{C_0 R_0^2}{L_0}\right)$,此时有 $\alpha \approx \frac{R_0}{2}\sqrt{\frac{L_0}{C_0}} + \frac{G_0}{2}\sqrt{\frac{C_0}{L_0}}$,$\beta \approx \sqrt{\omega^2 L_0 C_0 + \frac{1}{2}\left(\frac{L_0 G_0^2}{C_0} + \frac{C_0 R_0^2}{L_0}\right) - R_0 G_0}$;当 $\omega \to \infty$ 时,$\alpha = \frac{R_0}{2}\sqrt{\frac{L_0}{C_0}} + \frac{G_0}{2}\sqrt{\frac{C_0}{L_0}}$,$\beta = \omega\sqrt{L_0 C_0}$。$\alpha$ 和 β 随 ω 变化的规律如图20-3所示。

2. 特性阻抗的频率特性

在 20.2 节中已说明,特性阻抗为

$$Z_c = \sqrt{\frac{Z_0}{Y_0}} = \sqrt{\frac{R_0 + j\omega L_0}{G_0 + j\omega C_0}} = |Z_c| e^{j\varphi} \tag{20-53}$$

式(20-53)中,$|Z_c|$ 和 φ 为

$$\begin{cases} |Z_c| = \left(\dfrac{R_0^2 + \omega^2 L_0^2}{G_0^2 + \omega^2 C_0^2}\right)^{1/4} \\[3mm] \varphi = \dfrac{1}{2}\left[\arctan\left(\dfrac{\omega L_0}{R_0}\right) - \arctan\left(\dfrac{\omega C_0}{G_0}\right)\right] = \dfrac{1}{2}\arctan\dfrac{\omega(L_0 G_0 - C_0 R_0)}{R_0 G_0 + \omega^2 L_0 C_0} \end{cases} \tag{20-54}$$

一般的架空线路和同轴电缆，G_0 很小，有 $L_0G_0 < C_0R_0$，因而 $\varphi < 0$。当频率 $\omega = 0$ 时，$|Z_c| = \sqrt{\dfrac{R_0}{G_0}}$，$\varphi = 0$，此时，特性阻抗具有纯电阻特性；当 $\omega \to \infty$ 时，$|Z_c| = \sqrt{\dfrac{L_0}{C_0}}$，$\varphi = 0$，特性阻抗也为纯电阻性质。$|Z_c|$ 和 φ 随 ω 变化的规律如图 20-4 所示。

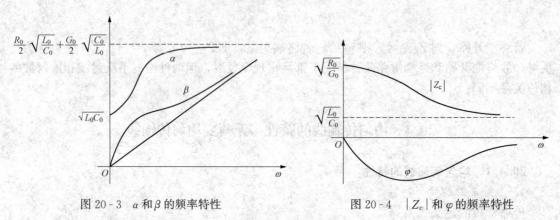

图 20-3　α 和 β 的频率特性　　　　　　　　图 20-4　$|Z_c|$ 和 φ 的频率特性

一般架空线的特性阻抗 $|Z_c|$ 约为 400Ω 至 600Ω，而电力电缆约为 50Ω，这是因为电力电缆 L_0 与 C_0 的比值要比架空线小很多。通信线路中使用的同轴电缆 $|Z_c|$ 一般为 40Ω 至 100Ω，常用的有 50Ω 和 75Ω 两种。

3. 均匀传输线的传输特性

从式（20-49）、式（20-53）和图 20-3、图 20-4 中可以看到，传播常数和特性阻抗均与工作频率密切相关，由式（20-24）、式（20-30）、式（20-34）和式（20-46）可知，传播常数和特性阻抗又与传输线的性能（行波的传播速度和衰减特性）密切相关，因此可以说传输线的性能也由其工作频率决定。不同频率的电压波和电流波通过相同传输线，行波的传播速度不一样，衰减特性不一样。由傅立叶级数展开理论可知，非正弦周期信号可分解为不同频率的正弦分量。如果传输线输入端的信号是时间的非正弦周期函数，则在传输线输出端的信号波形必然与输入端的波形有所不同，这是因为对不同的谐波，行波的传播速度和衰减特性是不同的。对非周期性信号，信号通过传输线后也会出现输出端信号与输入端信号不一致的现象，对此，需用傅里叶变换的方法加以分析。

实际输电线上的电压波和电流波均与正弦波非常接近，故电压波和电流波通过输电线后波形没有什么变化。对电话线路、有线电视等通信线路，由于其上传输的信号不是正弦波，故需要考虑在何种情况下能使信号无失真传递的问题，这样就引出了无畸变均匀传输线的概念。

20.4.2　无畸变均匀传输线

对通信传输线，使信号（电流和电压）不发生畸变（即终端输出信号与始端输入信号有相同的变化规律）是非常重要的。为此，必须使特性阻抗 Z_c、衰减常数 α、相速度 v_φ 等参数均与频率无关。由 $v_\varphi = \dfrac{\omega}{\beta}$ 的关系知，这要求相位常数 β 正比于频率。

若 $\dfrac{R_0}{L_0} = \dfrac{G_0}{C_0}$，则特性阻抗 Z_c、衰减常数 α、相速度 v_φ 等参数均与频率无关，这可带入相关公式验证：

$$\gamma = \sqrt{(G_0 + j\omega C_0)(R_0 + j\omega L_0)} = \sqrt{L_0 C_0}\sqrt{\left(\frac{R_0}{L_0} + j\omega\right)\left(\frac{G_0}{C_0} + j\omega\right)}$$

$$= \sqrt{L_0 C_0}\left(\frac{R_0}{L_0} + j\omega\right) = \sqrt{R_0 G_0} + j\omega\sqrt{L_0 C_0} = \alpha + j\beta \tag{20-55}$$

$$Z_c = \sqrt{\frac{L_0}{C_0}}\sqrt{\frac{\frac{R_0}{L_0} + j\omega}{\frac{G_0}{C_0} + j\omega}} = \sqrt{\frac{L_0}{C_0}} \tag{20-56}$$

由图 20-3 可见，在满足 $\frac{R_0}{L_0} = \frac{G_0}{C_0}$ 条件下，$\alpha = \sqrt{R_0 G_0}$ 为与频率无关的固定的最小值，$\beta = \omega\sqrt{L_0 C_0}$ 为随频率变化的最小值，这时的相速度 $v_\varphi = \frac{\omega}{\beta} = \frac{1}{\sqrt{L_0 C_0}}$ 具有最大值。

根据电磁场理论，利用 L_0 和 C_0 的计算公式，可以得到相速度的另一种表达式 $v_\varphi = \frac{1}{\sqrt{L_0 C_0}} \approx \frac{c}{\sqrt{\varepsilon_r \mu_r}}$，这里，$c$ 为真空中的光速，ε_r 和 μ_r 分别为传输线周围介质的相对介电常数和相对磁导率。对于架空传输线，其周围介质为空气，有 $\varepsilon_r \approx 1$ 和 $\mu_r \approx 1$，所以相速度 v_φ 较大，接近真空中的光速；对于电缆，因绝缘介质的相对介电常数 ε_r 在 4 至 5 之间，故相速度 v_φ 较真空中的光速要小很多，为一半左右或更小。

一般的传输线中存在 $\frac{R_0}{L_0} > \frac{G_0}{C_0}$ 的关系，原因是传输线周围的绝缘体的漏电导 G_0 比较小。为了实现 $\frac{R_0}{L_0} = \frac{G_0}{C_0}$ 而提高漏电导 G_0 是不适宜的，降低 R_0 和 C_0 在实践上也不可行，因此只能人为地提高 L_0 以实现 $\frac{R_0}{L_0} = \frac{G_0}{C_0}$。通常采用的方法是在传输线中经过一定距离接入特殊的电感线圈，或用高磁导率材料做成的薄带缠绕在导电芯线周围。因为无畸变传输线的衰减系数 $\alpha > 0$，所以随着信号在无畸变传输线中行进，信号会有所衰减。

在 $R_0 = 0$ 和 $G_0 = 0$ 的情况下，传输线是无损耗传输线，此时 $\frac{R_0}{L_0} = \frac{G_0}{C_0}$ 的无畸变条件自然满足，因此无损耗传输线也是无畸变传输线。在无损耗传输线中，信号的传输不仅没有衰减，而且无畸变。

为了实现无畸变信号传输，除了要符合无畸变传输线条件外，还必须使传输线反射波为零。为此，如前面所指明的，负载阻抗应等于传输线的特性阻抗，即负载与传输线相匹配。如果负载阻抗 Z_L 不等于传输线的特性阻抗 Z_c，需在传输线与负载之间接入匹配装置以实现匹配，这种匹配装置可以用变压器实现。此外，为实现信号的有效传输，还要注意在激励信号源与传输线始端之间实现匹配。

20.5　终端连接不同类型负载的均匀传输线

前面已经指出，对终端接特性阻抗的均匀传输线，即在 $Z_L = Z_c$ 时，反射系数将等于零，这时称传输线工作于匹配状态。由式（20-30）得

$$\begin{cases} \dot{U} = \dot{U}_2 \mathrm{e}^{\gamma y} \\ \dot{I} = \dot{I}_2 \mathrm{e}^{\gamma y} \end{cases} \tag{20-57}$$

这里 y 为距终端的距离。传输线上任一点向终端看进去的输入阻抗为

$$Z_{\mathrm{in}}(y) = \frac{\dot{U}}{\dot{I}} = \frac{\dot{U}_2}{\dot{I}_2} = \frac{\dot{U}_1}{\dot{I}_1} = Z_{\mathrm{c}} \tag{20-58}$$

匹配状态下均匀传输线传输的功率称为自然功率。此时负载吸收的有功功率为

$$P_2 = \mathrm{Re}[\dot{U}_2 \dot{I}_2^*] = U_2 I_2 \cos\theta \tag{20-59}$$

式（20-59）中，θ 为特性阻抗 Z_{c} 的幅角。

由式（20-57）得，线路始端电源发出的有功功率为（此时 $y=l$）

$$P_1 = \mathrm{Re}[\dot{U}_1 \dot{I}_1^*] = \mathrm{Re}[\dot{U}_2 \mathrm{e}^{(\alpha+\mathrm{j}\beta)l} \dot{I}_2^* \mathrm{e}^{(\alpha-\mathrm{j}\beta)l}] = U_2 I_2 \cos\theta \mathrm{e}^{2\alpha l} \tag{20-60}$$

于是传输效率为

$$\eta = \frac{P_2}{P_1} = \mathrm{e}^{-2\alpha l} \tag{20-61}$$

显然，在负载与特性阻抗匹配下运行时，由于反射波不存在，通过入射波传输到终端的功率全部为负载吸收。但是当负载不匹配时，入射波的一部分功率将被反射波带回给始端电源，因此负载得到的功率将比匹配时的小，传输效率也就较低。

对于终端在无限远处的均匀传输线（半无限长线），反射波就不可能发生。因此可以认为其工作情况与工作在匹配状态下的有限长线相同。这样，上面的讨论对这种均匀传输线也同样适用。

如果负载不匹配时，情况要复杂一些。下面，对几种情况做些讨论。

1. 均匀传输线终端开路

均匀传输线终端开路时相当于接无穷大的负载阻抗，即 $Z_{\mathrm{L}} = \infty$，此时线路终端的反射系数为 1，$\dot{I}_2 = 0$。由式（20-27）可得终端开路时线路上任一点 y 处（y 为距离终端的距离）的电压和电流相量为

$$\begin{cases} \dot{U} = \dot{U}_2 \cosh(\gamma y) \\ \dot{I} = \dfrac{\dot{U}_2}{Z_{\mathrm{c}}} \sinh(\gamma y) \end{cases} \tag{20-62}$$

由式（20-62）可以得到终端开路时在始端的输入阻抗为（此时 $y=l$）

$$Z_{\mathrm{in}} = \frac{\dot{U}}{\dot{I}} = Z_{\mathrm{c}} \frac{\cosh(\gamma l)}{\sinh(\gamma l)} = Z_{\mathrm{c}} \coth(\gamma l) \tag{20-63}$$

当传输线的长度 l 改变时，输入端阻抗将随之而改变。Z_{in} 的模 $|Z_{\mathrm{in}}| = |Z_{\mathrm{oc}}|$ 随传输线长度 l 的变化如图 20-5 所示。显然，当 $l \to \infty$ 时（半无限长线），$|Z_{\mathrm{oc}}| = |Z_{\mathrm{c}}|$。

利用数学关系式

$$\begin{cases} |\cosh(\gamma y)|^2 = \dfrac{1}{2}[\cosh(2\alpha y) + \cos(2\beta y)] \\ |\sinh(\gamma y)|^2 = \dfrac{1}{2}[\cosh(2\alpha y) - \cos(2\beta y)] \end{cases} \tag{20-64}$$

从式（20-62）可求得

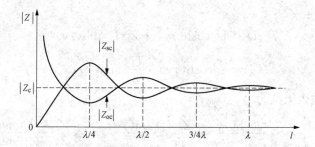

图 20-5 终端开路和终端短路时均匀传输线的输入阻抗

$$\begin{cases} U^2 = \dfrac{1}{2} U_2^2 \left[\cosh(2\alpha y) + \cos(2\beta y) \right] \\ I^2 = \dfrac{1}{2} \dfrac{U_2^2}{|Z_c|^2} \left[\cosh(2\alpha y) - \cos(2\beta y) \right] \end{cases} \tag{20-65}$$

由式（20-65）可知，电压和电流有效值由始端向终端震荡衰减，它们的最大值和最小值大约每隔 $\lambda/4$ 更替一次，在终端处电流为零，而电压为最大值。如果传输线的长度不超过 $\lambda/4$，则空载时电流的有效值从线的始端逐渐变小，到终端处为零，而沿线电压分布将从线路始端到终端呈现单调上升状态，电压的有效值则从始端向终端增长，到终端处为最大值。这时终端电压的有效值将比始端高。U 和 I 随 y 的变化与 U^2 和 I^2 相似，不过其波动较小。

2. 均匀传输线终端短路

传输线终端短路时相当于负载阻抗为零，即 $Z_L = 0$，此时线路终端的反射系数为 -1，$\dot{U}_2 = 0$。由式（20-27）可得终端短路时线路上任一点 y 处（y 为距离终端的距离）电压和电流相量为

$$\begin{cases} \dot{U} = Z_c \dot{I}_2 \sinh(\gamma y) \\ \dot{I} = \dot{I}_2 \cosh(\gamma y) \end{cases} \tag{20-66}$$

由式（20-66）可以得到短路时在始端的输入阻抗为（此时 $y = l$）

$$Z_{in} = \frac{\dot{U}}{\dot{I}} = Z_c \tanh(\gamma l) \tag{20-67}$$

当输电线的长度 l 改变时，输入阻抗将随之而改变。Z_{in} 的模 $|Z_{in}| = |Z_{sc}|$ 随输电线长度 l 的变化如图 20-5 所示。显然，当 $l \rightarrow \infty$ 时（半无限长线），$|Z_{sc}| = |Z_c|$。

同样，从式（20-66）可求得

$$\begin{cases} U^2 = \dfrac{1}{2} |Z_c|^2 I_2^2 \left[\cosh(2\alpha y) - \cos(2\beta y) \right] \\ I^2 = \dfrac{1}{2} I_2^2 \left[\cosh(2\alpha y) + \cos(2\beta y) \right] \end{cases} \tag{20-68}$$

将式（20-68）与式（20-65）比较可知，传输线终端短路时的电压 U 沿线的变化规律与开路时的电流 I 相似，而短路时的电流 I 的变化规律与开路时的电压 U 相似。电压和电流有效值均由始端向终端震荡衰减，它们的最大值和最小值大约每隔 $\lambda/4$ 更替一次，在终端处电压为零，而电流为最大值。

3. 均匀传输线终端接任意负载

传输线终端接任意负载时，传输线上与终端的距离为 y 处的电压和电流如式（20-31）

所示，重写为

$$\begin{cases} \dot{U} = \dot{U}_2 \cosh(\gamma y) + Z_c \dot{I}_2 \sinh(\gamma y) \\ \dot{I} = \dot{I}_2 \cosh(\gamma y) + \dfrac{\dot{U}_2}{Z_c} \sinh(\gamma y) \end{cases} \tag{20-69}$$

则线路上任一处的输入阻抗为

$$Z_{\text{in}} = \frac{\dot{U}}{\dot{I}} = \frac{\dot{U}_2 \cosh(\gamma y) + Z_c \dot{I}_2 \sinh(\gamma y)}{\dot{I}_2 \cosh(\gamma y) + \dfrac{\dot{U}_2}{Z_c} \sinh(\gamma y)} = Z_c \frac{Z_2 + Z_c \tanh(\gamma y)}{Z_c + Z_2 \tanh(\gamma y)} \tag{20-70}$$

由于终端开路时传输线上的电压、电流的表达式为

$$\begin{cases} \dot{U}_{\text{oc}} = \dot{U}_2 \cosh(\gamma y) \\ \dot{I}_{\text{oc}} = \dfrac{\dot{U}_2}{Z_c} \sinh(\gamma y) \end{cases} \tag{20-71}$$

终端短路时传输线上的电压、电流的表达式为

$$\begin{cases} \dot{U}_{\text{sc}} = Z_c \dot{I}_2 \sinh(\gamma y) \\ \dot{I}_{\text{sc}} = \dot{I}_2 \cosh(\gamma y) \end{cases} \tag{20-72}$$

因此，终端接任意负载时，传输线上的电压、电流的表达式可写为

$$\begin{cases} \dot{U} = \dot{U}_{\text{oc}} + \dot{U}_{\text{sc}} \\ \dot{I} = \dot{I}_{\text{oc}} + \dot{I}_{\text{sc}} \end{cases} \tag{20-73}$$

这表明终端接任意负载时，传输线上的电压、电流可分别视为终端开路和终端短路时的电压和电流的叠加。令 $\dfrac{Z_c}{Z_2} = \tanh\sigma = \tanh(\rho + j\xi)$，由式（20-73），经过数学推导可得

$$\begin{cases} U^2 = \dfrac{U_2^2}{2 |\cosh\sigma|^2} [\cosh(2\alpha y + 2\rho) + \cos(2\beta y + 2\xi)] \\ I^2 = \dfrac{U_2^2}{2 |\sinh\sigma|^2} [\cosh(2\alpha y + 2\rho) - \cos(2\beta y + 2\xi)] \end{cases} \tag{20-74}$$

可见终端接任意负载时，传输线上的电压、电流有效值的平方是双曲函数上叠加余弦函数，这与终端开路和终端短路时的情况类似。因此终端接任意负载时，沿线电压和电流有效值的分布依然是由始端向终端震荡衰减，不过其终端电压、电流都不会出现为零的情况。

20.6　正弦稳态时无损耗均匀传输线的特性及其应用

如果均匀传输线的电阻 R_0 和线间漏电导 G_0 等于零，则传输线就为无损耗均匀传输线，简称为无损耗线。在这种情况下，容易求得其传播常数为

$$\gamma = \sqrt{Z_0 Y_0} = j\omega \sqrt{L_0 C_0} \tag{20-75}$$

即

$$\begin{cases} \alpha = 0 \\ \beta = \omega \sqrt{L_0 C_0} \end{cases} \tag{20-76}$$

特性阻抗为

$$Z_c = \sqrt{\frac{Z_0}{Y_0}} = \sqrt{\frac{L_0}{C_0}} \qquad (20-77)$$

可见无损耗线的特性阻抗是一个纯电阻，并且不随频率发生改变。

如果 y 为距终端的距离，因为 $\gamma = j\beta$，由式（20-31）可知，无损耗线的正弦稳态解为

$$\begin{cases} \dot{U} = \cos(\beta y)\dot{U}_2 + jZ_c\sin(\beta y)\dot{I}_2 \\ \dot{I} = j\dfrac{1}{Z_c}\sin(\beta y)\dot{U}_2 + \cos(\beta y)\dot{I}_2 \end{cases} \qquad (20-78)$$

由式（20-78）可知，当无损耗线终端接任意阻抗 Z_L 时，线路上任一点向终端看上去的输入阻抗为

$$Z_{in} = \frac{\dot{U}}{\dot{I}} = \frac{\cos(\beta y)\dot{U}_2 + jZ_c\sin(\beta y)\dot{I}_2}{j\dfrac{1}{Z_c}\sin(\beta y)\dot{U}_2 + \cos(\beta y)\dot{I}_2} = Z_c\frac{Z_L + jZ_c\tan(\beta y)}{jZ_L\tan(\beta y) + Z_c} \qquad (20-79)$$

下面分别讨论终端短路和终端开路时的无损耗线的特性及其应用。

1. 无损耗线终端开路

当无损耗线端终端开路，即 $Z_L = \infty$ 时，$y = 0$ 处有 $\dot{I}_2 = 0$，由式（20-78）可知，线上距离终端 y 处的电压和电流为

$$\begin{cases} \dot{U} = \dot{U}_2\cos(\beta y) \\ \dot{I} = j\dot{U}_2\dfrac{1}{Z_c}\sin(\beta y) \end{cases} \qquad (20-80)$$

如设终端电压为 $u_2 = \sqrt{2}U_2\sin\omega t$，则沿线电压电流分布的瞬时值表达式为

$$\begin{cases} u = \sqrt{2}U_2\cos(\beta y)\sin(\omega t) \\ i = \dfrac{\sqrt{2}}{Z_c}U_2\sin(\beta y)\cos(\omega t) \end{cases} \qquad (20-81)$$

从式（20-81）可以看出，此时电压 u 的幅值 $\sqrt{2}U_2\cos(\beta y)$ 沿线随 y 按余弦函数规律变化，电流 i 的幅值 $\dfrac{\sqrt{2}}{Z_c}U_2\sin(\beta y)$ 沿线随 y 按正弦函数规律变化，沿线各点的电压和电流则分别随时间按正弦函数和余弦函数的规律变化。在 $y = \lambda/4$，$3\lambda/4$，…处，$\cos(\beta y) = 0$，因而电压总是固定为零，而 $\sin(\beta y) = 1$，因而电流可随时间在最大值和最小值之间变化；反之，在 $y = 0$，$\lambda/2$，λ，…处，$\sin(\beta y) = 0$，电流总是固定为零，而 $\cos(\beta y) = 1$，电压可随时间在最大值和最小值之间变化。这种波称为驻波，电压、电流值固定为零的位置处称为驻波的波节，而最大值与最小值的位置处则称为波腹。出现驻波时，因波节处功率始终为零，故传输线不传递能量。出现这一情况的原因是无损耗传输线本身不消耗能量，而终端开路时又无负载消耗能量。无损耗线端终端开路时沿线各处电压、电流有效值的变化规律如图 20-6 所示。

下面讨论驻波形成的规律。利用欧拉公式 $\cos x = \dfrac{e^{jx} + e^{-jx}}{2}$ 和 $\sin x = \dfrac{e^{jx} - e^{-jx}}{2j}$，可将式（20-81）改写为

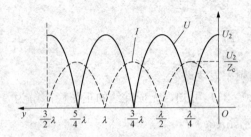

图 20-6　终端开路时沿线各处电压、
电流有效值的变化规律

$$\begin{cases} u = \dfrac{1}{\sqrt{2}} U_2 [\sin(\omega t + \beta y) + \sin(\omega t - \beta y)] \\[2mm] i = \dfrac{1}{\sqrt{2} Z_c} U_2 [\cos(\omega t - \beta y) - \cos(\omega t + \beta y)] \end{cases}$$

$$(20-82)$$

从式（20-82）可以看出，u 和 i 可分别看作由两个传播速度为 v、幅值相同、传播方向相反且不衰减的正向电压（电流）行波 u^+（i^+）和反向电压（电流）行波 u^-（i^-）叠加构成，两者相互叠加便形成驻波。图 20-7 是驻波形成的示意图，图中 A 点为波腹，B 点为波节。在波节处，u^+ 和 u^- 的相位相反，两者互相抵消；在波腹处，u^+ 和 u^- 的相位相同，两者互相叠加，波腹和波节相距 $\lambda/4$。

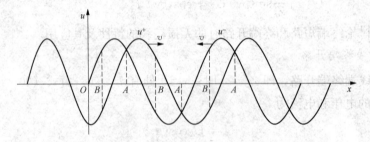

图 20-7　驻波的形成

将 $Z_L = \infty$ 代入式（20-79），可得终端开路时，从线路上距终端任一点 y 位置处向终端看进去的输入阻抗为

$$Z_{in} = -\mathrm{j} Z_c \cot(\beta y) = \mathrm{j} X_{oc} \qquad (20-83)$$

由此可见 Z_{in} 为一纯电抗，其大小和性质与传输线的长度有关，如图 20-8 所示。可以看出，当传输线长度小于 $\frac{1}{4}\lambda$ 时 Z_{in} 为容性，所以长度小于 $\frac{1}{4}\lambda$ 的开路无损线可作为电容使用。当需要的电容量和所选无损线的特性阻抗确定后，即可确定所需无损线的长度。

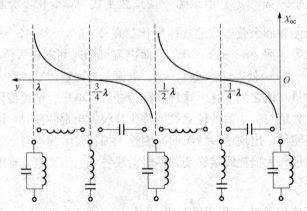

图 20-8　无损耗线终端开路时的输入阻抗

2. 无损耗线终端短路

当无损耗线终端短路，即 $Z_L=0$ 时，$y=0$ 处 $\dot{U}_2=0$。由式（20-78）可知，线上距离终端 y 处的电压和电流为

$$\begin{cases} \dot{U} = \mathrm{j}Z_c\,\dot{I}_2\sin(\beta y) \\ \dot{I} = \dot{I}_2\cos(\beta y) \end{cases} \tag{20-84}$$

设终端电流为 $i_2=\sqrt{2}I_2\sin(\omega t)$，则沿线电压、电流分布的瞬时值表达式可写为

$$\begin{cases} u = \sqrt{2}Z_c I_2\sin(\beta y)\cos(\omega t) \\ i = \sqrt{2}I_2\cos(\beta y)\sin(\omega t) \end{cases} \tag{20-85}$$

从式（20-85）可以看出，u 与 i 也为驻波，但波节和波腹出现的位置与终端开路时不同。此时电压波节和电流波腹出现在 $y=\lambda/4$、$3\lambda/4$、$\cdots$ 处，而电流波节和电压波腹则出现在 $y=\lambda/4$、$3\lambda/4$、$\cdots$ 处。

与终端开路情况一样，终端短路时，即 $Z_L=0$ 时，u 与 i 也分别为由两个幅值相同，传播方向相反，且不衰减的正向电压（电流）行波和反向电压（电流）行波叠加的结果。

图 20-6 已给出了终端开路时无损耗线电压、电流有效值沿线的分布，作为对比，图 20-9 给出了终端开路和终端短路时无损耗线电压有效值沿线的分布。

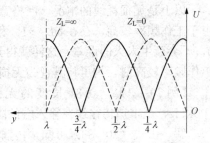

图 20-9　终端开路和终端短路时无损耗线电压有效值沿线的分布

将 $\dot{U}_2=0$ 代入式（20-79），可得终端短路时从线路上任一点向终端看进去的输入阻抗为

$$Z_{\text{in}} = \mathrm{j}Z_c\tan(\beta y) = \mathrm{j}X_{\text{sc}} \tag{20-86}$$

由此可见 Z_{in} 亦为一纯电抗，其大小和性质与线长有关，如图 20-10 所示。可以看出，当线长度小于 $\dfrac{1}{4}\lambda$ 时 Z_{in} 呈感性，所以长度小于 $\dfrac{1}{4}\lambda$ 的短路无损线可用作为电感。

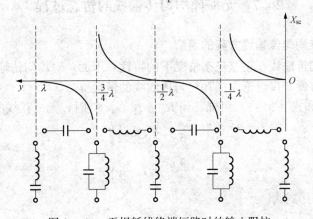

图 20-10　无损耗线终端短路时的输入阻抗

长度为 $\dfrac{1}{4}\lambda$ 的无损耗线可起阻抗变换器的作用。设某一无损耗均匀传输线的特性阻抗为 Z_{c1}，所接负载的阻抗与传输线的特性阻抗不匹配，即 $Z_L\neq Z_{c1}$，信号不能有效地传递。为解

决这一问题，可在无损耗均匀传输线和负载之间接入长度为 $\lambda/4$ 的另一种无损耗传输线，如图 20-11 所示，从而实现阻抗匹配。下面讨论接入的传输线其特性阻抗应满足的条件。

设接入的 $\lambda/4$ 长度的无损耗线的特性阻抗为 Z_{c2}，要实现阻抗匹配，应要求新接入的传输线输入端的阻抗 Z_{in} 与原传输线特性阻抗 Z_{c1} 相等。由式（20-79）可知，有

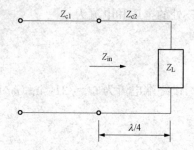

$$Z_{in} = Z_{c2} \frac{Z_L + jZ_{c2}\tan\left(\frac{2\pi}{\lambda}\frac{\lambda}{4}\right)}{jZ_L\tan\left(\frac{2\pi}{\lambda}\frac{\lambda}{4}\right) + Z_{c2}} = \frac{Z_{c2}^2}{Z_L} = Z_{c1}$$

（20-87）图 20-11　无损耗线起阻抗变换器的作用

于是，可求得长度为 $\lambda/4$ 的无损耗线的特性阻抗应为

$$Z_{c2} = \sqrt{Z_{c1}Z_L} \tag{20-88}$$

以上是无损耗线的情况。严格意义的无损耗线在实际中并不存在，但在无线电工程中，由于工作频率较高，存在 $\omega L_0 \gg R_0$ 和 $\omega C_0 \gg G_0$ 的现象，因此忽略损耗，即令 $R_0 = 0$ 和 $G_0 = 0$，不会产生太大的误差，这样就得到了近似意义下的实际无损耗线。实际的均匀传输线当工作频率较高时，均可将其视为无损耗线。

【例 20-3】　0.3λ 长度的无损耗线终端开路，其特性阻抗为 75Ω，工作频率为 100kHz，试求该传输线在输入端的阻抗及其等效电感或电容。

解　由式（20-83）可知，传输线输入端阻抗为

$$Z_{in} = -jZ_c\cot(\beta y) = -j75\cot\left(\frac{2\pi}{\lambda} \times 0.3\lambda\right) = j24.369\Omega$$

该传输线相当于电感，等效电感为

$$L = \frac{Z_{in}}{j\omega} = \frac{j24.369}{j2\pi \times 100 \times 10^3} = 38\mu H$$

20.7　无损耗均匀传输线的暂态过程

20.7.1　无损耗均匀传输线方程的通解

前面分析了均匀传输线在正弦稳态情况下的特性，下面，对均匀传输线的暂态过程进行简要分析。为分析方便，仅讨论无损耗均匀传输线的情况。

由式（20-2）和式（20-6）可知，当 $R_0 = 0$，$G_0 = 0$ 时，无损耗线的基本方程为

$$\begin{cases} -\dfrac{\partial i}{\partial x} = C_0 \dfrac{\partial u}{\partial t} \\ -\dfrac{\partial u}{\partial x} = L_0 \dfrac{\partial i}{\partial t} \end{cases} \tag{20-89}$$

式（20-89）的通解形式为

$$\begin{cases} u(x,t) = f^+\left(t - \dfrac{x}{v}\right) + f^-\left(t - \dfrac{x}{v}\right) = u^+(x,t) + u^-(x,t) = u^+ + u^- \\ i(x,t) = \dfrac{1}{Z_c}\left[f^+\left(t - \dfrac{x}{v}\right) - f^-\left(t - \dfrac{x}{v}\right)\right] = i^+(x,t) - i^-(x,t) = i^+ - i^- \end{cases}$$

（20-90）

式（20-90）中，$v=\dfrac{1}{\sqrt{L_0C_0}}$ 称为波的速度，简称波速，其值与正弦稳态下的相速（波

速）v_φ 相等；$Z_c=\sqrt{\dfrac{L_0}{C_0}}$ 为无损耗线的特性阻抗，为纯电阻；函数 $f^+\left(t-\dfrac{x}{v}\right)$ 和 $f^-\left(t-\dfrac{x}{v}\right)$

的具体形式需要根据具体的边界条件和初始条件来确定。

从式（20-90）可以看出，对于电压分量 u^+，t_0 时刻在传输线 x 处的电压值为

$u^+\left(t-\dfrac{x}{v}\right)$，$t_0+\Delta t$ 时刻在传输线 $x+v\Delta t$ 处的电压值为 $u^+\left(t_0+\Delta t-\dfrac{x+v\Delta t}{v}\right)$。由于是无损

耗线，波传播过程中没有损耗，电压值不会变化，故应有 $u^+\left(t-\dfrac{x}{v}\right)=$

$u^+\left(t_0+\Delta t-\dfrac{x+v\Delta t}{v}\right)$，因此经过时间 Δt 后，电压波 u^+ 将在线上移动 $\Delta x=v\Delta t$ 距离，如图

20-12（a）所示。这样一来，可以将电压波 u^+ 看作前向（从始端向终端）运动的行波分

量，即入射波，也称为正向行波，其波速为 v。电流波 i^+ 的传输规律与 u^+ 相同。为便于描

述行波的传播过程，将行波的前端定义为波前，如图 20-12 所示。引入波前的概念有助于

说明波的传播过程。

不难看出，电压分量 u^- 是一个与 u^+ 的传播方向相反，以波速 v 传播的行波，即反射

波，也称为反向行波，其传播规律如图 20-12（b）所示。类似地，也可将电流可看作为正

向行波电流与反向行波电流之差。

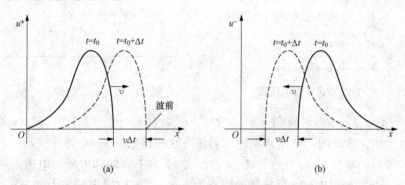

图 20-12　u^+ 与 u^- 的传播规律

(a) 正向行波；(b) 反向行波；

从式（20-90）可以得出沿线任一点处电压分量 u^+（或 u^-）和电流分量 i^+（或 i^-）的

比值为

$$\frac{u^+}{i^+}=\frac{u^-}{i^-}=\sqrt{\frac{L_0}{C_0}}=Z_c \tag{20-91}$$

Z_c 就是无损耗线的特性阻抗或波阻抗。

20.7.2　无损耗均匀传输线在始端电压激励下的波过程

1. 传输线无限长或工作在匹配状态

当传输线为无限长或终端接特性阻抗即工作在匹配状态时，传输线上无反射波，即有

$u^-(x,t)=0$，$i^-(x,t)=0$。此种情况下，传输线上的电压、电流均仅含入射波，即

$$\begin{cases} u(x,t) = u^+(x,t) = f^+\left(t - \dfrac{x}{v}\right) \\ i(x,t) = i^+(x,t) = \dfrac{1}{Z_c}f^+\left(t - \dfrac{x}{v}\right) \end{cases} \tag{20-92}$$

设无损耗线原为零状态，$t=0$ 时在始端接通一个大小为 U_0 的直流电压源 ［或者说有一阶跃电压 $U_0\varepsilon(t)$ 作用在始端位置］，如图 20-13 所示。令始端处 $x=0$，则始端边界条件为 $u(0,t) = U_0\varepsilon(t)$，所以，始端 $x=0$ 处电压的入射波 $f^+\left(t - \dfrac{0}{v}\right)$ 的函数形式为

$$f^+\left(t - \dfrac{0}{v}\right) = u(0,t) = u_0\varepsilon(t) = u_0\varepsilon\left(t - \dfrac{0}{v}\right) \tag{20-93}$$

因此，电压、电流的入射波表达式为

$$\begin{cases} u(x,t) = f^+\left(t - \dfrac{x}{v}\right) = U_0\varepsilon\left(t - \dfrac{x}{v}\right) \\ i(x,t) = \dfrac{1}{Z_c}f^+\left(t - \dfrac{x}{v}\right) = \dfrac{U_0}{Z_c}\varepsilon\left(t - \dfrac{x}{v}\right) = I_0\varepsilon\left(t - \dfrac{x}{v}\right) \end{cases} \tag{20-94}$$

$u(x,t)$、$i(x,t)$ 的传播规律如图 20-14 所示。

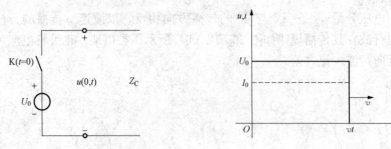

图 20-13　始端接通直流电压源　　　　　　图 20-14　u、i 的传播规律

由图 20-14 可见，在 $x < vt$ 处，$u(x,t) = U_0$，$i(x,t) = I_0$；在 $x > vt$ 处，$u(x,t) = 0$，$i(x,t) = 0$。这表明，电压、电流入射波在在线路始端 $x=0$ 处并在 $t = 0_+$ 时刻分别由零跃变到 U_0 和 I_0，即有 $u(0, 0_+) = U_0$，$i(0, 0_+) = I_0$，随即电压、电流入射波以波速 v 向 x 的正方向行进，经过时间 t 后传播的距离为 $x = vt$（此位置坐标点为波前）。这时，线路上在入射波所经过的区域（$0 < x \leqslant vt$）内，电压均为 $u(x,t) = U_0$，电流均为 $i(x,t) = I_0$；而入射波还未到达的区域（$x > vt$）处，电压和电流均为零。因此，无限长或匹配工作状态下的零状态无损耗线在直流电压源接入后，在线上所形成的是一个以 vt 为波前的矩形正向行波，并以波速 v 由线路始端向终端传播。由此可见，在无损耗线上距始端 x 处的电压、电流的变化规律均与线路始端处电压、电流的变化规律相同，只是行波传播到该处延迟了时间 $t = \dfrac{x}{v}$ 而已。

现在，来讨论电压、电流正向行波在传播时所发生的电磁过程。在已给定电压 U_0 极性的条件下，随着波的行进，线路上方导线的各微元相继获得一定数量的正电荷，而下方导线对应的各微元则失去等量的正电荷即获得同样数量的负电荷，于是，沿着波（前）所经过的区域，正、负电荷在导线之间形成了电场，线路的电压和电流由零跃升至 U_0 和 I_0。随着正向电压和电流行波的传播，经过时间 dt，无损耗线上新增的电场能量 dW_C、新增的磁场能

量 dW_L 和新增的总能量 dW 分别为

$$\begin{cases} dW_C = \dfrac{1}{2}C_0\,dx\,U_0^2 \\[2mm] dW_L = \dfrac{1}{2}L_0\,dx\,I_0^2 = \dfrac{1}{2}L_0\,dx\left(\dfrac{U_0}{Z_c}\right)^2 \\[2mm] \qquad = \dfrac{1}{2}L_0\,dx\left(\dfrac{U_0}{\sqrt{L_0/C_0}}\right)^2 = \dfrac{1}{2}C_0U_0^2\,dx = dW_C \\[2mm] dW = dW_C + dW_L = C_0U_0^2\,dx = L_0I_0^2\,dx \end{cases} \qquad (20\text{-}95)$$

由于新增能量与传输线的位置无关，所以电磁**场**能量在无损耗线上均匀分布，并且电场能量等于磁场能量。

波传播过程中无损耗线吸收能量的速率为

$$p = \frac{dW}{dt} = C_0U_0^2\frac{dx}{dt} = C_0U_0^2 v = C_0U_0^2\frac{1}{\sqrt{L_0C_0}} = \frac{U_s^2}{Z_c} \qquad (20\text{-}96)$$

此速率就是在线路始端的电压源发出来的功率。电压源发出来的能量一半用于建立电场，一半用于建立磁场。

以上讨论的是始端接通一个大小为 U_0 的直流电压源的情景，若始端接入一个任意的电压源 $u_s(t)$，同样可以得出线上任意位置处电压、电流的函数形式，即

$$\begin{cases} u(x,t) = u^+(x,t) = u_s\left(t - \dfrac{x}{v}\right)\varepsilon\left(t - \dfrac{x}{v}\right) \\[2mm] i(x,t) = \dfrac{1}{Z_c}u^+(x,t) = \dfrac{1}{Z_c}u_s\left(t - \dfrac{x}{v}\right)\varepsilon\left(t - \dfrac{x}{v}\right) \end{cases} \qquad (20\text{-}97)$$

通过以上讨论可得出结论：

(1) 零状态无损耗线的始端与电压源接通后，激励源就发出一个以有限速度 v 从始端向终端移动的正向电压行波。

(2) 凡正向电压行波所到之处，同时在线上建立起正向电流行波，电流的大小为电压行波除以波阻抗，所以沿同一方向以相同速度前进的正向电流行波和电压行波的波形相同的。

(3) 激励源发出的正向电压行波和电流行波沿线推进时，激励源所供给的能量，一半用以建立电场，一半用以建立磁场。

(4) 传输线上任意一处电压、电流随时间变化的规律均与线路始端电压、电流的变化规律相同，但有一定的时间延迟。

以上分析是针对无限长或工作在匹配状态的传输线进行的。实际上，这种分析及其结论对于有限长的零状态无损耗线也适用，但时间限定在 $0 < t < \dfrac{l}{v}$ 范围内（l 为传输线长度），此时有限长线上由始端发出的行波尚未到达终端，故传输线上仅有正向行波。在此时间范围内，无损耗线对电源来说相当于是一个纯电阻负载，其电阻值为线路的波阻抗 Z_c。

无损耗线与理想直流电压源接通后在 $0 < t < \dfrac{l}{v}$ 时间范围内所产生的过渡过程是一种最为简单的情况，但却具有实际意义。因为在电源是 50Hz（$\lambda = 6000\text{km}$）正弦电压源的情况下，当波传输的距离不超过几百公里时（所需时间仅为毫秒级），可以近似认为其电压与电源是一样的。

2. 传输线终端开路

当传输线为终端开路的情况下，始端接通理想电压源时，由电源发出的入射波将以速度 $v=\dfrac{1}{\sqrt{L_0C_0}}$ 从始端向终端传播，在终端将引起波的反射。因此，传输线上除了入射波以外还将存在反射波，下面分不同时段对波传播过程进行讨论。

(1) $0 \leqslant t < \dfrac{l}{v}$（设电压源在 $t=0$ 瞬间接通）。在此时间间隔内，入射波还未到达终端，反射尚未产生，因此线上波的传输过程与传输线无限长或工作在匹配状态下的情况相同。电压波和电流波传播过程如图 20-15（a）、图 20-15（b）所示。

(2) $\dfrac{l}{v} \leqslant t < \dfrac{2l}{v}$。入射波在 $t=\dfrac{l}{v}$ 时到达终端。由于终端开路，这一边界条件要求电流反射波大小为 I_0，导致反射波所到之处电流变为零。由于 $u^-=Z_c i^-=U_0$，而 $u^+=U_0$，因此，电压的反射波所到之处使线间电压 $u=u^++u^-$ 成为 $2U_0$。电压和电流波传播过程如图 20-15（c）、图 20-15（d）所示。

(3) $\dfrac{2l}{v} \leqslant t < \dfrac{3l}{v}$。当反射波在 $t=\dfrac{2l}{v}$ 时间到达始端前的瞬间，全线电流为零，电压为 $2U_0$。当反射波到达始端时，由于始端的边界条件要求电压为 U_0，因此在始端也将产生反射，反射波为 $-U_0$ 以满足始端的边界条件，该反射波也是第二次入射波，该入射电压波决定了第二次入射电流波为 $-I_0$。故波所到之处将使电压为 U_0 而电流为 $-I_0$。电压和电流波传播过程如图 20-15（e）、图 20-15（f）所示。

(4) $\dfrac{3l}{v} \leqslant t < \dfrac{4l}{v}$。在 $t=\dfrac{3l}{v}$ 时，第二次入射波到达终端，此时终端的边界条件要求 $i^++i^-=0$，所以第二次反射电流波为 $i^-=-I_0$，因此第二次反射电压波为 $u^-=Z_c i^-=-U_0$，波所到之处将使线上电压和电流均为零。电压和电流波传播过程如图 20-15（g）、图 20-15（h）所示。

在 $t=\dfrac{4l}{v}$ 时，第二次反射波到达始端，全线电压和电流均为零，完成接通过程的一次循环，即回复到开始接通的状态。以后的过程将周期性地重复出现。此周期等于波行进 4 倍线长所需的时间，即 $T=\dfrac{4l}{v}=4l\sqrt{L_0C_0}$。

3. 传输线终端短路

终端短路的无损耗线与直流电压的接通过程与终端开路线相仿。下面分时段对波传播过程进行讨论。

(1) $0 \leqslant t < \dfrac{l}{v}$（设电压源在 $t=0$ 瞬间接通）。与传输线无限长或工作在匹配状态相同。电压和电流波传播过程如图 20-15（a）、图 20-15（b）所示。

(2) $\dfrac{l}{v} \leqslant t < \dfrac{2l}{v}$。入射波在 $t=\dfrac{l}{v}$ 时到达终端。由于终端短路，这一边界条件对应第一次电压入射波到达终端时电压为零，这必然要求第一次电压反射波为 $u^-=-U_0$，因此可得电流反射波为 $i^-=-I_0$。由 $i=i^+-i^-$ 可知电流反射波所到之处线上电流增加为 $2I_0$。电压和电流波传播过程如图 20-16（a）、图 20-16（b）所示。

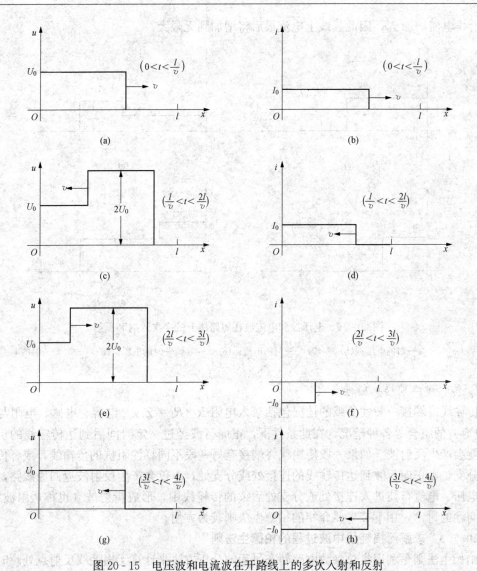

图 20-15 电压波和电流波在开路线上的多次入射和反射

(a) $0 \leqslant t < \frac{l}{v}$ 时的电压；(b) $0 \leqslant t < \frac{l}{v}$ 时的电流；(c) $\frac{l}{v} \leqslant t < \frac{2l}{v}$ 时的电压；(d) $\frac{l}{v} \leqslant t < \frac{2l}{v}$ 时的电流

(e) $\frac{2l}{v} \leqslant t < \frac{3l}{v}$ 时的电压；(f) $\frac{2l}{v} \leqslant t < \frac{3l}{v}$ 时的电流；(g) $\frac{3l}{v} \leqslant t < \frac{4l}{v}$ 时的电压；(h) $\frac{3l}{v} \leqslant t < \frac{4l}{v}$ 时的电流

电压源接通后经过 $\frac{2l}{v}$ 时间，电压就完成了一次周期重复。接下来由始端产生的入射电压波将使沿线电压变为 U_0，如图 20-16（c）所示。当入射电压波电压抵达终端后，从终端产生的反射电压波将使沿线电压变为零。所以，电压始终在零和 U_0 之间变动，变动周期为 $T = \frac{2l}{v}$。

电压源接通后经过 $\frac{l}{v}$ 时间，电流将增至 $2I_0$；再经过 $\frac{l}{v}$ 时间，电流将增至 $3I_0$，如图 20-16（d）所示。以后每增加 $\frac{l}{v}$ 时间，始端产生的入射电流波或终端产生的反射电流波，总是

使得沿线电流增加 I_0，因此，线上电流最后将增加到无限大。

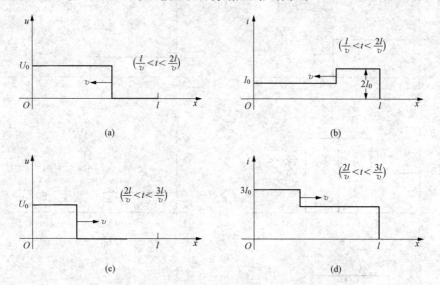

图 20-16 电压波和电流波在短路线上的多次入射和反射

(a) $\dfrac{l}{v} \leqslant t < \dfrac{2l}{v}$ 时的电压；(b) $\dfrac{l}{v} \leqslant t < \dfrac{2l}{v}$ 时的电流；(c) $\dfrac{2l}{v} \leqslant t < \dfrac{3l}{v}$ 时的电压；(d) $\dfrac{2l}{v} \leqslant t < \dfrac{3l}{v}$ 时的电流

4. 传输线终端接一般性负载

传输线终端接一般性负载的情况包括接入电阻 $R_L (R_L \neq Z_c)$、电容、电感、电阻与电感（或电容）的组合等各种情况，在此条件下，正向行波经过一定时间后到达传输线的负载处时，就会产生反射波。如果一段传输线终端接有另一段不同特性阻抗的传输线，或者传输线上有分支，则正向行波到达传输线的连接处或分支处，不仅会产生反射波返回原线路，而且会有电压、电流行波进入连接处或分支处后续的传输线中，形成折射波（也称透射波）。对这类问题的讨论，用下节将要介绍的柏德生法则较为方便。

20.7.3 求解无损耗线中波过程的柏德生法则

柏德生法则是利用集总参数电路暂态过程的分析方法来计算无损耗线反射点处瞬时电压 $u_2(t)$ 和瞬时电流 $i_2(t)$ 的方法，其实质是将分布参数电路的暂态过程转化为集总参数电路的暂态过程来求解。

设无损耗线的波阻抗为 Z_c，有入射波沿着该传输线传输，到达终端后作用于负载上，如图 20-17（a）所示。入射波到达负载处会产生反射波，根据式（20-90）可知，负载上的电压 $u_2(t)$ 和电流 $i_2(t)$ 分别为

$$\begin{cases} u_2 = u_2^+ + u_2^- \\ i_2 = i_2^+ - i_2^- = \dfrac{u_2^+}{Z_c} - \dfrac{u_2^-}{Z_c} \end{cases} \tag{20-98}$$

由此可得到

$$2u_2^+ = u_2 + Z_c i_2 \tag{20-99}$$

由式（20-99）可构造出如图 20-17（b）所示的电路，结合负载的伏安特性，即可确定 $u_2(t)$ 和 $i_2(t)$。得到 $u_2(t)$ 和 $i_2(t)$ 后，因为入射波电压 u_2^+ 和入射波电流 i_2^+ 是已经求出的，利用式（20-98），即可求出反射波电压 u_2^- 和反射波电流 i_2^-。这就是用柏德生法则

求反射波的基本过程。

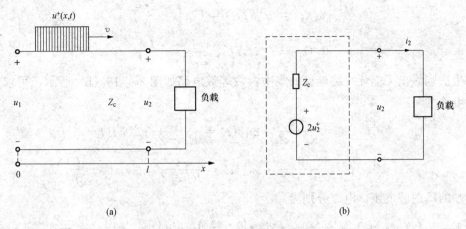

(a)   (b)

图 20-17　入射波作用到负载和计算负载反射波的集总参数等效电路

(a) 入射波作用到负载；(b) 等效电路

柏德生法则也称为等值集总参数定理，该定理可表述为：若某一传输线终端接有集总参数元件（或其他传输线），当该传输线始端接有电压源时，针对终端接入的集总参数元件（或其他传输线的始端）而言，可将该传输线用一个理想电压源与阻抗的串联组合来等效，理想电压源的电压为该传输线终端入射波电压的两倍，阻抗为该传输线的特性阻抗。

利用柏德生法则，可使很多问题的分析变得简单易行。下面，给出几个相关例题。

【例 20-4】　图 20-18（a）所示的无损耗传输线，其长度为 l，波阻抗为 Z_c，终端所接负载电阻为 R_2。若有幅度为 U_s 的矩形电压波于 $t=0$ 时从无损耗线始端发出，设波的传播速度为 v，求入射波传输到终端后在无损耗线上产生的反射波以及沿线的电压、电流的分布函数。

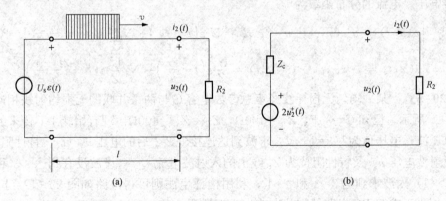

(a)   (b)

图 20-18　[例 20-4] 图

(a) 无损耗传输线电路；(b) 等效电路

解　从线路始端发出的电压行波与电流行波分别为

$$
\begin{cases}
u^+(x,t) = U_s \varepsilon\left(t - \dfrac{x}{v}\right) \\[2mm]
i^+(x,t) = \dfrac{U_s}{Z_c} \varepsilon\left(t - \dfrac{x}{v}\right)
\end{cases}
$$

线路终端的入射波电压、电流分别为

$$\begin{cases} u_2^+(t) = u^+(l,t) = U_s \varepsilon\left(t - \dfrac{l}{v}\right) \\[3mm] i_2^+(t) = i^+(l,t) = \dfrac{U_s}{Z_c} \varepsilon\left(t - \dfrac{l}{v}\right) \end{cases}$$

依柏德生法则做出无损耗线终端处的集中参数等效电路如图 20-18（b）所示，可求出终端电压与电流为

$$\begin{cases} u_2(t) = \dfrac{R_2}{R_2 + Z_c} \cdot 2u_2^+(t) = \dfrac{R_2}{R_2 + Z_c} \cdot 2U_s \varepsilon\left(t - \dfrac{l}{v}\right) \\[3mm] i_2(t) = \dfrac{1}{R_2 + Z_c} \cdot 2u_2^+(t) = \dfrac{1}{R_2 + Z_c} \cdot 2U_s \varepsilon\left(t - \dfrac{l}{v}\right) \end{cases}$$

终端的反射波电压、电流分别为

$$\begin{cases} u_2^-(t) = u_2(t) - u_2^+(t) = \dfrac{R_2}{R_2 + Z_c} \cdot 2U_s \varepsilon\left(t - \dfrac{l}{v}\right) - U_s \varepsilon\left(t - \dfrac{l}{v}\right) = \dfrac{R_2 - Z_c}{R_2 + Z_c} U_s \varepsilon\left(t - \dfrac{l}{v}\right) \\[3mm] i_2^-(t) = i_2^+(t) - i_2(t) = \dfrac{1}{Z_c} U_s \varepsilon\left(t - \dfrac{l}{v}\right) - \dfrac{1}{R_2 + Z_c} 2U_s \varepsilon\left(t - \dfrac{l}{v}\right) = \dfrac{R_2 - Z_c}{R_2 + Z_c} \cdot \dfrac{U_s}{Z_c} \varepsilon\left(t - \dfrac{l}{v}\right) \end{cases}$$

终端反射系数为

$$N_2 = \frac{u_2^-(t)}{u_2^+(t)} = \frac{i_2^-(t)}{i_2^+(t)} = \frac{R_2 - Z_c}{R_2 + Z_c}$$

沿线的反射波电压、电流可分别写为

$$\begin{cases} u^-(x,t) = \dfrac{R_2 - Z_c}{R_2 + Z_c} U_s \varepsilon\left(t - \dfrac{l}{v} - \dfrac{l - x}{v}\right) = N_2 U_s \varepsilon\left(t - \dfrac{2l - x}{v}\right) \\[3mm] i^-(x,t) = N_2 \dfrac{U_s}{Z_c} \varepsilon\left(t - \dfrac{2l - x}{v}\right) \end{cases}$$

沿线电压、电流的分布函数为

$$\begin{cases} u(x,t) = u^+(x,t) + u^-(x,t) = U_s \varepsilon\left(t - \dfrac{x}{v}\right) + N_2 U_s \varepsilon\left(t - \dfrac{2l - x}{v}\right) \\[3mm] i(x,t) = i^+(x,t) - i^-(x,t) = \dfrac{U_s}{Z_c} \varepsilon\left(t - \dfrac{x}{v}\right) - N_2 \dfrac{U_s}{Z_c} \varepsilon\left(t - \dfrac{2l - x}{v}\right) \end{cases}$$

【例 20-5】　某一均匀无损耗线经集总参数电容 C 与两条并联的无损均匀线相连，如图 20-19（a）所示，已知 $C = 3\mu F$，$Z_{c1} = 100\Omega$，$Z_{c2} = Z_{c3} = 400\Omega$。现有始端 1-1' 传来的波形为矩形的电压波，电压值为 $U_0 = 15\mathrm{kV}$。求波到达连接处 2-2' 后的电压 $u_2(t)$、特性阻抗为 Z_{c1} 线上的反射波电压 u_1^- 及特性阻抗为 Z_{c2} 线上的入射波电流 i_2^+。（设波没有到达 3-3' 和 4-4'）

解　（1）因波未到达 3-3' 和 4-4'，利用柏德生法则可得电路如图 20-19（b）所示，求 $u_2(t)$ 相当于求解 RC 电路的零状态响应。根据图 20-19（b），可知

$$u_2(0_+) = u_2(0_-) = 0$$

$$u_2(\infty) = \frac{Z_{c2}//Z_{c3}}{Z_{c1} + Z_{c2}//Z_{c3}} \times 2U_0 = 20\mathrm{kV}$$

$$\tau = R_{eq}C = [Z_{c1}//(Z_{c2}//Z_{c3})]C = \frac{200}{3} \times 3 \times 10^{-6} = (2 \times 10^{-4})\mathrm{s}$$

由三要素法公式可知，电容两端的电压为

$$u_2(t) = [20(1 - e^{-5000t})]\mathrm{kV}$$

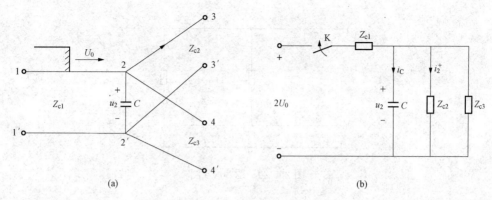

图 20-19　[例 20-5]图

(a) 无损耗传输线电路；(b) 等效电路

(2) 特性阻抗为 Z_{c1} 线上的反射波电压为

$$u_1^- = u_2 - u_1^+ = u_2 - U_0 = 20 - 20\mathrm{e}^{-5000t} - 15 = (5 - 20\mathrm{e}^{-5000t})\,\mathrm{kV}$$

特性阻抗为 Z_{c2} 线上的入射波电流为

$$i_2^+ = \frac{u_2}{Z_{c2}} = \frac{20 - 20\mathrm{e}^{-5000t}}{400} = \left(\frac{1}{20} - \frac{1}{20}\mathrm{e}^{-5000t}\right)\mathrm{kA}$$

以上讨论的是无损耗线的时域分析。如果需要计及传输线的 R_0 和 G_0，对有损耗线进行时域分析则要困难得多，有关这方面内容，可参考有关书籍。

 习　题

20-1　某架空通信线路全长为 100km，工作频率为 800Hz，线路的 $\gamma = 17.6 \times 10^{-3}\mathrm{e}^{\mathrm{j}82°}$/km，$Z_c = 585\mathrm{e}^{\mathrm{j}6.1°}\,\Omega$，若线路终端电压 $\dot{U}_2 = 10\angle 0°\mathrm{V}$，电流 $\dot{I}_2 = \sqrt{2} \times 10^{-2}\angle 30°\mathrm{A}$，求线路始端电压、电流的瞬时值表达式。

20-2　某传输线长 50km，终端接匹配负载。若已测出始端电压、始端电流相量分别为 $\dot{U}_1 = 10\angle 0°\mathrm{V}$，$\dot{I}_1 = 0.2\angle 7.5°\mathrm{A}$，终端电压为 $\dot{U}_2 = 6\angle -150°\mathrm{V}$，试求传输线的特性阻抗和传播系数。

20-3　某一传输线长度为 70.8km，线路参数为 $R_0 = 1\Omega/\mathrm{km}$、$\omega C_0 = 4 \times 10^{-4}\mathrm{S/km}$，$L_0 = 0$、$G_0 = 0$。若终端负载 $Z_2 = Z_c$，终端电压 $\dot{U}_2 = 3\angle 0°\mathrm{V}$，求该线始端电压和电流相量。

20-4　某一均匀传输线在传输角频率为 $10^4\mathrm{rad/s}$ 的正弦信号时，传播系数为 $\gamma = 0.044\angle 78°/\mathrm{km}$，特性阻抗为 $Z_c = 500\angle -12°\,\Omega$。设传输线始端输入电压为 $u_1(t) = 10\cos 10^4 t\,\mathrm{V}$，终端接匹配负载，求传输线上的稳态电压 $u(x,\ t)$ 和电流 $i(x,\ t)$。

20-5　某三相输电线全长 240km，线路参数为 $R_0 = 0.08\Omega/\mathrm{km}$，$\omega L_0 = 0.4\Omega/\mathrm{km}$，$\omega C_0 = 2.8\mu\mathrm{S/km}$，$G_0 = 0$。终端线电压为 195kV，终端负载为星形连接，复功率为（160+j16）MVA，试计算：(1) 始端的线电压、线电流的有效值；(2) 始端的复功率；(3) 若负载突然切断，始端电压维持不变，则终端线电压为何值？

20-6　在图 20-20 中，两段均匀传输线长度均为 l，在正弦稳态情况下特性阻抗均为 Z_c，传播系数均为 γ。已知 $Z_2 = Z_3 = Z_c$，求 1-1' 端输入阻抗 Z_1。

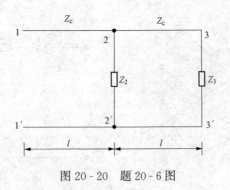

图 20-20 题 20-6 图

20-7 如图 20-21 所示电路为无损耗均匀传输线，特性阻抗为 $Z_c=600\Omega$，线长 $l=\lambda/3$ [λ 为信号源 $u_s(t)$ 的波长]，$u_s(t)=24\sqrt{2}\sin(\omega t-30°)$ V，$R=300\Omega$，$Z_2=600\Omega$。试求终端负载 Z_2 上的 $u_2(t)$ 和 $i_2(t)$。

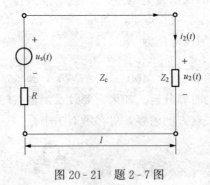

图 20-21 题 2-7 图

20-8 长为 200km 的无损耗传输线的波阻抗 $Z_c=865\Omega$，由 $\dot{U}_1=50\angle0°\text{V}$ 的正弦电压送电，电源频率 $f=1000\text{Hz}$。设传输线的相速为光速，求终端开路、短路和接匹配负载时，传输线上的电压及电流的有效值分布。

20-9 某无损线的长度为 60m，工作频率为 10^6 Hz，$Z_c=100\Omega$。若使线路始端的输入阻抗为零，则终端负载为何值？

20-10 无损耗均匀传输线长 $=41\text{m}$，$L_0=1.68\mu\text{H/m}$，$C_0=6.68\text{pF/m}$，电源频率 $f=60\text{MHz}$。求终端开路、短路、接 $C=4\text{pF}$ 三种情况时始端的输入阻抗 Z_in。

20-11 信号源通过波阻抗为 50Ω 的无损线向 75Ω 负载电阻馈电。为实现匹配，在波阻抗为 50Ω 的无损线与负载间插入一段 $\lambda/4$ 的无损线，求该线的波阻抗。

20-12 将两段无损耗传输线连接起来，如图 20-22 所示。若使这两段线上均没有反射波，试求应接的阻抗 Z_1 和 Z_2。

20-13 将两段无损耗线连接，如图 20-23 所示，已知 $Z_{c1}=75\Omega$，$Z_{c2}=50\Omega$，终端负载 $Z_2=(50+j50)\ \Omega$，试求输入阻抗 Z_in。

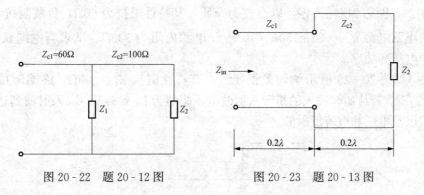

图 20 - 22　题 20 - 12 图　　　　　　　　图 20 - 23　题 20 - 13 图

20 - 14　某无损耗线的特性阻抗 $Z_c=100\Omega$，欲接入的负载 $Z_2=(150+j150)\ \Omega$，由于线路特性阻抗与负载不匹配，故负载与线路直接相连会产生反射波。为使得线路上不产生反射波，需在终端与负载之间连接一段无损耗线，如图 20 - 24 所示，求该段线路的特性阻抗 Z_{c1} 和长度 l。

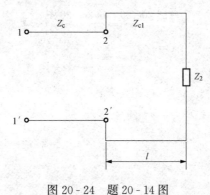

图 20 - 24　题 20 - 14 图

20 - 15　终端短路的无损线，其波阻抗 $Z_c=505\Omega$，线长 35m，波长 50m，求此无损线的等效电感值。

20 - 16　无损耗均匀架空线的 $Z_c=400\Omega$，终端开路，始端电源频率 $f=100\text{MHz}$。若要使始端相当于 $C=100\text{pF}$ 的电容，求传输线的最小长度为多大？

20 - 17　图 20 - 25 所示为一延迟线电路，共包含有 8 个电容、9 个电感，已知 L、C 和电源的角频率 ω，试求此延迟线的特性阻抗。

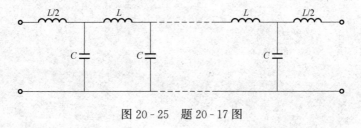

图 20 - 25　题 20 - 17 图

20 - 18　有一长度为 500km 的直流输电线路，其原始参数为 $R_0=0.1\Omega/\text{km}$、$G_0=0.025\mu\text{S/km}$，线路始端的额定电压为 400kV，终端接特性阻抗。求线路始端输入的功率，以及线路终端的电压、电流及线路的传输效率。

20-19 某电缆的损耗为零，以空气为介质，其特性阻抗为 60Ω，负载阻抗 $Z_2 = 12\Omega$。电缆始端接正弦电源 $u_S = \sqrt{2}\sin 150\pi \times 10^6 t\text{V}$，电源内阻为 300Ω。试求当电缆长为 2m 时，终端负载的电压和功率。

20-20 如图 20-26 所示均匀无损耗线，其特性阻抗 $Z_c = 300\Omega$，终端所接负载 $R = 200\Omega$、$C = 1\mu\text{F}$。若从始端输入的矩形入射波电压幅值为 $U_0 = 6\text{kV}$，求入射波到达终端后所产生的电压以及电压和电流反射波。

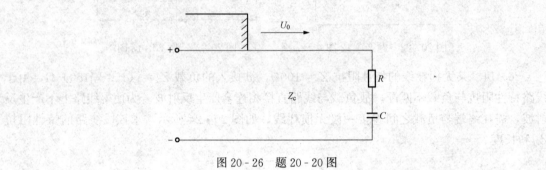

图 20-26 题 20-20 图

附录 A　电路星形连接与三角形连接等效变换公式列写的快速方法

星形连接电路与三角形连接电路的等效变换公式是电路分析中常用的公式，但记忆起来较困难，导出时也比较复杂。下面给出一种从理论上来说虽不够严谨，但能够使人们快捷、准确地写出等效变换公式的方法。

设图 A-1（a）和图 A-1（b）所示对称 Y 电路和△电路互为等效电路，假设从两电路的 1 端流入的电流均为 I，并且该电流均分为两等份分别从 2、3 端流出。因两电路互为等效电路，故两电路的 1、2 端子之间的电压相等，所以有

$$R_\text{Y} \cdot I + R_\text{Y} \cdot \frac{1}{2} I = R_\triangle \cdot \frac{1}{2} I \tag{A-1}$$

由此得

$$R_\text{Y} = \frac{1}{3} R_\triangle \tag{A-2}$$

和

$$R_\triangle = 3 R_\text{Y} \tag{A-3}$$

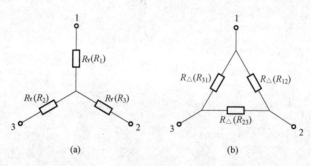

图 A-1　对称星形电路和三角形电路

(a) 星形电路；(b) 三角形电路

这样即导出了对称星形连接电路与三角形连接电路等效变换公式。根据 Y-△等效变换公式的基本形式，可将式（A-2）变形为

$$R_\text{Y} = \frac{1}{3} R_\triangle = \frac{R_\triangle \cdot R_\triangle}{3 R_\triangle} = \frac{R_\triangle \cdot R_\triangle}{R_\triangle + R_\triangle + R_\triangle} \tag{A-4}$$

设式（A-4）中 R_Y 为星形电路 1 端所接电阻 R_1，推断式（A-4）中等号右边分子上的两个电阻 $R_\triangle$ 应为三角形电路中相对于 1 端位置成对称关系的两个电阻 R_{12}、R_{31}，而三角形电路中的三个电阻 R_{12}、R_{23}、R_{31} 必定会出现在变换公式中，所以可推知式中等号右边分母的三个电阻为 R_{12}、R_{23}、R_{31}，这样由式（A-4）可写出

$$R_1 = \frac{R_{12} R_{31}}{R_{12} + R_{23} + R_{31}} \tag{A-5}$$

这就是式（2-10）中的第 1 式，用类似的方法可很方便地写出式（2-10）中的第 2 式、第 3 式如下

$$R_2 = \frac{R_{23} R_{12}}{R_{12} + R_{23} + R_{31}} \tag{A-6}$$

$$R_3 = \frac{R_{31}R_{23}}{R_{12} + R_{23} + R_{31}} \tag{A-7}$$

根据 Y-△ 等效变换公式的基本形式，可将式（A-3）变形为

$$R_\triangle = \frac{3R_Y \cdot R_Y}{R_Y} = \frac{R_Y \cdot R_Y + R_Y \cdot R_Y + R_Y \cdot R_Y}{R_Y} \tag{A-8}$$

设式（A-8）中 $R_\triangle$ 为三角形电路中 1、2 两端间所接电阻 R_{12}，因星形电路中的三个电阻 R_1、R_2、R_3 必定会出现在变换公式中，推断式（A-8）等号右边分子上的三项应为星形电路中三个电阻 R_1、R_2、R_3 的两两相乘；而分母应为星形电路中相对于 1、2 端子处于对称位置上的电阻 R_3。这样从式（A-8）可直接写出

$$R_{12} = \frac{R_1R_2 + R_2R_3 + R_3R_1}{R_3} \tag{A-9}$$

这就是式（2-9）中的第 1 式。用类似的方法可很方便地写出式（2-9）中的第 2 式、第 3 式如下

$$R_{23} = \frac{R_1R_2 + R_2R_3 + R_3R_1}{R_1} \tag{A-10}$$

$$R_{31} = \frac{R_1R_2 + R_2R_3 + R_3R_1}{R_2} \tag{A-11}$$

附录 B　互易定理记忆的便捷方法

互易定理有三种具体形式，内容多且复杂，直接记忆难度很大，可利用互易定理隐含的规律，解决该定理记忆不易的问题。

互易定理中隐含的规律是：将激励与响应换位前后的两个电路中的独立源置零时，两电路的结构是完全相同的。可反过来利用这一规律，记住互易定理。方法是：先构造结构完全相同的两个电路，然后把独立源分别加在两个电路的不同端口（短路处只能加电压源，断路处只能加电流源，这样才能保持独立源置零后电路结构完全相同这一特性），最后给出两电路响应存在的规律，这样就可方便记住互易定理。

构造结构相同的三对电路如图 B-1 所示，其中图 B-1(a) 和图 B-1(b)、图 B-1(c) 和图 B-1(d)、图 B-1(e) 和图 B-1(f) 为成对电路。将图 B-1(a) 电路的 1-1′ 端、图 B-1(b) 电路的 2-2′ 端加电压源 $u_s(t)$，则两电路未加电源的两对端子上的电流相等，这就是互易定理形式 1 的内容。将图 B-1(c) 电路的 1-1′ 端、图 B-1(d) 电路的 2-2′ 端加电流源 $i_s(t)$，则两电路不加电源的两对端子上的电压相等，这就是互易定理形式 2 的内容。将图 B-1(e) 电路的 1-1′ 端加电流源 $i_s(t)$，将图 B-1(f) 电路的 2-2′ 端加电压源 $u_s(t)$，当数值上有 $i_s(t) = u_s(t)$ 时，则两电路不加电源的两对端子上的电流电压数值相等，这就是互易定理形式 3 的内容。这样，互易定理就能方便记住。

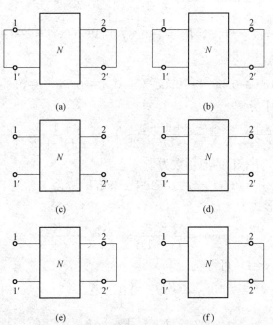

图 B-1　互易定理记忆用电路

(a) 互易定理形式 1 用图一；(b) 互易定理形式 1 用图二；(c) 互易定理形式 2 用图一；
(d) 互易定理形式 2 用图二；(e) 互易定理形式 3 用图一；(f) 互易定理形式 3 用图二

附录 C 拉氏变换反变换部分分式展开式系数求解的若干方法

部分分式展开式系数求解时，直接套用正文中介绍的方法有时并不方便，尤其是存在共轭复根和重根时。这里，介绍求部分分式展开式系数的其他几种方法，这些方法有时比较简便。

【例 C-1】 函数的拉氏变换结果分别为（1）$F(s) = \dfrac{2s+1}{s^3+7s^2+10s}$，（2）$F(s) = \dfrac{s+3}{s^2+2s+5}$，（3）$F(s) = \dfrac{s+2}{(s+1)^2(s+3)}$，分别求它们的原函数。

解 （1）$F(s)$ 的分解形式为

$$F(s) = \frac{2s+1}{s^3+7s^2+10s} = \frac{2s+1}{s(s+2)(s+5)} = \frac{K_1}{s} + \frac{K_2}{s+2} + \frac{K_3}{s+5}$$

令 $s=-1$，$s=1$，$s=2$，可得

$$\begin{cases} \dfrac{1}{4} = \dfrac{K_1}{-1} + \dfrac{K_2}{1} + \dfrac{K_3}{4} \\[2mm] \dfrac{1}{6} = \dfrac{K_1}{1} + \dfrac{K_2}{3} + \dfrac{K_3}{6} \\[2mm] \dfrac{5}{56} = \dfrac{K_1}{2} + \dfrac{K_2}{4} + \dfrac{K_3}{7} \end{cases}$$

由此解得 $K_1=0.1$，$K_2=0.5$，$K_3=-0.6$，所以 $F(s) = \dfrac{0.1}{s} + \dfrac{0.5}{s+2} + \dfrac{-0.6}{s+5}$。根据表 14-1 可知反变换结果为

$$f(t) = 0.1e^{0t} + 0.5e^{-2t} - 0.6e^{-5t} = 0.1 + 0.5e^{-2t} - 0.6e^{-5t} \quad t \geqslant 0_-$$

（2）把 $F(s)$ 做如下分解

$$F(s) = \frac{s+3}{s^2+2s+5} = \frac{s+1+2}{(s+1)^2+2^2} = \frac{s+1}{(s+1)^2+2^2} + \frac{2}{(s+1)^2+2^2}$$

根据表 14-1 可知，$F(s)$ 的原函数为

$$f(t) = e^{-t}\cos2t + e^{-t}\sin2t \quad t \geqslant 0_-$$

（3）$F(s)$ 的分解形式为

$$F(s) = \frac{K_{11}}{(s+1)^2} + \frac{K_{12}}{s+1} + \frac{K_2}{s+3}$$

令 $s=-2$，$s=0$，$s=1$，可得

$$\begin{cases} 0 = \dfrac{K_{11}}{1} + \dfrac{K_{12}}{-1} + \dfrac{K_2}{1} \\[2mm] \dfrac{2}{3} = \dfrac{K_{11}}{1} + \dfrac{K_{12}}{1} + \dfrac{K_2}{3} \\[2mm] \dfrac{3}{4\times4} = \dfrac{K_{11}}{4} + \dfrac{K_{12}}{2} + \dfrac{K_2}{4} \end{cases}$$

由此解得 $K_{11} = \dfrac{1}{2}$，$K_{12} = \dfrac{1}{4}$，$K_2 = -\dfrac{1}{4}$，所以 $F(s) = \dfrac{0.5}{(s+1)^2} + \dfrac{0.25}{s+1} + \dfrac{-0.25}{s+3}$，根据表 14-1 可知，$F(s)$ 的原函数为

$$f(t) = L^{-1}[F(s)] = 0.5te^{-t} + 0.25e^{-t} - 0.25e^{-3t} \quad t \geqslant 0_-$$

【例 C - 2】 求 $F(s) = \dfrac{2s^2 + 3s + 2}{(s+1)^3}$ 的原函数

解 做变量代换，设 $s+1=r$，则 $s=r-1$，故

$$F(s) = \frac{2(r-1)^2 + 3(r-1) + 2}{r^3}$$

$$= \frac{2r^2 - r + 1}{r^3}$$

$$= \frac{2}{r} - \frac{1}{r^2} + \frac{1}{r^3}$$

$$= \frac{2}{s+1} - \frac{1}{(s+1)^2} + \frac{1}{(s+1)^3}$$

根据表 14 - 1，可知 $F(s)$ 的原函数为

$$f(t) = 2e^{-t} - te^{-t} + 0.5t^2e^{-t} \quad t \geqslant 0_-$$

【例 C - 3】 求 $F(s) = \dfrac{s+4}{(s+2)^3 (s+1)}$ 的原函数

解 $F(s)$ 的展开式为 $F(s) = \dfrac{K_{13}}{s+2} + \dfrac{K_{12}}{(s+2)^2} + \dfrac{K_{11}}{(s+2)^3} + \dfrac{K_2}{s+1}$，其中 K_{11}、K_2 的求解比较容易；K_{12}、K_{13} 要通过对有理多项式做微分运算求出，难度较大。下面给出几种不需对有理多项式做微分运算而求出相关系数的方法。

（1）变量代换法。

设 $F(s) = F_1(s) + \dfrac{K_2}{s+1}$，则 $K_2 = [F(s)(s+1)]_{s=-1} = 3$，所以有

$$F_1(s) = F(s) - \frac{3}{s+1} = \frac{s+4-3(s+2)^3}{(s+2)^3(s+1)}$$

$$= \frac{r+3-3(r+1)^3}{(r+1)^3 r} \quad （令 s+1 = r \text{ 转化而来}）$$

$$= \frac{-3r^2 - 9r - 8}{(r+1)^3}$$

$$= \frac{-3q^2 - 3q - 2}{q^3} \quad （令 r+1 = q \text{ 转化而来}）$$

$$= \frac{-3}{s+2} + \frac{-3}{(s+2)^2} + \frac{-2}{(s+2)^3} \quad （由 q = s+2 \text{ 转化而来}）$$

由此可得 $F(s)$ 的分解式为

$$F(s) = F_1(s) + \frac{3}{s+1} = \frac{-3}{s+2} + \frac{-3}{(s+2)^2} + \frac{-2}{(s+2)^3} + \frac{3}{s+1}$$

（2）逐步合并约分法。

设

$$F(s) = \frac{K_{13}}{s+2} + \frac{K_{12}}{(s+2)^2} + \frac{K_{11}}{(s+2)^3} + \frac{K_2}{s+1}$$

则

$$K_2 = [F(s)(s+1)]_{s=-1} = 3$$

$$K_{11} = [F(s)(s+2)^3]_{s=-2} = -2$$

所以

$$
\begin{aligned}
\frac{K_{13}}{s+2} + \frac{K_{12}}{(s+2)^2} &= F(s) - \frac{K_{11}}{(s+2)^3} - \frac{K_2}{s+1} \\
&= \frac{s+4}{(s+2)^3(s+1)} + \frac{2}{(s+2)^3} - \frac{3}{s+1} \\
&= \frac{3}{(s+2)^2(s+1)} - \frac{3}{s+1} \\
&= \frac{-3(s+3)}{(s+2)^2} \\
&= \frac{-3(s+2+1)}{(s+2)^2} \\
&= \frac{-3}{s+2} + \frac{-3}{(s+2)^2}
\end{aligned}
$$

由此可得 $F(s)$ 的分解式。须注意的是，以上合并每次均应在两项之间进行。两项合并的以后，分子分母中就会出现公因式，可以约去。这样不断进行下去，就可以得到所要求的结果。

（3）解方程法。

求出 K_2 和 K_{11} 后可得

$$\frac{s+4}{(s+2)^3(s+1)} = \frac{K_{13}}{s+2} + \frac{K_{12}}{(s+2)^2} + \frac{-2}{(s+2)^3} + \frac{3}{s+1}$$

令 $s=0，-3$ 有

$$\frac{1}{2} = \frac{K_{13}}{2} + \frac{K_{12}}{4} + \left(-\frac{1}{4}\right) + 3$$

$$\frac{1}{2} = -K_{13} + K_{12} + 2 + \left(-\frac{3}{2}\right)$$

可得：$K_{13} = -3，K_{12} = -3$，由此可得 $F(s)$ 的分解式

$$F(s) = F_1(s) + \frac{3}{s+1} = \frac{-3}{s+2} + \frac{-3}{(s+2)^2} + \frac{-2}{(s+2)^3} + \frac{3}{s+1}$$

根据表 14-1，可知 $F(s)$ 的原函数为

$$f(t) = -3e^{-2t} - 3te^{-2t} - t^2 e^{-2t} + 3e^{-t} \quad t \geq 0_-$$

习 题 参 考 答 案

第1章

1-1 (a) $u=-10^4 i$; (b) $u=-5\text{V}$; (c) $i=2\text{A}$。

1-2 (a) $u=10\text{V}$; (b) $i=-2\text{A}$; (c) $i=2\text{A}$; (d) $u=-10\cos 5t\text{V}$。

1-3 (a) $u_a=10\text{V}$; (b) $i_b=1\text{A}$; (c) $i_c=-1\text{A}$; (d) $i_d=1\text{A}$。

1-4 (1) 2A 电流源发出 20W 功率，10V 电压源吸收 20W 功率；(2) 在 ab 段内串联与 u_s 大小相等、方向相反的电压源；(3) 在 bc 间并联与 i_s 大小相等、方向相反的电流源。

1-5 $I=1.5\text{A}$, $U=8.25\text{V}$。

1-6 $i_2=-3\text{A}$, $i_3=6\text{A}$, $i_6=-5\text{A}$。

1-7 $I=2\text{A}$, $I_1=10\text{A}$, $I_2=10\text{A}$, $I_R=-1\text{A}$, $U=70\text{V}$, $U_R=-36\text{V}$, $R=36\Omega$。

1-8 (a) $u=8\text{V}$; (b) $u=6\text{V}$。

1-9 $I_1=1\text{A}$, $I_2=1.6\text{A}$, $I_3=2.6\text{A}$。

1-10 $U=1.4\text{V}$。

1-11 $U_{ab}=-15\text{V}$, $U=-45\text{V}$，电流源 I_s 发出 270W 功率。

1-12 $I_1=-50\text{A}$, $I_2=37.5\text{A}$, $I_3=12.5\text{A}$, $I_4=20\text{A}$, $I_5=17.5\text{A}$, $I_6=32.5\text{A}$。

第2章

2-1 $I=2\text{mA}$。

2-2 (1) $R_{ab}=3\Omega$; (2) K 闭合 $R_{ab}=1.5\Omega$，K 断开 $R_{ab}=1.5\Omega$。

2-3 $R_{ab}=2\Omega$。

2-4 $i=3\text{A}$。

2-5 (a) $R_{ab}=1.27\Omega$; (b) $R_{ab}=1.67\Omega$。

2-6 $U=51.16\text{V}$。

2-7 $R_{ab}=10\Omega$。

2-8 $R_{ab}=35\Omega$。

2-9 $I_L=\dfrac{nI_s R}{R+nR_L}$。

2-10 $i=0.125\text{A}$。

2-11 最简电路是一个 4A 的电流源，方向从 b 指向 a。

2-12 最简电路是一个 2V 的电压源，方向从 a 指向 b。

2-13 等效电流源模型为 3A 电流源与 10Ω 电阻并联，电流源方向从 b 指向 a；等效电压源模型为 30V 电压源与 10Ω 电阻串联，电压源方向从 a 指向 b。

2-14 $R=7\Omega$。

2-15 $u_A=\dfrac{80}{11}\text{V}$, $u_B=-\dfrac{32}{11}\text{V}$, $u_C=\dfrac{48}{11}\text{V}$。

2 - 16　$R=2\Omega$

第 3 章

3 - 1　$I_1=1\text{A}$，$I_2=-1.75\text{A}$，$I_3=-0.75\text{A}$。

3 - 2　$\begin{bmatrix} -1 & -1 & 1 \\ 18 & 0 & 4 \\ 0 & -4 & -4 \end{bmatrix}\begin{bmatrix} I_1 \\ I_2 \\ I_3 \end{bmatrix}=\begin{bmatrix} 0 \\ 15 \\ 10 \end{bmatrix}$。

3 - 3　$i_1=\dfrac{5}{9}\text{A}$，$i_2=\dfrac{1}{9}\text{A}$，$i_3=\dfrac{4}{9}\text{A}$。

3 - 4　$i_1=1.775\text{A}$，$i_2=1.525\text{A}$。

3 - 5　$u_{\text{oc}}=8\text{V}$。

3 - 6　$\begin{cases} (R_2+R_3)\,i_{\text{a}}-R_2i_{\text{b}}-R_3i_{\text{c}}=-u_{\text{s}} \\ -R_2i_{\text{a}}+(R_1+R_2)\,i_{\text{b}}=-u_{\text{x}} \\ -R_3i_{\text{a}}+[R_3+R_4]i_{\text{c}}=u_{\text{x}} \\ i_{\text{s}}=i_{\text{b}}-i_{\text{c}} \end{cases}$

3 - 7　$i=3.2\text{A}$。

3 - 8　(1) 节点数 $n=7$，支路数 $b=12$；(2) 节点数 $n=5$，支路数 $b=9$。

3 - 9　有 16 个树，单连支回路为 (1、5、6)，(2、4、6)，(3、5、4)。

3 - 10　独立节点数为 2，独立回路数为 4，基本回路为 (1、5)、(2、6)、(1、3、6)、(1、4、6)。

3 - 11　基本回路为 (1、7、8、9)，(2、6、8、9)，(3、5、6、8)，(4、5、6、7、8、9)。

3 - 12　$i=3.2\text{A}$。

3 - 13　$\begin{cases} (R_2+R_3)\,i_{\text{a}}-R_2i_{\text{b}}-(R_2+R_3)\,i_{\text{c}}=-u_{\text{s}} \\ i_{\text{b}}=i_{\text{s}} \\ -(R_2+R_3)\,i_{\text{a}}+(R_1+R_2)\,i_{\text{b}}+(R_1+R_2+R_3+R_4)\,i_{\text{c}}=0 \end{cases}$

3 - 14　$\begin{cases} (R_1+R_4)\,i_1-R_4i_3=u_{\text{s}} \\ (R_2+R_3)\,i_2+R_3i_4=u_{\text{s}}-u_{\text{s2}}-u_{\text{s3}} \\ i_3=i_{\text{s}} \\ R_3i_2-R_5i_3+(R_3+R_5+R_6)\,i_4=-u_{\text{s3}} \end{cases}$

3 - 15　$\begin{cases} \dfrac{8}{5}U_1-\dfrac{2}{5}U_2=6 \\ -\dfrac{2}{5}U_1+\dfrac{1}{2}U_2=6 \end{cases}$

3 - 16　$\begin{cases} \dfrac{7}{10}U_1-\dfrac{1}{2}U_2=-6 \\ -\dfrac{1}{2}U_1+5U_2=10 \end{cases}$

3-17

$$
\begin{cases}
u_{n1} = u_s \\
-\dfrac{1}{R_1}u_{n1} + \left(\dfrac{1}{R_1}+\dfrac{1}{R_4}\right)u_{n2} = -i_s \\
\left(\dfrac{1}{R_5}+\dfrac{1}{R_6}\right)u_{n3} - \dfrac{1}{R_6}u_{n4} = i_s \\
-\dfrac{1}{R_2}u_{n1} - \dfrac{1}{R_6}u_{n3} + \left(\dfrac{1}{R_2}+\dfrac{1}{R_3}+\dfrac{1}{R_6}\right)u_{n4} = -\dfrac{1}{R_2}u_{s2}+\dfrac{1}{R_3}u_{s3}
\end{cases}
$$

3-18 $u_{AB}=2.5\text{V}$。

3-19 $i_1=4\text{A}$, $i_2=-1\text{A}$。

第4章

4-1 受控电压源发出功率 6W, 受控电流源发出功率 -2W, 即吸收功率 2W。

4-2 $r=2\Omega$。

4-3 u_{S1} 吸收的功率为 -12W, 即发出 12W 功率。

4-4 $i_1=2\text{A}$, $i_2=1\text{A}$, $i_3=-2\text{A}$, $i_4=1\text{A}$, $i_5=3\text{A}$, $i_6=4\text{A}$。

4-5 U_{s1} 发出功率 -75W, 即吸收功率 75W; U_{s2} 发出功率 200W。

4-6 U_s 发出功率 22.5W, I_s 吸收功率 1W。

4-7 $I_1=-12\text{A}$。

4-8 $I_1=3\text{A}$, $U_o=17\text{V}$。

4-9 $u_o=\dfrac{-\left[\left(\dfrac{A}{R_2}-\dfrac{1}{R_3}\right)\left(\dfrac{u_a}{R_a}+\dfrac{u_b}{R_b}\right)\right]}{\left(\dfrac{1}{R_2}+\dfrac{1}{R_3}+\dfrac{1}{R_4}\right)\left(\dfrac{1}{R_a}+\dfrac{1}{R_b}+\dfrac{1}{R_1}+\dfrac{1}{R_3}\right)+\left(\dfrac{A}{R_2}-\dfrac{1}{R_3}\right)\dfrac{1}{R_3}}$

4-10 $U=32\text{V}$。

4-11 $I_R=2.45\text{mA}$。

4-12

$$
\begin{cases}
\dfrac{1}{R_1}u_{n1} + \dfrac{\beta-1}{R_5}u_{n2} + \left(\dfrac{1-\beta}{R_5}+\dfrac{1}{R_6}\right)u_{n3} = i_{s2}+\dfrac{u_{s6}}{R_6} \\
\left(\dfrac{1}{R_4}+\dfrac{1}{R_5}\right)u_{n2} - \dfrac{1}{R_5}u_{n3} = -i_{s2} \\
u_{n1}-u_{n3}=u_{s3}
\end{cases}
$$

4-13 $R_i=15\Omega$。

4-14 $R_i=-2.5\Omega$。

4-15 $R_{ab}=R_1+r+\dfrac{R_2}{1-gR_2}$。

4-16 $R_i=25\Omega$。

4-17 $R_o=5\Omega$。

4-18 $R_o=5\Omega$。

4-19 $R_o=-10\Omega$。

4-20 $R_o=4\Omega$。

第5章

5-1 $R_x=10^5 U_o$。

5 - 2 $I=4.2\mathrm{mA}$。

5 - 3 $u_\mathrm{o}=-1\mathrm{V}$。

5 - 4 $u_\mathrm{o}=-8\mathrm{V}$, $i_\mathrm{o}=-4.8\mathrm{mA}$。

5 - 5 $u_\mathrm{o1}=-10u_\mathrm{i}$, $u_\mathrm{o2}=11u_\mathrm{i}$, $u_\mathrm{o}=-21u_\mathrm{i}$。

5 - 6 $u_\mathrm{o}=-2.5\mathrm{V}$。

5 - 7 $u_\mathrm{o}=1.8\mathrm{V}$。

5 - 8 $\dfrac{i_0}{i_\mathrm{s}}=\dfrac{5}{3}$。

5 - 9 $u_\mathrm{o}=\left(1+\dfrac{R_1}{R_2}\right)(u_\mathrm{i2}-u_\mathrm{i1})$。

5 - 10 $u_\mathrm{o}=u_\mathrm{i}\left(1+\dfrac{R_1}{R_2}\right)$。

5 - 11 $\dfrac{u_\mathrm{o}}{u_\mathrm{i}}=\dfrac{(R_1R_5-R_2R_6)\,R_3R_4}{(R_2R_4-R_3R_5)\,R_1R_6}$。

5 - 12 $\dfrac{u_\mathrm{o}}{u_\mathrm{i}}=\dfrac{44}{3}$。

第 6 章

6 - 1 $u=23\mathrm{V}$。

6 - 2 $u=80\mathrm{V}$。

6 - 3 $i=1.4\mathrm{A}$, $u=7.2\mathrm{V}$。

6 - 4 (1) $u_\mathrm{x}=150\mathrm{V}$；(2) $u_\mathrm{x}=160\mathrm{V}$。

6 - 5 $P_{I_\mathrm{s1}}=52\mathrm{W}$（发出），$P_{I_\mathrm{s2}}=78\mathrm{W}$（发出）。

6 - 6 $U_\mathrm{s}=-64\mathrm{V}$。

6 - 7 $I=-110\mathrm{mA}$。

6 - 8 $u=40\mathrm{V}$。

6 - 9 $U_\mathrm{oc}=U_\mathrm{ab}=-\dfrac{1}{2}\mathrm{V}$, $R_\mathrm{eq}=2\Omega$；$I_\mathrm{sc}=\dfrac{U_\mathrm{oc}}{R_\mathrm{eq}}=-\dfrac{1}{4}\mathrm{A}$, $G_\mathrm{eq}=\dfrac{1}{2}\mathrm{S}$。

6 - 10 $R_\mathrm{o}=20\Omega$。

6 - 11 $u_\mathrm{oc}=-6\mathrm{V}$, $R_\mathrm{eq}=6\Omega$。

6 - 12 无戴维南等效电路；诺顿等效电路为 $I_\mathrm{sc}=7.5\mathrm{A}$, $R_\mathrm{eq}\to\infty$，实际为一理想电流源。

6 - 13 $R_\mathrm{o}=0.4\Omega$。

6 - 14 $I=5\mathrm{A}$。

6 - 15 $R_\mathrm{o}=1.2\Omega$。

6 - 16 $U=-2\mathrm{V}$。

6 - 17 $R_\mathrm{L}=5\Omega$, $P_\mathrm{Lmax}=80\mathrm{W}$。

6 - 18 $R_\mathrm{L}=1.5\Omega$, $P_\mathrm{Lmax}=3.375\mathrm{W}$。

6 - 19 $R_\mathrm{L}=25\Omega$, $P_\mathrm{Lmax}=36\mathrm{W}$。

6 - 20 $P=6.25\mathrm{W}$。

6-21 $I_{AB} = 0.5\text{A}$。

6-22 $I = 4\text{A}$。

6-23 $U_{oc} = 18\text{V}$, $R_{eq} = 6\Omega$。

6-24 $i = 1\text{A}$。

6-25 $u_2 = 4\text{V}$。

6-26 $P_{U_s} = 8\text{W}$（发出），$P_{I_s} = 24\text{W}$（发出）。

6-27 $i = 1\text{A}$。

6-28 $I = \dfrac{2}{3}\text{A}$。

6-29 $i = 0.5\text{A}$。

6-30 $I_1 = 2\text{A}$, $I_2 = -1\text{A}$。

第7章

7-1 $u_C(t) = \begin{cases} 0 & t < 0 \\ 10^4 t\,\text{V} & 0 < t < 10\text{ms} \\ 100\text{V} & t > 10\text{ms} \end{cases}$

7-2 $i_C(t) = 4t\text{e}^{-2t} - 2\text{e}^{-2t}\text{A}$, $i(t) = (2-2t)\,\text{e}^{-2t}\text{A}$。

7-3 $u_L(t) = -2\text{e}^{-2t}\text{V}$, $u(t) = 0\text{V}$。

7-4 $i_1(0_+) = U_s \times \dfrac{R_1 + R_2 + R_3}{(R_1 + R_2)(R_1 + R_3)}$, $i_2(0_+) = U_s \times \dfrac{R_3}{(R_1 + R_2)(R_1 + R_3)}$,

$u_L(0_+) = -U_s \times \dfrac{R_1 R_3}{(R_1 + R_2)(R_1 + R_3)}$, $\dfrac{\text{d}u_C}{\text{d}t}\Big|_{t=0+} = U_s \times \dfrac{R_3}{(R_1 + R_2)(R_1 + R_3)}$

$\times \dfrac{1}{C}$。

7-5 $u_C(0_+) = 40\text{V}$, $i_C(0_+) = -4.5\text{A}$。

7-6 电容初始值 $u_C(0_-)$ 为零时，$u_o = -\dfrac{1}{R_1 C}\int_{0_-}^{t} u_i \text{d}\xi$。

7-7 $u_{C1}(0_+) = U_s$, $u_{C2}(0_+) = \dfrac{C_3}{C_2 + C_3} \cdot U_s$, $u_{C3}(0_+) = \dfrac{C_2}{C_2 + C_3} \cdot U_s$。

7-8 $i_{L1}(0_+) = -0.5\text{A}$, $i_{L2}(0_+) = 0.5\text{A}$。

7-9 $i_{L1}(0_+) = i_{L2}(0_+) = 1.2\text{A}$。

7-10 $LC \dfrac{\text{d}^2 u_C}{\text{d}t^2} + RC \dfrac{\text{d}u_C}{\text{d}t} + u_C = L \dfrac{\text{d}i_s}{\text{d}t} + Ri_s$。

第8章

8-1 $u_C(t) = 126\text{e}^{-3.33t}\text{V}$。

8-2 $u_C(t) = 4\text{e}^{-2t}\text{V}$, $i(t) = 0.04\text{e}^{-2t}\text{mA}$。

8-3 $u(t) = 2\text{e}^{-1.25t}\text{V}$。

8-4 $u_C(t) = (10 - 10\text{e}^{-10t})\,\text{V}$, $i(t) = \text{e}^{-10t}\text{mA}$。

8-5 $u_C(t) = (4 - 2\text{e}^{-\frac{1}{2.4}t})\text{V}$, $i_C(t) = \dfrac{5}{6}\text{e}^{-\frac{1}{2.4}t}\text{A}$, $i_1(t) = \left(8 - \dfrac{2}{3}\text{e}^{-\frac{1}{2.4}t}\right)\text{A}$。

8-6　(1) $R_1=R_2=4\Omega$, $C=0.25F$;　(2) $u_C(t)=2.5V$。

8-7　$u_C(t)=(4+6e^{-0.25t})$ V。

8-8　(1) $u_{Czi}(t)=8e^{-3t}V$, $u_{Czs}(t)=24(1-e^{-3t})$ V;　(2) $u_C(t)=24-16e^{-3t}V$;

　　(3) 自由分量 $16e^{-3t}V$,强制分量 $24V$。

8-9　$i(t)=2e^{-8t}A$, $u_L(t)=-16e^{-8t}A$。

8-10　$i_L(t)=\dfrac{4}{3}e^{-2t}A$, $u_L(t)=-8e^{-2t}A$。

8-11　$u_{ab}(t)=\dfrac{15}{8}e^{-36t}V$。

8-12　$u(t)=-16e^{-2t}A$。

8-13　$i_L(t)=(2-2e^{-10^6t})A$。

8-14　$u_C(t)=(8+16e^{-3t})$ V, $i(t)=\dfrac{8}{3}(1-e^{-3t})$ A。

8-15　(a) $u_C(t)=(20-15e^{-5t})$ V, $i(t)=(1-0.75e^{-5t})$ mA;

　　(b) $u_C(t)=(-5+15e^{-10t})$ V, $i(t)=(0.25+0.75e^{-10t})$ mA。

8-16　$U_s=30V$, $u_C(t)=(40-10e^{-0.2t})$ V。

8-17　$u_C(t)=(4+2e^{-5t})$ V。

8-18　(a) $i_L(t)=2A$;　(b) $i_L(t)=\left(\dfrac{4}{5}+\dfrac{8}{15}e^{\frac{1}{4}}\right)A=\left(\dfrac{4}{5}+\dfrac{8}{15}e^{-0.25t}\right)A$。

8-19　(1) $i_L(t)=\left(\dfrac{8}{3}-\dfrac{2}{3}e^{-15t}\right)A$, $i_1(t)=\left(1-\dfrac{1}{4}e^{-15t}\right)A$, $i_2(t)=\left(\dfrac{5}{3}-\dfrac{5}{12}e^{-15t}\right)A$;

　　(2) $i_{Lzs}(t)=\left(\dfrac{8}{3}-\dfrac{8}{3}e^{-15t}\right)A$, $i_{Lzi}(t)=2e^{-15t}A$;

　　(3) 自由分量 $-\dfrac{2}{3}e^{-15t}A$,强制分量 $\dfrac{8}{3}A$。

8-20　$0.5(1-e^{-2t})$ V $t>0$, $u_{ab}(t)=(1.5-0.5e^{-2t}+e^{-t})$ V $t>0$。

8-21　(a) $\tau=5\times10^{-6}s$;　(b) $\tau=\dfrac{L_1+L_2}{R}$;　(c) $\tau=(C_1+C_2)R$;

　　(d) $\tau=\left(\dfrac{C_1C_2}{C_1+C_2}+C_3\right)R$;　(e) $\tau=0.9s$;　(f) $\tau=0.1s$。

8-22　$u_0(t)=\left(\dfrac{5}{8}-\dfrac{1}{8}e^{-t}\right)V$, $t>0$。

8-23　$i(t)=(3+e^{-2t})$ A。

8-24　$i_L(t)=1.2-5.2e^{-100t}A$, $u_L=52e^{-100t}V$。

8-25　$u_{C1}(t)=(60+30e^{-\frac{1000}{3}t})V$, $u_{C2}(t)=(60-60e^{-\frac{1000}{3}t})$ V。

8-26　$i(t)=3e^{-t}A$, $u(t)=[3.2\delta(t)-0.48e^{-0.9t}]V$。

8-27　(1) $u_C(t)=(8e^{-2t}-2e^{-8t})$ V, $i(t)=4(e^{-2t}-e^{-8t})$ A;　(2) $R=2\Omega$。

8-28　$i=(5e^{-t}-3e^{-2t})$ A。

8-29　K闭合时,a、b右边部分电路处于临界阻尼状态;而当开关K断开时,整个电路处于临界阻尼状态。

8-30　(1) $\begin{cases} u_C=(100-117e^{-382t}+17e^{-2618t}) \text{ V} \\ i=0.044(e^{-382t}-e^{-2618t}) \text{ A} \end{cases}$

$(2)\begin{cases}u_C=[100-100\ (1+1000t)\ \mathrm{e}^{-1000t}]\mathrm{V}\\i=100t\mathrm{e}^{-1000t}\mathrm{A}\end{cases}$

$(3)\begin{cases}u_C=[100-100.5\mathrm{e}^{-100t}\sin\ (995t+84.3°)]\mathrm{V}\\i=0.01\sqrt2\mathrm{e}^{-100t}\sin\ (995t+39.3°)\ \mathrm{A}\end{cases}$

8-31 $u_C(t)=4\ (1-\mathrm{e}^{-0.25t})\varepsilon(t)-4\ (1-\mathrm{e}^{-0.25(t-3)})\ \varepsilon(t-3)\ \mathrm{V}$,
$i(t)=\mathrm{e}^{-0.25t}\varepsilon(t)-\mathrm{e}^{-0.25(t-3)}\varepsilon(t-3)\ \mathrm{A}$。

8-32 $u_o(t)=\dfrac25(1-\mathrm{e}^{-\frac52t})\varepsilon(t)+\dfrac25(1-\mathrm{e}^{-\frac52(t-1)})\varepsilon(t-1)-\dfrac25(1-\mathrm{e}^{-\frac52(t-2)})\varepsilon(t-2)-$
$\dfrac25(1-\mathrm{e}^{-\frac52(t-3)})\varepsilon(t-3)\mathrm{V}$

8-33 $u(t)=\{4\mathrm{e}^{-t}\varepsilon(t)+[2+\mathrm{e}^{-(t-1)}]\varepsilon(t-1)-[2+\mathrm{e}^{-(t-2)}]\varepsilon(t-2)\}\mathrm{V}$。

8-34 $u_R(t)=(1+0.25\mathrm{e}^{-t})\ \varepsilon(t)\ \mathrm{V}$。

8-35 阶跃响应为 $s(t)=(1-\mathrm{e}^{-\frac{R}{L}t})\mathrm{A}$，冲激响应为 $h(t)=\dfrac{R}{L}\mathrm{e}^{-\frac{R}{L}t}\mathrm{A}$。

8-36 (1) $i_L(t)=\left(1-\dfrac43\mathrm{e}^{-t}+\dfrac13\mathrm{e}^{-4t}\right)\mathrm{A}$, (2) $u_C(t)=\left(-\dfrac13\mathrm{e}^{-t}+\dfrac43\mathrm{e}^{-4t}\right)\mathrm{V}$。

8-37 $u_C(t)=(12\mathrm{e}^{-t}-6\mathrm{e}^{-2t})\ \mathrm{V}$。

8-38 $i(t)=(0.277\cos\ (314t-78.7°)-0.054\mathrm{e}^{-\frac{1000}{2.12}t})\mathrm{A}$。

8-39 $\varphi=53.1°$。

第9章

9-1 角频率 $\omega=4\pi\mathrm{rad/s}$，周期 $T=0.5\mathrm{s}$，频率 $f=2\mathrm{Hz}$，初相 $\varphi=30°$，振幅 $A=120$，有效值 $\dfrac{A}{\sqrt2}=84.84$。

9-2 (1) $u=10\cos(\omega t-10°)\ \mathrm{V}$；(2) $u=10\sqrt2\cos(\omega t-126.9°)\ \mathrm{V}$；(3) $i=\sqrt2\cos(\omega t-45°)\ \mathrm{A}$；(4) $i=\sqrt2 30\cos(\omega t+\pi)\ \mathrm{A}$。

9-3 $U=70.7\mathrm{V}$，$I_1=1.414\mathrm{A}$，$I_2=2.828\mathrm{A}$，$I_3=3.535\mathrm{A}$；$\varphi_u=10°$，$\varphi_{i_1}=100°$，$\varphi_{i_2}=10°$，$\varphi_{i_3}=-80°$；$\Delta\varphi_1=-90°$，$\Delta\varphi_2=0$，$\Delta\varphi_3=90°$。

9-4 (1) u 超前 $i40°$；(2) u 滞后 $i120°$；(3) u 滞后 $i150°$；(4) u 超前 $i91.4°$。

9-5 (1) $\dot U_1=\dfrac{50}{\sqrt2}\angle-110°\mathrm{V}$；(2) $\dot U_2=\dfrac{30}{\sqrt2}\angle-60°\mathrm{V}$；(3) $\dot U=51.62\angle-91.65°\mathrm{V}$。

9-6 (1) $i_1=10\sqrt2\cos(200t+90°)\mathrm{A}$；(2) $i_2=2\sqrt{10}\cos(200t+26.57°)\mathrm{A}$；(3) $i=8\sqrt5\cos(200t+71.57°)\mathrm{A}$。

9-7 $R\dot I+\mathrm{j}\omega L\dot I=\dot U$。

9-8 $-\omega^2LC\dot I+\mathrm{j}\omega GL\dot I+\dot I=\dot I_s$。

9-9～9-12 答案略。

第10章

10-1 $Z_{in}=(5-\mathrm{j}5)\ \Omega$，$Y_{in}=(0.1+\mathrm{j}0.1)\ \mathrm{S}$。

10 - 2　$Z_o = (0.5 + j0.33)\ \Omega$，串联组合；$R = 0.5\Omega$，$L = 0.165\text{H}$；并联组合：$G = 1.39\text{S}$，$L = 0.543\text{H}$。

10 - 3　$Z_{in}\ (j\omega) = \dfrac{R_2\ (1 + j\omega R_1 C)}{1 + j\omega R_2 C}$；若 $R_1 = R_2$，则 $Z_{in}\ (j\omega) = R_2$。

10 - 4　$\dot{U}_{ab} = -105.5\text{V} = 105.5\angle 180°\text{V}$。

10 - 5　(a) $\dot{U} = 10\angle 0°\text{V}$，相量图略；(b) $\dot{U} = -j10 = 10\angle -90°\text{V}$，相量图略。

10 - 6　$\dot{I}_s = 5.67\angle 54.17°\text{A}$，$\dot{U}_s = 48.36\angle 118.2°\text{V}$，$\dot{U}_R = 56.7\angle 54.17°\text{V}$。

10 - 7　电流表 A_1 读数为 $I_1 = 2\text{A}$，电流表 A_2 读数为 $I_2 = 0\text{A}$，$Z_{in} = R = 110\Omega$。

10 - 8　(a)
$$\begin{cases} \left(\dfrac{1}{3+j8} + \dfrac{1}{2}\right)\dot{U}_{n1} - \dfrac{1}{2}\dot{U}_{n3} = -2.1\angle -35° - \dfrac{18.3\angle 0°}{2} \\[2mm] \left(j4 + \dfrac{1}{5}\right)\dot{U}_{n2} - \dfrac{1}{5}\dot{U}_{n3} = -2.1\angle -35° + \dfrac{25.2\angle 10°}{5} \\[2mm] -\dfrac{1}{2}\dot{U}_{n1} - \dfrac{1}{5}\dot{U}_{n2} + \left(j4 + \dfrac{1}{5} + \dfrac{1}{2}\right)\dot{U}_{n3} = \dfrac{18.2\angle 0°}{2} - \dfrac{25.2\angle 10°}{5} \end{cases}$$

(b)
$$\begin{cases} \left(\dfrac{1}{j8} + \dfrac{1}{6} + j4\right)\dot{U}_{n1} - j4\dot{U}_{n3} = \dfrac{18.3\angle 0°}{j8} \\[2mm] \dot{U}_{n2} = \mu\dot{U} \\[2mm] -\dfrac{1}{7}\dot{U}_{n2} + \left(j4 + \dfrac{1}{7}\right)\dot{U}_{n3} = 2.1\angle -35° \\[2mm] \dot{U} = \dot{U}_{n1} \end{cases}$$

10 - 9　(a) $u_{oc} = 2.23\angle -63.43°\text{V}$，$Z_{in} = 2.72\angle -53.97°\Omega$；(b) $u_{oc} = 7.58\angle -18.43°$ V，$Z_{in} = 3.22\angle -82.87°\Omega$

10 - 10　44.72V。

10 - 11　$u_o(t) = 2\sqrt{2}\sin(2t + 45°)$ V。

10 - 12　$\dfrac{\dot{U}_2}{\dot{U}_1} = \dfrac{-G_1 G_3}{G_2 G_3 - \omega^2 C_1 C_2 + j\omega C_2\ (G_1 + G_2 + G_3)}$　其中：$G_1 = \dfrac{1}{R_1}$，$G_2 = \dfrac{1}{R_2}$，$G_3 = \dfrac{1}{R_3}$。

10 - 13　$\dot{U}_{oc} = (4 + j2)$ V，$Z_{eq} = (1 + j1)\ \Omega$。

10 - 14　$r = 1000\Omega$，$\dot{U}_1 = j125\text{V}$。

10 - 15　$\dot{U}_{ab} = 25\sqrt{2}\angle 45°\text{V}$。

10 - 16　$|Z| = 520\Omega$，$Z = (299.6 + j421.65)\ \Omega$。

10 - 17　$\dfrac{R_1}{R_2} = \dfrac{3}{7}$。

10 - 18　$L = 1.2\text{H}$。

10 - 19　$I = 1\text{A}$。

10 - 20　$f = 50\text{Hz}$ 时，$I = 10\text{A}$；$f = 25\text{Hz}$ 时，$I_1 = 5\text{A}$，$I_2 = 11.1\text{A}$，$I = 10.9\text{A}$，$P = 1073\text{W}$。

10 - 21　528W。

10 - 22　$R = 8\Omega$，$X_L = 4\sqrt{3}\Omega$，$X_C = 8\sqrt{3}\Omega$，$I_2 = \dfrac{5}{2}\text{A}$。

10 - 23　略。

10-24 $P_{I_s}=600\mathrm{W}$（发出），$Q_{I_s}=0\mathrm{var}$（发出）；$P_{U_s}=100\mathrm{W}$（吸收），$Q_{U_s}=500\mathrm{var}$（发出）。

10-25 $\cos\varphi=0.98$。

10-26 $C=71\mu\mathrm{F}$。

10-27 3W。

10-28 (1) $\dot{U}_{oc}=\sqrt{2}\angle45°\mathrm{V}$，$Z_{eq}=(1-j1)\ \Omega$；(2) $Z_L=(1+j1)\ \Omega$，0.5W。

10-29 (1) $\dot{U}_{oc}=5\sqrt{2}\angle90°\mathrm{V}$，$Z_{eq}=(2+j1)\ \Omega$；(2) $Z_L=(2-j1)\ \Omega$，6.25W。

10-30 (a) $\omega_1=\dfrac{1}{\sqrt{L_1C}}$，电路相当于短路；$\omega_2=\dfrac{1}{\sqrt{(L_1+L_2)\ C}}$，电路相当于开路。

（b) $\omega_1=\dfrac{1}{\sqrt{L\ (C_1+C_2)}}$，电路相当于短路；$\omega_2=\dfrac{1}{\sqrt{LC_2}}$，电路相当于开路。

10-31 $\omega_0=\dfrac{1}{\sqrt{3LC}}$。

10-32 滞后 45° 的频率为 $\omega=2\times10^7\mathrm{rad/s}$，$f=3183\mathrm{kHz}$；超前 45° 的频率为 $\omega=2847\times10^3\mathrm{rad/s}$，$f=453\mathrm{kHz}$。

10-33 (1) $L=0.02\mathrm{H}$，$Q=50$；(2) 略。

10-34 $\dot{I}=\dot{I}_R=10\angle0°\mathrm{A}$，$\dot{I}_L=0.318\angle-90°\mathrm{A}$，$\dot{I}_C=0.318\angle90°\mathrm{A}$。

10-35 $i_s=1.41\cos10^4t\mathrm{A}$，$u=7.07\cos10^4t\mathrm{V}$，$i_R=1.41\cos10^4t\mathrm{A}$，$i_L=353.55\times\cos(10^4t-90°)\mathrm{A}$，$i_C=353.55\cos(10^4t+90°)\ \mathrm{A}$，$Q=4\times10^{-3}$。

10-36 A_4 的读数为 4.12A。

10-37 $|Y_0|=38.76\times10^{-3}\mathrm{S}$，$|Y_1|=32.76\times10^{-3}$。

10-38 串联谐振角频率为 $\omega_0=\sqrt{\dfrac{L_1+L_2}{L_1L_2\ (C_1+C_2)}}$；并联谐振角频率有两个，一个为 $\omega_{01}=\dfrac{1}{\sqrt{L_1C_1}}$，另一个为 $\omega_{02}=\dfrac{1}{\sqrt{L_2C_2}}$。

第 11 章

11-1 $u_2(t)=-16\mathrm{e}^{-4t}\mathrm{V}$。

11-2 波形略，$M=25\mathrm{H}$。

11-3 $\dot{I}=1.104\angle-83.66°\mathrm{A}$，$\dot{I}_1=1.104\angle-83.66°\mathrm{A}$，$\dot{I}_2=0$。

11-4 $L_{ab}=0.064\mathrm{H}$。

11-5 $\dot{U}=\dfrac{j5}{2+j14}=0.354\angle8.13°\mathrm{V}$。

11-6 (a) $Z=(0.2+j0.6)\ \Omega$；(b) $Z=-j1\Omega$。

11-7 $Z_{in}=(3.6+j7.8)\ \Omega$。

11-8 $Z_{in}=15.33\angle25.01°\Omega$。

11-9 $Z_o=(3+j7.5)\ \Omega$。

11-10 $\begin{cases}[R_1+j\omega M+j\omega(L_2-M)]\ \dot{I}_{m1}-j\omega(L_2-M)\ \dot{I}_{m2}=\dot{U}_s\\-j\omega\ (L_2-M)\ \dot{I}_{m1}+j[\omega\ (L_3-M)\ +\omega(L_2-M)\ -\dfrac{1}{\omega C_4}]\ \dot{I}_{m2}=0\end{cases}$

11-11　$\dot{U}_{oc}=\dot{U}_{ab}=60\angle-180°$V，$Z_{eq}=$j9Ω。

11-12　$C=0.25\mu$F，$i(t)=5\cos1000t$A。

11-13　A_1 读数为 0.954A，A_2 读数为 0.952A。

11-14　$u_o(t)=206\sqrt{2}\cos(\omega t-76°)$ V。

11-15　$\dot{U}_2=0.9998\angle0°$V。

11-16　$Z_{in}=4$Ω。

11-17　$n=\sqrt{5}=2.236$。

11-18　$C=2500\mu$F，$u_2=4\sqrt{2}\cos(1000t-90°)$ V。

11-19　$u_C(t)=\left[2\sqrt{2}\cos(2t+135°)+2e^{-2t}\right]$V。

11-20　$Z_{in}=(0.5-$j0.5$)$ Ω。

11-21　$n=1$，$P_{max}=25$W。

11-22　$\dot{I}_1=\dfrac{125}{4}\angle0°$A，$\dot{I}_2=\dfrac{125}{8}\angle0°$A，$\dot{I}_3=\dfrac{25}{4}\angle0°$A，$P=1406.25$W。

第 12 章

12-1　$u_{AN}=240\cos(\omega t-45°)$ V，$u_{CN}=240\cos(\omega t+75°)$ V，$u_{AB}=240\sqrt{3}\cos(\omega t-15°)$ V，$u_{BC}=240\sqrt{3}\cos(\omega t-135°)$ V，$u_{CA}=240\sqrt{3}\cos(\omega t+105°)$ V。

12-2　$\dot{I}_A=1.174\angle-26.98°$A，$\dot{I}_B=1.174\angle-146.98°$A，$\dot{I}_C=1.174\angle93.02°$A，$\dot{U}_{A'B'}=377.41\angle30°$A，$\dot{U}_{B'C'}=377.41\angle-90°$A，$\dot{U}_{C'A'}=377.41\angle150°$A。

12-3　相电流 $\dot{I}_{A'B'}=31.82\angle-15°$A，$\dot{I}_{B'C'}=31.82\angle-135°$A，$\dot{I}_{C'A'}=31.82\angle150°$A；线电流 $\dot{I}_A=\sqrt{3}\dot{I}_{A'B'}\angle-30°=55.11\angle-45°$A，$\dot{I}_B=55.11\angle-165°$A，$\dot{I}_C=55.11\angle75°$A。

12-4　线电流 $\dot{I}_A=30.08\angle-65.78°$A，$\dot{I}_B=30.08\angle-185.78°$A，$\dot{I}_C=30.08\times\angle54.22°$A；相电流 $\dot{I}_{A'B'}=17.37\angle-35.78°$A，$\dot{I}_{B'C'}=17.37\angle-155.78°$A，$\dot{I}_{C'A'}=17.37\angle84.22°$A。

12-5　$\dot{I}_A=49\angle40.97°$A。

12-6　电流表 A1 读数为 $\dfrac{10}{\sqrt{3}}$A，电流表 A2 读数为 10A，电流表 A3 读数为 $\dfrac{10}{\sqrt{3}}$A。

12-7　$U_l=395.2$V。

12-8　(1) 线电流 $\dot{I}_A=6.64\angle-53.13°$A，总功率 $P=1587.11$W，(2) 线电流 $\dot{I}_A=19.92\angle-53.13°$A，相电流 $\dot{I}_{A'B'}=11.5\angle-53.13°$A，总功率 $P=4761.34$W；(3) 略。

12-9　A_1 的读数为 55A，A_2 的读数为 0，平均功率为 $P=17.424$kW，无功功率为 $Q=-13.068$kvar。

12-10　(1) W1 的读数为 0，W2 的读数为 3937.6W，代数和为 3937.6W；(2) W1 的读数为 1312.9W，W2 的读数为 1312.9W，代数和为 2625.8W。

12-11 (1) A1 的读数为 65.82A，A2 的读数为 0，W 的读数为 25.63kW，总功率为 28.49kW； (2) A1 的读数为 65.82A，A2 的读数为 40.54A，W 的读数为 5.45kW，功率表的读数为 A 相电源功率。

12-12 证明略。

12-13 功率表读数为总无功功率的 $\dfrac{1}{\sqrt{3}}$，即功率表读数乘以 $\sqrt{3}$ 为总无功功率。

12-14 (1) W1、W2、W3 的读数分别为 21.78kW、12.05kW、20.48kW； (2) 三相电路总功率 54.32kW。

12-15 $\dot{I}_B = 10.53\angle{-150°}A$。

第 13 章

13-1 $f(t) = \sum\limits_{k=1}^{\infty} \dfrac{2E_m \sin(k\alpha)}{k^2 \alpha (\pi - \alpha)} \sin(k\omega_1 t)$。

13-2 $\dfrac{\sqrt{2}}{2} I$。

13-3 $U = 1.29V$。

13-4 $i = [1 + \cos(\omega t - 45°) + 0.22\cos(3\omega t - 41.57°)]A$。

13-5 $\omega = 1000\text{rad/s}$，$U = 47.17V$。

13-6 $i = [1.2\cos(\omega t + 53.13°) + 0.8\cos(2\omega t - 53.13°)]V$。

13-7 电压表读数为 70.7V，电流表读数为 4A。

13-8 (1) $U = 510V$，$I = 2.55A$； (2) $P = 916W$。

13-9 (1) $I = 5A$； (2) $P = 54W$。

13-10 (1) $u_s(t) = [0.833 + 1.40\sin(314t - 79.7°) + 0.94\cos(628t - 125.5°) + 0.49\sin(942t - 18.8°)]A$，$P = 120.308W$； (2) $U = 91.38V$，$I = 1.497A$。

13-11 $P = 37W$。

13-12 电流表读数为 9.354A，电压表读数为 63.738V，$u_2 = [50\sin(10t - 20°) + 75\cos(30t + 60°)]V$。

13-13 $u_R = [0.5 + \sqrt{2}\cos(2t - 53.13°) + \sqrt{2}\cos(1.5t - 45°)]V$，$P_{u_s} = 3.75W$。

13-14 $L_1 = 1H$，$L_2 = 66.67mH$。

13-15 $L = \dfrac{1}{9\omega_1^2}$，$C = \dfrac{1}{49\omega_1^2}$；或者 $L = \dfrac{1}{49\omega_1^2}$，$C = \dfrac{1}{9\omega_1^2}$。

13-16 $L_1 = 0.253mH$，$L_2 = 3.17\mu H$。

13-17 A1 读数为 130.8mA，A2 读数为 30mA，V 读数为 3.6V。

第 14 章

14-1 (1) $\dfrac{a}{s(s+a)}$； (2) $\dfrac{s\sin\varphi + \omega\cos\varphi}{s^2 + \omega^2}$； (3) $\dfrac{s}{(s+a)^2}$； (4) $\dfrac{1}{s(s+a)}$； (5) $\dfrac{2}{s^3}$；

(6) $\dfrac{3s^2 + 2s + 1}{s^2}$； (7) $\dfrac{1}{s} + \dfrac{2}{s^2} + \dfrac{3}{s+4}$； (8) $\dfrac{\omega}{(s-\beta)^2 + \omega^2}$； (9) $\dfrac{s^2 - a^2}{(s^2 + a^2)^2}$；

(10) $\dfrac{a^2}{s^2\,(s+a)}$。

14-2 (1) $\dfrac{3}{8}+\dfrac{1}{4}e^{-2t}+\dfrac{3}{8}e^{-4t}$; (2) $\dfrac{12}{5}e^{-2t}-\dfrac{34}{9}e^{-3t}+\dfrac{152}{45}e^{-12t}$; (3) $2\delta(t)+2e^{-t}+$ e^{-2t}; (4) $\delta(t)+e^{-t}-4e^{-2t}$。

14-3 (1) $e^{-t}-e^{-2t}-te^{-2t}$; (2) $\dfrac{1}{2}+\dfrac{\sqrt{2}}{2}e^{-t}\cos(t-135°)$; (3) $1+2e^{-2t}\sin t$;

(4) $\dfrac{1}{2}t\sin t$; (5) $2-2e^{-t}-te^{-t}$; (6) $-2e^{-t}+3te^{-t}+3e^{-2t}$; (7) $2\delta(t)+$

$\dfrac{2\sqrt{3}}{3}e^{-\frac{1}{2}t}\sin\dfrac{\sqrt{3}}{2}t$。

14-4 (a) $Z_{\text{in}}(s)=\dfrac{30s^2+14s+1}{6s^2+12s+1}$; (b) $Z_{\text{in}}(s)=\dfrac{2s^2+s+1}{2s+1}$。

14-5 和 14-6 略。

14-7 $i_L(t)=(1-1.5e^{-50t}+0.5e^{-150t})$ A, $t>0$。

14-8 $i(t)=(3-5e^{-t}+8e^{-2.5t})$ A, $t>0$。

14-9 $i(t)=(5-500te^{-200t})$ A, $t>0$。

14-10 $i(t)=2.5\sqrt{2}e^{-t}\,(e^{\frac{\sqrt{2}}{2}t}-e^{-\frac{\sqrt{2}}{2}t})$ A, $t>0$。

14-11 $u_L(t)=(5e^{-2.5t}-4e^{-2t})$ V $t>0$。

14-12 $i(t)=1$A $t>0$。

14-13 $i(t)=\left[\dfrac{2}{3}\delta(t)+\dfrac{1}{6}e^{-\frac{5}{4}t}\varepsilon(t)\right]$A, $u_C(t)=\left(\dfrac{4}{5}-\dfrac{2}{15}e^{-\frac{5}{4}t}\right)\varepsilon(t)$ V。

14-14 $i(t)=(-5e^{-3t}\cos t+10e^{-3t}\sin t)$ A, $u_C(t)=(5e^{-3t}\cos t-35e^{-3t}\sin t)$ V。

14-15 (1) $u(t)=40e^{-2t}\varepsilon(t)$ V; (2) $u(t)=[20e^{-2t}\varepsilon(t)+20e^{-2(t-1)}\varepsilon(t-1)]$V。

14-16 $i(t)=(e^{-4t}+e^{-6t})$ A, $t>0$。

14-17 $i(t)=[27.5e^{-t}-10\delta(t)-5]$A。

14-18 $u_L=\left[\dfrac{2}{3}\delta(t)-\dfrac{2000}{3}e^{-1000t}\varepsilon(t)\right]$V。

14-19 $u_2(t)=(40e^{-2t}-80e^{-4t})\varepsilon(t)$ V。

第 15 章

15-1 $H(s)=\dfrac{4}{5}+\dfrac{1}{s+1}$, $r(t)=(2\sin 2t-\dfrac{4}{5}\cos 2t+\dfrac{4}{5}e^{-t})\varepsilon(t)$ V。

15-2 (1) $\dfrac{U(s)}{U_S(s)}=\dfrac{1}{(s+1)^2}$; (2) $h(t)=te^{-t}\varepsilon(t)$ V。

15-3 (1) $H_1(s)=\dfrac{I_1(s)}{U_1(s)}=\dfrac{2s^2+5s+1}{s^2+5s+2}$; (2) $H_2(s)=\dfrac{I_2(s)}{U_1(s)}=\dfrac{s^2+s+1}{s^2+5s+2}$。

15-4 $H(s)=\dfrac{I_2(s)}{U_1(s)}=\dfrac{0.5s}{(s+2)\,(s+1)}$。

15-5 $H(s)=\dfrac{4s+5}{s^2+3s+2}$, $u_0(t)=80.4\sin\,(2t-50.4°)$ V。

15 - 6　$Z(s) = \dfrac{s^2+1}{s(s^2+2)}$。

15 - 7　(1) $H(s) = \dfrac{-1}{2s^2+s}$；(2) 略。

15 - 8　(1) $H(s) = \dfrac{100s}{(s+4)(s^2+2s+17)}$；(2) $u_2(t) = 8.77\sin(4t-37.87°)$ V。

15 - 9　$u_2(t) = \left(\dfrac{1}{6} + 0.75e^{-2t} - \dfrac{46}{39}e^{-3t} - 0.025\cos 2t + 0.0125\sin 2t\right)\varepsilon(t)$ V。

15 - 10　频率响应为 $H(j\omega) = \dfrac{1}{1+j\omega L/R}$，截止角频率为 $\omega_C = \dfrac{L}{R}$，电路是一阶低通电路。

15 - 11　$H(j\omega) = \dfrac{1}{1-j\dfrac{1}{\omega RC}}$，截止频率 $\omega_C = \dfrac{1}{RC}$，通带范围 $\omega_C \to \infty$。

15 - 12　$H(s) = \dfrac{U_2(s)}{U_1(s)} = \dfrac{1}{s^2LC+s(L+C)+2}$。

15 - 13　$R_1 = R_2 = \sqrt{\dfrac{L}{C}}$，$Z(j\omega) = \sqrt{\dfrac{L}{C}}$。

15 - 14　$H(j\omega) = \dfrac{\dot{U}_2(j\omega)}{\dot{U}_1(j\omega)} = \dfrac{1}{1-\omega^2LC+j\omega L/R}$，具有低通特性。

15 - 15　$H(j\omega) = \dfrac{\dot{U}_2(j\omega)}{\dot{U}_1(j\omega)} = \dfrac{1}{1+R_1(1+j\omega R_2C_2)/[R_2(1+j\omega R_1C_1)]}$，$H(j\omega) = \dfrac{R_2}{R_1+R_2}$，$H(j\omega)$ 不受频率影响。

15 - 16　(1) $R=4\Omega$，$L=0.04$H，$C=0.25\mu$F，$Q=100$；(2) C 的调节范围为 2.8×10^{-9}F$\sim1.75\times10^{-8}$F。

15 - 17　$C=31\sim262$pF。

15 - 18　通频带 $Q=100$，$L\approx200\mu$H，$R\approx10\Omega$。

15 - 19　$L=1.59\times10^{-5}$H，$C=1.59\times10^{-9}\mu$F。

15 - 20　(1) $f_0=1.59\times10^6$Hz，$\Delta f=8\times10^4$Hz；(2) 通频带展宽为 $\Delta f=12\times10^4$Hz。

第 16 章

16 - 1　(a) $\boldsymbol{Z} = \begin{bmatrix} j\omega L_1 & j\omega M \\ j\omega M & j\omega L_2 \end{bmatrix}$；(b) $\boldsymbol{Z} = \begin{bmatrix} R+\dfrac{1}{j\omega C} & \dfrac{1}{j\omega C} \\ \dfrac{1}{j\omega C} & \dfrac{1}{j\omega C}+j\omega L \end{bmatrix}$。

16 - 2　$\boldsymbol{Z} = \begin{bmatrix} 50 & 10 \\ 20 & 20 \end{bmatrix}\Omega$。

16 - 3　$R_1=5\Omega$，$R_2=5\Omega$，$R_3=5\Omega$，$r=3\Omega$。

16 - 4　$\boldsymbol{Z}' = \begin{bmatrix} \dfrac{6}{5} & \dfrac{4}{5} \\ \dfrac{4}{5} & \dfrac{21}{5} \end{bmatrix}\Omega$。

16 - 5　(a) $Z=\begin{bmatrix} j\omega L+\dfrac{1}{j\omega C} & \dfrac{1}{j\omega C} \\ \dfrac{1}{j\omega C} & \dfrac{1}{j\omega C} \end{bmatrix}$, $Y=\begin{bmatrix} \dfrac{1}{j\omega L} & -\dfrac{1}{j\omega L} \\ -\dfrac{1}{j\omega L} & j\omega C+\dfrac{1}{j\omega L} \end{bmatrix}$;

　　　　(b) $Z=\begin{bmatrix} \dfrac{1}{j\omega C} & \dfrac{1}{j\omega C} \\ \dfrac{1}{j\omega C} & j\omega L+\dfrac{1}{j\omega C} \end{bmatrix}$, $Y=\begin{bmatrix} j\omega C+\dfrac{1}{j\omega L} & -\dfrac{1}{j\omega L} \\ -\dfrac{1}{j\omega L} & \dfrac{1}{j\omega L} \end{bmatrix}$。

16 - 6　$Z=\begin{bmatrix} \dfrac{3}{2} & \dfrac{1}{2} \\ \dfrac{1}{2} & \dfrac{3}{2} \end{bmatrix}\Omega$, $Y=\begin{bmatrix} \dfrac{3}{4} & -\dfrac{1}{4} \\ -\dfrac{1}{4} & \dfrac{3}{4} \end{bmatrix}$S。

16 - 7　$Y=\begin{bmatrix} \dfrac{5}{12} & -\dfrac{1}{12} \\ -\dfrac{1}{4} & \dfrac{1}{4} \end{bmatrix}$S。

16 - 8　$Y=\begin{bmatrix} \dfrac{3}{2} & -\dfrac{1}{2} \\ -5 & 3 \end{bmatrix}$S。

16 - 9　(a) $T=\begin{bmatrix} 1-\dfrac{1}{2}\omega^2 LC & j\omega L-\dfrac{1}{4}j\omega^3 L^2 C \\ j\omega C & 1-\dfrac{1}{2}\omega^2 LC \end{bmatrix}$; (b) $T=\begin{bmatrix} \dfrac{2\omega^2 LC-1}{2\omega^2 LC} & \dfrac{1}{j\omega C} \\ \dfrac{4\omega^2 LC-1}{4j\omega^3 L^2 C} & \dfrac{2\omega^2 LC-1}{2\omega^2 LC} \end{bmatrix}$。

16 - 10　$T=\begin{bmatrix} 1.24\angle 23.7° & 10.6\angle -179.1°\Omega \\ 0.106\angle 89.1°\text{S} & 1.24\angle -156.27° \end{bmatrix}$。

16 - 11　$R_L=4.8\Omega$, $P_{max}=4.8$W。

16 - 12　$Y=\begin{bmatrix} \dfrac{1}{R_1} & 0 \\ \dfrac{R_3}{R_1 R_4} & \dfrac{R_3}{R_1 R_4}+\dfrac{1}{R_2}+\dfrac{1}{R_4} \end{bmatrix}$S, $H=\begin{bmatrix} R_1 & 0 \\ \dfrac{R_3}{R_4} & \dfrac{R_3}{R_1 R_4}+\dfrac{1}{R_2}+\dfrac{1}{R_4} \end{bmatrix}$。

16 - 13　$H=\begin{bmatrix} \dfrac{1}{2}\Omega & 1 \\ 0 & -1\text{S} \end{bmatrix}$。

16 - 14　$H=\begin{bmatrix} 1\Omega & \dfrac{1}{2} \\ \dfrac{5}{2} & \dfrac{11}{4\text{S}} \end{bmatrix}$。

16 - 15　$i_1(t)=(t+9)$ A。

16 - 16　$H=\begin{bmatrix} 0.667\Omega & 0.8 \\ -0.8 & 0.84\text{S} \end{bmatrix}$。

16 - 17　(a) 不含受控源，等效电路略；(b) 含有受控源，等效电路略。

16 - 18　$\dot{U}_2=62.1\angle 165°$V。

16-19　(1) $\boldsymbol{Y}=\begin{bmatrix} \dfrac{1}{5} & -\dfrac{1}{15} \\[2mm] -\dfrac{1}{15} & \dfrac{2}{15} \end{bmatrix}$ S；(2) 略；(3) $R_L=7.5\Omega$，$P_{max}=\dfrac{15}{8}$W。

16-20　$\boldsymbol{Z}=\begin{bmatrix} 6.25 & 2.75 \\ 2.75 & 6.25 \end{bmatrix}\Omega$。

16-21　$\boldsymbol{T}_1=\begin{bmatrix} 1+\mathrm{j}\omega CR & R \\ \mathrm{j}\omega C & 1 \end{bmatrix}$，$\boldsymbol{T}=\boldsymbol{T}_1\cdot\boldsymbol{T}_1=\begin{bmatrix} 1-\omega^2 C^2 R^2+3\mathrm{j}\omega CR & 2R+\mathrm{j}\omega CR^2 \\ -\omega^2 C^2 R+2\mathrm{j}\omega C & 1+\mathrm{j}\omega CR \end{bmatrix}$。

16-22　$H(s)=\dfrac{U_2(s)}{U_1(s)}=\dfrac{-Y_{21}}{Y_{22}+\dfrac{1}{R}}$。

16-23　$\dfrac{U_2(s)}{U_1(s)}=-2$。

16-24　$R=3\Omega$。

16-25　(1) 输入端口特性阻抗 $Z_{C1}=-\mathrm{j}60\Omega$，输出端口特性阻抗 $Z_{C2}=\mathrm{j}60\Omega$；(2) $P_L=120$W。

16-26　$Z_{in}(s)=\dfrac{s^2+2s+5}{s^2+s+4}$。

16-27　$Z_i=62.5\angle-126.9°\Omega$，$\dot{I}_1=4\angle126.9°$mA。

第17章

17-1　(4) 为割集。

17-2　选支路 1、2、3 为树支，则基本回路的支路集合为 {1，2，6}，{2，3，5}，{1，3，4}；基本割集的支路集合为 {1，4，6}，{2，5，6}，{3，4，5}。

17-3　基本回路的支路集合为 {1，8，9，10}，{2，7，8}，{3，8，9}，{4，9，10}，{5，7，8，9}，{6，7，8，9，10}；基本割集的支路集合为 {2，5，7，6}，{1，2，3，5，6，8}，{1，3，4，5，6，9}，{1，4，6，10}。

17-4　⑤为参考节点，关联矩阵 $\boldsymbol{A}=\begin{bmatrix} -1 & -1 & 0 & 0 & 0 & 0 & 0 \\ 1 & 0 & 1 & -1 & 0 & 0 & 0 \\ 0 & 0 & -1 & 0 & 1 & 0 & -1 \\ 0 & 0 & 0 & 1 & 0 & 1 & 1 \end{bmatrix}$。

17-5　答案略。

17-6　$\boldsymbol{B}=\begin{bmatrix} 1 & 1 & 1 & 1 & -1 & 0 & 0 & 0 \\ 1 & 1 & 0 & 0 & 0 & -1 & 0 & 0 \\ 0 & 0 & 1 & 1 & 0 & 0 & -1 & 0 \\ 0 & 1 & 1 & 0 & 0 & 0 & 0 & -1 \end{bmatrix}$，$\boldsymbol{Q}=\begin{bmatrix} 1 & 0 & 0 & 0 & 1 & 1 & 0 & 0 \\ 0 & 1 & 0 & 0 & 1 & 1 & 0 & 1 \\ 0 & 0 & 1 & 0 & 1 & 0 & 1 & 1 \\ 0 & 0 & 0 & 1 & 1 & 0 & 1 & 0 \end{bmatrix}$。

17-7　(1) $\boldsymbol{B}_f=\begin{bmatrix} 1 & 0 & 0 & 0 & 0 & -1 & -1 \\ 0 & 1 & 0 & 0 & 0 & 0 & 1 & -1 \\ 0 & 0 & 1 & 0 & 1 & 1 & 0 & 1 \\ 0 & 0 & 0 & 1 & 1 & 1 & 1 & 0 \end{bmatrix}$；(2) $\boldsymbol{Q}_f=\begin{bmatrix} 0 & 0 & -1 & -1 & 1 & 0 & 0 & 0 \\ 1 & 0 & -1 & -1 & 0 & 1 & 0 & 0 \\ 1 & -1 & 0 & 1 & 0 & 0 & 1 & 0 \\ 0 & 1 & -1 & 0 & 0 & 0 & 0 & 1 \end{bmatrix}$。

17-8 答案略

17-9 (1) 略; (2) $\boldsymbol{B} = \begin{bmatrix} 1 & -1 & 0 & 0 & 0 & 0 & 0 \\ 0 & 0 & 1 & 1 & 0 & 1 & 0 \\ 0 & -1 & 0 & 1 & 1 & 0 & 0 \\ 0 & 1 & 0 & -1 & 0 & -1 & 1 \end{bmatrix}$, $\boldsymbol{Q} = \begin{bmatrix} 1 & 1 & 0 & 0 & 1 & 0 & -1 \\ 0 & 0 & -1 & 1 & -1 & 0 & 1 \\ 0 & 0 & -1 & 0 & 0 & 1 & 0 \end{bmatrix}$。

17-10 $\boldsymbol{Q}_f = \begin{bmatrix} 0 & 0 & -1 & 1 & 1 & 0 & 0 & 0 \\ 1 & 0 & -1 & 1 & 0 & 1 & 0 & 0 \\ 1 & -1 & -1 & 0 & 0 & 0 & 1 & 0 \\ 0 & -1 & 0 & -1 & 0 & 0 & 0 & 1 \end{bmatrix}$。

17-11 $\boldsymbol{A} = \begin{bmatrix} 0 & 0 & 0 & 0 & 1 & 1 & 0 & 1 \\ 0 & 1 & -1 & 1 & 0 & 0 & 0 & -1 \\ -1 & -1 & 0 & 0 & -1 & 0 & 0 & 0 \\ 0 & 0 & 1 & 0 & 0 & -1 & 1 & 0 \end{bmatrix}$, $\boldsymbol{B}_f = \begin{bmatrix} 1 & 0 & 0 & 0 & -1 & 1 & 1 & 0 \\ 0 & 1 & 0 & 0 & -1 & 0 & 0 & 1 \\ 0 & 0 & 1 & 0 & 0 & 1 & 0 & -1 \\ 0 & 0 & 0 & 1 & 0 & -1 & -1 & 1 \end{bmatrix}$,

$\boldsymbol{Q}_f = \begin{bmatrix} 1 & 1 & 0 & 0 & 1 & 0 & 0 & 0 \\ -1 & 0 & -1 & 1 & 0 & 1 & 0 & 0 \\ -1 & 0 & 0 & 1 & 0 & 0 & 1 & 0 \\ 0 & -1 & 1 & -1 & 0 & 0 & 0 & 1 \end{bmatrix}$。

17-12 $\begin{bmatrix} i_1 \\ i_2 \\ i_3 \\ i_4 \\ i_5 \\ i_6 \\ i_7 \end{bmatrix} = \begin{bmatrix} G_1 & 0 & 0 & 0 & 0 & 0 & 0 \\ 0 & G_2 & 0 & 0 & 0 & 0 & 0 \\ 0 & 0 & G_3 & 0 & 0 & 0 & 0 \\ 0 & 0 & 0 & G_4 & 0 & 0 & 0 \\ 0 & 0 & 0 & 0 & G_5 & 0 & 0 \\ 0 & 0 & 0 & 0 & 0 & G_6 & 0 \\ 0 & 0 & 0 & 0 & 0 & 0 & G_7 \end{bmatrix} \begin{bmatrix} u_1 \\ u_2 \\ u_3 \\ u_4 \\ u_5 \\ u_6 \\ u_7 \end{bmatrix} + \begin{bmatrix} 0 \\ u_{s2} \\ 0 \\ 0 \\ 0 \\ u_{s6} \\ 0 \end{bmatrix} - \begin{bmatrix} 0 \\ 0 \\ 0 \\ 0 \\ 0 \\ 0 \\ -i_{s7} \end{bmatrix}$。

17-13 $\begin{bmatrix} 1.7 & -0.2 \\ -0.2 & 0.3 \end{bmatrix} \begin{bmatrix} U_{n1} \\ U_{n2} \end{bmatrix} = \begin{bmatrix} 8.6 \\ -5.6 \end{bmatrix}$。

17-14 $\boldsymbol{A} = \begin{bmatrix} -1 & -1 & -1 & -1 & 0 & 0 & 0 \\ 0 & 1 & 0 & 0 & 1 & -1 & 0 \\ 0 & 0 & 1 & 1 & -1 & 0 & -1 \end{bmatrix}$,

$\begin{bmatrix} \dfrac{1}{R_1}+\dfrac{1}{R_2}+\dfrac{1}{R_3}+j\omega C_4 & -\dfrac{1}{R_2} & -\left(\dfrac{1}{R_3}+j\omega C_4\right) \\[2mm] -\dfrac{1}{R_2} & \dfrac{1}{R_2}+\dfrac{1}{R_5}+\dfrac{1}{j\omega L_6} & -\dfrac{1}{R_5} \\[2mm] -\left(\dfrac{1}{R_3}+j\omega C_4\right) & -\dfrac{1}{R_5} & \dfrac{1}{R_3}+\dfrac{1}{R_5}+\dfrac{1}{R_7}+j\omega C_4 \end{bmatrix} \begin{bmatrix} \dot{U}_{n1} \\ \dot{U}_{n2} \\ \dot{U}_{n3} \end{bmatrix} = \begin{bmatrix} \dfrac{\dot{U}_{s1}}{R_1} \\ 0 \\ 0 \end{bmatrix}$。

17-15 $\begin{bmatrix} R_1+R_3 & R_1 & 0 & R_1 \\ R_1 & R_1+R_4+R_5 & -R_4 & R_1 \\ 0 & -R_4 & R_4+R_7 & R_7 \\ R_1 & R_1 & R_7 & R_1+R_7+R_8 \end{bmatrix} \begin{bmatrix} I_{l1} \\ I_{l2} \\ I_{l3} \\ I_{l4} \end{bmatrix} = \begin{bmatrix} R_3 I_{s3}-U_{s3} \\ -R_4 I_{s4} \\ U_{s2}-R_4 I_{s4}-U_{s6} \\ U_{s2}-U_{s8} \end{bmatrix}$。

17 - 16

$$\begin{bmatrix} G_1+G_4+G_8 & G_4+G_8 & G_4+G_8 & -G_4 \\ G_4+G_8 & G_2+G_4+G_5+G_8 & G_4+G_5+G_8 & -G_4 \\ G_4+G_8 & G_4+G_5+G_8 & R_3+R_4+G_5+G_6+G_8 & -G_4 \\ -G_4 & -G_4 & -G_4 & R_3+R_4+G_7 \end{bmatrix}\begin{bmatrix} \dot{U}_{b1} \\ \dot{U}_{b2} \\ \dot{U}_{b6} \\ \dot{U}_{b7} \end{bmatrix}$$

$$=\begin{bmatrix} \dot{I}_{s4}+G_8\dot{U}_{s8} \\ \dot{I}_{s4}+G_2\dot{U}_{s2}+G_8\dot{U}_{s8} \\ \dot{I}_{s4}-G_3\dot{U}_{s3}+G_8\dot{U}_{s8} \\ G_3\dot{U}_{s3}-\dot{I}_{s4} \end{bmatrix}。$$

17 - 17 (1) $\boldsymbol{A}=\begin{bmatrix} 1 & 1 & 0 & 1 \\ 0 & -1 & 1 & -1 \end{bmatrix}$; (2) $\boldsymbol{Y}_b=\begin{bmatrix} \dfrac{1}{R_1} & 0 & 0 & 0 \\ 0 & \dfrac{1}{R_2} & g_{23} & 0 \\ -g_{31} & 0 & j\omega C_3 & 0 \\ 0 & 0 & 0 & \dfrac{1}{j\omega L_4} \end{bmatrix}$;

(3) $\begin{bmatrix} \dfrac{1}{R_1}+\dfrac{1}{R_2}+\dfrac{1}{j\omega L_4} & g_{23}-\dfrac{1}{R_2}-\dfrac{1}{j\omega L_4} \\ -\dfrac{1}{R_2}-\dfrac{1}{j\omega L_4}-g_{31} & \dfrac{1}{R_2}+\dfrac{1}{j\omega L_4}+j\omega C_3-g_{23} \end{bmatrix}\begin{bmatrix} \dot{U}_{n1} \\ \dot{U}_{n2} \end{bmatrix}=\begin{bmatrix} \dot{I}_{s1} \\ 0 \end{bmatrix}。$

17 - 18

$$\boldsymbol{Q}_f=\begin{matrix} & 1 & 2 & 6 & 3 & 4 & 5 \\ 1 \\ 2 \\ 3 \end{matrix}\begin{bmatrix} 1 & 0 & 0 & 1 & 1 & 1 \\ 0 & 1 & 0 & 0 & -1 & 0 \\ 0 & 0 & 1 & 1 & 1 & 0 \end{bmatrix},$$

$$\boldsymbol{Y}_b=\text{diag}\begin{bmatrix} j\omega C_1 & j\omega C_2 & \dfrac{1}{j\omega L_3} & \dfrac{1}{j\omega L_4} & \dfrac{1}{R_5} & \dfrac{1}{R_6} \end{bmatrix},$$

$$\boldsymbol{Y}_t=\boldsymbol{Q}_f\boldsymbol{Y}_b\boldsymbol{Q}_f^T=\begin{bmatrix} j\omega C_1+\dfrac{1}{j\omega L_3}+\dfrac{1}{j\omega L_4}+\dfrac{1}{R_5} & -\dfrac{1}{j\omega L_4} & \dfrac{1}{j\omega L_3}+\dfrac{1}{j\omega L_4} \\ -\dfrac{1}{j\omega L_4} & j\omega C_2+\dfrac{1}{j\omega L_4} & -\dfrac{1}{j\omega L_4} \\ g_m+\dfrac{1}{j\omega L_3}+\dfrac{1}{j\omega L_4} & -\dfrac{1}{j\omega L_4} & \dfrac{1}{j\omega L_3}+\dfrac{1}{j\omega L_4}+\dfrac{1}{R_6} \end{bmatrix}。$$

17 - 19 $\boldsymbol{A}=\begin{bmatrix} 1 & 1 & 0 & 0 & 1 & 0 \\ 0 & 0 & 0 & 1 & -1 & 1 \\ 0 & -1 & 1 & 0 & 0 & -1 \end{bmatrix},$

$$\begin{bmatrix} \dfrac{1}{R_1}+j\omega C+\dfrac{L_2}{\Delta} & -\dfrac{L_2+M}{\Delta} & -j\omega C+\dfrac{M}{\Delta} \\ -\dfrac{L_2+M}{\Delta} & \dfrac{1}{R_4}+\dfrac{L_1+L_2+2M}{\Delta} & -\dfrac{L_1+M}{\Delta} \\ -j\omega C+\dfrac{M}{\Delta} & -\dfrac{L_1+M}{\Delta} & j\omega C+\dfrac{1}{R_3}+\dfrac{L_1}{\Delta} \end{bmatrix}\begin{bmatrix} \dot{U}_{n1} \\ \dot{U}_{n2} \\ \dot{U}_{n3} \end{bmatrix}=\begin{bmatrix} \dfrac{\dot{U}_s}{R_1} \\ 0 \\ \dot{I}_s \end{bmatrix},$$

其中 $\Delta = j\omega(L_1 L_2 - M^2)$。

17-20

$$
\begin{array}{ccccc} & 1 & 2 & 3 & 4 & 5 \end{array}
$$

$$
\boldsymbol{B}_f = \begin{array}{c} 1 \\ 2 \end{array} \begin{bmatrix} 1 & 0 & -1 & -1 & 0 \\ 0 & 1 & -1 & 0 & 1 \end{bmatrix}, \quad \begin{bmatrix} R_1 + R_3 + sL_4 & R_3 + sM \\ R_3 + sM & R_2 + R_3 + sL_5 \end{bmatrix} \begin{bmatrix} I_{l1}(s) \\ I_{l2}(s) \end{bmatrix}
$$

$$
= \begin{bmatrix} -U(s) \\ -R_2 I(s) \end{bmatrix}。
$$

第 18 章

18-1

$$
\begin{bmatrix} \dfrac{du_C}{dt} \\ \dfrac{di_L}{dt} \end{bmatrix} = \begin{bmatrix} -\dfrac{1}{R_1 C} & -\dfrac{1}{C} \\ \dfrac{1}{L} & -\dfrac{R_2}{L} \end{bmatrix} \begin{bmatrix} u_C \\ i_L \end{bmatrix} + \begin{bmatrix} \dfrac{1}{R_1 C} & 0 \\ 0 & \dfrac{R_2}{L} \end{bmatrix} \begin{bmatrix} u_s \\ i_s \end{bmatrix}。
$$

18-2

$$
\begin{bmatrix} \dfrac{du_{C1}}{dt} \\ \dfrac{du_{C2}}{dt} \\ \dfrac{di_L}{dt} \end{bmatrix} = \begin{bmatrix} -\dfrac{1}{R_2 C_1} & \dfrac{1}{R_2 C_1} & \dfrac{1}{C_1} \\ \dfrac{1}{R_2 C_2} & -\dfrac{R_1 + R_2}{R_1 R_2 C_2} & 0 \\ -\dfrac{1}{L} & 0 & -\dfrac{R_3}{L} \end{bmatrix} \begin{bmatrix} u_{C1} \\ u_{C2} \\ i_L \end{bmatrix} + \begin{bmatrix} \dfrac{1}{R_2 C_1} & 0 \\ -\dfrac{R_1 + R_2}{R_1 R_2 C_2} & \dfrac{1}{C_2} \\ \dfrac{1}{L} & 0 \end{bmatrix} \begin{bmatrix} u_s \\ i_s \end{bmatrix}。
$$

18-3

$$
\begin{bmatrix} \dfrac{du_{C1}}{dt} \\ \dfrac{di_{L2}}{dt} \\ \dfrac{di_{L3}}{dt} \end{bmatrix} = \begin{bmatrix} 0 & \dfrac{1}{2} & -\dfrac{1}{2} \\ -1 & -1 & 0 \\ -1 & 0 & -1 \end{bmatrix} \begin{bmatrix} u_{C1} \\ u_{L2} \\ i_{L3} \end{bmatrix} + \begin{bmatrix} 0 \\ 1 \\ 0 \end{bmatrix} u_s。
$$

18-4

$$
\begin{bmatrix} \dfrac{du_{C3}}{dt} \\ \dfrac{di_{L4}}{dt} \\ \dfrac{di_{L5}}{dt} \end{bmatrix} = \begin{bmatrix} 0 & \dfrac{1}{C_3} & -\dfrac{1}{C_3} \\ -\dfrac{1}{L_4} & -\dfrac{R_3}{L_4} & \dfrac{R_3}{L_4} \\ \dfrac{1}{L_5} & -\dfrac{R_3}{L_5} & -\dfrac{R_1 R_2 + R_2 R_3 + R_3 R_1}{L_5 (R_1 + R_2)} \end{bmatrix} \begin{bmatrix} u_{C3} \\ u_{L4} \\ i_{L5} \end{bmatrix}
$$

$$
+ \begin{bmatrix} 0 & 0 \\ \dfrac{1}{L_4} & 0 \\ -\dfrac{R_2}{L_5 (R_1 + R_2)} & \dfrac{R_1}{L_5 (R_1 + R_2)} \end{bmatrix} \begin{bmatrix} u_{s1} \\ u_{s2} \end{bmatrix}。
$$

18-5　状态方程为

$$
\begin{bmatrix} \dfrac{du_C}{dt} \\ \dfrac{di_L}{dt} \end{bmatrix} = \begin{bmatrix} -\dfrac{1}{R_1 C} & \dfrac{1}{C} \\ \dfrac{1}{L} & -\dfrac{R_2}{L} \end{bmatrix} \begin{bmatrix} u_C \\ i_L \end{bmatrix} + \begin{bmatrix} \dfrac{1}{R_1 C} & 0 \\ 0 & -\dfrac{R_2}{L} \end{bmatrix} \begin{bmatrix} u_s \\ i_s \end{bmatrix},
$$

输出方程为

$$
\begin{bmatrix} i_1 \\ u_2 \end{bmatrix} = \begin{bmatrix} -\dfrac{1}{R_1} & 0 \\ 0 & R_2 \end{bmatrix} \begin{bmatrix} u_C \\ i_L \end{bmatrix} + \begin{bmatrix} \dfrac{1}{R_1} & 0 \\ 0 & R_2 \end{bmatrix} \begin{bmatrix} u_s \\ i_s \end{bmatrix}。
$$

18-6 $\begin{bmatrix} \dfrac{du_C}{dt} \\ \dfrac{di_L}{dt} \end{bmatrix} = \begin{bmatrix} \dfrac{2}{(R_1+R_2)\,C} & \dfrac{2R_2}{(R_1+R_2)\,C} \\ \dfrac{R_2}{(R_1+R_2)\,L} & \dfrac{R_1R_2}{(R_1+R_2)\,L} \end{bmatrix} \begin{bmatrix} u_C \\ i_L \end{bmatrix} + \begin{bmatrix} \dfrac{2}{(R_1+R_2)\,C} & \dfrac{R_1+3R_2}{(R_1+R_2)\,C} \\ \dfrac{R_1+2R_2}{(R_1+R_2)\,L} & \dfrac{-2R_1}{(R_1+R_2)\,L} \end{bmatrix} \begin{bmatrix} u_s \\ i_s \end{bmatrix}$。

18-7 $\begin{bmatrix} \dfrac{du_C}{dt} \\ \dfrac{di_L}{dt} \end{bmatrix} = \begin{bmatrix} -\dfrac{1}{(R_2+R_3-r)\,C} & \dfrac{R_2-r}{(R_2+R_3-r)\,C} \\ -\dfrac{R_2}{(R_2+R_3-r)\,L} & -\left[\dfrac{R_1}{L}+\dfrac{R_2}{(R_2+R_3-r)\,L}\right] \end{bmatrix} \begin{bmatrix} u_C \\ i_L \end{bmatrix} + \begin{bmatrix} 0 \\ \dfrac{1}{L} \end{bmatrix} u_s$。若

$R_2+R_3-r=0$，只能取 u_C 或 i_L 之一为状态变量，取 u_C 为状态变量，所建立

的状态方程为 $\dfrac{du_C}{dt} = -\dfrac{R_1+R_2}{R_2R_3C+L}u_C - \dfrac{R_3}{R_2R_3C+L}u_s$ $(r=R_2+R_3)$。

18-8 $\begin{bmatrix} \dfrac{du_C}{dt} \\ \dfrac{di_{L1}}{dt} \\ \dfrac{di_{L2}}{dt} \end{bmatrix} = \begin{bmatrix} -\dfrac{1}{R_2C} & 0 & \dfrac{1}{C} \\ \dfrac{M}{\Delta} & \dfrac{M-L_2}{\Delta}R_1 & \dfrac{M-L_2}{\Delta}R_1 \\ -\dfrac{L_1}{\Delta} & \dfrac{M-L_1}{\Delta}R_2 & \dfrac{M-L_1}{\Delta}R_2 \end{bmatrix} \begin{bmatrix} u_C \\ u_{L1} \\ i_{L2} \end{bmatrix} + \begin{bmatrix} 0 & \dfrac{1}{C} \\ \dfrac{L_2-M}{\Delta} & 0 \\ \dfrac{L_1-M}{\Delta} & 0 \end{bmatrix} \begin{bmatrix} u_s \\ i_s \end{bmatrix}$，式中 $\Delta=$

L_1L_2-M。

18-9 $\begin{bmatrix} \dfrac{du_C}{dt} \\ \dfrac{di_{L1}}{dt} \\ \dfrac{di_{L2}}{dt} \end{bmatrix} = \begin{bmatrix} -\dfrac{1}{RC} & \dfrac{1}{C} & -\dfrac{1}{nC} \\ -\dfrac{1}{L_1} & 0 & 0 \\ \dfrac{1}{nL_2} & 0 & 0 \end{bmatrix} \begin{bmatrix} u_C \\ i_{L1} \\ i_{L2} \end{bmatrix} + \begin{bmatrix} 0 & \dfrac{1}{nC} \\ \dfrac{1}{L_1} & 0 \\ 0 & 0 \end{bmatrix} \begin{bmatrix} u_s \\ i_s \end{bmatrix}$

18-10 $\begin{bmatrix} \dfrac{du_C}{dt} \\ \dfrac{di_L}{dt} \end{bmatrix} = \begin{bmatrix} -\dfrac{1}{8} & \dfrac{1}{8} \\ \dfrac{1}{4} & -\dfrac{1}{4} \end{bmatrix} \begin{bmatrix} u_C \\ i_L \end{bmatrix} + \begin{bmatrix} \dfrac{1}{2} \\ -1 \end{bmatrix} i_s$。

18-11 $\begin{bmatrix} \dfrac{du_C}{dt} \\ \dfrac{di_{L1}}{dt} \\ \dfrac{di_{L2}}{dt} \end{bmatrix} = \begin{bmatrix} 0 & \dfrac{1}{C} & \dfrac{1}{C} \\ -\dfrac{1}{L_1} & 0 & 0 \\ \dfrac{1}{L_2} & 0 & -\dfrac{R}{L_2} \end{bmatrix} \begin{bmatrix} u_C \\ i_{L1} \\ i_{L2} \end{bmatrix} + \begin{bmatrix} 0 \\ \dfrac{1}{L_1} \\ 0 \end{bmatrix} [u_s]$。

18-12 $\begin{bmatrix} \dfrac{du_{C1}}{dt} \\ \dfrac{du_{C2}}{dt} \\ \dfrac{di_{L1}}{dt} \\ \dfrac{di_{L2}}{dt} \end{bmatrix} = \begin{bmatrix} -\dfrac{1}{3} & \dfrac{1}{3} & -\dfrac{1}{3} & -\dfrac{2}{3} \\ \dfrac{2}{3} & -\dfrac{2}{3} & -\dfrac{4}{3} & -\dfrac{2}{3} \\ \dfrac{1}{3} & \dfrac{2}{3} & -\dfrac{2}{3} & \dfrac{2}{3} \\ \dfrac{4}{3} & \dfrac{2}{3} & \dfrac{4}{3} & -\dfrac{4}{3} \end{bmatrix} \begin{bmatrix} u_{C1} \\ u_{C2} \\ i_{L1} \\ i_{L2} \end{bmatrix} + \begin{bmatrix} -\dfrac{1}{3} \\ \dfrac{1}{6} \\ 0 \\ 0 \end{bmatrix} u_s$。

18 - 13　状态方程为

$$\begin{bmatrix} \dfrac{di_{L1}}{dt} \\[2mm] \dfrac{di_{L2}}{dt} \\[2mm] \dfrac{du_{C3}}{dt} \\[2mm] \dfrac{du_{C4}}{dt} \end{bmatrix} = \begin{bmatrix} -\dfrac{R_6+R}{L_1} & -\dfrac{R}{L_1} & -\dfrac{1}{L_1} & -\dfrac{1}{L_1} \\[2mm] -\dfrac{R}{L_2} & -\dfrac{R_8+R}{L_2} & 0 & -\dfrac{1}{L_2} \\[2mm] \dfrac{1}{C_3} & 0 & 0 & 0 \\[2mm] \dfrac{1}{C_4} & \dfrac{1}{C_4} & 0 & 0 \end{bmatrix} \begin{bmatrix} i_{L1} \\ i_{L2} \\ u_{C3} \\ u_{C4} \end{bmatrix} + \begin{bmatrix} \dfrac{1}{L_1} \\[2mm] \dfrac{1}{L_2} \\[2mm] 0 \\[2mm] 0 \end{bmatrix} \dfrac{R_9}{R_5+R_9} u_{s},$$

其中 $R=R_7+\dfrac{R_5 R_9}{R_5+R_9}$；输出方程为 $\begin{bmatrix} u_{R7} \\ u_{R9} \end{bmatrix} = \begin{bmatrix} R_7 & R_7 & 0 & 0 \\[2mm] -\dfrac{R_5 R_9}{R_5+R_9} & -\dfrac{R_5 R_9}{R_5+R_9} & 0 & 0 \end{bmatrix} \begin{bmatrix} i_{L1} \\ i_{L2} \\ u_{C3} \\ u_{C4} \end{bmatrix} +$

$$\begin{bmatrix} 0 \\ \dfrac{R_9}{R_5+R_9} \end{bmatrix} u_{s}。$$

第 19 章

19 - 1　有两个静态工作点，分别是 Q_1（9V，-1.5A）和 Q_2（1V，0.5A），但 Q_1（9V，-1.5A）不符合题意，应舍去，静态工作点是 Q_2（1V，0.5A）。

19 - 2　有两个结果：(1) 静态电阻值为 0.5Ω，动态电阻值 1Ω；(2) 静态电阻值为 1Ω，动态电阻值 -1Ω。

19 - 3　有两个结果：(1) $U=15$V，$I=3$A　(2) $U=24$V，$I=-6$A。

19 - 4　$U=2$V，$I=1$A。

19 - 5　$u=2$V，$i=3$A，$i_1=5.5$A，$i_2=2.5$A。

19 - 6　$I_2=3$A，$I_3=1$A。

19 - 7　$U=0.4$V，$I=0.06$mA。

19 - 8　$\begin{cases} \dfrac{1}{R_1} u_1 + i = i_s + \dfrac{1}{R_1} u_s \\[2mm] g u_1 + \left(\dfrac{1}{R_2} - g \right) u_2 - i = 0 \\[2mm] u_1 - u_2 - f\ (i) = 0 \end{cases}$

19 - 9　开关 K 在位置 1 电压 $U=19$V，开关 K 在位置 2 电压 $U=10$V。

19 - 10　$i=1$A。

19 - 11　$U_2 = \begin{cases} \dfrac{U_1+8}{3} & (U_1 < -4\text{V}) \\[2mm] \dfrac{U_1+12}{6} & (U_1 \geqslant -4\text{V}) \end{cases}$。

19 - 12～19 - 16　略。

19 - 17　静态工作点为 Q（15V，3A），电压 $u(t) = 15 - 1.6\sin\ (\omega t + 30°)$ V，电流 $i(t) = 3 - 0.2\sin\ (\omega t + 30°)$ A。

19 - 18 $i(t) = (1+0.1\sin t)$ A。

19 - 19 静态工作点为 Q (1V, 0.02A)，小信号产生的电压和电流为 $u(t) = 2.5\cos\omega t$ mV 和 $i(t) = 0.1\cos\omega t$ mA。

19 - 20 静态工作点为 Q (3V, 1A)，$i(t) = (1+0.1\sin\omega t)$ A。

第 20 章

20 - 1 $u_1 = 11.406\sqrt{2}\cos(\omega t + 127.81°)$ V, $i_1 = 1.92\times10^{-2}\sqrt{2}\cos(\omega t + 99.6°)$ A。

20 - 2 $Z_c = 50\angle-7.5°\Omega$, $\gamma = (0.0102 + j0.0524)$ /km。

20 - 3 $\dot{U}_1 = 8.165\angle56.7°$V, $\dot{I}_1 = 0.1633\angle101.7°$A。

20 - 4 $u(x, t) = [10e^{-0.00915x}\cos(10^4 t - 0.0430x)]$V, $i(x, t) = [0.02e^{-0.00915x}\cos(10^4 t - 0.0430x + 12°)]$ A。

20 - 5 (1) $U_1 = 129.7$kV, $I_1 = 461.7$A；(2) $(166.2 + j68.3)$ MVA；(3) $U_{2l} = 232$kV。

20 - 6 $Z_1 = Z_C\dfrac{1+2\tanh(\gamma l)}{2+\tanh(\gamma l)}$。

20 - 7 $u_2(t) = 16\sqrt{2}\sin(\omega t - 150°)$ V, $i_2(t) = \dfrac{80}{3}\sqrt{2}\sin(\omega t - 150°)$ mA。

20 - 8 终端开路时 $U_{oc}(y) = 100\left|\cos\left(\dfrac{2\pi}{\lambda}y\right)\right|$ V, $I_{oc}(y) = 0.1156\left|\sin\left(\dfrac{2\pi}{\lambda}y\right)\right|$ A；终端短路时 $U_{sc}(y) = 57.74\left|\sin\left(\dfrac{2\pi}{\lambda}y\right)\right|$ V, $I_{sc}(y) = 100\left|\cos\left(\dfrac{2\pi}{\lambda}y\right)\right|$ A；接匹配负载时 $U(y) = 50$V, $I(y) = 0.0578$A。

20 - 9 $Z_2 = -j307.8\Omega$。

20 - 10 终端开路时 $Z_1 = -j164\Omega$，终端短路时 $Z_1 = j155\Omega$，终端接 $C = 4$pF 时 $Z_{in} = -j178\Omega$。

20 - 11 $Z_c = 61.2\Omega$。

20 - 12 $Z_1 = 150\Omega$, $Z_2 = 100\Omega$。

20 - 13 $Z_{in} = (40.5 + j46.28)$ Ω。

20 - 14 $Z_{c1} = 141.4\Omega$, $l = 1.75$m。

20 - 15 $L = 41.22\mu$H。

20 - 16 $l = 0.731$m。

20 - 17 $Z_c = \sqrt{\dfrac{L}{C}\left(1 - \dfrac{\omega^2 LC}{4}\right)}$。

20 - 18 始端送出的功率 $P_1 = 80.00$MW，终端电压 $U_2 = 390.12$kV，终端电流 $I_2 = 0.195$kA，传输效率 $\eta = 95.13\%$。

20 - 19 $U_2 = 38.46$mV, $P_2 = 0.123$mW。

20 - 20 $u_2 = 12\,000 - 7200e^{-2000t}$V, $u^- = 6000 - 7200e^{-2000t}$V, $i^- = 20 - 24e^{-2000t}$A。

英文—中文名词对照表

A

active 有源

active power 有功功率

active filter 有源滤波器

admittance 导纳

admittance parameters（Y parameters）导纳参数（Y 参数）

air-core transformer 空心变压器

amplitude 幅值

amplitude-frequency characteristic 幅频特性

amplitude spectrum 幅度谱

angular frequency 角频率

apparent power 视在功率

argument 辐角

associated reference direction 关联参考方向

average power 平均功率（有功功率）

average value 平均值

B

backward traveling wave 反向行波

balanced load 对称负载

band-pass filter 带通滤波器

band-stop filter 带阻滤波器

band-reject filter 带阻滤波器

bandwidth 带宽

branch 支路

branch current method 支路电流法

C

capacitance 电容

capacitor 电容元件　电容器

cascade 级联

characteristic equation 特征方程

characteristic impedance 特性阻抗

characteristic root 特征根

charging process 充电过程

circuit 电路

circuit analysis 电路分析

frequency domain 频域

frequency response 频率响应

frequency spectrum 频谱

fundamental cut-set 基本割集

fundamental cut-set matrix 基本割集矩阵

fundamental loop 基本回路

fundamental loop matrix 基本回路矩阵

fundamental wave 基波

G

generalized branch 标准支路

graph（拓扑）图

graph theory 图论

ground 接地

gyrator 回转器

H

harmonic 谐波

harmonic analysis 谐波分析

harmonic component 谐波分量

homogeneity theorem 齐性定理

hybrid parameters（H parameters）混合参数（H 参数）

hybrid parameter matrix 混合参数矩阵

I

ideal current source 理想电流源

ideal operational amplifier 理想运算放大器

ideal transformer 理想变压器

ideal voltage source 理想电压源

image function 象函数

imaginary part 虚部

impedance angle 阻抗角

impedance parameters（Z parameters）阻抗参数（Z 参数）

impedance parameter equation 阻抗参数方程

impulse function 冲激函数

impulse response 冲激响应

in phase 同相

incidence matrix 关联矩阵

independent initial condition 独立初始条件

independent loop 独立回路

independent node 独立节点

independent source 独立电源

independent variable 独立变量

inductance 电感

inductor 电感元件

instantaneous power 瞬时功率

initial condition 初始条件

initially stored energy 初始储能

initial state 初始状态

initial value 初始值

input 输入

input impedance 输入阻抗

input port 输入端口

input resistance 输入电阻

instantaneous power 瞬时功率

instantaneous value 瞬时值

inverting amplifier 反相放大器

inverting input 反相输入

J

Joule 焦耳

K

Kirchhoff's laws 基尔霍夫定律（克希霍夫定律）

Kirchhoff's current law （KCL）基尔霍夫电流定律（克希霍夫电流定律）

Kirchhoff's voltage law （KVL）基尔霍夫电压定律（克希霍夫电压定律）

L

Laplace transformation pairs 拉普拉斯变换对

lead 超前

linearity 线性

linear circuit 线性电路

linear element 线性元件

linear homogeneous differential equation 线性齐次微分方程

linear time-invariant 线性时不变

linear time-invariant circuit 线性时不变电路

line current 线电流

line voltage 线电压

link branch 连支

load 负载

loop 回路

loop current 回路电流

loop current method 回路电流法

loop impedance matrix 回路阻抗矩阵

steady-state value 稳态值

step function 阶跃函数

step response 阶跃响应

sub-graph 子图

substitution theorem 替代定理

sudden change 跃变

summing amplifier 加法器

superposition theorem 叠加定理

susceptance 电纳

switching 换路

symmetrical three-phase circuit 对称三相电路

symmetrical three-phase source 对称三相电源

T

Tellegen's theorem 特勒根定理

terminal 端子

terminal line 端线

terminated two-port network 端接二端口网络

the inverse Laplace transfarm 拉普拉斯反变换

the Laplace transform 拉普拉斯变换

Thevenin's circuit 戴维宁电路

three element method 三要素法

three-phase circuit 三相电路

three-phase four-wire system 三相四线制系统

three-phase power 三相功率

three-phase source 三相电源

three-phase three-wire system 三相三线制系统

time constant 时间常数

time domain 时域

time domain model 时域模型

time-invariant element 时不变元件

time-varying element 时变元件

topological constraint 拓扑约束

total reflection 全反射

T parameters　T 参数

transfer current 转移电流

transfer function 转移函数

transfer voltage 转移电压

transformation ratio 变比

transformer 变压器

wave impedance 波阻抗

wave length 波长

wave loop 波腹

wave node 波节

wave speed/ velocity 波速

wye connection（Y connection） Y 连接

wye-delta transformation Y-△变换

Z

zero 零点

zero-input response 零输入响应

zero-state response 零状态响应

参 考 文 献

[1] 邱关源，罗先觉. 电路 [M]. 5 版. 北京：高等教育出版社，2006.

[2] 李瀚荪. 简明电路分析基础 [M]. 北京：高等教育出版社，2002.

[3] 周守昌. 电路原理 [M]. 2 版. 北京：高等教育出版社，2004.

[4] 胡钋，樊亚东. 电路原理 [M]. 北京：高等教育出版社，2011.

[5] 陈洪亮，张峰，田社平. 电路基础 [M]. 北京：高等教育出版社，2007.

[6] 孙雨耕. 电路基础理论 [M]. 北京：高等教育出版社，2011.

[7] 陈希有. 电路理论基础 [M]. 3 版. 北京：高等教育出版社，2004.

[8] 捷米尔强，卡洛夫金，涅依曼，等. 电工理论基础 [M]. 赵伟，肖曦，王玉祥，等，译. 4 版. 北京：高等教育出版社，2011.

[9] 马世豪. 电路原理 [M]. 北京：科学出版社，2006.

[10] 颜秋容，谭丹. 电路原理 [M]. 北京：电子工业出版社，2008.

[11] 俎云霄，李巍海，吕玉琴. 电路分析基础 [M]. 北京：电子工业出版社，2008.

[12] 梁贵书，董华英. 电路理论基础 [M]. 3 版. 北京：中国电力出版社，2009.

[13] 汪建. 电路原理 [M]. 北京：清华大学出版社，2007.

[14] 于歆杰，朱桂萍，陆文娟. 电路原理 [M]. 北京：清华大学出版社，2007.

[15] 陈崇源. 高等电路 [M]. 武汉：武汉大学出版社，2000.

[16] C. A 狄苏尔，葛守仁. 电路基本理论 [M]. 林争辉，译. 北京：人民教育出版社，1979.

[17] Chua L O, Desoer C A，Kuh E S. Linear and Nonlinear Circuits [M]. New York：McGraw-Hill Inc.，1987.

[18] James W Nilsson, Susan A Riedel. Electric Circuits [M]. 8 版. 北京：电子工业出版社，2009.

[19] Charles K Alexander, Matthew N O Sadiku. Fundamentals of Electric Circuits [M]. 5 版. 北京：机械工业出版社，2013.

[20] 罗玮，袁堃，杨帮华. 出现频率最高的 100 种典型题型精解精练—电路 [M]. 北京：清华大学出版社，2008.

[21] 于舒娟，史学军. 电路分析典型题解与分析 [M]. 北京：人民邮电出版社，2004.

[22] 陈燕，刘补生，罗先觉，等. 电路考研精要与典型题解析 [M]. 西安：西安交通大学出版社，2002.

[23] 赵录怀，王曙鸿. 电路要点与题解 [M]. 西安：西安交通大学出版社，2006.

[24] 甘良志，胡福年. 电路分析的公理化与教学实践 [J]. 电气电子教学学报，2009, 31 (4)：53-54.

[25] 郑君里，应启珩，杨为理. 信号与系统（上册）[M]. 3 版. 北京：高等教育出版社，2011.

[26] 管致中，夏恭恪，孟桥. 信号与线性系统 [M]. 5 版. 北京：高等教育出版社，2011.

[27] 吉培荣. 简明电路分析 [M]. 北京：中国水利水电出版社，2013.

[28] 吉培荣，李宁，胡芳. 电工测量与实验技术 [M]. 武汉：华中科技大学出版社，2012.

[29] 吉培荣，李海军，邹红波. 信号分析与处理 [M]. 北京：机械工业出版社，2015.

[30] 吉培荣，赵胜会，李海军，等. 电工学 [M]. 北京：中国电力出版社，2012.

[31] 吉培荣. 导出星形电路与三角形电路等效变换公式的简便方法 [J]. 电工技术，1997, (7)：55-56.

[32] 吉培荣. 互易定理介绍方法的商榷 [J]. 电工教学，1996, 18 (4)：53-54.

[33] 吉培荣，向小民，曾菊玲. 对电路三版教材若干问题的商榷 [J]. 电气电子教学学报，1998, 20 (4)：110-112.

［34］吉培荣，曾菊玲，向小民. 对电路三版教材中几处问题的商榷［J］. 电气电子教学学报，1999，21（2）：119-120.

［35］吉培荣，邹红波，粟世玮. 理想运算放大器"假短真断（虚短实断）"特性与理想变压器传递直流特性分析. 电子电气课程报告论坛论文集 2012［CD］. 北京：高等教育出版社/高等教育电子音像出版社，2014.

［36］吉培荣，粟世玮，邹红波. 有源电路和无源电路术语的讨论［J］. 电气电子教学学报，2013，35（4）：24-26.

［37］康华光. 电子技术基础（模拟部分）［M］. 5 版. 北京：高等教育出版社，2006.

［38］Donald A. Neamen. Electronics Circuit Analysis and Design（Second Edition）［M］. 北京：清华大学出版社，2005.

［39］科特尔（Bruce Carter），曼西尼（Ron Mancini），姚剑清. 运算放大器权威指南［M］. 3 版. 北京：人民邮电出版社，2009.

［40］王志功，沈永朝. 电路与电子线路基础（电子线路部分）［M］. 北京：高等教育出版社，2013.

［41］元增民. 模拟电子技术［M］. 北京：中国电力出版社，2009.

［42］吉培荣，陈成，邹红波，等. 对《电路》（第五版）教材中几处问题的商榷［J］. 电气电子教学学报，2016，38（5）：151-153.

［43］吉培荣，陈成，吉博文，等. 理想运算放大器"虚短虚断"描述存在的问题分析［J］. 电气电子教学学报，2017，39（1）：106-108.